Informatik – Fachberichte

Band 160: H. Mäncher, Fehlertolerante dezentrale Prozeßautomatisierung. XVI, 243 Seiten. 1987.

Band 161: P. Peinl, Synchronisation in zentralisierten Datenbanksystemen. XII, 227 Seiten. 1987.

Band 162: H. Stoyan (Hrsg.), Begründungsverwaltung. Proceedings, 1986. VII, 153 Seiten. 1988.

Band 163: H. Müller, Realistische Computergraphik. VII, 146 Seiten. 1988.

Band 164: M. Eulenstein, Generierung portabler Compiler. X, 235 Seiten. 1988.

Band 165: H.-U. Heiß, Überlast in Rechensystemen. IX, 176 Seiten. 1988.

Band 166: K. Hörmann, Kollisionsfreie Bahnen für Industrieroboter. XII, 157 Seiten. 1988.

Band 167: R. Lauber (Hrsg.), Prozeßrechensysteme '88. Stuttgart, März 1988. Proceedings. XIV, 799 Seiten. 1988.

Band 168: U. Kastens, F. J. Rammig (Hrsg.), Architektur und Betrieb von Rechensystemen. 10. GI/ITG-Fachtagung, Paderborn, März 1988. Proceedings. IX, 405 Seiten. 1988.

Band 169: G. Heyer, J. Krems, G. Görz (Hrsg.), Wissensarten und ihre Darstellung. VIII, 292 Seiten. 1988.

Band 170: A. Jaeschke, B. Page (Hrsg.), Informatikanwendungen im Umweltbereich. 2. Symposium, Karlsruhe, 1987. Proceedings. X, 201 Seiten. 1988.

Band 171: H. Lutterbach (Hrsg.), Non-Standard Datenbanken für Anwendungen der Graphischen Datenverarbeitung. GI-Fachgespräch, Dortmund, März 1988, Proceedings. VII, 183 Seiten. 1988.

Band 172: G. Rahmstorf (Hrsg.), Wissensrepräsentation in Expertensystemen. Workshop, Herrenberg, März 1987. Proceedings. VII, 189 Seiten. 1988.

Band 173: M. H. Schulz, Testmustergenerierung und Fehlersimulation in digitalen Schaltungen mit hoher Komplexität. IX, 165 Seiten. 1988.

Band 174: A. Endrös, Rechtsprechung und Computer in den neunziger Jahren. XIX, 129 Seiten. 1988.

Band 175: J. Hülsemann, Funktioneller Test der Auflösung von Zugriffskonflikten in Mehrrechnersystemen. X, 179 Seiten. 1988.

Band 176: H. Trost (Hrsg.), 4. Österreichische Artificial-Intelligence-Tagung. Wien, August 1988. Proceedings. VIII, 207 Seiten. 1988.

Band 177: L. Voelkel, J. Pliquett, Signaturanalyse. 223 Seiten. 1989.

Band 178: H. Göttler, Graphgrammatiken in der Softwaretechnik. VIII, 244 Seiten. 1988.

Band 179: W. Ameling (Hrsg.), Simulationstechnik. 5. Symposium. Aachen, September 1988. Proceedings. XIV, 538 Seiten. 1988.

Band 180: H. Bunke, O. Kübler, P. Stucki (Hrsg.), Mustererkennung 1988. 10. DAGM-Symposium, Zürich, September 1988. Proceedings. XV, 361 Seiten. 1988.

Band 181: W. Hoeppner (Hrsg.), Künstliche Intelligenz. GWAI-88, 12. Jahrestagung. Eringerfeld, September 1988. Proceedings. XII, 333 Seiten. 1988.

Band 182: W. Barth (Hrsg.), Visualisierungstechniken und Algorithmen. Fachgespräch, Wien, September 1988. Proceedings. VIII, 247 Seiten. 1988.

Band 183: A. Clauer, W. Purgathofer (Hrsg.), AUSTROGRAPHICS '88. Fachtagung, Wien, September 1988. Proceedings. VIII, 267 Seiten. 1988.

Band 184: B. Gollan, W. Paul, A. Schmitt (Hrsg.), Innovative Informations-Infrastrukturen. I. I. I. – Forum, Saarbrücken, Oktober 1988. Proceedings. VIII, 291 Seiten. 1988.

Band 185: B. Mitschang, Ein Molekül-Atom-Datenmodell für Non-Standard-Anwendungen. XI, 230 Seiten. 1988.

Band 186: E. Rahm, Synchronisation in Mehrrechner-Datenbanksystemen. IX, 272 Seiten. 1988.

Band 187: R. Valk (Hrsg.), GI – 18. Jahrestagung I. Vernetzte und komplexe Informatik-Systeme. Hamburg, Oktober 1988. Proceedings. XVI, 776 Seiten.

Band 188: R. Valk (Hrsg.), GI – 18. Jahrestagung II. Vernetzte und komplexe Informatik-Systeme. Hamburg, Oktober 1988. Proceedings. XVI, 704 Seiten.

Band 189: B. Wolfinger (Hrsg.), Vernetzte und komplexe Informatik-Systeme. Industrieprogramm zur 18. Jahrestagung der GI, Hamburg, Oktober 1988. Proceedings. X, 229 Seiten. 1988.

Band 190: D. Maurer, Relevanzanalyse. VIII, 239 Seiten. 1988.

Band 191: P. Levi, Planen für autonome Montageroboter. XIII, 259 Seiten. 1988.

Band 192: K. Kansy, P. Wißkirchen (Hrsg.), Graphik im Bürobereich. Proceedings, 1988. VIII, 187 Seiten. 1988.

Band 193: W. Gotthard, Datenbanksysteme für Software-Produktionsumgebungen. X, 193 Seiten. 1988.

Band 194: C. Lewerentz, Interaktives Entwerfen großer Programmsysteme. VII, 179 Seiten. 1988.

Band 195: I. S. Bátori, U. Hahn, M. Pinkal, W. Wahlster (Hrsg.), Computerlinguistik und ihre theoretischen Grundlagen. Proceedings. IX, 218 Seiten. 1988.

Band 197: M. Leszak, H. Eggert, Petri-Netz-Methoden und -Werkzeuge. XII, 254 Seiten. 1989.

Band 198: U. Reimer, FRM: Ein Frame-Repräsentationsmodell und seine formale Semantik. VIII, 161 Seiten. 1988.

Band 199: C. Beckstein, Zur Logik der Logik-Programmierung. IX, 246 Seiten. 1988.

Band 200: A. Reinefeld, Spielbaum-Suchverfahren. IX, 191 Seiten. 1989.

Band 201: A. M. Kotz, Triggermechanismen in Datenbanksystemen. VIII, 187 Seiten. 1989.

Band 202: Th. Christaller (Hrsg.), Künstliche Intelligenz. 5. Frühjahrsschule, KIFS-87, Günne, März/April 1987. Proceedings. VII, 403 Seiten. 1989.

1989.

Band 203: K. v. Luck (Hrsg.), Künstliche Intelligenz. 7. Frühjahrsschule, KIFS-89, Günne, März 1989. Proceedings. VII, 302 Seiten. 1989.

Band 204: T. Härder (Hrsg.), Datenbanksysteme in Büro, Technik und Wissenschaft. GI/SI-Fachtagung, Zürich, März 1989. Proceedings. XII, 427 Seiten. 1989.

Band 205: P. J. Kühn (Hrsg.), Kommunikation in verteilten Systemen. ITG/GI-Fachtagung, Stuttgart, Februar 1989. Proceedings. XII, 907 Seiten. 1989.

Band 206: P. Horster, H. Isselhorst, Approximative Public-Key-Kryptosysteme. VII, 174 Seiten. 1989.

Band 207: J. Knop (Hrsg.), Organisation der Datenverarbeitung an der Schwelle der 90er Jahre. 8. GI-Fachgespräch, Düsseldorf, März 1989. Proceedings. IX, 276 Seiten. 1989.

Band 208: J. Retti, K. Leidlmair (Hrsg.), 5. Österreichische Artificial-Intelligence-Tagung, Igls/Tirol, März 1989. Proceedings. XI, 452 Seiten. 1989.

Band 209: U. W. Lipeck, Dynamische Integrität von Datenbanken. VIII, 140 Seiten. 1989.

Band 210: K. Drosten, Termersetzungssysteme. IX, 152 Seiten. 1989.

Informatik-Fachberichte 259

Herausgeber: W. Brauer
im Auftrag der Gesellschaft für Informatik (GI)

H.-J. Friemel G. Müller-Schönberger
A. Schütt (Hrsg.)

Forum '90 Wissenschaft und Technik

Neue Anwendungen
mit Hilfe aktueller Computer-Technologien

Trier, 8./9. Oktober 1990
Proceedings

Springer-Verlag
Berlin Heidelberg New York London
Paris Tokyo Hong Kong Barcelona

Herausgeber
Hans-Jürgen Friemel
Gisbert Müller-Schönberger
Andreas Schütt
Siemens Aktiengesellschaft
Otto-Hahn-Ring 6
D-8000 München 83

Veranstalter

Universität Trier
Stadt Trier
Siemens-Informationstechnik Anwenderverein e.V. (SAVE)
Siemens AG

Programmausschuß

Hans-Jürgen Friemel	Siemens AG, München
Jan Knop	Universität Düsseldorf
Hans W. Meuer	Universität Mannheim
Gisbert Müller-Schönberger	Siemens AG, München
Werner Zorn	Universität Karlsruhe

CR Subject Classification (1987): J

ISBN-13: 978-3-540-53218-7 e-ISBN-13: 978-3-642-76123-2
DOI: 10.1007/978-3-642-76123-2

2145/3140-543210 – Gedruckt auf säurefreiem Papier

Vorwort

Die Informationstechnologie gehört zu den am stärksten wachsenden und einflußreichsten Segmenten industrieller Aktivität der Gegenwart. Gerade für das Europa der 90er Jahre mit dem bereits eingeleiteten Umbruch politischer und wirtschaftlicher Strukturen kann die Rolle der Informationstechnologie nicht hoch genug eingeschätzt werden. Dies gilt sowohl für die Positionierung Europas im technologischen Spannungsfeld zwischen USA und Japan als auch für die Bewältigung globaler Aufgaben in unserem eigenen Interesse wie auch dem unserer nachwachsenden Generation. Die Heranführung des östlichen Teils Deutschlands und osteuropäischer Länder an unseren Lebensstandard, die Verbesserung der Kommunikationsmöglichkeiten, die Umweltsanierung und der Umweltschutz sowie die langfristige Sicherung der Energieversorgung sind Beispiele solcher globaler Aufgaben.

Schon immer nahmen Wissenschaft und Technik eine Vorreiterrolle ein, wenn es darum ging, die zur Lösung unserer Zukunftsaufgaben notwendigen Innovationsschübe einzuleiten. Auch jetzt sind die Träger dieses innovativen Bereiches - die Hochschulen, die Forschungsinstitute, die Wirtschaft und die Industrie - aufgefordert, ihren Gedankenaustausch zu intensivieren.

Als führender europäischer Hersteller im Bereich der Informationstechnik betreibt die Siemens AG vielfältige Forschungsaktivitäten im eigenen Hause. Darüber hinaus kooperiert die Siemens AG mit zahlreichen Hochschulen und Forschungsinstituten im In- und Ausland; dieses hohe Engagement im Wissenschaftsbereich hat bei Siemens eine jahrzehntelange Tradition.

Das "Forum '90 Wissenschaft und Technik" soll ein weiterer Meilenstein auf diesem Wege sein. Forum '90 wird gemeinsam von der Universität Trier, der Stadt Trier, dem Siemens-Informationstechnik Anwenderverein e.V. (SAVE) und der Siemens AG veranstaltet.

Während des zweitägigen Forums werden in einem breitgefächerten Programm sowohl Themen von allgemein-wissenschaftlichem Interesse behandelt als auch spezielle Grundprinzipien und Technologien der Informationstechnik in ausgewählten Gebieten vorgestellt, und zwar in den Geisteswissenschaften, den Wirtschaftswissenschaften, den Ingenieurwissenschaften und den Naturwissenschaften.

Wissenschaftlern und Forschern, Entwicklern und Anwendern, aber auch Studenten, wird damit die Möglichkeit geboten, sich über neue Anwendungen mit Hilfe aktueller Computer-Technologien zu informieren und ihre Erfahrungen auszutauschen.

Die Veranstaltung gliedert sich thematisch in folgende Blöcke:

- **Eröffnung**

  - Information Technologies:
    The European Co-operative Approach to Research and Development
    (Festvortrag)

- **Mathematik und Modellierung**

  - Von Modellen und wie man sie nutzt
  - Modellierung und Künstliche Intelligenz
  - Modelle und Modellierung in den Geisteswissenschaften, Wirtschaftswissenschaften, Ingenieurwissenschaften und Naturwissenschaften (Parallelsitzungen)
  - Industrieforschung am Beispiel des Hauses Siemens

- **Vernetzt und Interdisziplinär**

  - Telekooperationen in der Forschung - Stand und Tendenzen in den 90er Jahren
  - Neuronale Netze, ein Beispiel für die interdisziplinäre Forschung
  - Forschungsthemen unter dem Aspekt "Vernetzt und Interdisziplinär" aus Geisteswissenschaften, Wirtschaftswissenschaften, Ingenieurwissenschaften und Naturwissenschaften (Parallelsitzungen)

- **Chancen und Herausforderungen**

  - Die Attraktivität der Hochschulforschung für die Industrie
  - Vernetztes Denken - unsere Chance
  - Ganzheitlicher Umweltschutz - die Herausforderung

Die Veranstaltung umfaßt insgesamt 33 Referate, die im vorliegenden Tagungsband vollständig enthalten sind.

Wir danken den Vortragenden für die Übernahme der Referate und die rechtzeitige Bereitstellung der Manuskripte, so daß der Tagungsband zum Kongreßbeginn erscheinen kann. Besonderer Dank gilt den Moderatoren der Parallelsitzungen, den Herren Professoren Dr. H. Neunzert, Dr. P. J. Pahl, Dr. D. Preßmar und Dr. B. Rieger, die bei der Gestaltung der Parallelsitzungen sowie der Gewinnung der Referenten maßgeblich mitgewirkt haben. Unser Dank gilt nicht zuletzt den Herren Professoren Dr. J. Knop, Dr. H. W. Meuer und Dr. W. Zorn, die uns von Anfang an bei der Gestaltung dieser Tagung auf vielfältige Weise unterstützt haben.

Frau E. Heilek hat mit großem Engagement die Aufgabe übernommen, die Beiträge zu diesem Tagungsband in eine einheitliche Form zu bringen. Wir danken ihr dafür besonders herzlich.

München, im August 1990

Hans-Jürgen Friemel
Gisbert Müller-Schönberger
Andreas Schütt

Inhaltsverzeichnis

Information Technologies: The European Co-operative Approach to Research and Development

Jean-Marie Cadiou
Commission of the European Communities,
DG XIII - Director Information Technologies / ESPRIT
Brussels

Summary

Information Technology (IT) is one of the fastest developing and most influential areas of industrial activity: a major industry in its own right, IT also has a deeply-felt impact on competitivity in the economy as a whole. IT is also characterized by the global nature of its market, by the high rate of product innovation and by the particularly important role played by research and technological development in ensuring a competitive edge to the companies in the market.

IT is clearly one of the sectors in which the achievement of the European dimension, not only in the market approach but also in the scale of R&D work, represents an essential condition for overcoming the problems deriving from the traditional fragmentation of the European market and for facing the present and future challenges of global competition. To promote industrial cooperation in R&D, on a European scale, has in fact been the overall goal of the ESPRIT Programme. ESPRIT was launched in 1984: a global investment of 4.7 billion ECU, equally shared between the Community and industry, has mobilized R&D resources (estimated to represent about 6,000 researchers at work in 1990), and has played an important catalytic role in stimulating growth of R&D investment in European firms up to levels which are now equal to that of US companies.

Beyond the many direct technological results, the momentum and impact of the ESPRIT Programme can be felt in the way that the European IT industry is facing up to the technology challenge, not just in R&D cooperation, but also in spin-off partnerships beyond the original scope of specific ESPRIT projects.

On the global scale, Europe is much better positioned than it was five years ago. However, the next five years ahead can be expected to see a considerably more difficult and competitive environment for the IT industry in Europe. A substantial increase in R&D investments and a qualitative improvement in the speed of transfer of technology into marketable products will be necessary for the European IT industry to maintain and improve its position.

1. Introduction

There are some major characteristics which differentiate the Information Technology industry from any other industrial sector. It is worthwhile to recall them:

- the impact on other sectors;
- the rate of market growth;

- the rate of product innovation and the R&D requirements.

The major characteristic of IT is the considerable impact it has on all other sectors of the economy. Because of its pervasive nature, IT affects 70% of European employment and GDP. It not only creates new products both for the consumer and the equipment market, but is also critical for the success of other economic activities.

In general the importance of IT tends to be higher in those sectors which also appear to be of greater importance for the future of the European economy. In the majority of cases, the industrial sectors with higher level of use of, and dependence on IT are either very strong-demand sectors or sectors where Europe has a positive balance of trade with the rest of the world.

IT is a key factor for efficiency in services and is often a primary element of the whole business itself. Examples of such sectors include banking and financial services, insurance, communication services, transport services, public administration.

IT is decisive for competitivity in manufacturing. Many industrial sectors depend strongly on IT for the control of the manufacturing process, the quality and performance of products and the efficiency of the design.

IT improves the workplace and is diffusing into the fabric of day-to-day living.

The IT industry is the fastest growing manufacturing sector. In the IT sector, broadly defined, world production reached $ 850 billion in 1989, equivalent to 5% of world GDP and comparable to the automobile sector. Moreover, growth in IT is strong, with the world market increasing by an estimated 9% annually to 1994, twice as fast as the economy overall. By 1994 the world IT market will be worth around $ 1,300 billion.

Rapidly increasing demands for IT products, the growth in the level of international trade and the pace of technological innovation are placing substantial pressures for adjustment on the IT industry. The drive to obtain investment capital and technology and to expand markets has led to increasing internationalisation.

The IT industry is marked by a high rate of product innovation leading to short product cycles. Product life cycle times have decreased from a period of four to five years in the first half of the 1980s to less than 3 years now.

Particular conditions are required for the development of IT in Europe. These comprise:

- a market both large enough to amortize the costs of R&D and production investment and dynamic enough to accept risk-sharing in the use of new products, services and systems;

- a highly qualified scientific and technological milieu composed of industrial and scientific entrepreneurs, from both public and private sectors, working together in synergy with users;

- cooperation between competitors at the level of precompetitive R&D in order to share the growing costs of research and foster the industrial restructuring required to give companies the possibility of an adequate presence - "critical mass" - on world markets.

The key to success in IT is rapid uptake of the technology. Hence firms invest substantial sums in R&D. The R&D investments of computer companies are (in percentage of revenue) more than twice the average in the industry and those of the semiconductor companies more than three times the average. Public support is important.

2. The Situation in Europe

To gain an understanding of the present status and trends within the European Information Technologies industry, it is necessary to review recent history. Although the European market represents a substantial segment of world demand in IT, at the beginning of the 1980s European suppliers were in a weak position in several sectors. The European IT industry in the early 1980s was characterized by a decreasing market share, leading to lack of critical mass, low R&D and reduced capital investments.

Something substantial needed to be done to attempt to reverse this trend. It was generally recognized that the European scale was the only practical level for concerted action; the fragmented national markets were too small to provide the economies of scale required to compete and "national" companies could not find a sufficient space for expansion in their national market alone: worse yet, national public policies tended to polarize these too precisely towards their national markets.

The rationale for new initiatives, aiming at establishing positive conditions for the competitiveness of European IT industry, was therefore centred on the need to overcome the traditional fragmentation of the European market, by exploiting the Community dimension and anticipating the trend towards a Community wide integrated market.
The ESPRIT Programme was conceived along this line.

3. The Esprit Programme

In 1984, when the European Strategic Programme for Research and Development in Information Technologies was launched, it had the overall goal of providing European Information Technology (IT) industry with the technology base needed to become and remain competitive with the US and Japan in the 1990s. In addition to this primary objective, it aimed to promote European industrial cooperation in IT and to contribute to the development of internationally accepted standards. These long range objectives remain as valid and relevant today as they were five years ago.

Since 1984, a global investment of 4.7 billion ECU, equally shared between the Community and industry, has mobilized R&D resources (estimated to represent about 6,000 researchers at work in 1990), and has played an important catalytic role in stimulating growth of R&D investment in European firms up to levels which are now close to that of US companies.

The central element of the ESPRIT mechanism is cooperation. Cooperation means focussed collaborative R&D effort between industrial firms, universities and research institutes. After six years of collaborative efforts, we can clearly see that the basic idea of cooperation and resource sharing has been working, perhaps beyond expectations.

Indeed, industrial cooperation on precompetitive ESPRIT projects has proved highly successful. Increased levels of mutual respect and trust has been achieved between competing companies so that they now find it possible to agree on cooperative work programmes which are much more central to their mainstream activities than would have been thought possible at the start of ESPRIT. Cooperation has shown that work sharing and risk spreading leads to more efficient projects and catalyses the process of industrial reorganisation into new structures. The ESPRIT cooperation experience has also strengthened the links between industry and universities, which has led many of them to concentrate more and more on industrially relevant topics. It has, last but not least, also helped to establish new cohesive links between enterprises in the smaller and larger Member States.

Furthermore, the cooperation patterns within ESPRIT are now involving users, both large and small, to a much greater extent than before. This is proving valuable in helping projects keep sight of customer needs and in encouraging the exploitation of results. This strengthening of ties between European IT manufacturers and users is of major importance for the future of the European IT industry.

In the Basic Research area, even though this part of the programme only started in 1989, significant catalytic effects are already visible. For example, top researchers who traditionally used to take their sabbaticals outside Europe, now tend to take them to work in the laboratories of their Basic Research partners. Similarly, doctoral and post-doctoral students tend to spend much of their time in other partner's sites. Overall, there is a substantial increase of the level of awareness between European researchers in IT, new collaboration patterns emerging, and in fact, the shaping of a European IT academic community.

4. Esprit Technology Results

ESPRIT is an industrial programme and therefore the achievements need to be seen in the broad economic context of industrial and market development, through the effects produced directly or indirectly on the technology base and the structure of the European IT industry.
The transfer of research into technological results is however a partial, but important measure of success of the programme. The number of results arising from ESPRIT, now that it has full momentum, is large and growing.

Results from ESPRIT projects can be classified into three broad categories. First are those consisting of advanced technology to be incorporated into products or services reaching the marketplace, these include technology results used as enhancements to existing products. Second, projects may produce tools, methods or processes which enhance the development or manufacturing operations within industrial enterprises. The benefits of this type of project are seen indirectly in the marketplace through shorter development times, higher quality, better yields and reduced costs. Finally, certain projects produce results in the form of a contribution to international standards. Projects have produced results of all three types and these have come from all work areas of ESPRIT.

Table 1 shows an analysis of the 313 major results reported as of the end of 1989.

Table 1

Results of ESPRIT Projects by the end of 1989	
Contributing directly to products or services	152
Tools and methods used outside ESPRIT	118
Contributions to international standards	43
Total Results	313

211 of these results come from the 155 projects that had completed by the end of 1989. 93 of these 211 were obtained in the year 1989 alone. For illustration purposes, some examples of results in the various categories are given below.

- A technology which allows designers to realise ASICs rapidly and economically, CATHEDRAL, has been developed in a microelectronics project. An example result from CATHEDRAL was the reduction in size of CD player circuitry from a 100 cm2 pcb to a 1 cm2 single chip. Simultaneously, the design time for the circuitry was reduced from one month to one week.

- A world class, high speed, bipolar semiconductor technology has been developed in another project. The resulting process can provide circuit densities of more than 5,000 devices per mm^2 and delay times of only 70 picoseconds per gate.

- The cluster of projects devoted to the PCTE concept, which was developed in ESPRIT, continues to be highly successful. The tools for software integration and developments have been taken up by all European computer manufacturers and IBM. PCTE is rapidly becoming a worldwide industry standard.

- The T800 floating point transputer, developed in the SUPERNODE project, has become an outstanding commercial success, being adopted all over the world, including Japan. On the world market the transputer ranked first in the 1989 shipments of 32-bit RISC microprocessors.

- The PAPER INTERFACE project has allowed new advances in optical character recognition to be applied commercially. Using this new technology, AEG won $300 million contract from US Mail after its system out- performed those offered by competitors. The system can recognise 250 different type fonts and handwriting at the rate of 400 characters per second.

- Another project has developed the world best algorithm for digital compression, code named PICA. This algorithm was selected in a worldwide competition by ISO and CCITT as a basis for standards in that area. The exceptional performance of this algorithm made it possible to use conventional HF radio for transmitting colour images of the recent "Whitbread Round-the-World Yacht Race".

- In the manufacturing area, another project has developed new off-line programming systems for robots. These allow robots to be programmed in the safety of an office environment and without interrupting the production process. These systems are now extensively used at the partners' sites in industrial operations.

- Through the CNMA project, Europe has achieved leadership in the setting of standards for factory communications. A follow-on project builds on the early successes and, as well as the live factory implementation at BMW, British Aerospace and Aeritalia, new communications systems are being installed by Renault, Magneti Marelli and Aerospatiale.

5. Present IT Market Situation

There are new positive elements in the present situation of the European IT industry, concerning the market position of European IT companies, the recent restructurings which have taken place, the role of Europe in the global IT market and the general economic environment.

Despite a harsh competitive environment, European companies have improved their market positions: from 33% of European market in IT in 1982, the market share of European companies has grown up to more than 40% in 1989.

Also, on a world-wide scale, European companies have improved their position: three European companies are now ranked among the top ten in the world-wide dataprocessing market.

1989 results however indicate how difficult it is to maintain market share, and at the same time to be profitable, in a situation of continuing growth of the demand and fast technological change.

In the semiconductor sector, which represents one of the major areas of concern for European IT industry, the recent results of European companies have been interesting: the combined increase in sales of the three largest European companies was significantly higher than the average worldwide semiconductor market growth. The position of European semiconductor industry remains however subcritical in size.

Another important element is the restructuring of the IT industry which has taken place in the last few years: major acquisitions by some large companies have consolidated some market positions, as in the acquisition of Nixdorf by Siemens, or created the base for expansion on extra-European markets, as in the Bull acquisitions of Honeywell and Zenith.

Semiconductor companies have both exploited strategic alliances to be able to reach critical mass in R&D efforts e.g. Siemens/Philips, Siemens/IBM, and joined forces to establish competitive sizes, adequate to the worldwide scale of business, as in the case of the SGS-Thomson-INMOS merger.

Many software companies have expanded to European-wide organisations, either by acquisitions or implementing radical changes in their structures, strategies and market approaches.

The position of Europe in the world-wide IT market has dramatically changed: from 26% of world-wide market in 1985, a little more than half the US market, Europe is going to represent in 1993 more than one third of the world-wide market, the same size as the US predicted market.

Finally, the global economic environment in Europe is influenced in a positive way by the realization of the Single Market and is also stimulated by the expected opening of Eastern European markets. Furthermore, the European IT market is still far from saturation.

6. New Opportunities and Challenges

The new decade, which we have entered, appears to be, for the European IT industry, both more promising and more challenging than the past one.

Higher growth rates and the foreseen effects of the single European market will surely attract increased marketing efforts and competition on the European scene. In the data processing sector, the market slowed down significantly in the USA; this will have an important impact on the European market, as it has become the major source of sales, and profits for the largest international players: in fact some large US companies would not have shown growth at all in 1989 without the contribution of European sales.

The market environment is dynamic and changing all the time as industrial restructuring continues. The pace of technological change continues to quicken in Information Technology. New technologies are being introduced and prices are still falling in real terms.

Strong competition forces lower margins. In 1989 the profits of companies did not grow at the same rate as revenues and in many cases were lower than in 1988. It is possible that in the future the IT industry will not have the same level of profitability experienced in the past: this is because companies need increasing investments in R&D, the hardware shares of IT expenditure by the users is decreasing, and the constraints linking the supplier to its customers are less effective.

The trend from proprietary to open systems, which has progressed in Europe faster than in the US, is an additional factor for increasing the competition.

7. The Future

In this highly competitive environment, the European IT industry must continue to devote large resources to R&D investment, if they are to maintain or develop their market share as well as penetrate new application sectors. The product competitiveness and the ability to gain from technological innovation are key requirements to maintain and develop the market positions.

To support the effort of European IT industry, ESPRIT must continue to play an important role, both by being a driver for co-operative R&D projects and by focussing on well defined strategic objectives and technological priorities.

A major strategic objective is to avoid the risk of increasing technological dependencies. Some sectors of IT tend naturally to favour the concentration of suppliers. The high level of investment required limits the opportunities for new entrants, while the advantages of mass production restrict the possibility to compete to few players. This is the case in particular for semiconductors and peripherals. ESPRIT will address these sectors, in conjunction with JESSI in the area of submicron silicon technology, in order to encourage European industry in its efforts to enhance its competitive position in the high-stakes international components game.

Furthermore, IT can contribute to the strengthening of areas where Europe has already certain advantages. This is the case of manufacturing and engineering applications, where IT can assist in the design and production of higher quality, richer variety and more innovative goods. The predicted increasing use of IT in engineering and manufacturing processes offers an important opportunity for European companies.

Another major objective is to build on the European potential in software and systems engineering to develop and disseminate advanced techniques throughout Europe. This is an important opportunity for Europe and is needed to improve the productivity in the production of software, the most labour-intensive sector of IT, where success depends on specialized professionals. The demand for applications can be met in the future only with strong improvements in the qualification of professionals, the availability of new advanced methods and tools and their extensive use.

Continued efforts will be needed to maintain and expand the European reservoir of knowledge and expertise, which provides the foundations for Information Technologies. Basic Research topics, clearly upstream of industrial R&D, will be selected for their potential to produce important advances, while establishing and strengthening close links with the industrially oriented R&D activities.

The new R&D activities will demand increased co-operation between users and manufacturers. The IT industry is becoming increasingly oriented to provide solutions, rather than products and this trend is reflected in the manufacturers strategies. All major manufacturers are adopting new approaches to change from vendors of products to vendor of solutions, either by focussing on selected vertical markets, or extending their activities in the software and services sectors. Their overall success is strongly depending on the ability to understand user requirements and to provide them with solutions which are best suited to their needs. The co-operation links established in ESPRIT provide a sound base for further exploitation of synergies from user-manufacturer collaboration.

The next phase of ESPRIT will be oriented towards the new requirements described above. It will be an element of the third Framework Programme for Community R&D activities, which has been agreed for the period 1990- 1994. It foresees that, out of the 5.7 billion ECU from Community R&D, 1.35 billion ECU will be devoted to Information Technologies (ESPRIT).

On the global scale, Europe is much better positioned than it was five years ago. However, the next five years ahead can be expected to see a considerably more difficult and competitive environment for the IT industry in Europe. A substantial increase in R&D investments and a qualitative improvement in the speed of transfer of technology into marketable products will be necessary for the European IT industry to maintain and improve its position.

Von Modellen und wie man sie nutzt

Helmut Neunzert
Fachbereich Mathematik
Universität Kaiserslautern

Zusammenfassung:

Heinrich Hertz schrieb in seinen "Prinzipien der Mechanik" über Naturerkenntnis: "Wir machen uns innere Scheinbilder oder Symbole der äußeren Gegenstände, und zwar machen wir sie von solcher Art, daß die denknotwendigen Folgen der Bilder stets wieder die Bilder seien von den naturnotwendigen Folgen der abgebildeten Gegenstände." Für Bilder sagen wir heute Modelle - der Rohstoff, aus dem diese Modelle gemacht werden, war und ist die Mathematik. Es ist eine Kunst, das Modell so zu gestalten, daß es das Wesentliche wiedergibt, Unwichtiges weggefiltert ist: Man braucht Gespür für das Wesentliche und vielfältigen Rohstoff. Auswertung bzw. Nutzung der Modelle meint die Gewinnung jener denknotwendigen Folgen der Bilder, die "uns befähigt, künftige Erfahrungen vorauszusehen, um nach dieser Voraussicht unser Handeln einrichten zu können". Komplexe Modelle erfordern aufwendige Auswertungen, machen Computer als Werkzeuge erforderlich.

Worte wie "Modelle" oder "Modellierung" haben Hochkonjunktur, sind in "Mode" geraten: Wir finden sie nicht nur in Überschriften wie "Mathematik und Modellierung" auf deutschen Tagungen, sie bilden auch die Schlüsselworte eines im März dieses Jahres in Moskau gegründeten 150 Wissenschaftler starken "Zentrums für mathematische Modellierung" der Akademie der Wissenschaften, erscheinen in amerikanischen und europäischen "modelling weeks". Das Wort Modell muß eine neue Bedeutung bekommen haben, zumindest scheint sich sein Bedeutungsschwerpunkt verschoben zu haben.

In der Enzyclopaedia Britannica schrieb um die Jahrhundertwende der Physiker und Philosoph Ludwig Boltzmann, der in den letzten Jahrzehnten eine Renaissance erfahren hat, eine 4-seitige Abhandlung zum Stichwort "Modell". Für ihn sind Modelle zunächst "greifbare Darstellungen .... eines Gegenstandes, der bereits existiert oder der in Gedanken oder Wirklichkeit zu konstruieren ist". Er erwähnt als Beispiele Modelle für Gußformen in Technik und Kunst, Modelle in der Medizin und kommt schließlich zu seinem Hauptanliegen: "Modelle in den mathematischen, physikalischen und mechanischen Wissenschaften sind von größter Bedeutung". Sind wir damit schon bei unserem Thema? Es scheint so: Unter Hinweis auf J.C. Maxwell, H. v. Helmholtz, E. Mach und H. Hertz schreibt er: "Unsere Gedanken stehen zu den Dingen in gleichem Verhältnis wie die Modelle zu den Gegenständen, die sie darstellen." Unsere Gedanken als Modelle der Wirklichkeit - der Schluß liegt nahe, aber Boltzmann sieht ihn (noch) nicht. Er erläutert, was er meint: "Wenn wir danach streben, unsere Vorstellungen vom Raum durch Figuren, durch Methoden der deskriptiven Geometrie und durch verschiedene Draht- und Gipsmodelle zu unterstützen, unsere Topographie durch Pläne, Karten und Globen, unsere mechanischen und physikalischen Ideen durch kinetische Modelle, so erweitern wir einfach das Prinzip, mit dessen Hilfe wir Gegenstände in Gedanken erfassen und in Sprache oder Schrift ausdrücken." Aber: "In keinem dieser Fälle, weder bei Karten, Musiknoten, Figuren etc. können wir mit Fug und Recht von Modellen sprechen, denn diese beinhalten immer eine konkrete räumliche Analogie in drei Dimensionen." Modelle sind für ihn also immer noch feste, dreidimensionale Körper aus Holz, Draht, Gips, und sie dienen in der Mathematik und Naturwissenschaft zur Veranschaulichung von Gleichungen oder von funktionalen Zusammenhängen.

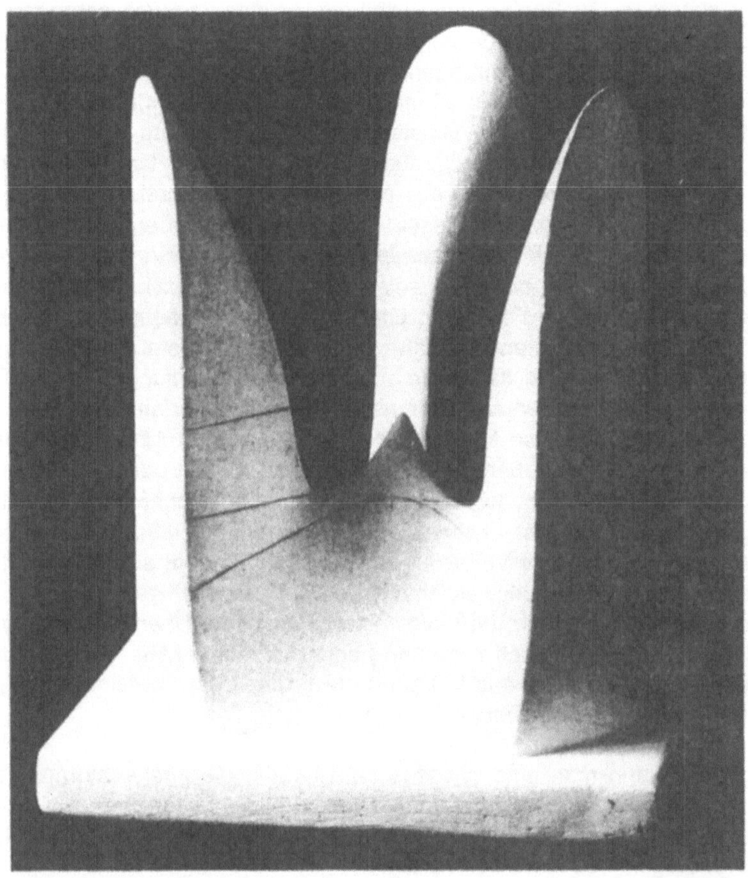

Bild 1: Aus:
Fischer, G.; Mathematische Modelle - Mathematical Models. Vieweg Verlag, Braunschweig 1986.

Diese und andere dreidimensionale Körper sind auch heute noch das, was die Umgangssprache mit Modell oder auch "model" meint. Aber es ist nicht das, was in "Mathematik und Modellierung" gemeint ist. Dabei war Boltzmann, wie oben angedeutet, schon ganz nahe daran, hatte der im Alter von 37 Jahren 1894 verstorbene Physiker Heinrich Hertz in seinen unmittelbar nach seinem Tod veröffentlichten "Prinzipien der Mechanik" eine Wissenschaftsauffassung vertreten, die Modellen in unserem Sinn - mathematischen Modellen der Wirklichkeit - eine entscheidende Rolle zusprach. Zu Beginn der Einleitung zu diesem Buch schreibt Hertz: "Es ist die nächste und in gewissem Sinne wichtigste Aufgabe unserer bewußten Naturerkenntnis, daß sie uns befähige, zukünftige Erfahrungen vorauszusehen, um nach dieser Voraussicht unser gegenwärtiges Handeln einrichten zu können. Als Grundlage für die Lösung jener Aufgabe der Erkenntnis benutzen wir unter allen Umständen vorangegangene Erfahrungen, gewonnen durch zufällige Beobachtungen oder durch absichtlichen Versuch. Das Verfahren aber, dessen wir uns zur Ableitung des Zukünftigen aus dem Vergangenen und damit zur Erlangung der erstrebten Voraussicht stets bedienen, ist dieses: *Wir machen uns innere Scheinbilder oder Symbole der äußeren Gegenstände, und zwar machen wir sie von solcher Art, daß die denknotwendigen Folgen der Bilder stets wieder die Bilder seien von den naturnotwendigen Folgen der abgebildeten Gegenstände.* Damit diese Forderung überhaupt erfüllbar sei, müssen gewisse Übereinstimmungen vorhanden sein zwischen der Natur und unserem Geiste. Die Erfahrung lehrt uns, daß die Forderung erfüllbar ist und daß also solche Übereinstimmungen in der Tat bestehen. Ist es uns einmal geglückt, aus der angesammelten bisherigen Erfahrung Bilder von der verlangten Beschaffenheit abzuleiten, so können wir an ihnen, wie an *Modellen*, in kurzer Zeit die Folgen entwickeln, welche in der äußeren Welt erst in längerer Zeit oder als Folgen unseres eigenen Eingreifens auftreten werden; wir vermögen so den Tatsachen vorauszueilen und können nach der gewonnenen Einsicht unsere gegenwärtigen Entschlüsse richten. - Die Bilder, von welchen wir reden, sind unsere Vorstellungen von den Dingen; sie haben mit den Dingen die eine wesentliche Übereinstimmung, welche in der Erfüllung der genannten Forderung liegt, aber es ist für ihren Zweck nicht nötig, *daß sie irgendeine weitere Übereinstimmung mit den Dingen haben.* In der Tat wissen wir auch nicht und haben auch kein Mittel zu erfahren, ob unsere Vorstellungen von den Dingen mit jenen in irgend etwas anderem übereinstimmen, als allein in eben jener einen fundamentalen Beziehung."

Kürzer und prägnanter kann man eine Wissenschaftstheorie, die ihre Ausformungen unter verschiedenen Namen bis heute erhält, nicht formulieren. Vollzieht man die im Text angedeutete Identifikation von Bild und Modell, so hat man den passenden Modellierungsbegriff. Hertz stellt auch gleich die Grundregeln des Modellierens auf:

1. Modelle sind nicht eindeutig: Verschiedene Bilder derselben Gegenstände sind möglich. Dieses Prinzip wird bis heute - oft zum Schaden der Erkenntnis - manchmal außer acht gelassen; ich werde später ein Beispiel dazu vorstellen.

2. Modelle müssen in sich widerspruchsfrei sein (Hertz nennt sie "logisch zulässsig"). So sind z.B. Gleichungen, die keine Lösungen zulassen, unzulässig.

3. Modelle müssen "richtig" sein: "Unrichtig nennen wir zulässige Bilder dann, wenn ihre wesentlichen Beziehungen den Beziehungen der äußeren Dinge widersprechen, d.h. wenn sie jener ersten Grundforderung nicht genügen".

4. Schließlich unterscheiden sich zwei zulässige und richtige Bilder desselben Gegenstandes noch durch ihre Zweckmäßigkeit, d.h. durch den Reichtum der durch sie dargestellten Beziehungen oder durch die Sparsamkeit und Eleganz des Modells.

Ich glaube, daß Hertz in den ersten 4 Seiten der Einleitung die allgemeinen Regeln einer wissenschaftlichen Modellierung vollständig und klar aufgestellt hat. Er macht im weiteren auch deutlich, woraus und wie diese Modelle gemacht werden: Der Rohstoff dieser Modelle, das Material, aus dem die Bilder geformt werden, ist die Mathematik, ihre "Zulässigkeit" besteht in mathematischer Widerspruchsfreiheit und ist daher eindeutig entscheidbar; ihre "Richtigkeit" prüft man, indem man mathematische Schlußfolgerungen mit Messungen vergleicht und hängt daher vom Stand unserer Erfahrungen ab. Im Sinne des sogenannten "Ludwig-Konzepts" kann man auch sagen, daß jedes Modell seinen "Richtigkeitsbereich" hat, den Teil der Welt, der durch dieses Modell adäquat beschrieben wird, und dieser Richtigkeitsbereich kann sich in der Geschichte verändern, wachsen oder - meist schrumpfen: Man denke nur an die klassische Mechanik, die ja auch Hertz im Auge hatte.

Modellieren als das Erstellen mathematischer Bilder eines Teiles der Wirklichkeit: eine 100 Jahre alte Beschreibung dessen, was z.B. Astronomie und Physik schon seit Jahrtausenden tun. Die theoretische Physik erstellt die Modelle mit Hilfe der Mathematik, die Experimentalphysik prüft ihre Richtigkeit. Das hat schon Galilei gesagt und getan. Was also ist heute neu, warum diese plötzliche Aktualität des Modellierens? Die Antwort liegt in den modernen Möglichkeiten der "Modellauswertung": Man muß die "denknotwendigen Folgen der Bilder" ermitteln, um Vorhersagen über die "naturnotwendigen Folgen der Gegenstände" zu erhalten. Man muß also Modelle auswerten, um ihre Richtigkeit zu prüfen - man muß die Lösungen der "Modellgleichungen" für bestimmte Parametersätze berechnen und diese Lösungen mit dem Experiment vergleichen.

Es ist klar, daß dies für komplizierte Modelle, z.B. für komplexe partielle Differentialgleichungen mit "realistischen" Randbedingungen eine schwierige Aufgabe ist - man braucht geeignete Algorithmen und eben leistungsfähige Rechner zur Ausführung dieser Algorithmen. Der bekannte russische Mathematiker A.A. Samarskii - er ist heute einer der Päpste der sowjetischen numerischen Mathematik und Gründer und Direktor des oben erwähnten Zentrums für mathematische Modellierung - spricht dabei vom "Computerexperiment", da es dieselbe Aufgabe hat wie ein normales Experiment, nämlich die Richtigkeit des Modells zu prüfen. Dieses Computerexperiment mit seinen drei Stufen (der "Triade", wie Samarskii das nennt) Modell - Algorithmus -Programm ist nach Samarskii nicht nur eine neue Wissenschaftsrichtung - "es ist eine neue wissenschaftliche Methode, die sowohl den Denkstil eines modernen Wissenschaftlers als auch den Kreis der Probleme bestimmt, welche sich der Forscher zu stellen vermag". Es ist "eine neue Art, die Natur zu befragen" und es ist darüber hinaus auch eine neue Methode des technischen Designs.

Natürlich wurde dieses Computerexperiment, dieses "scientific computing", erst möglich durch die Entwicklungen der Computertechnik. Samarskii: "Erstmals in der gesamten Wissenschaftsgeschichte erhielt der Theoretiker, welcher früher nur über seinen Bleistift, das Papier und einfachste Instrumente verfügte, ein gewaltiges und modernes Instrumentarium in die Hand. Auf diese Weise wurde er seiner intellektuellen Ausrüstung nach dem Experimentator vergleichbar, der über Radioteleskope, Teilchenbeschleuniger, Magnetfallen und andere 'schwere Geschütze' der Wissenschaft verfügt." Man kann jetzt Modelle ganz anders nutzen: Während die Physik erklärt und sich manchmal mit einfachen eindimensionalen Modellen weiterhelfen konnte, ist Technik immer dreidimensional; technische Geräte haben meist komplexe Geometrien, die zugehörigen Modelle sind erst mit modernen Computern auswertbar. Aber auch in anderen Naturwissenschaften waren früher realistische Modelle zu komplex, um sie auszuwerten, d.h. um sie zu überprüfen und sie zur Vorhersage anzuwenden: Heute beherrscht das Computerexperiment viele Teile der Physik, Chemie, Biologie, dringt mehr und mehr in die Wirtschafts- und Sozialwissenschaften, sogar in die Geisteswissenschaften ein.

Und obwohl es manchmal schamhaft verschwiegen wird: Mathematik ist überall wesentlich beteiligt - in der Modellerstellung und in der Modellauswertung. Natürlich nicht Mathematik alleine: Bei der Modellerstellung muß der Spezialist (der Physiker, Ingenieur etc.) mit dem mehr "generalistischen" Mathematiker eng zusammenarbeiten - der letztere kennt den Rohstoff des Modells, der andere das, was modelliert werden soll; keiner kann ohne den anderen oder wenigstens ohne die Kenntnisse des anderen erfolgreich arbeiten. Samarskii spricht von einer Symbiose von Physikern und Mathematikern bei der Lösung der "größten Probleme unserer Zeit, z.B. der *Erschließung des Weltraums*". Bei der Auswertung der Modelle müssen Informatiker und Mathematiker zusammenarbeiten: Die von Mathematikern erstellten Algorithmen müssen zu den Rechnern passen, die Computer müssen den Forderungen der Algorithmen entsprechend weiterentwickelt werden. Teamwork ist also gefordert, der Triade Modell - Algorithmus - Programm steht das Team aus Fachwissenschaftler - Mathematiker - Informatiker gegenüber, nicht mit genauen Entsprechungen und manchmal in teilweiser Personalunion. Ob man dies dann als "Computersimulation" oder als mathematische Modellbildung und Modellauswertung bezeichnet, ist gleichgültig - man sollte nur die Bestandteile und zugrundeliegenden Regeln nicht über dem Namen vergessen. Die Notwendigkeit der Zusammenarbeit stellt sicher neue Anforderungen an die Ausbildung der Wissenschaftler - sie müssen z.B. eine gemeinsame Sprache finden -, aber diese Fragen der Hochschulausbildung und der wissenschaftlichen Weiterbildung sind nicht Gegenstand dieses Vortrags.

Dagegen will ich nun die Hertzschen Regeln der Modellbildung anhand konkreter Beispiele aus meiner eigenen Erfahrung verdeutlichen. Im ersten Beispiel geht es um die Steuerung eines solarbeheizten Schwimmbades: Wie muß man zusätzlich heizen, um eine erwünschte Wassertemperatur bei möglichst geringen Energiekosten aufrecht zu erhalten? Um eine solche Steuerung zu finden, ist es notwendig, die Verhaltensweise des "Systems Schwimmbad", seine Reaktion auf Sonneneinstrahlung, Wind, Luftfeuchtigkeit etc, vorherzusagen. Wir wollen also "die naturnotwendigen Folgen" dieser Klimadaten auf die Wassertemperatur erfassen und machen uns dazu ein Modell der Wirklichkeit. Solche Modelle sind nicht eindeutig: Man kann versuchen, die Physik der Wechselwirkungen zwischen Wassertemperatur und Klima zu verstehen und mathematisch zu beschreiben - ein äußerst kompliziertes Vorhaben, das nur mit größtem Aufwand zum Erfolg führen kann. Man kann auch einen anderen Weg gehen: Man lernt aus der Vergangenheit, d.h. man beobachtet Eingangs- und Ausgangsdaten des Systems "Schwimmbad" über eine bestimmte Zeit, versucht eine Gesetzmäßigkeit zu erkennen, um diese dann für die Zukunft zu verwenden.

Benutzt man den mathematischen Begriff einer Abbildung, so kann man sagen, daß das System jene Funktionen, die die Eingangsdaten beschreiben, abbildet in die Funktion, die den zeitlichen Verlauf der Wassertemperatur darstellt. Die Beobachtung liefert dann gewisse Informationen über diese Abbildung, nämlich für bestimmte Urbilder der Abbildung (das heißt für einige Eingangsdaten) die zugehörigen Bilder (das heißt einige Ausgangsdaten). Die mathematische Modellbildung besteht nun darin, eine geeignete Klasse von mathematischen Abbildungen festzulegen und aus dieser Klasse dann diejenige Abbildung auszuwählen, welche die durch die Beobachtung gegebene Wirklichkeit am besten annähert. Die Aufgabe, die zu bewältigen ist, hat also zwei Aspekte:

- Zunächst muß man die Sorte der mathematischen Abbildungen erraten, die grundsätzlich geeignet sind, das wirkliche Verhalten qualitativ wiederzugeben.
- Dann muß man das beste Exemplar dieser Sorte bestimmen, jenes, das das beobachtete Verhalten quantitativ besonders gut approximiert.

Das folgende Bild zeigt schematisch den notwendigen Modellierungsprozeß - das Ersetzen des Schwimmbades durch eine Abbildung. Welche Abbildungsklassen kommen in Frage? Hier ist reichhaltiger Rohstoff, Kenntnisse seines typischen Verhaltens notwendig; die Klasse darf nicht zu klein gewählt werden, da sonst eine Anpassung an die zur Verfügung stehenden Daten nicht möglich ist - sie darf nicht zu groß sein, da sonst die Auswahl der bestmöglichen Abbildung aus dieser Klasse zu aufwendig wird. Die Hertzschen Kriterien werden bestätigt: Es sind viele Modelle möglich, aber wir haben darauf zu achten, daß sie "zulässig" sind (es muß sich um mathematisch vernünftig definierte Abbildungen handeln), daß sie "richtig" sind (die errechnete Wassertemperatur stimmt mit der gemessenen bis auf tolerierbare Abweichungen überein) und daß sie "ökonomisch" sind (unter allen zulässigen, richtigen Modellen wählen wir jenes, dessen Auswertung den geringsten Aufwand bedeutet).

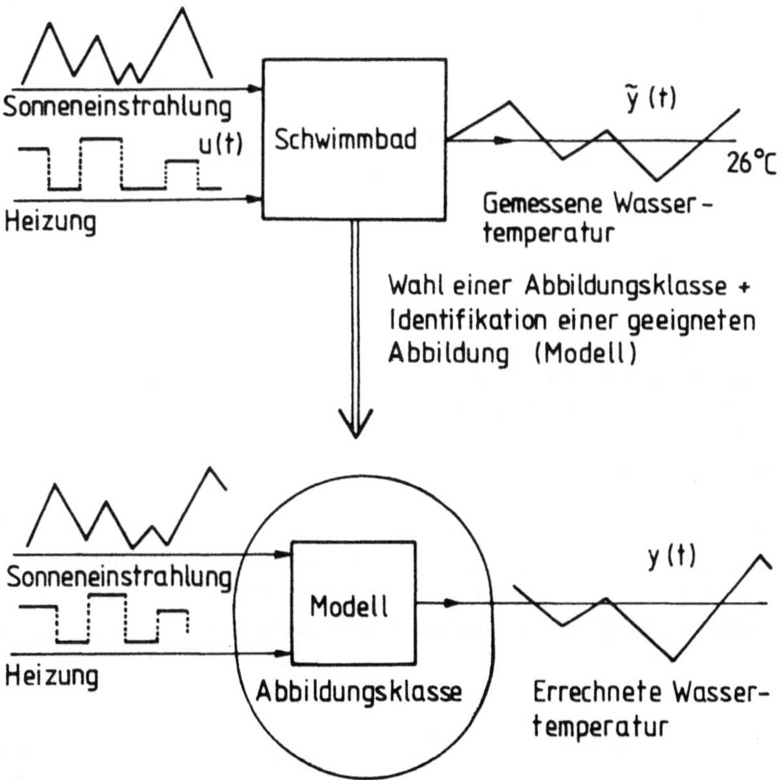

Bild 2

Die lineare Systemtheorie legt die Wahl der sogenannten linearen, zeitinvarianten Kontrolltheorie als Abbildungsklasse nahe. Dabei werden die m Eingangsdaten $u_1(k),...,u_m(k)$, die die Meßwerte in diskreten Zeitpunkten t_k darstellen, zu einem Vektor u(k) zusammengefaßt, die Transformation in eine Ausgangsfunktion y(k) (errechnete Wassertemperatur zur Zeit t_k) erfolgt vermöge der Vorschrift

$$x(k+1) = Ax(k) + Bu(k)$$
$$y(k+1) = Cx(k).$$

Hier sind x(k) fiktive "innere" Zustände des Systems, wobei die Dimension der Vektoren x(k) als ein Maß für die Komplexität des Übertragungsverhaltens angesehen werden kann; diese Dimension n sowie die (n x m)-Matrix B, die (n x n)-Matrix A und die (1 x n)-Matrix C können dann so gewählt werden, daß sich das errechnete y(k) von der gemessenen Temperatur so wenig wie möglich unterscheidet. Die Komplexität des Systems kann man mit Konzepten wie Entropie messen, die aus der Physik entlehnt sind. Je ungeordneter, chaotischer das Verhältnis von Eingang zu Ausgang wirkt, desto höher ist diese Komplexität und damit die Dimension n des Zustandsraumes.

Die Bestimmung geeigneter A, B und C stellt dann eine "normale" Optimierungsaufgabe dar; allerdings sind es recht viele Parameter, beim Schwimmbad etwa 50, von denen das System abhängt und bezüglich derer man optimieren muß . Hat man genügend Rechnerkapazität oder genügend Zeit, so ist dies kein Problem. Muß das alles auf einem PC in Echtzeit gehen, so benötigt man etwas mehr Mathematik: Es gibt bei allen Modellen gute und schlechte Auswertungsverfahren und meist lohnt es sich, etwas mehr mathematisch nachzudenken, ehe man sich an das Programmieren macht. Hier braucht man etwas von der Theorie der Normalformen, ja sogar etwas von Mannigfaltigkeiten, um den Aufwand wesentlich zu reduzieren; dann aber laufen solche Identifikationsprogramme ohne weiteres auf PC's.

Es gibt allerdings viele Fälle, in denen das Ergebnis sehr unbefriedigend ist, weil die Abbildungsklasse zu klein gewählt ist; z.B. kann die angenommene Linearität des Systems bei echt nichtlinearem Systemverhalten auch bei großen Zustandsraumdimensionen eine zu große Einschränkung bedeuten. Man muß Nichtlinearitäten hinzufügen, die allerdings nun wiederum den Aufwand stark erhöhen. Hier das richtige Maß , d.h. ein Modell zu finden, das so einfach wie möglich aber so genau wie nötig ist, ist eine Kunst: man braucht Erfahrung und Phantasie. Man beachte: Die Parameter des identifizierten Systems haben keine physikalische Bedeutung - es ist kein physikalisches Modell, eher eine mathematische "black box", die aber ihre Aufgabe, eine optimale Steuerung des Schwimmbades zu ermöglichen, ganz ausgezeichnet erfüllt. Das folgende Bild 3 zeigt gemessene und errechnete Wassertemperatur zu gegebenen Eingangsdaten (Sonneneinstrahlung etc.), oben für ein rein lineares, unten für ein verbessertes nichtlineares Modell. Dabei wird aus den Daten für die ersten 200 Zeitschritte gelernt, danach sind die errechneten Punkte wirklich Eintagesvorhersagen, die zumindest im nichtlinearen Fall fast exakt mit den dann später gemessenen Werten übereinstimmen.

BECKENTEMPERATUR IM AUGUST (Linear)

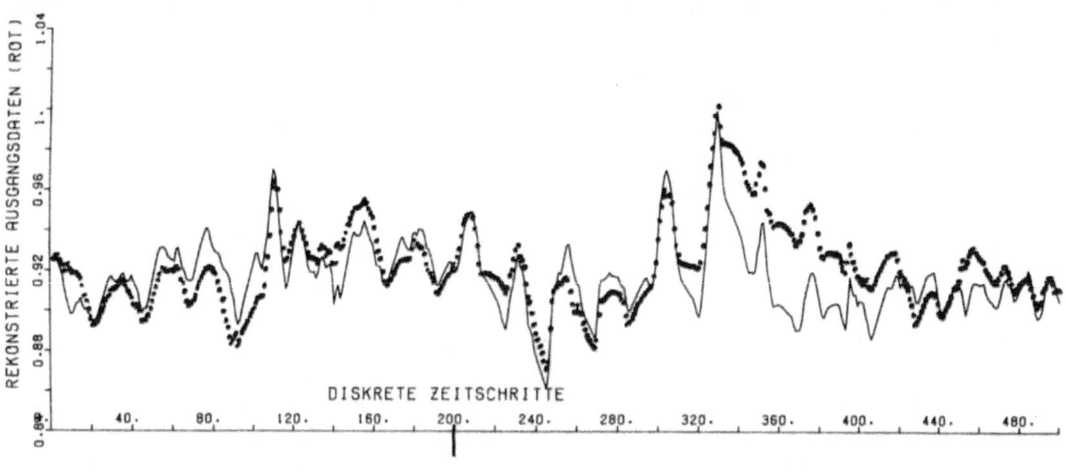

DIMENSION = 1.

BECKENTEMPERATUR IM AUGUST (NICHTLINEAR)

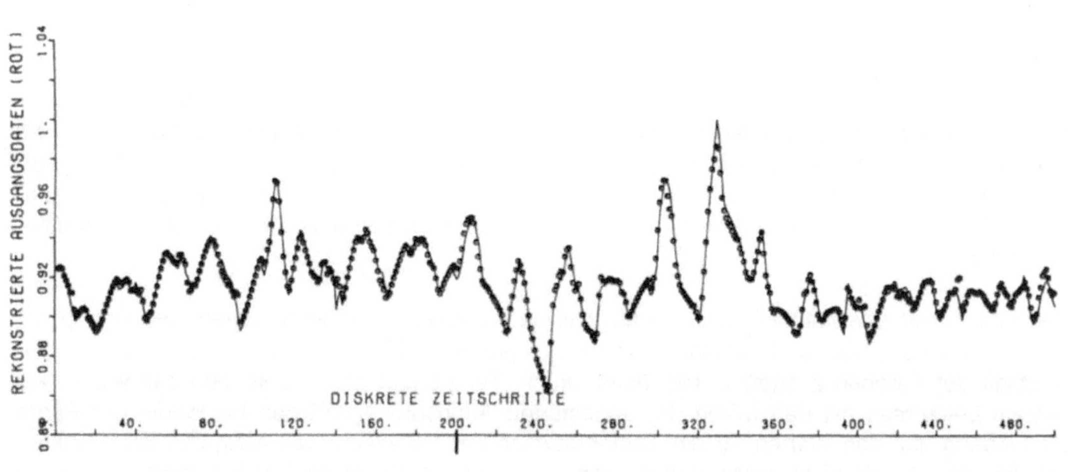

DIMENSION = 1.

Bild 3

Ich möchte bemerken, daß ähnliche Aufgabenstellungen, nämlich die Identifikation von Systemen, bei der aus der Vergangenheit gelernt und die Zukunft beherrscht werden soll, sehr oft auftreten; insbesondere immer dann, wenn man viele "Lerndaten" zur Verfügung hat, aber wenig Kenntnisse über die inneren Mechanismen des Systems besitzt. Beispiele aus unserer Praxis sind

- die Steuerung eines Autoprüfstandes,
- die Vorhersage der Quellergiebigkeit einer kommunalen Wasserversorgung,
- die Absatzvorhersage eines Betriebes, um die Lagerhaltung besser planen zu können,
- die Ursachenanalyse bei Waldschäden.

Während dieses erste Beispiel die Hertzschen Kriterien von "Richtigkeit" und Ökonomie" verdeutlichen sollte, soll das zweite eher die Möglichkeiten moderner Modellauswertung zeigen. Es stammt aus der Raumfahrt: Die Umströmung einer Raumfähre beim Wiedereintritt, die durch die Wechselwirkung von Flugkörper und Atmosphäre entstehende Hitze auf der Oberfläche stellen entscheidende wissenschaftliche und technische Probleme dar. Natürlich arbeiten an diesen Problemen bei der NASA, in Europa und in Asien sicher mehr als 1000 Wissenschaftler - mir geht es hier um ein kleines Detailproblem, an dem wir in Kaiserslautern mitarbeiten und das auch gute "Beispielqualitäten" hat. In Höhen um 100 km ist das Gas zu dünn, um durch die üblichen strömungsdynamischen Gleichungen von Euler oder Navier und Stokes beschrieben zu werden, zu dicht aber schon, um wie im "leeren" Raum vernachlässigt zu werden. Die Gleichung, die mathematisch die zeitliche Entwicklung von Dichte, Temperatur, Erhitzung des Schutzschildes zu berechnen gestattet, ist die sogenannte Boltzmanngleichung, eine äußerst komplizierte, nichtlineare Integrodifferentialgleichung, mit der sich schon der vielleicht bedeutendste Mathematiker dieses Jahrhunderts, David Hilbert, befaßt hat. Die Idee der numerischen Lösung dieser Gleichung ist jedoch auch ohne genaues Verständnis der Gleichung beschreibbar.

Ein Shuttle fliegt mit etwa 20 Mach in einem Gas, das immerhin so dünn ist, daß ein Gasmolekül ca. 10 cm fliegt, ehe es einem anderen Teilchen begegnet. Diese Begegnungen, die Stöße, sind wichtig für die Temperaturentwicklung. Die Dichte und damit auch die Temperatur ändern sich in der Umgebung des Shuttle. Im "Schock" vor der Nase der Fähre entstehen z.B. Temperaturen von über 10.000 °C. Aber auch in der "dünnen Luft" sind es immer noch 10^{19} Teilchen pro Kubikmeter, die aufeinander und auf die Oberfläche auftreffen, 10^{19} Teilchen, von denen jedes zur Beschreibung seines momentanen Zustands mindestens sechs Zahlen, je drei für den Ort und die Geschwindigkeit, benötigt. Man kann sich die Teilchen hier als Billardbälle vorstellen, das heißt ohne "innere Struktur". Wollte man das Verhalten solcher riesigen Teilchenensembles im Rechner nachspielen, man würde auch jeden heute verfügbaren Supercomputer überfordern.

Nun interessiert uns natürlich auch nicht, was so ein Molekül während seiner Begegnung mit der Fähre alles erlebt, es interessieren makroskopische Größen, Wirkungen, die von der Gesamtheit der Teilchen ausgehen, das heißt Druck, Temperatur etc. Wir können das wieder als System betrachten mit den Daten der ungestörten Atmosphäre und den Flugdaten der Fähre als Eingang, mit den Werten für die Temperatur an der Oberfläche als Ausgang, und wir können fragen, ob wir nicht einen einfacheren, von der Physik abweichenden mathematischen Prozeß finden können, der dieses makroskopische Systemverhalten approximiert.

Es geht hier wiederum nicht um die Erkenntnis der Naturprozesse, die sich dabei abspielen, sondern darum, Vorhersagen zu treffen, die es erlauben, ein optimales technisches Gerät zu bauen. Es ist nicht nötig, daß unser Modell "eine weitere Übereinstimmung mit den Dingen" hat als jene, die richtigen Folgen vorherzusagen. Wir müssen uns in unserem Modell also keineswegs an das natürliche Billardspiel halten, wir können es abändern, wenn wir es nur so tun, daß es diese Forderung erfüllt. Und in der Tat gelingt es, ein solches einfacher auszuwertendes Spiel zu erfinden. Ich möchte nur einen Teilaspekt davon verdeutlichen: Teilchen stoßen miteinander und mit der Oberfläche der Fähre - beides ist entscheidend. Dabei begegnen die Teilchen ihrem Kollisionspartner - er läuft ihnen über den Weg: Es ist fast wie im menschlichen Leben, in dem man auch seinem Lebensgefährten irgendwann irgendwo begegnet. Nun ist ein Nachspielen solcher Begegnungen im Rechner äußerst aufwendig, auch dann, wenn man sich mit 10^5 "Stichprobenteilchen" begnügen würde.

Man muß dieses "Begegnen" daher durch ein anderes Verfahren ersetzen, das einfacher zu simulieren ist, aber eben makroskopisch in seinen globalen Wirkungen auf Fähre und Gas der Natur ähnelt. Der Vergleich mit dem menschlichen Leben verhilft uns zu einer Idee: Es gibt doch Gesellschaften, in denen Heiratsvermittler die Paare zusammenstellen; ohne sich vorher begegnet zu sein, werden Menschen "füreinander" bestimmt, nach den Regeln dieses Vermittlers. Wenn diese Regeln einigermaßen vernünftig sind, so können die "makroskopischen Folgen" einer solchen Partnerwahl (die man hier vielleicht als demoskopische Folgen interpretieren kann) in etwa die gleichen sein wie jene des bei uns üblichen Verfahrens. Genau dies ist die Idee unserer Modellierung: Statt exakt auszurechnen, welche Teilchen sich wo treffen, bestimmen wir nach einer abstrakten Regel, welche Teilchen ein Kollisionspaar bilden; dabei ist diese Regel aus der Boltzmanngleichung herleitbar - sie erfüllt die Forderung des makroskopischen Gleichverhaltens in mathematisch strenger Weise. Das mathematische Modell ist hier also ein "verfremdetes" Poolbillardspiel: Kugeln bewegen sich in Zeitschritten geradlinig, ohne auf Begegnungen zu achten; statt dessen werden in jedem Zeitschritt gewisse Kugeln zu Kollisionspaaren bestimmt, die dann ihre Geschwindigkeiten ähnlich wie in einem echten Stoß austauschen. Die "Zulässigkeit" dieses Modells macht kaum Schwierigkeiten, wenn nur die Regeln eindeutig sind. Die "Richtigkeit" zu zeigen, ist schwieriger und vollzieht sich in zwei Stufen: Es ist eine mathematische Aufgabe zu zeigen, daß unser Kunstspiel für genügend große Kugelzahlen ähnliche Ergebnisse zeitigt wie die Boltzmanngleichung; es ist eine physikalische Aufgabe, die Einzelheiten der Boltzmanngleichung, z.B. die Randbedingungen, in denen die Wechselwirkung des Gases mit der Oberfläche des Flugkörpers beschrieben wird, den technischen und physikalischen Gegebenheiten anzupassen. Das schönste Modell und die raffinierteste Auswertungsmethode ist nichts wert, wenn physikalische Parameter wie z.B. der Wärmeleitkoeffizient der Shuttleoberfläche falsch angenommen werden. Schließlich ist hier die Ökonomie" des Modells wichtig: Nur sparsame Modelle, mit gut vektorisierbaren Auswertungsalgorithmen haben eine Erfolgschance. In unseren Rechnungen zu echt dreidimensionalen Flugkörpern benötigen wir ca. 3 Millionen Simulationsteilchen, die sich in jedem von mehr als 100 Zeitschritten geradlinig bewegen, mit dem Shuttle stoßen und das oben beschriebene Stoßpartnerspiel spielen. Das geht auch auf dem Vektorrechner VP 400 nur, wenn man sowohl die Mathematik zum Zwecke der Fehlerreduktion wie auch die Möglichkeiten des Rechners bis zum äußersten nutzt. Bild 4 zeigt das berechnete Temperaturfeld um eine Raumfähre mit stark vereinfachter Geometrie - ein Vergleich dieser "denknotwendigen Folgen eines Bildes" mit den "naturnotwendigen Folgen" in einem Experiment ist hier a priori schwer zu vollziehen, da Windkanalexperimente mit diesen Geschwindigkeiten und Temperaturen kaum machbar sind. Man muß auf Modell und Modellauswertung vertrauen.

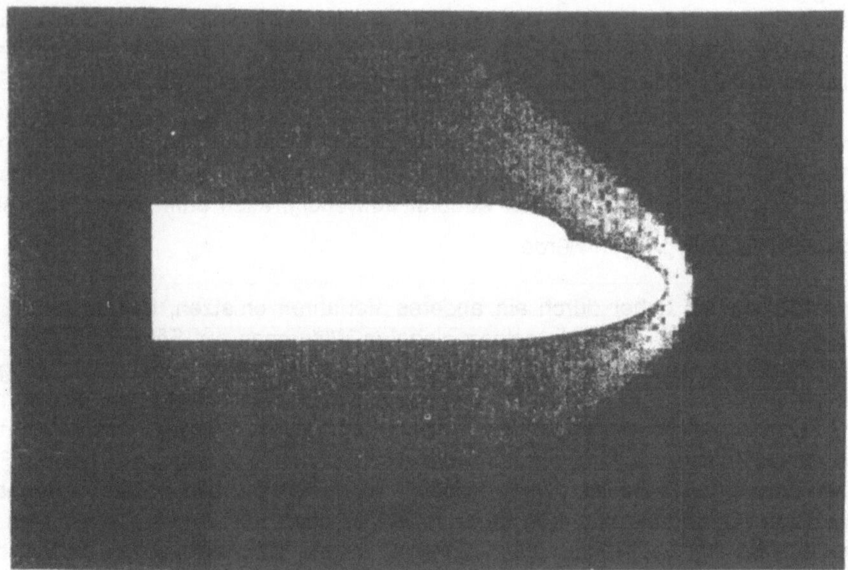

Simulierte Strömungen um einen ebenen Schnitt durch HERMES

Bild 4

Lassen Sie mich zum Abschluß nochmals die Hertz'schen Modellierungsregeln in einfacher Form zusammenstellen.
Modelle sind mathematisch formulierte Bilder eines Teiles der Wirklichkeit zum Zwecke der Vorhersage. Beachte dabei folgende Regeln:

1. Prüfe ihre "Zulässigkeit": Nur die Mathematik kann entscheiden, ob diese Bilder in sich widerspruchsfrei sind, d.h. z.B. ob die Gleichungen überhaupt eine, besser, genau eine Lösung besitzen, ob sie gegen Ungenauigkeiten in den Parametern nicht zu empfindlich sind etc.

2. Überzeuge Dich so gut wie möglich von ihrer "Richtigkeit": Vergleiche die Vorhersagen mit Experimenten, studiere spezielle Parameterwerte, die solche Vergleiche besonders einfach machen. Vorhersagen können aus zwei Gründen falsch sein: Das Modell ist unzulänglich oder die Modellauswertung ist falsch. Man muß diese Fehlerquellen wohl unterscheiden, um sie beseitigen zu können.

3. Glaube nicht, es gäbe nur ein "naturnahes" Modell: Alle zulässigen und richtigen Modelle sind sinnvoll. Wähle jenes, das am besten und leichtesten auswertbar ist.

Modellieren ist mehr als Fachwissenschaft, mehr als Mathematik, mehr als Informatik. Es ist eine schwierige, kreative Arbeit, die besondere Fähigkeiten verlangt - dies hat A.L. Crelle, der preußische Oberbaurat und Gründer des ältesten deutschen mathematischen Journals, um die Mitte des letzten Jahrhunderts in prägnanter und noch heute gültiger Form zum Ausdruck gebracht (Ich verdanke den Hinweis auf den Text im Archiv der Akademie der Wissenschaften der DDR, Herrn Kollegen Purkert vom Karl-Sudhoff-Institut in Leipzig.): "Eine ersprießliche und naturgemäße Anwendung der Mathematik auf das Bauwesen kann schon nicht anders als von jemand gemacht werden, der Mathematiker und Practiker, beides in zureichendem Umfange, zugleich ist. Aber auch das reicht noch nicht hin, und die Anwendung kann dennoch wenig naturgemäß ausfallen, wenn ein Drittes fehlt, welches beide Arten von Kenntnissen und Einsichten, die theoretischen und practischen, gleichsam beherrscht und lenkt. Dieses Dritte ist ein eigenthümliches Talent, die Gegenstände der Praxis mathematisch zu erfassen und zu durchschauen, und die Mathematik nur so wirken zu lassen, wie sie es bei der Natur complicirter Dinge vermag: in die Erscheinungen nicht bloß mathematische Formeln zu bringen, sondern sie mit mathematischem Geist zu durchschauen und zu durchdringen."

Modellierung und Künstliche Intelligenz

Franz Josef Radermacher
Forschungsinstitut für anwendungsorientierte Wissensverarbeitung (FAW)
Universität Ulm

Abstract

Im Zuge der Entwicklung des Fachgebiets der Künstlichen Intelligenz (KI), das sich im Kern mit einem verbesserten Verständnis von Begriffen wie Wissen, Intelligenz und Bewußtsein beschäftigt, erweist sich auf der Basis von Positionen der evolutionären Erkenntnistheorie die Modellierung der umgebenden Realität als Schlüsselbegriff. Modellierung ist dabei in einem sehr allgemeinen Sinne zu verstehen und umfaßt auf einer frühen Ebene der Entwicklung von Lebensformen ausschließlich Modellierungen in Form von chemisch-biologischen Strukturen, auf einer späteren Ebene zusätzlich Modellierungen in Form neuronaler Netze und schließlich auf der begrifflichen Ebene eine Modellierung in Form von symbolischen Konstruktionen, wie zum Beispiel Sprache, interpretierte Bilder oder Zeichen. Wenn sich die KI auch in besonderem Maße mit einem Teilgebiet der symbolischen Verarbeitung von Wissen beschäftigt, insbesondere Wissen logischer oder relationaler Art, so zielen die zentralen Themen des Fachgebiets letztendlich doch auf die Integration unterschiedlichster Modellierungsformen zu leistungsfähigen Lösungen, wobei zumindest auf absehbare Zeit die Umsetzung auf Rechnern und damit eine große Nähe zu Informatikmethoden im Vordergrund steht. Der vorliegende Vortrag will aufzeigen, wie verschiedene Modellierungsansätze unterschiedlicher wissenschaftlicher Disziplinen in der KI zusammenwirken und wie insbesondere der Modellierungsbegriff nicht nur die KI befruchtet, sondern die KI auch eine neue Sicht und Betonung des Modellierungsgedankens in die Wissenschaft einbringt.

Keywords

Bewußtsein, Evolutionstheorie, Inferenzaspekte, intelligente Werkstoffe, Intelligenz, Modellierung, neuronale Netze, Wissensbasierung

Einleitung

Begriffe wie Wissen, Lernen, Intelligenz, Bewußtsein stellen zentrale Themen dar, mit denen sich das Fachgebiet der Künstlichen Intelligenz (KI) in Zusammenarbeit mit anderen wissenschaftlichen Disziplinen auseinandersetzt. Im vorliegenden Vortrag wird ausgehend von Positionen der evolutionären Erkenntnistheorie versucht, diese Begriffe zu präzisieren. Dies geschieht über einen erweiterten Modellbegriff, der als Basis für die Steuerung von Verhalten von Systemen gesehen wird. Der Qualitätsmaßstab für entsprechende Modelle ist evolutionstheoretischer Art. Die Modelle sind den unterschiedlichen Stufen des Evolutionsprozesses zugeordnet und insofern von teils geometrisch-stofflicher, teils neuronaler und teils symbolischer Art. Sie korrespondieren zu unterschiedlichen Arten des Austauschs von Informationen mit der umgebenden Welt. Die in Betracht gezogenen wesentlichen informationstragenden Größen sind Wechselwirkungen auf atomarer und molekularer Ebene, die Gleichgewichtsverhältnisse in elektrischen Netzen und mathematisch-symbolhafte Kalküle. Die betreffenden Modellierungsformen korrespondieren im Evolutionsprozeß zu verschiedenen Stufen der Entwicklung, wie zum Beispiel Einzeller, höhere Lebewesen und Staatenbildung. Es ist dabei zu berücksichtigen, daß die jeweils höheren Formen des Informationsaustausches in den jeweils früheren Stufen konkret realisiert werden und daß mit dem Übergang zu höheren Stufen in der Regel auch eine gewisse Verarmung hinsichtlich der spezifischen Ausdrucksmöglichkeiten verbunden ist, während andererseits die zunehmende Kompaktheit der Codierung effizientere Schlußfolgerungsmechanismen erlaubt. Es wird aufgezeigt, wie sich in diesen Rahmen insbesondere die tiefergehenden Intelligenz- und Bewußtseinsphänomene einordnen. Ferner wird auch der Stellenwert der mathematischen Modelle im weitesten Sinne als Mittel zur Beschreibung unserer Umwelt diskutiert; dies betrifft Gebiete wie Differentialgleichungssysteme, statistische Systeme, Optimierung, Entscheidungstheorie und so weiter. Insbesondere wird dann in diesem Umfeld erhellt, wo der wesentliche Beitrag der neueren Entwicklungen im Bereich der KI zu sehen ist, der insbesondere in der Bereitstellung von funktionalen, logischen und relationalen Modellierungsparadigmen auf Rechnern besteht. Mit dieser Bereitstellung ist nicht per se eine Erweiterung der in der Mathematik verbundenen Formalismen verbunden, sondern deren konsequente Umsetzung auf immer leistungsfähigere Rechnersysteme. Insbesondere sind in diesem Zusammenhang die Expertensystemshells zu nennen, die einerseits durch ihre spezifischen Modellierungselemente neue Bereiche praktisch zu erschließen erlauben, andererseits aber auch als Meta-Modellierungssysteme die Integration verschiedener klassischer Modellierungsparadigmen erlauben. Damit wird es insbesondere möglich, in besserer Weise als bisher die klassisch verfügbaren Techniken für Nutzer verfügbar zu machen, die von den betreffenden Theorien und Methoden nur vergleichsweise wenig verstehen. Der Rechner selbst übernimmt dabei eine Schnittstellenfunktion zwischen den spezifischen (internen) Modellierungssichten des Benutzers und deren Umsetzung in mathematische Formalismen und zugehörige rechnerinterne Modellierungsformen.

Teil I: Modellierung und Informationsverarbeitung

Der vorliegende Vortrag geht aus von dem Begriff des Wissens über relevante Dinge in der Welt. Der Wissensbegriff ersetzt in der KI zunehmend den Intelligenzbegriff, und zwar deshalb, weil man hofft, für den Wissensbegriff eher eine Präzisierung leisten zu können. Allerdings ist auch dies nicht einfach. Einen möglichen Zugang, der charakteristisch für die evolutionäre Erkenntnistheorie [16], [32], [33], [36], [39], [40], [53], [56] ist, stellt die Verfolgung des Evolutionsprozesses dar, der sich über lange Zeiträume in Formen und Lösungen konkretisiert und dabei bestimmtes Wissen festgemacht hat. In einem sehr allgemeinen Sinne kann man hier Modelle als den entscheidenden Begriff identifizieren, wobei Modelle sehr allgemein zu verstehen sind und jeden Mechanismus bezeichnen, mit dem Systeme in Austausch mit der umgebenden Welt verhaltensrelevante Schlüsse ableiten. Über die Qualität der Modelle und die Qualität der abgeleiteten Schlüsse kann nur im Sinne einer Überlebensfähigkeit und damit einer relativen Güte einer Modellierung gegenüber alternativen (konkurrierenden) Modellierungen gesprochen werden [21]. Der Austausch von Informationen mit der umgebenden Welt muß von den jeweils vorhandenen physikalischen Austauschmöglichkeiten ausgehen und besitzt als Informationsaustausch jeweils nur Sinn (und ist jeweils nur bedeutungstragend) in bezug auf eine entsprechende Modellierung. Eine detaillierte Verfolgung des Evolutionsprozesses zeigt als einen wichtigen Typ der Modellierung zunächst eine Repräsentation über die geometrische Form (etwa in atomaren oder kristallinen Strukturen), später dann in molekularen Strukturen. Wissen ist in diesem Umfeld von der Art wie das Wissen, das ein Schlüssel über ein spezifisches Schloß besitzt [21], [29], [46], [47]; das Wissen ist in einer geometrischen Struktur abgelegt und kann zum Beispiel über (analoge) Kopiervorgänge vervielfältigt werden. Solches Wissen ist von entscheidender Bedeutung, bildet sich im Evolutionsprozeß zunehmend als Teil der genetischen Optimierungsvorgänge heraus und ist auch heute noch eine typische Form des Wissens auf der molekularen bzw. der Einzellerebene. Zum Beispiel sind wesentliche Teile des menschlichen Immunsystems gerade so organisiert, daß bei Bedarf verschiedene Formen zufallsgesteuert generiert werden, bis die passende Form für einen "Feind" gefunden und der "Feind" damit erkannt wird. Die passende Form bewirkt automatisch das Einklinken und damit das Unschädlichmachen des bekämpften körperfremden Stoffes aufgrund der Wirksamkeit von Umgebungsfaktoren. Das Wissen ist dabei in einer Gestalt codiert und wirkt gleichzeitig als Sensor und Aktor. Die entsprechenden Formen der Codierung und deren Verbesserungen durch den Evolutionsprozeß, die heute auch als Vorbild im Bereich der genetischen Algorithmen fungieren [11], [15], dauern an und sind nach wie vor auch eine Basis für die Ausprägung von Körpermerkmalen aller höheren Lebewesen [36]. In diesem Sinne ist zum Beispiel der Huf eines Pferdes (in einem sehr allgemeinen Sinne) ein grobes Modell der Steppe. Typisch für diese geometrisch-stofflichen Repräsentationen ist ein dazu korrespondierender Mechanismus des Informationsaustauschs mit der Welt, der insbesondere die eindeutigen Schalenpositionen in Atomen und Wechselwirkungen im molekularen Bereich zur Codierung nutzt. Insbesondere ist der für das Leben so entscheidende genetische Code inhaltlich auf dieser Ebene anzusiedeln [29], [30].

Im weiteren Verlauf der evolutionären Entwicklung wird es dann aus Gründen der Arbeitsteilung und der Kombinatorik sinnvoll, das Einfangen relevanter Informationen über die Welt nicht mehr ausschließlich über Modifikationen der Form, sondern im weitesten Sinne unter Nutzung von verschaltbaren Netzwerken vorzunehmen. Beispielsweise kann ein Vorteil darin liegen, zu schon vorhandenen Formelementen nicht immer neue hinzu zu erfinden, sondern eher eine Manipulation und Bewegung vorhandener Formelemente auf der Basis sensorisch erfaßter Umweltparameter anzustreben. Die aufzunehmenden Sensorinformationen sind am Anfang uninterpretiert, bestehen also bei Bildern zum Beispiel aus Pixeln (Wahrnehmung von Photonen-Blitzen), und führen über ein elementares Schaltznetzwerk zu Aktionen. Hier findet sich die Basis für neuronale Netzlösungen als höhere Repräsentationsschicht von Wissen [3]. Als Beispiel hierfür betrachte man in einer frühen Entwicklungsphase die Reaktion eines Lebewesens auf die Beobachtung eines noch nicht interpretierbaren dunklen, sich verstärkenden Flecks, zum Beispiel in Form von eigenen Körperbewegungen. Wieder wirkt der Evolutionsprozeß dahingehend, daß dann, wenn sich entsprechende Reaktionen auf einen solchen Fleck als wesentlich erweisen, die entsprechend agierenden Lebewesen tendenziell eher überleben. Damit wird in einer solchen Reaktion auf bestimmte geometrische Pixelmuster Begrifflichkeit codiert, etwa als "Freßfeind", wenn es sinnvoll ist, sich zu entfernen, oder als

"Beute", wenn es sinnvoll ist, sich zu nähern.

Es ist an dieser Stelle wieder zu beachten, daß auch die konkrete Realisierung derartiger neuronaler Netze wieder auf molekularen bzw. atomaren Prozessen beruht, daß aber aufgrund der erfolgten Aggregationsprozesse konzeptionell neue Operatoren hinzukommen. Waren es in der frühen Phase insbesondere atomare und molekulare Anziehungskräfte, die wirksam werden, so spielen jetzt verstärkt elektrische Gleichgewichte als neue Operatoren eine große Rolle. In der Ausprägung und Fortentwicklung neuronaler Netze [3], [6], [55] kommt es im weiteren zu einem immer komplexeren Wechselspiel zwischen Sensorinformationen und daraus resultierenden Verhaltensweisen, wobei zunehmend Meta-Lernregeln eines relativ einfachen Typs, wie sie heute auf dem Gebiet der neuronalen Netze nachempfunden werden [3], [6], in der Lage waren, bessere Anpassungen zu bewerkstelligen. Man kann dabei auf der neuronalen Ebene in dem Sinne von einer Modellierung sprechen, als Klassen von Signalen auf der Eingangsseite zu bestimmten Situationen korrespondieren, die dann mit bestimmten passenden Aktionen beantwortet werden. Diese Art der Modellierung läßt sich als eine Black-Box-Modellierung verstehen und ermöglicht zugehörige Formen des statistischen Black-Box-Lernens. Das Wissen steckt dabei in Synapsen, in Verbindungen und deren Intensität. Es ist von außen nicht direkt erschließbar, sondern nur in der gleichzeitigen Wechselwirkung vieler aktivierter Knoten realisierbar.

Von dem neuronalen Paradigma ausgehend ergibt sich als entwicklungmäßig letzte Stufe schließlich das, was als Symbolverarbeitung bzw. als die symbolische Ebene der Repräsentation und Verarbeitung von Wissen bezeichnet wird. Diese Ebene bildet einen wesentlichen Teil des Modellierungspotentials aller höheren Lebewesen und besteht im Kern darin, daß sich entsprechende Systeme bei Vorliegen bestimmter neuronaler Erregungsmuster, etwa dem Abbild eines Baumes in der Außenwelt, intern darüber Rechenschaft ablegen, daß ein bestimmtes Objekt, nämlich zum Beispiel ein Baum, vorliegt [17]. Diese vorgeschaltete Klassifikationsleistung, die zum Beispiel Voraussetzung der Sprachfähigkeit ist, erlaubt dann eine sehr kompakte Codierung, etwa als Ikon, als Wort oder als mathematisches Symbol. Die zugehörige Abstraktionsleistung, also die Zuordnung eines neuronalen Erregungsmusters zu einem kompakt repräsentierbaren Begriff, ist eine aufwendige kognitive Leistung, die allerdings in einer geisteswissenschaftlichen Tradition vielleicht deshalb nicht voll gewürdigt wurde, weil sie von vielen Lebewesen beherrscht wird [17]. Es ist hierbei zu beachten, daß es sich in einer natürlichen Umgebung um eine Modellierung handelt, die zum Beispiel einen Baum als kompaktes Objekt aus Stämmen und Blättern sieht, während andererseits die moderne Modellierung eines Baumes in der Teilchen-Physik im wesentlichen aus leerem Raum besteht. Dies ist nicht überraschend, da von Natur aus solche Modellierungsformen bevorzugt werden, die Aspekte erfassen, die für das Überleben in einer natürlichen Umwelt relevant sind, nicht aber die darunterliegenden, für unsere natürliche Sensorik viel zu feinen quantentheoretischen Phänomene. Auch diese modernen quantentheoretischen Beschreibungen haben dabei keinen absoluten Wahrheitscharakter, sondern stellen nur die feinste aktuell bekannte und verwandte Form der Modellierung dar, die eine weitgehend konsistente Erklärung der uns experimentell bekannten Phänomene zuläßt. Die dabei nach wie vor bestehenden grundsätzlichen Probleme, etwa hinsichtlich der Natur des Zufalls [7], sollen hier nicht erörtert werden, besitzen aber unter Umständen eine fundamentale Bedeutung zum Beispiel hinsichtlich der Möglichkeit menschlicher Freiheit [30].

In der hier eingenommenen Sicht der evolutionären Erkenntnistheorie [18], [32], [33], [36], [39], [53], die sich an Überlebensfähigkeit als wissensakkumulierenden Mechanismus orientiert, ist die beschriebene natürliche menschliche Modellierung seiner natürlichen Umgebung angemessen. Sie ist ähnlich der Modellierung, die Primaten und viele andere höhere Lebensformen vornehmen. Auch bei anderen Lebewesen erlaubt diese Form der Modellierung bereits eine Manipulation der entsprechenden Begriffe in rudimentärer Form, so wie es beim Menschen in der Fortentwicklung wissenschaftlicher Theorien, wo neue Begriffe zunächst nur mit-wahrgenommen, erahnt und als Bilder von Beispielen oder Bündel von Bildern verwaltet werden, ebenfalls geschieht. In diesem Sinne korrespondieren zu unserer Fähigkeit, einen Baum mit dem Wort "Baum" zu belegen und damit eine tieferliegende neuronal erfolgte Modellierung auf einer höheren Ebene zu repräsentieren, entsprechende Fähigkeiten bei den Primaten und anderen höheren Lebensformen. Es ist interessant, daß diese bei Tieren so breit entwickelten Leistungen, die heute zunehmend als intelligent erkannt werden und die in signifikantem Umfang zu Fähigkeiten neuronaler Modellierungsschichten korrespondieren, von Rechnern auf einer symbolischen Ebene (bis heute) nur sehr begrenzt vorgenommen werden können.

Mit der beschriebenen Abstraktion und dem damit erfolgten Übergang auf eine symbolische Ebene geht es verstärkt um die Manipulation derartiger Symbole. Symbole können, wie oben schon erwähnt, interpretierte Bilder (Ikonen), Sprache oder Bezeichner in mathematischen Kalkülen sein, die dann in unterschiedlicher Weise verarbeitet, zueinander in Beziehung gesetzt und manipuliert werden. Der Mensch ist mehr als alle anderen Lebensformen in der Lage, durch entsprechende Abstraktionen auf diesen Symbolen Begriffe zu verarbeiten, zu manipulieren, zu komplexen Systemen zusammenzuführen, weiter zu abstrahieren und immer neuen Verwendungsformen zuzuführen. Die Höhepunkte dieser Möglichkeiten werden zum Beispiel in den mathematischen Modellierungstheorien wie Logik, Entscheidungstheorie, Wahrscheinlichkeitstheorie, Spieltheorie, Theorie der Differentialgleichungen und so weiter sichtbar [10], [16], [21], [27], [38], [42], [47], [54]. Mit der Theorie der Berechenbarkeit gelang dabei sogar die Beschreibung dessen, was algorithmisch in universeller Weise auswertbar ist [4], [13]. (Hinweis: Hierbei ist allerdings von Zeit- und Speicherplatzproblemen zu abstrahieren und ferner zu beachten, daß die partielle Berechnung universell nicht lösbarer Aufgaben den eigentlichen Gegenstand zum Beispiel der mathematischen Wissenschaften darstellt [1]). Hier ist es in der Spätphase der Evolution dem Menschen gelungen, eine signifikante Weiterentwicklung zu schaffen, die es ihm gestattet, sich hinsichtlich seiner Fähigkeiten explosionsartig fortzuentwickeln. Dadurch wird ein an sich nicht so großer Unterschied zu den höheren Tierformen, wie den Primaten, exponentiell potenziert, und damit werden die Voraussetzungen geschaffen, die die kulturelle Hochentwicklung des Menschen, wie wir sie heute beobachten, überhaupt erst ermöglichen. Im Rahmen dieses Prozesses wurde die Menschheit als Ganzes zum eigentlichen Träger der Intelligenz auf dieser Welt und ist im Potential bereits weit über die Leistungsmöglichkeit der einzelnen Individuen hinausgewachsen. Die Potenzierungsmöglichkeiten erinnern dabei an die erhöhte Modellierungsfähigkeit [18], [19] etwa des Ameisenstaates gegenüber der einzelnen Ameise (zum Beispiel die Schaffung eines "Bildes einer Küche mit diversen Süßigkeiten" auf der Ebene des Ameisenstaates, codiert über Duftspuren der einzelnen Ameisen). Sie bedeuten insbesondere, daß kognitive BIAS-Phänomene des Menschen [9], [21] nicht zum Maßstab für intelligentes Verhalten gemacht werden sollten (Probleme bei der konsistenten Verarbeitung von Präferenzen und Wahrscheinlichkeiten oder analog bei der Abschätzung mechanischer Flugbahnen über große Distanzen). Die Menschheit hat hierbei als Ganzes in vielen Fragen längst die evolutionstheoretisch nachvollziehbaren natürlichen Limitationen des menschlichen Informationsverarbeitungsapparates durch wissenschaftliche Entwicklungen, Ausbildungssysteme und intensive Kommunikationsleistungen überwunden [18], [41], [52], [56].

Führt man die beschriebenen Überlegungen zusammen, so läßt sich Intelligenz verstehen als die Fähigkeit, situationsabhängig geeignete Modellrepräsentationen und Inferenzen zu erzeugen und zu nutzen, wobei diese in diesem beschriebenen Sinne weit über das symbolische Paradigma hinausgehen. Bewußtsein ist in diesem Umfeld gekoppelt an das Vorhandensein einer ganzen Hierarchie von Eigenmodellen von sich selber [19], [28], [30], [36], während Wissensbasierung die explizite Bereitstellung und Ausfüllung geeigneter Modelle und Inferenztechniken bezeichnet. Lernen ist in diesem Zusammenhang die Fähigkeit, verfügbare Modelle im Kontext bestimmter Variationsmöglichkeiten fortzuentwickeln und anzupassen. Dabei ist bereits auf der symbolischen Ebene zumindest zwischen (statischem) Lernen in vorgegebenen Begriffssystemen, Lernen unter Einschluß standardmäßiger Veränderungen von Begriffssystemen und Lernen in Form komplexer Begriffsveränderungen (Analogie, genetische Verfahren) zu unterscheiden [1], [21], [34], [35], [48]. Interessante Modellierungen betreffen im Umfeld der Nutzung der Rechnertechnologie nicht nur die jeweiligen Anwendungsbereiche, sondern insbesondere auch die Modellierung von Systembenutzern, die Modellierung von Dialogprozessen sowie Selbstmodelle von Systemen [21]. Als Hauptthese läßt sich hier zusammenfassen:

Das Charakteristikum der Intelligenz ist die Fähigkeit zur Manipulation von Modellen. Aufbauend auf Positionen der evolutionären Erkenntnistheorie stellen Modelle der umgebenden Welt den zentralen Erkenntniszugang dar.

Sprache ist das mächtigste Instrument zur Verwaltung, Schaffung, Veränderung und Benutzung von Modellen und sprachlicher Austausch ein Instrument zur wechselseitigen Kommunikation von Modellen der umgebenden Realität. Modelle, die sprachlich verarbeitet werden, sind dabei auf einer hohen Komplexitätsstufe angesiedelt.

Faßt man all dies zusammen, so erhält man eine Hierarchie von Modellierungsmöglichkeiten, deren Beherrschung möglicherweise mit dem Begriff Intelligenz und damit zusammenhängenden Begriffen identifiziert werden kann. Im Gegensatz zu dem engen KI-Paradigma der Symbol-Manipulation sind auch die anderen genannten Modellbereiche (geometrische Strukturen, neuronale Netze) mit eigenständigen Operatoren, wie zum Beispiel dem elektrischen Gleichgewicht in komplexen Netzen, von Interesse. Diese Operatoren sind bis heute in vernünftiger Zeit nicht in genereller Weise digitalisiert realisierbar.

Damit kommt gegenüber der primär digitalen Perspektive der heutigen Informationsverarbeitung ein analoges Prinzip ins Spiel, das allem Anschein nach für die kognitive Leistungsfähigkeit des Menschen wesentlich ist und das von Kritikern der zum Teil engen heutigen Ansätze im Bereich der Künstlichen Intelligenz immer wieder als notwendig herausgestellt wird [5]. Die Betonung dieses Aspekts scheint auch dort nicht unbedeutend zu sein, wo es "nur" um den Umgang mit sprachlicher Information geht, denn auch bei sprachlicher Information referiert der Mensch in wesentlichen Bereichen auf vorsprachliche (subsymbolische) Repräsentationen, die ihrer Natur nach Körpererfahrungen darstellen.

Dies gilt insbesondere dann, wenn von Bewußtseinsprozessen und von Eigenschaften und Gefühlen des Menschen die Rede ist, wenn also auf Begriffe referiert wird, die unmittelbar mit eigenen Körpererfahrungen zusammenhängen. Begriffskomplexe wie Haß, Liebe, Glück, Zufriedenheit, Hunger, Scham usw. sind beim Menschen auf einer tieferen Ebene, sei es in unmittelbar materieller Repräsentation, sei es in Form neuronaler Modelle, vorhanden. Auch bereits vor der Erfindung der Sprache waren entsprechende Zustände da und im Verhalten wirksam. Das sind sie bei uns wie auch beispielsweise bei höheren Primaten und vielen anderen Lebensformen. Eine interessante Frage ist dabei, inwieweit Intelligenz und Emotionalität von Systemen einander in einem bestimmten Umfang sogar bedingen [51].

Die Bewußtmachung dieser tieferliegenden Prozesse, beispielsweise auch in der psychoanalytischen Forschung, stellt in der hier vertretenen Perspektive Einblicke in die eigene innere Modellierung des Menschen dar. Dabei werden auf einer höheren Ebene (nämlich der sprachlichen Ebene) Aspekte mit Begriffen belegt, die vorher bereits da sind und mit Hilfe unseres biologisch-chemischen Apparates auch unmittelbar (jedoch vorbewußt) interpretiert werden. Wenn nun Menschen untereinander mit sprachlichen Mitteln über diese Aspekte kommunizieren, können sie sich deshalb verständigen, weil sie im Prinzip ähnliche Körpererfahrungen haben.

Es scheint allerdings unmöglich zu sein, auf einer rein sprachlichen Ebene (also gegenüber einem Rechnersystem oder auch einem hypothetischen Wesen von einem anderen Stern) die Natur dieser Körpererfahrungen auf einer rein verbalen Ebene zu kommunizieren. Hier kommen potentiell andere Modellierungsformen ins Spiel; die rein sprachliche und, allgemeiner, die Ebene der Symbolverarbeitung, scheint dafür als nicht ausreichend [23], [44], [58], [59].

Insgesamt schließt sich somit der Kreis. Modellierung ist die eigentliche Basis intelligenter Leistungen. Daher ist die Modellierung der Welt eine der zentralen Aufgaben, die zu leisten ist, wenn man intelligente Systeme realisieren will. Dabei ist eine rechnergemäße Sammlung von Wissen in Form logischer oder relationaler Zusammenhänge zwischen Elementen (Begriffen) in sehr großen Wissensbanken ebenso wichtig wie eine rechnergemäße Integration vorhandener mathematischer Modellierungsparadigmen. Im Hinblick auf dieses Ziel bilden Sprache und naturwissenschaftliche Weltmodellierung denjenigen Bereich einer Modellrepräsentation, der wohl am ehesten mit Methoden der Symbolmanipulation und daher mit den heutigen Ansätzen der Künstlichen Intelligenz beherrschbar erscheint. Dabei sind allerdings bestimmte Grenzen, etwa hinsichtlich der Einbeziehung von Körpererfahrungen, erkennbar. Neuartige methodische Herausforderungen eines stark interdisziplinären Charakters für die Zukunft resultieren dabei nicht zuletzt aus der Entwicklung von Systemen (sogenannte Modell- und Methodenbanksysteme), die die intelligente Nutzung der vorhandenen unterschiedlichen kalkülhaften Auswertungsmethoden zu realisieren gestatten [2], [8], [14], [21], [22], [25], [26], [47]. Nach heutiger Technologie wird es unter anderem darum gehen, die bekannten KI-Modellierungsmechanismen als Meta-Ebene zu nutzen, um auf die klassischen Modellierungstechniken und zugehörige Algorithmen zuzugreifen. Je nach Problemkreis wird dabei zusätzlich der Übergang zu tiefergehenden Beschreibungsebenen, also zum Beispiel zu einer neuronalen Ebene als Filterstation für Sensorinformationen oder auch als Assoziationsbereich zur Findung vollständig neuer Begriffe, genutzt werden müssen. An einer davorliegenden Eingangsstufe wird schließlich verstärkt auch die Einbeziehung intelligenter Werkstoffe eine zunehmend wichtige Rolle einnehmen.

II. Wissensrepräsentation und Inferenzsysteme

Prinzipielle Grundlagen und Ansatzpunkte für eine explizite Repräsentation von Wissen, und damit für eine Modellierung von Gegebenheiten, sind in den einschlägigen wissenschaftlichen Disziplinen vorhanden und teils auch anwendungsorientiert aufbereitet. Zur Strukturierung, Klassifikation und Behandlung von großen (dynamischen) Fallunterscheidungen (einem in seiner großen Bedeutung erst in der jüngsten Zeit voll gewürdigten Modellierungselement), aber auch zur Realisierung von Inferenzen und zum Aneinanderreihen von elementaren Schlußfolgerungen ("wenn ... - dann ...-Regeln") steht die Logik als maßgebliche Disziplin zur Verfügung [21], [37], [48], [49], [57]. Abhängigkeiten werden zum Beispiel über Funktionen, Relationen, Graphen, semantische Netze, Tabellen, Produktionregeln, Frames und vergleichbare Strukturen beschrieben, während Methoden der Statistik, Stochastik und Evidenztheorie [31], [38], [50] bestimmte Formen der (objektiven) Unsicherheit bzw. Vagheit von Größen zu modellieren gestatten. Inferenzen in diesem Kontext können zum Beispiel statistische Zusammenhänge oder "verborgene" Parameter umfassen. Erhebliche praktische Probleme betreffen jeweils die Amalgamierung von Verarbeitungsmethoden für die verschiedenen Repräsentationsmethoden.

Methoden der Entscheidungstheorie [9], [10], [20], [24], [54] erlauben eine "angenäherte" Modellierung von Benutzersichten bzw. -präferenzen, während zum Beispiel mathematische Hilfsmittel zur Behandlung von Optimierungsmodellen oder Differentialgleichungssystemen effiziente und aussagefähige Inferenzen über reale Gegebenheiten erlauben, die mittels derartiger Modelle beschrieben werden können. Die auf diese Weise erschließbare Kompetenz und Einsichtsleistung in reale Gegebenheiten geht dabei weit über die intuitiven Fähigkeiten hinaus, die der Mensch von Natur aus zur Lösung entsprechender Aufgabenstellungen mitbringt.

Es ist dabei bemerkenswert, daß vor allem die Nutzung verschiedenartiger logischer Beschreibungsformalismen in den letzten Jahren den entscheidenden Durchbruch gebracht hat, weil auf diese Weise erstmals die Verwaltung und rasche Erschließung umfangreicher Wissensbasen als Hilfsmittel zur Beschreibung von umfangreichen, dynamischen Fallunterscheidungen mit jeweils spezifischen Regelanwendungen und Methodenaufrufen möglich wurde. Pioniersysteme der angedeuteten Art waren zum Beispiel DENDRAL (Spektralanalyse chemischer Substanzen), MYCIN (Medizinische Diagnose), XCON (Rechnerkonfigurierung) sowie im Lernbereich AM (ein System zur Begriffserzeugung im Bereich der elementaren Mengenlehre und Zahlentheorie [34]).

Geht man etwas tiefer in die einzelnen Tools, die im Rahmen des Gebiets der KI (im engeren Sinne) in den letzten Jahrzehnten bereitgestellt wurden, so sind es von der Logik ausgehend insbesondere zunächst logische Programmiersprachen, wie zum Beispiel PROLOG, die es erlauben, einen Teil der in der Aussagenlogik bzw. Prädikatenlogik auftretenden Formeln und Ausdrücke (insbesondere die sogenannten Hornklauseln) effizient zu verarbeiten [48], [49]. Aussagenlogische Hornklauseln erlauben die Modellierung bestimmter Anwendungen, die dadurch gekennzeichnet sind, daß das benötigte Wissen im wesentlichen über Formeln beschrieben wird, die besagen, daß jeweils aus einer Reihe von Voraussetzungen eine bestimmte Aussage (nicht aber etwaige Disjunktionen oder die Negation von Aussagen) gefolgert werden kann. Durch geeignete Verkettung derartiger Aussagen (vorwärts/rückwärts), damit letztlich durch Anwendung des logischen Operators "modus ponens" oder daraus abgeleiteter Varianten, wie zum Beispiel der sogenannten "Resolution", können komplexere Schlußfolgerungen aus entsprechenden Formeln gezogen werden. So kann zum Beispiel die Frage beantwortet werden, ob eine bestimmte Aussage aus den vorhandenen Formeln und Basisaussagen gefolgert werden kann, bzw. auch eine Auflistung aller möglichen Variablenbelegungen vorgenommen werden, die zu der gewünschten Aussage führen. Wie schon angedeutet, ist in einem gewissen Umfang eine Verarbeitung von Quantifizierungen über Variablen mit bestimmten Eigenschaften möglich, für die bestimmte Aussagen folgen. Ein wichtiges methodisches Hilfsmittel ist hierbei zum Beispiel die Unifikation (die eine ähnliche Funktion wie Zuweisungen in anderen Programmiersprachen hat), basierend auf der Identifikation des Vorliegens bestimmter "Muster". Wichtige Randbedingung für die Festlegung der durch eine logische Programmiersprache akzeptierbaren Formeln sind die resultierenden algorithmischen Schwierigkeiten, wenn geeignete Einschränkungen nicht vorgenommen werden [49].

Wie die Sprache PROLOG im Rahmen des Paradigmas der Aussagen- und Prädikatenlogik und der dort bekannten algorithmischen Auswertungsverfahren entwickelt wurde, so ist eine andere im Bereich der KI wichtige Sprache, nämlich LISP, eine partielle Umsetzung der funktionalen Sichtweise der Programmierung, in der Programme und Daten wie Funktionen (in mathematischen Kalkülen) behandelt werden. In LISP ist der Unterschied zwischen Programmen und Daten weitgehend aufgehoben und somit ein für die KI wie für Intelligenzphänomene insgesamt wichtiges Prinzip, nämlich die Anwendung von Formeln und Funktionen auf sich selber, in bequemer Weise softwaretechnisch realisierbar. LISP ist deshalb auch bis heute eine für bestimmte Aufgaben der KI besonders leistungsfähige Sprache. Ein weiteres konsequent verwendetes Prinzip ist dasjenige der Objektorientierung, in welchem aus Gründen der Beschreibungsökonomie interessierende Größen als Objekte (zum Beispiel in Verbindung mit der Verwendung von Datenstrukturen wie Frames) abgelegt werden. In Objekten können die entsprechenden Datenstrukturen und die darauf operierenden Algorithmen geeignet verkapselt werden. Die Objektorientierung bietet sich dann dazu an, Klassenhierarchien und die Vererbung von Eigenschaften als Mittel der Wissensstrukturierung zu nutzen (zum Beispiel in der Spezialisierungshierarchie Lebewesen-Tier-Warmblüter-Säugetier-Pferd usw.), bei der generelle Eigenschaften, zugehörige Methoden, Normalsituationen und Stereotypen immer an eine möglichst allgemeine Klasse angebunden werden. Dabei bildet der Informationsaustausch zwischen Objekten das Programmierparadigma. Sprachen wie SMALLTALK 80 stehen für diesen in der Informatik heute immer stärker verbreiteten Ansatz. Praktische Probleme betreffen die Organisation der algorithmischen Abarbeitung von Objekthierarchien, also zum Beispiel das Auffinden von Objekten und die Entscheidung darüber, wann man damit beginnt, auf speziellen Stufen benötigte algorithmische Hilfsmittel auf abstrakteren Stufen zu suchen bzw. abzuleiten. Die prinzipiellen Probleme sind insbesondere dann groß, wenn man multiple Vererbung zuläßt, also Methoden und Wissen von verschiedenen, zueinander unvergleichbaren Verallgemeinerungen her abgeleitet werden können. Die Frage ist dann zum Beispiel, in welcher Reihenfolge man die betreffenden unvergleichbaren Abstraktionen durchlaufen soll. Neben der reinen Vererbungshierarchie spielen dann oft auch weitere Strukturierungsansätze eine Rolle. Für viele Anwendungen (zum Beispiel in der Maschinendiagnose) wesentlich ist die sogenannte Part-of-Beziehung, die die Möglichkeit der (wiederum hierarchisch durchführbaren) Zerlegung großer Einheiten in Teilkomponenten bietet. Dabei kann die Zerlegung über die Part-of-Beziehung geeignet verschränkt werden mit der oben schon beschriebenen allgemeinen Vererbungsmethodik [48]. Trotz der beschriebenen Vielfalt von Darstellungs- und Verarbeitungsmöglichkeiten hat sich in den letzten Jahren in entsprechenden Anwendungen oft gezeigt, daß die Strukturierungsmöglichkeiten über zum Beispiel geeignete Logik-Kalküle, Funktionen oder Objekthierarchien dann, wenn Programmierung und Darstellung elegant und überschaubar bleiben sollen, von einer für viele Anwendungen zu schwachen Ausdrucksmächtigkeit ist, man also eine Modellierung der jeweiligen Anwendung nicht in angemessener, das heißt kognitiv adäquater und im Hinblick auf die Auswertung effizienter Weise vornehmen kann. In diesen Situationen ist insbesondere häufig der Bedarf deutlich geworden, Restriktionen (constraints) unterschiedlicher Art einbeziehen zu können, also zum Beispiel Intervallbeschränkungen für bestimmte Werte. Aus klassischer Sicht entspricht dies der Suche nach Lösungen oder nach der Belegung logischer Formeln mit Werten, die zugleich bestimmten Nebenbedingungen genügen, also zulässig im Sinne einer bestimmten Problembeschreibung sind. Entsprechende Inferenzsysteme, die schrittweise Regeln verketten, müssen in dieser Situation eine Berücksichtigung und Verknüpfung (Propagierung) derartiger Nebenbedingungen vornehmen und dazu in der Lage sein, gegebenenfalls festzustellen, daß entsprechende Lösungen nicht existieren. Der entsprechende algorithmische Prozeß, der weitgehend den üblichen Ableitungen entspricht, wird in der Literatur oft als "Constraint Propagation" bezeichnet.

Zur Bewältigung aufwendiger algorithmischer Situationen der beschriebenen Art wird es häufig, insbesondere bei umfangreichen Problemen, notwendig, aufgrund von Vorkenntnissen oder Vermutungen bzw. im Rahmen von Fallunterscheidungen bestimmte, im Prinzip noch variable Werte, zunächst einmal mit wahrscheinlich vernünftigen Werten (default-Werten) zu belegen. Es kann dann in solchen Situationen vorkommen, daß sich durch nachträglich hinzukommende Informationen solche früheren Annahmen als falsch erweisen, also revidiert werden müssen. Da solche Situationen in der klassischen Logik natürlich nicht auftreten, weil dort nicht mit Vermutungen, sondern nur mit sicheren Aussagen (bezogen auf das Modell) gearbeitet wird, treten hier sogenannte Nicht-Monotonie-Phänomene auf, aufgrund derer man manchmal (etwas verwirrend) von nicht-monotonen Logiken spricht. De facto handelt es sich darum, daß versuchsweise bestimmte Werte besetzt und bei erweiterter Information dann unter Umständen auch wieder geändert werden. Die Konsistenthaltung, automatische Prüfung, Anpassung und Veränderung entsprechender Werte und Manipulationen bearbeitet man mit algorithmischen Systemen, die als Assumption- bzw. Justification-based Truth Maintenance-Systeme (TMS) bezeichnet werden. Sie sind konzeptionell unter anderem ein Instrument zur Verarbeitung kombinatorischer Problemaspekte.

Schließlich betreffen im Bereich der KI besonders komplexe Kalküle sogenannte Uncertainty-Mechanismen, mit denen versucht wird, Quantifizierungen der Unsicherheit von Aussagen und Regeln geeignet in entsprechende Aussagen über abgeleitete Resultate oder Regeln zu transformieren. Hier hat es ausgehend vom MYCIN-System viele Ansätze gegeben, bei denen versucht wurde, durch entsprechende Formelmanipulationen zu interpretierbaren Sicherheitsbewertungen für abgeleitete Aussagen zu kommen. Es ist allerdings heute ersichtlich, daß die Grundlagenfundierung entsprechender Kalküle bisher bei weitem nicht ausreicht, insbesondere dann nicht, wenn stochastische Abhängigkeitsphänomene, die bei abgeleiteten Formeln häufig sind, hinzukommen. Diese Fragestellungen werden weltweit mit erheblichem Forschungsaufwand untersucht, zum Beispiel im Umfeld der sogenannten Evidenztheorie [31], [38], [50].

Betrachtet man die verschiedenen aufgeführten Repräsentations- und Modellierungsformalismen im engeren Arbeitsbereich der KI, dann geht es um zweierlei: Zum einen werden häufig Varianten von Beschreibungs-Kalkülen, die in der Mathematik schon immer genutzt wurden, graduell für den Rechnereinsatz operationalisiert und damit für eine erweiterte Rechnernutzung verfügbar gemacht. Zum anderen wird dabei als typische neuere Entwicklung eine besondere Betonung auf das Ziel gelegt, für Wissen (bezüglich einer bestimmten "Rahmentheorie") deklarative Ablagemöglichkeiten zu schaffen und entsprechende Wissensinhalte von Einsichten über die Abarbeitung entsprechenden Wissens softwaremäßig zu trennen. Auf diese Weise wird eine neue Unterstützungsschicht für Anwender geschaffen, die ein näher an üblichen Beschreibungsmechanismen der Sprache oder Mathematik angelehntes Formulieren von Anwendungsproblemen erlaubt. Für die praktische Nutzung und Umsetzung im Bereich der wissensbasierten Systeme ist dann der entscheidende Beitrag der KI in den letzten Jahren die Bereitstellung komplexer Algorithmen, sogenannter Inferenzsysteme, die in der Lage sind, in entsprechender Form deklarativ abgelegte Inhalte einer jeweiligen Anwendung geeignet zu verarbeiten und zu Aussagen zu kommen, die entweder in Lösungen bestehen, die die entsprechenden Nebenbedingungen erfüllen, oder die Feststellung betreffen, daß entsprechende Lösungen nicht existieren. Im letztgenannten Fall werden häufig Möglichkeiten der Abhilfe (zum Beispiel der Problem-Relaxierung) bzw. andere nützliche

Hinweise angeboten. Als Folge der weitgehenden bzw. angemessenen Trennung der deklarativen und prozeduralen Aspekte geht dabei die eigentliche Abarbeitungskontrolle im Programm immer stärker auf die entsprechenden komplexen Programmsysteme (Inferenzsysteme) über, die ihrerseits, wie bereits angedeutet, aufwendige (traditionelle) algorithmische Lösungen darstellen und das Herzstück der entsprechenden Entwicklungssysteme, die heute auf dem Markt verfügbar sind, ausmachen.

Natürlich resultieren aus dieser weitgehenden Separierung der verschiedenen Wissensinhalte, und in der Regel auch der damit befaßten Personen, erneut wesentliche Vereinfachungen für den Anwender, allerdings häufig auf Kosten erhöhter benötigter Rechenzeit und Speicherkapazität. Die Entwicklung bedeutet zugleich auch einen bestimmten Verlust der Kontrolle der Programmierer und Entwickler über die speziellen Abläufe und Ergebnisse der Programmsysteme, insbesondere dann, wenn die entsprechenden Abarbeitungssysteme aus einer Vielzahl möglicher Lösungen schließlich immer nur irgendeine Lösung anbieten, wobei normativ keine Basis besteht, die angebotene Lösung im Verhältnis zu anderen Lösungen geeignet zu bewerten [21]. Es ist aber anzuerkennen, daß trotz dieser Schwierigkeiten enorme Softwareengineering-Leistungen erbracht wurden und nun komplexe Systeme bereitstehen, die zumindest für entsprechend einfache Anwendungen die Situation wesentlich vereinfachen. Entscheidende Hilfsmittel sind dabei die entsprechenden Entwicklungssysteme, die teilweise die oben genannten verschiedenen Ansätze wie Logikprogrammierung, funktionale Programmierung, Objektorientierung, Datenstrukturen wie Frames, Hornklauseln und verschiedene Zerlegungsprinzipien, wie zum Beispiel die übliche Vererbung oder die "Part-of"-Beziehungen, sowie schließlich auch Verarbeitungsmöglichkeiten für Constraints und Komponenten für Truth-Maintenance und Uncertainty-Handling in sich vereinigen. Zu den komplexeren Tools gehören zum Beispiel das bei der GMD entwickelte System BABYLON und das System KEE der Firma IntelliCorp.

Faßt man insgesamt die aktuelle Situation in diesem Bereich der Methodenentwicklungen in der Künstlichen Intelligenz zusammen, so kann man feststellen, daß heute vom Grundlagenaspekt her wesentliche Elemente für umfassende Modellierungs- und Inferenzleistungen vorhanden sind. Es gibt aber grundsätzliche methodische Probleme, die insbesondere die Effizienz von Auswertungen betreffen (zum Beispiel gibt es bis heute keinen Compiler für die Sprache KL-ONE) und die unter Umständen die oben schon genannten prinzipiellen Grenzen [5] im Vergleich zur Leistungsfähigkeit intelligenter biologischer Systeme bedingen. Die Grenzen der Effizienz und Leistungsfähigkeit haben in vielen Anwendungen, insbesondere je näher man an Realzeitfragen kommt, oft dazu geführt, daß Expertensysteme nur begrenzt genutzt werden konnten. Der Einsatz dieser Technik war wesentlich erfolgreicher bei nicht zeitkritischen Fragestellungen von kognitiv eher einfacher Natur.

III. Stand ausgewählter Anwendungen und Ausblick

Aufgrund der gegebenen Hinweise erkennt man das Wesen von Wissen, Intelligenz und Wissensverarbeitung in einer Hierarchie von Modellierungsfähigkeiten, hinsichtlich derer das engere KI-Paradigma der Symbolmanipulation die oberste Schicht der Verarbeitung darstellt. Dieser Bereich der Symbolmanipulation ist weit zu fassen und umfaßt zumindest formale Kalküle, interpretierte Bilder und Sprache als Repräsentationsform. Im Bereich sprachlicher Informationen ist dabei der Übergang zu neuronalen bzw. noch darunterliegenden Repräsentationsformen insbesondere in den Bereichen fließend, in denen Körpererfahrungen eine Rolle spielen [44]. Im Bereich der Künstlichen Intelligenz [37], [48], [57] versucht man, entsprechende Modellierungen nachzubilden. Dabei ist es durchaus denkbar, daß das Fehlen analoger Komponenten in den üblichen Verarbeitungsmechanismen (und damit die Nichtverwendung starker, in der Natur vorhandener Operatoren) prinzipielle Grenzen der Modellierbarkeit in heutigen Rechnern bezeichnen, die das Erreichen bekannter biologischer Leistungen durch entsprechende Systemlösungen ausschließen [5]. Dies läßt sich heute nicht abschließend beurteilen. Wesentlich ist aber, daß man bis heute auch im Bereich der Modellierung mittels digitaler Systeme die große Breite und Leistungsfähigkeit der entsprechenden, biologisch bereits realisierten, Symbolverarbeitungsprozesse häufig noch nicht erreicht hat. Die in der Künstlichen Intelligenz und im mathematischen Umfeld vorhandenen Repräsentations- und Inferenzformen sind von ihrer Leistungsfähigkeit her noch begrenzt, erlauben aber immerhin schon interessante Anwendungen in Bereichen wie Expertensysteme, Sprachverstehen, Computersehen, Robotik und so weiter. Zum Stand auf diesen Gebieten der Künstlichen Intelligenz seien folgende kurze Hinweise gegeben:

EXPERTENSYSTEME

Expertensysteme bewähren sich in kognitiv einfachen Situationen (zum Beispiel Konfiguration), bei "Artefakten" (wenn "Common Sense" keine Rolle spielt) sowie zum Beispiel auch bei gesellschaftlich akzeptierter eingeschränkter Verantwortungsübernahme (Diagnose). Hingegen sind die Leistungsgrenzen heutiger Ansätze mit zunehmender Unsicherheit von Daten und komplexen Benutzerpräferenzen sowie am Rande des jeweiligen Kompetenzbereiches unübersehbar. Insbesondere im dispositiven Bereich helfen diese Ansätze bisher nicht wirklich weiter [12], [42], [43], [48], [57].

SPRACHVERSTEHEN

Gewisse Erfolge im Verständnis geschriebener (mehr) und gesprochener (weniger) Sprache sind zu verzeichnen. So bringen Übersetzungssysteme im technischen Bereich (Dokumentationen, Handbücher usw.) mittlerweile eine bis zu 90 %ige Arbeitsreduktion. Anders ist die Situation bei freiem Text. Aktuelle Entwicklungen betreffen Modellierungsnotwendigkeiten [23], [44], [58], [59]. So nutzt man Partialmodelle des Gegenstandsbereichs bzw. von Handlungsaspekten zum Beispiel in Form von Beschreibungen stereotyper Abläufe bestimmter Handlungen (wie etwa Restaurantbesuche) oder bei neueren Entwicklungen in der Diskurs-Theorie (wenn man eine Modellierung von zeitlichen Phänomenen in Betracht zieht und insbesondere die kombinatorische Natur der Zeitbeziehungen nutzt, um bestimmte Annahmen einer Modellierung zu falsifizieren) sowie schließlich im Bereich der sogenannten Sprech-Akt-Theorie, die eine Modellierung des

Ablaufs von Diskursen darstellt.

Als generelle Herausforderung wird heute, wie in anderen Gebieten auch, die Notwendigkeit der Arbeit an "vollständigen" Weltmodellen deutlich. Ein wesentliches Beispiel dieser Art ist die Entwicklung von CYC in Austin (Texas) bei MCC [35]: der erste konsistente Versuch einer weitgehenden Modellierung des Alltagswissens in Form einer Wissensrepräsentation. Hier ist D. Lenat - aufbauend auf seine früheren bahnbrechenden Beiträge zum Begriffslernen und zum Verständnis von Analogieschlüssen im Rahmen der Entwicklung des AM-Systems [34] - mit einem Team von zehn Wissenschaftlern in einem Zehnjahresprojekt damit beschäftigt, auf der Basis heutiger Wissensbasierungsmethoden unter Ausnutzung verschiedener Varianten von klassischen Inferenztechniken eine zumindest teilweise Ablage des vorhandenen Alltagswissens zu versuchen. Das Projekt wird seit einigen Jahren bearbeitet und entwickelt sich bisher planmäßig im Rahmen der ursprünglichen Zeitvorgaben.

RECHNERSEHEN

Einfache Anwendungen in der Fertigung, wie etwa Punktschweißaufgaben oder die Identifikation bestimmter Objekte, Szenarien oder Abläufe aus einer begrenzten Menge sowie (eingeschränkt) zum Beispiel auch das Lesen von Adressen auf Datenträgern, gelingen mittlerweile. Ein Rechner-Sehen und -Verstehen relativ allgemeiner Szenen scheitert jedoch bis heute an den ungelösten Problemen einer (lokalen) Weltmodellierung. Dies gilt auch für andere Sensorarten (Ultraschall, Infrarotlicht).

ROBOTIK

In den Anwendungen werden zunehmend komplexe Fertigungsaufgaben und auch die fahrerlose Bewegung von Teilen durch Systeme übernommen. Für die Zukunft steht die Betonung der Autonomiefragen an. Hierzu müssen Systeme über umfangreichere Modelle ihrer Umgebung, ihrer Aufgaben und letztlich auch über sich selber verfügen und auch dazu befähigt werden, diese selbst zu verändern. Sicherlich stellt der Bereich der autonomen Systeme langfristig die größte Herausforderung für die KI dar, und die hier erreichten Lösungen werden unter Umständen einen erheblichen Einfluß auf die Philosophie und Erkenntnistheorie und letztlich auch auf das Bild des Menschen von sich selber haben.

PROJEKTARBEITEN AM FAW (ULM), vgl. [45]

Auf der Basis der erwähnten Einsichten bearbeitet zum Beispiel das Forschungsinstitut für anwendungsorientierte Wissensverarbeitung (FAW) in Ulm eine Vielzahl konkreter Aufgabenstellungen in den Bereichen CIM, Büroautomation, Umweltinformationssysteme, Assistenzsysteme und Verteiltes Ressourcenmanagement. Hierbei werden und wurden bisher die folgenden Projekte bearbeitet:

(a) CIM

CAD/KI (Wissensbasierte Unterstützung der Konstruktion)

CAP (Computer-aided Planning); abgeschlossen Dezember 1989

GENOA (Generierung und Optimierung von Arbeitsplänen)

KWEST (Wissensbasierte Werkstattsteuerung)

AIDA (Automatische Instandhaltung und Diagnose im Automobilbereich)

(b) Büroautomation

FOS (Flexible Bürosysteme)

OSSY (Organisations-Support-System)

MHS (Materialhandhabungssysteme); abgeschlossen im September 1989

(c) Umweltinformationssysteme

ZEUS (Kompetenzinformation und Methodenintegration)

RESEDA (Wissensbasierte Auswertung von Rasterbilddaten)

WANDA (Wissensbasierte Meßdateninterpretation in der Umweltanalytik)

(d) Assistenzsysteme

IKARUS (Grenzverlauf zwischen Fahrer-Fahrzeug-Kommunikation und systemautonomen Eingriffen)

NAUDA (Natürlichsprachlicher Zugang zu relationalen Datenbanken)

PROMOTEX (Prolog Motor Expert System); abgeschlossen im März 1990; Weiterführung im Anwendungsgebiet CAE

(e) Verteiltes Ressourcenmanagement

WINHEDA (Wissensbasierter und natürlichsprachlicher Zugriff auf verteilte heterogene Datenbanken)

SESAM (Entscheidungsunterstützung bei Scheduling-Problemen)

ALIAS (Lernen in neuronalen Netzen)

IV. Bewertung bestehender Potentiale

Versucht man heute eine zusammenhängende Bewertung der mittels KI-Methoden erschlossenen neuen Modellierungsmöglichkeiten, dann zeigen sich insbesondere solche Anwendungen, für die ein eher flaches Wissen typisch ist, also beispielsweise die Verwaltung sehr großer Regelsysteme und die Einbeziehung von Vererbungsprozessen über relativ flachen Hierarchien. Damit läßt sich bereits eine Vielzahl anspruchsvoller, teils sehr personalintensiver Anwendungen abdecken, zum Beispiel dann, wenn Verfahrensvorschriften, Verwaltungsvorschriften, Kompatibilitäten oder Klassifikationsvorgaben (Diagnose,

Konfiguration) einzuhalten sind oder wenn eine Vorgangsverfolgung (zum Beispiel im Zusammenhang mit Kreditgewährung oder Policenbestimmung im Versicherungsbereich) vorgenommen werden soll bzw. wenn eine Vielzahl von Verwaltungsaufgaben, die in der Verteilung und Bearbeitung von Dokumenten bestehen, unterstützt werden soll. Es zeigt sich immer mehr, daß die entsprechenden KI-Lösungsbeiträge gerade auch in der Übernahme kognitiv vergleichsweise einfacher, aber für das Operieren von Systemen extrem wichtiger Überbrückungsfunktionen bestehen können. Als Beispiel sei hier auf intelligente Netzwerklösungen oder auch auf die intelligente (für den Benutzer extrem vereinfachte) Nutzung von aufwendigen technischen Hilfsmitteln in Bürobereichen verwiesen. Dies wird in Zukunft beispielsweise für die Telefonvermittlung und beim Computer-Integrated Telephoning eine große Rolle spielen. Für einen flächendeckenden Einsatz von Methoden der Wissensverarbeitung, vor allen Dingen für Aufgaben in der Robotik wie im Sprachverstehen, gibt es bis heute allerdings einen prinzipiellen Engpaß, und zwar die Notwendigkeit der immer wieder neuen Aufarbeitung der entsprechenden Wissensbasen. In diesem Bereich gibt es mittlerweile internationale Anstrengungen, zu universell einsetzbaren Lösungen zu kommen. Zu nennen ist vor allen Dingen das oben bereits erwähnte CYC-Projekt am MCC in Texas, das auf die Modellierung des Alltagswissens unserer Zivilisation in Form einiger Millionen elementarer, taxonomie-verknüpfter Wissensstatements abzielt. Mit Fortschritten in diesem Bereich wäre zumindest hinsichtlich relativ flacher Wissensmodellierungen ein gewisser Abschluß zu erreichen. Auf der anderen Seite steht als großes Programm die generelle Einbindung der klassischen Methoden der angewandten Mathematik, etwa in der Optimierung, Statistik, Entscheidungstheorie und bei Differentialgleichungssystemen in den Rahmen von wissensverarbeitenden Systemen nach wie vor aus. Bisher gibt es in diesem Bereich nur spezifische Entwicklungen, wie etwa statistische Expertensysteme, und auch zunehmend Vorarbeiten hin zu integrierten Methoden- und Modellbanken. Methoden- und Modellbanken und deren problemspezifisch adäquate Nutzung sind für die Zukunft eine der zentralen Herausforderungen und werden die Zusammenarbeit und letztlich auch die Integration zwischen KI-Anstzen und den klassischen Modellierungsansätzen beflügeln. Die KI wird dabei immer bessere Schnittstellensysteme zur Verfügung stellen können, um mit deren Hilfe die klassischen Modellierungstechniken immer größeren Kreisen von Benutzern adäquat zur Verfügung zu stellen und diese zugleich in einer Weise verwalten und fortschreiben zu können, die über heutige Realisierungsmöglichkeiten weit hinausgeht. Dies wird zu neuen Formen des Wissenstransfers führen und endlich den großen Schatz an Modellierungs- und Methodenwissen umzusetzen gestatten, den Generationen von Forschern erarbeitet haben, der aber heute noch zu großen Teilen weitgehend ungenutzt in Journalen dem Vergessen anheim gegeben wird.

Neben dieser Weiterverfolgung der technischen Aspekte sollte schließlich - gerade unter Aspekten einer richtig verstandenen Technikfolgenforschung - auch das geisteswissenschaftliche und philosophische Potential dieser modernen Forschungen im Bereich der KI und der Modellierungstheorien nicht unerwähnt bleiben. Es spricht sehr vieles dafür, daß wesentliche Klärungen hinsichtlich der für das Fragen des Menschen nach sich selbst so wichtigen Begriffe wie Wissen, Lernen, Intelligenz, Bewußtsein und Freiheit möglich werden und daß diese Begriffe durch die erarbeiteten Systemlösungen insbesondere einen anderen Charakter erfahren und dadurch eine neue Form des Verstehens erlauben werden. Der Mensch wird dabei sehr viel mehr über sich selbst, aber auch über die ihn bestimmenden Zwänge verstehen lernen. Er wird den prägenden Einfluß des heute schon dominierenden intelligenten Übersystems Menschheit anders zu würdigen wissen und in diesem Erkennen leichter die notwendigen Schritte auch hinsichtlich der unter Umständen notwendigen Einschränkungen von Individualrechten (zum Beispiel Bevölkerungswachstum) und Konsummöglichkeiten bei sich selber akzeptieren, die wahrscheinlich unausweichlich sind, wenn Menschen auf dieser Erde langfristig und in global fairem Umgang miteinander überleben wollen. Der KI kommt in diesem Erkenntnisprozeß eine Schlüsselrolle zu. Darüber hinaus kann sie über die Förderung von automatischen Wissensverarbeitungsprozessen, zum Beispiel als Teil einer weitergehenden Automatisierung von Arbeitsprozessen oder auch als Mittel des Wissenstransfers in die Staaten der Dritten Welt, auch wesentlich dazu beitragen, eine Realisierung der notwendigen gesellschaftlichen und wirtschaftlichen Veränderungen in einer sozial akzeptablen Weise zu erleichtern.

Literatur

[1] Ammon, K.: The Automatic Development of Concepts and Methods, Doctoral Dissertation, University of Hamburg, 1987

[2] Applegate, L.M., Konsynski, B.R., Nunamaker, J.F.: Model Management Systems, Design for Decision Support, in: Decision Support Systems 2 (1), 81-91, 1986

[3] Bock, P., Rovner, R., Kocinski, C.J., Holz, H., Becker, G.: A Parallel Implementation of Collective Learning Systems Theory: Adaptive Learning Image Analysis System (ALIAS), Proceedings of the 1990 ACM Eighteenth Annual Computer Science Conference, Washington DC, 1990

[4] Brauer, W.: Grenzen maschineller Berechenbarkeit, Informatik-Spektrum 13, 61-70, 1990

[5] Dreyfuss, H.L.: Die Grenzen Künstlicher Intelligenz. Athenum, Königstein, 1985

[6] Eckmiller, R., Malsburg, C.v.d. (Eds.): Neural Computers, Springer-Verlag, 1989

[7] Erbrich, P.: Zufall, Kohlhammer, 1988

[8] Felter, R.: Decision Support Assistant, Deutscher Universitätsverlag, Wiesbaden, 1989

[9] Fischhoff, B., Slovic, P., Lichtenstein, S.: Knowing What You Want, Measuring Labile Values, in: Wallstein, T. (ed.), Cognitive Processes in Choice and Decision Behaviour, Erlbaum, Hillsdales, NJ, 1980

[10] Fishburn, P.C.: Utility Theory for Decision Making, Wiley, New York, 1977

[11] Fogel, L.J., Owens, A.J., Walsh, M.J.: Artificial Intelligence through Simulated Evolution, John Wiley, New York, 1966

[12] Frank, U.: Expertensysteme: Ein erfolgversprechender Ansatz zur Automatisierung dispositiver Fähigkeiten?, Die Betriebswirtschaft 1, 19-36, 1989

[13] Gandy, J.: Church's Thesis and Principles for Mechanisms, in: Barwise, J. et al. (Eds.): The Kleene Symposium, p. 123-148, Amsterdam North Holland, 1980

[14] Geoffrion, A.: Structured Modelling, UCLA Graduate School of Management, Los Angeles, 1988

[15] Grefenstette, J.J. (Ed.): Proc. Intern. Conf. on Genetic Algorithms and their Application, The Robotics Institute, Carnegie-Mellon University, 1985

[16] Haken, H.: Synergetics - An Introduction, Springer-Verlag, Berlin-Heidelberg-New York, 1979

[17] Herrnstein, R.J.: Objects, Categories, and Discriminative Stimuli, in: Roitblat, H.L, Bever, T.G., Terrace, H.S. (Eds.): Animal Cognition, Lawrence Erlbaum Associates, Publishers, Hillsdale, New Jersey, London

[18] Hofstadter, D.R.: Gödel, Escher, Bach, Klett-Cotta, Stuttgart, 1985

[19] Hofstadter, D.R., Dennett, D.C.: The Mind's I, Bantam Books, London, 1982

[20] Jacquet-Lagrèze, E., Siskas, J.: Assessing a Set of Additive Utility Functions for Multicriteria Decision Making, The UTA Method, European Journal of Operations Research 10, 151-164, 1982

[21] Jarke, M., Radermacher, F.J.: The AI Potential of Model Management and Its Central Role in Decision Support, Decision Support Systems 4 (4), 387-404, 1988

[22] Jeroslov, R.G. (Ed.): Approaches to Intelligent Decision Support, Annals of OR 12, 1988

[23] Kamp, H.: Discourse Representation Theory: What it is and where it ought to go, in: Blaser, A. (Ed.): Natural Language at the Computer, Springer Lecture Notes in Computer Science 320, Springer Verlag, 1988

[24] Kämpke, T., Radermacher, F.J., Solte, D., von Stengel, B., Wolf, P.: The FAW Preference Elicitation Tool, FAW-Bericht FAW-B-90006, 1990

[25] Keeney, R.L., Moehring, R.H., Otway, H., Radermacher, F.J., Richter, M.M. (Eds.): Multi-Attribute Decision-Making via O.R.-Based Expert Systems, Special Issue of Annals of Operations Research 16, 1988

[26] Keeney, R.L., Moehring, R.H., Otway, H., Radermacher, F.J., Richter, M.M. (Eds.): Design Aspects of Advanced Decision Support Systems, Special Issue of Decision Support Systems 4 (4), 1988

[27] Keeney, R.L, Raiffa, H.: Decisions with Multiple Objectives, John Wiley, New York, 1976

[28] Klement, H.-W. (Ed.): Bewußtsein, Agis-Verlag, Baden-Baden, 1975

[29] Klement, H.-W.: Der Informationsgehalt des Atoms, Zeitschrift Philosphia Naturalis 2, 1986

[30] Klement, H.-W., Radermacher, F.J.: Freiheit und Bindung menschlicher Entscheidungen, CONCEPTUS, in press, 1990

[31] Kohlas, J.: Conditional Belief Structures. Prob. in Engineering and Informational Science 2 (4), 415-433, 1988

[32] Kuhn, T.S.: The Structure of Scientific Revolutions, Chicago University Press, 2nd ed., 1970

[33] Laszlo, E.: Evolution - Die neue Synthese, Europa Verlag GesmbH, Wien 1987

[34] Lenat, D.B.: On Automated Scientific Theory Foundation, A Case Study Using the AM Program, in: Hayes, J.E., Michie, D., Mikulich, L.I. (Eds.): Machine and Intelligence 9, Halsted Press, New Yok, 1977

[35] Lenat, D.B., Guha, R.V.: Building Large Knowledge-Based Systems, Representation and Inference in the CYC Project, Addison-Wesley Publishing Company, Reading, 1989

[36] Lorenz, K.: Die Rückseite des Spiegels, Piper-Verlag, München, 1973

[37] Nilsson, N.J.: Principles of Artificial Intelligence, Springer Verlag, 1982

[38] Pearl, J.: Probabilistic Reasoning in Intelligent Systems: Networks of Plausible Inference, Morgan Kaufmann Publishers, Inc., San Mateo, CA, 1988

[39] Popper, K.R.: Objektive Erkenntnis. Ein evolutionärer Entwurf, Hoffmann & Campe, Hamburg, 1974

[40] Prigogine, I.: Vom Sein zum Werden, R. Piper u. Co Verlag, München/Zürich, 1979

[41] Radermacher, F.J.: Der Weg in die Informationsgesellschaft, Analyse einer politischen Herausforderung, in: Henn, R. (Ed.): Technologie, Wachstum und Beschäftigung, Festschrift für Lothar Späth, Springer-Verlag, Berlin-Heidelberg-New York, 1987

[42] Radermacher, F.J.: Entwicklungsperspektiven rechnergestützter Entscheidungsfindung, in: Wolff, J. (Ed.): Proceedings des IBM-Symposiums Entscheidungsunterstützende Systeme, Oldenbourg Verlag, München, 1988

[43] Radermacher, F.J.: Dialogbeitrag zu der Arbeit von U. Frank "Expertensysteme: Ein erfolgversprechender Ansatz zur Automatisierung dispositiver Tätigkeiten?", Die Betriebswirtschaft 3, 393-397, 1989

[44] Radermacher, F.J.: Modellierung und Sprachverstehen - eine zukunftsweisende Perspektive, Thesenpapier zur AnGeRo-Tagung, Bonn, 1989

[45] Radermacher, F.J.: FAW: Forschungsinstitut für anwendungsorientierte Wissensverarbeitung, in: Brauer, W., Freksa, C. (Eds.): Wissensbasierte Systeme, 3. Internationaler GI-Kongreß, München, Oktober 1989, Proceedings, Informatik-Fachberichte 227, S. 259-267, Springer-Verlag, Berlin-Heidelberg-New York, 1989

[46] Radermacher, F.J.: Expertensysteme und Wissensbasierung - Stand der Technik in der Informatik, VDI Berichte Nr. 775, 25-45, 1989

[47] Radermacher, F.J.: Model Management: The Core of Intelligent Decision Support, in: Schader, M.,Gaul, W. (Eds.): Knowledge, Data and Computer Assisted Decisions, NATO ASI Series F, Vol 61, S. 393-406, Springer-Verlag, Berlin, Heidelberg, New York, 1990

[48] Richter, M.M.: Prinzipien der Künstlichen Intelligenz, Teubner, 1989

[49] Schöning, U.: Logik für Informatiker, BI, Mannheim, 1989

[50] Shafer, G.: A Mathematical Theory of Evidence, Princeton University Press, Princeton, 1976

[51] Sloman, A.: Motives, Mechanisms, and Emotions, Cognition and Emotion 1 (3), 217-233, 1987

[52] Späth, L.: Wende in die Zukunft: Die Bundesrepublik auf dem Weg in die Informationsgesellschaft, Springer-Verlag, Hamburg, 1985

[53] Vollmer, G.: Evolutionäre Erkenntnistheorie, Hirzel Verlag, Stuttgart, 1981

[54] von Neumann, J.; Morgenstern, O.: Theory of Games and Economic Behaviour, University Press, Princeton, 1963

[55] von Seelen, W., Mallot, H.A.: Parallelism and Redundancy in Neural Networks, in: Eckmiller, R., Malsburg, C.v.d. (Eds.): Neural Computers, Springer-Verlag, Berlin, Heidelberg, New York, 1989

[56] von Weizsäcker, C.F.: Der Garten des Menschlichen, Hanser Verlag, München, 1978

[57] Waterman, D.A.; A Guide to Expert Systems, Addison-Wesley, 1986

[58] Winograd, T.; Language as a Cognitive Process, Academic Press, 1983

[59] Winograd, T.; Flores, F.; Understanding Computers and Cognition, A New Foundation for Design, Ablex Publ. Co., Norwood, NJ, 1986

Die Herausforderung des Konnektionismus in der kognitiven Linguistik

Helmut Schnelle
Sprachwissenschaftliches Institut
Universität Bochum

Zusammenfassung

Konnektionistische Modelle zur Beschreibung von Sprachmodellen markieren nicht nur eine Erweiterung des Bereichs theoretischer Ansätze, sondern vor allem eine Herausforderung durch die Anwendung radikal neuer Darstellungsmethoden. An die Stelle der Definition durch symbolverarbeitende Systeme (Regelsysteme, Computerprogramme) tritt die Darstellungsform dynamischer Systeme, deren Dynamik durch die Interaktion aktivierbarer Einheiten bestimmt wird. Mit diesen Ansätzen können nicht nur die sprachliche Regularität, sondern auch die Flexibilität der Sprachen in Variabilität und Kontextsensitivität sowie das Sprachlernen in einer einheitlichen integrativen Darstellungsform erfaßt werden. Die bisher entwickelten konkreten Modelle sind aber noch nicht in der Lage, komplexe Strukturen zu definieren. Die gegenwärtige Kernfrage ist, ob dies prinzipiell möglich ist. Unsere eigenen Entwicklungen zur Netzlinguistik sowie die Erwägungen anderer Theoretiker des Konnektionismus geben eine positive Antwort. Der Inhalt dieser Antwort sowie die bisherigen Leistungen des Konnektionismus im Bereich der sprachlichen Kognition werden erläutert.

1. Die Charakterisierung der gegenwärtigen Forschungssituation

Durch eine rapide Entwicklung im Verlauf der achtziger Jahre wird auch die theoretische Linguistik mit einer neuen Situation konfrontiert. Es handelt sich um die Entwicklung konnektionistischer Ansätze zur Beschreibung kognitiver Prozesse, die eng verbunden ist mit der rapiden Entwicklung eines noch umfassenderen Gebiets, der Neuroinformatik, in dem Informationsverarbeitungsprozesse nicht mehr durch Programme für Universalcomputer spezifiziert, sondern mithilfe sich adaptiv entwickelnder neuronaler Netze erfaßt werden. Innerhalb der Bemühungen des Konnektionismus ist es auch zur Entwicklung von Systemen für die Lösung spezifisch sprachlicher Aufgaben gekommen. Diese Systeme können als Alternativen zur üblichen formalen Behandlung der Grammatik und Sprachtheorie verstanden werden. Dort werden, wie bekannt, grammatisches und lexikologisches Wissen sowie Sprachanalyse und - synthese ausschließlich mit symbolanalytischen Techniken der formalen Logik, der formalen Grammatiktheorie und der Computerprogrammierung erfaßt. Der konnektionistische Ansatz zur Formalisierung ist davon fundamental verschieden. Er stützt sich auf die allgemeine Theorie dynamischer Systeme, speziell auf die Theorie der Systeme, deren Dynamik durch die Interaktion einer großen Zahl einfacher Aktivationseinheiten bestimmt wird. Während die Grundkonzeptionen der symbolanalytischen Formalisierung in Logik und mathematischer Grundlagenforschung entwickelt wurden, stammen die Grundkonzeptionen der dynamisch-konnektionistischen Formalisierungen aus der theoretischen Physik, speziell der allgemeinen und der statistischen Mechanik und der mit letzterer verbundenen Thermodynamik. Anstelle der symbolverarbeitenden Regeln werden hier die Strukturen und Prozesse meist mit einer Anzahl von Differentialgleichungen für die Veränderung von Zustandsvariablen erfaßt. Auch in der Linguistik hat die Formalisierung auf der Grundlage der Theorie dynamischer Systeme schon früher Anwendung gefunden. Einen Überblick über Geschichte und einige Anwendungsmöglichkeiten gibt W.Wildgen (1987). Detailliertere Analysen beziehen sich allerdings vorwiegend auf relativ einfache quantitative Parameter, die noch keine Erklärung der komplexeren grammatischen und semantischen Zusammenhänge betreffen. Diese früheren Formalisierungen im Rahmen der Theorie dynamischer Systeme unterscheiden sich aber in charakteristischer Weise von den konnektionistischen. Die Zustandsvariablen sind dort quantitative Parameter, die einer Menge sprachlicher Ausdrücke zugeordnet sind, also sprachliche Ausdrucksmengen charakterisieren, während die konnektionistischen Zustandsvariablen die momentanen Zustände der Organismen beim Sprechen und Sprachverstehen und, eventuell, beim Spracherwerb charakterisieren. Ein weiterer Unterschied besteht darin, daß man die Bedingungen der Dynamik in diesen früheren Ansätzen, im Gegensatz zum Konnektionismus, durch Evolutionsgleichungen formuliert, deren Parameter grundsätzllich ganzheitlich sind und sich nicht aus der Interaktion vieler Teile erklären (vgl. insbesondere Köhler, 1986). Die Herausforderung des Konnektionismus in den Kognitionswissenschaften und speziell in der Linguistik geht über die Formulierung einer neuen Analyse- und Darstellungstechnik hinaus: Man erhebt den Anspruch, die Regularitäten grammatischen und semantischen Sprachwissens im Prinzip in gleichem Umfang auf allen Stufen der Komplexität wie die bisherigen Formalisierungen erfassen zu können, darüberhinaus aber viele Phänomene des Sprachwissens und des Sprachgebrauchs erklären zu können, die die bisherigen Formalisierungen nur schlecht oder gar nicht erfassen. Art und Umfang der Herausforderung vergegenwärtigt man sich am besten im Vergleich mit den anerkannten Aufgaben der theoretischen Linguistik.

2. Die Aufgaben der kognitiven theoretischen Linguistik, ihre Kernbereiche und ihre umfassenden Zielsetzungen

Die Entwicklung der symbol-analytisch formalisierenden Linguistik wurde seit den fünfziger Jahren stark durch die generativen Grammatiken von N. Chomsky geprägt. Auch die alternativen Grammatik-Ansätze (Kategorialgrammatiken, formale Abhängigkeitsstruktur-Grammatiken, LFG, GPSG, HPSG, Montague-Grammatiken) blieben in ihrem Kern jeweils auf den von Chomsky bestimmten Forschungskontext bezogen. Bei der Entwicklung in den letzten dreißig Jahren ging es allerdings nicht nur um Formalismen. Chomsky hat sich stets bemüht, die jeweils speziellen Forschungen zur Sprachtheorie in einen umfassenderen wissenschaftstheoretischen und philosophischen Kontext einzuordnen. In Formulierungen der letzten Jahre (speziell Chomsky, 1986, 1988) ist dieser Kontext erweitert worden. Ich will kurz den von Chomsky neuerdings formulierten Forschungskontext der Linguistik angeben, allerdings in einigen Punkten erweitert, um einen Rahmen zu erhalten, in dem die Herausforderung des Konnektionismus klar formuliert werden kann. Die theoretische Linguistik hat danach folgende allgemeine Aufgaben:

1. Die Beschreibung der mentalen oder biologischen Realisierung des *Sprachwissens* eines Sprechers und Hörers, und zwar des typischen Sprechers und Hörers einer jeden Sprachgemeinschaft. Diese Beschreibung ist äquivalent zur Beschreibung des *Sprachsystems* einer jeden Sprache.

2. Beschreibung der Eigenschaften der *Sprachentstehung* und *Sprachveränderung*, d.h. a) die linguistische Beschreibung des *Erwerbs* eines Sprachsystems bzw. Sprachwissens während der Entwicklung des einzelnen Menschen vom Kind zum Erwachsenen, und zwar desjenigen Sprachsystems, das in der Sprachgemeinschaft gilt, in der ein

Kind aufwächst, sowie

b) die Bedingungen der *historischen Veränderung* des jeweils in einer ganzen Sprachgemeinschaft geltenden Sprachsystems oder Sprachwissens durch die sich in der Sprachgemeinschaft durchsetzenden Variationen des vorherrschenden Sprachgebrauchs, wie sie zunächst in Kleingruppen von Einzelmenschen auftreten.

3. Die Beschreibung der linguistisch wesentlichen Eigenschaften des *aktuellen Sprachgebrauchs*, soweit er von dem in den Sprechern einer Sprachgemeinschaft geltenden, von ihnen erworbenen und in ihnen realisierten Sprachsystem bzw. Sprachwissen bestimmt wird.

4. Die Beschreibung der *physikalischen Mechanismen*, die die sprachlichen Vorgänge im menschlichen Organismus (Realisierung des Sprachsystems, des Spracherwerbs, der Bedingungen der Sprachveränderung und des typischen, systembedingten Sprachgebrauchs) bestimmen. Um diese Aufgaben behandeln zu können, scheinen folgende methodische Annahmen notwendig und begründbar zu sein:

A. Man kann aus dem gesamten Sprachwissen und dem Sprachgebrauch der Sprecher und Hörer jeweils einen *Kern des regulären Sprachwissens und Sprachgebrauchs* herausheben, der das Wissen von den geltenden Regularitäten *in ihrer spezifischen Komplexität* erfaßt und, im Bereich des Sprachgebrauchs, nur den regulären Sprachgebrauch in einem typischen, standardisierten Anwendungskontext bestimmt. Es ist sogar möglich, im Bereich des Spracherwerbs und der Sprachentwicklung sowie im Bereich der Mechanismen *die physikalische Realisierung des regulären Sprachgebrauchs und Sprachwissens sowie ihrer Entwicklung* unabhängig von ihren irregulären Variationen zu formulieren.

B. Das tatsächliche Sprachwissen und der tatsächliche Sprachgebrauch gehen über das reguläre, den Sprachgebrauch im Standardkontext bestimmende Wissen hinaus. Es umfaßt außer der Komplexität des regulären Sprachwissen das Wissen, mit dem die Sprache *flexibel* beherrscht wird, d.h. zum Beispiel dasjenige Wissen, das die *Fehlertoleranz und die Kontextsensitivität des Sprachgebrauchs* regelt. Dabei handelt es sich unter anderem um

B.1 die Aspekte des Sprachwissens, die den Umgang mit fehlerhaftem Sprachgebrauch regeln, nämlich u.a.

B.1.1 die strukturellen Bedingungen des Sprachwissens, die erklären, wieso fehlerhafter Sprachgebrauch, insbesondere Versprecher, naheliegen (Fehlerlinguistik),

B.1.2 die Momente des Sprachwissens, die die Selbstkorrektur der Versprecher eines Sprechers regeln,

B.1.3 die Momente des Sprachverstehens, die ein strukturelles und inhaltliches Verständnis auch fehlerhafter Rede ermöglichen und

B.2 die Aspekte des Sprachgebrauchs, die die Adaptation der diversen alternativen und formal äquivalenten Formen und Inhalte and die Variabilität der Verwendungskontexte beherrschen, und zwar sowohl

B.2.1 beim Sprechen als auch
B.2.2 beim Sprachverstehen.

C. Weder die Beschreibung regulären Sprachwissens noch diejenige der Beherrschung des flexiblen, aber auch fehleranfälligen Sprachgebrauchs erfaßt die Merkmale, die *ein gestörtes Sprachwissen und einen gestörten Sprachgebrauch* bestimmen, wie sie zum Beispiel bei Aphasie-Kranken auftreten. Speziell die Tatsache, daß bei ihnen das Sprachwissen und der Sprachgebrauch nicht abrupt und total verloren gehen, sondern daß die Beeinträchtigungen bei Gehirnschädigungen graduell auftreten, bleibt ganz außer Betracht. Das Studium der Sprachstörungen kann aber sehr wohl einen Hinweis auf die Art der Realisierung von Sprachwissen und Sprachgebrauch im Gehirn geben.

Es ist für die symbolanalytisch formalisierende theoretische Linguistik typisch, daß in ihren Forschungen die Komplexität des Kerns regulären Sprachwissens im Vordergrund steht, und daß man sich meist sogar auf die Kernbereiche der formalen Komplexität wie Wortbildung und Syntax beschränkt. Wenngleich die weitergehenden Aufgaben zwar im Prinzip anerkannt werden, sind die meisten Linguisten überzeugt, daß deren Klärung die Klärung der Kernbereiche, insbesondere die Kenntnis von der Komplexität der Form, voraussetzt. Man stellt daher die Beschäftigung mit den anderen der genannnten Aufgaben zurück.

Demgegenüber erhebt der Konnektionismus im Bereich der Linguistik den Anspruch, einen integrativen Rahmen zur Formalisierung aller Zusammenhänge zu besitzen, mit dessen Hilfe sowohl die *Komplexität* grammatischen und semantischen Sprachwissens und des Sprachgebrauchs wie auch die *Flexibilität der Sprachen*, d.h. Fehlertoleranz und Kontextsensitivität, und schließlich auch die *Gradualität der Sprachstörung* in natürlicher Weise erklärt werden können. Der integrative Ansatz soll also Phänomene des Sprachwissens und des Sprachgebrauchs erklären, die in bisherigen Formalisierungen theoretisch wie praktisch nur schlecht oder gar nicht beherrscht werden.

Der Kern der konnektionistischen Herausforderung liegt aber im Bereich der Erklärung *des Erwerbs und der Veränderung des Sprachwissens.* Aufgrund der Art, wie der Konnektionismus Wissen repräsentiert, fällt es ihm leicht, eine Vorstellung davon zu entwickeln, wie Erwerb und Veränderung erklärt werden könnten. Schließlich entwickelte er sich vor allem aus dem Studium der neuronalen Plastizität, d.h. der Entwicklung, neuronaler Systeme seit D.O. Hebb (1949).

Der Gegensatz zwischen klassisch-symbolanalytischen Ansätzen und konnektionistischen wird also von folgenden Unterschieden bestimmt:

a. vom Unterschied der *Darstellungstechnik: Symbolische* vs. *nicht-symbolische* Beschreibung:, d.h. genauer: Darstellung als formale Systeme (Regelsysteme, Symbolverarbeitungsalgorithmen, Computerprogramme) vs. Darstellung als dynamische Systeme (ausgedrückt durch Differential- oder Differenzen-Gleichungen mit der Zeit als unabhängigem Parameter),

b. vom Unterschied in der Beurteilung der *primären Eigenschaften* von spezifischem Sprachwissen und Sprachgebrauch: regel-bestimmte Komplexität der geltenden Sprachformen und -Inhalte vs. *variable Flexibilität und Gradualität* der Störbarkeit von Sprachwissen und Sprachgebrauch, und

c. vom Unterschied in der *Definition* des spezifischen Sprachwissens und Sprachgebrauchs: *Konstruktion vs. Lernen*, d.h. genauer: formale Definition und Konstruktion auf der Grundlage sprachspezifischer Prinzipien, die von den Strukturprinzipien anderer kognitiver Systeme abweichen vs. automatischer Erwerb aufgrund der Anwendung kognitiv allgemeiner Lernverfahren ausgehend von einfachen Initial-Architekturen.

Wie man sieht, konstitutiert dieser dreifache Unterschied die beiden Alternativen Klassische Theorie vs. Konnektionismus, indem die ersten Alternativen und die letzten der drei Unterschiede jeweils gekoppelt sind.

Im jetzigen Zustand der Entwicklung des Konnektionismus ist der wesentliche Unterschied der als theoretisch primär angesehene Sprachaspekt: Ist es die Komplexität oder die Variabilität und Flexibilität der Sprache, denen sich die Theorie vor allem widmen muß? Entsprechend sind auch die Leistungen der Kontrahenten: Die Stärke der symbolanalytischen Ansätze ist die Definition und Konstruktion komplexer, allerdings unflexibler Systeme - die Stärke der konnektionistischen Ansätze sind automatisch erlernte flexible Systeme, deren Komplexität allerdings noch gering ist. Die zentrale, ja entscheidende Frage ist daher: Kann der Konnektionismus auch Systeme angeben, die hohe Komplexität haben? Sollte dies gelingen, so wäre er dem klassischen Ansatz überlegen. Seine Herausforderung könnte dann nicht mehr wie heute durch den Hinweis auf die mangelnden Leistungen bei der Beschreibung der Komplexität der Sprache relativiert werden. Auf diese zentrale Frage gibt es heute eine doppelte Antwort:

a. Durch Untersuchungen an unserm Institut ist gezeigt worden, wie Systeme aus interagierenden Einheiten im Sinne des Konnektionismus definiert werden können, deren Komplexität derjenigen symbolanalytischer Systeme nicht nachsteht. Allerdings werden diese Systeme ausgehend von bisher symbolanalytisch formulierten Einsichten definiert und es bleibt noch unklar, wie sie erlernt werden könnten (Schnelle, 1989, Schnelle/Doust, im Ersch.).

b. Mit grundsätzlichen Überlegungen kann gezeigt werden, wie komplexe Systeme in der Anwendung allgemeiner Lernprozesse im Prinzip entstehen bzw. erlernt werden können (Smolensky, 1989, Legendre et al., 1990). Allerdings ist es noch nicht gelungen, konkrete Systeme hoher Komplexität zu charakterisieren, geschweige denn zu erlernen.

Sollte es dem Konnektionismus gelingen, die zentrale Frage positiv zu beantworten, so würde sich die Frage nach der Einschätzung der klassischen Ansätze stellen. Manche Theoretiker des Konnektionismus sind radikal: Sie gehen in ihrer Herausforderung soweit, die kognitive Relevanz der Beschreibungen der symbolanalytisch formulierenden klassischen Linguistik und des zugehörigen Gegenstandsbereichs zu bestreiten. Vor allem wird betont, daß der Ansatz der klassischen Linguistik nicht integrativ sei, d.h. das reguläre Sprachwissen und die Variabilität des Sprachgebrauchs nicht in ein und demselben Erklärungsrahmen erfasse.

Für andere, wie zum Beispiel den ausgezeichneten Theoretiker des Konnektionismus, P. Smolensky, bleiben unterschiedliche Erklärungsformen des regulären Sprachwissens und Sprachgebrauchs und der ihnen zugrundeliegenden physikalischen Mechanismen relevant. Dies ergibt sich für ihn unter anderem aus dem Unterschied der Darstellungstechniken. Demgemäß fordert er für alle Phänomenbereiche der Kognition eine prinzipiell zweistufige Erklärung, eine symbolische und eine subsymbolische, in der keine Stufe auf die andere zurückgeführt werden kann und die beiden Stufen keine homomorphe Beziehung aufweisen. Wie Smolensky halte auch ich eine methodisch begründete irreduzible Zweistufigkeit für sinnvoll, glaube aber, daß gerade die Untersuchung architektonischer Homomorphien zwischen konnektionistischen Modellen und symbolanalytischen Modellen von großem Interesse ist. Die bisher verfolgten Ansätze der Netzlinguistik werden von dieser Vorstellung motiviert.

Wir wollen nun auf einige prinzipielle Aspekte der Auseinandersetzung zur Herausforderung des Konnektionismus näher eingehen und zwar zunächst auf die konkret bisher vorgelegten Leistungen in Bereichen des Sprachwissens und des Sprachgebrauchs, sodann auf die Kritiken am Konnektionismus und schließlich auf die beiden schon genannten Wiederlegungsansätze.

3. Die mit den konnektionistischen Modellen zur Sprachverarbeitung gegebenen spezifischen Herausforderungen

Einige der konnektionistischen Analysen sprachlicher Prozesse haben große Beachtung gefunden. Hinsichtlich ihrer empirischen Leistungsfähigkeit ragen hier vor allem die Untersuchungen zur Erklärung der Sprechfehler durch Dell(1988), MacKay(1987) und deren dort zitierte früheren Arbeiten heraus. Beachtlich sind auch Ansätze zur Erklärung sprachlicher Beeinträchtigung (Gigley, 1985, Diederich, 1988). Das was hier geleistet wurde, hat hohe empirische Plausibilität. Auch die Untersuchungen zu einem Auschnitt des Sprachverstehens, nämlich der Identifikation der in einer Lautfolge realisierten Wörter, den man in der Psychologie meist den lexikalischen Zugriff nennt, lieferte fruchtbare Modelle für die empirische Erklärung von Daten des Sprachgebrauchs (McClelland et al. 1986, Elman et al. 1987, Peeters et al., 1989).

Im Vordergrund der öffentlichen Diskussion stehen heute demgegenüber mehr technisch orientierte Modelle, die im Rahmen der Informatik zeigen sollen, daß die Leistungen der klassisch-symbolanalytischen, regelbasierten Systeme der KI-Forschung durch fruchtbarere Alternativen ersetzt werden können, und die vor allem die Leistung beim lernenden Erwerb von Sprachwissen und die Eigenschaft der Fehlertoleranz und Kontextadaptivität des Sprachgebrauchs hervorheben. Hier sind es speziell die Modelle, die Merkmale und Merkmalmuster in den akustischen Verläufen gesprochener Sprache erkennen und verarbeiten. Einige dieser Ansätze sind schon seit der zweiten Hälfte der siebziger Jahre entwickelt worden (Anderson et al.,1977, Kohonen 1977, 1982, 1988), andere haben kürzlich spektakuläres Aufsehen erregt (Sejnowski et al.,1987, zu einer deutschen Version, vgl. Dorffner, 1987). Von großem technischen Interesse sind diese Ansätze für die automatische Spracherkennung. Dieses Teilgebiet ist so gut strukturiert, daß für es schon sehr instruktive Vergleiche der Struktur unterschiedlicher Ansätze und ihrer Leistungsfähigkeit vorliegen (u.a. Lippmann, 1989). In anderen Bereichen gibt es ebenfalls beachtenswerte Vorschläge, so Lernmodelle für die Erlernung gewisser Aspekte der Flexion (Rumelhart et al. 1986b) und Syntaxmodelle (Elman, 1988, Legendre et al., 1990). Meine eigenen Ansätze (Schnelle, 1988,1989, im Ersch. Schnelle/Doust, im Ersch.) der Netzlinguistik gehören insofern hierher, als sie zeigen, wie syntaktische Prozesse durch Vernetzung interaktiver Elemente realisiert werden können; sie sind insofern aber untypisch, als sie nicht über die Leistungsfähigkeit üblicher regelbasierter Formalismen hinausgehen, sondern im Gegenteil strikt an der Korrelation regelbasiserter und konnektionistischer Ansätze interessiert sind. Für den Bereich der Semantik und der wissensbasierten Systeme sind vor allem die Beiträge von Shastri (1988,1990) sehr wichtig (Wir wollen hier weder die Details all dieser Entwicklungen noch diejenigen von Nachbarbereichen im einzelnen diskutieren und verweisen den Leser nur auf einige Sammelbände: Anderson et al,1988, Hinton et al. 1981, McClelland et al. 1986a, McClelland et al., 1988, Rumelhart et.al.1986 , Nadel et al. 1989, Pfeiffer et al., 1989.)

Neben den an der empirischen Psychologie und den an der technischen Entwicklung von Modellen für die Informatik ausgerichteten Modellen gibt es auch Ansätze, die im engen Zusammenhang mit der biologischen Theorie des Gehirns entwickelt werden In dem Buch des Neurobiologen Edelman (1989) wird sogar der Bemühung um biologisch begründete mit den konnektionistischen verwandte Modelle für die Sprachbeherrschung große Beachtung geschenkt.

So kann sich die Herausforderung des Konnektionismus bereits auf ein breites Spektrum an wissenschaftlichen Leistungen stützen und den Anspruch plausibel machen, ein neues Paradigma für die Theorie kognitiver Wissenschaften zu liefern, das prinzipiell eine integrative Basis zur Erkärung sowohl der regulär reglementierten als auch der flexiblen, fehleranfälligen und auch bei Störungen nur graduell beeinträchtigten Sprachphänomene liefert, während die regelbasierten Ansätze, die aufgrund der formalen Logik, der formalen Linguistik und der KI-Forschung entwickelt wurden, auf die Behandlung der regulär beherrschten Sprachprozesse eingeschränkt zu sein scheinen und bei Äußerungen, die von regulären abweichen, oder bei Störungen sofort zusammenbrechen.

4. Der Versuch, prinzipielle Beschränkungen des Konnektionismus nachzuweisen

Es konnte nicht ausbleiben, daß die offenbar fundamentale Herausforderung, die mit diesen neuen Modellen aus den verschiedensten Teilbereichen der Sprachanalyse gegeben ist, von den Exponenten des klassischen, symbolanalytischen Ansatzes geprüft und als nicht wirklich begründet zurückgewiesen wurde. Die wichtigsten Beiträge der Kritik finden sich in dem von Pinker und Mehler herausgegebenen Buch (1989).

Von den Kritikern der Herausforderung des Konnektionismus wird nicht bezweifelt, daß konnektionistische Modelle einige interessante Aspekte kognitiver Prozesse beleuchten. Es wird aber versucht zu zeigen, daß

1. die vorgelegten Ansätze zur Erklärung von Kernbereichen der Sprache *empirisch inadäquat* sind (Pinker/Prince 1988, Bever, 1988, in dem genannten Buch) und daß darüberhinaus

2. der Ansatz des Konnektionismus in den zentralsten Teilbereichen *prinzipiell zum Scheitern verurteilt* ist (Fodor/ Pylyshyn, 1988, ibid.).

Wir wollen vor allem die letztgenannte Behauptung besprechen. Die Kritik von Fodor und Pylyshyn konzentriert sich auf die Spezifika der kombinatorischen und kompositorischen Komplexität der Syntax und Semantik. Man versucht zu zeigen, daß der Konnektionismus von seiner Konzeption her die struktural wesentlichen Aspekte der Sprachen nicht behandeln kann. Insbesondere könne er die Struktur beliebig komplexer Sätze nicht repräsentieren . Im klassischen, symbolanalytischen Ansatz gelinge dies mithilfe von Regeln für die Kombinatorik und Transformatorik symbolisch notierter Strukturbeschreibungen für Sätze, die aus unbeschränkt vielen Teilen bestehen. Außerdem erfassen die symbolanalytischen Formalismen und die auf ihrer Grundlage entwickelten Programme Inferenzbezüge zwischen beliebig komplexen Sätzen, und zwar auf der Grundlage der symbolanalytisch verfügbaren kombinatorischen Form. Die Inferenz und die inferentielle Semantik sind auch kombinatorisch begründet, insofern die Bedeutungsstrukturen von Sätzen sich als unbeschränkt komplexe Bedeutungskompositionen bestimmen lassen. Fodor und Pylyshyn bezweifeln nicht, daß gewisse Teilstrukturen, deren Form nach ihrer Meinung nur in der üblichen Weise symbolanalytisch und regelbasiert beschrieben werden kann, in konnektionistischen Netzen implementiert werden kann. Für völlig ausgeschlossen halten sie es aber, daß derartige Formen nach Verfahren, die im Konnektionismus bisher diskutiert wurden, gelernt oder erworben werden können.Dieser Versuch der prinzipiellen Widerlegung der Herausforderung des Konnektionismus erfordert eine prinzipielle Antwort. Diese Antwort kann in drei Teilen geliefert werden:

1. im Nachweis, daß die komplexen kombinatorisch und kompositorisch bestimmten Strukturen in natürlicher Weise in konnektionistischen Netzwerkbeschreibungen wiedergegeben werden können,

2. im Nachweis, daß bei derartigen Netzen die Vorzüge der konnektionistischen Beschreibung, nämlich die Repräsentation auch fehlertoleranter und kontextsensitiver Prozesse in denselben Netzwerken, die auch die regulären Prozesse beschreiben, nicht verloren gehen,

3. im Nachweis, daß Netzwerke, die derart komplexe Strukturen zu beherrschen vermögen, nach konnektionistisch angebbaren Lernverfahren erworben werden können. An einer derartigen Antwort ist von verschiedenen Wissenschaftlern in den letzten Jahren gearbeitet worden. Ich möchte einige dieser Antworten in ihren Grundzügen besprechen.

5. Die Widerlegung der behaupteten Beschränkung des Konnektionismus

Die erste grundsätzliche Antwort ergibt sich aus den Ergebnissen meiner Forschungen zur Netzlinguistik. Die Antwort ist insofern unmittelbar relevant, als aufgrund dieser Forschungen die Realisierung von unbeschränkten Konstituentenstrukturgrammatiken in Netzwerken gelungen ist; eine Möglichkeit, die von Fodor und Pylyshyn problematisiert, ja bezweifelt wurde.

Ich möchte kurz die Form und Leistung unserer Netzwerke für die Konstituentenstrukturanalyse, aber auch ihre Einschränkungen im Vergleich zu den prinzipiellen Zielsetzungen des Konnektionismus erläutern. Vor allem aber möchte ich auf der Grundlage der hier gewonnenen Erkenntnisse zeigen, an welcher Stelle der Fehler der prinzipiellen Argumentation von Fodor und Pylyshyn liegt.

Es ist für unsern Ansatz charakteristisch, daß sich die Netzwerke in Architektonik und Prozess-Struktur streng mit den Verfahrens- und Prozess-Strukturen eines der bekanntesten computertechnischen Verfahren zur Sprachstrukturanalyse (d.h. zum Parsing) vergleichen lassen. Bei diesem Verfahren handelt es sich um den sogenannten Earley-Parser. Wir wollen zunächst seine Struktur als Symbolverarbeitungssystem besprechen und dann die konnektionistische Netzwerkstruktur skizzieren, die wir als Übersetzungsresultat erhalten.

In einem Earley-Parser geht man von einer kontextfreien Konstituentenstruktur-Grammatik klassischen Typs aus und überführt deren Regeln in eine entsprechende Menge von formalen Ausdrücken, die Menge der sogenannten "dotted rule" Symbole. Jedes derartige Symbol gibt eine satzkontextuell spezifizierte grammatische Kategorie an. Der eigentliche Prozess der Sprachanalyse erzeugt eine Strukturbeschreibung, die formal einem Strukturbaum äquivalent ist, in Schritten, die exakt durch einen Algorithmus (den Parser) definiert sind. Der Parser "liest" die Wörter eines Satzes und erzeugt jeweils eine Liste für die Eintragung seiner Analyseresultate, die bis zu der gerade gegebenen Stelle des Satzes bereits gelten. Wenn der Satz eine Länge von l Wörtern hat, stehen die Analyseresultate in l Listen. Die bei Einlesen des n-ten Wortes registrierbaren Resultate stehen in der n-ten Liste. Eingetragen werden jeweils Paare aus einer grammatischen Kategorie (dem "dotted rule" Symbol) und einer Zahl, die angibt, für welche Ausdehnung auf der Wortkette diese grammatische Kategorie gilt, und zwar kommen diejenigen Paare in Betracht, deren Anwendbarkeit der Parser formal bestimmen kann.

Für unsere Übersetzung in ein Netzwerk sind nun folgende Grundgedanken wichtig. Das Analyseresultat kann formal als eine Menge von Tripeln (Stelle im Satz, grammatische Kategorie, Erstreckung im Satz) aufgefaßt werden. Wenn wir den möglichen grammatischen Kategorien auch natürliche Zahlen zuordnen, so handelt es sich um Tripel (x,y,z), wobei x, y, und z natürliche Zahlen sind. Hat der Satz die Länge l und ergeben sich aus der Grammatik k grammatische Kategorien (dotted rule symbols), so sind die Werte von x und z kleiner oder gleich l, die Werte von y kleiner oder gleich k. Wir können uns nun einen Quader aus aktivierbaren Zellen vorstellen, in dem jedes Tripel (x,y,z) mit diesen Bedingungen genau durch eine Zelle realisiert ist. Wir wollen nun festlegen, daß eine solche Zelle (x,y,z) am Ende des Analyseprozesses genau dann aktiviert ist, wenn der entsprechende Earley-Parser Algorithmus in der Liste x das Paar (y,z) eingetragen hat. Hat er keinen solchen Eintrag geliefert, so soll die Zelle inaktiv sein. Soviel zur Struktur-Repräsentation, genauer, zur Entsprechung zwischen symbolisch notierten Paaren in Listen (Earley-Repräsentation) zu den Aktivitätsmustern von Zellen in einem dreidimensionalen Raum (netzlinguistische Repräsentation).

Wie aber kommt das Aktivitätsmuster beim "Einlesen" der Kette von Wörtern, die den Satz ausmachen, zustande? Welche Vorgänge entsprechen den strukturvergleichenden Akten eines Symbole vergleichenden Algorithmus? Aufgrund der Grundbedingungen des Konnektionismus darf es sich hierbei nur um Veränderung von Aktivitäten der Zellen handeln, die für jede Zelle allein von der Aktivität einiger ganz bestimmter, nicht zu weit entfernter Nachbarzellen abhängt. Für jede Zelle liegt (solange das System keinem Lernprozess unterliegt) fest, für welche Nachbarn sie sensitiv ist und unter welchen Bedingungen (Mustern von Nachbaraktivitäten) sie ihre Aktivität ändert und unter welchen nicht. Für unterschiedliche Zellen kann diese Bedingung unterschiedlich sein. Es sollte nun klar sein, daß das Verhalten des Gesamtsystems allein durch die Regularitäten der Aktivitätsveränderung von den Nachbarzellen, d.h. den Konnektionen mit ihnen abhängt. Die Entsprechung des Algorithmus muß also ein System passend gewählter Konnektionen sein. Wir haben nun allerdings unserm System noch eine weitere Bedingung auferlegt: Wir haben gesehen, daß die Größe des Repräsentations-Raumes mit der Länge der zu analysierenden Sätze steigt. Bleibt die Grammatik konstant, so soll bei der Vergrößerung des Repräsentationsraums nur eine gleichbleibende einfachste Vernetzungsstruktur kopiert werden. Das bedeutet, daß, da das Wissen eines konnektionistischen Systems in den spezifisch ausgeprägten Vernetzungen liegt, dieses konektionistisch repräsentierte Wissen dadurch nicht größer wird. Anders beim Übergang von einer Grammatik zu einer größeren Grammatik - hier wird die spezifische Konnexität steigen - oder beim Übergang von einer Grammatik zu einer anderen Grammatik mit der gleichen Anzahl grammatischer Kategorien (dotted rule symbols) - hier wird sich die Spezifität der Konnexität ändern.

Es ist uns gelungen, ein allgemeines Verfahren zu entwickeln, das zu jeder vorgegebenen kontextfreien Konstituentenstruktur-Grammatik eine Vernetzung erzeugt, die die dem Earley-Parser im obigen Sinn entsprechenden Aktivitätsmuster hervorbringt, und zwar aufgrund spezifischer Vernetzungen, die den angegebenen Beschränkungen entsprechen. Leser, die an den Einzelheiten des Verfahrens interessiert sind, sollten die Arbeiten Schnelle (1989) Schnelle-Doust (im Ersch.) konsultieren. Hinsichtlich der Motivation lese man Schnelle (1988), Schnelle (im Erscheinen).

Es ist nun offensichtlich, daß und wie unser Ansatz den Einwand Fodor und Pylyshyns widerlegt. Der Ansatz liefert sämtliche Struktur-Repräsentationen, für beliebige Konstituentenstruktur-Grammatiken, die gewissen Standard-Repräsentationen (den Repräsentationen in Earley-Chart- Parsern) strikt entsprechen. Die Erzeugung dieser Repräsentationen wird allein von einem konnektionistisch vernetzten System aktivierbarer und interaktiver Einheiten einfachster Art geliefert und nicht durch symbolanalytisch operierende Verfahren mit symbolischen Mustervergleichen, Substitutionen, Einträgen in Listen usw. Der Einwand von Fodor und Pylyshyn ist somit hinfällig.

Eine genauere Analyse der Konzeptionen, die Fodor und Pylyshyn bei ihrer Argumentation leiteten, kann die Gründe aufzeigen, die sie zu einer fehlerhaften Argumentation führten. Sie nehmen nämlich an, daß die in den Analysen auftretenden Struktur-Repräsentationen strukturiert sein müssen und sie argumentieren, daß die somit zu repräsentierende Struktur-Komplexität jede Grenze überschreite, also nicht in Netzen mit spezifischer Konnexität ausgedrückt werden könne. (Vgl. Pylyshyns physical instantiation rule, Fn.9 in Fodor /Pylyshyn, 1988). Diese Vorstellung ist aber unangemessen. Man braucht keine strukturierten Repräsentationen, sondern es genügen Informationen, die entsprechend strukturierte Prozesse eindeutig registrieren und sie dadurch identifizieren und - in einer Verwendung als Trigger - wiedererzeugen können. Genau dies leisten unsere Aktivitätsmuster. Als Muster sind sie nicht strukturiert. Sie identifizieren aber eindeutig das Ergebnis des Analyseprozesses - relativ zu den in den Konnektionen des Netzwerks gegebenen Strukturbedingungen der Grammatik - und können entsprechende Erzeugungsprozesse steuern. Es ist darüberhinaus möglich, Veränderungsprozesse über solchen Mustern zu definieren, die der Abbildung der zugehörigen Strukturbäume auf Strukturbäume (also Transformationen oder formalen Inferenzen) entprechen würde. Die Grundideen für diese Prozesse sind schon ausgearbeitet worden. Zur Zeit wird an den technischen Details für konnektionistische Inferenzprozesse im Rahmen der Netzlinguistik gearbeitet. Wir müssen abschließend allerdings auf eine wichtige Beschränkung unseres Ansatzes hinweisen, die ihn manchen konnektionistischen Puristen suspekt macht. Aufgrund seiner Definition realisiert jedes von unseren Netzen nur die Prozesse, die durch eine Grammatik definiert sind. Die zugrundeliegenden Grammatiken haben aber nur die Regularitäten der Sprache für den Gebrauch in Standardkontexten zum Ziel. Das bedeutet, daß sie keinen Beitrag zur Erklärung der Flexibilität der Sprache, d.h. ihrer Fehlertoleranz oder ihrer Kontextsensitivität, liefern - und konsequenterweise unsere Netze ebensowenig. Dies war auch nicht das Ziel unserer Entwicklungen, denen es zunächst darum ging, eine Brücke zwischen bekannten formal-theoretischen Formen der Linguistik und neuen Darstellungsverfahren und Konzeptionen zu bauen. Dennoch handelt es sich hinsichtlich der konnektionistischen Herausforderung, mehr zu leisten als die klassisch formalisierende Linguistik, um ein gewichtiges Manko. Ob dieses Manko aber nur, wie wir meinen, einen ersten Schritt auf dem Wege adäquater Systeme charakterisiert, das, wie wir hoffen, durch die Entwicklung von variabilitätserzeugenden Erweiterungen behoben wird , wird sich zeigen.

6. Nachweis der prinzipiellen Möglichkeit lernender, flexibler konnektionistischer Systeme mit den von den Kritikern geforderten Leistungsfähigkeit

6.1 Die faktisch heute noch gegebenen Beschränkungen

Die bis heute vorgeschlagenen und entwickelten lernenden Modelle sind strukturell noch sehr eingeschränkt. Ihre Architektur ist wesentlich einfacher als die von uns für Konstituentenstruktur- Grammatiken entwickelte. Eine typische Architektur ist diejenige der Temporal Delay Neural Networks (TDNN) von Waibel (vgl. Waibel 1989 u.a.), die mit früheren Ansätzen im Rahmen der Netzlinguistik (vgl. Schnelle 1988, Schnelle, im erscheinen, Kap. 6) verwandt sind. Darüberhinaus gibt es Ansätze zur architektonischen Erweiterung von Elman (1988), die es gestatten, wenigstens Finite State Grammatiken zu realisieren. Schließlich sind die Ansätze von Legendre et.al.(1990) im Rahmen der Konzeption der Harmonic Grammar von Smolensky zu nennen. Im Kontext der letztgenannten Ansätze werden auch linguistische Modelle von Lakoff(1988) und Goldsmith (to appear) entwickelt.

Die meisten dieser im Rahmen des Konnektionismus vorgelegten Lösungen lassen aber noch nicht erkennen, wie komplexere Bereiche der Kognition behandelt werden können. Dafür haben sie in den Bereichen, für die sie gelten, Merkmale, die sich auch bei natürlichen Sprachen finden und die im Rahmen der klassischen Ansätze nicht erklärt werden können. Allerdings zeigte sich (vgl. Lippman 1989), daß die Lernleistung der Modelle, die man als umgekehrt proportional zur Anzahl von Lernschritten messen kann, mit der Komplexität der Architektur abnimmt. Es scheint also, daß Systeme adäquater Komplexität eher Adaptationen bereits im Anfang komplex und spezifisch strukturierter Gebilde an gegebene Umweltbedingungen sind, als Systeme, deren Vernetzung fast vollständig aus anfänglich unstrukturierten oder wenig strukturierten Systemen gelernt werden. Demgemäß sollte man zuerst die Klasse der rigiden regulären Systeme bestimmen und danach Prozesse zu ihrer Variation und Adaptation an Bedingungen des Sprachgebrauchs einführen und studieren. Dies ist der Weg, der in netzlinguistischen Ansätze verfolgt wird. Demgemäß unterscheiden sich die netzlinguistischen Ansätze insofern von den typisch konnektionistischen, daß sie zunächst Netzwerke entwickeln, die in unmittelbarer Korrespondenz zu üblichen regelbasierten Systemen stehen. Für den netzlinguistischen Forschungsansatz kommt es zunächst darauf an zu zeigen, daß komplexere kognitive Vorgänge im Prinzip konnektionistisch implementiert werden können. In weiteren Schritten wären die so gewonnenen Netzwerke in ihrem Verhalten zu flexibilisieren. In ihrer prinzipiellen Konzeption gehen die anderen Ansätze, speziell die harmonische Grammatiktheorie, einen grundsätzlich anderen, klassisch-konnektionistischen Weg. Die in ihrem Kontext entwickelte Argumentation stützt sich auf eine allgemeine Theorie, die fundamental verschieden ist von einer Implementierung regelbasierter Systeme. Obgleich die bisher vorgeschlagenen Lösungen zur Grammatik noch sehr beschränkt sind, verdient dieser Ansatz aber besondere Aufmerksamkeit.

6.2 Der Versuch, die prinzipielle Möglichkeit der Komplexitätsrepräsentation im Rahmen des klassischen Konnektionismus nachzuweisen.

Der entscheidende Versuch, Fodors und Pylyshyns Kritik auf der Grundlage einer rein konnektionistischen Argumentation zurückzuweisen, stammt von Smolensky. Er entwickelt folgende, sehr grundlegende Argumentationslinie, bei der er sich vor allem auf die Unterschiede der Darstellungstechnik bezieht. Es wird betont, daß die klassisch-symbolanalytische Beschreibung von Kognitions- und Informationsprozessen bisher vor allem im Rahmen der diskreten Mathematik, im engen Zusammenhang mit den formallogischen, strukturtheoretischen und modelltheoretischen Untersuchungen zur Grundlagenmathematik, entwickelt wurde. Demgegenüber stützt sich der konnektionistische Ansatz prinzipiell, wie die meisten Gebiete der theoretischen Physik, auf die Kontinuumsmathematik, speziell die Theorie der Vektorräume.

Nach der klassischen Auffassung können die mentalen Repräsentationen angemessen nur als Struktur-Gebilde mithilfe von formalen Symbolsystemen und mentale Prozesse allein als Symbolverarbeitungsoperationen definiert und erfaßt werden. Nach der Position des Konnektionismus sind mentale Repräsentationen Aktivierungsmuster neuronaler Netze. Diese Aktivierungsmuster sind formal Vektoren, die Zustände des Repräsentationen-Raums der möglichen konnektionistischen Systeme definieren(Vgl. Smolensky, 1989, p.5). Die mentalen Prozesse eines kognitiven Systemes werden durch eine Dynamik im Darstellungsraum der Aktivierungsmuster bestimmt - und zwar mithilfe parametrisierter Differentialgleichungen - und der Erwerb einer spezifischen Dynamik wird durch eine Dynamik im Darstellungsraum dieser Parameter von vornherein determiniert.

Smolenskys Ansatz läßt aber auch Raum für die klassische Definition von kognitiven Repräsentationen: Ob nämlich ein gegebenes Aktivitätsmuster als mentale Repräsentation gelten kann oder nicht, hängt davon ab, ob es als Korrelat einer inhaltlich verstandenen mentalen Repräsentation verstanden , bzw. ob es in einer solchen, unabhängig vom Darstellungsraum des Konnektionismus gegebenen, als mentale Repräsentation interpretiert werden kann. Smolensky fordert für die Aktivitätsmuster, daß sie inhaltlich gedeutet werden können, um zu bestimmen, ob ein konnektionistisches Modell tatsächlich den Bereich der Kognition beschreibt, den es beschreiben soll. Die Interpretation liefert die notwendige semantische Deutung der Aktivitätsmuster. Als Bezugseinheiten der Deutung können nach Smolensky durchaus Repräsentationen in Frage kommen, die im klassischen Sinn definiert sind oder sein könnten, d.h. mithilfe symbolischer Formalismen.

Grundsätzlich anders als im Fall der mentalen Repräsentationen sieht Smolensky die Situation im Fall der mentalen Prozesse: Er stellt fest: Die Interaktion der einzelnen, die Aktivitätskomponenten repräsentierenden Einheiten wird nur durch Algorithmen für die Abhängigkeit der Einheiten von ihren Nachbarn bestimmt. Die Dynamik, die die Veränderung der komplexen Aktivitätsmuster aller Einheiten - d.h. die Korrelate der Aktivitätsmuster - bestimmt, ist , wegen der großen Anzahl sehr unterschiedlich auf ihre Nachbarn reagierender Einheiten, so komplex, daß sie nicht in einen Algorithmus übersetzt werden kann, der die Entwicklung der ganzen Aktivitätsmuster bestimmt.

Aufgrund dieser Erwägungen ist Smolensky der Meinung, daß die Aktivitätsmuster als ganze zwar inhaltlich durch linguistische Strukturen gedeutet werden können, daß aber die Prozesse, aufgrund deren diese Strukturen in einem neuronalen Netz beim Spracherzeugen oder- verstehen entstehen und verändert werden, und die nicht in regelbestimmte Verfahren zur Strukturerzeugung oder - veränderung überführt werden können, nicht durch ganzheitlich definierbare Mechanismen bestimmt werden können. Formaler: Es gibt keine beherrschbare Differentialgleichung für eine Zustandsvariable deren Werte die jeweiligen Zustände des *Gesamt*systems sind, die unabhängig von den Differentialgleichungen für die Einzelkomponenten angegeben werden könnte.

In diesem streng theoretischen Sinne ist der von Smolensky verfolgte Ansatz ein distribuierter Konnektionismus: Die angemessene Theorie des Sprachgebrauchs - also der Dynamik der beim Sprechen und Verstehen entstehenden Sprachstrukturen - kann nur im Rahmen eines Systems mit einer großen Zahl interagierender Aktivitätseinheiten erfaßt werden - also distribuiert. Dies schließt nicht aus, daß die dabei entstehenden Gesamtmuster als kognitive Strukturen interpretiert werden können. Es schließt aber aus, daß der Prozess des Entstehens - beim Sprechen und Hören - angemessen als mit Regeln definierbarer Strukturverarbeitungsprozess definiert werden kann. Jede Regelbeschreibung von Prozessen erfaßt allenfalls gewisse hervorstechende Momente der letztlich dynamischen Prozesse, die Variabilität und Flexibilität zeigen.

Somit muß die Beschreibung der kognitiven Prozesse notwendigerweise auf zwei Ebenen geschehen, auf der Ebene der gesamten Aktivitätsmuster, die durch kognitive Strukturen interpretiert werden können und müssen und auf der Ebene der Dynamik, die die Veränderung der Aktivitätsmuster bestimmt. Dabei gilt, daß die Dynamik prinzipiell nur durch eine große Zahl von Parametern bestimmt werden kann, und zwar Parametern, die die Interaktivität einer sehr großen Zahl von Einheiten ausdrücken. Sie kann dagegen nicht durch Zustandsveränderungsbestimmungen formuliert werden, die den Gesamtzuständen (den kognitiv interpretierbaren Größen) zugeordnet sind.

Ich glaube, daß Smolenskys Argument für den allgemeinen Fall akzeptiert werden kann. Es ergibt sich dann aber das konkrete Problem, wie die hochkomplexen Systeme für spezifische kognitive Leistungen bestimmt werden. Der Ansatz der Netzlinguistik zeigt, daß wenigstens für den Fall aller Konstituentenstrukturgrammatiken die Dynamik auf der Grundlage des Systems der Regeln bestimmt werden kann. Dies geschieht so, daß die Dynamik der Einzel-Interaktionen auf der Grundlage der algorithmischen Parser-Regeln so definiert wird, daß die von ihnen bestimmte Gesamtdynamik genau dem ursprünglich definierten Strukturverarbeitungsprozess entspricht. Wenn auf eine solche Dynamik eine Veränderungsdynamik zur Flexibilisierung angewendet wird, braucht das für die dann abweichenden neuen Dynamiken natürlich nicht mehr der Fall zu sein. Unser Ansatz hat aber den Vorteil, lokale Dynamiken für komplexe Konstituentenstruktur- Systeme definieren zu können.

Smolensky geht in seinen konkreten Vorschlägen einen anderen Weg. Während in unserm Ansatz - wie schon beim Earley-Parser - der Begriff der Konkatenation als Grundbegriff ganz eliminiert wird, versucht Smolensky zunächst, gerade diesem Begriff ein Korrelat im Vektorraum zuzuordnen. Er kann zeigen, daß die Kombination des Begriffs Tensor-Produkt mit dem Begriff der Vektor-Addition das Geforderte leistet (Smolensky, 1987, 1989). Ich will nicht auf die Einzelheiten eingehen. Man muß aber darauf hinweisen, daß das so definierte System sich offensichtlich nur schwer handhaben läßt, da nur sehr einfache linguistische Strukturmodelle mit seiner Hilfe beschrieben werden (vgl. Legendre et al. 1990). Wie Repräsentationen vom Typus der Baumstrukturen zustandekommen, bleibt noch unklar. Man wird weitere Entwicklungen abwarten müssen. Mir scheint nach wie vor, daß unser Ansatz der direkten Übersetzung klassisch-symbolischer Systeme in neuronale Netze mit anschließender Flexibilisierung gangbarer ist als der unabhängige Zugang zur strukturalen Komplexität. Daß Komplexität in konnektionistischen Netzen im Prinzip auf beiden Wegen erreichbar sein kann, wollen wir dagegen nicht bestreiten.

7. Zusammenfassung

Wir fassen die Herausforderung des Konnektionismus noch einmal in den Kernpunkten der zwei spezifischen Herausforderungen zusammen: Die Kernpunkte der ersten Herausforderung:

a. Die systematische Analyse von neuronalen und konnektionistischen Netzen ist die Basis zur Erklärung der physischen Mechanismen der Sprache.

b. Kognitive Strukturen und kognitive Prozesse erfordern Beschreibungen auf mehreren Abstraktionsniveaus.

c. Die Abstraktionsniveaus erfordern unterschiedliche Darstellungstechniken: Physikalisch gegründete Systemtheorie und ihre topologischen Charakterisierungen und die formalen symbol-analytischen Formalismen

Der Kernpunkt der zweiten Herausforderung:

Es verbleiben fundamentale Unterschiede in den mathematischen Ansätzen der Formalisierung: Der kombinatorische und der analytisch-geometrische und der kombinatorische Ansatz bei der Struktur- und Prozess-Beschreibung kognitiver Fähigkeiten (Strukturale und meßgrößenorientierte Spezifikationen vs.. symbolische und subsymbolische Spezifikationen) Die Frage wird dringend: Gibt es einen Brückenschlag zwischen beiden?

8. Literaturliste

Anderson, J.A., Rosenfeld, E. (1988). Neurocomputing. Foundations of Research. Cambridge, Mass.: MIT- Press (A Bradford Book).

Anderson, J.A., Silverstein, J.W., Ritz, S.A., & Jones, R.S. (1977). Distinctive Features, Categorial Perception, and Probability Learning: Some Applications of a Neural Model. Psychological Review, 84(5), 413-451.

Chomsky, N. (1986). Knowledge of Language, New York: Praeger

Chomsky, N (1988). Language and Problems of Knowledge. Cambridge, Mass.: MIT- Press

Dell, G.S. (1988). Positive Feedback in Hierarchical Connectionist Models: Applications to Language Production. In D. Waltz & J.A. Feldman (Eds.), Connectionist Models and their Implications: Readings from Cognitive Science, Norwood, NJ: Ablex Publishing Corporation, 97-117.

Diederich, J (1988). Simulation schizophrener Sprache, Opladen: Westdeutscher Verlag

Diederich, J. (1989). Explanation and Connectionism. In D. Metzing (Ed.), GWAI- 89. 13th German Workshop on Artificial Intelligence (pp. 118-128). Berlin, Heidelberg, New York: Springer.

Diederich, J. (1989). Approaches to parallel processing in linguistics - remarks on a panel at COLING 1988 -, Theoretical Linguistics, 16, - .

Dorffner, G. (1987). NETZSPRECH - A network learns to pronounce German, Institutsbereich: Institut für Medizinische Kybernetik und Artificial Intelligence, Universität Wien

Edelman, G.M. (1989). The Remembered Present - A Biological Theory of Consciousness. New York: Basic Books

Elman, J.L., & Zipser, D. (1987). Learning the hidden structure of speech. Journal of the Acoustical Society of America, 83, 1615-1629.

Elman, J.L. (1988). Finding structure in time. Technical report 8801, Center for Research in Language, University of California, La Jolla, Ca.

Fodor, J.A.,Pylyshyn, Z.W. (1988). Connectionism and cognitive architecture: A critical analysis. In: Pinker, S., Mehler, J. (eds.) (1988), 3-72

Gigley, H. (1985). HOPE-AI and the dynamics of language behavior. Cognition and Brain Theory, 6, 39-88.

Goldsmith, J. (to appear). Harmonic phonology. In: Goldsmith, J. (ed.) Proceedings of the Berkeley Workshop on Nonderivational Phonology. Chicago: University of Chicago Press

Hebb, D.O. (1949). The Organisation of Behavior: A Neuropsychological Theory, New York: Wiley

Hinton, G.E., Anderson, J.A. (1981). Parallel Models of Associative Memory. Erlbaum: Hillsdale, N.J. (updated edition 1989)

Köhler, R. (1986). Zur linguistischen Synergetik - Struktur und Dynamik der Lexik. Bochum: Brockmeyer

Kohonen, T. (1977). Associative memory: A System Theoretical Approach. New York: Springer.

Kohonen, T. (1982). Self- organized Formation of Topologically Correct Feature Maps. Biological Cybernetics, 43, 59-69. [auch in: Anderson, J.A., Rosenfeld, E. (1988), 511-523]

Kohonen, T. (1988). The "neural" phonetic typewriter. IEEE Computer 21, 11-22.

Lakoff, G. (1988). A suggestion for a linguistics with connectionist foundations. In: Touretzky,D., Hinton,G., Sejnowski,T.,(eds.) Proceedings of the 1988 Connectionist Models Summer School. Los Altos, CA: Morgan Kaufmann Publ.

Legendre, G., Miyata, Y., Smolensky, P. (1990). Harmonic grammar - A formal multi-level connectionist theory of linguistic well-formedness: Theoretical foundations. Technical Report #90-5 Institute of Cognitive Science, University of Colorado at Boulder

Lippman, R. P. (1989). Review of Neural Networks for Speech Recognition, in Neural Computation 1: 1 - 38

MacKay, D.G. (1987). The Organization of Perception and Action - A Theory for Language and Other Cognitive Skills. New York a.o.: Springer

McClelland, J.A., Elman, J.E. (1986). The Trace Model of Speech Perception. Cognitive Psychology, 18, 1-86. [auch in: Rumelhart/McClelland (1986), S. 58-122)

McClelland, J., Rumelhart, D.E., and the PDP Research Group (1986). Parallel Distributed Processing: Explorations in the Microstructure of Cogntion. Psychological and Biological Models (Vol. 2). Cambridge, Mass.: MIT Press

McClelland, J., Rumelhart, D.E. (1988). Explorations in Parallel Distributed Processing. A Handbook of Models, Programs, and Exercises. Cambridge, Mass.: MIT-Press

Nadel, L., Cooper, L.A., Culicover, P., Harnish, R.M. (Eds.), (1989). Neural Connections, Mental Computation, Cambridge Mass.: MIT Press

Peeters, G., Frauenfelder, U., Wittenburg,P. (1989). Psychological upon connectionist models of word recognition: Exploring TRACE and alternatives. In: Pfeiffer,R. et al. (1989) pp.395-402

Pfeiffer, R., Schreter, Z., Fogelman-Soulié, F. Steels, L. (1989). Connectionism in Perspective. Amsterdam: North- Holland

Pinker, S., Mehler, J. (eds.) (1988) Connections and Symbols, Cambridge, Mass.

Pinker, S., & Prince, A. (1988). On language and connectionism: Analysis of a parallel, distributed processing model of language acquisition. In: Pinker, S., Mehler, J. (Eds.) (1988) 73-193

Rumelhart, D.E., McClelland, J.A., and the PDP Research Group (1986a). Parallel Distributed Processing: Explorations in the Microstructure of Cognition. Foundations (Vol. 1). Cambridge, Mass.: MIT-Press

Rumelhart, D.E., McClelland, J.A. (1986b). On learning the past tenses of English verbs. In: McClelland et. al. (eds.) (1986) 216-271

Schnelle, H. (1988). Ansätze zur prozessualen Linguistik. In H. Schnelle & G. Rickheit (Eds.), Sprache in Mensch und Computer, Wiesbaden: Westdeutscher Verlag.

Schnelle, H.(1989). The structure preserving translation of symbolic systems into connectionist networks. In: Brauer, W., Freksa, C. (Hrsg.) Wissensbasierte Systeme, Berlin : Springer pp. 109-119

Schnelle, H. (im Ersch.). Die Natur der Sprache. Berlin: de Gruyter.

Schnelle, H. & Doust, R. (im Ersch.). An implementation of the Earley algorithm using connectionism network, In R. Reilly (Ed.). Connectionist approaches to language processing. Amsterdam: North Holland.

Sejnowski, T.J., & Rosenberg, C.R. (1987). Parallel networks that learn to pronounce English text. Complex Systems, 1, 145-168

Shastri, L. (1988a). Semantic Nets: An evidential formalization and its connectionist realization. London: Pittman

Shastri, L. (1990). Connectionism and the Computational Effectiveness of Reasoning. Theoretical Linguistics, 16, 65-87

Smolensky, P. (1987). On variable binding and the representation of symbolic structures in connectionist systems. (Tech. Rep. No. CU-CS-355-87). Dept. of Computer Science, University of Colorado, Boulder

Smolensky, P. (1988). On the proper treatment of connectionism. Behavioral and Brain Sciences, 11, 1- 74

Smolensky, P. (1989). Connectionist Modeling: Neural Computation, Mental Connections. In: Nadel, L. (1989)

Smolensky, P. (1989). Connectionism and constituent structure. In: Pfeiffer,R. et.al. (1989) 3-24

Waibel, A. (1989). Modular Construction of Time Delay, Neural Networks for Speech Lecognition, Neural Computation 1: 39 - 46

Wildgen, W. (1987). Das dynamische Paradigma in der Linguistik, in: Wildgen,W. Mottron,L.(Hrsg.) Dynamische Sprachtheorie, Bochum: Brockmeyer (Vol. 33 der Reihe Quantitative Linguistik)

Moderne Grammatikformalismen und ihr Einsatz in der maschinellen Sprachverarbeitung

Hans Ulrich Block

Zentralabteilung Forschung und Entwicklung, Siemens AG

München

0. Abstract

Der Artikel unternimmt den Versuch, dem interessierten Laien an einfachen Beispielen einen Einblick in den sich vollziehenden Paradigmenwechsel in der grammatischen Beschreibung natürlicher Sprachen für die maschinelle Sprachverarbeitung zu geben. Während die 70er Jahre vorwiegend durch prozedurale Formalismen zur syntaktischen Beschreibung wie *Augmented Transition Networks* (ATN) geprägt waren, treten besonders seit Mitte der 80er Jahre deklarative Formalismen in der Vordergrund, die auf dem Prinzip der Unifikation basieren. Hierzu zählen insbesondere das System PATR-II (Shieber 1984, 1985b) sowie die in die Programmiersprache PROLOG eingebetteten Definite Clause Grammars (DCGs) (Pereira/Warren 1980) und - als linguistische Theorien - die *Lexical Functional Grammar* (LFG) (Bresnan 1982) und die *Generalized Phrase Structure Grammar (GPSG)* (Gazdar / Klein /Pullum / Sag 1985).

Im Gegensatz zu ATNs wird in Unifikationsgrammatiken (UG) der prozedurale vom deskriptiven Teil völlig getrennt. Dies bringt verschiedene Vorteile. Zunächst ist die Entwicklung und Wartung einer Grammatik wesentlich einfacher, da Verarbeitungsaspekte nicht mehr berücksichtigt werden müssen. Ferner kann dieselbe Grammatik sowohl zur Analyse als auch zur Generierung von Äußerungen benutzt werden. Schließlich ist man bei der Verarbeitung einer Grammatik nicht an eine bestimmte, in der Grammatik implizit kodierte Strategie gebunden. Dieselbe Grammatik läßt sich mit verschiedenen Verfahren verarbeiten.

1. Einsatz von Grammatikformalismen

Viele Computeranwendungen sind für den sog. naiven Benutzer nur schwer zugänglich, da sie für Ein- und Ausgabe formale Repräsentationen verwenden, die erst mühsam erlernt werden müssen. Die Computerlinguistik (CL) bemüht sich unter anderem darum, diesem Mangel abzuhelfen, indem sie Methoden entwickelt, wie Ausdrücke einer natürlichen Sprache wie Deutsch, Englisch oder Chinesisch (*natural language*, NL) automatisch in solche formalen Repräsentationen abgebildet werden können.

Z.B. kann bei einer Datenbankanwendung die Aufgabe darin bestehen, einen NL-Ausdruck wie in (1) in das SQL- (*structured query language*) *statement* in (2) zu übersetzen:

(1) Wieviele Reihenhäuser, die mehr als 1000000 DM kosten, wurden 1989 verkauft?

(2)

```
select count (*)
from artikel, verkauf
where    artikel.gattung = 'Reihenhaus'
and      artikel.preis > 1000000
and      artikel.nummer = verkauf.artnr
and      verkauf.datum >= 19890101
and      verkauf.datum <= 19891231
```

Der bisher erfolgreichste Weg, zu so einer Übersetzung zu kommen, besteht darin, die NL-Eingabe mittels eines Parsers syntaktisch und semantisch zu analysieren und eine semantische Repräsentation der Eingabe aufzubauen, aus der dann leicht die formale Repräsentation der Anwendung generiert werden kann.

Für den umgekehrten Fall der Ausgabe eines Computersystems bietet die Computerlinguistik Verfahren, aus einer formalen Repräsentation Ausdrücke in einer natürlichen Sprache zu erzeugen. In einem Expertensystem kann die NL-Generierung z.B. dafür sorgen, daß auf die Warum-Frage eines Benutzers statt eines Ausdrucks wie (3) eine deutsche Formulierung wie (4) auf dem Bildschirm erscheint.

(3)

```
rule_bacteria_bacteria(4,
[[attempt(hemolytic,aff),
        culture(hemolytic,ok,aff),
        zone_of_hemolysis(all,aff)]],
hemolysis(alfa,aff),certain,[])
```

(4) Wenn die Probe Bakterien enthält,
das Bakterium auf hämolytisches Wachstum getestet werden muß,
die Kultur des Bakteriums hämolytisch ist,
die Hämolysezone des Bakteriums vollständig ist,
dann gilt mit Sicherheit
daß der Hämolysetyp des Bakteriums alpha ist.

Auch hier besteht der erfolgreichste Weg darin, die Repräsentation der Anwendung (z.B. (3)) zunächst in eine semantische Repräsentation zu transformieren und aus dieser semantischen Repräsentation mittels eines Generators die natürlichsprachlichen Sätze zu erzeugen.

In diesem Rahmen kommt der Grammatik die Aufgabe zu, zum einen die Sätze einer Sprache aufzuzählen (zu definieren) und zum anderen die Beziehung von Sprachausdruck und semantischer Repräsentation explizit festzulegen. Die Formulierung einer Grammatik muß dabei in einer Form erfolgen, die soweit formalisiert ist, daß sie von Parser und Generator benutzt werden kann. Dies kann ein speziell für die maschinelle Sprachverarbeitung konzipierter Grammatikformalismus (GF) liefern.

Ausgehend von der Linguistik Chomskyscher Prägung wurden in den letzten drei Jahrzehnten verschiedene Grammatikformalismen vorgeschlagen. Trotz der zum Teil erheblichen Unterschiede untereinander und zu den in der Linguistik üblichen Formalisierungen ist vielen Formalismen gemeinsam, daß sie auf einer kontextfreien Phrasenstrukturgrammatik (*contextfree grammar*, CFG, *phrase structure grammar*, PSG) basieren. PSG bilden das dynamische

Pendant zur Analyse in unmittelbare Konstituenten (IC-Analyse) der amerikanischen Strukturalisten. Hierbei geht man davon aus, daß ein Satz wie z. B. *The old man sings a song in the garden* schrittweise in Gruppen zerlegt werden kann (5).

(5)

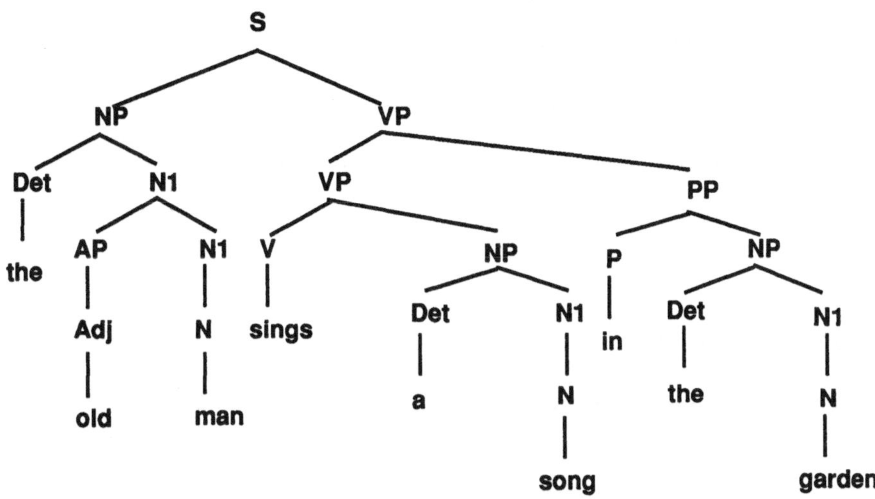

Eine PSG besteht aus einer Menge von Regeln, die festlegen, welche Gruppen wohlgeformte Konstituenten einer Sprache darstellen und welche nicht. Eine PSG, die Sätze wie in (5) beschreibt ist (6).

(6) S --> NP VP
NP --> Det N1
N1 --> AP N1
AP --> Adj
N1 --> N
VP --> V NP
VP --> VP PP
PP --> P NP

Für die Satzanalyse mit kontextfreien Grammatiken gibt es seit langem verschiedene Verfahren. Eine leicht verständliche Darstellung dieser Verfahren findet sich in Winograd 1983:72-128.

Das Problem der natürlichen Sprachen liegt nun darin, daß sie eben nicht, oder wenigstens nur sehr mühsam ausschließlich mit PSG beschrieben werden können. So ist z.B. die Tatsache, daß in einer Nominalphrase (NP) Artikel (Det), Adjektive (Adj) und Substantiv (N) in Genus, Kasus und Numerus kongruieren eine Regelmäßigkeit, die Linguisten typischerweise nicht in einer PSG ausdrücken, sondern mit Hilfe zusätzlicher Merkmale und Aussagen über ihre

Kombinierbarkeit. Eine typische (vereinfachte) "Linguisten"-Grammatik für die NP ist z.B. in (7) notiert:

(7) Regel 1: NP ---> Det N1
Regel 2: N1 ---> N
Regel 3: N1 ---> Adj N1

Det, Adj und N kongruieren in den Merkmalen Kasus, Genus und Numerus

Weitere Schwächen der PSG ergaben sich, als mit der Transformationsgrammatik die Bedeutung eines Satzes mehr in den Vordergrund rückte. So sollte die linguistische Beschreibung auch die Relation zwischen den Satzpaaren in (8) und (9) explizieren.

(8) a. Karl wäscht Peters Auto.
b. Peters Auto wird von Karl gewaschen.

(9) a. Damit konnte er nichts anfangen.
b. Da konnte er nichts mit anfangen.

Eine Analyse mit PSG würde die Sätze mit unterschiedlichen Strukturen versehen und die semantische Ähnlichkeit unbeschrieben lassen.

Während in der Linguistik seit *Chomskys Aspects* (1965) dieTransformationsgrammatik (TG) den Beschreibungsrahmen für derartige Phänomene lieferte, sah man in der Computerlinguistik seit den 70er Jahren besonders in den Erweiterten Übergangsnetzwerken (*Augmented Transition Network*, ATN) (Woods 1970) einen geeigneten Formalismus für ihre Beschreibung. ATNs stellen den ersten nennenswerten, ausschließlich für die Verarbeitung natürlicher Sprachen auf einem Computer entwickelten, Formalismus dar. Zu Beginn der 80er Jahre verloren die ATNs an Popularität und wurden von den Unifikationsgrammatiken (UGs) abgelöst, die derzeit die vielversprechendsten Formalismen für die Beschreibung natürlicher Sprachen darstellen. Dieser Schritt vom ATN zur UG markiert gleichzeitig auch einen der wichtigsten Paradigmenwechsel in der Computerlinguistik von der prozeduralen zur deklarativen Beschreibung der Sprache. Dieser Schritt soll im folgenden am Beispiel der ATNs und zweier verschiedenartiger Varianten der UG verdeutlicht werden.

2. Prozedurale Ansätze: ATN

Der kontextfreie Teil wird in ATNs nicht durch Phrasenstrukturregeln, sondern durch Rekursive Übergangsnetzwerke (*recursive transition network, RTN*) gebildet. Ein RTN ist im Prinzip eine Menge von finiten Automaten, deren Zustandsübergänge nicht nur terminale Kategorien (CAT a) enthalten, sondern auch Sprünge zu anderen finiten Automaten (PUSH s). Der Endzustand wird in ATN und RTN durch eine POP-Kante markiert, die einen Rücksprung in das nächsthöhere Netz bewirkt. Durch die PUSH- und POP-Kanten erhalten die RTNs die generative Kapazität von kontextfreien Grammatiken. Die Zustandsübergänge lassen sich bei finiten Automaten und RTNs graphisch darstellen. Als Illustration mögen die endliche Grammatik in (10) mit dem zugehörigen Übergangsnetz (11) und die kontextfreie Grammatik (12) mit dem RTN (13), das auch in der üblichen textuellen LISP-Notation angegeben ist, dienen.

(10) s ---> aaabs
s ---> aaab

(11)

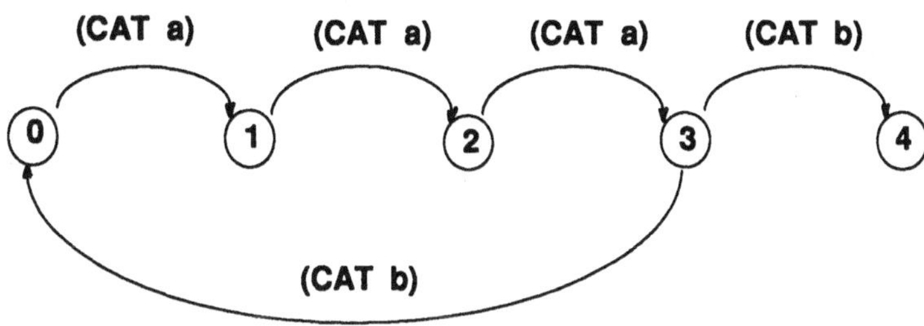

(12) s ---> a
s ---> bsb

(13) a.

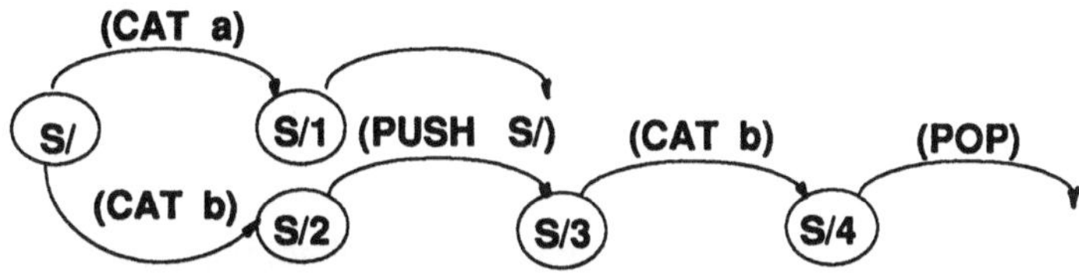

b.
```
(s/  (CAT a (TO s/1))
     (CAT b (TO s/2)))
(s/1 (POP))
(s/2 (PUSH s/ (TO s/3)))
(s/3 (CAT b (TO s/4)))
(s/4 (POP))
```

Aufgrund der Äquivalenz zu CF-Grammatiken lassen sich viele Analysen aus der linguistischen Literatur mit RTNs kodieren. Gleichzeitig übernehmen RTNs natürlich auch die o.g. Schwächen der PSG. In ATNs werden diese Schwächen überwunden, indem jede Kante um Tests und Aktionen erweitert ist. Beim Durchlaufen einer Kante wird ihr Test auf Erfüllbarkeit überprüft und ihre Aktionen werden ausgeführt. Die Tests und Aktionen operieren auf sog. Registern. Register entsprechen in etwa Variablen in prozeduralen Programmiersprachen und stellen das übliche Mittel dar, linguistische Merkmale zu kodieren. Zur Formulierung der Tests und Aktionen stehen neben arbiträrem LISP-Code u. a. die folgenden Funktionen zur Verfügung:

(14) Ein Register mit einem Wert belegen:

(SETR <Register> <Ausdruck>)
(SETRQ <Register> <Wert>)
(ADDL <Register> <Ausdruck>)
(ADDR <Register> <Ausdruck>)

Ein Register des eingebetteten Netzes mit einem Wert belegen:

(SENDR <Register> <Ausdruck>)
(SENDRQ <Register> <Wert>)

Ein Register des aufrufenden Netzes mit einem Wert belegen:

(LIFTR <Register> <Ausdruck>)

Einen Registerinhalt holen:

(GETR <Register>)

Ein Merkmal aus einer lexikalischen Kategorie holen:

(GETF <Register>)

Eine Struktur aufbauen:

(BUILDQ <Muster> <Form>*)

Unter Benutzung dieser Funktionen kann man den in (7) halbformal formulierten Sachverhalt der Kongruenz mit ATNs explizit ausdrücken:

```
(15)  (NP/ (CAT Det                                   ; Regel 1, Kante 1
           TRUE                                        ; Test
           (SETR Kasus (GETF Kasus))                   ; Aktion
           (SETR Genus (GETF Genus))                   ; Aktion
           (SETR Numerus (GETF Numerus))               ; Aktion
           (SETR Det (BUILDQ ((Det *))))               ; Aktion
           (TO NP/1))); Nächster Zustand

      (NP/1  (PUSH N1/                                 ; Regel 1, Kante 2
              TRUE                                     ; Test
              (SENDR Kasus (GETR Kasus))               ; Prä-Aktion
              (SENDR Genus (GETR Genus))               ; Prä-Aktion
              (SENDR Numerus (GETR Numerus))           ; Prä-Aktion
              (SETR Head *)                            ; Aktion
              (TO NP/2)))                              ; Nächster Zustand

      (NP/2 (POP (BUILDQ (NP + +) Det Head) ))         ; Regel 1, POP-Kante
      (N1/(CAT N                                                  ; Regel 2
          (AND (EQUAL (GETF Kasus) (GETR Kasus))
                  (EQUAL (GETF Genus) (GETR Genus))
                  (EQUAL (GETF Numerus) (GETR Numerus)))          ; Test
          (SETR Head (BUILDQ ((N *))))                            ; Aktion
          (TO N1/2))
          (CAT Adj                                                ; Regel 3
          (AND (EQUAL (GETF Kasus) (GETR Kasus))
                  (EQUAL (GETF Genus) (GETR Genus))
                  (EQUAL (GETF Numerus) (GETR Numerus)))          ; Test
          (SETR Modif (BUILDQ ((Adj *))))                         ; Aktion
          (TO N1/1))                                              ; Nächster Zustand
      (N1/1 (PUSH N1/
            TRUE                                                  ; Test
            (SENDR Kasus (GETR Kasus))                            ; Prä-Aktion
            (SENDR Genus (GETR Genus))                            ; Prä-Aktion
            (SENDR Numerus (GETR Numerus))                        ; Prä-Aktion
            (SETR Head *)                                         ; Aktion
            (TO N1/2))                                            ; Nächster Zustand
      (N1/2 (POP (BUILDQ (@ (N1 + +) Modif Head) ))
```

In (15) wird auf der NP/-Kante durch "(SETR Kasus (GETF Kasus))" die Kasusmarkierung des Wortes (Det) in dem Register Kasus gespeichert. Für Numerus und Genus wird entsprechend verfahren. Auf der PUSH N1/-Kante werden diese Registerwerte mit SENDR an das rekursiv aufgerufene N1/-Netz gereicht. Dies entspricht in etwa einer Parameter-Übergabe in Programmiersprachen. In dem Test auf der CAT N-Kante wird dann auf diese Register Bezug genommen. Ihr Inhalt muß mit den Merkmalen des N übereinstimmen. Das Gleiche gilt für die Merkmale auf der CAT Adj-Kante, die zum Zustand N1/1 führt. Dort werden die Register auf der PUSH-Kante wieder dem eingebetteten Netzwerk übergeben. Die Register Det, Head und Modif dienen dazu, die für die Konstruktion des Strukturbaums auf den POP-Kanten notwendige Information zu sammeln.

In diesem ATN werden die Merkmale von oben nach unten und von links nach rechts weitergereicht und getestet. In einer Phrase wie *die alten roten Hosen* entsteht also folgender Informationsfluß:

(16)

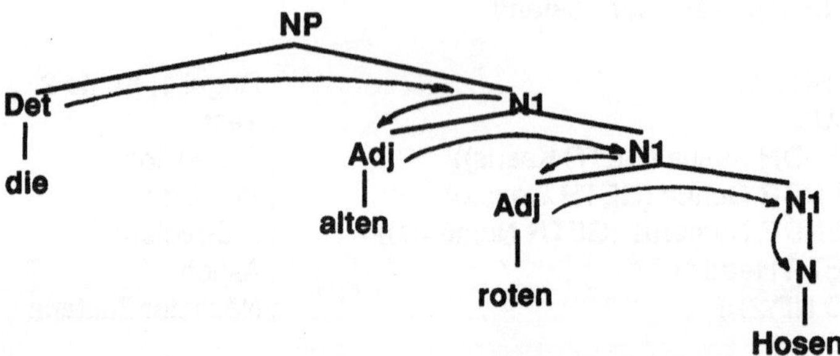

Dieser Informationsfluß entspricht der bei ATNs üblichen Abarbeitungsrichtung. Der gleiche Sachverhalt der Kongruenz läßt sich mit einem ATN allerdings auch mit einem anderen Informationsfluß formulieren, wie in (17):

(17)
```
(NP/ ( CAT Det                                  ; Regel1
       TRUE                                     ; Test
       (SETR Kasus (GETF Kasus))                ; Aktion
       (SETR Genus (GETF Genus))                ; Aktion
       (SETR Numerus (GETF Numerus))            ; Aktion
       (SETR Det (BUILDQ ((Det *))))            ; Aktion
       (TO NP/1)))                              ; Nächster Zustand

(NP/1 (PUSH N1/
       (AND  (EQUAL (GETR Kasus) (GETR * Kasus))
             (EQUAL (GETR Genus) (GETR * Genus))
             (EQUAL (GETR Numerus) (GETR * Numerus))) ; Test
       (SETR Head *)                ; Aktion
       (TO NP/2)))                  ; Nächster Zustand

(NP/2 (POP (POP (BUILDQ (NP + +) Det Head) ))
(N1/ (CAT N                                     ; Regel 2
      TRUE                                      ; Test
      (SETR Kasus (GETF Kasus))                 ; Aktion
      (SETR Genus (GETF Genus))                 ; Aktion
      (SETR Numerus (GETF Numerus))             ; Aktion
      (SETR Head (BUILDQ ((N *))))              ; Aktion
      (TO N1/2))
      (CAT Adj                                  ; Regel 3
      (SETR Kasus (GETF Kasus))                 ; Aktion
      (SETR Genus (GETF Genus))                 ; Aktion
      (SETR Numerus (GETF Numerus))             ; Aktion
      (SETR Modif (BUILDQ ((Adj *))))           ; Aktion
      (TO N1/1))                                ; Nächster Zustand

(N1/1 (PUSH N1/
       (AND  (EQUAL (GETR Kasus) (GETR * Kasus))
             (EQUAL (GETR Genus) (GETR * Genus))
             (EQUAL (GETR Numerus) (GETR * Numerus)))    ; Test
       (SETR Head *)                                     ; Aktion
       (TO N1/2))                                        ; Nächster Zustand
(N1/2 (POP (BUILDQ (@ (N1 + +) Modif Head) ))
```

In diesem ATN wird die Kongruenz mit einem Kontrollfluß von unten nach oben ausgedrückt. Die Funktion (GETF * <Reg>)[1] liefert dabei als Wert den Inhalt des Registers <Reg> aus dem eingebetteten Netzwerk. Der Informationsfluß dieses ATNs ist:

(18)

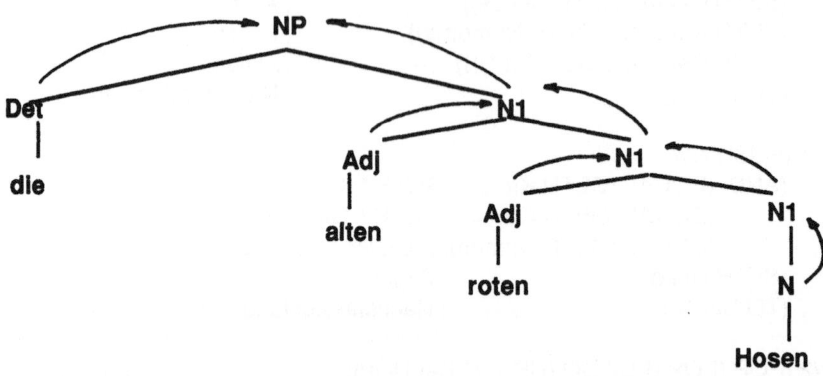

Fußnote 1: Ich habe der Klarheit halber die Funktion (GETR * <Register>) eingeführt, die nicht in allen ATN-Varianten enthalten ist, um arbiträren LISP-Code, der üblicherweise an dieser Stelle benutzt wird, zu vermeiden.

An diesem kleinen Beispiel läßt sich bereits die grundsätzlich prozedurale Natur der ATN verdeutlichen, die das Kodieren von Grammatiken in diesem Formalismus zu einer nicht trivialen Aufgabe werden läßt. Die Grundfunktionen dienen zum Setzen von und Zugreifen auf Register. Dies hat zur Folge, daß man bereits bei der Formulierung der Regeln im ATN wissen muß, auf welche Art der Parser das ATN abarbeitet, um sicherzustellen, daß nicht auf Registern getestet wird, denen noch kein Wert zugewiesen wurde. Im ATN ist also die Formulierung der grammatischen Regularitäten nicht unabhängig von ihrer Abarbeitung. Wir wollen das an obigem Beispiel erläutern. Ein Top-Down Parser wird unsere Phrase *die alten roten Hosen* in den folgenden Schritten analysieren:

(19)	NP	[NP]
	CAT Det	[NP Det]
	PUSH N1	[NP Det [N1]]
	CAT N	falsch, Zurücksetzen
	CAT Adj	[NP Det [N1 Adj]]
	PUSH N1	[NP Det [N1 Adj [N1]]]
	CAT N	falsch, Zurücksetzen
	Cat Adj	[NP Det [N1 Adj [N1 Adj]]]
	PUSH N1	[NP Det [N1 Adj [N1 Adj [N1]]]]
	CAT N	[NP Det [N1 Adj [N1 Adj [N1 N]]]]]

Diese Abarbeitung ist analog zu dem in (16) dargestellten Informationsfluß. Daher entstehen keine Probleme. Analysiert man nun aber die Phrase z.B. bottom-up, so ergibt sich z.B. die folgende Reihenfolge:

(20)	CAT N	[N1 N]	1
	CAT Adj PUSH N1	[N1 Adj [N1 N]]	2
	CAT Adj PUSH N1	[N1 Adj [N1 Adj [N1 N]]]	3
	CAT Det PUSH N1	[NP Det [N1 Adj [N1 Adj [N1 N]]]]	4

Eine solche Abarbeitungsstrategie ist mit ATN (15) nicht vereinbar. Der Test auf den CAT N- und CAT Adj-Kanten ist nicht erfüllbar, da die CAT Det-Kante, auf der die Register gesetzt werden, zu diesem Zeitpunkt noch nicht überschritten wurde. Das Netzwerk in (17) hingegen ist kompatibel mit der in (18) angezeigten Abarbeitungsstrategie.

Der prozedurale Charakter der Regeln im ATN ist insofern störend, als er nicht mit der Natur linguistischer Regeln korreliert. Grammatische Regeln sind niemals von der Richtung abhängig, in der sie abgearbeitet werden. Sie machen keinerlei Aussagen über die Abarbeitung. Dies gilt sowohl für den kontextfreien Teil (die CF-Grammatik) als auch für die Erweiterungen.

Vor diesem Hintergrund kritisiert Winograd 83, pp:327 ATNs und verwandte Formalismen mit prozeduralem Charakter und formuliert u. a. die folgenden Desiderata an einen Grammatikformalismus.

Durchschaubarkeit *(Perspicuity)*. Der Formalismus sollte leicht durchschaubar sein. Man soll den Regeln unmittelbar ansehen, welche Aussagen sie über die Sprache machen. Kontextfreie Regeln vom Typ 'S --> NP VP' besitzen diese Eigenschaft. Die Aussage "Ein Satz besteht aus einer NP, auf die eine VP folgt" ist unmittelbar aus der Regel abzulesen. Die gleiche Durchsichtigkeit bleibt bei RTNs erhalten. In ATNs hingegen geht diese Durchsichtigkeit durch die Tests und Aktionen verloren. Ohne eine Vorstellung des Abarbeitungsmodells sind ATNs nicht verständlich.

Nichtdirektionalität (*Nondirectionality*). Eine kontextfreie Grammatik macht keinerlei Aussagen über die Reihenfolge der Regelanwendung. Sie beschreibt nur, was ist, aber nicht, wie es zustande kommt. Folglich kann sie sowohl zum Generieren als auch zum Parsen benutzt werden. Wie wir gesehen haben, gilt dies für die Tests und Aktionen im ATN nicht. Sie erlauben weder die Generierung und Analyse mit der gleichen Grammatik, noch die Verwendung verschiedener Abarbeitungsstragegien für das gleiche Netzwerk.

3. Unifikationsbasierte Ansätze

Die Klasse der unifikationsbasierten Ansätze kann man unterteilen in linguistische Theorien einerseits und reine Formalismen andererseits. Während die linguistischen Theorien wie die *Lexical Functional Grammar* (LFG) und die *Generalized Phrase Structure Grammar* (GPSG) neben der Tatsache, daß sie einen deklarativen Formalismus benutzen, auch Aussagen über essentielle Eigenschaften natürlicher Sprachen machen, sind die reinen Formalismen wie die *Functional Unification Grammar* (FUG) (Kay 1984), *PATR-II* und *Definite Clause Grammar* (DCG) in dieser Hinsicht neutral. Block/Gehrke/Haugeneder/Hunze 1985 gibt einen knappen Überblick sowohl über die Theorien, als auch über die Formalismen. Wir wollen uns hier auf die Beschreibung zweier Formalismen beschränken, von denen der eine (DCG) auf Term-Unifikation basiert, der andere auf Attribut-Wert-Paar-Unifikation.

3.1. Definite Clause Grammar

Die hauptsächlich von *Pereira und Warren* (1980) entwickelten Definite Clause Grammars sind sehr eng mit der Programmiersprache PROLOG verbunden. DCGs lassen sich durch eine sehr einfache Kompilierung in ein PROLOG-Programm übersetzen und dadurch effizient verarbeiten. Diese Kompilierung ist jedoch nicht zwingend. Theoretisch lassen sich DCGs auch anders als durch Kompilation nach PROLOG abarbeiten.

Die Regeln einer DCG entsprechen denen einer kontextfreien Grammatik mit dem wichtigen Unterschied, daß die Symbole der DCG-Regeln nicht atomar sein müssen, sondern auch aus komplexen PROLOG-Termen bestehen können, die Variablen enthalten dürfen. Durch diese Erweiterung steigt die Mächtigkeit der DCG auf Turingmaschinenkapazität und erreicht somit dieselbe generative Kapazität wie ATNs.

Der in (7) beschriebene Sachverhalt der Kongruenz in der Nominalphrase läßt sich leicht mit der folgenden DCG formulieren.

(21)
```
np(Genus,Kasus,Numerus) --> det(Genus,Kasus,Numerus),
n1(Genus,Kasus,Numerus).
n1(Genus,Kasus,Numerus) --> n(Genus,Kasus,Numerus).
n1(Genus,Kasus,Numerus) --> adj(Genus,Kasus,Numerus),
n1(Genus,Kasus,Numerus).
```

Wie in Prolog beginnen in DCGs Variablen mit einem Großbuchstaben. Das zu beschreibende Phänomen der Genus-, Kasus- und Numerus-Kongruenz wird in (21) durch das Vorkommen der gleichen Variablen in np, det, n1 und adj ausgedrückt. Im Gegensatz zu den ATN in (15) oder (17) ist die relevante Information in (21) direkt und durchschaubar formuliert. Der Gewinn an Klarheit in diesem kleinen Beispiel läßt erahnen, um wieviel klarer DCGs bei realistischen Grammatiken, die mehrere hundert Regeln enthalten, sind.

Auch der in ATNs durch die BUILDQ-Funktion realisierte Strukturaufbau kann in DCGs durch bloße Angabe der Strukturmuster einfach formuliert werden.

(22)
```
np(Genus,Kasus,Numerus,np(Det,N1)) -->
                det(Genus,Kasus,Numerus,Det),
                n1(Genus,Kasus,Numerus,N1).

n1(Genus,Kasus,Numerus,n1(N)) -->
                n(Genus,Kasus,Numerus,N).

n1(Genus,Kasus,Numerus,n1(Adj,N1)) -->
                adj(Genus,Kasus,Numerus,Adj),
                n1(Genus,Kasus,Numerus,N1).
```

Mit einem geeigneten Lexikon liefert der Aufruf
phrase(np(Genus,Kasus,Numerus,Tree), [die,alten,roten,hosen])
die Instanziierungen

(23)
```
Genus = fem
Kasus = nom
Numerus = pl
Tree = np(det(die),n1(adj(alten),n1(adj(roten),n1(n(hosen)))))
Genus = fem
Kasus = akk
Numerus = pl
Tree = np(det(die),n1(adj(alten),n1(adj(roten),n1(n(hosen)))))
```

Läßt man die Eingabekette uninstanziiert und gibt den Baum als Argument mit, wie in (24), erhält man nacheinander die Instanziierungen in (25).

(24)
```
phrase( np(Genus,Kasus,Numerus,
            np(det(die),n1(adj(alten),n1(adj(roten),n1(n(hosen)))))),
        String)
```

(25) Genus = fem
Kasus = nom
Numerus = pl
String = [die,alten,roten,hosen]
Genus = fem
Kasus = akk
Numerus = pl
String = [die,alten,roten,hosen]

3.2. Auf Attribut-Wert-Paar-Unifikation basierende Formalismen

Während die DCGs den offensichtlichen Nachteil der ATNs der Prozeduralität der grammatischen Beschreibung überwinden, erweisen sie sich in einem anderen Punkt gegenüber ATNs als weniger flexibel. Durch die Verwendung von Termen als Grundstruktur müssen verschiedene Merkmale durch verschiedene Positionen kodiert werden. So führt z.B. das Vertauschen der Variablen in (21) zu einer anderen linguistischen Aussage, nämlich der (inkorrekten), daß in einer NP der Kasus des Artikels mit dem Genus des Heads N1 übereinstimmt etc.

(26) np(Genus,Kasus,Numerus) --> det(Kasus,Numerus,Genus),
n1(Genus,Kasus,Numerus).

Die Funktion eines Merkmals ist also in DCGs nur aus seiner Argumentposition ersichtlich. In der Linguistik hingegen ist man gewohnt, die Merkmale zu benennen und zwischen Merkmalsnamen und Merkmalswert zu unterscheiden. In ATNs wird dies in dem Konstrukt Registername - Registerwert widergespiegelt. Eine ähnliche Struktur, nur eben im deklarativen Paradigma, weisen Formalismen auf, die auf Attribut-Wert-Paar-Unifikation (AWP-Unifikation) basieren. In solchen Grammatiken besteht eine linguistische Beschreibung (neben oder statt der Konstituentenstruktur) aus einer komplexen Merkmalstruktur. Eine Merkmalstruktur ist eine Menge von Merkmalen, wobei ein Merkmal ein Paar aus Merkmalsname und Merkmalswert ist. Z.B. wird der Sachverhalt, daß wir es bei *der alte Hut* mit einer definiten maskulinen NP im Nominativ zu tun haben, wie in (27) repräsentiert.

(27)
$$\begin{bmatrix} \text{Definitheit} & = \text{definit} \\ \text{Kasus} & = \text{Nominativ} \\ \text{Genus} & = \text{Maskulinum} \end{bmatrix}$$

Ein Merkmalswert ist entweder atomar (wie in (27)) oder selbst wieder eine Merkmalstruktur. Die Merkmale Numerus und Person lassen sich z.B. sinnvoll zu dem Merkmal Agreement zusammenfassen, da sie für die Subjektkongruenz beide mit den entsprechenden Merkmalen des finiten Verbs übereinstimmen müssen. Für obige NP ergibt das die Struktur:

(28)
$$\begin{bmatrix} \text{Definitheit} & = \text{definit} \\ \text{Kasus} & = \text{Nominativ} \\ \text{Genus} & = \text{Maskulinum} \\ \text{Agreement} & = \begin{bmatrix} \text{Numerus} & = \text{Singular} \\ \text{Person} & = 3 \end{bmatrix} \end{bmatrix}$$

Die Unifikation, die in DCGs intuitiv als Variablenbelegung verstanden werden kann, läßt sich in komplexen Merkmalstrukturen leicht über die Subsumption erklären (vgl. auch Shieber 1985 S. 9 ff.).

Nach intuitivem Verständnis subsumiert eine Merkmalstruktur M1 eine Merkmalstruktur M2 dann, wenn M2 mehr oder die gleiche Information enthält wie M1. Formaler ausgedrückt subsumiert M1 M2 dann, wenn jeder Merkmalsname aus M1 auch in M2 enthalten ist und jeder Merkmalswert W1 aus M1 jeden Merkmalswert W2 aus M2 subsumiert oder W1 und W2 atomar und identisch sind. Z.B. subsumieren (27) und (29) beide (28).

(29)
$$\begin{bmatrix} \text{Definitheit} & = \text{definit} \\ \text{Genus} & = \text{Maskulinum} \\ \text{Agreement} & = \begin{bmatrix} \text{Person} = 3 \end{bmatrix} \end{bmatrix}$$

Die Unifikation zweier Merkmalstrukturen M1 und M2 ist die kleinste Merkmalstruktur, die sowohl M1 als auch M2 subsumiert. So ist z.B. die Unifikation von (27) und (28) (28) die von (27) und (29) (30).

(30)
$$\begin{bmatrix} \text{Definitheit} & = \text{definit} \\ \text{Kasus} & = \text{Nominativ} \\ \text{Genus} & = \text{Maskulinum} \\ \text{Agreement} & = \begin{bmatrix} \text{Person} = 3 \end{bmatrix} \end{bmatrix}$$

Enthalten die Strukturen M1 und M2 sich widersprechende Merkmale, scheitert (eg. *to fail*) die Unifikation. Z.B. scheitert die Unifikation von (28) und (31), da der Wert von Agreement: Numerus unterschiedlich ist.

(31)
$$\begin{bmatrix} \text{Genus} & = \text{Maskulinum} \\ \text{Agreement} & = \begin{bmatrix} \text{Numerus} = \text{Plural} \end{bmatrix} \end{bmatrix}$$

In diesem Formalismus besteht eine Grammatik aus einer Menge von kontextfreien Regeln, die um sog. funktionale Gleichungen erweitert sind. Diese Gleichungen legen dabei fest, welche Merkmalstrukturen miteinander unifiziert werden. Unsere NP-Grammatik läßt sich in diesem Formalismus folgendermaßen formulieren:

```
(32)    np --->   det, n1 |
                  np:kasus = det:kasus,
                  det:kasus = n1:kasus,
                  np:genus = det:genus,
                  det:genus = n1:genus,
                  np:numerus = det:numerus,
                  det:numerus = n1:numerus.
        n1 --->   n |
                  n1:kasus = n:kasus,
                  n1:genus = n:genus,
                  n1:numerus = n:numerus.


        n1 --->   adj, n1:n1a [2]|
                  n1:kasus = adj:kasus,
                  adj:kasus = n1a:kasus,
                  n1:genus = adj:genus,
                  adj:genus = n1a:genus,
                  n1:numerus = adj:numerus,
                  adj:numerus = n1a:numerus.
```

Fußnote 2: Um die beiden Vorkommen von n1 in der Regel zu unterscheiden, wurde in einem Fall der Index 'n1a' benutzt.

Wenngleich die AWP-Notation bei diesem Beispiel länglicher wirkt als die knappe DCG in (21), hat sie im allgemeinen wesentliche Vorteile. Erstens entspricht sie in hohem Maße den in der Linguistik üblichen Vorstellungen von Merkmalen. Zum zweiten müssen in einer Regel nur diejenigen Merkmale genannt werden, auf die in der Regel Bezug genommen wird. Dies führt drittens zu einer höheren Flexibilität gegenüber DCGs. Ein Merkmal kann an beliebiger Stelle hinzugefügt werden. Bei DCGs ist bei Einfügung eines Merkmals an einer Stelle eine Änderung jedes Vorkommens des Terms, in dem das Merkmal vorkommt, notwendig. Wollte man z.B. in (32) in der Regel n1 ---> n die Gleichung n1:alpha = n:alpha einfügen, so reicht es aus, diese eine Regel zu ändern:

```
(33)    n1 --->   n |
                  n1:kasus = n:kasus,
                  n1:genus = n:genus,
                  n1:numerus = n:numerus,
                  n1:alpha = n:alpha.
```

Dagegen müssen in der DCG (21) in jeder Regel Änderungen vorgenommen werden, die zudem noch dazu führen, daß in zwei Regeln Merkmale auftreten, die für diese Regeln völlig irrelevant sind.

```
(34)    np(Genus,Kasus,Numerus) -->        det(Genus,Kasus,Numerus),
                                           n1(Genus,Kasus,Numerus,____).

        n1(Genus,Kasus,Numerus,Alpha) --> n(Genus,Kasus,Numerus,Alpha).

        n1(Genus,Kasus,Numerus,____) -->       adj(Genus,Kasus,Numerus),
                                               n1(Genus,Kasus,Numerus,____).
```

Das erste der oben gegen DCGs angeführten Argumente verliert ein wenig an Gültigkeit, wenn man neben den Merkmalen auch den Aufbau und die Repräsentation der Konstituentenstruktur berücksichtigt. Zwar läßt sich die Konstituentenstruktur auch in komplexen Merkmalstrukturen repräsentieren und durch funktionale Gleichungen aufbauen, wie in (35) und (36) für die NP *die alten Hüte* dargestellt, doch entspricht gerade die DCG-Termstruktur eher der in der Linguistik üblichen Vorstellung von Satzstruktur.

```
(35)    np --->    det, n1 |
                   np:kasus = det:kasus,
                   det:kasus = n1:kasus,
                   np:genus = det:genus,
                   det:genus = n1:genus,
                   np:numerus = det:numerus,
                   det:numerus = n1:numerus,
                   np:tree:cat = np,
                   np:tree:daughters:first = det:tree,
                   np:tree:daughters:last:first = n1:tree.

        n1 --->    n |
                   n1:kasus = n:kasus,
                   n1:genus = n:genus,
                   n1:numerus = n:numerus,
                   n1:tree:cat = n1,
                   n1:tree:daughters:first = n:tree.

        n1 --->    adj, n1:n1a |
                   n1:kasus = adj:kasus,
                   adj:kasus = n1a:kasus,
                   n1:genus = adj:genus,
                   dj:genus = n1a:genus,
                   n1:numerus = adj:numerus,
                   adj:numerus = n1a:numerus,
                   n1:tree:cat = n1,
                   n1:tree:daughters:first = adj:tree,
                   n1:tree:daughters:last:first = n1a:tree.
```

```
(36) [ kasus = nom
       genus = fem
       numerus = pl
       tree = [ cat= np
                daughters = [ first = [ cat = det
                                        word = die ]
                              rest = [ first = [ cat = n1
                                                 daughters = [ first = [ cat = adj
                                                                         word = alten ]
                                                               rest = [ first = [ cat = n
                                                                                  word = hüte ] ] ] ] ] ] ] ]
```

Es scheint daher ratsam, Attribut-Wert-Paar- und Termunifikation miteinander zu verbinden. Hierzu können wir ein deklaratives Pendant zu dem BUILDG-Konstruktor der ATNs einführen. Wir sagen, daß in einem Term, der durch "‘" präfigiert ist, eine Pfadbezeichnung durch den Wert des Pfades ersetzt wird. Dies läßt sich am besten am Beispiel erklären. Die Regel (37) erzeugt die Struktur (38), Regel (39) die Struktur (40).

```
(37)    x --->    y |
                  x:struktur = f(x:m1,x:m2,g(x:m3),x:m4),
                  x:m1 = w1,
                  x:m2 = w2,
                  x:m3 = w3,
                  x:m4 = w4.

(38)    x =       struktur = f(x:m1,x:m2,g(x:m3),x:m4)
                  m1 = w1
                  m2 = w2
                  m3 = w3
                  m4 = w4

(39)    x --->    y |
                  x:struktur = ‘f(x:m1,x:m2,g(x:m3),x:m4),
                  x:m1 = w1,
                  x:m2 = w2,
                  x:m3 = w3,
                  x:m4 = w4.
```

```
(40)    x =     struktur = f(w1,w2,g(w3),w4)
                m1 = w1
                m2 = w2
                m3 = w3
                m4 = w4
```

Eine in diesem Sinne dem Linguisten sehr entgegenkommende Notation der NP-Grammatik ist dann (41):

```
(41)    np --->    det, n1 |
                   np:kasus = det:kasus,
                   det:kasus = n1:kasus,
                   np:genus = det:genus,
                   det:genus = n1:genus,
                   np:numerus = det:numerus,
                   det:numerus = n1:numerus,
                   np:tree = 'np(det:tree,n1:tree).

        n1 --->    n |
                   n1:kasus = n:kasus,
                   n1:genus = n:genus,
                   n1:numerus = n:numerus,
                   n1:tree = 'n1(n:tree).

        n1 ---> adj, n1:n1a |
                   n1:kasus = adj:kasus,
                   adj:kasus = n1a:kasus,
                   n1:genus = adj:genus,
                   adj:genus = n1a:genus,
                   n1:numerus = adj:numerus,
                   adj:numerus = n1a:numerus,
                   n1:tree = 'n1(adj:tree,n1a:tree).
```

Statt (36) liefert sie die Struktur (42).

```
(42)    kasus = nom

        genus = fem

        numerus = pl

        tree = np(det(die),n1(adj(alten),n1(n(hüte))))
```

4. Zusammenfassung

Der Wechsel von der prozeduralen zur deklarativen, unifikationsbasierten Sprachbeschreibung führt zu einer deutlichen Verbesserung der konzeptuellen Klarheit in der linguistischen Beschreibung. Wie in (41) illustriert kommen besonders Unifikationsgrammatiken, die eine Mischung von Term- und Attribut-Wert-Paar-Unifikation erlauben, linguistischen Vorstellungen recht nahe. Derartige Unifikationsgrammatiken sind wesentlich leichter zu lesen und zu erweitern als ATN.

Wichtiger noch ist die Tatsache, daß sie aufgrund ihrer Nichtdirektionalität sowohl für die Analyse, als auch für die Generierung eingesetzt werden können. Neben der Erweiterung der Einsatzgebiete einer Grammatik ist dies besonders für Dialogsysteme wichtig. Ein Dialogsystem sollte in der Lage sein, die Konstruktionen, die es bei der Generierung von Systemausgaben benutzt, auch als Benutzereingaben zu akzeptieren.

Die Nichtdirektionalität erlaubt weiterhin eine sehr hohe Flexibilität in der Verarbeitungsstrategie. Verschiedene Parsing- und Generierungsalgorithmen können untersucht und verglichen werden, ohne daß jeweils eine neue Grammatik geschrieben werden muß. Für die Forschung und Entwicklung auf dem Gebiet der Computerlinguistik ergibt sich hierdurch die Möglichkeit einer fruchtbaren Arbeitsteilung von Linguisten und Informatikern.

Literatur

Bates, M., 1979: Theory and Practice of Augmented Transition Network Grammars. in: Bolc, L. (ed.): *Natural Language Communication with Computers*, Berlin.

Block, H. U., M. Gehrke, H. Haugeneder und R. Hunze, 1985: *Neuere Grammatiktheorien und Grammatikformalismen.* WISBER Bericht Nr. 1.

Block, H. U. und H. Haugeneder, 1986: The Treatment of Movement Rules in a LFG-Parser. *Proc. COLING-86.*

Block, H. U. und R. Hunze, 1986: Incremental Construction of C- and F-structure in a LFG-Parser. *Proc. COLING-86.*

Block, H. U. und H. Haugeneder, 1988: An Efficiency Oriented LFG-Parser. in: Reyle, U. und C. Rohrer (eds.): *Natural Language Parsing and Linguistic Theory. Dordrecht.*

Bouma, G., E. König und H. Uszkoreit, 1988: A Flexible Graph-Unification Formalism and its Application to Natural-language Processing. *IBM J. Res. Develop* Vol 32 No. 2, 170-184.

Bresnan, J. (ed.), 1982: *The Mental Representation of Grammatical Relations.* Cambridge/Mass.

Chomsky, N., 1965: *Aspects of the Theory of Syntax.* Cambridge (Mass.).

Gazdar, G. und G. K. Pullum, 1982: *Generalized Phrase Structure Grammar: A Theoretical Synopsis,* IULC, Bloomington.

Gazdar, G., E. Klein, G.K. Pullum und I. A. Sag, 1985: *Generalized Phrase Structure Grammar.* Oxford.

Haugeneder, H., 1989: Von ATNs zu LFGs. Auf dem Weg zu neuen Grammatikformalismen. *Proc. GAL-89,* 42-43.

Hideki, Y., 1984: LFG-Systems in Prolog. *Proc. COLING-84,* 358-361.

Kartunnen, L., 1984: Features and Values. *Proc. COLING-84,* 28-33.

Kay, M., 1984: Functional Unification Grammar: A Formalism for Machine Translation. *Proc. COLING-84,* 75-78.

Kay, M., 1985a: Unification in Grammar. in: Dahl, V. e.a. (eds.): *Natural Language Understanding and Logic Programming,* Amsterdam.

Kay, M., 1985b: Parsing in Functional Unification Grammar. in: Zwicky e.a. (eds.): *Natural Language Parsing,* Cambridge.

Pereira, F. C. N., 1981: Extraposition Grammars. *ACL Vol. 7,* No. 4, 243-256.

Pereira, F. C. N. und H. D. Warren, 1980: Definite Clause Grammars for Language Analysis - A survey of the Formalism and a Comparison with Augmented Transition Networks. *Artificial Intelligence 73,* 231-278.

Pereira, F. C. N. und S. M. Shieber, 1984: The Semantics of Grammar Formalisms seen as Computer Languages. *Proc. COLING-84,* 123-129.

Reyle, U. und W. Frey, 1983: A Prolog Implementation of Lexical Functional Grammar. Proc. *IJCAI-83,* 693-695.

Shieber, S. M., 1984: The Design of a Computer Language for Linguistic Information. *Proc. COLING-84,* 362-366.

Shieber, S. M., 1985a: Using Restriction to Extend Parsing Algorithms for Complex-Feature-Based Formalism. *Proc. ACL-85,* 145-152.

Shieber, S. M., 1985b: *An Introduction to Unification-Based Approaches to Grammar.* CSLI Stanford.

Uszkoreit, H., 1986: Categorial Unification Grammars. *Proc. COLING-86,* 187-194.

Winograd, T., 1983: *Language as a Cognitive Process.* Reading.

Woods, W. A., 1970: Transition Network Grammars for Natural Language Analysis. *Comm. ACM 13.*

Unscharfe Semantik: zur numerischen Modellierung vager Bedeutungen von Wörtern als fuzzy Mengen

Burghard Rieger
Linguistische Datenverarbeitung/Computerlinguistik
Universität Trier

Abstract

Analyse und Repräsentation lexikalisch-semantischer *Vagheit* von Bedeutungen in natürlichsprachlichen Texten stellen ein Problem der Wortsemantik dar. Dies läßt sich mithilfe der Theorie der *unscharfen Mengen* in einer formal adäquaten, empirisch fundierbaren und prozeduralen Modellbildung lösen. Nach kurzer Einführung der wesentlichen Charakteristika dieses die *Unschärfe* einbeziehenden Modells werden seine formalen Eigenschaften zunächst anhand einer denotativ-referenziellen Bedeutungsdarstellung gegeben, deren Kritik die Bedingungen liefert, welche eine empirisch-operationale Rekonstruktion und numerische Modellierung von stereotypischen Wortbedeutungen zu erfüllen hat. Für diese wird eine formale Struktur entwickelt, in der die systematischen Restriktionen von Lexemverwendung (ihre *syntagmatischen* und *paradigmatischen* Relationen) über eine zweistufige Abstraktion sich darstellen lassen. Sie können als konsekutive Abbildung der beobachtbaren Unterschiede von Verwendungsregularitäten von Lexemen in Texten auch empirisch rekonstruieren werden, was zur algorithmischen Repräsentation von Wortbedeutungen als einem System von *unscharfen* Mengen des Vokabulars bzw. von Vektoren im *semantischen Raum* führt. Dessen Topologie bildet die Grundlage dafür, unterschiedliche semantische Zusammenhänge so repräsentierter Bedeutungen unter verschiedenen inhaltlichen Perspektiven algorithmisch zu generieren und als *Dispositionelle Dependenzstrukturen (DDS)* organisiert zugänglich zu machen.

1. Einleitung

One cannot pursue linguistic meanings very far before discovering that words have the meanings they do as a consequence of the ways they are used in sentences. We can think of understanding a sentence as a form of information processing, as if the sentence were a program being fed into a computer. A listener, if he knows the language, has a variety of mental routines and subroutines that he can call and execute. Our problem is to specify in as much detail as possible what these routines might be, how they could be assembled into plans, how their assembly depends on the contexts in which they are used, what kind of representational system they entail, how they might relate to one another and to the perceptual world. (Miller/Johnson- Laird 1976, S. 118)

Für die linguistischen Theorien und Methoden, die zur Beschreibung und Analyse sprachlich-kommunikativer Phänomene des Sprachvermögens (der *Kompetenz*) wie der aktuellen Sprachverwendung (der *Performanz*) entwickelt wurden, ist die *kategoriale* Sicht ("categorial view" bei Labov 1973, S. 342) noch weitgehend bestimmend. Die einschlägigen Modellbildungen gehen davon aus, daß sprachliche Einheiten - auf welcher der möglichen (phonologisch, morphologisch, syntaktisch, semantisch, pragmatisch bestimmten) Ebenen ihrer Beschreibung auch immer - diskret, invariant, qualitativ unterschiedlich, konjunktiv definierbar und aus atomaren Bausteinen aufgebaut sind. Sie scheinen damit im Prinzip genau denjenigen Grundstrukturen zu entsprechen, deren wir uns bedienen, wenn immer wir Sätze produzieren und verstehen.

Die Zugehörigkeit solcher Einheiten zu Kategorien bzw. relationale Verknüpfungen dieser Kategorien untereinander wurden daher auch weitgehend durch *binär* entscheidbare Regeln streng deterministischer Art repräsentiert. Diese können Regularitäten *kontinuierlicher* Übergänge von bestimmt angebbaren zu nur mehr möglichen oder wahrscheinlichen Zugehörigkeiten nicht abbilden. Sie erweisen sich folglich als ungeeignet, Erscheinungen gerade jenes Bereichs adäquat zu erfassen, der seit etwa Mitte der 70er Jahre unter Begriffen wie sprachlicher *Variation* (Bailey/Shuy 1973) bzw. *Variabilität* (Klein 1976) einerseits, unter semantischer *Unschärfe* oder *Vagheit* (Rieger 1974) andererseits im Rahmen eines nicht mehr auf die Untersuchungseinheit 'Satz' fixierten sprachwissenschaftlichen Forschungsinteresses gerückt ist und sich seither als *Textlinguistik* etabliert hat. Dabei handelt es sich einmal um den - durch individuelle, situative, soziale, edukative, historische, etc. Einflüsse hervorgebrachten - Bereich möglicher Varianten, die bestenfalls als Abweichungen jener starren Regelsysteme erschienen, welche sich erst durch regide Reduktion der Vielfalt *performativen* Sprachgebrauchs hatten formulieren lassen. Zum anderen geht es um die für alle semiotischen Ebenen natürlichsprachlicher Zeichen- und Symbolkonstitution charakteristischen formalen Unschärfen und Ungenauigkeiten, die für ein *kompetentes* Verstehen jeder - nicht nur für die im engeren Sinne linguistisch-semantische - Bedeutung konstitutiv genannt werden müssen.

Beide, *Variabilität* und *Vagheit* von Bedeutungen erscheinen so als diejenigen Eigenschaften der natürlichen Sprache, deren möglicherweise konstitutive Funktion innerhalb der und für die kommunikativen Interaktionen eine Ausklammerung oder bloß marginale Berücksichtigung nicht nur nicht erlaubt, sondern geradezu fordert, diese Eigenschaften sowohl formal wie auch empirisch zur Grundlage einer *performanz-orientierten* Linguistik zu machen. Sie können daher als entscheidend für die Lösung der anstehenden Probleme lexikalisch-semantischer Analyse von Bedeutungen in Texten sowie der Repräsentation und Modifikation des in ihnen vermittelten Wissens gelten. Diese Eigenschaften, die - nach einigen frühen Ansätzen im 19. Jahrhundert - Gegenstand einer ersten philosophisch akzentuierten Phase intensiveren Studiums schon während der Zwanziger und Dreißiger Jahre unseres Jahrhunderts (vgl. Rieger 1989, Kapitel 2 und Kapitel 3, S. 23-78) waren, wurden erst mit dem Erscheinen der mathematischen Theorie der *unscharfen Mengen (fuzzy set theory).* (Zadeh 1965) als ein auch linguistisch interessanter Phänomenbereich erkannt, welcher in der Folge zu einem übergreifenden Neuansatz führte. Ausgehend von Zadehs grundlegenden Ideen und den daraus sich entwickelnden Modellbildungen stehen inzwischen Notationen bereit, die es möglich erscheinen lassen, den semiotischen Zusammenhang der Bedeutungskonstitution und Zeichenverwendung als Zusammenhang der numerischen Analyse sprachlichen Materials, der formalen Abbildung seiner Strukturen und der prozeduralen Darstellung ihrer Veränderbarkeit zu modellieren.

2. Unscharfe (fuzzy) Mengen

2.1 Der Grundgedanke der Theorie der unscharfen Mengen, die die traditionelle Mengentheorie als einen Grenzfall enthält, ist denkbar einfach und plausibel. Denn er erscheint wie eine Formalisierung der fundamentalen kognitiven Einsicht, wonach alle Wahrnehmung und Verarbeitung von vermeintlich scharf unterschiedenen, kategorialen Entitäten *(Diskreta)* auf einer abstrahierenden Wahrnehmung und Verarbeitung der ihnen zugrundeliegenden unscharfen

Übergänge *(Kontinua)* beruhe.

Im Unterschied zur klassischen oder *scharfen (crisp)* Mengentheorie, in der ein Individuum *alternativ* im Hinblick auf eine Menge entweder Element ist oder nicht, kann man in der neuen Theorie die Zugehörigkeit eines Individuums zu einer deswegen *unscharf* genannten Menge *graduell* angeben. Das geschieht vermöge der charakteristischen Funktion $\mu_A(x)$, die für ein Element x der Menge A nicht nur - wie im Sinne der klassischen Mengen - die Werte 0 (für *nichtzugehörig*) oder 1 (für *zugehörig*) annehmen kann, sondern auch jeden beliebigen anderen Wert zwischen 0 und 1 , wobei etwa $\mu_A(x) = 0.2$ eine geringere Zugehörigkeit des Elements x zur Menge A anzeigt, als $\mu_A(x) = 0.8$.

Allgemein wird eine unscharfe Teilmenge A von X charakterisiert durch die Zugehörigkeitsfunktion

(1) $$\mu_A : X \rightarrow [0,1]$$

die jedem $x \in X$ einen (und nur einen) Zugehörigkeitswert $\mu_A(x)$ aus dem Intervall [0,1] zuordnet, der den Grad angibt, mit dem das Inidividuum x als Element der unscharfen Menge A zu gelten hat. Die unscharfe Menge A besteht also aus der Menge der geordneten Paare

(2)

$$A := \{ (x, \mu_A(x)) \} \text{ für alle } x \in X$$

2. 2 Den Definitionen von Verknüpfungsoperationen klassischer Mengen entsprechend wird man auch für die Operationen mit beliebigen unscharfen Mengen A und B fordern müssen, daß die Zugehörigkeitswerte der neu entstehenden unscharfen Menge C sich bei *Durchschnittsbildung* nicht erhöhen und bei *Vereinigung* nicht vermindern. Zadeh setzte daher (1965) die jeweils niedrigst bzw. höchst möglichen Werte in deren Definitionen für jeweils alle x wie folgt an

(3) $$C = A \cap B := \mu_C(x) = \min(\mu_A(x), \mu_B(x))$$

(4) $$C = A \cup B := \mu_C(x) = \max(\mu_A(x), \mu_B(x))$$

Für die *Komplementbildung* wird dabei folgende Anweisung gegeben

(5) $$B = \neg A := \mu_B(x) = 1 - \mu_A(x)$$

wobei sich *Gleichheit* und *Enthaltensein* wie folgt definieren

(6)

$$A \equiv B := \mu_A(x) = \mu_B(x)$$

(7)

$$A \subseteq B := \mu_A(x) \leq \mu_B(x)$$

Diese Definitionen reduzieren sich auf die für klassische Mengen, wenn man die graduellen Werte der kontinuierlichen Zugehörigkeitsfunktion auf die einzig zulässigen binären Werte 0 und 1 der diskreten charakteristischen Funktion einschränkt. Damit werden auch solche Gegenstandsbereiche im Prinzip mengentheoretisch erfaßbar, deren fließende Übergänge oder mangelnde Abgrenzbarkeit - ob nun aus unvollständiger Kenntnis ihrer Gegebenheit oder aufgrund ihrer besonderen Eigenschaften - als Hauptcharakteristika ihrer Verschwommenheit und Vagheit eine exaktwissenschaftliche, empirisch-quantitative Behandlung bisher verhinderte.

2. 3 Zur Verdeutlichung dieser Möglichkeit wird im folgenden die Semantik eines Begriffs anhand eines schon früher verwendeten (Rieger 1977a) Standardbeispiels illustriert. Ihm liegt eine allgemein gebräuchliche Bezeichnung wie die von *Mittelklassewagen* zugrunde, deren begriffliche Bedeutung extensional zwar nicht als *Klasse*, wohl aber als *unscharfe Menge* derjenigen Entitäten expliziert werden kann, die der sprachliche Term 'Mittelklassewagen' denotiert. Die Bedeutung dieses Begriffs ist *vage* oder *unscharf* in bezug auf den Umfang der Menge derjenigen Fahrzeugtypen, die gemeint sind, wenn von 'Mittelklassewagen' die Rede ist. Mittelklassehaftigkeit kann daher aufgrund der die Bedeutung dieses Begriffs explizierenden unscharfen Menge erklärt und anhand der verschiedensten (extensionalen und intensionalen) Dimensionen beschrieben werden, nach denen unterschiedliche Fahrzeugtypen als dieser Menge (mehr oder weniger) zugehörig eingeschätzt werden.

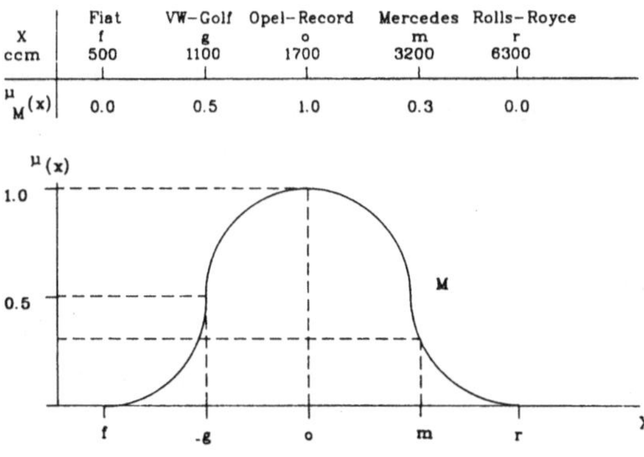

Abbildung 1: Referenzielle Bedeutung von 'Mittelklassewagen' dargestellt als unscharfe (Teil-)Menge M aller Pkw-Typen X

Greift man etwa aus der Vielzahl solcher charakterisierenden Dimensionen nur das Motorvolumen heraus, um die Zugehörigkeit eines Wagentyps zur Mittelklasse aufgrund seines Hubraums zu bewerten, so liefe dies auf ein Urteil über die größere oder kleinere Entsprechung mit den für einen Mittelklassewagen *typischen* Zylindervolumina hinaus, was - je nach Ähnlichkeit mit dem hierbei herangezogenen *Stereotyp* bzw. *Prototyp* - zu unterschiedlichen, den verschiedenen Wagentypen entsprechenden numerischen Werten führt. Beispielsweise würde einem *Fiat 500* in dieser Menge *M* der *Mittelklassewagen* - wenn überhaupt - ein äußerst geringer Zugehörigkeitswert deshalb zukommen müssen, weil er als ein ausgesprochener Kleinwagen gilt, dessen (hier subjektiv vorgenommene) Bewertung etwa einen Wert von 0.0 ergeben möge. Einem *VW- Golf*, der zumindest seinem Motorvolumen nach beinahe schon ein Mittelklassewagen ist, käme ein deutlich höherer Wert, etwa 0.5 zu, ein *Opel-Rekord* erreichte als typischer Mittelklassewagen den Wert 1.0 , ein *Mercedes-Benz* mit deutlicher Tendenz zur Luxusklasse bekäme wiederum einen deutlich niedrigeren Wert, etwa 0.3 , und einem *Rolls-Royce*, der als klassische Luxuslimousine gilt, könnte deshalb auch nur ein Zugehörigkeitswert von 0.0 zur unscharfen Menge *M* der *Mittelklassewagen* zugeschrieben werden.

Trägt man nun den Individuenbereich X der Einfachheit halber als Skala - nach kontinuierlich anwachsenden Hubraumvolumina geordnet - von links nach rechts auf der Abszisse und die einzelnen den verschiedenen Fahrzeugtypen (subjektiv) zugeschriebenen Zugehörigkeitswerte $\mu_A(x)$ auf der Ordinate ab, so ergibt die unscharfe Menge M eine Kurve (Abb. 1), die als graphische Darstellung der (subjektiv) referenziellen Bedeutung des (eindimensional) vagen Begriffs 'Mittelklassewagen' über X gelten kann. Als Zadeh (1971) sein Konzept der unscharfen Mengen erstmals zur Explikation linguistischer Bedeutungsphänomene der natürlichen Sprache anwandte, bewegte er sich zunächst im Rahmen strikt *referenztheoretischer* Modellvorstellungen. Danach läßt sich die *Vagheit* eines natürlichsprachlichen Ausdrucks folgerichtig als Name einer solchen Klasse von Entitäten erklären, deren Extension eine unscharfe Teilmenge aller möglichen Denotate bildet, auf die der Ausdruck referiert.

3. Bedeutung als Referenz

3. 1 Aufgrund dieses Ansatzes kann die Semantik einer natürlichen Sprache formal als unscharfe Relation L zwischen sprachlichen Ausdrücken und Elementen eines Referenzuniversums erklärt werden. Dazu wird - nach Zadeh - zunächst eine endliche Menge der sprachlichen Ausdrücke

(8) $$T := \{ x_i \}; i = 1, \ldots, n$$

und eine Menge von gegebenen Entitäten (aus dem potentiellen *universe of discourse*)

(9) $$U := \{ z_j \}; j = 1, \ldots, m$$

eingeführt, die hier informell als Ansammlung von (sprachlich identifizierten) Objekt- oder Konzeptpunkten charakterisiert sein mag.

In referenzsemantischem Sinne läßt sich nun die Bedeutung eines Terms einer Sprache als jene Beziehungstruktur verstehen, durch die eine Korrespondenz hergestellt wird zwischen Ausdrücken x in T und (möglicherweise unscharfen) Mengen M(x) in U . Zumindest für natürliche Sprachen erscheint diese Korrespondenz aber als eine nicht-eindeutige Beziehung. Sie wird deshalb formal eingeführt als eine unscharfe binäre Relation L , die sich über die Zugehörigkeitsfunktion

(10) $\mu_L : T \times U \dashrightarrow [\,0,1\,];\; x \in T,\; z \in U;\; 0 \leq \mu_L(x,z) \leq 1$

definieren läßt (Abb. 2). Damit wird - entsprechend (1) und (10) - jedem geordneten Paar (x,z) genau ein Zugehörigkeitswert $\mu_L(x,z)$ zugeordnet, so daß

(11) $L := \{\, ((x,z),\ \mu_L(x,z)) \,\}$

$$T \xrightarrow{\ \mu_L\ } U$$

Abb. 2: Abbildungsrelation μ_L zwischen der Menge der Ausdrücke T und der Menge der Entitäten U im Referenzuniversum.

3. 2 Die unscharfe Relation L (Abb. 2) induziert demnach eine zweiseitige Korrespondenz zwischen Elementen $x \in T$ und Objektpunkten $z \in U$, welche *Vagheit* als Unschärfe sowohl von *Bedeutungen* als auch von *Begriffen* referenziell zu explizieren erlaubt:

- betrachtet man ein bestimmtes Element x' aus T , so stellt die unscharfe Relation L die Beziehung zwischen diesem sprachlichen Ausdruck x' und einer unscharfen Teilmenge M(x') in U her, die seine (referenzielle) Bedeutung ausmacht. Diese wird erklärt über die auf x' eingeschränkte unscharfe Relation L

(12) $M(x') := \mu_L(z_j \mid x') = \mu_L(x',z_j)$

welche die Zugehörigkeitswerte $\mu_{M(x')}(z_j)$ jeden Objektpunktes z_j aus U zur unscharfen Menge M(x') liefert

(13) $\mu_L(x',z_j) = \mu_M(x')(z_j)$

- betrachtet man umgekehrt ein bestimmtes Element z' aus U , dann stellt die inverse unscharfe Relation L^{-1} eine Beziehung zwischen diesem Objektpunkt z' und einer unscharfen Teilmenge D(z') in T her, die seinen Begriff als Kennzeichnung der für ihn konstitutiven (sprachlichen) Komponenten beschreibt. Diese Beschreibung wird erklärt über die auf z' eingeschränkte inverse unscharfe Relation L^{-1}

(14) $$D(z') := \mu_L{-1}(x_i \mid z') = \mu_L{-1}(z',x_i)$$

welche die Zugehörigkeitswerte $D_{(z')}(x_i)$ jeden Terms x_i in T zur unscharfen Menge D(z') liefert

(15) $$\mu_L{-1}(z', x_i) = \mu_{D(z')}(x_i)$$

Zadeh nennt D(z') unscharfe *Deskriptormenge (descriptor set)*, weil sie geeignet ist, für jeden Term x_i in T den jeweiligen Grad zu spezifizieren, mit dem er zur Beschreibung eines bestimmten Objekts oder Begriffs z' in U beiträgt.

> In summary, a language, L , is a fuzzy relation from T to U characterized by a member- ship function $\mu_L(x_i,z_j)$. As a relation, L associates with each term x in T its meaning, M(x), which is a fuzzy set in U defined by $\mu_{M(x)}(z_j) = \mu_L(x,z_j)$. Furthermore, L associates with each element z in U a fuzzy descriptor set D(z) , defined by $\mu_{D(z)}(x_i) = \mu_L(x_i,z)$. (Zadeh 1971, S. 168)

3. 3 Damit ist eine Abbildung von referenziellen *Bedeutungen* über unscharfe Mengen M(x) $\subseteq$ U von Objektpunkten z $\in$ U bzw. eine sprachliche Beschreibung von *Begriffen* über unscharfe Mengen D(z) $\subseteq$ T von Deskriptoren x $\in$ T erklärt. Auf beide lassen sich die oben unter (3) bis (7) gegebenen Definitionen für Operationen mit unscharfen Mengen anwenden, was der Unterscheidung von Bedeutungsrelationen zwischen sprachlichen Termen einerseits und von begrifflichen Beziehungen zwischen außersprachlichen Elementen andererseits entspricht.

So kann die *Synonymie* zweier Terme x,x' $\in$ T über die Gleichheit der zwei ihre referenzielle Bedeutung repräsentierenden unscharfen Teilmengen M(x) und M(x') aus U erklärt werden

(16) $$x = x' \text{ gdw } \mu_L(z_i,x) = \mu_L(z_i,x');\ i=1,\ldots,n$$

Analog dazu kann *partielle Synonymie* über ein Ähnlichkeitsmaß definiert werden, das einen - je nach Geltungsbereich unterschiedlichen - Schwellenwert s einführt

(17) $$x \approx x' \text{ gdw } \mid \mu_L(z_i,x) - \mu_L(z_i,x') \mid \leq s;\ i=1,\ldots,n$$

Hyperonymie eines Ausdrucks x relativ zu x' bzw. *Hyponymie* eines Ausdrucks x' relativ zu x läßt sich als echtes Enthaltensein der ihre Bedeutungen repräsentierenden unscharfen Teilmengen bestimmen

(18) $$x \supset x' \text{ gdw } \mu_L(z_i,x) > \mu_L(z_i,x');\ i=1,\ldots,n$$

Für die Generierung *neuer* Bedeutungen, welche mögliche aber (noch) nicht lexikalisierte unscharfe Teilmengen in U denotieren, lassen sich die den Komplement-, Durchschnitts- und Vereinigungsmengen entsprechenden Operationen ansetzen.
Negation (Komplementbildung):

(19) $$\neg x := M(\neg x) = 1 - \mu_L(z_i,x);\ i=1,\ldots,n$$

Konjunktion (Durschschnittsbildung):

(20) $$x \wedge x' := M(x \cap x') = \min\{\mu_L(z_i,x),\ \mu_L(z_i,x')\}\ ;\ i=1,\ldots,n$$

Adjunktion (Vereinigungsbildung):

(21) $$x \vee x' := M(x \cup x') = \max\{\mu_L(z_i,x),\ \mu_L(z_i,x')\}\ ;\ i=1,\ldots,n$$

Hieraus hat sich erst in den letzten Jahren eine Diskussion ergeben, in der die von Zadeh ursprünglich vorgeschlagenen Definitionen (Zadeh 1965) sowohl auf der Grundlage experimenteller Forschungen als auch formal-theoretischer Erwägungen vielfach kritisiert und modifiziert wurden.

3. 4 Was das Phänomen der Vagheit natürlichsprachlicher Bedeutungen und das Problem ihrer rekonstruktiven Abbildung betrifft, muß Zadehs Satz-orientierte Initiative - gerade auch vor dem Hintergrund vorangegangener Versuche in referenztheoretischen Semantikmodellen - schon als *adäquatere* Darstellung gelten, zumal ihr das allgemeinere Konzept unscharfer Mengen zugrundeliegt, das die traditionelle, binär entscheidbare Mengendefinition als Klasse äquivalenter Elemente nur mehr als Sonderfall enthält. Obwohl dieser Neuansatz daher zumindest *formal* durchaus befriedigend ist, erweist sich seine Grundannahme über den referenziellen Charakter natürlichsprachlicher Bedeutung als jener Prüfstein, der eine auch *empirische* Anwendbarkeit dieser Rekonstruktion verhindert.

Die Einführung des Konzepts der unscharfen Mengen erfüllt die Forderung nach adäquateren Beschreibungen vager Bedeutungen natürlichsprachlicher Wörter und Ausdrücke nur zum Teil. Die Möglichkeit einer sowohl formal befriedigenden als auch empirisch erfolgreichen Rekonstruktion hängt nämlich entscheidend ab

- von der Bekanntheit oder Zugänglichkeit der Struktur der jeweils zugrundegelegten Individuenbereiche im Diskursuniversum U , die als mögliche Deskriptormengen fungieren können (z. B. Skala der Motorvolumina), über der ein Konzept eines Ausdrucks in T als die unscharfe Menge (z. B. *Mittelklassewagen*) erklärt wird, und

- von der Verfügbarkeit oder Entwicklung von Verfahren, aufgrund deren einem Individuum (z. B. Golf = 0. 5) ein Zugehörigkeitswert in bezug auf die zu definierende unscharfe Menge (z. B. *Mittelklassewagen*) zugeschrieben wird.

Beides, die Bestimmung des Individuenbereichs als Deskriptormenge wie das Verfahren zur Ermittlung von Zugehörigkeitswerten wird in *referenzsemantischen* Modellierungen der Bedeutungsunschärfe nicht systematisch, sondern weitgehend introspektiv und/oder ad hoc vorgenommen. In *strukturalen* Bedeutungsmodellen, in denen der Prozeß der *Bedeutungskonstitution* die Grundlage der Analyse wie der Repräsentation bildet, kann dagegen eine systematische und zeichentheoretisch motivierte Lösung angeboten werden. Sie basiert auf dem - die *informationelle* Bedeutung *lexikalischer* Einheiten konstituierenden - Zusammenhang von Zeicheninventar, Anwendungsregularität und kommunikativem Kon- und Kotext, von dem auch Sprecher/Schreiber bzw. Hörer/Leser immer schon Gebrauch machen (müssen), wenn sie sprachliche Äußerungen produzieren bzw. verstehen (wollen).

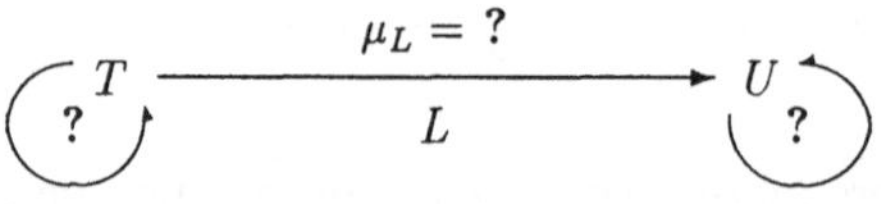

$$T \; (?) \xrightarrow[L]{\mu_L = ?} U \; (?)$$

Abbildung 3: Unbekanntheit sowohl der Strukturen der Mengen der sprachlichen Ausdrükke T und der Entitäten des Diskursuniversums U , als auch eines operativen Verfahrens μ_L zur Bestimmung von Zugehörigkeitsgraden.

Da aber die durch die Zugehörigkeitsfunktion μ_L definierte unscharfe Relation L als Vor- oder Definitionsbereich nicht nur die Menge der sprachlichen Ausdrücke T , sondern als Nach- oder Bildbereich auch die Menge der Objekte und/oder Prozesse enthält, welche durch diese Ausdrücke im Referenzuniversum U denotiert werden, müßten schon beide Mengen, T und U , zugänglich sein, wenn μ_L eine auch auf natürlichsprachliche Texte tatsächlich anwendbare empirische Operation soll zugeordnet werden können. Denn um die Zugehörigkeitsgrade der Elemente einer unscharfen Menge oder Relation zu bestimmen, bedarf es sowohl relevanter, empirisch zugänglicher Daten, die diese Mengen definitionsgemäß ausmachen, als auch operabler Verfahren, die aus solchen Daten die numerischen Werte zu berechnen gestatten. Beides fehlt den *referenzsematischen* Modellen in bezug auf die Struktur der Mengen T und U ebenso wie auf das Verfahren zur Bestimmung von μ_L (Abb. 3).

4. Bedeutung als Struktur

4. 1 Die zunächst überzeugende Klarheit des denotativen Bedeutungskonzepts in referenztheoretischen Semantikmodellen der natürlichen Sprache, welche in ihren *Analyse*schritten dem *Aufbau*prinzip formaler Sprachen naiv folgen, wird freilich empfindlich dadurch getrübt, daß der größere Teil der in diesen Modellen verwendeten strukturellen Informationen keine von der (natürlichen) Sprache und ihrer Beherrschung unabhängige Weise des (verstehenden) Zugangs erlaubt, geschweige denn eine von Sprache und ihrer (kommunikativen) Vermittlungsleistung unabhängige Form der (operationalen) Überprüfung. Angesichts dieses offensichtlichen Mangels an (nicht-sprachlichen) Daten über die Wirklichkeit kann daher die Strukturierung der außersprachlichen Realität (Referenzuniversum) in Objekte, Relationen und/oder Prozesse nicht - wie in den semantischen Referenztheorien - vorausgesetzt, sondern muß als variables Resultat gerade jener Prozesse gedeutet werden, die als *Bedeutungskonstitution* der natürlichen Sprache - im subjektiven wie objektiven Sinne dieses Genitivs - die Bedingung dafür bilden, daß Strukturen zu erkennen, Systeme zu analysieren und als Zusammenhänge zu interpretieren überhaupt möglich ist.

Hieraus ergibt sich denn auch die methodologische Begründung für die Abwendung von *referenziellen* Ansätzen im Rahmen lexikalisch-semantischer Analysen und für die Hinwendung zu einer *strukturalen* Modellbildung. Während erstere neben dem Zeicheninventar und den Regularitäten seines Gebrauchs durch die Verwender auch das Referenzuniversum *(universe of discourse)* als strukturierte Menge nicht-sprachlicher Gegebenheiten *(Realität)* schon voraussetzen müssen, unternimmt es die letztere, eine in sprachlichen Äußerungen tatsächlicher Sprecher/Hörer in konkreten Kommunikationssituationen geleistete (durchaus nicht immer einheitliche) Strukturierung von (nur mehr potentiell) außersprachlichem Referenzuniversum *(Realität)* als Resultat und Folge der regelgeleiteten Verwendung des Zeicheninventars zu analysieren und zu beschreiben. Eben diese Leistung bildet aber das Fundament des hier entwickelten Ansatzes, allerdings nicht so, als wäre der semiotische Prozeß der *Bedeutungskonstitution* (Rieger 1977) selber schon simulativ (vgl. Rieger 1990, wo eine auf diesem Gebiet vielversprechende Entwicklung diskutiert wird, welche sich im Rahmen der Modellierung natürlichsprachlicher Bedeutungen informationsverarbeitender Systeme mit Konzepten der verteilten Repräsentation und parallelen Verarbeitung in konnektionistischen Netzwerken befaßt). repräsentierbar, aber doch insofern, als die in ihm vermuteten prozeduralen Prinzipien zur Grundlage der empirischen Analyse und formalen Beschreibung des strukturalen Systemzusammenhangs lexikalisch-semantischer Gegebenheiten gemacht werden sollen.

4. 2 Die Theorie der unscharfen Mengen kann einer auf ihr aufbauenden lexikalisch-semantischen Bedeutungsnotation einen übergreifenden - von einem jeweils gewählten *referenziellen, strukturalen* oder auch *prozeduralen* Semantikmodell unabhängigen - Formalismus bieten. Ihm lassen sich aber einzig im Falle der *strukturalen* Bedeutungsmodelle gerade jene empirisch-quantitativen Verfahren der Bedeutungsanalysen zuordnen, die es im Rahmen der *referenztheoretischen* Semantikmodelle bisher nicht gibt.

Der direkte Rückgriff auf die in kommunikativen Akten spontaner Sprachproduktion entstandenen Äußerungen scheint daher noch am ehesten ein verläßliches Datenmaterial liefern zu können. Anders als erfragte Urteile und Auskünfte von Sprechern über deren eigene (vermeintliche) Sprachverwendung in (vorgestellten) Kommunikationssituationen bilden die in tatsächlicher Kommunikation produzierten Sprachäußerungen eine objektivere Grundlage zur Ermittlung jener Regularitäten, die wirkliche Sprecher/Schreiber bzw. Hörer/Leser befolgen und/oder neu einführen, wenn sie in natürlichsprachlichen Texten Bedeutungen intendieren und verstehen. Und da eine der wenigen unter Semantikern nahezu unkontroversen Annahmen die ist, daß natürlichsprachliche Bedeutungen sich im Sprachgebrauch konstituieren, für den natürlichsprachliche Texte ein Beleg sind, sollten eben solche Texte auch die benötigten Daten liefern können, welche zudem empirisch zugänglich, d. h. intersubjektiv überprüfbar sind.

Anders als bei den herkömmlichen, durch Introspektion gewonnenen Daten zur semantischen Beschreibung von Wortbedeutungen ist der empirische Ansatz auf die algorithmische Analyse von Texten gestützt, die von wirklichen Sprechern/Schreibern in realen Situationen tatsächlich vollzogener (oder doch intendierter) Kommunikation über bestimmte Sachgebiete produziert wurden. Hierbei wurde schon früher (Rieger 1985, umfassend zuletzt in Rieger 1989b) unter Begriffsbildungen wie *lexikalischer Relevanz* und *semantischen Dispositionen* ein System zur konzeptbasierten Bedeutungsrepräsentation entwickelt, das aufgrund quantitativer Analysen und numerischer Präzisierung von in natürlichsprachlichen Texten co-okkurrierenden Wörtern nicht nur deren *syntagmatische* und *paradigmatische* Einschränkungen bestimmt, sondern diese *constraints* gleichzeitig zur Modellierung der Bedeutungskonstitution benutzt.

4. 3 Dieser Ansatz ist eng mit gebrauchssemantischen Vorstellungen wie den *Sprachspielen* (Wittgenstein 1958 und 1969) verbunden und auf deren Grundannahme gestützt, daß die Analyse und Beschreibung der *syntagmatischen* und paradigmatischen Regularitäten, mit denen Wörter in Mengen von Sprachspielen oder ihnen entsprechenden *pragmatisch homogenen* Texten verwendet werden, auch wesentliche Teile dessen zu erfassen vermag, was diese Texte an Begrifflichkeiten und Bedeutungen vermitteln. An anderer Stelle (Rieger 1981) konnte gezeigt werden, daß selbst in sehr großen Corpora *pragmatisch homogener* Texte nur sehr begrenzte Anzahlen unterschiedlicher Wörter verwendet werden, wie umfassend die persönlichen (aktiven) Wortschätze ihrer jeweiligen Autoren auch sein mögen. Diejenigen Wörter, die zur Übermittlung bestimmter Informationen innerhalb eines Sachgebiets Verwendung finden, werden sich deswegen - den mit ihnen verbundenen konventionalisierten kommunikativen Eigenschaften entsprechend - in den betreffenden Texten verteilen und demgemäß *lexiko-semantische* Regelhaftigkeiten gehorchen und ausbilden, die empirisch-statistisch ermittelbar sind.

Dabei kann bei gegebenen Elementen von der Ausbildung von Regularitäten (des *Gebrauchs*) über Unterschiedlichkeiten (der *Verwendungsweisen*) zur Rekonstruktion von Zusammenhängen (der *Struktur*) und Neudefinition von Einheiten (des *Systems*) fortgeschritten werden mit dem Ziel, *Bedeutung* eines Lexikoneintrags formal-theoretisch zu erklären und empirisch-quantitativ zu bestimmen als Funktion aller Unterschiede aller seiner Verwendungsregularitäten zu sämtlichen anderen Einheiten des verwendeten Vokabulars in den analysierten Texten eines Gegenstandsbereichs. Während die Darstellung vager Bedeutungen, die auf der Theorie der *unscharfen* Mengen und referenziell-semantischer Modellbildung basiert, bisher über keine adäquate Methode zur Bestimmung von Zugehörigkeitswerten verfügte, bietet ein struktural-semantisches Modell eine solche Möglichkeit der empirischen Ermittlung unscharfer (Teil-)Mengen des Vokabulars zur Darstellung der Bedeutungszusammenhänge von Wörtern (vgl. hierzu Rieger 1989b).

4. 4 Zur formal-theoretischen Erklärung der unscharfen Relationen wird dazu - anstelle von (8) - aus dem Gesamtwortschatz einer Sprache T zunächst ein bestimmtes Vokabular $V \subset T$ als scharfe Teilmenge aller Wörter/Lexeme einer Sprache eingeführt

(22) $V := \{ x_n \} ; n=1, \ldots, i, j, \ldots, N$

und - anstelle des *extensional-semantischen* Referenzuniversums in (9) - sowohl ein *lexikalisch-syntagmatisches* System C , das Corpusraum heiße,

(23) $C := \{ y_n \} ; n=1, \ldots, i, j, \ldots, M$ wobei $M \geq N$

wie auch ein *semantisch-paradigmatisches* System S , das *semantischer* oder *Bedeutungs-Raum* heiße

(24) $S := \{ z_n \} ; n=1, \ldots, i, j, \ldots, L$ wobei $L \geq M$

Beide Systeme, C und S , werden dabei nicht nur anhand des Gebrauchs definiert, den wirkliche Sprecher/Schreiber in tatsächlichen Texten zum Zweck der Kommunikation über bestimmte Gegenstandsbereiche und in bestimmten Anwendungskontexten von V machen, sondern diese Systemzusammenhänge lassen sich aufgrund zuordenbarer Meßvorschriften auch quantitativ-empirisch bestimmen.

Während man daher C informell als eine die Verwendungsregularitäten der Wörter aus V repräsentierende strukturierte Ansammlung von *Corpuspunkten* kennzeichnen kann, die es erlaubt, mit jeder durch Verwendung von Elementen von V ausdrückbaren Bedeutung eine unscharfe Teilmenge von Elementen von C zu identifizieren, läßt sich S etwa charakterisieren als ein durch die Unterschiede dieser unscharfen Mengen bestimmtes System von *Bedeutungspunkten*, die ihrerseits je unscharfe Mengen von Corpuspunkten repräsentieren und den Zusammenhang der lexikalisch-semantischen Struktur des Vokabulars anhand des Gebrauchs deutlich werden lassen, den Sprachverwender von ihm in Texten machen. Die Definition und Erklärung der *Corpuspunkte* und der *Bedeutungspunkte* lassen sich formal als eine zweistufige Abbildung des Vokabulars, seines Gebrauchs in Texten und der sich daraus ergebenden Bedeutungsdifferenzierungen anhand zweier Abstraktionsschritte entwickeln. Sie entsprechen den *syntagmatischen* und *paradigmatischen* Einschränkungen der beobachtbaren Lexemkombinationen in einer Vielzahl von Texten. Diese Einschränkungen *(Constraints)* lassen sich in Form von mengentheoretischen Restriktionen rekonstruieren, denen überdies Maßfunktionen zugeordnet werden können, welche die Entstehung von *Bedeutung* als Funktion des Gebrauchs von Wörtern in Texten über deren numerische Analyse quasi zu simulieren gestatten.

$$
\begin{array}{ccccc}
 & \alpha\text{-Abstraktion} & & \delta\text{-Abstraktion} & \\
V \times V & \Downarrow & C \times C & \Downarrow & S \times S \\
\begin{array}{c|ccc}
\alpha & x_1 & \ldots & x_N \\ \hline
x_1 & \alpha_{11} & \ldots & \alpha_{1N} \\
\vdots & \vdots & \ddots & \vdots \\
x_N & \alpha_{N1} & \ldots & \alpha_{NN}
\end{array}
& \xrightarrow{\alpha|x_i} &
\begin{array}{c|ccc}
\delta & y_1 & \ldots & y_N \\ \hline
y_1 & \delta_{11} & \ldots & \delta_{1N} \\
\vdots & \vdots & \ddots & \vdots \\
y_N & \delta_{N1} & \ldots & \delta_{NN}
\end{array}
& \xrightarrow{\delta|y_j} &
\begin{array}{c|ccc}
\partial & z_1 & \ldots & z_N \\ \hline
z_1 & \partial_{11} & \ldots & \partial_{1N} \\
\vdots & \vdots & \ddots & \vdots \\
y_N & \partial_{N1} & \ldots & \partial_{NN}
\end{array} \\
 & \Uparrow & & \Uparrow & \\
 & \textit{Syntagmatische} & & \textit{Paradigmatische} & \\
 & & \textit{R e s t r i k t i o n e n} & &
\end{array}
$$

Tabelle 1: Formalisierung *(syntagmatischer/paradigmatischer)* Restriktionen *(constraints)* durch eine zweistufige, konsekutive (α - und δ -) Abstraktion über Verwendungsregularitäten von x_i und den Unterschieden von y_j.

Als Resultat dieses zweifachen Abstraktionsschritts (Tab. 1) läßt sich die Lage und Position jedes Bedeutungspunkts im semantischen Raum $\langle S,\delta\rangle$ auch als Funktion aller Unterschiede (δ- oder Distanzwerte) aller Verwendungsregularitäten (α- oder Korrelationswerte) deuten, die sich für jedes Wort zu sämtlichen anderen aus den analysierten Texten ergeben und in Form einer Komposition der beiden Abbildungsrelationen $\delta|y_n \circ \alpha|x_n$ (Abb. 4) berechnet werden können. Als Zuordnung von *Wörtern* ($x_i \in V$) zu ihren *Bedeutungspunkten* ($z_i \in S$) beruht diese Abbildung auf einer Operationalisierung der *syntagmatischen* und *paradigmatischen* Restriktionen, denen kohärente Folgen von Wörtern in Texten pragmatisch homogener Corpora (Rieger 1989a) unterliegen, und deren numerische Spezifizierung es erst erlaubt, sie als Komposition der beiden restringierten Relationen $\delta|\,y$ und $\alpha\,|\,x$ nicht nur *formal* sondern auch *empirisch* zu bestimmen.

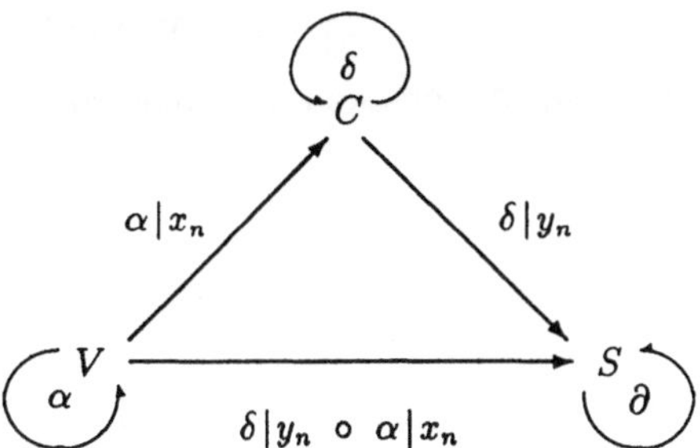

Abbildung 4: Abbildungsrelationen $\alpha \mid x_n$ und $\delta \mid y_n$ zwischen den strukturierten Mengen des Vokabulars $x_n \in V$, seiner Verwendungsregularitäten $y_n \in C$ und seiner Bedeutungspunkte $z_n \in S$.

4. 5 Die hierzu auf der Wortebene verwendeten textstatistischen Verfahren sind deskriptiv. In einem Corpus

(25) $$K = \{ k_t \}, t = 1, \ldots, T$$

pragmatisch-homogener Texte mit einer Gesamtlänge

(26) $$L = \sum_{t=1}^{T} l_t ; 1 \leq l_t \leq L$$

gemessen in der Anzahl von Worttoken per Text, und einem Vokabular

(27) $$V = \{ x_n \} ; n = 1, \ldots, i, j, \ldots, N$$

von Worttypen mit den Häufigkeiten der entsprechenden Worttoken

(28) $$H_i = \sum_{t=1}^{T} h_{it} ; \; 0 \leq h_{it} \leq H_i$$

erlaubt der modifizierte Korrelations-Koeffizient $\alpha_{i,j}$ die paarweisen Beziehungen zwischen Worttypen $(x_i, x_j) \in V \times V$ in numerischen Ausdrücken des reell-wertigen Intervalls [-1,+1] nach folgender Formel zu berechnen

(29)

$$\alpha(x_i,x_j) = \frac{\sum_{t=1}^{T} (h_{it} - h^*_{it})(h_{jt} - h^*_{jt})}{(\sum_{t=1}^{T} (h_{it} - h^*_{it})^2 \sum_{t=1}^{T} (h_{jt} - h^*_{jt})^2)^{1/2}}; \quad -1 \leq \alpha(x_i,x_j) \leq +1$$

$$\text{wobei } h^*_{it} = \frac{H_i}{L} l_t \text{ und } h^*_{jt} = \frac{H_j}{L} l_t.$$

Danach werden ersichtlich solche Wörter-Paare, die in zahlreichen Texten häufig entweder beide vorkommen oder nicht, positiv korreliert sein und deswegen *affin* genannt werden, während solche Paare, von denen nur eines der Wörter (nicht aber das andere) häufig in zahlreichen Texten vorkommt, negativ korrelieren und *repugnant* heißen. *Affinität* und *Repugnanz* erscheinen als Struktur- und Verteilungs-konstitutive Eigenschaften der Zeichenverwendung.

Durch den modifizierten Korrelationskoeffizienten ist dabei eine *erste* Abbildungsfunktion α gegeben. Als eine unscharfe, binäre Relation kann $\alpha : V \times V \rightarrow I$ auf $x_n \in V$ eingeschränkt werden, was zu einer scharfen Abbildung führt

(30) $$\alpha \mid x_n : V \rightarrow C ; \{ y_n \} =: C$$

in der die resultierenden unscharfen Mengen $\langle (x_{n,1}, \alpha(n,1)), \ldots, (x_{n,N}, \alpha(n,N)) \rangle$ die numerisch spezifizierten, *syntagmatischen* Verwendungsregularitäten darstellen, die für jeden Worttyp x_i zu allen anderen $x_n \in V$ beobachtet wurden. Sie können deswegen in bezug auf jeweils dieses identische Glied in jedem der geordneten Paare zusammengefaßt werden, womit - durch diese sogenannte α-*Abstraktion* - jeweils ein neues Element y_i als Vektor oder N-Tupel

(31) $$(\alpha(i,1), \ldots, \alpha(i,N)) =: y_i \in C$$

erklärt ist. Auf diese Weise werden die Verwendungsregularitäten jedes Worttyps durch das N-Tupel seiner *Affinitäts-* bzw. *Repugnanz*-Werte zu sämtlichen anderen Wörtern des Vokabulars bestimmt, die es ihrerseits - als Koordinaten interpretiert - erlauben, jedem Wort x_i aufgrund dieser Verwendungsregularitäten einen Punkt y_i in einem Vektorraum C zuzuordnen, der durch die den Wörtern des Vokabulars entsprechenden N Achsen aufgespannt wird.

4. 6 Betrachtet man C derart als eine strukturelle Repräsentation abstrakter Entitäten, die sich aufgrund *syntagmatischer* Regelhaftigkeiten der Vorkommen von Worttoken in *pragma-*

tisch-homogenen Texten ergeben, dann werden deren *paradigmatische* Regelhaftigkeiten durch die potentielle Substituierbarkeit der zugehörigen Worttypen bestimmt. Sie läßt sich aufgrund der ähnlichkeiten und/oder Unterschiede von Verwendungsregularitäten paarweise betrachteter Corpuspunkte y_i,y_j ermitteln und über ein geeignetes Maß numerisch präzisieren. Da der Abstand zwischen Corpuspunkten umso geringer sein wird, je weniger sich die Verwendungsweisen *(Token)* der ihnen entsprechenden Wörter *(Typen)* x_i, x_j unterscheiden, können diese Unterschiede durch ein (hier Euklidisches) Distanzmaß δ wie folgt bestimmt werden

(32) $$\delta\,(y_i,y_j) = \Big(\sum_{n=1}^{N} (\,\alpha\,(x_i,x_n) - \alpha\,(x_j,x_n)\,)^2\Big)^{1/2}; \qquad 0 \le \delta\;(y_i,y_j) \le 2\sqrt{n}$$

Damit wird δ zur *zweiten* Abbildungsfunktion, welche die Unterschiede der Verwendungsregularitäten jeden Worts gegenüber allen übrigen Wörtern repräsentiert.

Als eine unscharfe, binäre Relation kann nun - wie in (30) - auch $\delta : C \times C \rightarrow I$ auf $y_n \in C$ eingeschränkt werden, was wiederum zu einer scharfen Abbildung führt

(33) $$\delta \mid y_n : C \rightarrow S\,;\,\{\,z_n\} := S$$

in der die resultierenden unscharfen Mengen $\langle\,(y_{n,1}),\ \delta(n,1)),\ .\ .\ .\ ,\ (y_{\,n,N},\ \delta\,(n,N))\rangle$ die numerisch spezifizierte *paradigmatische* Struktur repräsentieren,wie sie sich aus den *syntagmatischen* Verwendungsregularitäten y_j zu allen anderen $y_n \in C$ berechnen läßt. Daher können auch diese Distanzwerte - wie die Korrelationswerte in (31) - wieder zusammengefaßt werden, diesmal jedoch - als sogenannte δ-*Abstraktion* - in bezug auf das jeweils andere gemeinsame Glied y_j in jedem der geordneten Paare, womit eine neue abstrakte Entität als Element $z_j \in S$ erklärt ist, die *Bedeutungspunkt* heißt

(34) $$(\delta\,(j,1),\ .\ .\ .\ ,\delta\,(j,N)) := z_j \in\ S$$

Durch die Identifikation der so repräsentierten abstrakten Entitäten $z_n \in$ S mit numerisch spezifizierten Elementen eines potentiellen Paradigmas, läbt sich die Menge der möglichen Kombinationen S x S strukturell einschränken und gewichten, ohne hierzu (direkt oder indirekt) auf eine vor-strukturierte, System-externe Welt zurückgreifen zu müssen. Durch Einführung einer - aus Einfachheitsgründen - wiederum Euklidschen Metrik

(35) $$\delta : S \times S \rightarrow I$$

wird so eine N-dimensionale Hyperstruktur $\langle S,\delta\rangle$ als *semantischer Raum* (SR) konstituiert. Er stellt den systematischen Zusammenhang der Bedeutungspunkte bereit, deren Positionen die semantischen *Stereotypen* zu generieren erlauben, welche den ihnen entsprechenden Wörtern als Interpretationen zukommen.

4. 7 Damit läßt sich nun auch eine Frage beantworten, die für herkömmliche Modelle der Wissens- und Bedeutungsrepräsentation insbesondere der *künstlichen Intelligenzforschung* zu stellen bisher gar nicht sinnvoll schien: woher nämlich die natürlichsprachlichen Kennzeichnungen *(labels)* kommen, welche die graphentheoretischen Entitäten *(Knoten, Kanten)* in den referenzsemantischen Modellen als Repräsentationen von Bedeutungen oder ihrer Denotate *(Objekte, Relationen, Sachverhalte, etc.)* erscheinen lassen, die sie darzustellen vorgeben? Sie beruhen auf der Identifikation von Modellelement und seiner Interpretation, die der Designer und/oder Benutzer einer solchen Darstellung leistet aufgrund seines Sprach- und Welt-Wissens, das deswegen nicht Teil des im Modell repräsentierten Wissens ist.

Während diese Identifikation auf der vom Entwickler bzw. Benutzer schon verstandenen Bedeutung des natürlichsprachlichen Ausdrucks beruht - und damit von Referenzsemantiken schon vorausgesetzt nicht aber modelliert wird - leistet das hier vorgestellte Modell einer strukturalen Bedeutungsrepäsentation genau dies: den Prozeß der *Bedeutungskonstitution* selbst durch den Textanalyse-Algorithmus des Systems zu modellieren. Er liefert die System-interne Repräsentation in Form von sprachlich gekennzeichneten Bedeutungspunkten, die nach Lage und Konfigurationen im *semantischen Raum* je nach textueller Umgebung, in der das System arbeitet, automatisch ermittelt, aufgebaut, angewandt und verändert werden. Das geschieht im wesentlichen durch die hier entwickelte zweistufige, *kompositorische* Abbildung des Vokabulars auf sich selbst. Sie läßt sich - ohne dabei auf das Wort- und Welt-Wissen *(die semantische Kompetenz)* von Systementwicklern oder Testpersonen zurückgreifen zu müssen - empirisch überprüfen anhand der Verwendungsregularitäten von Wörtern, wie sie von wirklichen Sprechern/Schreibern in natürlichsprachlichen Texten zum Zweck tatsächlicher (oder zumindest intendierter) Kommunikation *(kommunikative Performanz)* befolgt und/oder auch verändert werden.

Auf diese Weise wird durch den Analysealgorithmus modelliert, was - als Verarbeitung einer Vielzahl *pragmatisch-homogener* natürlichsprachlicher Texte - die Fähigkeit eines informationsverarbeitenden Systems ausmacht, nämlich vermöge der ihm jeweils verfügbaren strukturellen Information sowohl seine (textuelle) Umgebung zu erkennen und aufgrund seines (semantischen) Wissen zu interpretieren, als auch dieses eigene (semantische) Wissen zu repräsentieren und aufgrund veränderter (textueller) Umgebung zu modifizieren. Beides zusammen - obwohl bisher auf eine vor-prädikative, nicht-propositionale, assoziative Bedeutungsebene beschränkt - läßt das *Verstehen* eines solchen informationsverarbeitenden Systems als Prozeß seiner *Bedeutungskonstitution* erscheinen.

5. Semantischer Raum

5. 1 Die Topologie des *semantischen Raums* $\langle S,\delta \rangle$, der auch durch mengentheoretische Operationen - wie UND- und ODER-Verknüpfungen gemäß (20) und (21) im *Corpusraum* $\langle C,\delta \rangle$ - entstandene Elemente enthält, kann dabei zur Ableitung und Erklärung von Eigenschaften der modellierten lexikalisch-semantischen Zusammenhangsstrukturen dienen. So gibt etwa die Lage der Bedeutungspunkte z Aufschluß über sehr grundlegende Bedeutungsbeziehungen, die sich als *assoziativ-semantische* Abstände der entsprechenden Worttypen x oder als *Konnotationen* der mit diesen Worttypen verbundenen gebrauchssemantischen *Bedeutungen* ergeben, wie sie aufgrund der systematischen Unterschiede ihrer Verwendungsregularitäten in Texten bestimmbar sind.

Anhand verschiedener Corpora natürlichsprachlicher Texte und der daraus berechneten semantischen Räume wurde überprüft, ob das entwickelte und angewandte Analyse- und Repräsentationsverfahren tatsächlich die über Wortverwendungen in Texten konstituierten semantischen Zusammenhänge zu ermitteln vermag. Hierzu wurden zum einen die *semantischen Umgebungen* $E(z_i,r)$ derjenigen Bedeutungspunkte z berechnet und aufgelistet, die sich in der topologischen Nachbarschaften von sowohl einzelnen Bedeutungspunkten z_i als auch von durch konjunktive und adjunktive UND/ODER-Verknüpfungen entstandenen Bedeutungspunkten $z_{i \wedge j}$ (20) bzw. $z_{i \vee j}$ (21) finden. Zum anderen konnte anhand diverser, die Punktverteilungen in $\langle S,\delta \rangle$ untersuchender Clusteranalysen, welche auf der Grundlage einzig *numerisch-statistischer* Kriterien der Positionen von Punkten im *semantischen Raum* Ähnlichkeitsklassen von Bedeutungspunkten ermitteln lassen, der Beleg erbracht werden, daß sich eben jene Bedeutungspunkte in *Cluster* versammeln, die auch intuitiv *semantisch* ähnliche Bedeutungen repräsentieren. Es ließ sich derart nachweisen, daß das vorgelegte, einzig auf der Analyse von Wortverwendungsweisen in natürlichsprachlichen Texten basierende automatische Verfahren zur Repräsentation von Wortbedeutungen und ihrer Beziehungen in *pragmatisch homogenen* Textcorpora zum Aufweis semantischer Zusammenhänge führt, die ihrerseits als Basis des in und durch Texte vermittelten (lexikalisierten, nicht-propositionalen) Wissens gelten können.

COMPUTER	0.000				
ERFAHR	1.294	LEIT	1.529	FÄHIG	1.722
SYSTEM	2.065	DIPLOM	2.067	KENNtnis	2.737
SUCHe	2.864	INDUSTRIe	3.667	ELEKTROn	4.339
TECHNIk	4.344	BERUF	4.777	SCHULe	5.905
SCHREIB	6.371	UNTERRICHT	8.839	BITTe	10.340
ORGANISAT	11.076	WUNRSCH	11.659	STELLe	14.238
UNTERNEHM	17.635	STADT	19.592	GEBIET	20.654
VERBAND	20.819	PERSON	21.591	AUSGABe	22.232
ANBIET	22.920	ALLGEMEIN	24.816	ARBEIT	24.849
WERBung	26.969	VERANTWORT	27.642	VERKEHR	30.073
⋮	⋮	⋮	⋮	⋮	⋮

Tabelle 2: Topologische Umgebung $E(z_i,r)$ von i = COMPUTER mit Bedeutungspunkten aus der (Hyper-)Kugel mit Radius r im *semantischen Raum* $\langle S, \partial \rangle$ berechnet anhand eines Textcorpus der Tageszeitung DIE WELT der 1964-er Ausgaben (Stichprobe: 175 Artikel mit rund 7000 Worttoken und 365 Worttypen).

5. 2 Die derart repräsentierten *lexikalischen* Bedeutungszusammenhänge bilden eine relationale Datenstruktur, dessen sprachlich etikettierte Elemente *(Bedeutungspunkte)* und dessen wechselseitigen Abstände *(Bedeutungsunterschiede)* sich als ein System von einander überdeckenden *Stereotypen* darstellen. Die *Bedeutung* eines Elements kann daher sowohl als unscharfe Teilmenge des Vokabulars, oder als Vektor eines Bedeutungspunkts, als auch durch die topologische Umgebung eines Bedeutungspunkts dargestellt werden. Letztere besteht aus allen Namen und Werten der nach zunehmenden Abständen aufgelisteten Bedeutungspunkte, die sich innerhalb einer Hyperkugel des Radius r um einen Bedeutungspunkt z_i in $\langle S, \partial \rangle$ finden (Tab. 2) . Sie repräsentieren die Bedeutung des betreffenden Wortes daher indirekt als *Stereotyp*, d. h. als Zustand, Muster oder Verteilung von Bedeutungspunkt-Wert- Paaren.

Folgt man einer eher *semiotischen* Auffassung von *Bedeutungskonstitution*, dann könnte die bisher dargelegte Struktur des *semantischen Raums* als Basis und Kern für ein mehrstufiges System zum Erwerb und zur Repräsentation (1. Stufe) sowie zur Organisation und Verabeitung (2. Stufe) von lexikalischem Wissen sich erweisen. Seine Mehrstufigkeit besteht im wesentlichen in der Trennung des Darstellungsformats, in welchem die als grundlegend verstandenen Wortbedeutungen als *Stereotypen* repräsentiert werden, von seiner latenten Ordnungsstruktur, durch welche sich deren konzeptueller Zusammenhang als *dispositionelle Dependenzen* organisieren. Während ersteres eine weitgehend statische, Distanz-relationale, assoziative Datenstruktur ist, kann letztere als eine Sammlung von Verarbeitungsprozeduren charakterisiert werden, die es nicht nur erlauben, diese Daten nach unterschiedlichen semiotischen Prinzipien unter verschiedenen Aspekten dynamisch und flexible zu organisieren, sondern deren Resultate darüber hinaus geeignet erscheinen, auf diese Daten selbst modifizierend zurückzuwirken.

5. 3 Im Rahmen der experimental-psychologischer Modellierung von Wissens- und Gedächtnisstrukturen (Quillian 1966; Collins/Loftus 1975), sowie der in diesen Modellen definierten Operationen *(spreading activation, priming)*, welche die zuweilen schnellere Identifikation bzw. höhere Erinnerungsleistung konzeptuell verbundener Wortbedeutungen verständlich zu machen suchten, vermag ein zweistufiges Repräsentations- und Lernsystem eine weiterführende Heuristik zu liefern. Sie legt nämlich nahe, die zwischen Konzepten bestehenden Relationen, welche für eine temporale Voraktivierung *(priming)* wie für die assoziative Aktivierung der Konzepte selbst *(activation)* vorausgesetzt werden, nicht mehr als vorgegebene *statische* Struktur sondern als Resultat von Struktur-induzierenden Prozessen *dynamisch* zu modellieren. Für diese konnten zumindest Algorithmen gefunden und als Prozeduren in ersten systematischen Modellierungen implementiert werden.
Da der *semantische* Raum zunächst als eine distanzrelationale Struktur vorliegt, können wohlbekannte algorithmische Suchstrategien nicht unmittelbar eingesetzt werden. Denn sie arbeiten nur auf nicht-symmetrischen, relationalen Datenstrukturen, wie sie etwa im Format der gerichteten Graphen in der traditionellen Bedeutungs- und Wissensrepräsentation als *semantische Netzwerke* geläufig sind. Für die Umwandlung der topologischen Raumstruktur in eine solche Knoten-Zeiger- Struktur kann der *semantische Raum* als eine Art assoziativer Basisstruktur nurmehr potentieller konzeptueller Zusammenhänge verstanden werden. Bestimmte Prozeduren übernehmen es dabei - je nach Aufgabenstellung, Bedeutung und/oder auslösender *Situation* - diese Basiskomponenten so zu reorganisieren, daß sie als konzeptuelle Zusammenhänge überhaupt in Erscheinung treten und als Wege oder Leitungsbahnen nachfolgender Verarbeitung zur Verfügung stehen. Was daher zunächst als ein Nachteil der *verteilten* Bedeutungsrepräsentation im Modell des *semantischen Raums* erschien, erweist sich nun im Hinblick auf die Model-

lierung der *dynamischen* Veränderbarkeit von begrifflich-konzeptuellen Zusammenhangsstrukturen als ein Vorteil gegenüber den traditionellen *symbolischen* Repräsentationsformaten. Ungleich den vorgegebenen, präfixierten und unelastischen Strukturen semantischer Netze zur Modellierung prädikativen Wissens, können nicht-prädikative Bedeutungsrelationen als bloße *Dispositionen* konzeptueller Zusammenhänge aus lexikalischer *Relevanz* und semantischer *Dependenz* abgeleitet werden. Da sie in hohem Maße von *situativen* Bedingungen bestimmt sind, lassen sie sich besser *prozedural* modellieren, und zwar durch generative Algorithmen, die derartige *dispositionellen Dependenzstrukturen (DDS)* aufgrund sich verändernder Basisdaten immer erst dann induzieren, wenn sie benötigt werden. Das wird erreicht durch Aufruf einer rekursiv definierten Prozedur, die Hierarchien von Bedeutungspunkten als Baumgraphen unter bestimmten Aspekten generiert, je nach *Dependenz* und *Relevanz* der darin repräsentierten Bedeutungszusammenhänge.

5. 4 Anders als in vergleichbaren Wissens- und Gedächtnismodellen, in denen die Knoten einzelne Konzepte und die Kanten die zwischen ihnen bestehenden Beziehungen dessen repräsentieren, was die Modellbauer über Aufbau und Struktur konzeptueller Informationen im Gedächtnis zu wissen meinen (Schank 1982), kann das hier vorgestellte mehrstufige Modell die vorgegebene, strukturelle Statik traditioneller Wissensrepräsentationen durch geeignete Verarbeitungsprozeduren ergänzen und ersetzen. Diese könnten sich dabei als geeignet erweisen, nicht nur die Struktur der Basisdaten, sondern diese selbst insofern zu verändern, daß die auf ihnen operierenden, im übrigen unveränderten Prozeduren gleichwohl zu kontinuierlich modifizierten Resultaten führen.

So wurde beispielsweise ein Algorithmus (Prim 1957) gefunden, der auf den Daten des *semantischen Raums* operiert und dessen konzeptuell verbundene Elemente, d. h. unscharfe Teilmengen von benachbarten Bedeutungspunkten, als Baumstrukturen semantisch *abhängiger* Bedeutungen reorganisiert. Durch diesen die Daten des *semantischen Raums* abarbeitenden *Minimal-Spanning-Tree*-Algorithmus werden die unter einem bestimmten inhaltlichen Aspekt *(Wurzelknoten)* jeweils gefundenen stereotypischen Zusammenhänge *(Nachfolgerknoten)* in einem Dependenz-Baum abnehmender konzeptueller *Relevanz* darstellt.

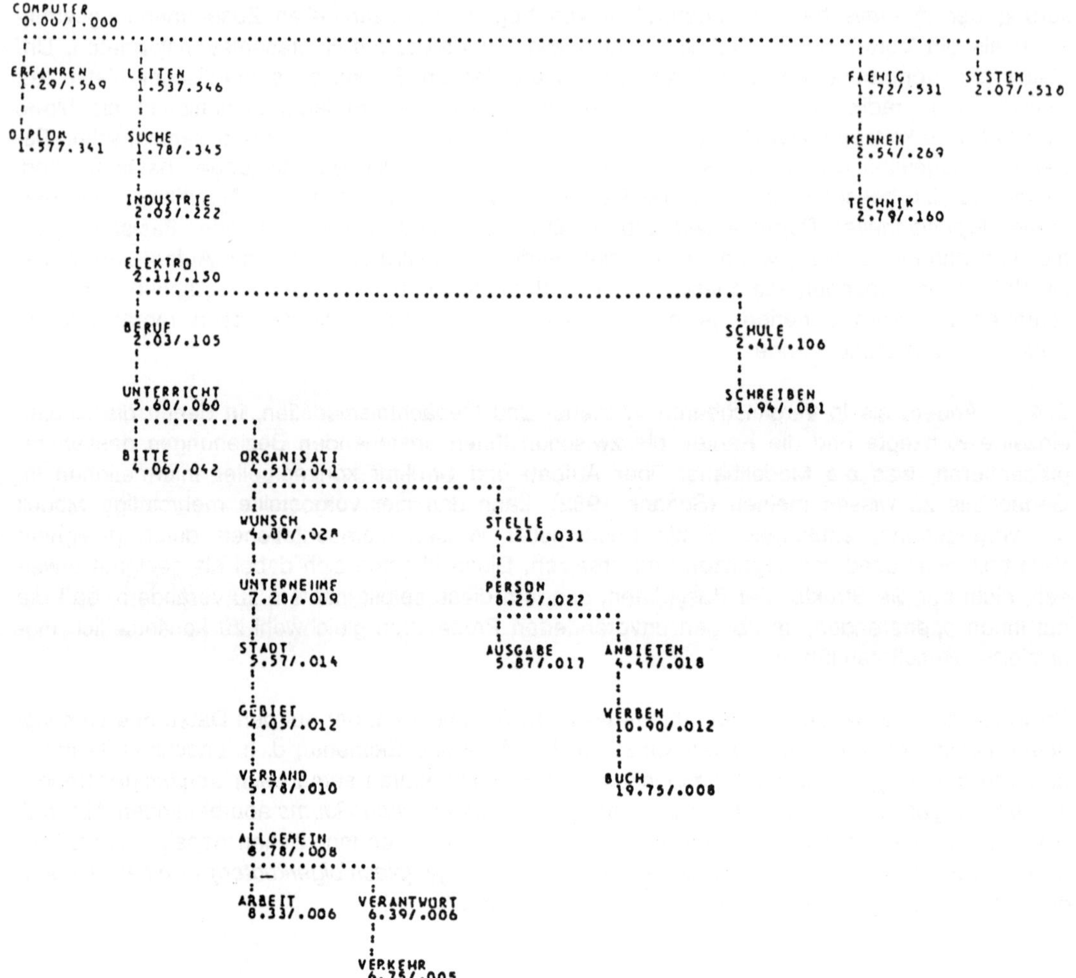

Abbildung 5: Dependenzstruktur der *semantischen Dispositionen (DDS)* von z_i = COMPUTER mit δ-Distanzen (1. Wert) und *Cr- Kriterialitäten* (2. Wert) im semantischen Raum, berechnet anhand von Zeitungstexten aus DIE WELT Jg. 1964.

Der rekursiv aufgebaute Algorithmus ermittelt dabei - je nach Lage des Bedeutungspunkts, von dem er gestartet wird und je nach Größe der Distanzen zwischen den Bedeutungspunkten, die er abarbeitet - ein Fragment des im *semantischen Raum* repräsentierten lexikalisierten Wissens. Zwischen dessen Elementen wird dabei eine reflexive, nicht-symmetrische Abhängigkeitsrelation induziert, die den Baumgraph zu generieren erlaubt. Dessen Knoten bilden jene *Bedeutungspunkte*, die der Algorithmus nach abnehmender *Relevanz* zum Wurzelknoten bemißt *(Kriterialitätswerte)* und anordnet *(Dependenzrelation)*. Diese Bäume liefern die - je nach variierenden Wissensbasen, Kontexten und Aspekten - unterschiedlichen, dabei veränderlichen *semantischen Dispositionen* (Abb. 5). Sie bilden die *perspektivischen*, je nach inhaltlichem Aspekt varierenden Zusammenhängen zwischen Bedeutungspunkten als konzeptuelle Komponenten auf eine Modellstruktur ab, welche die - je nach Aspekt - unterschiedliche, konzeptuelle Relevanz gleicher Lexeme in verschiedenen Bedeutungs- und/oder Interpretationszusammenhängen abzulesen gestattet.

5. 5 Semantische Dispositionen in Form von *DDS*-Bäumen sind aber nicht nur eine Voraussetzung für die erfolgreiche Automatisierung *perspektivischer* und *inhaltsgesteuerter* Such- und Retrieval-Prozesse, die derart auf *semantischen Raum-Strukturen* durchgeführt werden können. Wegen der prozeduralen Definition der *DDS*, die die Ermittlung veränderlicher, konzeptueller Abhängigkeiten von lexikalisch identischen Knoten in Dependenzbäumen unter unterschiedlichen, perspektivischen Aspekten erlaubt, können diese *dynamischen Strukturen* dispositioneller Abhängigkeiten darüber hinaus als Grundlage dienen zur Modellierung konzeptueller, vor-prädikativer und *semantischer* Folgerungen im Unterschied zu propositionalen, prädikativen und *logischen* Schlüssen, die *statischen* Regeln folgen.

COMPUTER	0.0/1.000	⇐ *Prämissen* ⇒	0.0/1.000	ARBEITen
LEITung	1.53/.546			
SUCH	1.78/.345		8.33/.409	ALLGEMEIN
INDUSTRI	2.05/.222		6.79/.229	STADT
ELEKTROn	2.11/.150		5.57/.150	UNTERNEHM
BERUF	2.03/.105		7.88/.089	STELLE
UNTERRICHT	5.60/.060			
Konklusion ⇒	4.21/.070	ORGANISAT	4.51/.041	⇐ *Konklusion*

Tabelle 3: Dispositionelle Übergänge der *Inferenz-Pfade* mit zugehörigen Distanz- und Kriterialitäts-Werten des *semantischen* Schlusses von COMPUTER und ARBEITen auf ORGANISATion.

Hierzu wurde eine Prozedur entwickelt und getestet, die gleichzeitig auf zwei (oder mehr) *DDS*-Bäumen in einer Art (simulierter) Parallelverarbeitung operiert. Der Algorithmus wird dabei durch Eingabe der Namen von zwei (oder mehr) Bedeutungspunkten gestartet, die als quasi *konzeptuelle Prämissen* fungieren. Die ihnen entsprechenden DDS-Bäume werden aus den Bedeutungspunkten des *semantischen Raums* Knoten für Knoten generiert, während die eigentliche Folgerungsprozedur diese beiden (oder mehr) Teilbäume (*breadth-first, depth-first* oder nach *höchster Kriterialität*) abarbeitet, wobei jeder abgearbeitete Knoten und der ihm entsprechende Bedeutungspunkt markiert wird. Die Verarbeitungprozedur kommt zu einem Halt, sobald ein schon markierter Bedeutungspunkt angetroffen wird, dessen entsprechender Knoten im Baum einer (der) anderen Prämisse(n) schon aktiviert wurde. Er gilt als *konzeptuelle Konklusion*, von dem aus die Pfade zurück zu den jeweiligen *konzeptuellen* Prämissen die *inhalts-semantischen* Folgerungsschritte erkennen lassen, die - von den Startknoten aus - entlang der hierzu aktivierten *semantischen Dependenzen* (wie in Tab. 3) zu dem betreffenden *analogen* oder *semantischen* Schluß geführt haben.

6. Zusammenfassung und Ausblick

Auf der Basis des bisher erarbeiteten Modells zur (algorithmischen) Analyse und (verteilten) Repräsentation (vor-prädikativer) Bedeutungen in Texten bieten sich die besonderen (formalen und inhaltlichen) Modelleigenschaften an, die lexikalisch-semantischen Beziehungen als Teil des in natürlichsprachlichen Texten vermittelten, konzeptuellen Wissens mit denjenigen Prozeduren zu identifizieren, die - auf einer Menge von strukturierten Basisdaten (Textkorpora) operierend - eben diese Prozeduren als (dynamisch) sich ändernde, variable Verarbeitungsresultate zu liefern vermögen.

Anders als in den (propositionalen) Formaten zur (prädikativen) Bedeutungs- und Wissensrepräsentation der bisherigen KI-Forschung werden die vorgestellten Prozeduren als Analysealgorithmen unterschiedlicher (z. T. noch zu testender) Aufgabenstellungen und Operationscharakteristiken weiterzuentwickeln sein,

- welche semantische Beziehungen zwischen Konzepten nicht voraussetzen müssen, sondern diese induktiv aus den Strukturen der analysierten Corpora als Funktion des Gebrauchs von Wörtern in Texten zu berechnen gestatten;

- welche - durch die Trennung von Basisstruktur und den auf dieser Basis operierenden Prozeduren - es erlauben, semantische Beziehungen zwischen den *stereotypischen* Repräsentationen (*Bedeutungspunkten* im *semantischen Raum*) von deren - je nach Aspekt, Perspektive, Kontext-variablen konzeptuellen Abhängigkeiten untereinander zu unterscheiden;

- welche - auf der Grundlage dieser konzeptuellen Hierarchien und der sie aktivierenden Prozeduren - *assoziativ-analoges* im Unterschied zu *deduktiv-logischem* Schließen als *semantische Inferenzen* modellieren;

- welche schließlich - durch ihre teils rekursiven, teils rückbezüglichen Strukturen - die Resultate solcher Verarbeitungsprozesse eben diesen Verarbeitungsprozessen zu unterwerfen vermögen.

Literatur

Bailey, C. J. /Shuy, R. (1973) (Hrsg): New Ways of Analysing Variation in English. Washinton, DC (Georgetown UP)

Collins, A. M. /Loftus, E. F. (1975): "A Spreading Activation Theory of Semantic Processing", Psychological Review, 82,6: 407-428

Klein, W. (1976): "Einige wesentliche Eigenschaften natürlicher Sprachen und ihre Bedeutung für die linguistische Theorie", Zeitschr. f. Literaturwiss. u. Linguistik 23/24: 11-31

Labov, W. (1973): "The Boundaries of Words and their Meaning" in: Bailey, C. J. /Shuy, R. W. (Hrsg): New Ways of Analyzing Variation in English. Washington (Georgetown UP), S. 340-373; dtsch. : in Labov, W. : Sprache im sozialen Kontext, Bd. 1. Kronberg/Ts. (Scriptor) 1976, S. 223-254

Miller, G. A. /Johnson-Laird,P. N. (1976): Language and Perception. Cambridge, U K (CUP)

Prim, R. C. (1957): "Shortest connection networks and some generalizations", Bell Systems Technical Journal 36: 1389-1401

Quillian, M. R. (1966): Semantic Memory (PhD-Diss) Carnegie Inst. of Technology

Rieger, B. (1974): "Eine 'tolerante' Lexikonstruktur. Zur Abbildung natürlich-sprachlicher Bedeutung auf unscharfe Mengen in Toleranzräumen", Zeitschr. f. Literaturwiss. u. Linguistik 16: 31-47

Rieger, B. (1977): "Bedeutungskonstitution. Einige Bemerkungen zur semiotischen Problematik eines linguistischen Problems", Zeitschr. f. Literaturwiss. u. Linguistik 27/28: 55-68

Rieger, B. (1981): "Feasible Fuzzy Semantics. On Some Problems of How to Handle Word Meaning Empirically" in: Eikmeyer, H. J. /Rieser, H. (Hrsg): Words, Worlds, and Contexts. New Approaches in Word Semantics. Berlin/New York (de Gruyter), S. 193-209

Rieger, B. (1985): "Lexical Relevance and Semantic Disposition. On stereotype word meaning representation in procedural semantics" in: Hoppenbrouwes, G. / Seuren, P. / Weijters, T. (Hrsg): Meaning and the Lexikon, Dordrecht (Foris Publications), S. 387-400

Rieger, B. (1989a): Unscharfe Semantik. Die empirische Analyse, quantitative Beschreibung, formale Repräsentation und prozedurale Modellierung vager Wortbedeutungen in Texten. Frankfurt/Bern/New York/Paris (Peter Lang)

Rieger, B. (1989b): "Relevance of Meaning, Semantic Dispositions, and Text Coherence. Modelling Reader Expectations from Natural Language Discourse. " in: Conte, M. E. / Petöfi, J. S. / Sözer, E. (Hrsg): Text and Discourse Connectedness. Amsterdam/Philadelphia (John Benjamins), S. 153-173

Rieger, B. (1990): "Distributed Semantic Representation of Word Meanings" in: Becker, J. (Hrsg). : WOPPLOT-Proceedings 89. Works on Parallel Processing, Logic, Organization, and Technology. Berlin/Heidelberg/New York (Springer) [im Druck]

Schank, R. C. (1982): Dynamic Memory. A theory of reminding and learning in computers and people. Cambridge/London/New York (CUP)

Wittgenstein, L. (1958): The Blue and Brown Books. Ed. by R. Rhees, Oxford (Blackwell)

Wittgenstein, L. (1969): Über Gewißheit - On Certainty. New York/San Francisco/London (Harper & Row)

Zadeh, L. A. (1965): "Fuzzy Sets", Information and Control 8: 338-353

Zadeh, L. A. (1971): "Quantitative Fuzzy Semantics", Information Science 3: 159-176

Mathematische Programmierungssoftware

Uwe H. Suhl
Institut für Wirtschaftsinformatik
Freie Universität Berlin

Zusammenfassung

Mathematische Programmierungssoftware spielt für einige Anwendungen im Rahmen computergestützter Planungs- und Dispositionssysteme eine zentrale Rolle. In zunehmendem Maße wird neben der linearen auch die gemischt-ganzzahlige Optimierung eingesetzt. In jüngster Zeit sind verschiedene neue Anwendungsbereiche erschlossen worden. Wir diskutieren den Einsatz von MP-Software in entscheidungsunterstützenden Systemen, Modellierungsaspekte von gemischt-ganzzahligen Modellen sowie Aspekte zur Reduktion der Rechenzeit. Darüber hinaus stellen wir die Entwicklung eines sehr leistungsfähigen LP-Optimierers **MOPS** vor, der den Kern eines geplanten MP-Systems bildet. Wir berichten über algorithmische Aspekte, Systemarchitektur und numerische Resultate mit praktischen LP-Modellen.

Einleitung

Unter Mathematischer Programmierungssoftware (MP-Software) versteht man Standardsoftware zur Lösung von linearen und gemischt-ganzzahligen Optimierungsproblemen. Obwohl die nichtlineare Optimierung ebenfalls praktische Bedeutung hat, gibt es auf Grund der sehr unterschiedlichen Problemklassen und Modellspezifikationen hierfür keine Standardsoftware. MP-Software ist seit drei Jahrzehnten ein fester Bestandteil einiger computergestützter Planungssysteme. Dabei wird neben der Linearen Programmierung auch zunehmend die gemischt- ganzzahlige Optimierung eingesetzt. In den USA erlebt die Mathematische Programmierung in Forschung, Entwicklung und Anwendungen eine Renaissance. Dies dürfte einerseits auf den neuen Algorithmus von Karmarkar /2/ zurückzuführen sein, der eine Flut von Forschungsarbeiten auf dem Gebiet der "Interior Point-Methoden" nach sich zog. Andererseits sind in jüngster Zeit verschiedene neue Anwendungsbereiche erschlossen worden. Beispielhaft seien hier genannt:

Von einigen Banken bzw. Brokerhäusern in den USA wurden entscheidungsunterstützende Systeme für Probleme der Finanzplanung (Portfolio Management, Asset Liability, Optionshandel, optimale Kreditplanung) basierend auf gemischt-ganzzahliger Optimierung entwickelt und erfolgreich eingesetzt.

Der kostenoptimale Betrieb eines öffentlichen oder industriellen Energiesystems unter Einbeziehung aller relevanten Randbedingungen ist ein sehr komplexes Entscheidungsproblem. In /8/ wird ein Softwaresystem zur Planung des täglichen und wöchentlichen Kraftwerkseinsatzes basierend auf gemischt-ganzzahliger Optimierung beschrieben. Dieses System kann auch für komplexe Kraftwerkssysteme mit hydro-thermischen Verbund und Fremdbezug optimale Lösungen berechnen und diese mit grafischer Ergebnisaufbereitung darstellen. Das System ist seit 1986 bei verschiedenen Energieversorgungsunternehmen im praktischen Einsatz.

Die Tariffreigabe in der amerikanischen Zivilluftfahrt resultiert in zum Teil sehr unterschiedlichen Tarifen für einen bestimmten Flug einer Fluggesellschaft, je nach Konkurrenzsituation, wie lange im voraus und wo der Flug gebucht wird und ob Änderungen kostenneutral sind. Hieraus ergibt sich das Problem, die Tarifklassen und die Anzahl von Sitzen pro Tarifklasse und Flug festzulegen. Dies geschieht mit Hilfe der gemischt-ganzzahligen Optimierung. Bekannt ist eine amerikanische Fluggesellschaft, die ein Softwaresystem für diese Problemstellung entwickelt hat und dies an Unternehmen mit einer ähnlicher Problematik (z.B. Mietwagenunternehmen, Hotelketten) verkauft.

Mathematische Programmierungssoftware, die kommerziellen Anforderungen hinsichtlich Schnelligkeit, numerischer Stabilität und Fehlerfreiheit genügt, ist weltweit nur von sehr wenigen Anbietern verfügbar. Die Gründe liegen zum einen in der großen Softwarekomplexität solcher Systeme und dem umfangreichen Spezialwissen aus diversen Bereichen der numerischen Mathematik bzw. praktischen Informatik. Darüber hinaus müssen solche Systeme gepflegt und gewartet werden und benötigen wegen ihrer Komplexität mehrere Jahre Feldeinsatz um auszureifen.

Durch standardisierte Dateneingabe (MPS-Format) ist es leicht möglich, die verschiedenen MP-Systeme im Rahmen von Benchmarks zu vergleichen. Trotz stark gestiegener Rechnerleistung sind solche Vergleiche auch in letzter Zeit durchgeführt worden und haben Kaufentscheidungen für Rechnerhardware bestimmt. Dies ist sicher ein Grund für den hohen Leistungsstandard moderner MP- Systeme.

Entscheidungsunterstützende Systeme basierend auf Mathematischer Optimierung

Im Idealfall sollten entscheidungsunterstützende Systeme (EUS) basierend auf Mathematischer Optimierung folgende Anforderungen erfüllen:

Komfortable, interaktive Benutzeroberfläche mit grafischer Aufbereitung der Modellergebnisse auf großem, hochauflösendem Display. Auch bei der Eingabe von Bewegungsdaten sollten neueste Erkenntnisse und technische Möglichkeiten genutzt werden, sofern dies für den Endbenutzer Bedienungsvorteile mit sich bringt.

Wichtig ist eine eigene abgegrenzte Datenbasis für das EUS, die so strukturiert sein soll, daß auch nicht vorgeplante Abfragen schnell und einfach möglich sind. Prädestiniert sind hierfür (auch wegen der relativ kleinen Größe der Datenbasis) relationale Datenbanksysteme. Vielfach muß diese Datenbasis aus einer operationalen Datenbank extrahiert werden. Bei unterschiedlichen Rechnern müssen die Daten über das Netz übertragen werden. Extraktion, Übertragung und Einstellen der Daten in die EUS-Datenbank sollten weitgehend automatisiert sein.

Die Modelldefinition und die Implementation des Modells im Rahmen eines Modellgenerators sollte so flexibel wie möglich gehalten werden. In Verbindung mit der Ergebnisaufbereitung der Modellösung sollte das Durchspielen unterschiedlicher Szenarien (What-If-Analysen) einfach und schnell möglich sein. Erst diese Möglichkeiten qualifizieren ein System als entscheidungsunterstützendes System.

Bei der Berechnung der Modellösung sind möglichst kurze Rechenzeiten anzustreben. In vielen Fällen ist dies beim jetzigen Stand der Technik nur dann möglich, wenn das EUS auf LP-Modellen oder nicht zu großen bzw. schwierigen MIP-Modellen basiert. Die Modellösung kann, muß aber nicht auf einem Großrechner durchgeführt werden.

Stark vereinfacht hat ein EUS basierend auf Mathematischer Optimierung folgende prinzipielle Architektur:

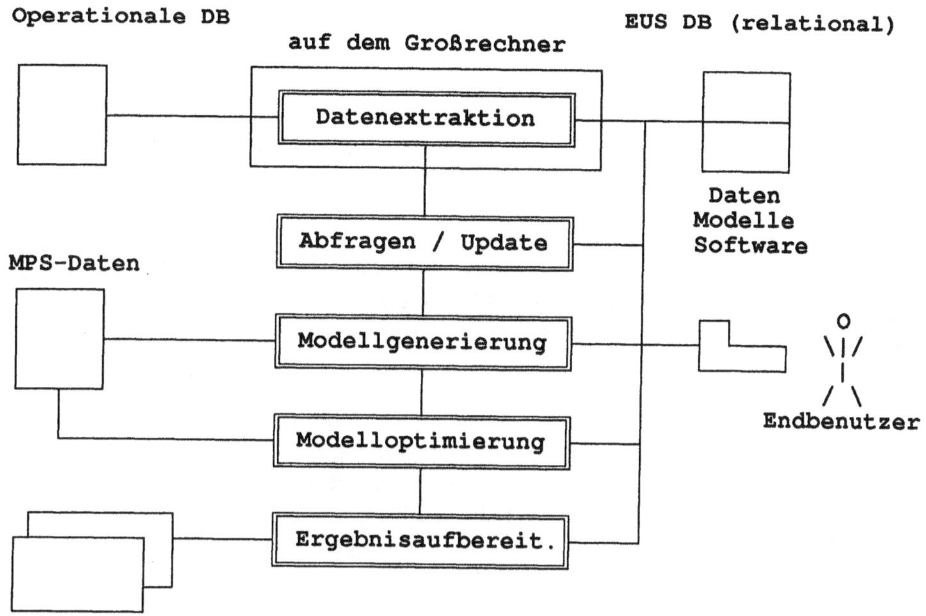

Management reports (optional)

Eine wichtige Rolle spielt auch die Implementation des Modellgenerators. Vielfach werden diese Programme in einer höheren Programmiersprache (z.B. in COBOL oder FORTRAN) geschrieben. Für komplexe Modelle, die sehr flexibel gehalten werden (z.B. Länge der Zeitperioden, partielle Modelle, Gesamtmodelle), kann die Entwicklung eines Modellgenerators mehrere Personenjahre erfordern (Beispiel /8/). Generell ist die Modellverifikation schwierig. Selbst bei modularem Aufbau der Programme ziehen kleine Änderungen im mathematischen Modell häufig umfangreiche Änderungen im Modellgenerator mit sich. Seit geraumer Zeit existieren Matrixgeneratorsysteme, die gegenüber konventionellen Programmiersprachen eine Reihe von Vorteilen aufweisen. Neuere Ansätze sind Modellierungssprachen mit algebraischer Spezifikation des Modells. Dennoch ist hier der Stand relativ unbefriedigend. Bisher gibt es noch kein Modellierungssystem das folgende Minimalanforderungen erfüllt:

- Modellierungssprache mit algbraischer Spezifikation und indizierten Mengen

- Datenspeicherung im Modellierungssystem mit Hilfe eines relationalen Datenbanksystems

- Modellierungssprache als Erweiterung von SQL
- Berücksichtigung von effizienten Modellformulierungstechniken für MIP-Modelle

Ein solches System würde die Kosten der Modellimplementation und den Aufwand für Wartung und Pflege des Modellgenerators stark reduzieren.

Rechnerumfeld für MP-Software

Im letzten Jahrzehnt ist im Rechnerumfeld der Trend zu verteilten Systemen ein Faktum: PC's, Workstations und Großrechner sind im Rahmen eines Gesamtsystems vernetzt. Gerade im Bereich der Hochleistungs-PC's und Workstations hat in den letzten Jahren eine Leistungsexplosion stattgefunden, wobei keine klare Grenze mehr zwischen Hochleistungs-PC und Workstation erkennbar ist. So erreicht z.B. ein PC mit Intel 80486-25 MHz Prozessor bereits 14 MIPS. Neben der Möglichkeit, diverse Betriebssysteme (MS-DOS, OS/2, UNIX) einzusetzen, sind sowohl der Hauptspeicher als auch die Festplatten genügend ausbaubar. Hochauflösende Grafikdisplays und diverse Vernetzungsmöglichkeiten ergeben eine sehr vielseitig einzusetzende Maschine.

Durch diesen Trend sind leistungsfähige Workstations eine Alternative zur Optimierung auf Großrechnern. Mit geeigneter MP-Software können auch große LP-Modelle in wenigen Minuten CPU- Zeit gelöst werden, wenn geeignete Startbasen vorhanden sind (- > Numerische Resultate). Eine Ausnahme bilden schwierige MIP- Modelle, bei denen man auch auf Supercomputern an Leistungsgrenzen stößt. Auf Grund der Zugehörigkeit zur Klasse der NP-vollständigen Probleme gibt es hier wenig Hoffnungen.

Weitere Argumente für den Einsatz von Workstations für EUS sind:

- die begrenzte I/O-Bandweite von Workstations spielt bei rechenintensiven Anwendungen (ohne viele I/O-Operationen) keine Rolle. Dies trifft gerade für EUS basierend auf Mathematischer Optimierung zu, da zur Modellgenerierung in der Regel sehr kleine Datenmengen erforderlich sind und die Optimierung im Hauptspeicher erfolgt.
- Wird die Gesamtzeit (elapsed time) zum Lösen eines Modells berücksichtigt, so ist eine Workstation konkurrenzfähig auch zu schnellen Großrechnern, wenn deren Workload signifikant ist bzw. deren Prioritätsregelung interaktive Anwendungen favorisiert. Im Rahmen von EUS sollte nur die Extraktion der problemrelevanten Daten auf einem Großrechner erfolgen. Hingegen kann die Eingabe von Bewegungsdaten, Modellgenerierung, Optimierung und die Ergebnisaufbereitung auf der Workstation stattfinden.
- Gegenüber einem Großrechner bietet die Workstation als weiteren grundsätzlichen Vorteil bessere Möglichkeiten der grafischen Informationsverarbeitung, die in zunehmenden Maße sowohl zur Dateneingabe als auch zur Ergebnisaufbereitung verwandt wird.

Durch die sehr dünne Besetzung der Koeffizientenmatrix von LP- und MIP-Modellen (typisch sind etwa 6-8 Nichtnullelement pro Spalte) bietet der Einsatz der Vektorverarbeitung je nach

Rechnerarchitektur (kritisch sind die Vektor-Startup-Zeiten und die Möglichkeit der indizierten Verarbeitung von dünn besetzten Vektoren) nur wenig bzw. kein Verbesserungspotential. Bei Einsatz des Simplexalgorithmus sind die zeitkritischen Operationen jeder LP-Iteration das Lösen zweier sehr dünn besetzter linearer Gleichungssysteme bei gegebener LU-Faktorisierung (die ebenfalls extrem dünn besetzt ist) und der LU- Update nach einer Basisänderung. Diese Operationen sind nicht effizient vektorisierbar.

Bei den "Interior-Point-Methoden" gibt es prinzipiell mehr Möglichkeiten zur Vektorisierung bzw. beim Einsatz von Parallelverarbeitung. Hauptgrund ist, daß die zu lösenden Gleichungssysteme symmetrisch, positiv definit (und sehr viel dichter besetzt) sind. Daher kann - im Gegensatz zu allgemeinen Gleichungssystemen - bei der Pivotwahl die Berücksichtigung der numerischen Werte der Koeffizienten entfallen. Die Pivotwahl kann daher allein an Hand der Nichtnullstruktur der Matrix bestimmt werden. Welche Möglichkeiten hierdurch auf Rechnern mit Vektor- und Parallelverarbeitung möglich sind, zeigt ein Team von NASA Ames und Cray-Research, das 1.68 Gigaflops auf einem Cray Y-MP erreichte /9/.

Prinzipiell sind für MIP-Modelle Parallelrechner prädestiniert, da sie im Rahmen von Branch-and-Bound-Algorithmen das unabhängige Lösen der LP-Relaxation mehrerer Knoten erlauben. Durch die hohe Granularität dieser Prozesse ist der Parallelisierungsgrad sehr hoch. Andererseits kommt durch die Zugehörigkeit zur Klasse der NP-vollständigen Probleme den mathematischen Algorithmen eine sehr viel höhere Bedeutung zu als die Parallelisierung bekannter Algorithmen: Es gibt große MIP-Modelle aus praktischen Anwendungen, bei denen kommerzielle MP- Software auch in hundert Stunden CPU-Zeit auf einem Großrechner keine zulässige Lösung erbrachte. Andererseits löste Software mit verbesserten Algorithmen (sequentieller Natur) die gleichen Modelle, mit Beweis der Optimalität, in wenigen Minuten.

Lineare Optimierung

Der Algorithmus von Karmarkar /2/ und seine Varianten in Form von affinen Skalierungsalgorithmen, zeigen langfristig zur Lösung von LP-Modellen großes Potential. Zum ersten Mal in der Geschichte der linearen Programmierung gibt es einen Algorithmus, der konkurrenzfähig zum Simplexalgorithmus ist und polynomiale Komplexität für den schlechtesten Fall aufweist. In /7/ wurden Benchmarks ausgeführt, die eine Überlegenheit von "Interior Point-Methoden" gegenüber einer professionellen Simpleximplementation nur bei hochgradig primal degenerierten Problemen erkennen läßt. Es sind einige LP-Modelle bekannt, die von keiner Interior-Point-Software gelöst werden. Trotz einiger Vorteile gibt es drei fundamentale Nachteile der "Interior Point-Methoden" gegenüber dem Simplexalgorithmus:

Startbasen (Näherungslösungen), die bei der Lösung von praktischen LP-Modellen fast immer vorhanden sind, verbessern die Laufzeit nur unwesentlich. Kritisch ist dies vor allem beim Einsatz eines LP-Optimierers im Rahmen von Branch-and-Bound- Algorithmen, da hier fortlaufend LP's von Startbasen postoptimiert werden müssen. Der Simplexalgorithmus erscheint hier unschlagbar.

Es werden keine Basislösungen ermittelt. Optimale Basislösungen sind Voraussetzung für Sensitivitätsanalysen und parametrische Untersuchungen. Bei MIP-Modellen sorgen Basislösungen i.a. für eine kleinere Anzahl von fraktionellen 0-1-Variablen.

Problematisch ist bei "Interior-Point-Algorithmen" auch der Fall, wo Zulässigkeit durch numerische Ungenauigkeiten verloren geht.

Andererseits bietet auch der Simplexalgorithmus noch ein weites Spektrum von Leistungsverbesserungen durch verbesserte Implementation der wichtigsten numerischen Kerne. Die vier wichtigsten rechenintensiven Kerne sind:

Ist B die quadratische dünn besetzte Matrix der Spalten, die in der Basis sind, so wird nach einer gewissen Iterationsanzahl eine LU-Dekomposition LU = PBQ, wobei P,Q Permutationsmatrizen sind, berechnet. Traditionell wird diese Operation **Invert** genannt.

Es muß in der Regel bei jeder Iteration ein Gleichungssystem B'y = f gelöst werden, wobei y der m-Vektor der dualen Kosten ist. Diese Operation ist auch unter dem Namen **BTRAN** bekannt.

Es muß bei jeder Iteration ein Gleichungssystem $B x = a_q$ gelöst werden. Hierbei ist a_q der Vektor der Variablen, die in die Basis aufgenommen wird. Diese Operation ist auch unter dem Namen **FTRAN** bekannt.

Da sich bei jedem Basiswechsel die Basis B um genau einen Vektor ändert, ist es ökonomisch die LU-Dekomposition im Rahmen eines LU-Updates fortzuschreiben. Während der FTRAN-Operation wird der Vektor $L^{-1} a_q$ (der Spike) berechnet. Der Spike wird dann an der Position p in der a_q in die Basis aufgenommen wird, in die Matrix U eingeführt. Die so entstehende Matrix muß dann wieder in eine obere Dreiecksmatrix transformiert werden. Diese Operation ist unter dem Namen **LU-Update** bekannt.

Diese vier numerischen Kerne verbrauchen je nach Modellstruktur und Pivotauswahlstrategien ca. 60-90% der gesamten CPU-Zeit eines Simplex-Codes und sind daher absolut zeitkritisch. Da alle beteiligten Matrizen und Vektoren extrem dünn besetzt sind, ist eine ausgefeilte Implementation dieser Kerne mit komplexen Datenstrukturen erforderlich, um konkurrenzfähig zu sein.

In langjähriger Forschung wurde ein LP-Softwaresystem **MOPS** (**M**athematical **Op**timization **S**ystem) entwickelt, das folgende Architektur aufweist:

MOPS-Architektur

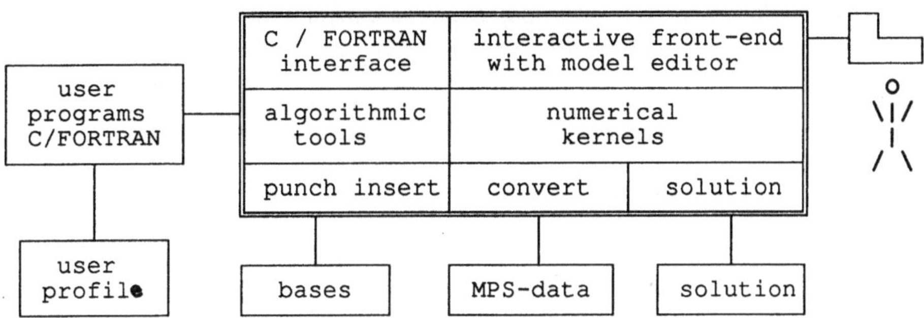

Die C/FORTRAN-Schnittstelle von MOPS erlaubt den Optimierer direkt in ein EUS einzubetten. In diesem Fall können die Modelldaten im Hauptspeicher in MOPS-internen Arrays generiert werden und es entfällt die zeitaufwendige Konvertierung von MPS-Daten (I/O, Umwandlung vom Zeichenformat in Gleitkommaformat). Ermöglicht wird dies durch das Subroutine-Konzept, das es erlaubt, den LP-Optimierer mit anderer Software zu "linken" und Daten über den Hauptspeicher gemeinsam zu nutzen.

Die periodische Faktorisierung der Basismatrix erfolgt mit Hilfe einer effizienten LU-Dekomposition. Wichtige Implementationsdetails sind in /4/ genauer beschrieben. Zwischenzeitlich wurde die LU-Dekomposition algorithmisch verbessert und vollständig neu implementiert.

Der LU-Update ist aus einer Dissertation /6/ entstanden und wurde ebenfalls wesentlich verbessert. Zur Verdeutlichung der Effizienz der entwickelten Software sei hier ein Beispiel genannt: Für ein LP-Modell mit 4481 Restriktionen beträgt die durchschnittliche CPU-Zeit für die einmalige Ausführung von BTRAN, FTRAN und LU-Update auf einem Intel 80486 Prozessor weniger als 50 Millisekunden!

Großen Wert wurde auf eine effiziente Implementation der Algorithmen unter Einsatz geeigneter Datenstrukturen gelegt.

Ein integrierter LP-Preprozessor dient zur Modellreduktion, d.h. zur Identifikation von redundanten Restriktionen, freien Variablen, redundanten Schranken und zum Fixieren von Variablen.

Die numerische Kerne von MOPS wurden in FORTRAN (150 Routinen, ca. 10000 LOC) implementiert. Als Alternative stand C zur Diskussion. Den Ausschlag für FORTRAN gab die angestrebte Portierbarkeit zu Großrechnern. Dort gibt es zunehmend vektorisierende FORTRAN-Compiler bzw. die Möglichkeit der Parallelverarbeitung. Obwohl bisher noch keine durchschlagenden Erfolge beim Einsatz von Vektor- bzw. Parallelrechnern für LP- Software erzielt wurden /7/, soll dieser Aspekt in Forschungsprojekten näher untersucht werden.

MOPS ist portabel: Bisher wurde das System in folgende Systemumgebungen portiert: MS-DOS, OS/2, VM/CMS, BS-2000 und für 80386/87 80486 PC's. Die PC-Version wurde für den 80386 "protected mode" entwickelt (NDP-C and FORTRAN) und benutzt den Phar Lap DOSextender, um den verfügbaren Hauptspeicher direkt zu adressieren.

Die Weiterentwicklung, Wartung und Pflege des Systems erfolgen auf einem 80386 PC. In einer eigenen Entwicklungsumgebung werden die Quellenprogramme für den Zielrechner generiert.

Ein MIP-Modul mit neuen Algorithmen befindet sich in der Entwicklung. Die langfristige Zielsetzung besteht darin, MOPS zu einem kompletten MP-System auszubauen.

MOPS hat bisher alle LP-Modelle aus einer umfangreichen Bibliothek von praktischen Problemen korrekt gelöst. Für Vergleichsrechnungen wurde MPSX/370 V1.7 auf der IBM 4361-4 des Fachbereichs Wirtschaftswissenschaft der FU-Berlin herangezogen. Die folgende Tabelle zeigt eine Auswahl praktischer LP-Modelle aus unterschiedlichen Anwendungen, bei denen zur Optimierung keine externe Startbasis verwandt wurde. Die Modelle wurden mit MOPS auf einem IBM PS/2-486 gelöst.

Numerische Resultate mit MOPS auf einem PC-i486

PROBLEM	P1	P2	P3	P4	P5
variables	10958	6038	5059	6221	6181
constraint	4481	1650	2929	4980	5563
nonzeros	29857	40065	14997	30320	40300
	preprocessing results				
variab.fixed	0	1899	0	180	2549
rows inactiv.	1	504	66	1487	2383
bounds relax.	7517	1087	2852	2005	1308
	optimization results with preprocessing				
LP-iterations	2063	5322	6235	3533	4387
CP-time (secs)	161	369	323	282	553
	optimization with MPSX/370 V1 on a 4361-4				
CP-time (secs)	1013	2894	1638	2995	see
LP-iterations	6985	13904	12353	12393	below

Das Modell P5 wurde auch mit MPSX/370 V2 auf einer 3090E-200 unter Ausnutzung eines Vektorzusatzes gelöst. Die CPU-Zeit betrug dabei 606 Sekunden. Die Gesamtzeit (elapsed time) betrug ca. 1500 Sekunden. Wie man sieht ist MOPS sehr konkurrenzfähig, sowohl von der Anzahl der LP-Iterationen als auch der CPU-Zeit. Generell läßt sich sagen, daß die betrachteten LP-Modelle bei Benutzung von Startbasen im Minutenbereich optimal auf einem 80486 gelöst werden können.

Gemischt-ganzzahlige Optimierung

Fast jedes quantifizierbare, deterministische Entscheidungsproblem läßt sich als MIP-Modell formulieren. Die in der Praxis wichtigste Modellklasse sind gemischte 0-1-Modelle mit linearer Zielfunktion. MIP-Modelle entstehen auch häufig durch Transformation nichtlinearer Optimierungsprobleme. In diesem Kapitel werden Aspekte zur Modellierung und Optimierung von MIP-Modellen diskutiert, wobei nur eine Übersicht gegeben werden kann.

Das wohl größte Problem beim Einsatz der gemischt-ganzzahligen Optimierung in der Praxis besteht darin, daß die Lösungszeiten für die Modelle sehr stark schwanken. Die Größe des Modells ist hierbei selten ein Indikator: Es gibt Modelle mit tausenden von 0-1-Variablen, die routinemäbig in wenigen Minuten CPU-Zeit optimal oder nahezu optimal gelöst werden. Andererseits gibt es kleine Modelle mit wenigen hundert Variablen und Restriktionen, die auch auf einem Supercomputer mit vorhandener Software nicht optimal gelöst werden können. Einige wichtige industrielle Anwendungen, häufig mit Reihenfolgebedingungen, können nicht in akzeptabler Zeit gelöst werden.

Die Modellierung hat bei MIP-Modellen für die Lösbarkeit eine sehr große Bedeutung. Es gibt Beispiele für MIP-Modelle, für die auch nach vielen Stunden Rechenzeit keine zulässige Lösung gefunden wurde und die Modelle nach Umformulierung in wenigen Minuten optimal gelöst wurden. Daher empfiehlt sich zur MIP- Modellierung folgendes Phasenschema, das sich in der Praxis bewährt hat:

In der ersten Phase der MIP-Modellierung wird ein mathematisch korrektes Modell für die gegebene Problemstellung mit Hilfe von Standardtechniken aufgestellt. Häufig bedeutet dies die Einführung zusätzlicher künstlicher 0-1 und kontinuierlicher Variablen. Es gibt einen umfangreichen Katalog von Techniken zur Modellierung unterschiedlicher Detailprobleme /10,11/: lineare Approximation von nichtlinearen separablen Restriktionen bzw. Zielfunktionen; Fixkostenprobleme mit stückweise linearer Zielfunktion und Sprungstellen; Beschränkung der Anzahl positiver Aktivitäten in einem Modell; alternative Restriktionen, rechte Seiten und Zielfunktionen in einem Modell; logische Verknüpfung von Aussagen (Aussagenlogik); zeitliche Terminierung und Reihenfolgeplanung von Aktivitäten und diverse andere Nichtlinearitäten.

In der zweiten Phase der MIP-Modellierung wird das MIP-Modell unter dem Aspekt der effizienten Lösbarkeit, d.h. der Laufzeitreduktion mit einem Optimierer überarbeitet. Häufig ergibt sich hierbei eine Vergrößerung des Modells und damit eine Verlängerung der LP-Lösungszeit. Ganz allgemein ist es bei MIP-Modellen wichtig, daß die Restriktionen so eng wie möglich formuliert werden, um den Lösungsraum klein zu halten. Eine wichtige Technik hierzu ist die Disaggregation von Restriktionen. Bei Fixkostenproblemen ist es besonders wichtig die obere Schranke für die kontinuierliche Variable möglichst klein zu halten /13/.

Erst in der dritten Phase wird das MIP-Modell auf dem Computer implementiert und getestet. Nach der Überprüfung der Modellergebnisse steht die Laufzeitreduktion, sofern es hier Probleme gibt, im Vordergrund.
Die erfolgreichsten Lösungstechniken zur Lösung von MIP- Modellen (seit ca. 1960) basieren auf Branch-and-Bound- Algorithmen vom Typ Dakin. Hierbei wird im Rahmen einer begrenzten Suche ein Baum entwickelt, bei dem an jedem Knoten die zugehörige LP-Relaxation gelöst wird. Ein Knoten wird nur dann eliminiert wenn:

- das zugehörige LP-Problem unzulässig ist
- das zugehörige LP-Problem eine ganzzahlige Lösung aufweist
- bei der Minimierung der Zielfunktion der Zielfunktionswert der zugehörigen LP-Lösung den Wert der bisher besten Lösung übersteigt

Hieraus ergibt sich, daß die Qualität der LP-Relaxation unter dem Aspekt der Elimination eines Knotens von zentraler Bedeutung ist. Maßgebend ist hier sowohl die Modellformulierung als auch die Fähigkeit des MIP-Optimizers durch MIP- Preprocessing die LP-Relaxation zu verbessern. Eine wichtige Rolle spielen auch Vorabkenntnisse über die Bedeutung der ganzzahligen Variablen. Diese werden in Form von Prioritäten dem MIP-Optimizer mitgeteilt und dienen zur Auswahl der Verzweigungsvariablen. Darüber hinaus muß auch mit den verschiedenen Optionen zur Knotenauswahl experimentiert werden. Die Erfahrungen zeigen, daß dies mehr modell- als datenabhängig ist. Bei der Knotenauswahl hat sich bei schwierigen kombinatorischen MIP-Modellen eine Linearkombination aus ganzzahliger Unzulässigkeit und LP-Zielfunktionswert bewährt.

Alle algorithmischen Fortschritte in der letzten Dekade basieren auf dem Konzept der scharfen LP-Relaxation (strong linear programming relaxation): die LP-Relaxation soll sich so weit wie möglich der konvexen Hülle der ganzzahligen Gitterpunkte annähern. Dadurch besteht die größte Wahrscheinlichkeit, daß durch das Lösen eines LP's der zugehörige Knoten eliminiert wird. Die Verschärfung der LP-Relaxation erfolgt im Rahmen des MIP-Preprocessing, bei dem diverse Algorithmen angewandt werden /11,12,13,14/: logische Tests, Ermittlung von Cliques, Implikationtabellen, Koeffizientenreduktion, Reduktion der Schranken für Fixkosten, scharfe Schnittebenen.

In den bisherigen Systemen wird das MIP-Preprocessing **vor** der eigentlichen MIP-Optimierung durchgeführt /11,12,13,14/. Auf Grund der Erfahrungen mit großen Traveling-Salesman Problemen erscheint der Ansatz von sogenannten Branch und Cut Algorithmen sehr erfolgversprechend: hierbei wird das MIP-Preprocessing an jedem Knoten des Baumes (nach einem Branch) wiederholt. Große Schwierigkeiten bereiten die Modelländerungen, die nur für den momentanen Knoten und dessen Nachfolger, nicht jedoch für dessen Vorgänger gelten. Eine Implementation dieses Ansatzes ist sehr aufwendig, eröffnet aber andererseits auch die Möglichkeit sehr schwierige und große MIP-Modelle optimal zu lösen.

Zusammenfassung und Ausblick

Komplexe EUS, basierend auf Mathematischer Optimierung, sind in unterschiedlichen Bereichen sehr erfolgreich eingesetzt worden. Weiter sinkende Optimierungskosten durch bessere MP-Software und schnellere Hardware machen die Mathematische Optimierung als Werkzeug immer interessanter. Im Bereich der gemischt-ganzzahligen Optimierung ist schnellere Software sehr wichtig. Hier gibt es noch viele Anwendungen die momentan nicht schnell genug gelöst werden können, um im Rahmen eines EUS eingesetzt zu werden.

In der Praxis stellt sich immer wieder die Modellbildung, die Implementation des Modells, die flexible Systemgestaltung und der Entwurf einer komfortablen Benutzeroberfläche als Hürde für eine erfolgreiche Anwendung heraus. In diesen Bereichen sind noch viele Verbesserungen denkbar.

Literatur

1. M. Benichou, J.M. Gauthier, G. Hentges, G. Ribiere, The Efficient Solution of Large Scale Linear Programming Problems Some Algorithmic Techniques and Computational Results, Math. Prog. 13 (1977), 280-322

2. N. Karmarkar, A new polynomial-time algorithm for linear programming, Proceedings of the 16-th Annual Symposium on Theory of Computing, 1984, 302-311.

3. B.A. Murtagh, Advanced Linear Programming: Computation and Practice, McGraw-Hill, 1981

4. U.H. Suhl and L. Aittoniemi, Computing Sparse LU- Factorizations for Large-Scale Linear Programming Bases, Arbeitspapier 58, WE 6, FB 10, Freie Universität Berlin, 1987

5. U.H. Suhl, L. Aittoniemi and J. Su, Computing LU-Factorizations for large sparse matrices for scalar and vector machines, paper presented at the SIAM conference on sparse matrices, May 1989

6. L. Aittoniemi, Basis Representations in Large-Scale Linear Programming Software, PhD-Thesis, Systems Analysis Laboratory, Helsinki University of Technology, Finland, 1988

7. J.J.H. Forrest and J.A. Tomlin, Vector Processing in Simplex and Interior Methods for Linear Programming, RJ 6390, IBM Thomas J. Watson Research Center, Yorktown Heights, 1988

8. E. Steinbauer, M. Muschik, A. Sillaba, P. Harhammer, H. Strobl und H. Haschka, Kraftwerkseinsatzoptimierung, Österreichische Zeitschrift für Elektrizitätswirtschaft, Jg 38, 1, 1985, 1-24

9. H.D. Simon, P. Vu and C.W. Yang, Sparse Matrix Factorization at 1.68 GFLOPS, Paper presented at the SIAM Conference on Sparse Matrices, May 22-24, 1989, Salishan Resort, Gleneden Beach, Oregon, USA.

10. H.P. Williams, Model Building in Mathematical Programming, 2nd Edition, John Wiley, 1985

11. G.L. Nemhauser and L. A. Wolsey, Integer and Combinatorial Optimization, John Wiley, 1988

12. E.L. Johnson, M.M Kostreva and U.H. Suhl, Solving 0-1 Integer Programming Problems arising from Large Scale Planning Models, Operations Research, 33(4), 1985, 803-819

13. U.H. Suhl, Solving Large Scale Mixed-Integer Programs with Fixed-Charge Variables, Mathematical Programming, 32, 1985, 165-182

14. U.H. Suhl, Solving Integer Optimization Problems, Proceedings of the conference on Large-Scale Scientific Computing, Oberwolfach, August 1985

Die Ergänzung des Auftragsdurchlaufes um wissensbasierte Elemente

Peter Mertens
Abteilung Wirtschaftsinformatik
Universität Erlangen-Nürnberg

Summary

Der Durchlauf von Kundenaufträgen durch Industriebetriebe dient als Gliederungsgerüst für die Erörterung, wo der Einsatz von Expertensystemen (XPS) bzw. Wissensbasierten Systemen (WBS) erfolgversprechend bzw. erfolgreich ist. Der Schwerpunkt liegt auf der Anreicherung von PPS-Systemen (Material- und Zeitwirtschaft) um wissensbasierte Elemente. Der Referent zeigt an einer Reihe von Beispielen die Einsatzmöglichkeiten Wissensbasierter Systeme. Die Beispiele fallen in drei Kategorien: Vertriebsfunktionen vor der Auslieferung, Materialwirtschaft und Produktion sowie Vertriebsfunktionen bei bzw. nach der Auslieferung.

1 Überblick

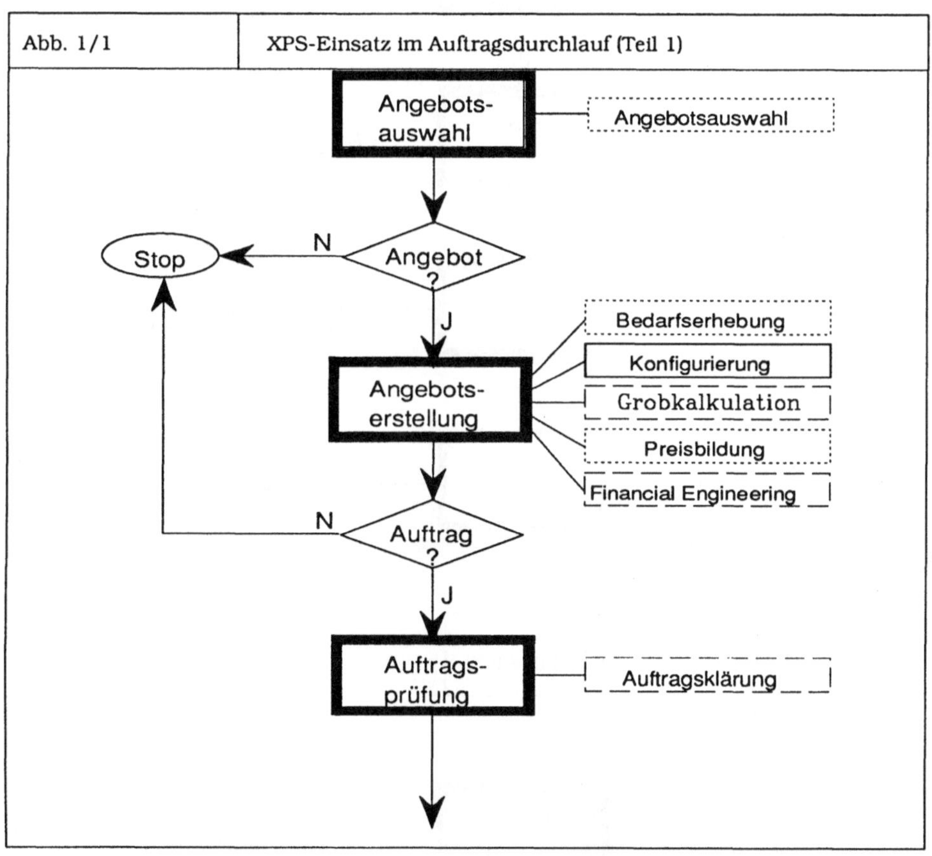

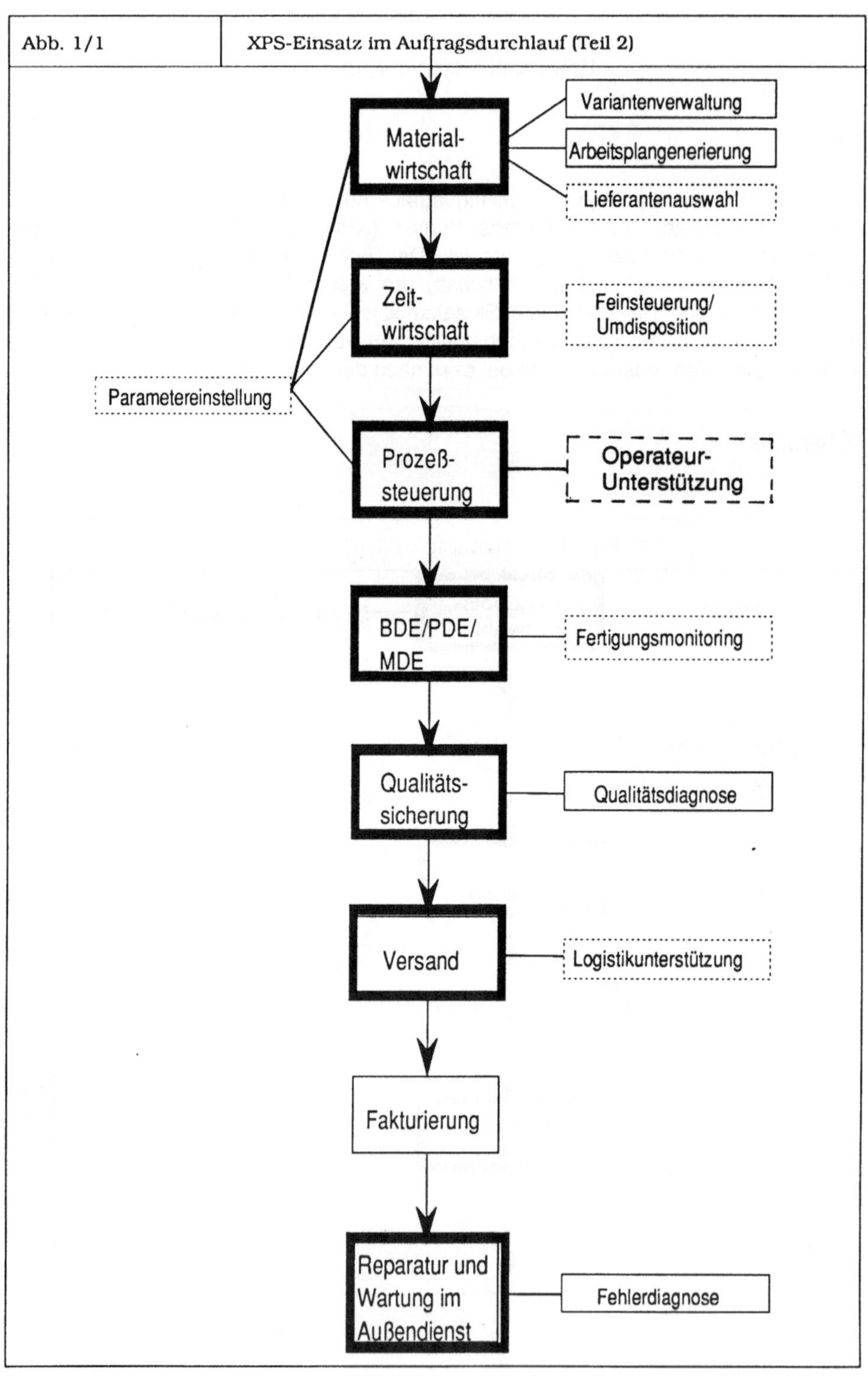

Abb. 1/1 XPS-Einsatz im Auftragsdurchlauf (Teil 2)

Abbildung 1/1 zeigt in schematisierter und vereinfachter Form die Stationen, die ein Kundenauftrag von der Anfrage bis zur Nachsorge nach der Auslieferung des Erzeugnisses durchläuft. Von den in der Mitte befindlichen Rechtecken bezeichnen die dick umrandeten diejenigen Stellen, an denen ein XPS-Einsatz sinnvoll sein kann oder bereits erprobt ist. Bei den kleineren Rechtecken, die sich links oder rechts davon befinden und die einzelnen Unterfunktionen repräsentieren, die durch XPS unterstützt werden können, gibt die Art der Umrandung die Intensität der XPS-Durchdringung an: Eine durchgezogene Linie steht für eine starke, eine unterbrochene für eine mäßige und eine gepunktete für eine schwache Durchdringung.

2 Überblick über den XPS-Einsatz in den einzelnen Bereichen

2.1 Vertriebsfunktionen vor der Auslieferung

2.1.1 Angebotsauswahl

In vielen Branchen, so z.B. im Schwermaschinenbau, fallen bereits für die Beantwortung einer Kundenanfrage und für die Erstellung eines Angebotes mehrere Personenwochen an. Infolgedessen wird man nicht auf jede Kundenanfrage mit einem Angebot reagieren. Mindestens in einem deutschen Werk eines internationalen Maschinenbaukonzerns läuft daher eine Vorstudie, ob die Entscheidung, auf welche Kundenanfrage mit einem ausführlichen und sorgfältig erarbeiteten Angebot reagiert werden soll, mit einem XPS unterstützt werden kann.

2.1.2 Angebotserstellung

Im Zentrum der Bearbeitung eines Angebotes steht der Konfigurator. Darunter versteht man im wesentlichen ein System, das eine Beschreibung des Kundenwunsches als Eingabe entgegennimmt und daraufhin vorhandene Komponenten nach Art eines Baukastensystems zu einem Produkt zusammenfügt, welches den Kundenwunsch erfüllt. Konfiguratoren sind jener Bereich, bei dem nicht nur eine große Anzahl von Prototypen entwickelt, sondern darüber hinaus ein besonders hoher Prozentsatz in die Tagespraxis überführt wurde. Dies ist ein Hinweis auf ihre Nützlichkeit.

Ein gutes Angebotssystem enthält jedoch nicht nur den Konfigurator. Vielmehr kann man sich ein ideales Angebotssystem gemäß Abbildung 1/1 aus folgenden Bestandteilen zusammengesetzt denken (vgl. O.V. 89):

a) Der Kundenwunsch wird im Dialog der Maschine beschrieben. Dabei sollten möglichst viele Informationen der Kundendatenbank entnommen werden oder durch Default-Werte vorbesetzt sein. Die Default-Werte können wiederum aus externen Datenbanken, die Branchenkennzahlen o.ä. enthalten, stammen. In diesem Stadium ist es Aufgabe einer Expertensystemkomponente, den Dialog möglichst effizient zu gestalten. Dies erreicht man dadurch, daß das System nicht linear eine Frageliste wie einen Fragebogen aus Papier abarbeitet, sondern die jeweils nächste Frage aufgrund der Antworten auf die vorherigen generiert ("intelligente Checkliste").

b) Das Produkt ist wissensbasiert zu konfigurieren.

c) Die Kosten für das konfigurierte Erzeugnis werden kalkuliert. Auch hierfür gibt es WBS, mit denen aus den Produkteigenschaften auf die voraussichtlichen Kosten geschlossen wird. Eine XPS-Unterstützung bei der Kalkulation ist allerdings nur bei Grob- bzw. Schnellkalkulationen sinnvoll, bei denen es im wesentlichen darum geht, anhand unvollständiger Produktspezifikationen mit Hilfe von Daumenregeln einen Schätzwert für die Kosten zu ermitteln (vgl. SCHEER/U.A. 89). Ist der Aufbau des Produktes hingegen bereits genau bekannt, so empfiehlt es sich, auf eine konventionelle Zuschlagskalkulation zurückzugreifen.

d) Von der Kalkulation ist auf den Angebotspreis zu schließen. Ein deutsches Unternehmen des Maschinenbaus experimentiert mit einem XPS (PREBEX) zur Preispolitik (vgl. STEPPAN 89). Dieses XPS kann dazu beitragen, Preisentscheidungen bei Kundenanfragen zu standardisieren und somit eine Kontinuität der Preisstellung erkennen zu lassen. Außerdem ermöglicht es, alle Faktoren, welche die Preisbildung beeinflussen, zu berücksichtigen. In einem ersten Schritt ist die Ausgangssituation zu spezifizieren. Das XPS erhebt dazu u.a. Kunden- und Auftragsdaten sowie nachgefragte Mengen des Kunden. Anhand dieser Daten prüft PREBEX, ob dem Kunden ein Sonderpreis eingeräumt werden kann oder ob der Listenpreis übernommen wird. Im letzteren Fall bricht das System an dieser Stelle ab. Wurde der Kunde als "sonderpreis-würdig" eingestuft, so versucht das XPS in einer abschließenden Phase, einen Preis zu ermitteln, der dem Kunden angeboten werden soll. Es trägt bei dieser Entscheidung auch Gesichtspunkten Rechnung, die man in der Lehrbuchliteratur zur Preispolitik nicht findet. Beispielsweise wird dann, wenn ein Entwicklungsingenieur aus dem Kundenbetrieb nach einem Preis fragt, ein leicht erhöhter genannt; wenn sich später der Einkäufer des gleichen Unternehmens erkundigt, kann man ihm dann einen Rabatt gewähren.

e) Das letzte Modul übernimmt das Financial Engineering (vgl. BAUER 88). In der Bundesrepublik kommt es zum ersten darauf an, zu überprüfen, ob dem Kunden die Beantragung einer Subvention zur Beschaffung des Wirtschaftsgutes empfohlen werden kann. Hierzu mag ein WBS wertvolle Hilfe leisten. Zum zweiten ist zwischen Kauf, Miete und Leasing zu entscheiden und gegebenenfalls eine Leasingvariante anzuraten. Drittens sind Subventionen, die gewählte Leasingvariante und eventuell weitere Kredite geeignet miteinander zu kombinieren. Hierbei handelt es sich um eine sehr anspruchsvolle Aufgabe für ein Expertensystem. In der Bundesrepublik arbeiten zur Zeit mindestens zwei Computerhersteller an diesem Problem. Abb. 2.1.2/1 vermittelt einen Eindruck von den Fragestellungen, die im Zusammenhang mit dem Financial Engineering zu berücksichtigen sind.

Abb. 2.1.2/1	Financial Engineering (stark vereinfacht)

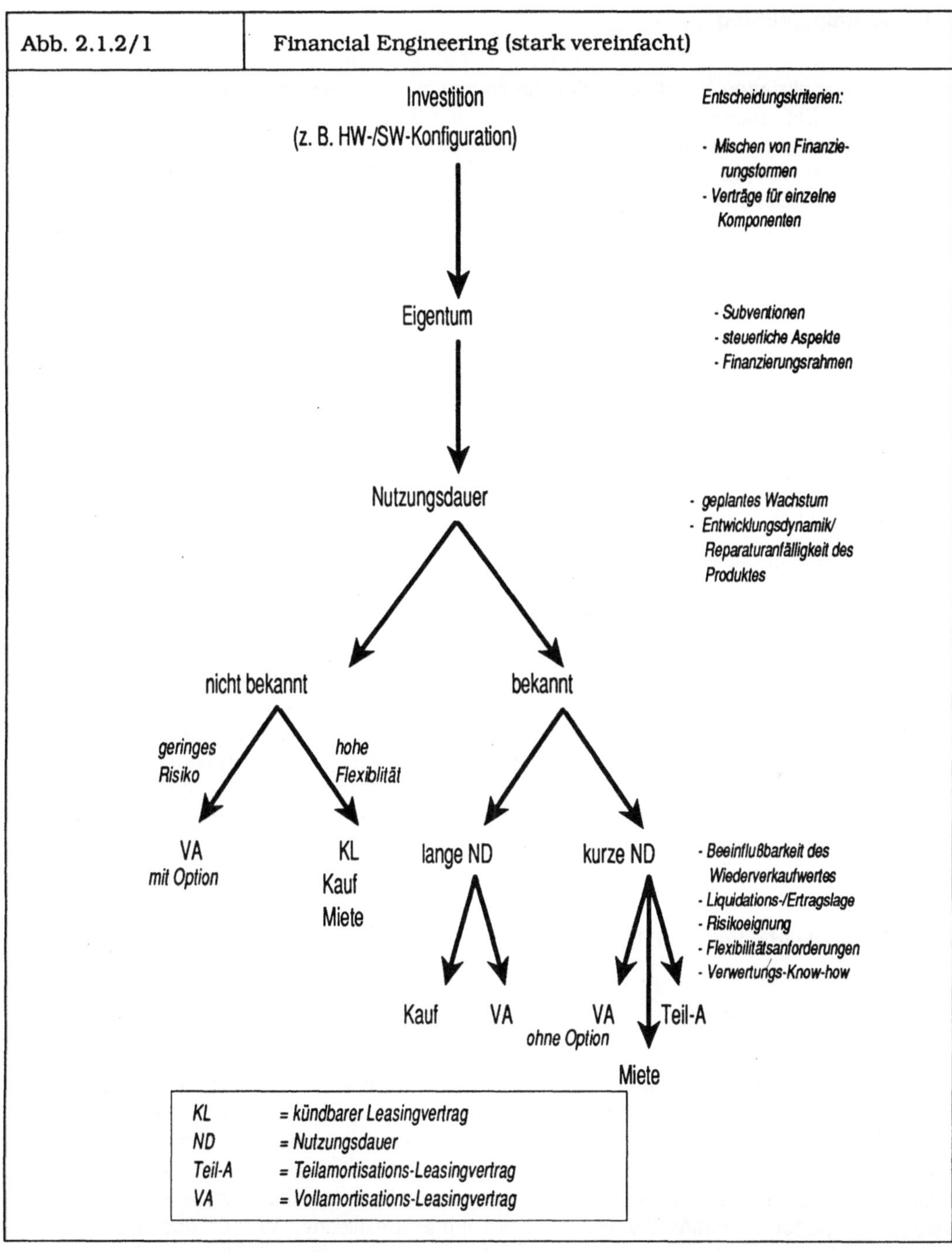

2.1.3 Auftragsprüfung

Wegen der komplizierten Vorgänge beim Konfigurieren der Produkte können sich leicht Fehler einschleichen. Ein deutscher DV-Hersteller hat ein leistungsfähiges XPS mit dem Namen OCEX geschaffen, das diese Fehler beim Auftragseingang zu einem hohen Prozentsatz erkennt und einen Teil davon automatisch korrigiert (vgl. HERRMANN 87, HORNUNG 87 und GAMM/U.A. 88). Dadurch werden Rückfragen beim Vertriebsaußendienst und beim Kunden vermieden. Erfahrungsgemäß müssen 70-80% der eingehenden Bestellungen korrigiert werden, weil aufgrund der großen Variantenvielfalt der Kunde z.B. Optionen für ein Gerät wünscht, die bei jenem Gerätetyp nicht lieferbar sind.

Welches Kosteneinsparungspotential in Systemen zur Auftragsprüfung steckt, verdeutlichen folgende Zahlen, die sich auf OCEX beziehen: In der Sparte "Medizintechnik" eines großen Unternehmens erbringt es innerhalb der Bundesrepublik direkte Kosteneinsparungen von ca. 7000 DM pro Monat und indirekte Kosteneinsparungen von ca. 35.000 DM pro Monat; weltweit ergibt sich folgendes Bild: Entwicklungskosten von ca. 250.000 US$ stehen jährliche Einsparungen von ca. 1.060.000 US$ gegenüber, so daß sich die gesamte Investition in etwa drei Monaten amortisiert hat.

Ein weiteres XPS mit der Bezeichnung ESEM (Expert System for EMLS Monitoring) dient der Überwachung der Abwicklung von Aufträgen und Bestellungen im europaweiten Logistiksystem eines anderen Computerherstellers (vgl. KEMPFERT/U.A. 87, REINECKE 88 und SCHMITT 88). ESEM überprüft zunächst die Bestellungen auf Vollständigkeit und formale Korrektheit. Dadurch soll sichergestellt werden, daß nur ordnungsgemäß durchgeführte Bestellungen in das Logistiksystem gelangen. Rückfragen des Systems sollen dadurch vermindert werden. Für die geprüften Aufträge überwacht ESEM die Bearbeitung innerhalb des Logistiksystems (z. B. Termineinhaltung und richtige Wege). Es ist so konzipiert, daß auch ein unerfahrener Benutzer mit dem Programm arbeiten und Anforderungen an das Logistiksystem absetzen kann. Ferner überwacht ESEM monatlich wiederkehrende Abläufe und schlägt das Auslösen von Routineaktionen vor.

2.2 Materialwirtschaft und Produktion

2.2.1 Variantenverwaltung

Ein erstes Einsatzfeld, auf dem auch beachtliche Erfolge zu verzeichnen sind, ist die wissensbasierte Verwaltung von Variantenstücklisten (vgl. SCHÖNSLEBEN 89). Ziel ist es, weniger Varianten zu speichern und statt dessen die entsprechenden Stücklisten erst dann zu generieren, wenn der Kundenauftrag eingeplant werden soll. Das XPS bietet bei der Konstruktion eine Standard-Stückliste, die alle verfügbaren Teile enthält, und einen Standard-Arbeitsplan an. Daneben enthält die Wissensbasis firmenspezifisches Wissen über jede einzelne Position der Stückliste. Aus der Spezifikation des Konstrukteurs ermittelt das WBS dann die Stückliste.

2.2.2 Arbeitsplangenerierung

Auch in der Bundesrepublik finden sich interessante Beispiele für XPS, die aus den Stücklisten die Arbeitspläne ableiten.

Im folgenden sei als Beispiel für die Arbeitsplanerstellung bei einer Teilefertigung, anhand dessen die grundsätzliche Vorgehensweise erläutert werden soll, das Stanzen von Blechteilen herausgegriffen (vgl. MERTENS/U.A. 90, S. 125 und S. 137): Ausgehend vom Rohmaterial, das bestimmte Parameter vorgibt, z. B. Bleche unterschiedlicher Dicke, ist eine Arbeitsgangfolge zu bestimmen, die den Werkzeugverschleiß minimiert, eine möglichst geringe Zahl von Arbeitsgängen/Transportvorgängen erfordert und nur auf bereits vorhandene Werkzeuge zurückgreift. Im Fall der Blechteileherstellung können beim Stanzen in Abhängigkeit von der Unterlegung, d. h. den bereits ausgestanzten Konturen, sehr hohe Kräfte auftreten, die bis hin zum Werkzeugbruch führen, in jedem Fall aber den Werkzeugverschleiß erhöhen. Des weiteren ist es nicht immer sinnvoll, an jeder Stanzmaschine nur eine einzige Kontur zu bearbeiten, da dies die Zahl der Transportvorgänge vermehrt. Daher besitzen derartige Maschinen häufig sogenannte Revolver, die mehrere Stanzwerkzeuge aufnehmen können und somit die Bearbeitung mehrerer Konturen an einem Arbeitsplatz ermöglichen. Aufgabe des XPS ist es nun, aus diesen Restriktionen in Verbindung mit vorhandenen Erfahrungsregeln individuelle Arbeitspläne zu entwickeln. Dabei ist die Reihenfolgeplanung das größte Problem, da sich die verschiedenen Arbeitsgänge in vielfältiger Weise anordnen lassen, sich aber in Abhängigkeit vom zuerst ausgewählten Arbeitsgang bestimmte Arbeitsgangsequenzen als zweckmäßig bzw. kritisch erweisen.

Bekannt wurde auch das System eines Unternehmens der optischen Industrie (vgl. JANSEN 88 und O.V. 88). Das Gesamtsystem besteht aus einem sogenannten Strategieteil, der die einzelnen Arbeitspläne auswählt, und einem Klassifikationsteil, in dem die Zustandsgrößen je Arbeitsgang bestimmt werden. Hierfür wurde in ersterem umfangreiches Kontrollwissen abgelegt, das die Ermittlung der Arbeitsgänge in der richtigen Reihenfolge gewährleistet.

2.2.3 Lieferantenauswahl

Soweit Fremdbezugsteile beschafft werden müssen, kommt die Unterstützung des Einkäufers mit einem XPS zur Lieferantenauswahl in Betracht. Auch hierfür gibt es in der Bundesrepublik ein in der Tagespraxis eingesetztes System mit dem Namen BELI (Bauelemente-Leiteinkaufs- und Informationssystem) (vgl. SUHR/U.A. 87 und KRALLMANN/U.A. 88). Es unterstützt Einkäufer bei der Bewertung und Auswahl von Lieferanten sowie bei der optimalen Liefermengenzuteilung an die potentiellen Lieferanten elektronischer Bauelemente. BELI ist eine Weiterentwicklung des WBS EES (Einkäufer-Expertensystem), dessen wesentliche Aufgabe die Lieferantenbewertung ist. BELI führt verschiedene Modellrechnungen durch, bei denen alternative Aspekte der Geschäftspolitik in unterschiedlicher Weise berücksichtigt werden. Die so entstehenden Szenarien sollen die Bedarfsverteilung auf die einzelnen Lieferanten objektivieren. Die Vorschläge zur Mengenverteilung ergeben sich aus der flexiblen Verknüpfung zahlreicher Einflußfaktoren (z. B. Mengenrestriktionen, Preis, Qualität, Liefertreue, Versorgungssicherheit). Zur Lieferantenauswahl verfügt das XPS über zwei grundsätzliche Alternativen. Bei der taktischen Vorgehensweise sind Vorgaben bzw. Ziele ausschlaggebend, die auf einer höheren Entscheidungsebene festgelegt wurden. Beispielhafte Einflußfaktoren dieses Verfahrens sind Geographie, Wirtschaftsraum, Konkurrenzverhalten, Marktstellung und Innovationsverhalten. Die operative Vorgehensweise unterscheidet produktbezogene und lieferanten-/ herstellerbezogene Strategien. Produktbezogene Strategien berücksichtigen gewisse primäre Faktoren, wie etwa Preis und Qualität, mit jeweils unterschiedlicher Gewichtung. Als sekundäre Informationen werden Lieferanten-Service und Geographie einbezogen. Diese Strategie eignet sich für einen Markt, in dem viele Lieferanten die Marktstruktur bestimmen. Die lieferanten-/ herstellerbezogene Strategie ist dagegen auf einen engen Markt gerichtet und verfolgt langfristige Zielsetzungen (z. B. soll die Versorgungssicherheit für die nächste Planungsperiode sichergestellt sein). Das innovative Verhalten und der Status (z. B. Technologieführerschaft) sind weitere wesentliche Einflußfaktoren bei dieser Vorgehensweise.

2.2.4 Feinsteuerung

Bekanntlich haben die meisten Industriebetriebe noch große Probleme mit ihren PPS-Systemen, soweit es die Feinsteuerung bzw. Kapazitätsterminierung angeht. Dies liegt an der Schwäche der Expertensysteme, daß sie nicht über der Zeitachse planen können. Man kann dies auch theoretisch begründen: Wenn das XPS vorherbestimmen soll, was am übernächsten Tag im einzelnen in der Produktion zu geschehen hat, muß es voraussehen, welche Störungen am nächsten Tag eintreffen werden. Da es dies nicht kann, müßte es alle Alternativen mitführen. Dadurch würde die Wissensbasis "explodieren". Es können daher nur sehr wenige Expertensysteme nachgewiesen werden, die die Feinsteuerung unterstützen. Bei einem Unternehmen der Nahrungsmittelindustrie in der Schweiz gibt es ein XPS, das Umrüstfolgen an einer großen Maschine, die Teil einer Packstraße ist, bestimmt (vgl BRAUN/U.A. 89). Die Umrüstung dieser Maschine dauert sehr lange und ist mit einem entsprechenden Ausfall der Produktion verbunden. Aufgabe des XPS ist es, die Aufträge so hintereinander zu gruppieren, daß die Maschine möglichst lange arbeiten kann, bevor sie zur Umrüstung stillgelegt werden muß. Dabei können auch Aufträge gesplittet werden. Gleichzeitig muß dann, wenn die erste Maschine umgerüstet werden soll, der Umrüstvorgang an der zweiten Maschine beendet sein, so daß das Umrüstpersonal frei wird und die zweite Maschine die Produktion übernimmt.

Ein weiteres Beispiel für eine Expertensystemlösung im Bereich der Feinterminierung ist YAMS (Yet Another Manufacturing System) (vgl. PARUNAK/U.A. 85 und PARUNAK 88). Dieses System wurde als Steuersoftware für ein flexibles Fertigungssystem entwickelt. Es besteht aus einer Gruppe hierarchisch angeordneter Teil-Expertensysteme und besorgt mit Hilfe von Ausschreibungen auf dezentrale Weise die Zuteilung von Aufgaben an Kapazitätseinheiten. Nachdem das übergeordnete Expertensystem den anderen Teil-Expertensystemen, die jeweils eine Kapazitätseinheit verwalten, einen Fertigungsauftrag bekanntgemacht hat, nimmt es von ihnen Angebote entgegen und wählt davon das geeignetste aus. Auf diese Weise ist es möglich, Aufgaben an Kapazitätseinheiten zu verteilen, ohne deren Auslastungssituation im Detail zu kennen.

2.2.5 Umdisposition

Da in methodisch-technischer Hinsicht die PPS-Module zur Feinterminierung nicht durch ein XPS ersetzt werden können und ohnehin kaum ein Unternehmen bereit sein würde, seine bisherigen Investitionen für die eingeführten PPS-Systeme, die oft Millionenhöhe erreichen, abzuschreiben, um das ganze PPS-Paket durch ein XPS zu ersetzen, kommt es darauf an, vorhandene PPS-Systeme um wissensbasierte Elemente anzureichern. In diesem Sinne unterstützt UMDEX den Disponenten im kurzfristigen Bereich bei der Analyse der Abweichungen und der Suche nach geeigneten Gegenmaßnahmen (vgl. ROSE 89).

Der Diagnoseteil von UMDEX untersucht Abweichungen des Fertigungsprozesses in zwei Schritten. Die **Abweichungserkennung** vergleicht die im Rahmen der Betriebsdatenerfassung festgestellten Ist-Werte mit den Planvorgaben des aktuellen Produktionsplans. Auftretende Abweichungen, die eine vorgegebene Toleranzgrenze überschreiten, werden an die **Abweichungsbeurteilung** weitergeleitet. Diese schätzt die Bedeutung einer erkannten Störung ein. Wenn es notwendig erscheint, werden verursachte Folgewirkungen - etwa für übergeordnete Werkstattaufträge oder nachgelagerte Arbeitsplatzgruppen - analysiert.

Ergibt die Diagnose einen Handlungsbedarf, so sucht der Beratungsteil von UMDEX nach Gegenmaßnahmen zur Beseitigung der Störung: Die **Maßnahmenermittlung** überprüft die potentiellen Umdispositionsmaßnahmen auf ihre grundsätzliche Anwendbarkeit und schätzt Nutzen und Aufwand ihrer Durchführung ein. Im Rahmen der **Maßnahmenauswahl** präsentiert UMDEX dem zu unterstützenden Disponenten die Diagnoseergebnisse und Detailinformationen zu den anwendbaren Gegenmaßnahmen. Während in einfacheren Fällen eine automatische Maßnahmenauswahl denkbar ist, hat in schwierigeren Situationen der Disponent die Entscheidung zu treffen.

Da es die komplexe Struktur des PPS-Gebietes nicht erlaubt, alle potentiellen Auswirkungen einer Abweichung zu untersuchen, wurden vier sog. "Bereiche" geschaffen, die jeweils sowohl Teile der Diagnose als auch der Beratung umfassen.

Im **Kapazitätsbereich** werden Kapazitätsüber- und -unterauslastungen festgestellt, beurteilt und - soweit möglich - durch angemessene Gegenmaßnahmen, wie z.B. die Verlagerung auf Ausweichmaschinen, beseitigt. Im **Werkstattauftragsbereich** wird jeder Arbeitsgang überprüft, so daß eine frühzeitige Abweichungserkennung schon vor dem Abschluß des Werkstattauftrags gesichert ist. Der **Auftragsnetzbereich** dient dazu, die Auswirkungen der festgestellten Abweichungen auf das Auftragsnetz zu untersuchen. Im **Endproduktbereich** erweitert das XPS die Analyse um Gesichtspunkte, die den von der Abweichung betroffenen Kunden oder die Folgen für die Lieferbereitschaft in die Beurteilung mit einbeziehen.

Eine Diagnose findet zunächst in dem Bereich statt, der der Abweichung am nächsten liegt; z.B. werden bei einem Maschinenausfall zunächst die Kapazitäten betrachtet. Nur für den Fall, daß eine besonders schwerwiegende Störung erkannt wurde und/oder dieser nicht durch Maßnahmen des momentanen Bereichs sinnvoll begegnet werden kann, erfolgt eine stufenweise Ausdehnung von Diagnose und Beratung in übergeordnete Bereiche.

Ein weiterer Ansatzpunkt für einen XPS-Einsatz auf dem Gebiet der Umdisposition ist die wissensbasierte Simulation. In Abb. 2.2.5/1 ist der Aufbau des Systems SIMULEX dargestellt, das dem Benutzer nach dem Eintritt von Störungen bei der Auswahl der geeignetsten Maßnahme hilft (vgl. MERTENS/U.A 89b).

Abb. 2.2.5/1 Architektur von SIMULEX

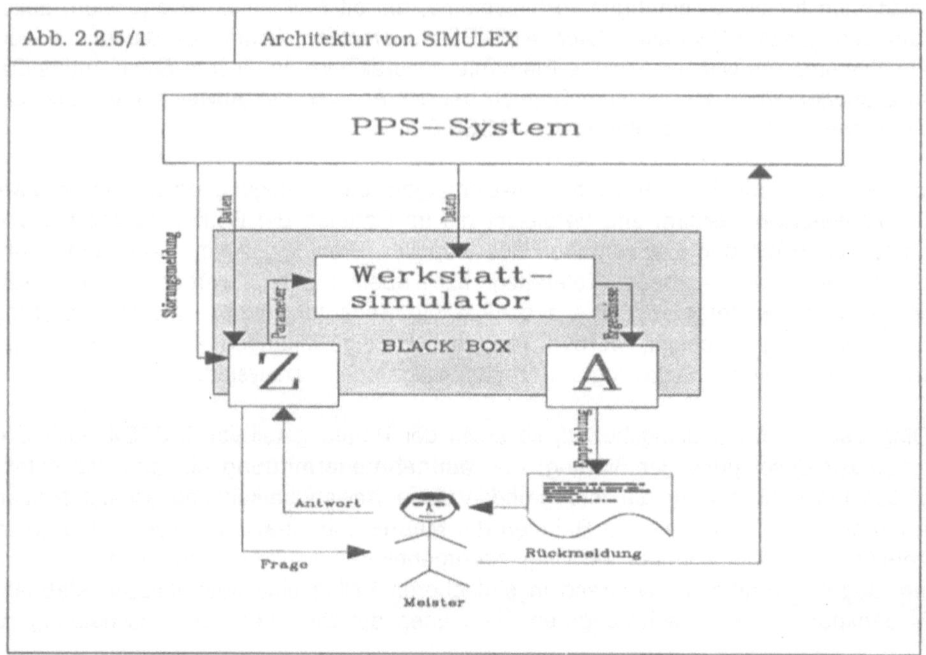

Dem Werkstattsimulator ist ein Zugangssystem Z vor- und ein Abgangssystem A nachgeschaltet. Das Zugangssystem dient der Konfigurierung der Simulationsexperimente. Bei der Auslegung derartiger Experimente sind unter anderem die Anfangszustände festzulegen, die Alternativen, die betrachtet werden sollen, auszuwählen und die Lauflänge und -anzahl zu bestimmen. Da bei jedem dieser drei Probleme zahlreiche Möglichkeiten zur Auswahl stehen, ergibt sich eine ungeheure Komplexität, zu deren Bewältigung sich Expertensystem-Techniken anbieten. Das nachgeschaltete Abgangssystem A soll die Simulationsergebnisse, die in Form umfangreichen Zahlenmaterials anfallen, für den Benutzer verständlich aufbereiten.

2.2.6 Prozeßsteuerung

Ein sehr wichtiges Thema im deutschsprachigen Raum ist die Unterstützung von Prozeß-Operateuren. Als Beispiel diene ein deutsches Chemieunternehmen (vgl. SOLTYSIAK 88):

Dort wird ein Umesterungsprozeß mit einem WBS unterstützt. Beim Entwurf des Systems war man in der glücklichen Situation, daß ein vor der Pensionierung stehender Meister jahrelang ein Tagebuch über seine Erfahrungen mit dem Prozeß geführt hatte. Dies war eine hervorragende Hilfe für die Wissensakquisition. In diesem Tagebuch fanden sich zum Beispiel Hinweise, daß man bei bestimmten Datenkonstellationen etwas Kies in den Kessel zu werfen habe. Die Ursache-Wirkungs-Beziehung ist bisher naturwissenschaftlich nicht begründet, jedoch funktioniert dieser Trick. Infolgedessen hat man ihn in das Expertensystem eingebaut.

2.2.7 Qualitätsdiagnose

Die Diagnose der Qualität bzw. des Pflegezustandes von Produkten, Maschinen und Prozessen gehört weltweit zu den erfolgreichsten Einsatzfeldern der XPS-Methodik. So ist es auch im deutschsprachigen Raum. Im Prinzip tauchen immer wieder zwei Erscheinungsformen auf:

a) Aus wenigen Symptomen, d.h. Fehlern am Produkt, ist wissensbasiert darauf zu schließen, an welcher Stelle eines unübersichtlichen Prozesses eine Störung eingetreten ist oder Parameter nicht optimal eingestellt sind.

b) Es werden so viele Daten maschinell erfaßt und abgespeichert, dab ein Expertensystem benötigt wird, um die wesentlichen Erkenntnisse über die Qualität herauszufiltern.

Als Beispiel sei ein System herausgegriffen, das wissensbasiert Frühwarnungen gibt, wenn ein Glühprozeß in einem Stahlwerk nicht in Ordnung ist. Damit soll die Unterbrechung des Prozesses vermieden werden. Vom Betreiber des XPS wurden große Nutzeffekte berichtet. Man sagte: "Das XPS hat sich schon amortisiert, wenn damit nur ein Stillstand vermieden wird, denn wir holen eher die Feuerwehr, als daß wir die Produktion unterbrechen".

Sehr bekannt wurden im deutschsprachigen Raum die beiden Systeme IXMO zur Motorendiagnose (vgl. PUPPE 85, ERNST 87 und RAIMONDI 87). Sie wurden bei Daimler-Benz und bei BMW eingeführt. Bei Daimler-Benz läuft das System nach wie vor. Es ist stark in die administrativen Prozeduren, z.B. die Qualitätsberichterstattung, eingebunden. Bei BMW wurde IXMO hingegen aus dem produktiven Einsatz herausgenommen. Einer von mehreren Gründen ist der folgende: In der Motorendiagnose des Automobilherstellers ist hochqualifiziertes Personal beschäftigt. Anfänglich konsultierten auch diese sehr fähigen Leute das XPS, denn es enthielt nicht nur ihr eigenes Wissen, sondern auch das der Kollegen. Im Lauf der Zeit entwickelten die Mitarbeiter immer mehr ein Gefühl dafür, was das XPS bei bestimmten Datenkonstellationen sagen wird. Infolgedessen brauchen sie es nicht mehr zu konsultieren.

2.2.8 Fertigungsmonitoring

Die Funktionen, die bisher für den Fertigungsablauf beschrieben worden sind, sind eher kurzfristiger Art und fallen für jeden einzelnen Auftrag an. Daneben gibt es längerfristige Aufgaben, die gleichsam neben der eigentlichen Fertigung ablaufen und längerfristiger Natur sind. In diesem und im nachfolgenden Unterabschnitt sollen zwei davon näher beleuchtet werden, nämlich das Fertigungsmonitoring und die Parameterkonfiguration.

In der Literatur werden seit einiger Zeit sogenannte Monitor-Systeme diskutiert (vgl. HOLZKÄMPER 87). Darunter versteht man Programmpakete, welche die aus der Fertigung zurückgemeldeten Daten geeignet verdichten und dem Benutzer für flexible Auswertungen bereitstellen. Besonderer Wert wird auf anschauliche graphische Darstellungen gelegt. Auf diese Weise kann der Kontrolleur den Ursachen für auffällige Entwicklungen nachgehen. Einen Schritt weiter führen Diagnose-Expertensysteme: Sie sollen, aufbauend auf den betrieblichen Rückmeldedaten, Defizite automatisch diagnostizieren.

Als Beispiel für ein derartiges Diagnosesystem wird im folgenden des XPS DIPSEX kurz beschrieben (vgl. MERTENS/U.A. 89a). Der Wissensbasis von DIPSEX liegen die vier globalen Ziele der Fertigung zugrunde: kurze Durchlaufzeiten, gute Termineinhaltung, niedrige Bestände und eine angemessene Kapazitätsauslastung. Während die ersten beiden unter dem Begriff "marktseitige Zielsetzungen" subsumiert werden, bezeichnet man die letzteren beiden als "betriebsseitige Ziele". Untersucht man, welche Auswirkungen Schwachstellen in diesen vier Bereichen nach sich ziehen, so wird deutlich, daß sich marktseitige Defizite als eine Folge innerbetrieblicher Schwächen auffassen lassen. Daher gliedert sich die Wissensbasis von DIPSEX in zwei Bereiche:

a) In einem ersten Schritt gilt es, aufgrund der Rückmeldedaten die Durchlaufzeiten sowie die Termintreue einer kritischen Analyse zu unterziehen und so marktseitige Schwächen zu diagnostizieren.

b) Anschließend sollen die Kapazitätsausnutzung und die Bestände untersucht werden, um nach Möglichkeit die vorher festgestellten marktseitigen auf betriebsseitige Defizite zurückzuführen.

Die Diagnosen von DIPSEX beruhen auf der Untersuchung von Zeitreihen, die für ausgewählte Kennzahlen geführt werden. DIPSEX betrachtet neben der Entwicklung einzelner Zeitreihen auch deren Zusammenwirken. Als Ergebnisse liefert das System sowohl Schwachstellen, die in der Vergangenheit sehr häufig zu verzeichnen waren, als auch solche, die sich für die absehbare Zukunft abzuzeichnen scheinen. Außerdem wird nicht nur auf Verschlechterungen der Fertigungssituation, sondern auch auf Verbesserungen hingewiesen. Die Aufteilung der Wissensbasis gestattet es, durch die differenzierte Vergabe von Referenzwerten und Toleranzschwellen die unterschiedlichen Zielsetzungen betriebsindividuell zu gewichten. Wird beispielsweise in einem Betrieb die Termineinhaltung als besonders wichtig erachtet, so können die Benutzer dem dadurch Rechnung tragen, daß sie alle diesbezüglichen Toleranzschwellen entsprechend streng festlegen.

2.2.9 Parametereinstellung

Die zweite längerfristige Aufgabe im Produktionsbereich ist die Parametereinstellung. PPS-Systeme besitzen in der Regel eine große Anzahl von Parametern, die vom Menschen in ihren Wirkungen kaum zu übersehen sind (vgl. PABST 85). In einer von der Abteilung Wirtschaftsinformatik der Universität Erlangen-Nürnberg in einem Industrieunternehmen der Hausgeräteindustrie durchgeführten Untersuchung fand man folgende Fehlerkategorien (vgl. GÜNZEL 90):

a) aufgabenwidrige Parameterverwendung
Beispiel: Verwendung des Rundungswertes als Mindestbestellmenge

b) Verwenden unwirksamer Parameter
Beispiel: Rundungswert bei Meldebestandsverfahren.

c) Nichtverwenden wirksamer Parameter

Beispiel: Sicherheitsbestand wird kaum eingesetzt.

d) Außerkraftsetzen von Parameterwirkungen
Beispiel: Bestellmengenraffung auf Periodenbedarf wird durch zu hohe Mindestbestellmengen unwirksam.

e) Übersehen von Parameternebenwirkungen
Beispiel: Die Planlieferzeit soll in erster Linie die Wiederbeschaffungszeit abbilden; Nebenwirkung: Berechnung des Sicherheitsbestandes bei prognosegestützten Dispositionsverfahren.

Die Einstellung von Parametern wird nicht unwesentlich durch das umfangreiche Mengengerüst erschwert, wie das folgende Beispiel verdeutlicht: Enthält das PPS-System 40 teilespezifische Parameter und umfaßt die Produktion 10.000 verschiedene Teile, so ergeben sich 400.000 konkrete Stellgrößen, die alle zielgerichtet zu konfigurieren sind. Daneben gilt es aber auch, komplexe Neben- und Wechselwirkungen in Betracht zu ziehen. Im allgemeinen beeinflußt ein einzelner Parameter mehrere Fertigungsprobleme; wählt man beispielsweise kleine Losgrößen, so sinken tendenziell die Bestände, während wegen der häufigeren Umrüstvorgänge die Gefahr einer Kapazitätsverknappung steigt; daneben ist auch der Einfluß der Losgrößen auf die mittlere Durchlaufzeit zu beachten. Abb. 2.2.9/1 stellt diesen Sachverhalt dar. Umgekehrt bedarf es zur Lösung eines Fertigungsproblems häufig mehrerer Parameter; um etwa auf die Losgrößenbildung Einfluß zu nehmen, muß man bei einem weitverbreiteten PPS-Paket drei Parameter geeignet einstellen: Mindestauftragsmenge, maximale Auftragsmenge und Bestellpolitikschlüssel.

Abb. 2.2.9/1 Einfluß der Losgröße

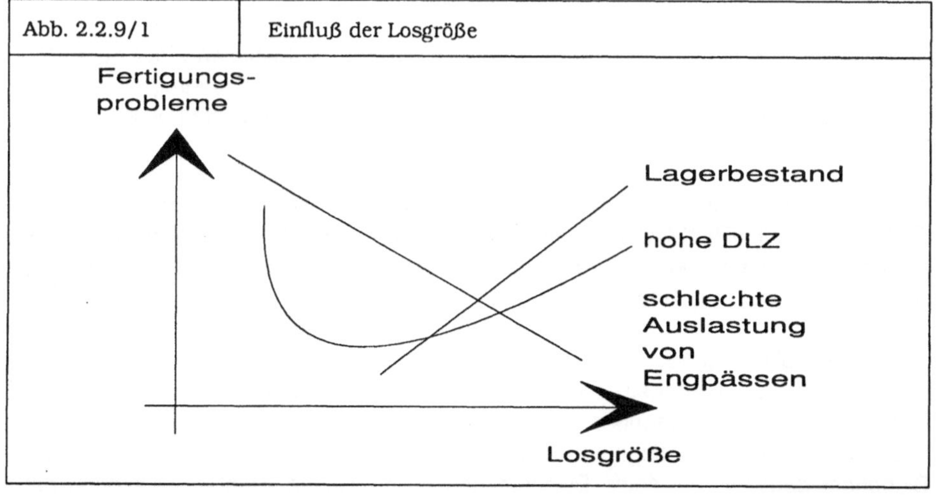

Im Bereich der Parametereinstellung lassen sich zwei Aufgabentypen voneinander abgrenzen:

a) Bei der statischen Parametereinstellung gilt es, eine möglichst gute Initialeinstellung der PPS-Parameter zu finden.

b) Im Rahmen der dynamischen Parametereinstellung verfolgt man hingegen das Ziel, die Parameterwerte laufend hinsichtlich neuer Fertigungssituationen und veränderter Unternehmensziele zu überwachen und anzupassen.

In einem Kooperationsprojekt mit einem Industrieunternehmen wurde für die Initialeinstellung der Parameter eines PPS-Systems ein Konzept für ein entsprechendes XPS entwickelt (vgl. GÜNZEL 90).

Abb. 2.2.9/2	Grundsätze für Bestellmengenverfahren
- Der Aufwand für die Verwendung kostenoptimierender Losgrößenverfahren sollte v.a. bei A-Teilen nicht gescheut werden, da hierbei signifikante Kostensenkungen zu erwarten sind. Daher sollten nach Möglichkeit Verfahren wie "Gleitende wirtschaftliche Losgröße" eingesetzt werden, sofern Kostendaten zu den betreffenden Materialien verfügbar sind.	
- Wegen der stark bestandserhöhenden Wirkung der Wochen- bzw. Monatsbedarfsraffung sollte bei plangesteuerten A-Teilen vorzugsweise die "exakte Bestellmenge" verwendet werden.	
- C-Teile sollten zur Aufwandsreduzierung im Zweifel mit höheren Bestellmengen disponiert werden. Hier sollten in jedem Fall Bedarfsraffungen verwendet werden.	

Die Regeln der Wissensbasis bauen auf Grundsätzen auf, welche die Leitlinien einer guten Parametereinstellung beschreiben. Abb. 2.2.9/2 zeigt exemplarisch einige Faustregeln, die bei der Konfigurierung des sogenannten Bestellmengenkennzeichens zu beachten sind, das für die Auswahl des Bestellverfahrens zuständig ist.

Als Beispiel für ein Expertensystem zur dynamischen Parametereinstellung diene PAREX-CO (vgl. HARTINGER/U.A 90). PAREX-CO liegt eine Dekomposition der Konfigurationsaufgabe in die drei Teilprobleme Problemerkennung, Parameterselektion und Parametereinstellung zugrunde. Abbildung 2.2.9/3 zeigt den Aufbau von PAREX-CO.

Ausgehend von der aktuellen Fertigungssituation und historischen Daten werden vorliegende Fertigungsprobleme maschinell diagnostiziert bzw. demnächst eintretende Schwierigkeiten vorhergesagt. PAREX-CO erhält die Diagnosen und Prognosen zum Teil von seinem Partnersystem DIPSEX zur Fertigungsablaufdiagnose (vgl. Abschnitt 2.2.8); daneben kann auch der menschliche Disponent dem System seine Einschätzung zu möglichen Problemsituationen mitteilen. Gewissermaßen das Herz von PAREX-CO stellt das Parameterselektionsmodul dar, das potentiell zur Abstellung der Probleme geeignete Parameter unter Beachtung möglicher Nebenwirkungen und Interdependenzen ermittelt. Ziel ist hierbei, möglichst wenig Parameter auszuwählen, die jedoch eine ausreichend große Wirkung und geringe schädliche Nebenwirkungen erwarten lassen. Den Abschluß bildet das Parametereinstellungsmodul, in dem Wissen über die Regulierung der ausgewählten Parameter abgelegt ist; hier werden die selektierten Parameter situationsspezifisch umkonfiguriert.

Abb. 2.2.9/3 Aufbau von PAREX-CO

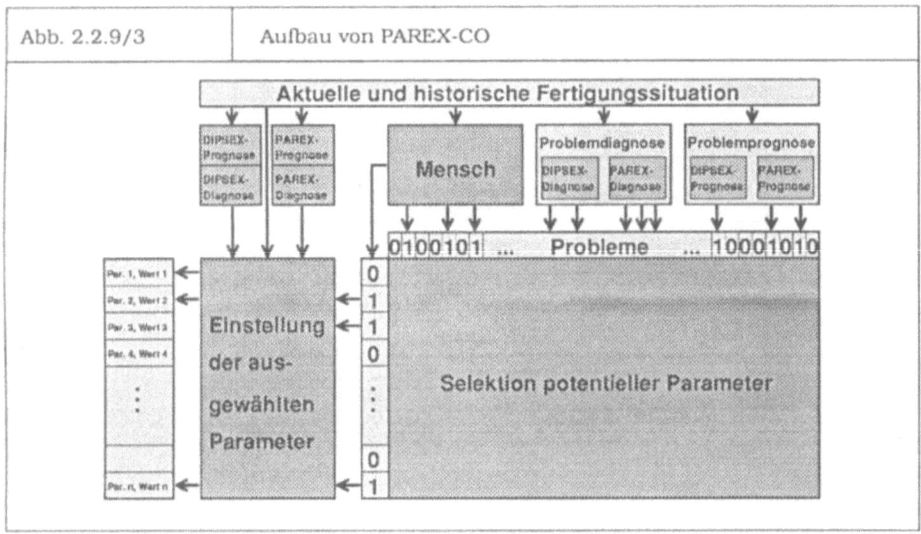

Die Parameterselektionsmatrix enthält nicht nur Angaben darüber, ob eine Stellgröße ein Fertigungsproblem beeinflußt oder nicht, sondern auch Angaben zur Stärke dieser Wirkung. Beim Prototypen werden die Zahlenwerte "0", "1", "2" und "3" verwendet, wobei das Vorzeichen noch angibt, ob sich bei einer Erhöhung des Parameterwertes das betreffende Problem verbessert oder verschlechtert. Abb. 2.2.9/4 deutet die Fälle an, daß ein Parameter in bezug auf ein Problem keinen (0), einen schwachen (1), mittelmäßigen (2) oder starken (3) Einfluß ausübt.

Abb. 2.2.9/4 Wirksamkeit von Parametern

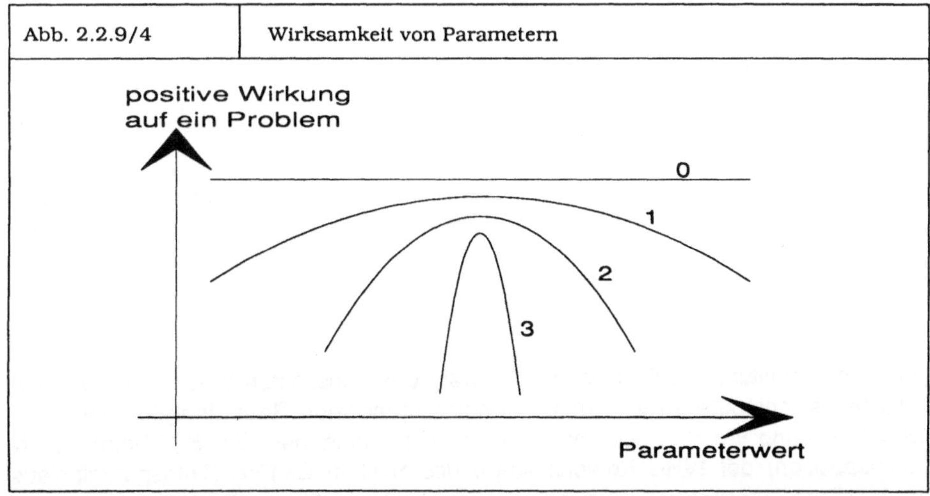

Abb. 2.2.9/5 veranschaulicht den Ablauf der Parameterselektion.

Abb. 2.2.9/5	Ablauf der Parameterselektion

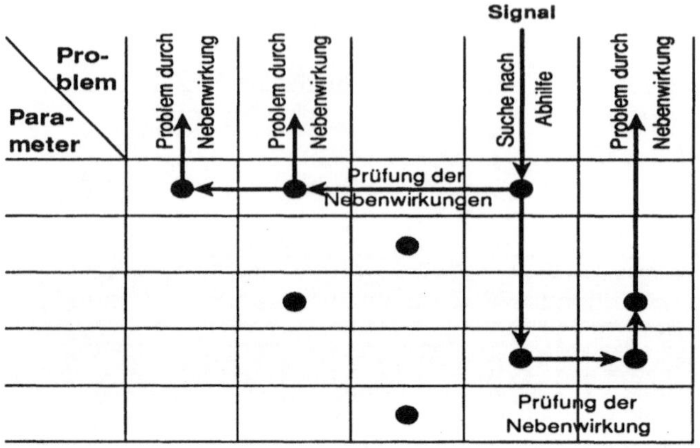

Ein Signal, z.B. eine gravierende Soll-Ist-Abweichung, zeigt ein Problem an. Das System sucht in der zugehörigen Spalte der Problem-Parameter-Matrix geeignete Parameter. Eine Auswahlhilfe wählt unter mehreren alternativen Parametern einen aus. Durch Absuchen der Zeile, in der der Parameter steht, findet man weitere Probleme, die durch Umstellung des Parameters verschärft oder auch gemildert werden ("Nebenwirkungen"). Ob der entsprechende Parameter tatsächlich ausgewählt wird, hängt davon ab, inwieweit bei ihm die positiven Auswirkungen gegenüber den negativen überwiegen.

2.3 Vertriebsfunktionen bei bzw. nach der Auslieferung

2.3.1 Versandlogistik

In der Versandlogistik sind die sogenannten W-Fragen zu beantworten (Beispiel: Wieviel? Welche Produkte? Wann? Von wo aus? Wie? Wohin?). Wegen der enormen Interdependenzen der Teilfragen resultiert eine nur sehr schwer beherrschbare Komplexität. Nachdem viele Versuche mit nicht wissensbasierten DV-Werkzeugen gescheitert sind, gibt es Überlegungen, auf diesem Gebiet WBS einzusetzen. Größere Erfolge sind bislang jedoch ausgeblieben.

Im Bereich der Transportmittelauswahl bzw. der Auswahl des günstigsten Vertriebsweges unter Service- und Kostengesichtspunkten sind uns im deutschsprachigen Raum lediglich die Systeme SCINAPSE (Zuordnung von Transportmitteln zu Transportaufgaben) der SCSGmbH, CONTEX (Containerdisposition) der WHU Koblenz sowie das System EXTRA (Transportmittelauswahl für innerbetriebliche Transportbewegungen) des Fraunhofer-Instituts in Dortmund bekannt.

Ein weiteres Problemfeld im Bereich der Logistik ist das sogenannte Logistik-Controlling. Ein wirksames Logistik-Controlling ist ein Mittel, um eine entsprechende Logistikleistung zu sichern. Dies geschieht über Zielvereinbarungen, Maßnahmenplanung und Überwachung der Zielerreichung. Ein Beispiel dafür ist das XPS LOGEX, das dazu dient, die logistische Leistung im Bereich Optohalbleiter eines Elektronikkonzerns zu untersuchen (vgl. DRÄGER/U.A. 88, REHÄUSER 89 und SCHOLZ 89). Hierzu verarbeitet LOGEX umfangreiches Zahlenmaterial über die Einhaltung von Terminzusagen, Lieferfähigkeit, Lagerbestände, Umdisposition noch nicht fälliger Termine etc. zu einer kompakten Darstellung der logistischen Situation. Die Ergebnisse werden im Rahmen eines dreistufigen Informationskonzeptes präsentiert: Im ersten Schritt wird dem Logistik-Controller ein grober Überblick über die logistische Leistung in den ausgewählten Bereichen gegeben. Anschließend übernimmt LOGEX die Aufgabe eines Assistenten, der das Datenmaterial liest, entsprechend aufbereitet und kommentiert. Abschließend erfolgt ein Hinweis auf das datenliefernde Grundverfahren. Das ist notwendig, weil die Datenbasis von vielen administrativen DV-Programmen beschickt wird. Diese benötigt man wiederum, weil die Logistik eine Querschnittsfunktion mit vielfältigen Berührungspunkten zu anderen Sektoren ist. Analog zu dem bereits existierenden Logistik-Controlling mit den Hauptkontrollgrößen Liefertreue, Lieferfähigkeit, Lieferqualität, Lieferzeit und Informationsbereitschaft, die zu einer Spitzenkennzahl, dem Servicegrad, zusammengefaßt sind, wurde LOGEX sehr stark modular aufgebaut. Dadurch kann das XPS sehr differenzierte Aussagen zu den einzelnen Hauptkontrollgrößen treffen. Darüber hinaus werden diese Kennzahlen in einem einzigen Wert, dem Logistikbarometer, zusammengefaßt.

2.3.2 Außendienstdiagnose

Primäres Ziel der XPS zur Wartung im Außendienst ist es, die Maschinenbediener vor Ort in die Lage zu versetzen, kleine und mittlere Störungen selbständig zu beheben. Sofern dies gelingt, spart der Hersteller während der Lebensdauer des von ihm gelieferten Aggregates eine Reihe von Kundenbesuchen seiner Außendiensttechniker ein. Dadurch reduzieren sich vor allem im Exportgeschäft über den gesamten Lebenszyklus gesehen die Wartungskosten erheblich. Als weiteren Nutzeffekt erhofft man sich davon einen strategischen Wettbewerbsvorteil gegenüber Konkurrenten, die über derartige Add-ons noch nicht verfügen.

Viele dieser Programme gehen über den Umfang reiner Diagnosesysteme hinaus und liefern dem Anwender nicht nur Beschreibungen der Fehlerursachen, sondern geben ihm zusätzlich Hinweise zu deren Beseitigung. Längerfristig beabsichtigen viele Hersteller von Betriebsmitteln, ihre Maschinen und Anlagen mit einem integrierten wissensbasierten Diagnosesystem auszuliefern. So stattet etwa ein Hersteller von Robotern die von ihm angebotenen Geräte mit einem XPS aus, das dem Bedienpersonal die Fehlersuche erleichtern soll (vgl. O.V. o.J.).

Grundsätzlich sind bei derartigen Diagnose-XPS folgende Ausbaustufen denkbar:

a) Es sollen beim Hersteller Mitarbeiter mit vergleichsweise geringer fachlicher Qualifikation in die Lage versetzt werden, in Beratungsgesprächen Störungen, die beim Kunden aufgetreten sind, zu diagnostizieren.

b) Besonders befähigte Mitarbeiter des Kundenbetriebes sollen mit Hilfe eines Expertensystems Fehler diagnostizieren.

c) Auch weniger qualifizierten Mitarbeitern des Kundenbetriebes soll dies ermöglicht werden. Ein extremes Beispiel läge etwa dann vor, wenn die Bedienung des Systems ausschließlich mittels leicht verständlicher Ikonen erfolgen würde, um dessen Einsatz auch in Ländern zu ermöglichen, in denen Analphabetismus weit verbreitet ist.

d) Schließlich ist auch daran zu denken, das Produkt mit einem XPS zur Selbstdiagnose auszustatten.

e) Die höchste Stufe würden Produkte darstellen, die zur Selbstdiagnose und zur Selbstreparatur fähig sind.

Literatur

BAUER 88
Bauer, J., Grundlagen eines Financial Engineering. Eine Darstellung und Erklärung der Probleme des Financial Engineering, Idstein 1988.

BRAUN/U.A. 89
Braun, F. und Lebsanft, E., Ein Expertensystem zur Auftragsreihenfolgeplanung für eine roboterisierte Packstraße, Broschüre der Synlogic AG, Bingen 1989.

DRÄGER/U.A. 88
Dräger, U. und Elmer, L., Wissensbasiertes Logistikcontrolling, in: Siemens AG (Hrsg.), Tagungsband Künstliche Intelligenz in der Praxis, 30.11. - 1.12.88, München 1988, S. 207 ff.

ERNST 87
Ernst, G., Einsatz eines Expertensystems im Bereich der Motordiagnose, CIM Management 3 (1987) 4, S. 30 ff.

GAMM/U.A. 88
Gamm, W. und Herrmann, F., OCEX - Ein Expertensystem zur Überprüfung von Kundenaufträgen und zur Konfiguration von Produktionssteuerungsanforderungen, in: Fähnrich, K.P. (Hrsg.), KOMMTECH '88, Proceedings zur 5. Europäischen Kongreßmesse für technische Automation, Symposium 13, Essen 1988, S. 13.1.01 ff.

GÜNZEL 90
Günzel, U., Möglichkeiten der wissensbasierten Einstellung von Parametern bei der Erstinstallation des PPS-Systems SAP-RM am Beispiel der Materialwirtschaftsparameter in einem Unternehmen der Hausgeräte-Industrie, Diplomarbeit, Nürnberg 1990.

HARTINGER/U.A. 90
Hartinger, M. und Wedel, Th., Stand des Expertensystems PAREX-CO zur Wissensbasierten dynamischen Konfiguration von Parametern des PPS-Modularprogramms COPICS, Arbeits-

berichte der Abteilung Wirtschaftsinformatik der Universität Erlangen-Nürnberg, Nürnberg 1990.

HERRMANN 87
Herrmann, F., OCEX - Ein Expertensystem zur Konfiguration von Kundenaufträgen, in: Wildemann, H. (Hrsg.), Expertensysteme in der Produktion, Passau 1987, S. 485 ff.

HOLZKÄMPER 87
Holzkämper, R., Kontrolle und Diagnose des Fertigungsablaufs auf der Basis des Durchlaufdiagramms, Fortschritt-Berichte VDI, Reihe 2: Fertigungstechnik, Nr. 131, Düsseldorf 1987.

HORNUNG 87
Hornung, G., Künstliche Intelligenz bei Hewlett-Packard, in: Techno Congreß GmbH (Hrsg.), Expertensysteme in der praktischen Anwendung, Frankfurt 1987.

JANSEN 88
Jansen, R., Ein wissensbasiertes System für die Generierung von Arbeitsplänen in einem Unternehmen der Optik, Feinmechanik und Elektronik, in: Mertens, P., Wiendahl, H.-P. und Wildemann, H. (Hrsg.), CIM-Komponenten zur Planung und Steuerung, München 1988, S. 117 ff.

KEMPFERT/U.A. 87
Kempfert, C., Reinecke, R., Höltke, R. und Florek, S., An Approach for Representing Administration Processes: Experience from an Expert System Application, in: Brauer, W. und Wahlster, W. (Hrsg.), Wissensbasierte Systeme, GI-Kongreß, Berlin u.a. 1987, S. 78 ff.

KRALLMANN/U.A. 88
Krallmann, H. und Kelemis, A., Ein wissensbasiertes System für den Einkauf, in: Siemens AG (Hrsg.), Tagungsband Künstliche Intelligenz in der Praxis, 30.11.-1.12.88, München 1988, S. 337 ff.

MERTENS/U.A. 89a
Mertens, P., Helmer, J., Rose, H. und Wedel. Th., Ein Ansatz zu kooperierenden Expertensystemen bei der Produktionsplanung und -steuerung, in: Kurbel, K., Mertens, P. und Scheer, A.-W. (Hrsg.), Interaktive betriebswirtschaftliche Informations- und Steuerungssysteme, Berlin u.a. 1989, S. 13 ff.

MERTENS/U.A. 89b
Mertens,P. und Ringlstetter, Th., Verbindung von wissensbasierten Systemen mit Simulation im Fertigungsbereich, OR Spektrum o.Jg. (1989) 11, S. 205 ff.

MERTENS/U.A. 90
Mertens, P., Borkowski, V. und Geis, W., Betriebliche Expertensystem-Anwendungen, 2., völlig neu bearbeitete und erweiterte Auflage, Heidelberg u.a. 1990.

O.V. 88
O.V., Marktgeschehen, KI 2 (1988) 3, S. 55 ff.

O.V. 89
O.V., LSX Configuration System, Informationsschrift von Olivetti, TA-Research 1989.

O.V. o.J.
O.V., Reis-Service-Expert, Broschüre der Reis GmbH & CO Maschinenfabrik, Obernburg o.J.

PABST 85
Pabst, H.-J., Analyse der betriebswirtschaftlichen Effizienz einer computergestützten Fertigungssteuerung mit CAPOSS-E in einem Maschinenbauunternehmen mit Einzel- und Kleinserienfertigung, Frankfurt a.M. u.a. 1985.

PARUNAK 88
Parunak, H. V. D., Distributed Artificial Intelligence Systems, in: Kusiak, A. (Hrsg.), Artificial Intelligence: Implications for Computer Integrated Manufacturing, Berlin u.a. 1988, S. 225 ff.

PARUNAK/U.A. 85
Parunak, H. V. D., Irish, B. W., Kindrick, J. und Lozo, P. W., Fractal Actors for Distributed Manufacturing Control, in: o.Hrsg., The Second Conference on Artificial Intelligence Applications - The Engineering of Knowledge-Based Systems, Miami Beach, Florida 1985, S. 653 ff.

PUPPE 85
Puppe, F., Erfahrungen aus drei Anwendungsbeispielen mit MED1, in: Brauer, W. und Radig, B. (Hrsg.), Wissensbasierte Systeme, GI-Kongreß, Berlin u.a. 1985, S. 234 ff.

RAIMONDI 87
Raimondi, G., IXMO optimiert den Testlauf, MEGA 2 (1987) 1, S. 64.

REHÄUSER 89
Rehäuser, J., Redesign und Implementierung eines wissensbasierten Systems zum Controlling der Absatzlogistik - Liefertreue, Lieferqualität, Informationsbereitschaft, Diplomarbeit, Nürnberg 1989.

REINECKE 88
Reinecke, R., An Expert System for Monitoring Administration Processes: Experience from a Case Study, in: Dillmann, R. und Swiderski, D. (Hrsg.), WIMPEL '88 - Tagung des German Chapter of the ACM und der Interface GmbH vom 28. - 30. Juni 1988 in München, Stuttgart 1988, S. 380 ff.

ROSE 89
Rose, H., Computergestützte Störungsbewältigung beim Durchlauf von Produktionsaufträgen unter besonderer Berücksichtigung wissensbasierter Elemente, Dissertation, Nürnberg 1989.

SCHEER/U.A. 89
Scheer, A.-W., Bock, M. und Bock, R., Konstruktionsbegleitende Kalkulation in CIM-Systemen aus betriebswirtschaftlicher Sicht, in: Männel, W., Perspektiven, Führungskonzepte und Instrumente der Anlagenwirtschaft, Schriftenreihe Anlagenwirtschaft, Verlag TÜV Rheinland, Köln 1989.

SCHMITT 88
Schmitt, A., ESEM - Ein Expertensystem für die Überwachung eines Logistiksystems, in: Bundesvereinigung Logistik (Hrsg.), Deutscher Logistik Kongreß 88, S. 542 ff.

SCHÖNSLEBEN 89
Schönsleben, P., Product Configuration with Many Variants Using Expert System Techniques, in: Roubellat, F. (Hrsg.), Advanced Information Processing in CIM, Proceedings of Esprit CIM - CIM Europe SIG 2 Workshop in Bremen, 20.-22. Sept. 1989

SCHOLZ 89
Scholz, Ch., Redesign und Implementierung eines wissensbasierten Systems zum Controlling der Absatz- und Produktionslogistik - Lieferfähigkeit, Lieferzeit, Diplomarbeit, Nürnberg 1989.

SOLTYSIAK 88
Soltysiak, R., Praktische Anwendungen von Expertensystemen in der Prozeßleittechnik, Automatisierungstechnische Praxis atp 30 (1988) 5, S. 247 ff.

STEPPAN 89
Steppan, G., Informationstechnik im Vertriebsaußendienst von Industrieunternehmen bei erklärungs- und klärungsbedürftigen Produkten, Dissertation, Nürnberg 1989.

SUHR/U.A. 87
Suhr, R. und Kelemis, A., BELI - Ein Expertensystem für den Einkauf, CIM Management 3 (1987) 4, S. 20 ff.

Vernetzte PC als Parallelrechner für gemischt-ganzzahlige Optimierung

Dieter Preßmar
Fachbereich Wirtschaftswissenschaften
Universität Hamburg

Zusammenfassung

Unter Verwendung eines PC-Netzes wird die Parallelisierung von Verfahren der gemischt-ganzzahligen Optimierung untersucht. Anhand von Optimierungsmodellen aus dem Bereich der Produktionsplanung wird die numerische Lösungsfähigkeit eines parallelisierten Verfahrens demonstriert. Die präsentierten Ergebnisse zeigen, daß Parallelverarbeitung für diesen Anwendungsfall deutliche Fortschritte bei der Lösung kombinatorischer Probleme ermöglicht.

1. Bedeutung der kombinatorischen Optimierungsverfahren für die betriebliche Planung

Mit der zunehmenden Steigerung der Prozessorleistungen gewinnt die optimierende Planung zur Lösung betriebswirtschaftlicher Dispositions- und Entscheidungsprobleme wieder an Bedeutung. Verarbeitungsleistungen bis zu 40 MIPS pro Prozessor lassen es realistisch erscheinen, daß wesentliche betriebliche Planungsaufgaben mit Hilfe von mathematischen Modellen der "Linearen Programmierung" gelöst werden können. Während in der Vergangenheit derartige Modelle wegen der großen Dimensionen der Praxis und der geringen Hardwareleistung scheitern mußten, schafft die nunmehr auf das zehnfache gesteigerte Verarbeitungsleistung eine günstige Basis, um den betrieblichen Planungsanforderungen entsprechen zu können. Dazu kommen weitere Fortschritte bei der Verbesserung und effizienten Implementation von numerischen Verfahren der mathematischen Optimierung; diese Arbeiten, die vor allem in den USA durchgeführt wurden, haben ebenfalls Leistungssteigerungen im Bereich des zwei- bis fünffachen ergeben /1/.

Diese günstige Prognose trifft jedoch auf solche Planungsmodelle nicht zu, die neben den kontinuierlich variierbaren Entscheidungsgrößen auch ganzzahlige Entscheidungsvariable aufweisen. In diesem Fall liegt ein Problem der gemischt-ganzzahligen Optimierung vor. Die ganzzahligen Variablen beschreiben zugleich ein kombinatorisches Optimierungsproblem, das für größere Dimensionen wegen des exponentiell ansteigenden Rechenaufwands in mathematisch exakter Form bis zum Beweis der Optimalität nicht mehr gelöst werden kann. Hier bieten neuere Entwicklungen der Rechnerarchitektur, wie sie beispielsweise Parallelrechner darstellen, Ansatzpunkte, um auch für diese besonders aufwendigen Optimierungsaufgaben praxisrelevante Lösungen der computergestützten Planung zu finden.

Gemischt-ganzzahlige Optimierungsmodelle sind geradezu typisch für die mathematische Formulierung betriebswirtschaftlicher Planungsaufgaben. Zentrale Fragestellungen der Finanz- und Investitionsplanung führen ebenso auf Planungsmodelle mit kombinatorischen Eigenschaften wie auch Planungsansätze der Materialwirtschaft und der Produktionsplanung. Es ist daher wünschenswert, neue Verfahren der computergestützten mathematischen Optimierung zu entwickeln und dabei die Fortschritte in der Hardwareleistung und der Hardwarearchitektur ebenso zu nutzen wie die Möglichkeiten, die in der Erprobung neuer Verfahren liegen.

2. Parallelverarbeitung und kombinatorische Optimierung

Probleme der kombinatorischen Optimierung werden in der Regel mit Hilfe von Branch- and Bound-Verfahren gelöst. Die diskreten Ausprägungsmöglichkeiten der Variablenwerte bilden dabei die Knoten eines Entscheidungsbaums. Mit Hilfe von Verfahrensregeln für das Verzweigen in diesem Baum werden alle für das mathematische Optimum relevanten Wertekombinationen untersucht, wobei der Baum von der Wurzel bis zur Blattebene durchlaufen wird. Zulässige Lösungen im Sinne der Ganzzahligkeit ergeben sich nur in der Blattebene des Entscheidungsbaums.

Für kombinatorische Aufgabenstellungen der Praxis können bis zu 10^{10} ganzzahlige Lösungen entstehen. Aufgabe des Suchverfahrens im Entscheidungsbaum ist es, aus dieser unübersehbaren Lösungsmannigfaltigkeit das Optimum zu finden. Es ist klar, daß dieser Such- und Prüfungsaufwand große Rechenkapazitäten bindet. Mit Hilfe von mehrfach parallel ablaufenden Suchprozessen läßt sich dieser Aufwand im Hinblick auf die Durchlaufzeit insgesamt reduzieren /2/.
Die Erfahrung zeigt, daß die Verarbeitungsleistung im günstigen Fall proportional zu der Anzahl der parallel angeordneten Prozessoren ansteigt. Werden somit 100 Prozessoren in dem genannten Beispiel eingesetzt, so reduziert sich der Aufwand pro Prozessor auf die Analyse von 10^8 möglichen Lösungen. Wenn dafür gesorgt wird, daß die parallelen Prozesse während der laufenden Verarbeitung Zwischenergebnisse austauschen, so können sich Synergie- Effekte einstellen, die zu einem überproportionalen Leistungsanstieg führen. Eine derartige Situation ergibt sich, wenn einzelne Prozesse bereits frühzeitig enge Schranken für den Optimalwert der Zielfunktion berechnen und diese Grenzwerte (Bounds) den anderen Prozessen helfen, Teile des Entscheidungsbaumes abzuschneiden. Je größer die Bereiche sind, die eliminiert werden können, desto geringer wird die Zahl der schließlich zu untersuchenden Lösungen; dementsprechend kann der Rechenaufwand reduziert werden. Erfahrungsgemäß läßt sich durch Anwendung der Bounds die Anzahl der für die Optimierung zu berechnenden Knoten um den Faktor 1000 bis 10000 reduzieren. In dem genannten Beispiel müßten dann noch etwa 10^6 bis 10^7 mögliche ganzzahlige Lösungen berechnet werden, um das exakte mathematische Optimum zu bestimmen.

Massive Parallelisierung in Verbindung mit dem Austausch von Zwischenergebnissen für Bounds zur Reduzierung des Suchbaums läßt die Erwartung zu, daß viele kombinatorische Problemstellungen der Praxis mit beherrschbarem Zeitaufwand gelöst werden können.

Zur Parallelisierung des Branch- and Bound-Verfahrens im Entscheidungsbaum bieten sich mehrere Gestaltungsmöglichkeiten an. In Abb. 1 ist ein zweiwertiger Baum dargestellt.

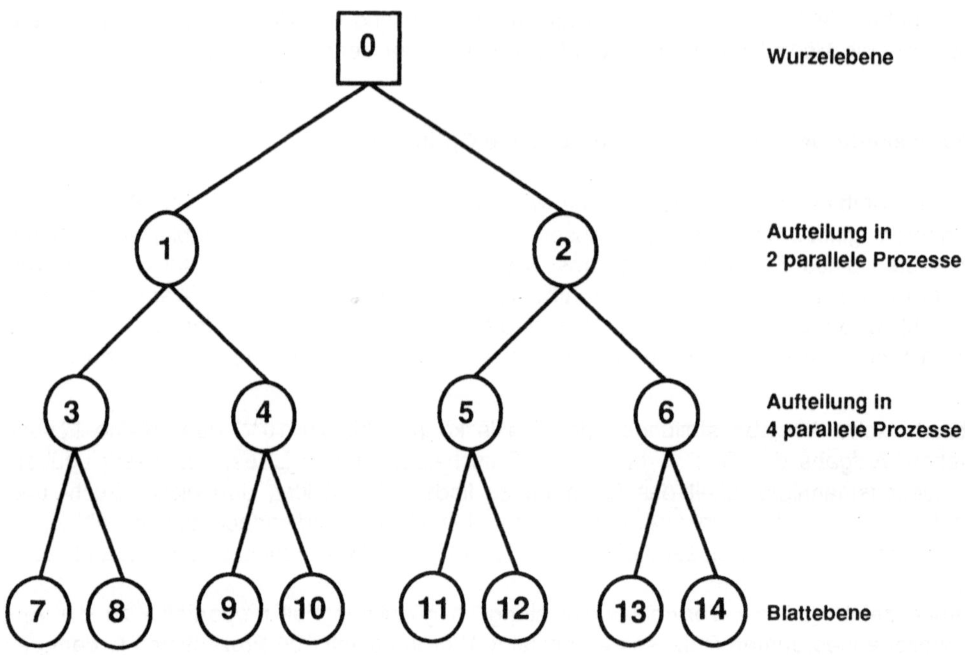

Abb. 1: Entscheidungsbaum des Branch and Bound-Verfahrens

Zwei parallele Suchprozesse können durchgeführt werden, wenn die Baumstruktur nach der ersten Verzweigung in zwei disjunkte Teile aufgespalten wird und damit die Knoten 1 bzw. 2 als Wurzelknoten der Teilbäume verwendet werden. Ähnlich kann auf der anschließenden Verzweigungsebene verfahren werden, indem die Knoten 3 bis 6 die Wurzeln von vier Teilbäumen bilden. Jeder Teilbaum wird nun mit Hilfe eines Prozessors evaluiert; je größer die Anzahl der parallel arbeitenden Prozessoren ist, desto größer kann die Zahl der Teilbäume gewählt werden. Mit steigender Anzahl der Teilbäume wird zugleich auch der Umfang des Teilproblems reduziert, so daß sich die Ausführungsdauer für die Analyse eines Teilbaums ebenfalls verkürzt.
Das Verfahren der disjunkten Aufteilung des Lösungsbaums repräsentiert eine Variante der Parallelisierung eines Branch- and Bound-Verfahrens. Eine Alternative dazu könnte darin bestehen, die Berechnung der einzelnen Knoten wahlfrei an die einzelnen Prozessoren zu verteilen. Mit Hilfe einer Kommunikation zwischen den Prozessen wird die systematische Evaluation des Baums bis hin zu der Blattebene durchgeführt. Diese beiden Beispiele mögen zeigen, daß die Strategie der Parallelisierung viele Möglichkeiten bietet. Es ist Aufgabe der Forschung, die jeweils effiziente Strategie für eine gegebene Problemstellung zu finden.

Im Falle der kombinatorischen gemischt-ganzzahligen Optimierung muß in jedem Knoten ein kontinuierliches LP- Problem gelöst werden. Die Bewältigung dieser Berechnungen erfordert einen geringeren Rechenaufwand, wenn sukzessive jeweils benachbarte Knoten vom gleichen Prozessor ausgewertet werden, weil dann auf der gleichen Basis der LP- Aufgabe aufgesetzt werden kann. Unter dieser Bedingung erfordert die Berechnung der LP-Lösung nur wenige Pivot- Schritte. Somit erscheint die Aufteilung des Gesamtproblems in zusammenhängende Teilbäume als eine zweckmäßige Strategie zur Evaluation des Suchbaumes.

3. Nutzung eines PC-Netzes als Parallelrechner

Betrachtet wird ein PC-Netz, das als Bus-Netz oder als Ring- Netz ausgebildet ist und mit einem Kollisionsverfahren oder einem Tokenverfahren betrieben wird. Die parallelisierten Prozesse werden auf die einzelnen Prozessoren der PCs verteilt; über die Netzverbindungen wird die Kommunikation zwischen den Prozessen hergestellt. Das System kann somit wie ein Parallelrechner arbeiten.

Während die typische Architektur eines Parallelrechners sich dadurch auszeichnet, daß die einzelnen Prozessoren eng miteinander gekoppelt sind und damit eine schnelle Kommunikation erlauben, verfügt ein PC-Netz nur über eine vergleichsweise geringe Kommunikationsleistung. Daher eignet sich für das PC-Netz vor allem eine grobe Granulierung der zu parallelisierenden Berechnungsaufgabe. Eine feine Granulierung, wie sie besipielsweise für die Parallelverarbeitung innerhalb eines Programms auf der Ebene der Maschinenbefehle angestrebt wird, ist daher für ein PC- Netz nicht zweckmäßig.

Die oben beschriebene Parallelisierung des gemischt- ganzzahligen Optimierungsproblems entspricht dem typischen Fall der groben Granulierung. Jede parallele Teilaufgabe wird durch ein eigenständiges Programm gelöst, das jeweils den Lösungsalgorithmus für ein kontinuierliches LP-Problem umfaßt. Die Kommunikation zwischen den Prozessen wird auf wenige Ereignisse im Zusammenhang mit dem Austausch von Branch- and Bound-Informationen beschränkt. Ein PC-Netz ist somit grundsätzlich geeignet, derartige Aufgabenstellungen zu lösen; Leistungsssteigerungen sind jedoch für einen typischen eng gekoppelten Parallelrechner zu erwarten. Im Hinblick auf das Preis-Leistungs-Verhältnis stellt das PC- Netz allerdings eine attraktive Alternative dar.

4. Ein gemischt-ganzzahliges Optimierungsmodell zur Produktionsplanung

Gegenstand der experimentellen Untersuchung ist ein vom Verfasser entwickeltes gemischt-ganzzahliges Optimierungsmodell, das die mathematisch geschlossene Lösung des Produktions- und Ablaufplanungsproblems ermöglicht /3/. Eine kostengünstige Berechnung dieser Planungsaufgabe eröffnet die Entwicklung leistungsfähiger PPS-Systeme, die grundsätzlich bessere, d.h. betriebswirtschaftlich optimierte Maschinenbelegungen erzeugen können. Mit dem Einsatz parallelisierter Verfahren wird die Möglichkeit geschaffen, mit einem vergleichsweise begrenzten Aufwand an Hardware auf der Grundlage eines arbeitsplatzorientierten Systems einen fortschrittlichen Ansatz für ein PPS-System zu realisieren.

Die mathematische Grundlage zur Abbildung der PPS-Aufgabe ergibt sich aus der Definition von diskreten Zustandsfunktionen für die im PPS-System betrachteten Produktionsanlagen. Eine Zustandsfunktion beschreibt mit Hilfe von ganzzahligen Binärvariablen die möglichen Belegungszustände einer Produktionskapazität im Zeitablauf. Da in jedem Zeitpunkt jeweils nur ein Belegungszustand möglich ist, darf genau eine Binärvariable den Wert 1 annehmen, während die anderen ganzzahligen Zustandsvariablen den Wert 0 haben müssen. Eine diskrete Zustandsfunktion besteht daher aus Variablen, die eine multiple-choice- Situation beschreiben. Die mathematische Formulierung eines derartigen Zusammenhangs zwischen Binärvariablen wird als Special Ordered Set vom Typ 1 (SOS) bezeichnet /4/.

Im Verlauf des gemischt-ganzzahligen Optimierungsprozesses müssen somit jene ganzzahligen Variablen bestimmt werden, die im Verband eines Special Ordered Set den Wert 1 annehmen und einen optimalen Zielfunktionswert garantieren. Das Branch- and Bound-Verfahren muß somit in dem vorliegenden Fall entsprechend modifiziert werden. In jedem Knoten des Suchbaumes sind demnach eine oder mehrere Binärvariablen derart auf 1 bzw. 0 zu setzen, daß schließlich in der Blattebene des Baumes jeweils genau eine Variable in einem Special Ordered Set den Wert 1 aufweist.

Der kontinuierliche Teil des Modells umfaßt jene Variable, die den Güterfluß und die Lagerhaltung in einem Produktionssystem beschreiben. Die Evaluation des Suchbaumes erfordert daher die Lösung eines kontinuierlichen LP-Modells für jeden Knoten.

5. Ablauforganisation der parallelen Prozesse

Zur Lösung des oben skizzierten Produktionsplanungsproblems ist ein gemischt ganzzahliges LP-Modell zu berechnen, wobei die ganzzahligen Binärvariablen zu Special Ordered Sets zusammengefaßt sind. Für diesen speziellen Fall können entsprechende parallelisierte Verfahren für die Evaluation des Suchbaumes eingesetzt werden. Im folgenden sollen an zwei unterschiedlichen Varianten beispielhaft mögliche Vorgehensweisen demonstriert werden.

Unterschiede in den beiden Varianten ergeben sich aus der Behandlung der Special Ordered Sets. Zunächst soll ein Baum mit vielfacher Verzweigung (vgl. Abb. 2) betrachtet werden.

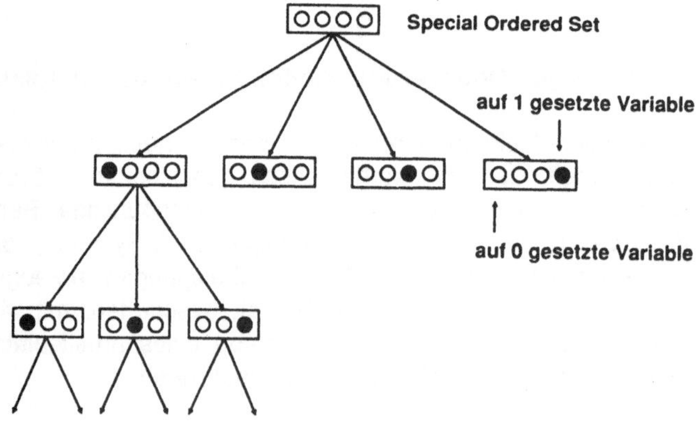

Abb. 2: Allgemeiner Baum-vielfache Verzweigung

Definitionsgemäß darf in einem Variablen- Set jeweils nur eine Variable den Wert 1 annehmen. In Abhängigkeit von den Möglichkeiten des Set werden in jedem Knoten n Verzweigungen vorgesehen. Jede Verzweigung kann als Aufteilungskriterium für disjunkte und zusammenhängende Teilbäume benutzt werden. Dadurch ist es möglich, entsprechend der Anzahl der verfügbaren Prozessoren parallele Prozesse im PC-Netz zu verteilen. Das Optimum ist erreicht, wenn alle aufgrund der Branch- and Bound-Kriterien zu berechnenden Knoten evaluiert sind und der beste Zielfunktionswert ausgewählt wird.

Eine andere Vorgehensweise bezieht sich auf einen Suchbaum mit ausschließlich zweifacher Verzweigung (vgl. Abb. 3).

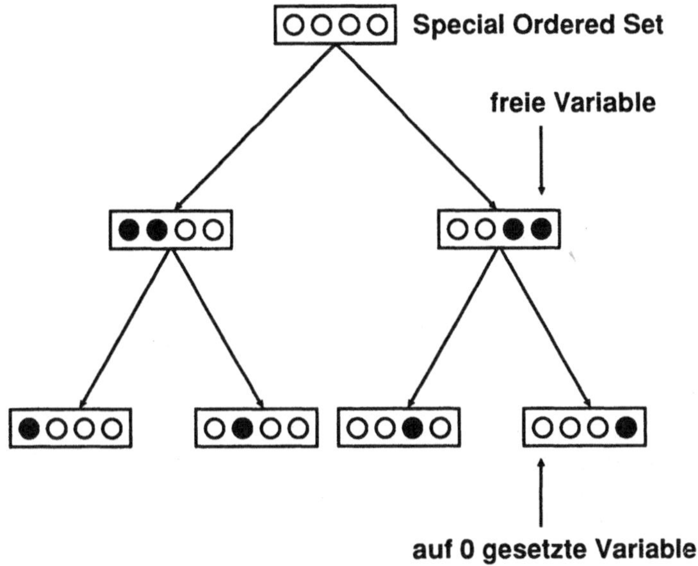

Abb. 3: Binärbaum-zweifache Verzweigung

Hier wird jeder Special Ordered Set durch fortgesetzte Halbierung schließlich auf die zulässigen Variablenkombinationen entsprechend der Multiple-Choice- Situation zurückgeführt. Auch die dabei auftretenden Verzweigungen liefern Anhaltspunkte für die Bildung disjunkter Teilbäume, deren Evaluation durch parallele Verarbeitung erfolgen kann.

Für Problemstellungen, die nicht die spezielle Struktur eines Special Ordered Set aufweisen, hat der Suchbaum grundsätzlich die Eigenschaft der Zweifachverzweigung. Damit läßt sich die Parallelisierung der Knotenberechnungen in der bereits beschriebenen Weise durchführen.

6. Implementierung des Optimierungsverfahrens

Das Optimierungsverfahren ist auf einem PC-Netz mit mehr als 20 DOS-PC der Leistungsklassen 286 und 386 mit mathematischem Coprozessor implementiert. Die Netztopologie weist eine Bus-Struktur auf; als Netzbetriebssystem wird NOVELL Netware 2.12 eingesetzt (vgl. Abb. 4).

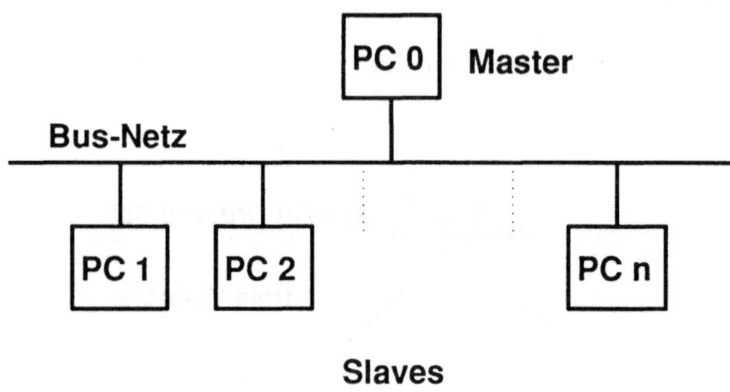

Abb. 4: Netztopologie

CSMA/CD wird als Kommunikationsverfahren im Netz verwendet. Ein Funktionstest auf der Grundlage eines Token-Ring-Netzes unter NOVELL Netware 2.15 wurde ebenfalls erfolgreich durchgeführt.

Die im folgenden genannten Leistungsmessungen beruhen auf einer Master-Slave-Beziehung zwischen den parallelen Prozessen. Der Masterprozeß teilt am Beginn des Berechnungsprozesses die parallelisierten Teilaufgaben zu; außerdem kontrolliert er die laufend erzeugten Zwischenergebnisse und gibt Anweisungen für den Ablauf des Branch- and Bound-Verfahrens.

Als zeitkritische Berechnung erweist sich die Bestimmung der LP-Lösungen für den kontinuierlichen Teil des mathematischen Modells. Derartige LP-Lösungen müssen in jedem Knoten des Suchbaumes erzeugt werden. Daher wird zur Durchführung dieser Berechnungen ein schnelles und bezüglich der Rundungsfehler-Fortpflanzung stabiles LP-Verfahren eingesetzt. Es handelt sich hier um das Softwareprodukt CPLEX, dessen Komponenten als Load-Modules im Rahmen des Verfahrens eingesetzt werden /5/.

Die Steuerung der Parallelverarbeitung und des Optimierungsprozesses wird durch ein spezielles in C programmiertes Kommunikationsprogramm durchgeführt, das die Verbindung zwischen dem Netzbetriebssystem und den Moduln des kontinuierlichen LP-Verfahrens herstellt (vgl. Abb. 5).

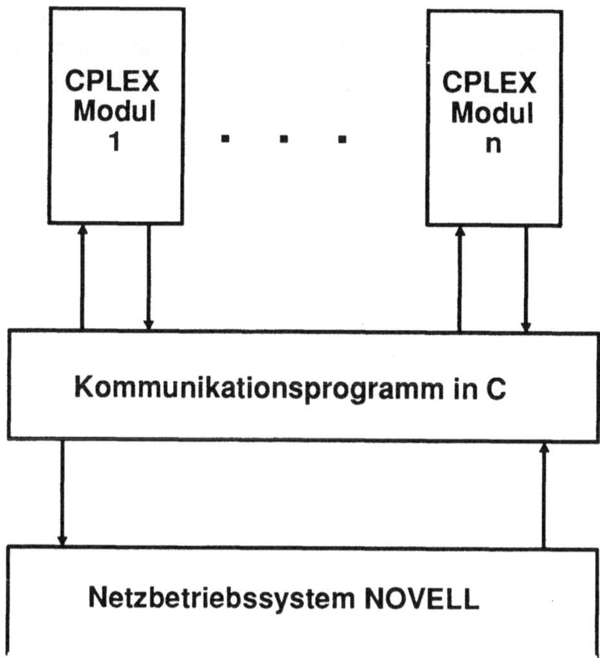

Abb. 5: Architektur des Software-Systems

Zugleich übernimmt das Kommunikationsprogramm die Verteilung der einzelnen Prozesse auf die PCs im Netz. Dabei können während des Optimierungsprozesses einzelne PC dazugeschaltet oder abgeschaltet werden, ohne das Verfahren zu stören. Im Hinblick auf das PC-Netz kann ein derartiges mathematisches Verfahren quasi neben anderen Aufgaben, wie beispielsweise Textverarbeitung oder Tabellenkalkulation, abgewickelt werden.
Das Leistungsverhalten hängt einmal von der Strategie des Branch- and Bound-Prozesses ab; zum anderen hängt die Durchlaufzeit für ein Optimierungsproblem auch wesentlich von dem Verfahren der Zuteilung paralleler Prozesse auf die Zahl der aktiven PC ab. Hier sind noch umfangreiche theoretische und experimentelle Untersuchungen erforderlich, um das Maximum der erzielbaren Rechenleistung zu finden.

7. Numerische Erfahrungen

Das Leistungsvermögen eines Parallelverarbeitungssystems wird im allgemeinen anhand der Geschwindigkeitszunahme (Speedup) des Verarbeitungsprozesses bei paralleler Verarbeitung im Vergleich zur Einprozessorverarbeitung gemessen. Dabei ist insbesondere die Entwicklung des Speedup in Abhängigkeit der eingesetzten Prozessoren von Interesse. Eine wichtige Vergleichsgröße ist die zur Anzahl der parallelen Prozesse proportionale Steigerung der Geschwindigkeit. Bei verschiedenen Anwendungen von Parallelcomputern wird gezeigt, daß der Faktor für die Geschwindigkeitssteigerung nicht größer sein kann als die Anzahl der eingesetzten Prozessoren. Allerdings kann im Falle des Branch- and Bound-Verfahrens eine Situation eintreten, daß durch vorzeitiges Auffinden von guten Bounds der Suchprozeß erheblich abgekürzt werden kann. Gegenüber einem sequentiellen Suchprozeß kann die vorzeitige Bestimmung von Bounds dadurch möglich sein, daß infolge der Parallelisierung gleichzeitig mehrere

Boundwerte berechnet werden, die unmittelbar allen Prozessen zur Verfügung stehen. So kann zufällig eine Konstellation eintreten, die einen Bound liefert, der bei sequentieller Evaluation erst zu einem späteren Zeitpunkt erreicht worden wäre. Diese Erscheinung kann als Synergieeffekt der Parallelverarbeitung bezeichnet werden.

Die zur Zeit experimentell gemessenen Leistungsdaten können wegen der geringen Zahl der untersuchten Modelle und Strategien noch nicht als repräsentativ angesehen werden. Trotzdem geben die im folgenden dargestellten Leistungsdaten einen typischen Eindruck von dem Leistungsverhalten parallel arbeitender Systeme.

Berechnet werden drei verschiedene Modelle der gemischt- ganzzahligen Optimierung mit Special Ordered Sets. Die Dimension der Modelle ergibt sich aus der Tabelle 1[1)]

Modell	A 3010301	W 3010301	B 1210853
Kontinuierliche Variable	39	33	88
Binärvariable	48	36	16
Restriktionen	94	61	88
Anzahl SOS	6	6	8
Beste Durchlaufzeit in min:sec	1:17	0:14	0:45

Tabelle 1: Kenndaten der Optimierungsmodelle

Das Leistungsverhalten ist in den Abb. 6a bis 6c in der Gestalt der empirischen Speedup-Verläufe wiedergegeben. Es zeigt sich, dab die Geschwindigkeitszunahme einen maximalen Wert annehmen kann, der bei dem Einsatz zusätzlicher Prozessoren wieder abnimmt.

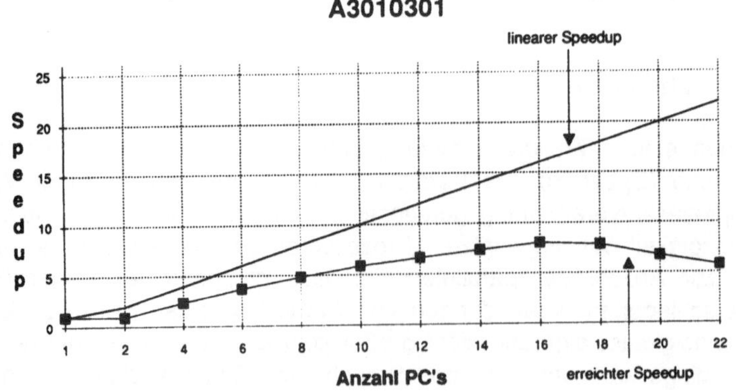

Abb. 6a: Erreichter Speedup bei Modell A3010301

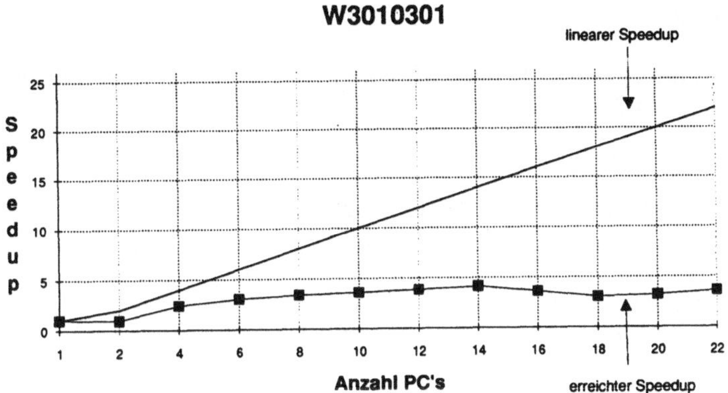

Abb. 6b: Erreichter Speedup bei Modell W3010301

Dieser Effekt läßt sich bei einem Master- Slave-Verfahren durch Sättigung des Masterprozesses erklären. Im Falle des Modells B wird eine überproportionale Geschwindigkeitsentwicklung sichtbar; hier zeigt sich die Wirkung eines Synergieeffekts.

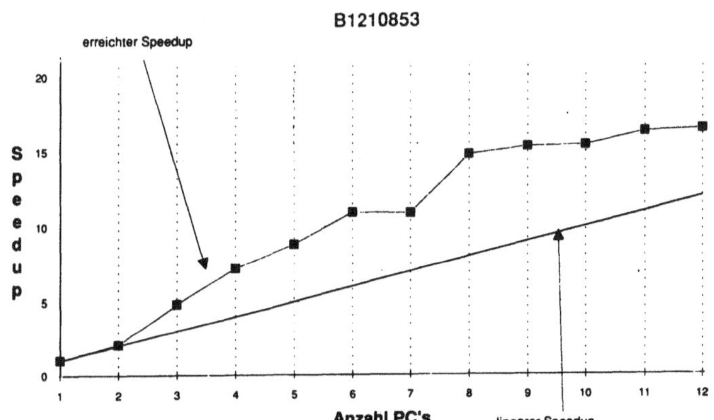

Abb. 6c: Erreichter Speedup bei Modell B1210853

Die untersuchten Optimierungsaufgaben weisen eine Dimension auf, die noch nicht mit den Modellen einer praxisrelevanten Produktionsplanung vergleichbar sind; sie dienen vor allem der Erprobung des Parallelverarbeitungsverfahrens in einem PC-Netz. Die weiteren Untersuchungen mit erheblich gesteigerten Modelldimensionen und mit verbesserten Strategien werden die praktische Relevanz der Parallelverarbeitung im Fall der gemischt-ganzzahligen Optimierung zeigen können.

8. Literaturhinweise

/1/ Forrest, J.J.H. und Tomlin, J.A.: Vector processing in simplex and interior methods for linear programming, Workshop on large scale optimization, Minnesota 1988.

/2/ Quinn, M.J.: Designing efficient algorithms for parallel computers, McGraw-Hill, New York 1987, S. 183 ff.

/3/ Preßmar, D.B.: Modelling dynamic systems by linear programming and its application to the optimization of production processes, in: Brans, J.P. (Hrsg.): Operational Research '84, Amsterdam 1984, S. 519-530.

/4/ Williams, H.P.: Model building in mathematical programming, Wiley, New York 1978, S. 173 ff/5/CPLEX callable library, Softwareprodukt der Fa. CPLEX Optimization Inc. Houston.

1) Meiner Mitarbeiterin, Frau Dipl. Wi.-Math. B. Schwartz, danke ich für die Durchführung der Programmierarbeiten und für die Erarbeitung der Rechenergebnisse.

Die Standardisierung digitaler Modelle im Ingenieurwesen

Peter Jan Pahl
Theoretische Methoden der Bau- und Verkehrstechnik
Technische Universität Berlin

Kurzfassung

Das digitale Modell ist die Grundlage des Einsatzes von Rechnern und Kommunikationsnetzen im Ingenieurwesen. Die kohärente Bearbeitung digitaler Modell in Netzen erfordert ein hohes Maß an Standardisierung. Grundlage dieser Standardisierung ist die abstrakte Gliederung der Informationseinheiten und Abbildungsregeln in Modellschema, Modelltyp und Modellprägung. Als Grundlagen einer noch ausstehenden Standardisierung der Modellschemata werden die Sprache Express im ISO-Normenentwurf STEP und die aus C abgeleitete objektorientierte Sprache C++ behandelt. Bei der Anwendung dieser Schemata zur Typisierung der Anwendungen im Ingenieurwesen treten wissenschaftliche, organisatorische und wirtschaftliche Schwierigkeiten auf. Diese können durch die Gliederung von Anwendungen in Nutzer-, Kern- und Prozessormodelle gemildert werden. Typische Modelltypen sind kurz beschrieben. Abschließend wird gezeigt, daß die Kommunikation mit Modellen zusätzliche Anforderungen an die Modellstruktur stellt, die bereits bei der Typisierung zu erfassen sind.

1. Modellbildung

Grundlagen

Die Entwicklung der Informationstechnik hat den Computer zu einem Bestandteil des Arbeitsplatzes jedes Ingenieurs gemacht. Fortschritte in der Kommunikationstechnik führen schrittweise zu zweckmäßigem Informationsfluß zwischen den Ingenieuren an den Arbeitsplätzen. Der sinnvolle Einsatz dieser neuen Arbeitsmittel ist weltweit von großer Bedeutung für Qualität und Wirtschaftlichkeit im Ingenieurwesen.

Die Datentechnik für Ingenieuraufgaben ist auf Universalrechnern in der zentralisierten FORTRAN-Welt großer Rechenzentren entstanden. Die Entwicklung folgte einer an Algorithmen orientierten Denkweise: mathematische Formulierungen physikalischer Aufgaben wurden als Schrittfolgen in Prozeduren kodiert. Syntax und Semantik der Daten waren an die Kodierung der Prozeduren gebunden. Dieses Algorithmen- orientierte Denken spiegelt sich in der Funktionalität der Benutzeroberfläche der klassischen Software.

Entwicklung

Die Verbreitung leistungsfähiger Arbeitsplatzrechner und ihre Verknüpfung mit Kommunikationsnetzen hat die Datentechnik im Ingenieurwesen grundlegend verändert. Die Verbindung des offenen Betriebssystems UNIX mit der Programmiersprache C und Werkzeugen wie C++ und X-Windows hat neue Rahmenbedingungen geschaffen. UNIX und C unterstützen die dynamische Speicherverwaltung über programmierbare Zeiger mit geringem Prozessoraufwand. C++ fördert die Objekt-orientierte Struktur der Software. Mit X-Windows werden Ereignis-gesteuerte und Fenster-orientierte Dialogoberflächen gestaltet, die eine freie Mischung von Text, Graphik, Menüs und Masken erlauben. Das Kommunikationsnetz zwischen den Arbeitsplätzen wird beim Einsatz von X-Windows hinter einer netzweit uniformen Nutzungsoberfläche vor dem Anwender verborgen. Der Ingenieur arbeitet ohne Zwischenschaltung von Hilfskräften selbst am Rechner.

Mit dem Ersatz des Datenflusses in den Kanälen einer verhältnismäßig geringen Anzahl von Universalrechnern durch den Datenfluß zwischen einer großen Anzahl von Ingenieuren an kohärenten Arbeitsplatzrechnern erhält die Datenkommunikation eine zentrale Bedeutung im Ingenieurwesen. Dies führt zur Forderung nach kommunikationsgerechter Software.

Die Grundlage der kommunikationsgerechten Softwareentwicklung ist das Modell-orientierte Denken. Die Datenbasis einer Anwendung wird so strukturiert, daß ihre Syntax und ihre Semantik nicht mehr an bestimmte Prozeduren gebunden sind. Stattdessen sind die Objekte der Datenbasis jetzt individuell über eindeutige Bezeichnungen identifizierbar. Der Datenfluß im Netz wird über die Objektbezeichnung gesteuert. Grundelement des Informationsaustausches ist nicht mehr die im Betriebsystem datentechnisch definierte und mit Prozeduren gelesene oder beschriebene Datei, sondern das in der Anwendung fachspezifisch definierte und vom Ingenieur direkt ansprechbare Objekt.

Abbildung

Der grundlegende Schritt zur Nutzung der Informations- und Kommunikationstechnik im Ingenieurwesen ist heute die digitale Abbildung von Wissen und Werten in Rechnern und Kommunikationsnetzen. Das Ergebnis dieser Abbildung ist das digitale Modell. Die Existenz eines digitalen Modells der zu lösenden Aufgabe ist die Voraussetzung für den Einsatz der vielseitigen Funktionen der Rechner und der Netze zur Unterstützung des Ingenieurs bei der Lösung dieser Aufgabe. Die Qualität des digitalen Modells beeinflußt direkt die Güte der Lösung.

Ein Modell ist ein Abbild eines Vorbildes. Die Beziehung zwischen Vorbild und Abbild ist häufig umkehrbar. So ist beim Errichten eines neuen Tragwerks die Zeichnung das Vorbild und das Bauwerk das Abbild, während beim Vermessen eines bestehenden Tragwerks das Bauwerk das Vorbild und die Zeichnung die Abbildung ist.

Ein Modell ist digital, wenn das Abbild aus digitalen Informationseinheiten besteht. Digitale Informationseinheiten sind häufig, aber nicht zwangsläufig, eine Folge von binären Werten 0/1. Andere Modelle sind analog.

Allgemeine Beispiele für Vorbilder digitaler Modelle sind physikalische Körper, abstrakte Konzepte und zeitgebundene Ereignisse. Ihre digitalen Abbilder werden nach vereinbarten Regeln aus einer vereinbarten Menge von digitalen Informationseinheiten zusammengesetzt. Diesen Vorgang nennt man digitales Modellieren.

2. Digitale Modelle

Abstraktionsebenen

Das Modellieren beginnt mit der Vereinbarung der verfügbaren Informationseinheiten und der Abbildungsregeln. Diese Vereinbarung begrenzt die Art und die Eigenschaften der modellierbaren Vorbilder. Es ist zweckmäßig, die Vereinbarungen in drei Abstraktionsebenen zu gliedern: Modellschema, Modelltyp und Modellprägung. Jede dieser Abstraktionsebenen besitzt eigene Informationseinheiten und Abbildungsregeln.

Das Modellschema definiert die zum Modellieren verfügbaren Mittel. Im Modelltyp werden Vereinbarungen für ein bestimmtes Anwendungsgebiet getroffen. Eine Modellprägung, auch kurz als Modell bezeichnet, ist die Abbildung eines bestimmten Vorbildes. Dieses Modell ist nur im Rahmen des Modellschemas und des Modelltyps, nach denen es geprägt wurde, definiert.

Modellschema

Das Modellschema definiert die verfügbaren Modelliermittel. Enthalten die nach dem Schema geprägten Modelle nur explizit angegebene Werte, so bestehen die Modelliermittel aus einem Satz terminaler Symbole, einem Satz von Direktiven und einem Satz von Datentypen mit assoziierten zulässigen Werten. Enthalten die nach dem Schema geprägten Modelle zusätzliche Regeln, nach denen bestimmte Werte aus anderen Werten abzuleiten sind (beispielsweise Abstände aus Punktkoordinaten), so werden ein Satz von Operationen auf Datentypen, ein Satz von Anweisungstypen und ein Satz eingebauter Hilfen als zusätzliche Modelliermittel benötigt.

Die terminalen Symbole eines Modellschemas sind die elementaren Informationseinheiten, mit denen alle anderen Informationseinheiten und alle Abbildungsregeln dieses Modellschemas spezifiziert werden. Beispiele für elementare Informationseinheiten sind die Zeichen des zulässigen Zeichensatzes.

Die Direktiven eines Modellschemas sind Anweisungen an den Compiler, der einen nach dem Modellschema in einer Datei spezifizierten Modelltyp übersetzt, beispielsweise in Elemente einer Datenbank. So können mit Direktiven andere Dateien eingebunden oder lexikalische Konstanten durch definierte Zeichenfolgen ersetzt werden.

Die Datentypen eines Modellschemas sind die Regeln, nach denen Konstanten aus terminalen Symbolen gebildet werden. Besteht die Konstante aus einer einzigen Informationseinheit, so ist der Datentyp einfach. Beispiele einfacher Datentypen sind Zahlen des Typs integer oder real. Zusammengesetzte Datentypen bestehen aus mehreren Informationseinheiten sowie impliziten Regeln für deren Deutung. Beispiele zusammengesetzter Datentypen sind Listen und Punkte.

Die Klassifikation eines Datentyps als einfach oder zusammengesetzt ist eine Entwurfsentscheidung, die bei der Gestaltung des Modellschemas nach Zweckmäßigkeitskriterien getroffen wird. Für einfache Datentypen muß für jedes Speicher- medium die digitale Abbildung auf diesem Medium festgelegt werden. Für zusammengesetzte Datentypen werden stattdessen die impliziten Regeln festgelegt. Ein Datentyp kann für ein Speichermedium einfach sein (z. B. Punkt auf Bildschirm), für ein anderes Speichermedium hingegen zusammengesetzt (z. B. Punktkoordinaten im Arbeitsspeicher als Duplet von real Zahlen). Das Speichermedium begrenzt auch den zulässigen Wertebereich und die Darstellungsgenauigkeit der Datentypen.

Ein Satz zulässiger Operationen wird für jeden Datentyp getrennt definiert. Treten in Ausdrücken oder Zuordnungen verschiedene Datentypen auf, so gelten Verträglichkeits- und Konvertierungsregeln.

Die Anweisungstypen eines Modellschemas sind die Regeln, nach denen in diesem Schema die Anweisungen von Algorithmen gebildet werden. Beispiele für Anweisungstypen sind Zuordnungen, Verzweigungen, Schleifen und Prozeduraufrufe.

Hilfsmittel im Modellschema sind vordefinierte Konstanten (beispielsweise die Zahl Pi) und Hilfsfunktionen (beispielweise die trigonometrische Funktion Sinus).

Modelltyp

Ein Modelltyp ist eine strukturierte Folge von Deklarationen und Direktiven. Eine Deklaration definiert einen Objekttyp oder einen Algorithmus. Eine Direktive steuert den Compiler (siehe Modellschema). Alle Modelle des Typs werden nach den im Modelltyp vereinbarten Regeln geprägt. Beispiele für Modelltypen sind der Tragwerkstyp Staumauer oder der Dokumentationstyp Technische Zeichnung.

Ein Objekttyp ist eine strukturierte Folge von Datentypen und Bildungsgesetzen. Bei der Prägung eines Objektes dieses Typs werden die Werte seiner Attribute und seine Beziehungen zu anderen Objekten nach den Regeln der Datentypen und den zusätzlich im Objekttyp deklarierten Bildungsgesetzen bestimmt. Beispiele für Objekttypen sind das Finite Volumenelement im Modelltyp Staumauer und die Maßlinie im Modelltyp Technische Zeichnung.

Die Bildungsgesetze für die Attribute eines Objektes können Funktionen, Ausdrücke oder Bedingungen sein. Funktionen und Ausdrücke werden zur Berechnung des Attributwertes aus anderen Attributen des gleichen Objektes oder Attributen anderer Objekte ausgewertet. Typische Bedingungen sind eindeutige Werte des Attributes (beispielsweise der Knotennummer) bei verschiedenen Prägungen des Objekttyps oder Grenzwerte, zwischen die ein Attributwert bei allen Prägungen des Objekttyps fallen muß . Auch die Vorbesetzung und die Pflichtangabe von Attributen werden über Bedingungen vereinbart.

Zwischen den verschiedenen Objekttypen eines Modelltyps werden hierarchische Beziehungen definiert. Diese Beziehungen werden bei der Prägung von Objekten zur Prüfung der Existenz anderer Objekte (deren Attribute benötigt werden) und zur Vererbung von Attributen von einem Objekt auf andere Objekte genutzt. Beispielsweise kann der Objekttyp Quaderelement als Subtyp des Objekttyps Volumenelement definiert werden, von dem er Attribute wie die Materialeigenschaften erbt.

Ein Algorithmus ist eine Folge von Anweisungen, die aus den Anweisungstypen des Modellschemas gebildet werden. In der Definition des Algorithmus werden formale Parameter spezifiziert, denen bei Ausführung des Algorithmus Werte zugeordnet sind. Der Algorithmus kann lokale Deklarationen und Aufrufe anderer Algorithmen enthalten.

Bei der Prägung eines Modells wird der Algorithmus an der in der Deklaration des Modelltyps vorgesehenen Stelle ausgeführt. Algorithmen werden insbesondere dann eingesetzt, wenn die in den Objekttypen verankerten Bildungsgesetze zur Berechnung und Prüfung von Attributen nicht mehr ausreichen. Beispielsweise wird mit Algorithmen sichergestellt, daß bestimmte Beziehungen zwischen Gruppen von Objekten bestimmte Regeln befriedigen. So wird mit einem Algorithmus geprüft, ob alle in den Finiten Elementen einer Staumauer angegebenen Knoten als Knotenobjekte des aktuellen Modells existieren.

Algorithmen, die auf Objekte eines Modells operieren, können entweder als Bestandteil des Modelltyps deklariert werden oder im Rahmen einer Anwendung als eine Prozedur kodiert sein, die auf das Modell operiert. Algorithmen, die Bestandteil des Modelltyps sind, sind für alle Anwendungen des Modelltyps verbindlich und somit Gegenstand der Standardisierung. Im Gegensatz hierzu sind die Anwendungsprozeduren nicht Bestandteil des Modeltyps.

Die Deklaration eines Modelltyps besitzt in den meisten Modellschemata eine Blockstruktur. Der Modelltyp selbst bildet den äußersten Block. Die Deklaration eines Objekttyps oder eines Algorithmus bildet ebenfalls einen Block. Anweisungen innerhalb eines Algorithmus können ebenfalls Blöcke enthalten. Werden Modelltypen oder Objekttypen innerhalb der Deklaration anderer Modelltypen oder Objektypen aufgerufen, so bilden ihre Körper zusätzliche Blöcke. Die genannten Blöcke sind geschachtelt, dürfen sich jedoch nicht überschneiden.

Modell

Ein Modell ist eine Menge von Objekten, die mit einer Modellbezeichnung angesprochen wird. Jedes Modell ist eine spezifische Prägung eines vereinbarten Modelltyps nach den Regeln des Modellschemas. Beispiele für Modelle sind die Spezifikation einer bestimmten Staumauer und der Inhalt einer bestimmten technischen Zeichnung.

Das Objekt ist ein Menge von Attributen, die mit einer Objektbezeichnung angesprochen wird. Jedes Objekt ist eine spezifische Prägung eines vereinbarten Objekttyps nach den Regeln des Modellschemas. Ein Modell kann mehrere Objekte des gleichen Objekttyps enthalten. Beispiele für Objekte gleichen Typs sind die Knoten des Finite Elemente Netzes einer bestimmten Talsperre oder die Schraffuren in einer bestimmten technischen Zeichnung.

Die Attribute eines Objektes sind Werte zur Spezifikation der Eigenschaften des Objektes. Diese Werte werden teilweise im Objekttyp bereits festgelegt (Vorbesetzung), teilweise vom Anwender bei der Prägung des Modells spezifiziert und teilweise mit den Bildungsgesetzen der Objekttypen und den Algorithmen des Modelltyps bei der Prägung des Modells aus anderen Werten berechnet. Jedes Attribut eines Objektes wird mit einer eigenen Bezeichnung angesprochen.

3. Standardisierung

Ursachen

Die Breite des Ingenieurwesens erfordert die Entwicklung einer großen Anzahl von Modelltypen für die verschiedenen Aufgabengebiete. Mit diesen Modelltypen werden digitale Modelle zur Bearbeitung einer Fülle von Aufgaben geprägt. Da die bearbeiteten Aufgaben inhaltlich voneinander abhängen, sind bei der Prägung eines Modells Daten aus anderen Modellen zu übernehmen. Bei der Bearbeitung dieses Modells sind Daten an andere Modelle zu übergeben. Die Bearbeitung ist in der Regel über ein Rechnernetz verteilt. Digitale Modelle sollen daher offene Strukturen sein, die als Bestandteil eines umfassenden Kommunikationssystems aufzufassen sind.

Die Datenkommunikation mit digitalen Modellen erfordert die Verträglichkeit dieser Modelle sowohl untereinander als auch mit den Betriebsystemen und den Anwendungssystemen der eingesetzten Geräte. Eine solche Verträglichkeit existiert zur Zeit nicht. Dies ist vorwiegend darauf zurückzuführen, daß die Entwicklung der heute in der Praxis des Ingenieurwesens eingesetzten Software vorwiegend Algorithmen-orientiert erfolgte, so daß digitale Modelle mit der in Abschnitt 2 allgemein beschriebenen Struktur noch nicht weit verbreitet sind. Für ein gegebenes Anwendungsgebiet, beispielsweise Finite Element Methoden für die Strukturmechanik, existiert häufig eine breite Softwarepalette für identische Aufgaben. In den Bereichen, für die Modelle entwickelt wurden, sind verschiedene Modellschemata (IGES, EXPRESS für STEP, C++, usw.) im Einsatz: die Verträglichkeit der resultierenden Modelltypen kann nur mit aufwendigen Softwarebrücken hergestellt werden. Bei unterschiedlichem Umfang und unterschiedlicher Funktionalität kann die Verträglichkeit zwischen den Anwendungssystemen häufig nur teilweise erreicht werden.

Der traditionelle Informationsfluß im Ingenieurwesen über Berichte und Zeichnungen ist analog. Ein einheitliches Schema ist dabei keine zwingende Voraussetzung für die Datenübertragung, da die menschliche Intuition Unterschiede in der Gliederung und Darstellung der Daten weitgehend kompensiert, indem sie den Bezug zu den Vorbildern herstellt. Eine digitale Informationsübertragung ohne Zwischenschaltung der menschlichen Intuition erfordert jedoch einheitliche oder zumindest automatisch ineinander überführbare Schemata, da sonst die Verträglichkeit der Informationen und ihrer Darstellung nicht automatisch erreichbar ist. Bei zunehmender Abhängigkeit des Ingenieurwesens von der Informations- und Kommunikationstechnik führt die Unverträglichkeit der Anwendungssysteme zu ernsten technischen und wirtschaftlichen Problemen. Werden die auftretenden Probleme nicht gelöst, so kann die nationale und internationale Kooperationsfähigkeit im Ingenieurwesen beeinträchtigt sein.

Bereiche

Die Standardisierung der digitalen Modelle ist ein wesentlicher Schritt bei der Schaffung verträglicher Anwendungssysteme. Wegen des Umfangs und der Vielseitigkeit der Aufgabe muß der Standardisierungsprozeß in eine Anzahl möglichst unabhängiger Schritte gegliedert werden. Zur Zeit zeichnet sich eine Gliederung der Standardisierung in folgende Bereiche ab:

- Betriebssysteme und Programmiersprachen für Rechner
- Betriebssysteme und Protokolle für Kommunikationsnetze
- Standards für Modellschemata
- Standards für Modelltypen

Die Standardisierung der Betriebssysteme und der Programmiersprachen für Rechner ist eine allgemeine Voraussetzung für die Standardisierung der digitalen Modelle: sie schafft eine einheitliche Umgebung für den Ablauf von Prozeduren, die Speicherung von Daten und den Dialog mit dem Anwender auf individuellen Rechnern verschiedener Bauart. Für das Ingenieurwesen haben UNIX als Betriebssystem und C als Programmiersprache hier gute Voraussetzungen geschaffen. Mit der Verbreitung von X-Windows ist auch eine Standardisierung der Betriebsmittel für Ereignis-gesteuerte und Fenster-orientierte Nutzeroberflächen zu erwarten.

Die Standardisierung der Betriebssysteme und der Protokolle für offene Kommunikationsnetze ist ebenfalls eine allgemeine Voraussetzung für die Standardisierung der digitalen Modelle: sie schafft eine einheitliche Umgebung für die Datenkommunikation mit datentechnisch definierten Informationsmengen (Nachrichten, Dateien). Grundlage der Entwicklung ist das OSI-Kommunikationsmodell mit 7 Funktionsschichten. Dieses Modell wird in verschiedenen physikalischen Netzen mit verschiedenen technischen Mitteln auf verschiedene Weise und mit unterschiedlichen Leistungsmerkmalen implementiert. Für diese Implementierungen existieren weitere Standards (CSMA/CD, FDDI,....). Installiert man auf einem Kommunikationsnetz X-Windows als Schnittstelle zum Anwender, so wird dieser vom Betrieb des Netzes nahezu vollständig entlastet.

Standards für Modellschemata und für Modelltypen sind in den folgenden Abschnitten behandelt.

Ziele

Ziel der Standardisierung digitaler Modelle ist die Kommunikationsfähigkeit der Ingenieure an ihren vernetzten Arbeitsplätzen. Dieses Ziel ist nicht durch rigorose Vereinheitlichung der Anwendungssysteme zur erreichen: die Kreativität und Gestaltungsfreiheit sowie das unabhängige Urteil des für sein Schaffen verantwortlichen Ingenieurs müssen im Rahmen der Standardisierung voll erhalten bleiben. Nur so ist die Akzeptanz einer offenen, von Zwängen freien Kommunikation durch die Ingenieure selbst zu erreichen.

Das Spannungsfeld zwischen Schaffensfreiheit und Standardisierung verlangt eine Entwicklung, in der zwar der koordinierte Einsatz der Kommunikationsmittel durch Standardisierung der Mittel gefördert wird, die Entscheidung über die Ziele und die Methoden des Einsatzes dieser Mittel jedoch beim Anwender verbleibt.

4. Standards für Modellschemata

Bedeutung

Das Modellschema schafft den Rahmen für die Typisierung der Modelle im Ingenieurwesen. Die Verträglichkeit von Modelltypen, die nach dem gleichen Schema geprägt sind, ist größer als die von Modelltypen in verschiedenen Modellschemata. Der Einsatz einer möglichst geringen Anzahl von Modellschemata mit breit akzeptierten Eigenschaften ist daher anzustreben.

Die systematische Trennung der logischen Spezifikation eines Modellschemas von seiner Implementierung in Compilern und seiner Anwendung auf Modelltypen und Modelle ist von zentraler Bedeutung. Sie entspricht der Trennung der Spezifikation einer Programmiersprache von ihrer Implementierung in Compilern und ihre Anwendung in Prozeduren. Durch den Einsatz implementierungsfreier Modellschemata gewinnt die Typisierung der Modelle für die Anwendungen grundlegenden Charakter: sie wird nach inherenten Gesetzmäßigkeiten der Anwendung vorgenommen und möglichst weitgehend vom aktuellen Stand der Informationstechnik entkoppelt.

Im folgenden werden zwei Modellschemata behandelt, die für unterschiedliche Anwendungen und mit stark voneinander abweichender Terminologie entwickelt wurden, beide jedoch die wesentlichen Merkmale des in Abschnitt 2 beschriebenen Konzeptes für Digitale Modelle besitzen: Express und C++. Beide Schemata finden in der aktuellen Entwicklung starke Beachtung.

Express

Express ist das Modellschema für den "Standard for the Exchange of Product Model Data (STEP)" und für das Esprit Projekt 322 "CAD Interfaces (CAD * I)". In Bild 1 gehört Express zum Block Description Methods. Die Modelliersprache ist weitgehend von den Anwendungen, den Implementierungen und den Testverfahren entkoppelt.

In Express wird der Modelltyp als <schema> bezeichnet, der Objekttyp als <entity>. Sprachelemente zur Konstruktion eines <schema> sind der Zeichensatz, Bemerkungen, Operatoren, Identifikatoren und Literale. Die Datentypen werden <types> genannt. Express besitzt eingebaute Konstanten, Funktionen und Prozeduren.

Die Anweisungstypen zur Deklaration von Algorithmen werden in Express <statement> genannt und gliedern sich in <assignment>, <case>, <escape>, <if ... then ... else>, <call>, <repeat>, <return> und <skip> Anweisungen. Als <algorithm> existiert sowohl die <function> mit vereinbartem Ergebnisdatentyp und die <procedure> mit Parametern ohne Rückgabewert. Bildungsgesetze in <entities> werden <rule> genannt.

Die Deklaration eines <schema> besitzt Blockstruktur. Der Körper der Deklaration setzt sich aus der Deklaration von <entities> und <algorithms> zusammen. Zur Vererbung von Eigenschaften zwischen <entities> werden <supertype> und <subtype> deklariert. Attribute von <entities> können <explicit> (direkt angegeben) oder <derived> (aus anderen Attributen abgeleitet) sein. Attribute können als <unique> und <optional> erklärt werden. Bild 2 zeigt die

Deklaration der <entities> fem_element, fem_volume_element und fem_3d_volume_element mit Express. Die Deklarationen enthalten Verweise auf andere <entities> wie fem_material und auf Funktionen wie fem_3d_necessary_nodes. Die <entity> fem_element ist der Supertyp der <entity> fem_volume_element, die ihrerseits der Supertyp von fem_3d_volume_ element ist.

Für die Übertragung von Modellen, deren Typ mit Express deklariert ist, ist eine physikalische Dateistruktur (STEP FILE STRUCTURE) spezifiziert. Die Abbildung von Express auf die Dateistruktur ist auf die deklarativen Anweisungen von Express beschränkt: ausführbare Anweisungen und Bildungsgesetze werden hierbei übergangen.

Bild 3 zeigt die Implementierung des <schema> "Kernmodell", das nur aus der <entity> K_PUNKT besteht, als SQL Datei. Hierfür wurde der Express compiler der MacDonnell Douglas Corporation verwendet.

C++

C++ ist eine Sprache für die objektorientierte Programmierung. Die Sprache baut auf C auf. Im Gegensatz zu Express ist es nicht erforderlich, einen vollständig neuen Satz von Datentypen, Operatoren und ausführbaren Anweisungen einzuführen. Auch die Regeln für Deklaration, Definition, Blockstrukturen und Include-Files werden von C übernommen. Als Erweiterung werden vorwiegend Elemente zur objektorientierten Programmierung, aber auch einige über den ANSI-Standard hinausgehende Elemente für die allgemeine Programmierung bereitgestellt. Diese Entwurfsentscheidungen bieten wesentliche Vorteile:

- Die ergänzenden Sprachelemente sind mit geringerem Aufwand zu erlernen als eine vollständig neue Programmiersprache: alle C-Kenntnisse sind nutzbar.

- Compiler zum Übersetzen von C++ in ausführbaren Code (an Stelle von Dateiformaten oder Datenbankformaten) können auf die C-Compiler aufbauen und sind verfügbar.

- Die Kohärenz zwischen Programmieren und Modellieren wird durch den nahtlosen Übergang von C zu C++ gefördert.

Ein Modelltyp besteht in C++ aus einem Satz von Include-Dateien, welche die Deklaration der <class> genannten Objekttypen und der <method> genannten Algorithmen enthalten. Zum Vererben von Eigenschaften stehen die <derivation> genannten Ableitungen mit Baumstruktur zur Verfügung. Wesentliche Ergänzungen gegenüber C sind Speicherplatzoperatoren, variable Argumentlisten, Funktionen als Elemente von Strukturen sowie Konstruktoren und Destruktoren zum Initialisieren und Löschen von Objekten. Zugriffsrechte zwischen Objekttypen werden mit einem priviligierten Freund-Status geregelt. Für die Ein- und Ausgabe stehen objektorientierte Funktionen zur Verfügung.

Bild 4 zeigt die Deklaration des Objekttyps <stack> in der Include-Datei "stack.h" und die Prägung von Objekten des Typs <stack> in einem einfachen Testprogramm.

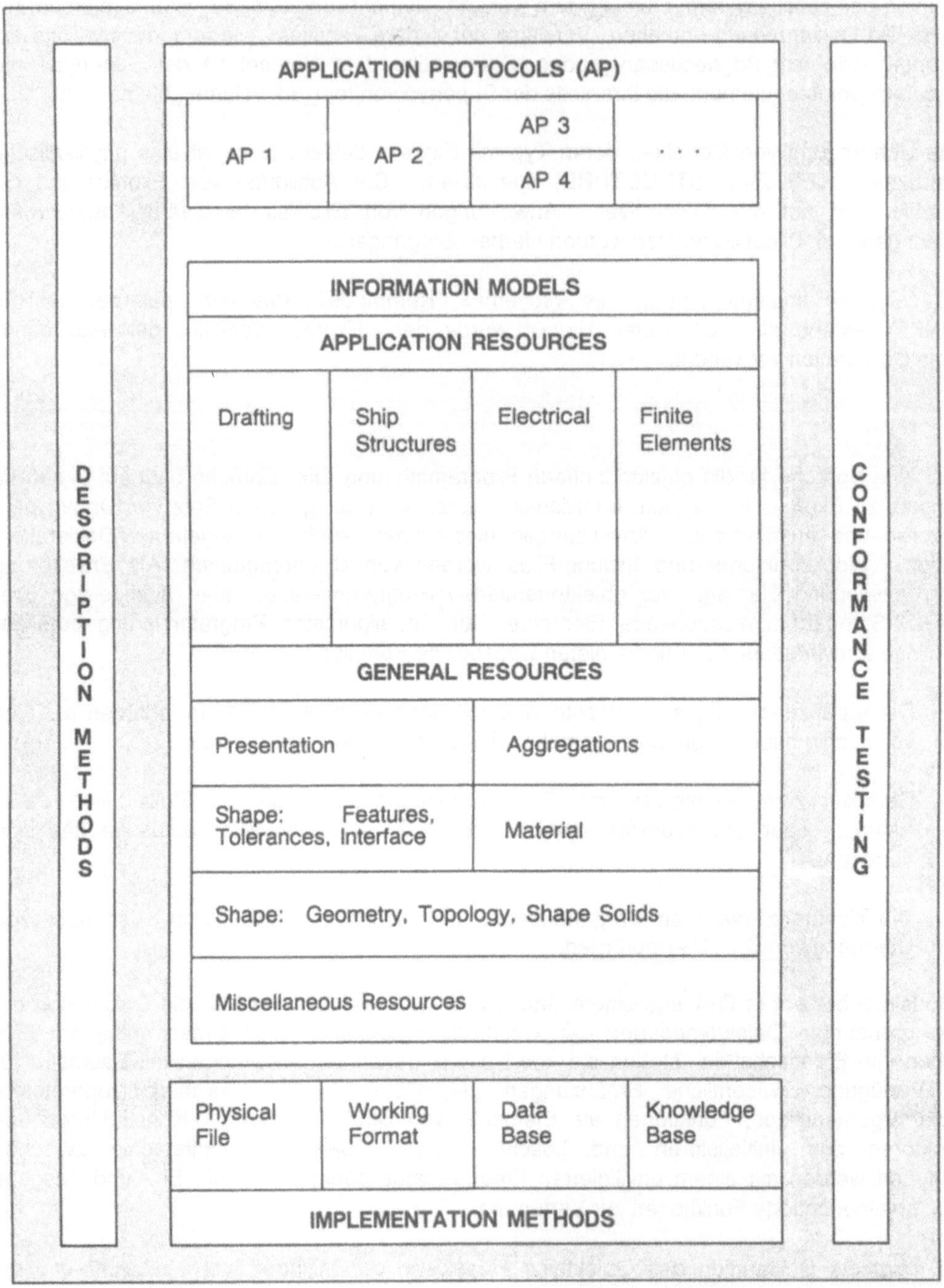

DESCRIPTION METHODS

APPLICATION PROTOCOLS (AP)

AP 1
AP 2
AP 3
AP 4
. . .

INFORMATION MODELS

APPLICATION RESOURCES

Drafting
Ship Structures
Electrical
Finite Elements

GENERAL RESOURCES

Presentation
Aggregations
Shape: Features, Tolerances, Interface
Material
Shape: Geometry, Topology, Shape Solids
Miscellaneous Resources

Physical File
Working Format
Data Base
Knowledge Base

IMPLEMENTATION METHODS

CONFORMANCE TESTING

BILD 1 : STEP

```
ENTITY fem_element
    SUPERTYPE OF  (fem_volume_element      XOR
                   fem_surface_element     XOR
                   fem_curve_element       XOR
                   fem_point_element)                                ;
    fem          : finite_element_model                              ;
    element_id   : STRING                                            ;
    node_array   : ARRAY (1:#) OF OPTIONAL fem_node                  ;
    END_ENTITY ;


ENTITY fem_volume_element
    SUBTYPE OF    (fem_element)                                      ;
    SUPERTYPE OF  (fem_3d_volume_element XOR
                   fem_2d_volume_element)                            ;
    order        : fem_element_order                                 ;
    material     : fem_material                                      ;
    descriptor   : OPTIONAL STRING                                   ;
    END_ENTITY ;


ENTITY fem_3d_volume_element
    SUPERTYPE OF  (fem_volume_element)                               ;
    shape                        : fem_3d_element_shape              ;
    material_coordinate_system   : fem_volume_coordinate_system      ;

WHERE
    fem_3d_necessary_nodes (node_array, shape)          AND
    fem_3d_optional_nodes   (node_array, shape, order)               ;
    END_ENTITY ;
```

BILD 2 : Deklaration von Entities mit Express

```
-- Beispiel :  EXPRESS-Beschreibung Punkt
--             im KERNMODELL

-- Schema Kernmodell oeffnen

SCHEMA KERNMODELL ;

-- Punkt

ENTITY K_PUNKT ;
    nummer : INTEGER ;
    x, y, z : REAL ;
UNIQUE
    nummer ;
END_ENTITY ;

-- Schema Kernmodell schliessen

END_SCHEMA ;
```

Deklaration in Express

```
--
-- EXPRESS SQL Implementation
--
-- Express input file : beispiel.exp
-- This SQL file was created on Wed May 16 12:43:56 1990
--

CREATE TABLE K_PUNKT
  (
  K_PUNKT_ID INTEGER,
  K_PUNKT_NUMMER INTEGER,
  K_PUNKT_X REAL,
  K_PUNKT_Y REAL,
  K_PUNKT_Z REAL
) ;

CREATE UNIQUE INDEX XK_PUNKT1 on K_PUNKT ( K_PUNKT_NUMMER ) ;
```

Implementierung in SQL

BILD 3 : Compilieren eines Express Schemas

```
class stack                              //   Stapel für Ganzzahlen
{
private   :
    long   size                        ; //   Dimension des Stapels
    long   top                         ; //   Elementanzahl im Stapel
    long   element                     ; //   Zeiger auf Elemente
public    :
    stack  (long)                      ; //   Konstruktor
  ~ stack  ()                          ; //   Destruktor
    stack  operator<<(long)            ; //   Auflegen eines neuen Elementes
    stack  operator>>(long&)           ; //   Abnehmen des obersten Elementes
    long   anzahl ()                   ; //   Elementanzahl des Stapels
    void   print ()                    ; //   Drucken des Stapels
} ;
```

Deklaration der Klasse <stack> in Datei "stack.h"

```
#include "stack.h"                       //   Datei für die Klasse stack
main ()                                  //   Testprogramm
{  stack  stapel1(20), stapel2(20) ;     //   Stapel 1 und 2 mit 20 Elementen
   long   element ;                      //   Ganzzahlige Variable

// Aufbau und Ausgabe des Stapels 1
   for (element=0; element<10; element +=2) stapel1<<element ;
   stapel1.print () ;

// Umstapelung von Stapel 1 auf Stapel 2 und Ausgabe des Stapels 2
   while (stapel1.anzahl()>0) stapel1>>element, stapel2<<element ;
   stapel2.print() ;
}
```

Testprogramm

BILD 4 : Modellieren mit C++

5. Standards für Modelltypen

Typisierung der Anwendungen

Das Ingenieurwesen ist in Disziplinen wie das Bauwesen, den Maschinenbau und die Elektrotechnik gegliedert. Die Disziplinen sind in Fachgebiete unterteilt, beispielsweise den Konstruktiven Ingenieurbau, den Wasserbau, den Grundbau und das Verkehrswesen. Viele dieser Fachgebiete besitzen Spezialgebiete mit eigenen Berufsbildern, beispielsweise Massivbau, Stahlbau, Holzbau, Brückenbau, Hochbau, usw. Die Disziplinen besitzen gemeinsame Querschnittsaufgaben, beispielsweise die Technische Dokumentation, das Zeichnen und die Berechnung physikalischer Vorgänge (Element Methoden).

Für jedes Spezialgebiet und jede Querschnittsaufgabe wird ein Satz von Modelltypen benötigt. Der Inhalt jedes dieser Modelltypen muß zwischen den betroffenen Fachleuten abgestimmt sein. Diese Abstimmung stößt auf wesentliche Schwierigkeiten.

Häufig ist das Wissen über die zu modellierende Anwendung nicht in dem für die Typisierung der Modelle erforderlichen Maße vorhanden und geordnet. In diesem Fall sind zunächst durch Forschung die wissenschaftlichen Grundlagen zu schaffen. Dies erfordert viel Zeit. Ein frühes Beispiel für eine solche Entwicklung ist die Methode der Finiten Elemente in der Struktur- und Flüssigkeitsmechanik seit Ende der 60'er Jahre.

Die Typisierung von Modellen wird auch durch die unvermeidlichen Meinungsunterschiede zwischen Fachleuten über zweckmäßige Vorgehungsweisen in einem Anwendungsgebiet erschwert. Verschiedene Vorgehensweisen, die bei traditioneller Bearbeitung nebeneinander bestehen können, müssen jetzt in Einklang gebracht werden. Dies kann den Arbeitsablauf ganzer Unternehmen beeinflussen. Solche Änderungen lassen sich nur über längere Zeiträume realisieren. Sie sind eine Voraussetzung für die Akzeptanz der Typisierung.

Von besonderer Bedeutung sind die wirtschaftlichen Auswirkungen der Typisierung. Dieses Phänomen ist aus der Normung gut bekannt. Mit der Einführung eines Modelltyps werden Produkte, die nicht in die Typisierung passen, wirtschaftlich benachteiligt sobald der Markt die Typisierung verlangt. Auch hier muß ausreichende Zeit für die Anpassung zur Verfügung stehen, um unnötige Härten und Widerstand zu vermeiden.

Ein Beispiel für den weitreichenden Einfluß der Typisierung von Anwendungen ist die Einführung verschiedener CAD-Systeme durch große Bauträger. Diese erfassen ihre Grundstücke, Gebäude und Einrichtungen mit einem bestimmten CAD-System und verlangen die Anpassung ihrer Auftragnehmer an dieses System. In Anbetracht der Vielfalt der eingesetzten CAD-Systeme, die jeweils einen eigenen Modelltyp darstellen, besitzt ein mittleres Büro oder Unternehmen jedoch nur die Ausstattung und das Knowhow für ein oder bestenfalls einige wenige CAD-Systeme. Da die CAD-Systeme verschiedene Modellschemata besitzen, sind sie nur beschränkt verträglich. Der freie Wettbewerb um die Aufträge der Bauträger ist damit beeinträchtigt.

In Anbetracht der weitreichenden wissenschaftlichen, organisatorischen und wirtschaftlichen Folgen und des hohen Zeitbedarfs für eine evolutionäre Entwicklung muß die Typisierung der Anwendungen langfristig geplant und systematisch durchgeführt werden. Ein solches

Vorgehen ist bisher nicht erkennbar.

Gliederung einer Anwendung

Dem Modelltyp für eine bestimmte Anwendung entspricht ein bestimmter Typ von Vorbildern. Während die Vorbilder gegeben sind, besteht bei der Abbildung im Modell Gestaltungsfreiheit. Diese Freiheit soll durch die in Bild 5 gezeigte Gliederung der Anwendung in ein Benutzermodell, ein Kernmodell und ein Prozessormodell möglichst groß gehalten werden

Jedes Nutzermodell ist einer der möglichen Gestalten der alphanumerischen oder graphischen Nutzeroberfläche zugeordnet. Das Kernmodell enthält die Abbildung des Vorbildes in einer von der Nutzeroberfläche und den Prozessoren unabhängigen Form. Jedes Prozessormodell ist einem der möglichen Sätze von Algorithmen zur Bearbeitung des Modells (lineare Analyse, nichtlineare Analyse, ...) zugeordnet und enthält die temporären Daten der Algorithmen. Wird ein Teil der Eingabedaten automatisch erzeugt, so wird das Nutzermodell durch ein Generatormodell ergänzt.

Nur das Kernmodell einer Anwendung ist standardisiert: es beschreibt die inherenten, von der Art der Abbildung unabhängigen Eigenschaften des Vorbildes. Dieses Modell ist für die Datenkommunikation maßgebend. Das Nutzermodell wird den Gepflogenheiten der jeweiligen Anwender angepaßt. Das Prozessormodell wird den jeweiligen Bearbeitungsmethoden angepaßt. Somit wird eine hohe Anpassungsfähigkeit erzielt und die Typisierung der Anwendung erleichtert.

Beispiele für Modelltypen

Im Ingenieurwesen werden Modelltypen sowohl für allgemeine Querschnittsaufgaben als auch für spezielle Fachaufgaben benötigt. Die Typenbildung für Querschnittsaufgaben, die auch ausserhalb des Ingenieurwesens von Bedeutung ist, ist weiter fortgeschritten als die Typenbildung für Fachaufgaben. Einige der Standards für Datenstrukturen sind:

ODA:	Office Document Architecture Austausch zusammengesetzter Dokumente mit Anweisungen zum Editieren, Formatieren und Darstellen
POSTSCRIPT:	Spezifikation von Seiten mit Zeichentext, geometrischen Elementen und Rasterelementen zur Ausgabe auf Rastergeräten
CGM:	Computer Graphics Metafile Austausch geometrischer Informationen zur Bildbeschreibung
IGES:	Initial Graphics Exchange Specification Informationsstrukturen und Dateiformate für die digitale Darstellung und Übertragung produktdefinierender Zeichnungen
VDAFS:	Flächenschnittstelle für produktdefinierende Daten Austausch geometrischer Informationen für frei geformte Kurven und Flächen

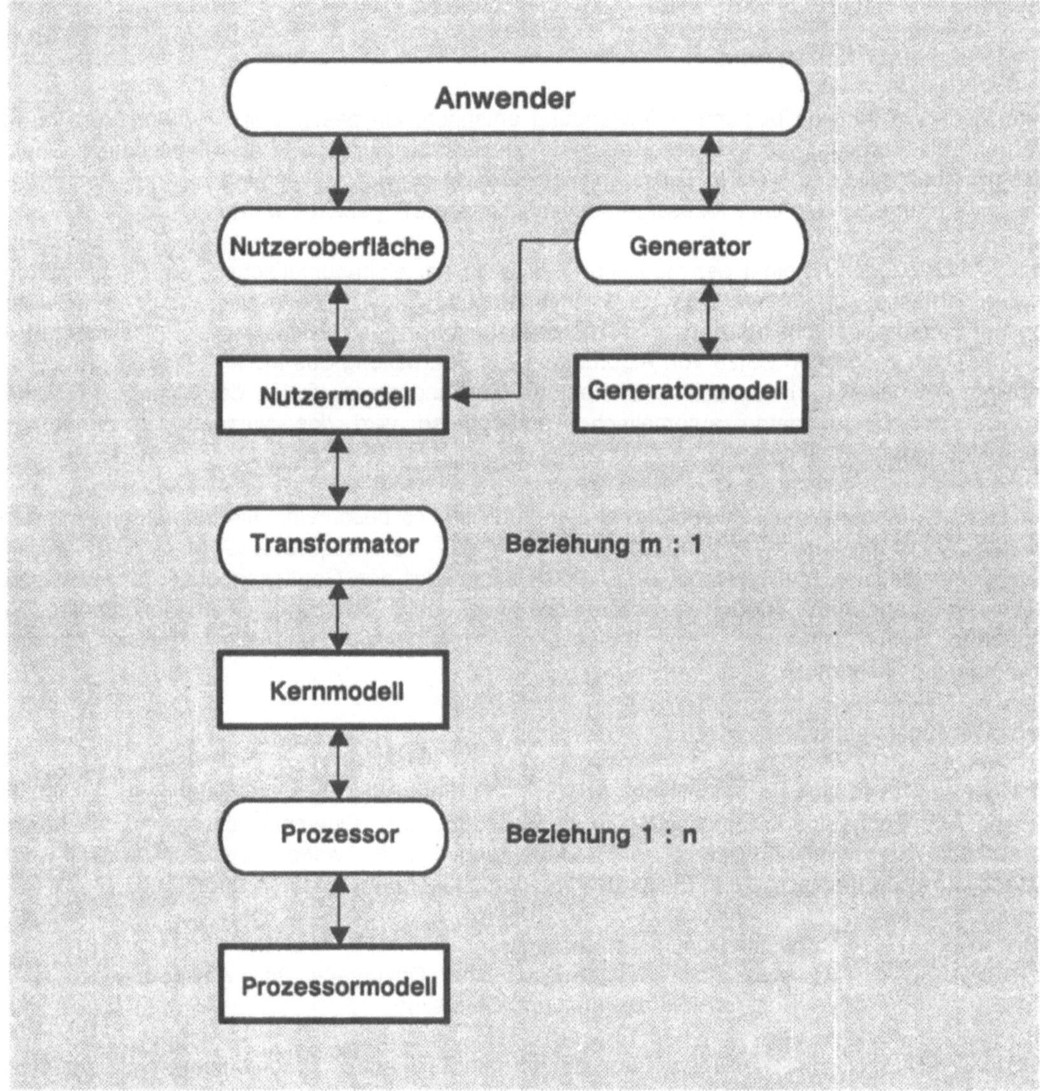

BILD 5 : Gliederung einer Anwendung in digitale Modelle

S.E.T.: Standard d'Echange et de Transfert
Generalisierte Datenbasis für CAD-Systeme (Flugzeugindustrie)

EDIF: Electronic Design Interchange Format
Austausch elektronischer Entwurfsdaten

TOP: Technical Office Protocolls
Dateiformat für den Austausch von Text, Graphik und Bürodokumenten

STEP: Standard for the Exchange of Product Data
Archivierung und Austausch von Informationen zur Definition, Analyse und Darstellung von Produkten (siehe unten)

Einige der Standards für Kommunikation sind:

DTAM: Document Transfer, Access and Manipulation
Dienste und Protokolle für die Bürokommunikation

FTAM: File Transfer, Access and Management
Austausch von Dateien in heterogenen Netzen

MHS: Message Handling System
Austausch von Nachrichten

RDA: Remote Database Access
Austausch zwischen Datenbasen in verteilten Anwendungen

Für die weitere Entwicklung der Typisierung ist die STEP-Norm von besonderer Bedeutung, deren Gliederung in Bild 1 gezeigt ist. Die Inhalte der Anwendungen sind:

Finite Element Modelling: Modelle für die lineare Finite Element Analyse ohne Vor- und Nachcompiler

Presentation: Modelle für die Visualisierung von Produktdaten mit ergänzender Beschriftung

Drafting: Modelle für die Generierung technischer Zeichnungen von Produkten, die mit STEP definiert sind

Form Features: Nominelle Form und Toleranz von Körpern

Electrical and Electronic Modelle elektronischer Produkte: Topologie der Lagen, Stromkreise, Funktionen

AEC Reference Model: Modelle für Produkte in Architektur, Ingenieurwesen und Konstruktion: Fabriken, Hochbauten, Schiffe, usw.

Die Inhalte des geometrischen Modelltyps sind:

Wireframe representation:	Drahtmodell: Punkte, Kurven, Topologie
Surface representation:	Flächenmodell: Punkte, Kurven, Flächen, Topologie
Boundary representation:	Modell der Oberfläche eines Körpers
Constructive solid geometry:	Volumenmodell: Primitiva, Modellierfunktionen
Tolerances:	Abweichungen von der nominellen Form

Der lange Entwicklungszeitraum, der unfertige aktuelle Stand und der begrenzte Umfang (z. B. für Finite Element Modelle) der Modelltypen in STEP sind gute Indikatoren für die Schwierigkeit der vorliegenden Aufgabe.

6. Kommunikation mit Modellen

Mechanismen

Der Austausch von Modelldaten bei verteilter Bearbeitung erfolgt entweder indirekt über Dateien oder direkt zwischen Prozessen. Zur Kommunikation mit Dateien wird häufig ein neutrales Dateiformat verwendet, das eine Implementierung eines der in Abschnitt 5 beschriebenen Modellschemata ist.

Bild 6 zeigt die Kommunikation mit Neutralen Dateien. Eine Neutrale Datei ND wird in einem Prozeß unter dem Rechnerbetriebssystem mit einem Umformer aus der Datenbasis DB der Anwendung erstellt und an das Betriebssystem des Netzes als Transportdatei TD übergeben. Dieses übergibt die übertragene Neutrale Datei dem Betriebssystem eines anderen Rechners. Von dort kann ein anderer Prozeß die Daten mit einem Umformer in die eigene Datenbasis übernehmen. Die beiden Anwenderprozesse laufen aufeinanderfolgend ab, sind im übrigen jedoch unkoordiniert.

Eine direkte Wechselwirkung zwischen verteilten Anwendungen ohne wesentliche Verzögerung erfordert direkte Inter-Prozeß-Kommunikation. In diesem Fall laufen die beiden betrachteten Prozesse simultan und koordiniert ab. Bild 7 zeigt zwei Konzepte für die Inter-Prozeß-Kommunikation. Im Shared-Memory-Konzept sind die Prozesse über einen gemeinsamen Speicherbereich koordiniert, über den auch Daten oder die Adressen von Daten (sofern das Netzbetriebssystem dies zuläßt) ausgetauscht werden. Im Message-Passing-Konzept sind die Prozesse über Nachrichten koordiniert, in denen auch die Informationen übertragen werden.

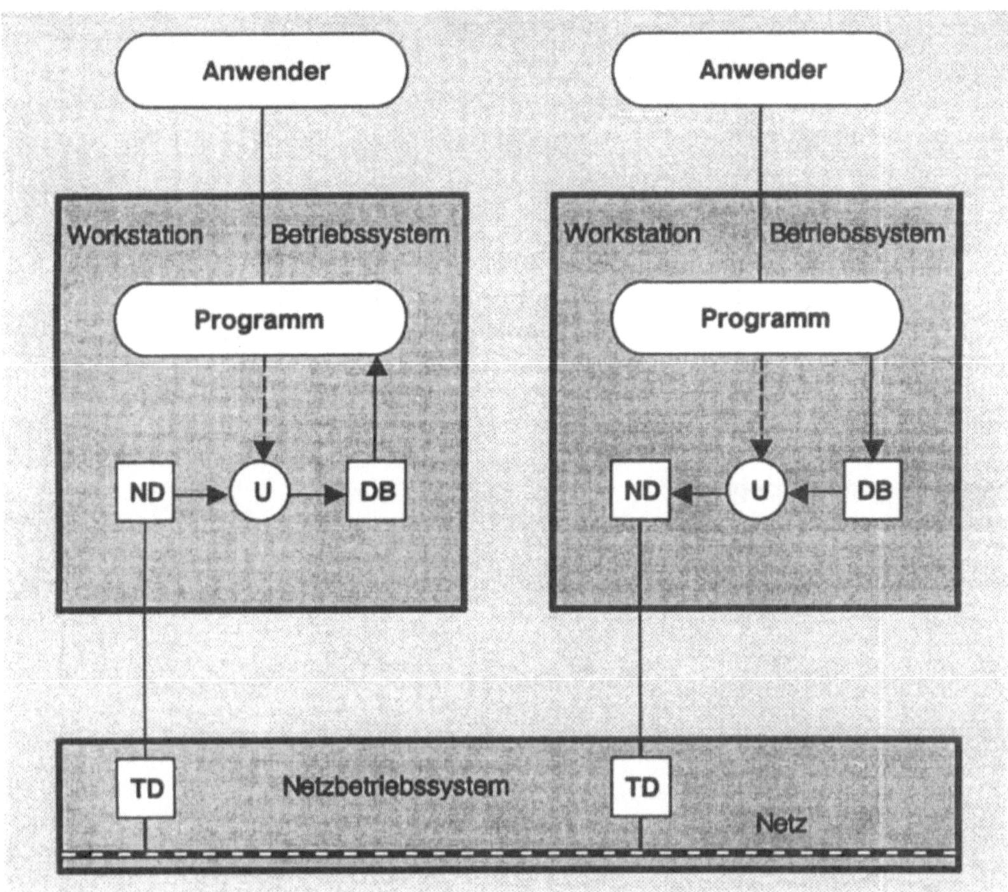

ND : Neutrale Datei
DB : Datenbasis
TD : Transportdatei
U : Umformer

BILD 6 : Kommunikation mit Neutralen Dateien

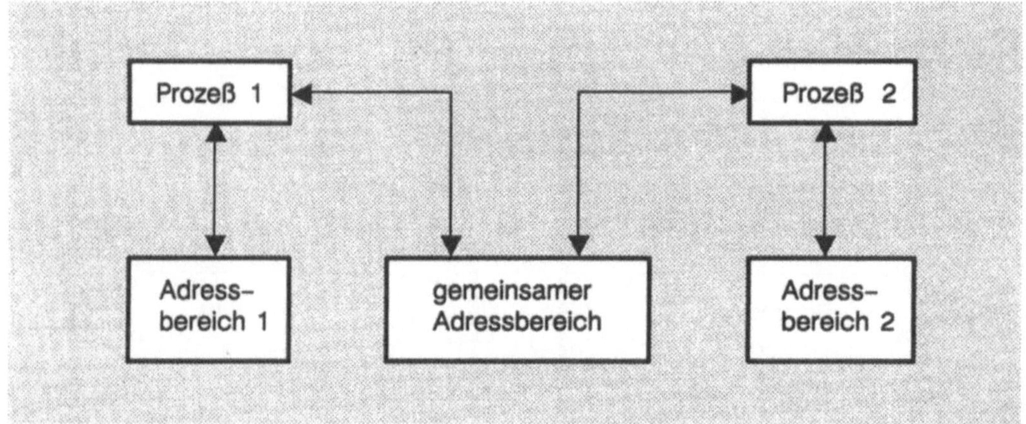

Shared-Memory-Konzept

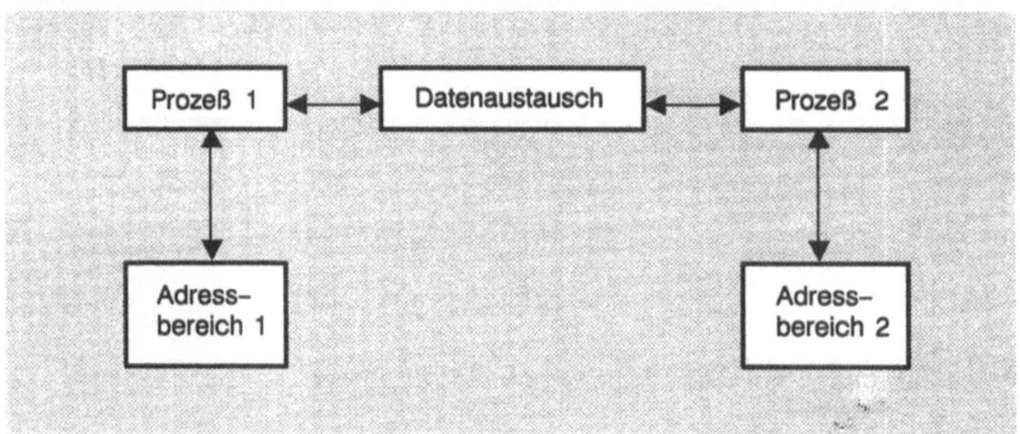

Message-Passing-Konzept

BILD 7 : Inter-Prozeß-Kommunikation

Versionsverwaltung

Die Kommunikation durch Übertragung von Modellen oder Objekten stellt Anforderungen an digitale Modelle, die bei ausschließlich lokaler Bearbeitung nicht vorhanden sind. Insbesondere muß bei verteilter Verarbeitung einer Aufgabe sichergestellt sein, daß die aktuellen Daten für die Beschreibung, die Analyse und die Darstellung von Produkten, die an verschiedenen Stellen entstehen, verträglich sind. Änderungen in den Eingabedaten müssen zu einer automatischen Markierung der davon abhängigen, nicht mehr gültigen Berechnungsergebnisse führen. Diese Aufgabe wird mit dem Begriff Versionsverwaltung bezeichnet.

In Anbetracht des Umfangs digitaler Modelle und der komplizierten Beziehungen zwischen den Objekten ist die Versionsverwaltung schwierig. Versionsnummern für individuelle Objekte können nicht mit vertretbarem Aufwand implementiert werden. Hier erweist sich die Gliederung einer Anwendung in Nutzer-, Kern- und Prozessor-Modelle als nützlich.

Bild 8 zeigt, daß die Objekte von Nutzermodell und Kernmodell in Zonen gegliedert werden. Für jede Zone gibt es mehrere Objektbelegungen, die Fall genannt werden. Eine Konfiguration des Modells besteht aus einem Fall für jede Zone. Für die Konfigurationen, Zonen und Fälle werden folgende Versionsnummern geführt:

Nversion	[zone, fall]	:	Version im Nutzermodell
Kversion	[zone, fall]	:	Version im Kernmodell für Daten aus Nutzermodell
Sversion	[konf,zone, fall]	:	Version im Kernmodell für berechnete Systemvariable
Pversion	[zone]	:	Version im Prozessormodell

Bei der Bearbeitung der Modelle werden folgende Versionsnummern verglichen:

Nutzereingabe	(zone, fall)	:	Nversion +1
Transformation	(zone, fall)	:	Kversion <-> Nversion
Ergebnis	(konf,zone, fall)	:	Sversion <-> Nversion
Berechnung	(konf,zone, fall)	:	Pversion <-> Nversion

Stimmen die Versionsnummern nicht überein, so sind die abhängigen Informationen neu zu generieren. Alle Daten zur Versionsverwaltung sind Bestandteil der digitalen Modelle.

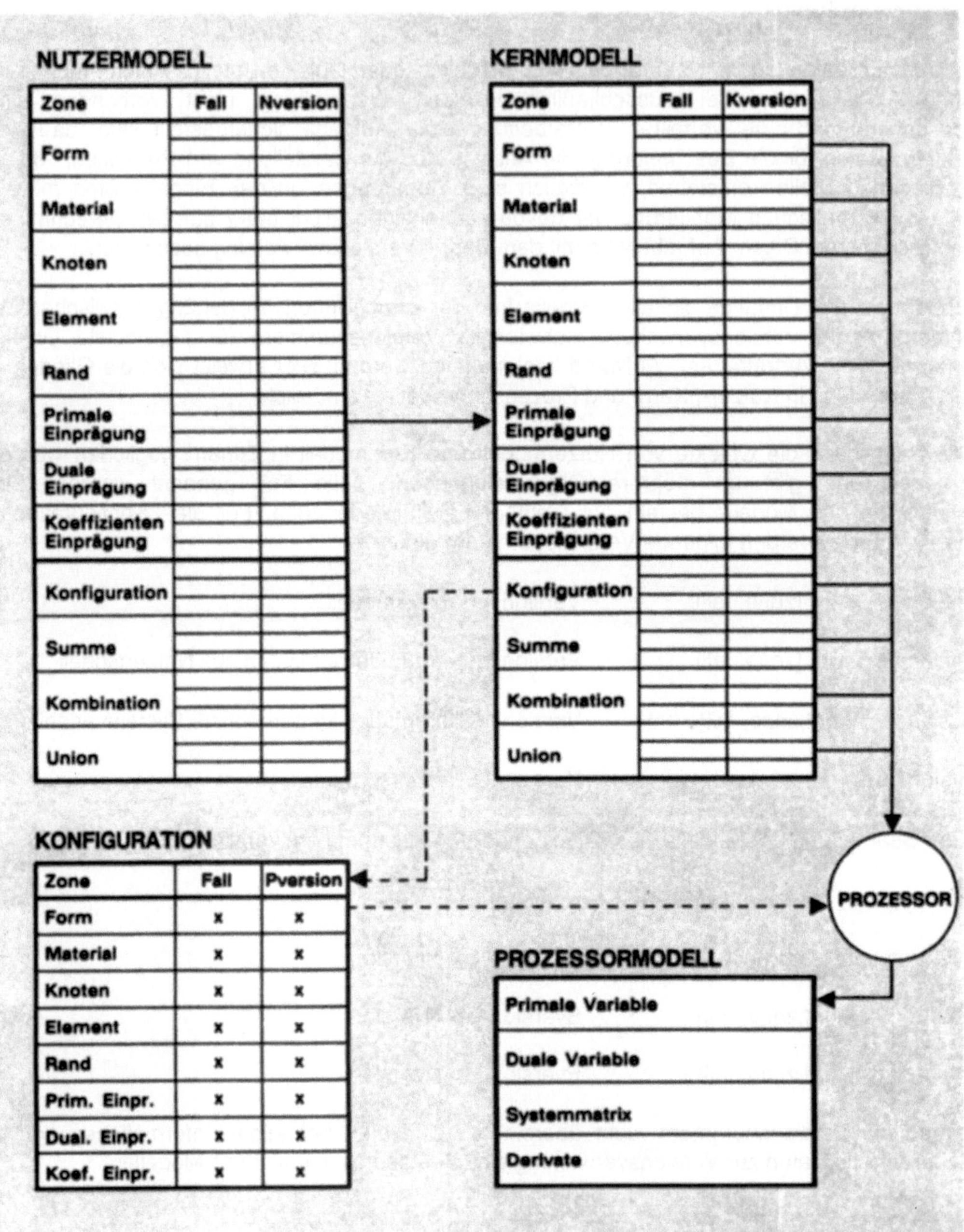

BILD 8 : Gültigkeit von Berechnungsergebnissen

7. Folgerungen

Die Bearbeitung von Ingenieuraufgaben mit Rechnern und die Zusammenarbeit von Ingenieuren in Kommunikationsnetzen erfordern die Entwicklung standardisierter digitaler Modelle. Die hierfür erforderliche Leistungsfähigkeit der Geräte wird trotz der hohen Anforderungen des Ingenieurwesens an die Informationsmengen und die Übertragungsgeschwindigkeiten durch die schnelle Entwicklung der Informations- und Kommunikationstechnik bald erreicht sein. Engpaß der Entwicklung ist die Standardisierung der Modellschemata und der Modelltypen für die zu bearbeitenden Aufgaben.

Die Entwicklung geeigneter Modellschemata ist vorwiegend eine Aufgabe der Informatik, die jedoch die Entwurfskriterien für diese Schemata mit den Ingenieurdisziplinen abstimmen muß. Der heutige Zustand mit völlig verschiedenen Bezeichnungen und anscheinend unabhängigen Entwicklungen wie EXPRESS und C++ für inhaltlich gleiche Aufgaben muß überwunden werden. Die langfristigen volkswirtschaftlichen Nachteile einer unnötig großen Anzahl von Modellschemata sind nicht vertretbar.

Die Entwicklung geeigneter Modelltypen für die Anwendungen im Ingenieurwesen ist vorwiegend eine Aufgabe der Ingenieure in ihrem jeweiligen Spezialgebiet. Die Standardisierung erfordert die Überwindung großer wissenschaftlicher, organisatorischer und wirtschaftlicher Barrieren auf freiwilliger Grundlage. Hierfür sind systematisch die erforderlichen langfristigen Anreize und Förderungen zu schaffen.

Anerkennung

Die vorliegende Veröffentlichung ist eine Zusammenfassung der Ergebnisse mehrerer Forschungsvorhaben, die am Institut für Allgemeine Bauingenieurmethoden der Technischen Univerisität Berlin unter Leitung des Verfassers durchgeführt wurden. Insbesondere wurden im Auftrag des DFN-Vereins und mit Förderung des BMFT das Projekt "TECHNET: Technische Modelle in Netzen" sowie mit Förderung der DETECON das BERKOM-Teilprojekt "Kommunikation produktanalysierender Daten im ISDN-B" durchgeführt. Die Namen der beteiligten Mitarbeiter sind dem beigefügten Literaturverzeichnis zu entnehmen. Ihnen allen und insbesondere meinem Kollegen Prof. Dr.-Ing. R. Damrath danke ich für ihre Beiträge, die gute Zusammenarbeit und viele wertvolle Anregungen.

Literaturverzeichnis

[1] Pahl P.J, Häusler J., Kaldewey K.: "Modellieren im Ingenieurwesen: Bearbeitung, Darstellung und Archivierung technischer Modelle in Rechnernetzen"; Angewandte Informatik, Heft 10/70, Vieweg Verlag.

[2] Häusler, J; Bauerfeld, W.; Pahl, P. J.: "Networks and Communicaton for CAD/ CAM and Standardization of These Technologies"; Conference on CAD/CAM Technology Transfer, Mexico City, August 1988.

[3] Pahl, P. J., Oey T. T., Laabs A.: TECHNET: Mediendienst, Benutzerhandbuch Institut für Allgemeine Bauingenieurmethoden, TU Berlin, 1988.

[4] Pahl, P. J., Oey T. T., Laabs A.: TECHNET: Aktendienst, Benutzerhandbuch Institut für Allgemeine Bauingenieurmethoden, TU Berlin, 1988.

[5] Pahl, P. J., Oey T. T., Laabs A.: TECHNET: Dialogdienst, Benutzerhandbuch Institut für Allgemeine Bauingenieurmethoden, TU Berlin, 1988.

[6] Häusler, J; Pahl, P. J.: TECHNET: Modelldienst, Benutzerhandbuch Institut für Allgemeine Bauingenieurmethoden, TU Berlin 1988.

[7] Pahl, P. J.: Häusler, J; Laabs, A.: TECHNET: "Technische Modelle in Netzen", Schlußbericht zum Forschungsvorhaben G004 des DFN-Vereins, TU Berlin, Institut für Allgemeine Bauingenieurmethoden, Juli 1989.

[8] Huhnt,W; Laabs, A; Pahl, P. J.: "COMPAD: Kommunikation produktanalysierender Daten im ISDN-B : Meilenstein 1", Institut für Allgemeine Bauingenieurmethoden, TU Berlin, November 1989.

[9] Hartmann, U.; Huhnt, W; Laabs, A; Pahl, P. J.: "COMPAD: Kommunikation produktanalysierender Daten im ISDN-B : Meilenstein 2 : Neutrale Dateien", Institut für Allgemeine Bauingenieurmethoden, TU Berlin, Januar 1990.

[10] Hartmann, U.; Huhnt, W; Laabs, A; Pahl, P. J.: "COMPAD: Kommunikation produktanalysierender Daten im ISDN-B : Meilenstein 3 : Inter-Prozeß - Kommunikation", Institut für Allgemeine Bauingenieurmethoden, TU Berlin, März 1990.

[11] X-Window System Series, Volume 1 - 3, O'Reilly & Associates Inc., Sebastopol, CA 95472.

[12] OSF / Motif : Programmers Guide, Revision 1.0; Open Software Foundation, Prentice Hall, Englewood Cliffs.

[13] Berry, John: "C++ Programming", Howard W. Sams & Company, Indianapolis, 1989.

[14] "Kommunikatinsdienste im DFN : Produktübersicht", DFN-Bericht Nr. 48, Verein zur Förderung des Deutschen Forschungsnetzes (DFN-Verein), Berlin, 1987.

[15] NBS: "Initial Graphics Exchange Specification (IGES), Version 4.0", National Bureau of Standards, USA, 1987.

[16] TUBKOM: Projektvorschlag für ein multifunktionales Breitband- Kommunikationssystem, TU Berlin, Mai 1987.

[17] ISO TC 184/SC4/WG1: "Information Modelling Language Express: Language Reference Model", Mai 1989.

[18] ISO TC 184/SC4/WG1: "Standard for the Exchange of Product Model Data (STEP)", Mai 1989.

[19] Altemueller, J. :"The Step File Structure", ISO TC 184/SC4/WG1, Document 4.2.1.

[20] Altemueller, J. :"Mapping from Express to Physical File Structure",ISO TC 184/SC4/WG1, Document 4.2.2.

[21] ESPRIT Project 322: "CAD*: CAD-Interfaces", Status Report 4, Kernforschungszentrum Karlsruhe, März 1988.

[22] BERKOM Referenzmodelll (Verallgemeinertes Telekommunikationsmodell), Version 2.0, DETECON, Technisches Zentrum Berlin, Januar 1990.

[23] BERKOM: Management für Verteilte Anwendungen im ISDN-B, Version 1.0, DETECON, Technisches Zentrum Berlin, Januar 1990.

Finite–Element–Methoden
und
ihre Absicherung in der Mathematik

Erwin Stein, Peter Wriggers
Institut für Baumechanik und Numerische Mechanik
Universität Hannover

Kurzfassung

In enger Verbindung mit der ständig wachsenden Leistungsfähigkeit der Computer wurden die Finite-Element-Methoden (FEM) seit Ende der fünfziger Jahre in einer bis heute stürmischen Entwicklung zur näherungsweisen Berechnung von Deformationen und mechanischen Beanspruchungen vielfältiger, komplexer linearer und nichtlinearer Probleme in der Strukturmechanik entwickelt.

Die von Ingenieuren aus den Energieprinzipien der Mechanik – meist intuitiv entwickelten Diskretisierungsverfahren bedürfen der mathematischen Absicherung bezüglich Stabilität und Konsistenz, insbesondere, wenn Estimatoren für effektive adaptive Netzverfeinerungen gebraucht werden.

Für linear elastische Probleme – allgemeiner für lineare, selbstadjungierte Operatoren in Hilberträumen – ist die mathematische Analysis, insbesondere die Fehleranalysis, weitgehend verfügbar. Hingegen fehlen für die FEM geometrisch und physikalisch nichtlinearer Deformationsprozesse noch wesentliche mathematische Grundlagen, so daß Konvergenzbetrachtungen und Netzadaptionen nur heuristisch möglich sind.

Die weitere Entwicklung der FEM mit ihren vielen Varianten wird durch die Ziele Zuverlässigkeit, Robustheit und Flexibilität gekennzeichnet sein, um optimale Zeitkomplexität für gekoppelte Aufgabenstellungen (z. B. Strukturanalyse, CAD, Optimierung) in weiten Bereichen von Forschung und Technik zu erreichen.

1 Was sind Finite–Element–Methoden ?

Seit etwa 150 Jahren gehören zur Angewandten – oder Technischen – Mechanik die Bereiche Theorie (problemangepaßte mathematische Modellbildung), Lösung (analytisch, numerisch) und Interpretation (logische, formale Grenzwertbetrachtungen). Mit der Entwicklung der Computer kam eine neue Komponente hinzu, die durch die numerischen Lösungsverfahren gegeben ist. Wenn man nun heute in den Ingenieurwissenschaften komplexe Probleme behandeln will, so geht dies im allgemeinen nur noch unter Einbeziehung rechnerorientierter, diskretisierender Verfahren. Ein hier sehr stark verbreitetes Verfahren ist die Finite–Element–Methode (FEM).

Bei der Anwendung von numerischen Näherungsverfahren treten jedoch zusätzliche Aspekte auf, die es rechtfertigen, ein neues Teilgebietes der Mechanik, die "Computational Mechanics" einzuführen. Im wesentlichen lassen sich aus unserer Sicht drei Aspekte angeben:

1. Die Computer beeinflussen nicht nur die Algorithmen sondern auch die Theorie.

2. Großdimensionierte, komplexe – oft gekoppelte – sowie nichtlineare Problemstellungen sind den bisherigen Methoden nicht zugänglich.

3. Die Probleme der numerischen Stabilität, der Adaptivität, sowie insgesamt der Zuverlässigkeit von Finite-Element-Algorithmen sind neuartig und übergreifend auf die gesamte theoretische und numerische Aufgabenstellung.

Insgesamt kann man erkennen, daß die durchgängige, nahtlose Problemformulierung von physikalischen Phänomenen bis zum Computer–Programm über die mathematische Modellierung mit Prä– und Postprozessoren ganzheitlich aufzufassen ist, wobei die Numerische Analysis und die Angewandte Informatik sehr stark einzubeziehen sind. Mit heuristischen "Basteltechniken" allein, die in der Pionierzeit der Finite–Element–Methode (FEM) enorme Erfolge erbrachten, ist bei der weiteren Entwicklung stabiler effizienter, insbesondere nichtlinearer Algorithmen unter Verwendung von Vektorrechnern und Parallelrechnern mit verteilten Speichern nicht auszukommen. Vielmehr ist neben der unabdingbaren Intuition "harte Analysis" erforderlich, um gute Algorithmen und neuartige Problemlösungen zu ermöglichen.

Eine mögliche Darstellung der vielfältigen Bezüge von Teilbereichen der *Computational Mechanics* ist das nachfolgende sogenannte Interaktions-Hexagon.

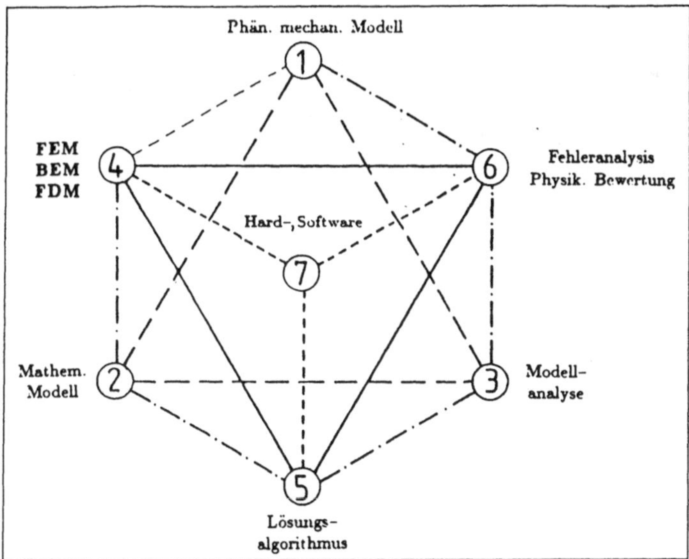

Bild 1 Interaktions–Hexagon der *Computational Mechanics*

Problemstellungen im Bereich der Strukturmechanik sind sehr vielseitig und umfangreich. So muß z.B. zwischen statischen und dynamischen Aufgabenstellungen unterschieden werden, wobei sich jeder dieser großen Anwendungsbereiche noch in viele weitere Sparten aufgliedert. Weiterhin sind die verschiedenen Materialgesetze zu nennen, die je nach Art der Aufgabe anzuwenden sind. Allein durch das Werkstoffverhalten werden die zu wählenden Diskretisierungen und Algorithmen maßgebend beeinflußt. Ferner ist zu unterscheiden, ob die zu berechnende Struktur kleinen oder großen Deformationen unterliegt. Auch dies hat entscheidenden Einfluß auf die Komplexität der Formulierung des mechanischen Problems und auf algorithmische Aspekte.

Mit der auf der Basis der *Computational Mechanics* entwickelten FEM Software wird heute bereits ein breites Spektrum von Aufgabenstellungen im Bereich der Industrie abgedeckt. Beispiele sind Festigkeits– und Crashanalysen von Karosserien im Automobilbau, dynamische Erdbebenuntersuchungen von Reaktorschalen oder Berechnungen turbulenter Strömungsprozesse.

Im Forschungsbereich werden innerhalb der *Computational Mechanics* neue Problemstellungen wie gekoppelte Prozesse, verfeinerte Diskretisierungstechniken und verbesserte Algorithmen bearbeitet.

Die weiterhin stürmische Entwicklung von Rechnersystemen hat starke Impulse auf neue Richtungen der numerischen Mathematik und Mechanik gegeben. Hier sind im wesentlichen zu nennen:

1. Die Workstations mit der Kombination hohe Rechnerleistung, Einbeziehung der Graphik und Vernetzung,

2. die Hochleistungs–Vektorrechner mit Flüssiggas-Kühlung,

3. als neueste Entwicklungen Parallelrechner mit gemeinsamem (shared) Speicher und

4. als Herausforderung für neue Wege bezüglich Algorithmen und Programmen die Prozessorelemente mit verteilten (distributed) Speichern, bei denen das Netzwerk – auch variabel und programmierbar – wesentlich für den Ablauf ist.

Mit diesen Hilfsmitteln lassen sich in Zukunft weit umfangreichere Problemstellungen als bisher aufgreifen, die am Ende dieser Arbeit noch erörtert werden sollen. †

† Auf eine umfassende Literaturzusammenstellung wird im Rahmen dieses Aufsatzes verzichtet, die genannte Literatur stellt eine Auswahl der Grundlagen dar.

2 Ingenieurmäßige Darstellung der Finite-Element-Methode

Wir wählen der Einfachheit halber eine zweidimensionale Darstellung.

2.1 Verschiebungsmethode für ebene Spannungs- und Verschiebungszustände

Die linearen Verzerrungs- Verschiebungsbeziehungen lauten unter Verwendung einer kartesischen Basis $\mathbf{e}_i$ in Matrizenschreibweise

$$\boldsymbol{\epsilon} := \mathbf{D}\mathbf{u} \quad in\ \mathcal{B} \subset \mathbb{R}^2$$

mit

$$\mathbf{u} = \begin{bmatrix} u_x \\ u_y \end{bmatrix} \; ; \quad \boldsymbol{\epsilon} = \begin{bmatrix} \varepsilon_x \\ \varepsilon_y \\ \gamma_{xy} \end{bmatrix} \; ; \quad \mathbf{D} = \begin{bmatrix} \partial_x & 0 \\ 0 & \partial_y \\ \partial_y & \partial_x \end{bmatrix} \; ; \quad \partial_x = \frac{\partial}{\partial x} \; ; \; \partial_y = \frac{\partial}{\partial y}$$

und

$$\mathbf{u}(x,y) = u_x(x,y)\mathbf{e}_x + u_y(x,y)\mathbf{e}_y .$$

Die linearen lokalen Gleichgewichtsbedingungen sind

$$\mathbf{D}^T\boldsymbol{\sigma} + \rho\mathbf{b} = \mathbf{O} \quad in\ \ \mathcal{B} \subset \mathbb{R}^2$$

mit

$$\boldsymbol{\sigma} = \begin{bmatrix} \sigma_x \\ \sigma_y \\ \tau_{xy} \end{bmatrix} \; ; \quad \mathbf{b} = \begin{bmatrix} b_x \\ b_y \end{bmatrix} ,$$

und das Stoffgesetz lautet

$$\boldsymbol{\sigma} = \mathbf{C}\boldsymbol{\epsilon} \quad in\ \ \mathcal{B}\, ; \mathbf{C} = \mathbf{C}^T$$

mit der symmetrischen Elastizitätsmatrix im ebenen Spannungszustand

$$\mathbf{C} = \frac{E}{1-\nu^2} \begin{bmatrix} 1 & \nu & 0 \\ \nu & 1 & 0 \\ 0 & 0 & \frac{1-\nu}{2} \end{bmatrix}$$

und im ebenen Verzerrungszustand

$$\mathbf{C} = \frac{E}{(1+\nu)(1-2\nu)} \begin{bmatrix} 1-\nu & \nu & 0 \\ \nu & 1-\nu & 0 \\ 0 & 0 & \frac{1-2\nu}{2} \end{bmatrix} .$$

Die Randbedingungen für die Verschiebungen sind

$$\mathbf{u} - \bar{\mathbf{u}} = \mathbf{O} \quad auf\ \ \partial\mathcal{B}_u$$

und für die Randspannungen

$$\mathbf{t} - \bar{\mathbf{t}} = \mathbf{O} \quad auf\ \ \partial\mathcal{B}_\sigma , \quad \partial\mathcal{B}_u \cup \partial\mathcal{B}_\sigma = \partial\mathcal{B}$$

mit

$$\mathbf{t} = \mathcal{N}^T \boldsymbol{\sigma}$$

$$\mathbf{t} = \begin{bmatrix} t_x \\ t_y \end{bmatrix}, \quad \mathcal{N} = \begin{bmatrix} \cos(n,x) & 0 \\ 0 & \cos(n,y) \\ \cos(n,y) & \cos(n,x) \end{bmatrix}, \quad \mathbf{n} = \begin{bmatrix} \cos(n,x) \\ \cos(n,y) \end{bmatrix}.$$

$\mathcal{N}$ hat dieselbe Struktur wie $\mathbf{D}$.

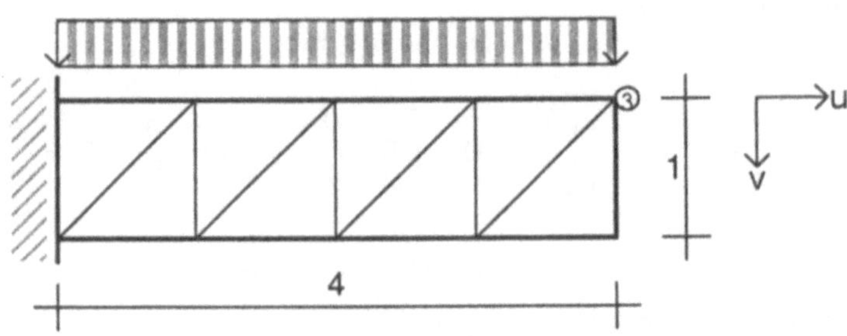

Bild 2 Scheibe mit Randbedingungen

Die zu erfüllenden Navier-Laméschen Differentialgleichungen - hier in 2d-Form - sind von zweiter Ordnung und V-elliptisch. Aus den beschriebenen geometrischen, statischen und konstitutiven Feldgleichungen erhält man nämlich durch Einsetzen

$$\underbrace{\mathbf{D}^T\mathbf{C}\mathbf{D}}_{\mathbf{L}=\mathbf{L}^T}\mathbf{u} + \underbrace{\rho\mathbf{b}}_{\mathbf{f}} = \mathbf{O} \quad in\ \mathcal{B}$$

$$\mathbf{L}\mathbf{u} + \mathbf{f} = \mathbf{O} \quad in\ \mathcal{B}.$$

Aus der schwachen Form des Gleichgewichtes

$$\int_{\mathcal{B}} \boldsymbol{\eta}^T(\mathbf{D}^T\boldsymbol{\sigma} + \rho\mathbf{b})dx = 0$$

mit der zulässigen Verschiebung $\delta\mathbf{u} = \boldsymbol{\eta}$ gewinnt man das Prinzip der virtuellen Arbeit als hinreichende - materialfreie - Gleichgewichtsaussage

$$g(\mathbf{u},\boldsymbol{\eta}) = \underbrace{\int_{\mathcal{B}} \delta\boldsymbol{\epsilon}^T\boldsymbol{\sigma}dx}_{\delta\mathcal{W}} \underbrace{- \int_{\mathcal{B}} \boldsymbol{\eta}^T\rho\mathbf{b}dx - \int_{\partial\mathcal{B}_\sigma} \boldsymbol{\eta}^T\bar{\mathbf{t}}dx}_{\delta\mathcal{A}} = 0.$$

Mit dem Elastizitätsgesetz ergibt sich für die virtuelle Arbeit der inneren Kräfte

$$\delta\mathcal{W} = \int_{\mathcal{B}} (\mathbf{D}\boldsymbol{\eta})^t\mathbf{C}(\mathbf{D}\mathbf{u})dx.$$

In finiten Element-Bereichen $\mathcal{B}_e$ werden nun bereichsweise Ritz-Ansätze in Form von sogenannten Einheitsverschiebungszuständen (shape functions) eingeführt, die jeweils in den definierten Knoten den Wert 1 und in allen anderen den Wert Null annehmen

$$\mathbf{u}_e^h = \sum_I^{n_k} \mathbf{N}_I \mathbf{v}_I \; ; \quad \mathbf{v}_I = \begin{bmatrix} \mathbf{v}_{xI} \\ \mathbf{v}_{yI} \end{bmatrix} \; in \; \mathcal{B}_e,$$

zusammengefaßt

$$\mathbf{u}_e^h = \mathbf{N}\mathbf{v}_e .$$

Die $N_I \subset C^o$ werden meist isoparametrisch für rechteckige und dreieckige Parameterebenen dargestellt. Der Grundgedanke ist die Darstellung der Ausgangsgeometrie und der deformierten Elemente mit den gleichen Ansätzen. Für Rechteckelemente ergeben sich bei bilinearen Ansätzen vierknotige Elemente.

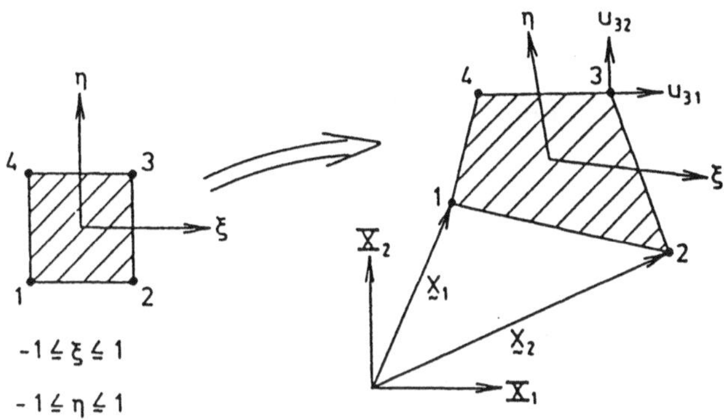

Bild 3 Isoparametrisches Vierknotenelement für zweidimensionale Probleme

Die Ansätze lauten für die Koordinaten

$$x_e^h = \sum_{I=1}^{4} N_I(\xi,\eta) x_I = \mathbf{N}_x \mathbf{x}$$

$$y_e^h = \sum_{I=1}^{4} N_I(\xi,\eta) y_I = \mathbf{N}_y \mathbf{y} \; , \quad \mathbf{N}_x = \mathbf{N}_y$$

zusammengefaßt

$$\begin{bmatrix} x_e^h \\ y_e^h \end{bmatrix} = \underbrace{\begin{bmatrix} \mathbf{N}_x & \mathbf{O} \\ \mathbf{O} & \mathbf{N}_y \end{bmatrix}}_{\mathbf{N}} \begin{bmatrix} x \\ y \end{bmatrix}$$

und für die Verschiebungen gleichartig

$$\underbrace{\begin{bmatrix} u_{x_e}^h \\ u_{y_e}^h \end{bmatrix}}_{\mathbf{u}_e^h} = \mathbf{N} \underbrace{\begin{bmatrix} \mathbf{v}_x \\ \mathbf{v}_y \end{bmatrix}}_{\mathbf{v}_e} , \quad \mathbf{v}_{ex} = \begin{bmatrix} v_{1x} \\ v_{2x} \\ v_{3x} \\ v_{4x} \end{bmatrix} , \quad \mathbf{v}_{ey} = \begin{bmatrix} v_{1y} \\ v_{2y} \\ v_{3y} \\ v_{4y} \end{bmatrix} .$$

In gleicher Weise wie die gesuchten Verschiebungen werden auch die zulässigen Funktionen approximiert

$$\eta_e = \mathbf{N}\delta\mathbf{v}_e.$$

Der lineare Ansatz lautet

$$N_I(\xi,\eta) = \frac{1}{2}(1 + \xi_I \cdot \xi) \cdot \frac{1}{2}(1 + \eta_I \cdot \eta).$$

Durch Einsetzen der bereichsweisen Ansätze in das Prinzip der virtuellen Arbeiten erhält man die Summe über die Elemente in der Form

$$g^h(\mathbf{u},\boldsymbol{\eta}) = \bigcup_{e=1}^{n_e} \{\delta\mathbf{v}_e^T \int_{B_e} \underbrace{(\mathbf{DN})^T}_{\mathbf{B}^T} \mathbf{C} \underbrace{(\mathbf{DN})}_{\mathbf{B}} dx\, \mathbf{v}_e - \delta\mathbf{v}_e^T [\int_{B_e} \mathbf{N}^T \rho \mathbf{b} dx + \int_{B_{e\sigma}} \mathbf{N}\bar{\mathbf{t}} dx]\} = 0$$

$$g^h(\mathbf{u},\boldsymbol{\eta}) = \bigcup_{e=1}^{n_e} \{\delta\mathbf{v}_e^T \mathbf{k}_e \mathbf{v}_e - \delta\mathbf{v}_e^T \bar{\mathbf{p}}_e\} = 0.$$

Die Integration über die Parameterebene ergibt $d\mathbf{x} = det\left(\frac{\partial \mathbf{x}}{\partial \boldsymbol{\xi}}\right) d\xi d\eta$. Sie wird numerisch mit Hilfe der Gauß-Legendre-Integration durchgeführt, bei bilinearen Ansätzen optimal in 4 Punkten, siehe Bild 3.

Mit Einführung der kinematischen Übergangsbedingungen zwischen den Elementen, den Randbedingungen und von Inzidenzmatrizen

$$\mathbf{v}_e = \mathbf{a}^e \mathbf{V}$$

mit $\mathbf{V}$ als globalem, reduziertem Knotenverschiebungsvektor erhält man

$$g^h = \delta\mathbf{V}^T \{\underbrace{\bigcup_{e=1}^{n_e} \mathbf{a}_e^T \mathbf{k}_e \mathbf{a}_e}_{\mathbf{K}}\ \mathbf{V} - \underbrace{\bigcup_{e=1}^{n_e} \mathbf{a}_e^T \bar{\mathbf{p}}_e}_{\bar{\mathbf{P}}}\} = 0.$$

Hieraus folgt das lineare Gleichungssystem

$$\mathbf{K}\mathbf{V} = \bar{\mathbf{P}}\ ; \quad \mathbf{K} : \text{symmetrisch, positiv definit}$$

für die unbekannten Knotenverschiebungen.

Die approximierten Spannungen in den Elementen ergeben sich aus den kinematischen Gleichungen durch Differentiation und aus den Elastizitätsbeziehungen zu

$$\sigma_e^h = \mathbf{C}_e \cdot \mathbf{B} \cdot \mathbf{v}_e$$

mit Sprüngen

$$J(\mathbf{t}_e^h) = \mathbf{n}_e^+ \sigma_{e+1}^h - \mathbf{n}_e^- \sigma_e^h \quad auf \ \partial \mathcal{B}_e$$

der resultierenden Spannungen an den Element – Zwischenrändern, die sich aus der Fehleranalysis als natürliche Fehlerindikatoren für die adaptive Netzverfeinerung ergeben, siehe Kap. 5.2.

2.2 Verschiebungsansätze für Platten

Im Falle der Kirchhoff – Platte handelt es sich um die Approximation der Bipotentialgleichung, einer partiellen Differentialgleichung 4. Ordnung für die Durchbiegung, womit C^1 – Kontinuität der Element – Ansätze erforderlich wird – und damit Polynomansätze 3. Ordnung für Rechteckelemente und Ansätze 5. Ordnung für Dreieckelemente. Isoparametrische Ansätze sind nicht möglich. Die Verwendung von sogenannten nicht – konformen Elementen ist i.a. nicht zu empfehlen. Solche Elemente müssen zumindest den erweiterten Patch – Test (nach Irons, Shi et al.), siehe Zienkiewicz (1977), erfüllen.

Die Reißner – Mindlin – Theorie dünner Platten erfaßt näherungsweise die Schubdeformation infolge der Querkräfte (unter Beibehaltung ebener Querschnitte) und erlaubt C^o – kontinuierliche isoparametrische Elementansätze. Man muß jedoch die Schubterme reduziert integrieren (z.B. ein Gaußpunkt bei bilinearen Ansätzen für Durchbiegungen und Neigungen), um das sogenannte Locken (Schließen), also die vollständige Versteifung bei dünnen Platten zu beheben. Hierdurch können aber im Gesamtsystem fast energiefreie Deformationszustände (spurious modes) eintreten, die zur Singularität der Gesamtmatrix führen. Ein sowohl analytisch wie auch numerisch besserer Weg ergibt sich hier über die gemischten Element – Methoden mit Ansätzen für Verschiebungen und Spannungen, wobei allerdings eine globale Stabilitätsbedingung zu beachten ist.

3 Mathematische Darstellung der Finite – Element – Methode

Die im Kap. 2 formulierten Navier – Lame'schen linearen partiellen Differentailgleichungen sind elliptisch, so daß sich zu dem Operator L ein Variationsfunktional – die gesamte potentielle Energie – mit Minimaleigenschaften für stabile Gleichgewichtszustände für statische Randwertprobleme konstruieren läßt.

Allgemein sollen Operatoren in Divergenzform

$$\mathbf{Lu} = \sum (-1)^{|\beta|} \mathbf{D}^\beta (a_{\alpha\beta}(\mathbf{x}) \mathbf{D}^\alpha \mathbf{u}) = \mathbf{f} \ in \ \Omega$$
$$|\alpha| \leq m, \ |\beta| \leq m$$

betrachtet werden. **L** heißt elliptisch, falls (für m = 1) die Matrix $(\alpha_{ij}(x))$ in Ω symmetrisch und positiv definit ist. Weiterhin sind am Rand Γ_u die Verschiebungen und am Rand Γ_σ die Randkräfte (mittels der Verschiebungsableitungen) vorgeschrieben.

Die schwache Form g der Differentialgleichung erhält man durch Multiplikation mit einer Vergleichsfunktion $\boldsymbol{\eta}$ und Integration über das Gebiet. Die Lösung $\mathbf{u}$ ist in einen Hilbertraum der kinematisch zulässigen Funktion $\mathcal{V}$ eingebettet

$$H := \{\boldsymbol{\eta}, \mathbf{v} \in H^m(\Omega); \boldsymbol{\eta}, \mathbf{v} = \mathbf{0} \ \ in \ \ \Gamma_u\}.$$

Unter gewissen Kompaktheitsbedingungen läßt sich die schwache Form in eine Variationsgleichung

$$g(\mathbf{u}, \boldsymbol{\eta}) = l(\boldsymbol{\eta}) \ \ \forall \ \ \boldsymbol{\eta} \in H$$

oder – äquivalent – als Minimalproblem

$$min \Pi(\mathbf{u}) = g(\mathbf{u}, \mathbf{u}) - 2l(\mathbf{u}), \ \ u \in H$$

darstellen. $g(\mathbf{u}, \mathbf{u})$ ist eine positiv semidefinite Bilinearform und $l(\mathbf{u})$ ein lineares Funktional, falls gilt

$$C_1 \|\mathbf{v}\|_m^2 \leq a(\mathbf{v}, \mathbf{v}) \leq C_2 \|\mathbf{v}\|_m^2 \ \ \forall \ \ \mathbf{v} \in H,$$
$$|l(\mathbf{v})| \leq C_3 \|\mathbf{v}\|_m^2.$$

Zur näherungsweisen Lösung der Variationsaufgabe wird ein endlich – dimensionaler Teilraum $\mathcal{V}_n \subset H$ eingeführt. Die diskrete Näherungslösung $\mathbf{u}_n$ erfüllt die Gleichung

$$a(\mathbf{u}_n, \mathbf{v}_n) = l(\mathbf{v}_n) \ \ \forall \ \ \mathbf{v}_n \in \mathcal{V}_n.$$

Daraus folgt

$$a(\mathbf{u} - \mathbf{u}_n, \mathbf{v}_n) = 0 \ \ \forall \ \ \mathbf{v}_n \in \mathcal{V}_n,$$

so daß $\mathbf{u}_n$ als orthogonale Projektion von $\mathbf{u}$ auf dem Unterraum $\mathcal{V}_h$ aufgefaßt werden kann. Man erhält das Lemma von Céa

$$\|\mathbf{u} - \mathbf{u}_n\|_m \leq C \ \ \inf \|\mathbf{u} - \mathbf{v}_n\|_m, \ \ \mathbf{v}_n \in \mathcal{V}_n.$$

Konvergenzbeweise der FEM können daher auf den Nachweis von Approximationseigenschaften des Ansatzraumes zurückgeführt werden.

Für die Ansatzräume $\mathcal{V}_n$ werden Triangulierungen oder rechteckige Grundbereiche, insbesondere im Hinblick auf isoparametrische Polynom – Ansätze vom Grade p gewählt, siehe Kap. 2.

Der Konvergenzbeweis für die FEM wird über die Approximationseigenschaften der Ansatzräume geführt. Dabei wird anstelle des schwer abzuschätzenden obigen Infimums der Interpolationsfehler $\|\mathbf{u} - \Pi_n\mathbf{u}\|_m$ abgeschätzt. Für reguläre Triangulierungen und Probleme zweiter Ordnung erhält man

$$\|\mathbf{v} - \Pi_n\mathbf{v}\|_m \leq C h^{p+1-m} |\mathbf{v}|_{p+1} \quad \forall \ \mathbf{v} \in H^{p+1}(\Omega) \cap H$$

und daraus die Konvergenzaussagen

$$\|\mathbf{u} - \mathbf{u}_n\|_1 \leq C h^p |\mathbf{u}|_{p+1},$$

sowie mit Hilfe des Aubin – Nitsche – Lemmas

$$|\mathbf{u} - \mathbf{u}_h|_o \leq C h^{p+1} |\mathbf{u}|_{p+1}.$$

Außerdem folgt, daß die Polynomordnung des Ansatzes die Konvergenzeigenschaften bestimmt, falls die gesuchte Lösung hinreichend glatt ist. Die Konvergenz der Näherungslösung $\lim_{h\to 0} \|\mathbf{u} - \mathbf{u}_n\|_1 = 0$ kann auch unter schwächerer Vorraussetzung gezeigt werden. Die Regularität von $\mathbf{u}$ wird bestimmt durch

1. die Regularität der Koeffizienten der Bilinearform a und der Lastterme,

2. die Regularität des Randes $\partial\Omega$.

4 Nichtlineare Problemstellungen

Als ein Beispiel für die Komplexität von nichtlinearen Prozessen sei hier die ganzheitliche Behandlung der Stabilität von Schalentragwerken behandelt. Bei dieser Problemklasse muß zur Bereitstellung des zugehörigen Finite–Element–Modells folgendes beachtet werden:

1. Auswahl der nichtlinearen Schalentheorie,

2. Konstruktion der finiten Elemente,

3. Entwicklung von Algorithmen zur Berechnung von Stabilitätspunkten und zur überkritischen Berechnung.

Die Behandlung von Stabilitätsproblemen ist ein Beispiel im Rahmen der *Computational Mechanics* dafür, daß die numerischen Methoden Einfluß auf die Entwicklung der theoretischen Modelle genommen haben. Weiterhin haben die Problemstellungen wie die Berechnung von Lösungspfaden im nachkritischen Bereich mit großen Verschiebungen und Verdrehungen zur Konstruktion spezieller Algorithmen zur Kurvenverfolgung und auch zur Entwicklung sogenannter geometrisch exakter Theorien geführt, die im Rahmen der kinematischen Annahmen exakt sind. Es sei jedoch erwähnt, daß in technischen Anwendungen häufig Modelle Verwendung finden, die nur in einem beschränkten Bereich den Deformationszustand richtig wiedergeben können. Ein Beispiel dafür sind Schalentheorien moderater Rotationen, die Drehungen bis etwa 8 Grad beschreiben können.

Zunächst soll nun einiges zur Konstruktion der finiten Elemente für Schalen gesagt werden, danach folgt eine Beschreibung der bei Stabilitätsproblemen der Strukturmechanik verwendeten Algorithmen.

Bei den theoretischen Grundlagen lassen sich grundsätzlich zwei generelle Konzepte zur numerischen Behandlung von Schalenproblemen unterscheiden. Einerseits können Elemente auf der Basis von Schalentheorien (*klassisches Konzept*) entwickelt werden, andererseits sind Finite–Element–Formulierungen möglich, die direkt von der dreidimensionalen Theorie ausgehen (*degeneriertes Konzept*). Innerhalb des klassischen Konzeptes sind wiederum unterschiedliche Vorgehensweisen möglich. Diese hängen z. B. von der Wahl der kinematischen Annahme oder der Wahl des Drehvektors ab. Man unterscheidet zwischen schubstarren (Kirchhoff–Love) und schubweichen (Reissner–Mindlin) Schalentheorien. Während die erste Theorie zu einfacher handhabbaren Differentialgleichungssystemen führt, hat für numerische Zwecke die letztgenannte Theorie Vorteile, da hier nur anstelle einer C^1– die C^0–Kontinuität, d.h. die Stetigkeit im Verschiebungsfeld, für die Ansatzfunktionen gefordert wird. Dies erleichtert die Konstruktion der Ansatzfunktionen für die Finite–Element–Formulierung wesentlich. Die Wahl beinhaltet jedoch auch Nachteile, auf die etwas später eingegangen werden soll.

Im Prinzip könnte man ein Schalentragwerk auch durch dreidimensionale Kontinuumselemente diskretisieren. Diese Vorgehensweise führt jedoch ohne weitere Maßnahmen zu dem sogenannten "Locking" Phänomen. Abhilfe schafft das degenerierte Konzept, das keine spezielle Schalentheorie benötigt. In dieser Formulierung werden die dreidimensionalen Feldgleichungen direkt diskretisiert, wobei die Schalenannahme erst im Diskretisierungsprozeß Verwendung findet.

Während der letzten Jahre wurden für die Behandlung von Schalenproblemen mit großen Verschiebungen und Rotationen die degenerierten Elemente bevorzugt. Durch die Formulierung geometrisch exakter schubelastischer Schalentheorien, siehe z. B. Libai, Simmonds (1984) oder Reissner (1982), für große Rotationen und ihre Finite–Element–Approximation, siehe Gruttmann (1988), sind die auf Schalentheorien basierenden finiten Elemente wieder konkurrenzfähig geworden. Als Beispiel sei hier das Ausknicken (Kippen) eines Winkelstabes aus der Belastungsebene heraus aufgezeigt, siehe Bild 4. Dieser Vorgang weist im nachkritischen Bereich große Rotationen auf, was den verformten Konfigurationen in Bild 4 zu entnehmen ist.

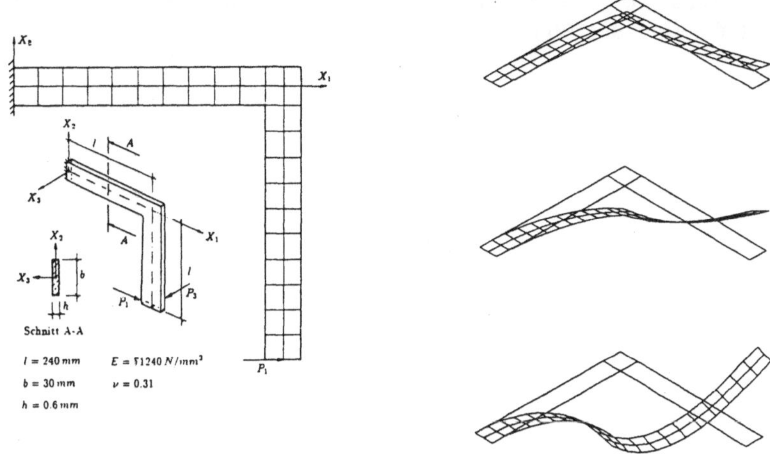

Bild 4 System und Deformationszustände eines Winkelstabes

Das Phänomen des "Locking", das bei C^0–Elementen jeder Art auftritt, äußert sich dadurch, daß eine ungewollte Versteifung der Struktur eintritt, bei der das Verschiebungs– oder das Rotationsfeld viel zu kleine Werte annehmen. Bei Schalen unterscheidet man Schub– und Membranlocking. In der Literatur wurden spezielle Techniken entwickelt, um dieses Phänomen zu kontrollieren, eine vollständig befriedigende Lösung liegt jedoch noch nicht vor. Die zugehörige Absicherung durch die Mathematik ist für dieses Gebiet zur Zeit weltweit Gegenstand intensiver Forschung.

Die in vorhandenen FE–Programmen am weitesten verbreitete Methode ist die reduzierte Integration. Hier werden alle in der Steifigkeitsmatrix auftretenden Terme unterintegriert. Dieses Verfahren ist sehr effizient, hat jedoch den Nachteil, daß neben den Starrkörperzuständen weitere "unechte" Verschiebungszustände auftreten. Möglichkeiten diese sogenannten "spurious modes" zu behandeln, werden am Ende dieses Abschnittes beschrieben. Eine Modifizierung der reduzierten Integration stellt die selektive reduzierte Integration dar, bei der nur spezielle Anteile in den auftretenden Matrizen reduziert integriert werden. Dieses Vorgehen ist nicht besonders effizient. Ein möglicher Rangabfall der Matrizen und die damit entstehenden "spurious modes" wird außerdem nicht ausgeschlossen. Reduzierte und selektive reduzierte Integrationstechniken sind sehr eng mit gemischten Formulierungen verknüpft, siehe Malkus und Hughes (1983), und führen zum Teil auf gleiche Elementmatrizen. Aus diesem Grund muß bei diesen Techniken darauf geachtet werden, daß die bei gemischten Elemente auftretende Stabilitätsbedingung (LBB Bedingung), die im Rahmen der mathematischen Analysis angegeben wurde, eingehalten wird.

Die bei der Verwendung reduzierter Integrationstechniken auftretenden sogenannten "spurious modes" entstehen dadurch, daß sich ein zu großer Rangabfall der Steifigkeitmatrix einstellt. Ein einfacher Ansatz zur Kontrolle dieses Rangabfalles besteht darin, Stabilisierungsmatrizen zu konstruieren, die sich aus den Eigenvektoren der internen Mechanismen aufbauen, siehe Belytschko, Tsai

(1983). Als Beispiel für diese Vorgehensweise sei ein Zylinder mit freien Ränder betrachtet, der in Bild 5 dargestellt ist, siehe Wagner (1988).

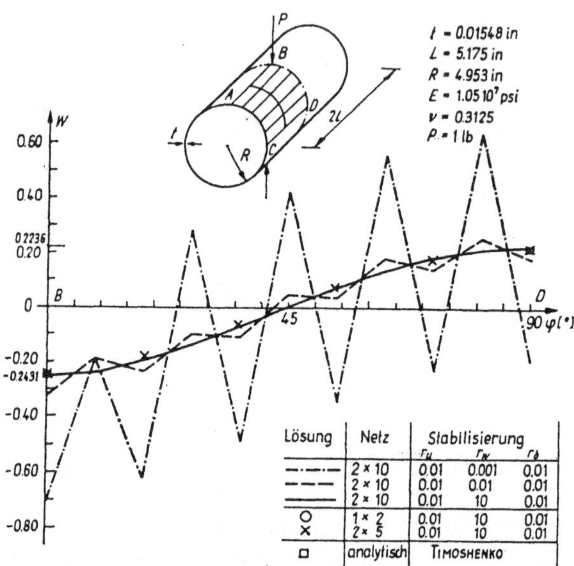

Bild 5 Zylinder mit freien Rändern unter Einzellasten

Der Zylinder ist durch zwei gegenüberliegende Einzelkräfte belastet. Den Lösungskurven für die Durchbiegung w unter dem Lastangriffspunkt ist anzusehen, daß die Wahl der Stabilisierungsparameter einen entscheidenden Einfluß auf das Lösungsverhalten hat. Auch diese Vorgehensweise ist aufgrund der Abhängigkeit der Lösung von den Stabilisierungsparametern nicht voll befriedigend, selbst wenn sie große Effizienz aufweist, da bei einer Unterintegration der Elementmatrizen mit anschließender Stabilisierung weniger Operationen benötigt werden als bei einer Vollintegration.

Neben diesen grundsätzlichen Methoden gibt es noch verschiedene Ansätze, bei denen z.B. spezielle Verzerrungsfelder zur Vermeidung von Lockingeffekten und möglichen Rangabfällen verwendet werden (assumed strains).

Weitere erfolgversprechende Verfahren zur Konstruktion von finite Element Ansätzen, die auf gemischten Prinzipien basieren sind z. B. in der mathematischen Literatur bei Arnold, Brezzi und Douglas (1984) zu finden. Eine numerische Untersuchung dieser Elemente ist von Rolfes (1989) vorgenommen worden. Bild 6 zeigt hier den Vergleich derartiger gemischter Elemente für reine Membranprobleme. Die dargestellte links eingespannte Kragscheibe ist durch eine Gleichlast beansprucht. Man erkennt die gute Approximation der Spannungen und Verschiebungen. Interessant ist hier, daß – im Gegensatz zur reinen Verschiebungsmethode – Sprünge in den Verschiebungen (strichpunktierte Linie) längs der Elementränder auftreten, während die Spannungen stetig sind. Die punktierte Linie stellt die Ergebnisse eines 6 Knoten Verschiebungselementes dar, das naturgemäß das entgegengesetzte Verhalten aufweist.

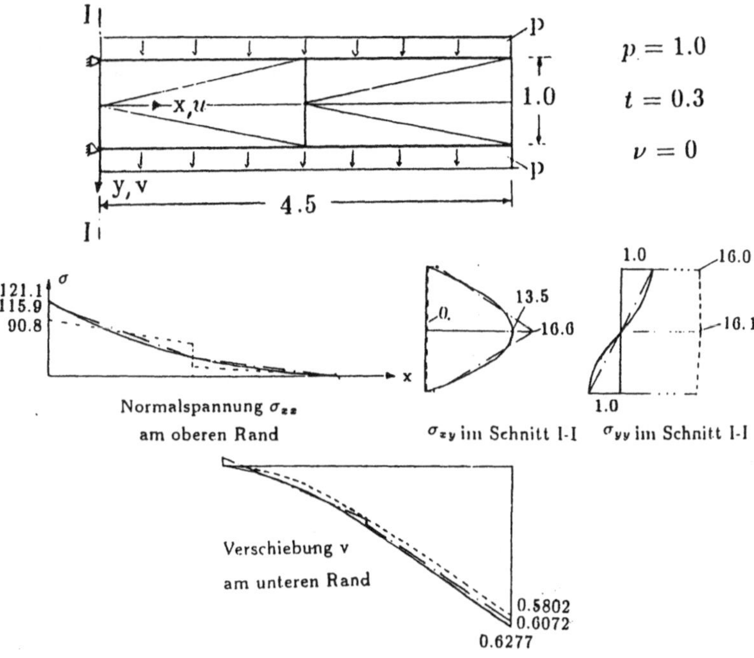

Bild 6 System, Spannungen und Verschiebungen einer Kragscheibe

Berechnung überkritischer Lösungspfade Für nichtlineare (statische) Probleme der Strukturmechanik ist es in der Regel wichtig, den Zusammenhang zwischen der Belastung – repräsentiert durch den Lastparameter λ – und dem Verschiebungszustand nicht nur punktweise für den gesamten interessierenden Lastbereich zu bestimmen. Grundsätzlich kann dabei ein beliebiger, auch nicht eindeutiger, Zusammenhang zwischen Lastparameter und Verschiebungsgröße auftreten. Zur Berechnung dieses globalen Lösungsverhaltens verwendet man inkrementell–iterative Lösungsstrategien. Durch Hinzufügen einer geeigneten Nebenbedingung erhält man einen Einfluß auf die Art des Lösungsverfahrens, siehe z.B. Riks (1972), Rheinboldt (1981). Generell läßt sich ein erweiterter Satz von Gleichungen wie folgt definieren, wobei $f(\mathbf{v}, \lambda)$ eine zu spezifizierende Nebenbedingung ist. Die aus diesem allgemeinen Konzept entwickelten Algorithmen werden häufig auch als Kurvenverfolgungsverfahren bezeichnet. Die im Rahmen des Newton Verfahrens erforderliche Linearisierung des erweiterten Gleichungssystems (30) führt auf ein unsymmetrisches Gleichungssystem, das üblicherweise unter Verwendung einer Partitionierungsmethode gelöst wird. Es ist eine Vielzahl von Varianten bekannt, die sich im wesentlichen jeweils durch die Formulierung der Nebenbedingung unterscheiden. Mit diesen Verfahren können nun überkritische Lösungspfade nachgefahren werden. Dies ist auch dann noch möglich, wenn Mehrdeutigkeiten auftreten oder singuläre Punkte überschritten werden.

Berechnung singulärer Punkte Die Berechnung von singulären Punkten ist ein weiterer wesentlicher Aspekt nichtlinearer Stabilitätsanalysen von Strukturen. Daher ist es wichtig, für diese Untersuchungen geeignete und effiziente Verfahren bereitzustellen. Im Rahmen der Kurvenverfolgung wird das Instabilitätsverhalten der zu untersuchenden Struktur "begleitend" untersucht.

Ist man an einer genaueren Berechnung der singulären Punkte interessiert, so müssen innerhalb der inkrementell–iterativen Berechnung weitere Maßnahmen erfolgen. Eine einfache Methode ist die Anwendung eines Bisektions-Verfahrens zur genaueren Ermittlung des singulären Punktes. Diese Art der Vorgehensweise wird auch im Bereich der mathematischen Literatur propagiert, siehe z.B. Keller (1977), wenn es nicht notwendig ist, den singulären Punkt exakt zu berechnen. Ein entsprechender Algorithmus setzt voraus, daß innerhalb des Kurvenverfolgungsverfahren die Möglichkeiten der Lastumkehr sowie der Modifikation der Bogenlänge verfügbar sein müssen.

Ein weiteres Verfahren erlaubt es, einerseits singuläre Punkte direkt zu berechnen und andererseits dabei quadratisches Konvergenzverhalten zu sichern, siehe z. B. Wriggers, Wagner und Miehe (1988). Grundsätzlich soll eine inkrementell–iterative Lösungsstrategie beibehalten werden. In der Nähe von singulären Punkten wird auf das Iterationsverfahren umgeschaltet, bei dem die vorhandenen Gleichungen um Instabilitätsverhalten beschreibende Zusatzinformationen erweitert werden. Als Kriterium kann z. B. das Verschwinden des Eigenwertes im singulären Punkt dienen. Als Beispiel für die direkte Bestimmung von singulären Punkten mit einem derart erweiterten System von Gleichungen sei ein räumliches Fachwerksystem betrachtet, das in Bild 7 mit dem selbst für dieses einfache Beispiel komplizierten Pfad der primären Lösung dargestellt ist. Die Berechnung der Durchschlag– und Verzweigungspunkte erfolgt mit dem beschriebenen Algorithmus.

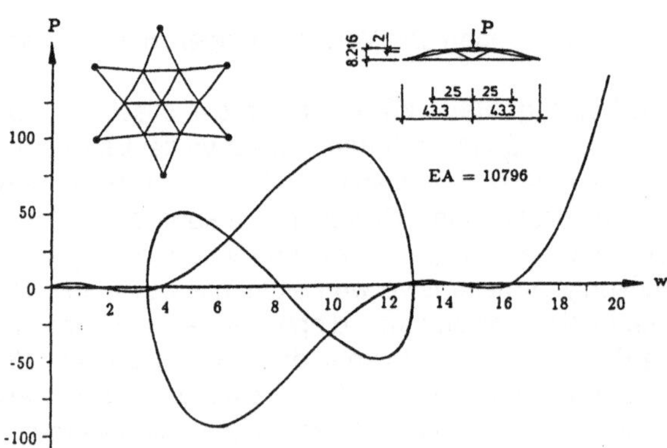

Bild 7 Räumliches Fachwerk

Die Konvergenzstudie bei der Berechnung des ersten Durchschlagpunktes findet sich in BOX 1 und zeigt an der Entwicklung der Norm $\|\mathbf{G}\|$ das quadratische Konvergenzverhalten.

Iteration number	$\|G\|$	λ
1	$8.93 \cdot 10^{1}$	5.898
2	$6.47 \cdot 10^{-1}$	3.584
3	$4.95 \cdot 10^{-3}$	3.408
4	$3.74 \cdot 10^{-7}$	3.407
5	$1.66 \cdot 10^{-14}$	3.407

BOX 1

Bild 8 zeigt die Anzahl der Iterationen des Bogenlängenverfahrens und die des erweiterten Systems bis hin zum ersten Verzweigungspunkt (B_1). Hier zeigt sich, daß ein kombinierter Einsatz des Bogenlängenverfahrens und des auf dem erweiterten System beruhenden Verfahrens eine sehr effiziente Nachrechnung von nichtlinearen Lösungspfaden mit direkter Berechnung der singulären Punkte ermöglicht.

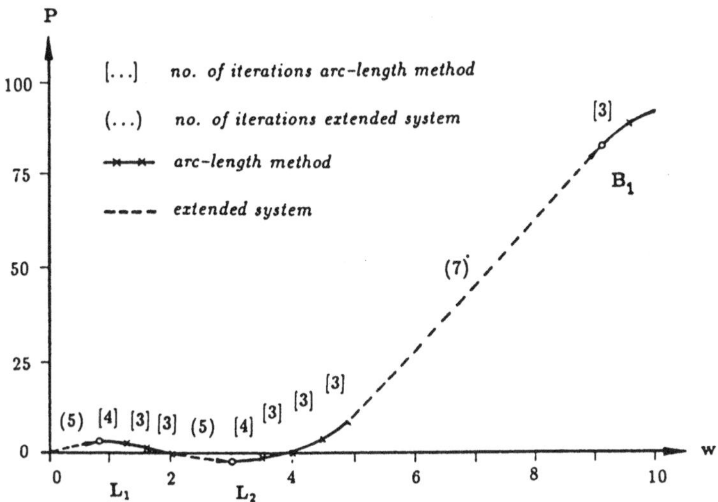

Bild 8 Inkrementell–iterative Strategie zur Bestimmung von singulären Punkten

5 Algorithmen

5.1 Algorithmen zur Behandlung nichtlinearer Probleme der Strukturmechanik

Zur Behandlung nichtlinearer Probleme der Strukturmechanik existiert eine Vielzahl von Algorithmen und Lösungsverfahren. Sie werden ständig erweitert und fortgeführt. Die dargestellte Übersicht greift einige Aufgabenstellungen innerhalb der *Computational Mechanics* heraus, und deren algorithmische Behandlung führt auf

* Lineare Gleichungssysteme

    - Eliminationsverfahren

        Gauß–, Cholesky Verfahren, Frontlösungsmethode, Blockelimination und parallele Eliminationsmethoden

    - Iterative Methoden

        Konjugierte Gradienten Verfahren, Überrelaxation

    - Multigrid Methoden

* Nichtlineare algebraische Gleichungssysteme

    - Fixpunkt Verfahren

    - Newton Verfahren

    - Quasi Newton Verfahren

    - Dynamische Relaxation

    - Kurvenverfolgungsverfahren

    - Nichtlineare Multigrid Verfahren

* Zeitintegration

    - Hyperbolische Probleme (Dynamische Strukturprobleme)

    - Parabolische Probleme (Wärmeleitung, Materialgleichungen)

* Adaptive Netzverfeinerung

  - Geometrieabhängig: *a priori*

  - Fehlerindikatoren: *a posteriori*

Einen wesentlichen Anteil an der effizienten Lösung von Problemen im Rahmen von Finite–Element–Methoden haben die Gleichungslöser. Dies liegt einmal daran, daß bei der Anwendung der Methode sehr große Gleichungssysteme entstehen, zum anderen werden nichtlineare Gleichungen in vielen Fällen auf eine Sequenz von linearen Subproblemen zurückgeführt. Während bei kleineren und mittleren Finite–Element–Netzen Eliminationsmethoden bewährt sind, haben sich in letzter Zeit iterative Gleichungslöser und vor allem auch das Multigridverfahren für die effiziente Lösung großer Problem in den Vordergrund geschoben.

Die Effizienz der Verfahren zur Lösung nichtlinearer Gleichungssysteme hängt im wesentlichen von den Aufgabenstellungen ab. So ist z.B. das Newton Verfahren für kleindimensionierte Probleme aufgrund seiner geringen Anzahl von Iterationen sehr effizient, während bei großdimensionierten Problemen die Zeit zur Faktorisierung des beim Newton Verfahren entstehenden Gleichungssystems so stark ansteigt, daß andere Methoden, wie Quasi–Newton Verfahren oder dynamische Relaxation, wesentliche weniger Rechenzeit bei deutlich höherer Iterationsanzahl beanspruchen.

Für großdimensionierte lineare und nichtlineare Probleme mit elliptischem Verhalten sind die Mehrgittermethoden von großer Bedeutung, weil sie – gute Glättungseigenschaften für feinwellige Fehler vorausgesetzt – mit $O(n)$ Operationen auskommen. Der sogenannte *Break–even–point* zu den Monogrid–Methoden dürfte heute für leistungsfähige Arbeitsplatzrechner bei etwa 10^3 Unbekannten liegen und für Hochleistungs–Vektorrechner – abhängig von der Kerngröße – bei 10^4 Unbekannten, wobei allerdings noch viele Faktoren, wie z.B. die Bandbreiten, Einfluß nehmen.

Im folgenden sollen Konzept und Vorgehensweise des Mehrgitterverfahrens kurz beschrieben werden, siehe Brandt (1985), Hackbusch (1985).

* Vorglättung. Als Glättungsverfahren auf dem feinen Gitter kommen SOR, SSOR, JOR, ILU,in Frage

* Residuum auf dem feinen Gitter und Transfer auf das gröbere Gitter. Bei nichtlinearen Problemen ist zusätzlich der Lösungsvektor zu übertragen.

* Lösung auf dem gröberen Gitter, bei nichtlinearen Problemen z.B. mit Newton-Verfahren.

* Transfer der Verbesserung auf das feine Netz.

* Nachglättung.

Im folgenden sind in Erweiterung der geschilderten Zwei–Gitter–Methode Mehrgitter–Verfahren mit üblichen V– und W–Zyklen dargestellt.

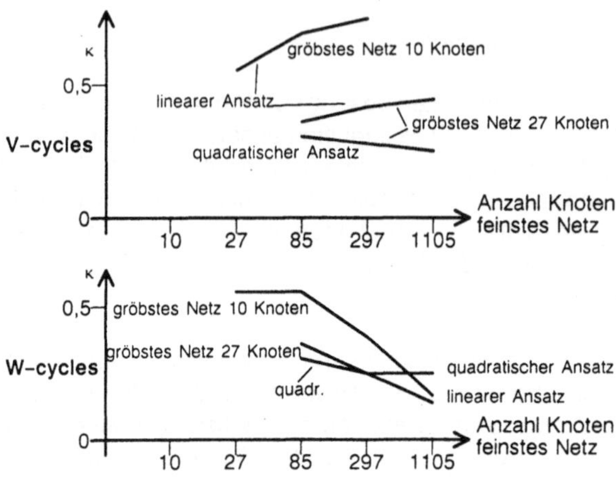

Bild 9 Vergleich der Konvergenzfaktoren für V– und W–Zyklus beim Mehrgitter–Verfahren

Zum Start beginnt man häufig mit einer Näherungslösung auf dem gröbsten Gitter.

Die Mehrgitter–Idee findet häufig zur Vorkonditionierung von CG–Verfahren Anwendung.

Es ist zu bemerken, daß die MG–Verfahren in den 70er Jahren zunächst auf Laplace Gleichungen angewandt wurden. Der Einsatz für Probleme der Elastizitätstheorie erfolgte erst in den 80er Jahren, insbesondere für Scheiben (2d-Probleme). Hierzu sei im folgenden ein Beispiel (Bilder 2, 9 und 10) mitgeteilt. Für einen Kragträger, in dem das "Locken" linearer FE–Verschiebungsansätze zu einer schlechten Grobgitterlösung führt, wird gezeigt, daß dieser Nachteil mit W–Zyklen des MG–Verfahrens behoben wird. Im Vergleich mit dem quadratischen FE–Ansatz tritt bei feiner Diskretisierung sogar eine bessere Konvergenz ein, weil bei dem gewählten Transfer (lineare Interpolation) kleinere Fehler auftreten.

Für Platten– und Schalenprobleme stehen die Mehrgitter-Verfahren am Beginn der Entwicklung. Da C^1–Elemente im Rahmen der Kirchhoff–Love–Hypothese vielparametrig und problematisch sind, und die favorisierten C^0–Elemente unter Verwendung der Reißner–Mindlin–Hypothese bei Mehrgitter–Verfahren Defekte zeigen, besteht hier erheblicher Forschungsbedarf. Auch die Parallelisierung der Rechenprozesse von MG–Verfahren erscheint besonders attraktiv.

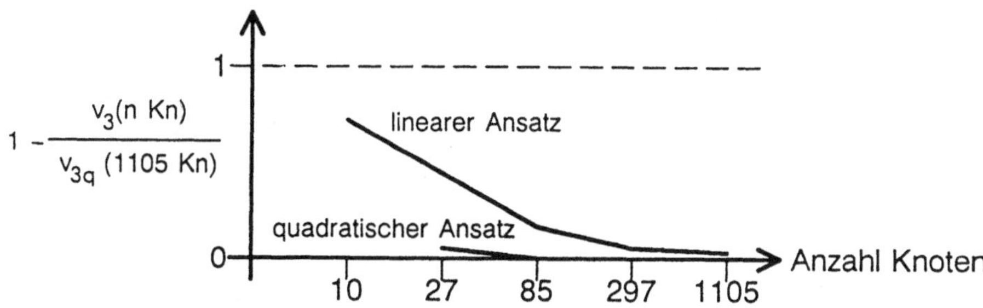

Bild 10 Vergleich des linearen und quadratischen Scheibenelementes für den Kragträger, Bild 2

Bei den **Konzepten der Zeitdiskretisierung** ist neben der Genauigkeit (Diskretisierungsfehler) die Stabilität des Integrationsverfahrens von hoher Bedeutung. Grundsätzlich unterscheidet man explizite und implizite Differenzenverfahren zur Zeitintegration. Bei der Auswahl der Verfahren für eine gegebene Anwendung ist es notwendig sich der Approximationseigenschaft des jeweiligen Verfahrens bewußt zu werden. Die Abweichung der numerischen Lösung von der exakten Lösung ist eng mit der Wahl des Zeitinkrementes verbunden. Je größer der Zeitschritt, desto ungenauer wird die numerische Lösung. Andererseits soll bei einem effektiven Algorithmus der Zeitschritt nicht zu klein sein. Diesen beiden Erfordernissen kann mittels einer adaptiven Zeitschrittsteuerung Rechnung getragen werden. Zu diesem Zweck ist der lokale Abbruchfehler auf der Grundlage von Fehlerindikatoren zu begrenzen, weiterhin ist die Stabilität des Verfahrens zu gewährleisten. Für eine bestimmte Gruppe von impliziten Verfahren kann gezeigt werden, daß sie, unabhängig vom Zeitschritt, unbedingt stabil sind. Explizite Verfahren können jedoch niemals unbedingt stabil sein, so daß stets die Bestimmung eines kritischen Zeitschrittes mittels einer Eigenwertanalyse notwendig ist. Die Auswirkungen und Wichtigkeit dieser Bedingungen für technische Anwendungen im Bereich der *Computational Mechanics* kann z.B. am Beispiel der numerischen Simulation eines Autocrashes aufgezeigt werden. Hier sind in der Regel 10.000 finite Schalenelemente erforderlich, um die komplizierte Geometrie einer Karosserie nebst Einbauten zu approximieren. Der Vorgang selbst läuft im Millisekundenbereich ab, dennoch ist aufgrund sich sehr stark deformierenden Struktur die Verwendung eines impliziten Verfahrens bei dieser Problemgröße nicht effizient. Bei expliziten Verfahren sind jedoch bedingt durch die kleinen Elementgrößen sehr kleine Zeitschritte für eine stabile Lösung zu wählen, so daß häufig bis zu 10.000 Zeitschritte gerechnet werden müssen. Derartige Simulationen benötigen auf Großrechnern wie der Cray mehrere Stunden, damit kommt der Wahl des optimalen Zeitinkrementes wesentliche Bedeutung zu.

5.2 Adaptivität, h–p Methoden

Das für die Numerische Mathematik selbstverständliche Postulat der Fehleranalysis und der konvergenten Verbesserung von Näherungslösungen ist in den großen Finite–Element–Programmsystemen noch nicht realisiert. Es werden jedoch in der Praxis immer mehr Forderungen nach Lösungen mit gewünschter Genauigkeit gestellt. Darüber hinaus sind bei fortschreitendem Einsatz der Methoden Robustheit und Zuverlässigkeit mit automatischen Anzeigen, z.B. für schlecht konditionierte Systeme, erforderlich.

Im folgenden soll das Konzept von Netzanpassungen aufgrund von *a posteriori* Abschätzungen am Beispiel von linearen Elastizitätsproblemen dargelegt werden, wie es insbesondere von Babuska, Dorr (1981) entwickelt wurde. Der zum Fehler der Verschiebungen $\mathbf{e}^h = \mathbf{u}^h - \mathbf{u}$ gehörige Fehler des sechsdimensionalen Spannungsvektors $\boldsymbol{\sigma}^h = \boldsymbol{\sigma}(\mathbf{u}^h)$ ergibt eine Bilinearform für den Fehler in der Energie

$$a(\mathbf{e}^h, \boldsymbol{\eta}) = \int_{\Omega_{P_i}} (\boldsymbol{\sigma}^h - \boldsymbol{\sigma})^T \mathbf{D}\, \boldsymbol{\eta}\, d\Omega$$

wobei $\boldsymbol{\eta}$ eine virtuelle Verrückung und $\mathbf{D}$ der kinematische Operator ist, siehe Abschnitt 2.1. Ω_{P_i} stellt einen sogenannten *Patch* von finiten Elementen Ω_e dar.

Die Projektionen von $\mathbf{e}^h$ auf die Räume $\tilde{H}_{1|P_i} := \{\tilde{\boldsymbol{\eta}} \in \tilde{H}_1 |\, \tilde{\boldsymbol{\eta}} = \mathbf{0}$, außerhalb $P_i\}$ sind die gesuchten Fehlerindikatoren

$$\|\gamma_i(\mathbf{e}^h)\|_E = \sup_{\tilde{\boldsymbol{\eta}} \in H_{1|P_i}} \frac{|a(\mathbf{e}^h, \tilde{\boldsymbol{\eta}})|}{\|\tilde{\boldsymbol{\eta}}\|_E}$$

Es ergibt sich dann nach Babuska und Rheinboldt (1978) die Einschließung

$$C_1 \sum_{i=1}^{M} \|\gamma_i(\mathbf{e}^h)\|_E^2 \le \|\mathbf{e}^h\|_1^2 \le C_2 \sum_{i=1}^{M} \|\gamma_i(\mathbf{e}^h)\|_E^2.$$

Für Randwertaufgaben 2. Ordnung kann für die Estimatoren eine berechenbare Abschätzung angegeben werden

$$\|\gamma_i(\mathbf{e}^h)\|_E^2 = h_i^2 \int_{\Omega_{P_i}} (\mathbf{L}\,\mathbf{v}^h + \mathbf{f})^T (\mathbf{L}\,\mathbf{v}^h + \mathbf{f})\, d\Omega + h_i \int_{\partial\Omega_{P_i}} \mathbf{J}(\boldsymbol{\sigma}^h)^T\, \mathbf{J}(\boldsymbol{\sigma}^h)\, ds,$$

wobei $\mathbf{J}$ die Spannungssprünge der Näherungslösung an den Elementrändern sind. Im Falle linearer Ansätze entfallen die Gebietsintegrale, die jedoch auch bei höheren Ansätzen häufig für die Berechnung von Fehlerestimatoren vernachlässigt werden.

Das Bild 11 zeigt die Verdichtung regulärer Vierecknetze mit zusätzlicher Verwendung von Dreieckelementen für ein geschlitztes 2d-Gebiet infolge Randschubbelastung in der deformierten Konfiguration.

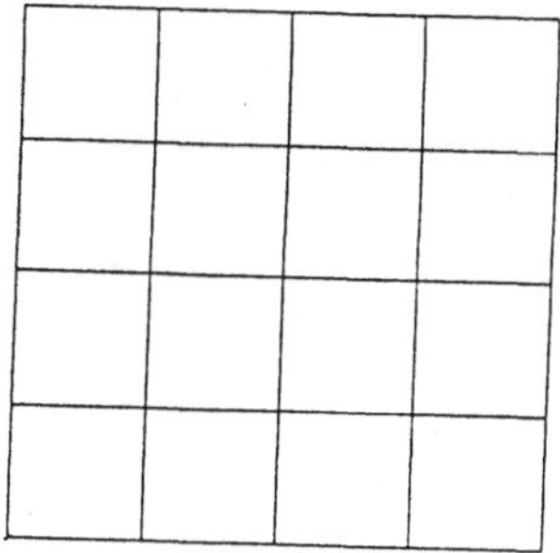

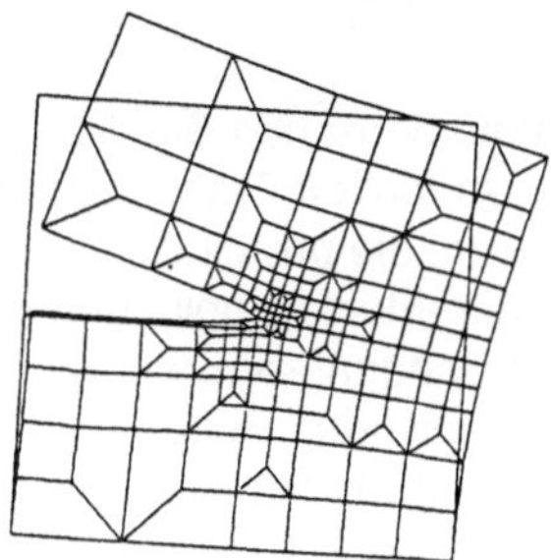

Bild 11 Adaptive Verfeinerung eines Rißöffnungsproblems

Es gibt auch andere Vorschläge für Fehlerestimatoren, z.B. maximale Spannungen, die aber mathematisch nicht begründbar sind und nicht auf asymptotischen Lösungen basieren.

Es läßt sich leicht einsehen, daß die Elementverdichtung alleine – z.B. bei niedriger Ansatzordnung p – keine gute Konvergenzraten im Falle starker Spannungskonzentrationen liefert. Vielmehr muß mit einer besonderen Strategie auch die Ansatzordnung erhöht werden, um optimale Konvergenzordnungen zu erhalten. Das folgende Prinzipbeispiel zeigt diese Notwendigkeit.

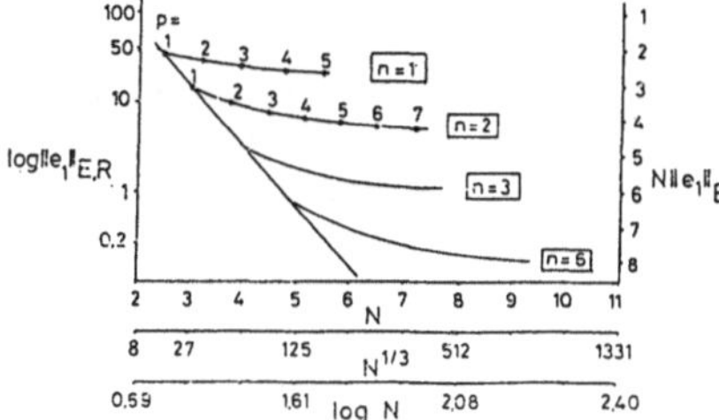

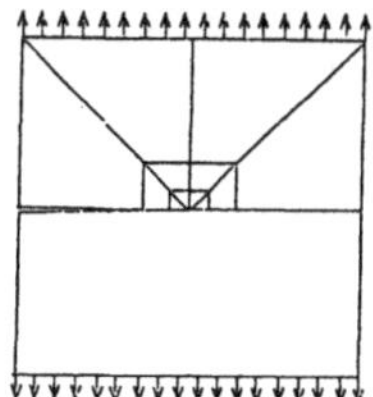

Bild 12 Konvergenzverhalten der h–p Methode

Für nichtlineare Probleme (z.B. für lokale Instabilitäten) steht die Erforschung von Fehlerestimatoren noch in den Anfängen. Außer den von H_1 –Normen ausgehenden Fehlerbetrachtungen sind geometrische und gegebenenfalls auch materielle Daten der deformierten Struktur für die Fehler der nichtlinearen Lösung maßgebend.

5.3 Gekoppelte Probleme

In letzter Zeit steht bei numerischen Simulationen von komplexen Problemstellungen immer mehr die Behandlung von gekoppelten Problemen im Vordergrund. Durch diese Betrachtungsweise ist es im allgemeinen möglich, die physikalischen Vorgänge besser und vollständiger zu erfassen. Als Beispiele können Struktur–Fluid Kopplungen im Bereich des Küstenschutzbaus oder bei der Auslegung von Flugzeugen genannt werden. Weiterhin sind thermomechanische Kopplungen wie der Aufheizungsprozeß von rollenden Reifen oder die Temperaturzunahme bei Umformprozessen und die damit verbundene Änderung der Materialeigenschaften von Bedeutung. In diesem Abschnitt soll als Beispiel für ein gekoppeltes Problem die thermomechanische Kopplung näher beleuchtet werden.

Unter einem thermomechanischem Prozeß eines Körpers versteht man einen physikalischen Vorgang, bei dem sich die Temperatur und die Deformationen gegenseitig beinflussen. Anders als beim rein mechanischen Deformationsproblem oder beim rein thermischen Wärmeübertragungsproblem liegt eine nicht vernachlässigbare Kopplung zwischen den jeweiligen Variablen vor.

Eine thermomechanische Beschreibung ist bei vielen technischen Problemstellungen erforderlich. So heizt sich ein Gummireifen infolge reiner mechanischer Beanspruchung auf. Die Kopplung wirkt sich hier so aus, daß infolge mechanischer Dissipation Wärme im Material entsteht, andererseits aber auch die Ableitung der so entstandenen Wärme von der deformierten Geometrie maßgeblich beeinflußt wird.

Zur Behandlung dieser Aufgabenstellungen werden im wesentlichen die Grundgleichungen der Kontinuumsmechanik des Abschnitttes 2 durch den 1. Hauptsatz der Thermodynamik und Materialgleichungen für den Wärmeflußvektor (Fouriersches Gesetz) erweitert. Die Diskretisierung im Rahmen der Finite–Element–Methode umfaßt nun auch neben den Deformationen die Temperatur als primäre Variable. Dadurch entsteht ein gekoppeltes nichtlineares Gleichungssystem, das im allgemeinen Fall eine unsymmetrische Tangentenmatrix aufweist. Als Beispiel eines deratigen Problems sei der instationäre Prozess der Aufheizung einer Feder aus polymerem Material genannt. Das Bild 13 zeigt den Deformationsvorgang infolge einer plötzlich einsetzenden Erwärmung des unteren Randes. Im stationären Endzustand hat sich die im Ausgangszustand gerade Feder zu einem Kreis verformt. Die in den einzelnen Zeitstufen aufgetragenen Vektoren zeigen die Richtung und somit die starke Deformationsabhängigkeit des Wärmeflusses an. Das Diagramm in Bild 13 veranschaulicht das Konvergenzverhalten bei der iterativen Berechnung des thermomechanischem Gleichgewichtes in einem Zeitschritt.

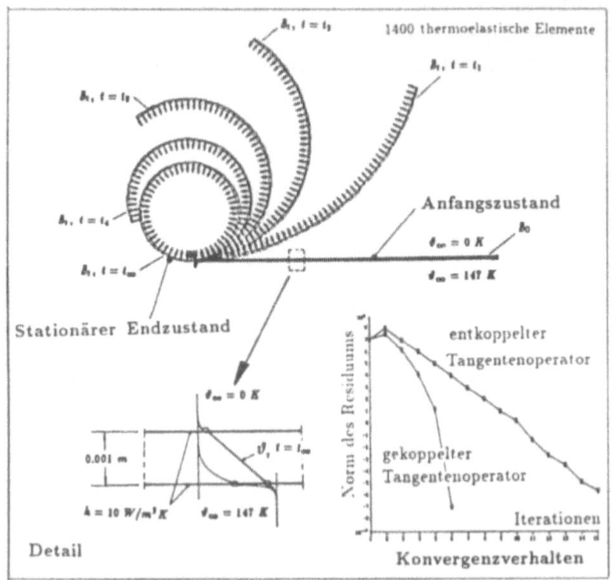

Bild 13 Groß Rotationen infolge thermischer Expansion

Es zeigt die typische quadratische Konvergenz des Newtonverfahrens, wenn die gekoppelte Jacobimatrix verwendet wird. Beim Vernachlässigen der thermomechanischen Koppelterme ist immerhin noch ein überlineares Konvergenzverhalten zu beobachten, das aber zu erheblich mehr Iterationen führt. An dieser Stelle muß jedoch bedacht werden, daß die entkoppelten Hessematrizen im Gegensatz zu den gekoppelten symmetrisch sind. Dadurch wird die Lösung des linearisierten Gleichungssystem innerhalb eines Inkrementes weniger aufwendig, so daß bei Problemen mit sehr vielen Unbekannten durchaus die entkoppelte Strategie effizienter sein kann.

6 Wissensbasierte Systeme

Um die weitreichenden und vielfältigen Möglichkeiten der *Computational Mechanics* nutzen und richtige Interpretationen der erzielten Ergebnisse geben zu können, sind nicht nur umfangreiche Kenntnisse über die Physik der Ingenieuraufgaben erforderlich sondern auch Erfahrungen im Umgang mit den numerischen Algorithmen der FEM–Programme. Die Komplexität beider Bereiche führt dazu, daß selbst dem versierten Anwender Fehler in der Modellbildung, der Algorithmenauswahl oder dem Setzen von Steuerparametern unterlaufen können. Die nur bedingt mögliche Verifizierbarkeit der Ergebnisse macht es oft schwer, solche Fehler im nachhinein zu erkennen oder auf die genauen Ursachen schlechter Resultate zu schließen.

Einen Schritt nach vorn könnte die Integration wissensbasierter Systeme bedeuten. Wissensbasierte Systeme, die man auch Expertensysteme nennt, wenn der Inhalt ihrer Wissensbasis diese Bezeichnung rechtfertigt, dienen zur Simulation menschlichen Problemlösungsverhaltens. Expertensysteme sind aus der Künstlichen-Intelligenz-Forschung der letzten zwanzig Jahre hervorgegangen und gehören in bezug auf praktische Verwertbarkeit zu den am weitesten fortgeschrittenen Produkten dieser Wissenschaft.

Konventionelle Programme bestehen aus einer oder mehreren Gruppen von Anweisungen, die zusammen einen algorithmischen Ablauf bilden. In diesem Algorithmus wird vorgeschrieben, wie die Daten, mit denen das Programmsystem beschickt wird, zu verarbeiten sind. Das Fachwissen des Programmentwicklers ist direkt durch die Algorithmen des Programmes repräsentiert, was man auch mit prozeduraler Repräsentation bezeichnet. Wie leicht zu erkennen ist, hat in dieser Form der Wissensdarstellung heuristisches Wissen, das z. B. durch "Daumenregeln" gegeben sein kann, keinen Platz. Im Gegensatz hierzu stehen wissensbasierte System. Dies sind Computerprogramme, die aus der künstlichen Intelligenzforschung hervorgegangen sind. Sie bestehen im wesentlichen aus zwei Komponenten, einer Wissensbank, in der Wissen über ein bestimmtes Fachgebiet gespeichert ist, und einer sogenannten Inferenzkomponente, die in der Lage ist, dieses Wissen zu verarbeiten, das heißt, es inhaltlich korrekt zu verknüpfen, um aus ihm die richtigen Schlußfolgerungen zu ziehen. Um Fachwissen in einer computergerechten Weise in der Wissensbank speichern zu können, wird es in eine spezielle Repräsentationsform gebracht. Hier werden jetzt keine Algorithmen sondern Regeln formuliert, die auch noch mit Wahrscheinlichkeiten belegt werden können, um z.B. die erwähnten "Daumenregeln" erfassen zu können. Die Algorithmen der Inferenzkomponente enthalten keinerlei Fachwissen über den Anwendungsbereich des Programmes, sondern nur ganz allgemeine Prozeduren zur logischen Verarbeitung des in der Wissensbank in Form von Regeln enthaltenen Wissens.

Als Steuer- und Überwachungssystem neuer Qualität können Expertensysteme eine FE–Berechnung vom Pre– bis zum Postprocessing begleiten und dabei sowohl dem Benutzer als auch dem FEM-Programm als kompetenter Ratgeber dienen. Die neue Qualität zeigt sich in der Möglichkeit, dann auch nichtalgorithmisches und heuristisches Wissen zu verarbeiten. Dabei können Expertensysteme bei den unterschiedlichen Stufen der Modellbildung vom realen System über das physikalische Modell, das mathematische Modell bis hin zum numerischen Rechenmodell zum Einsatz gelangen und hilfreich sein, Lösungsräume im Sinne einer Fokussierung einzuengen und damit zu zuverlässigeren und aussagekräftigeren Ergebnissen zu kommen.

7 Zusammenfassung und Ausblick

In den vorausgegangenen Abschnitten wurden Aufgabenstellungen, theoretische Formulierungen, Algorithmen und Anwendungen aus dem Bereich der Finite–Element–Methoden beschrieben. Naturgemäß konnte bei diesem weitgefaßten und schnell expandierenden Gebiet nur eine Auswahl getroffen werden. Ein wichtiges Anliegen war es zu zeigen, daß sich insbesondere bei nichtlinearen Problemen "harte Analysis" lohnt, um "effiziente Numerik", d.h. z. B. schnell konvergierende, robuste Iterationsverfahren, zu ermöglichen. Allein mit "Losrechnen" und ingenieurmäßiger Intuition sind die hier vorgestellten Algorithmen nicht zu gewinnen. Es zeigt sich insbesondere, daß die zu quadratischem Konvergenzverhalten führenden exakten Tangentenmatrizen kaum komplizierter sind als Sekantenmatrizen.

Als Ausblick für den Grundlagenbereich der "Computational Mechanics" sei auf die Einbeziehung von Schädigungen im Material, gegebenenfalls thermisch gekoppelt, und weiterhin auf die adaptive Netzverfeinerung für nichtlineare Probleme unter Verwendung erweiterter Fehlerindikatoren und der Multigrid–Strategie hingewiesen. Schließlich sind neue Rechnerarchitekturen, insbesondere die Vernetzung vieler Parallelprozessoren in Verbindung mit Gebietszerlegungsmethoden, als wichtig für zukünftige Entwicklungen zu nennen.

Eine immer größere Bedeutung gewinnen – i. d. R. nichtlineare Optimierungsverfahren unter Verwendung von Finite–Element–Methoden für die Strukturanalyse, siehe z. B. Becker, Berkhahn, Stein (1988).

8 Literaturverzeichnis

Argyris, J.; Mlejnek, H., P. (1988): Die Methode der finiten Elemente, Band I, II und III, Vieweg, Braunschweig.

Arnold, D. N.; Brezzi, F.; Douglas Jr, J. (1984): PEERS: A New Mixed Finite Element for Plane Elasticity, Japan J. Appl. Mathematics, 1, 347–367.

Babuska, I.; Rheinboldt, W. C. (1978): Error Estimates for Adaptive Finite Element Computations. SIAM, Journal on Numerical Analysis, 15, 736–755.

Babuska, I.; Dorr, M. R. (1981): Error Estimates for the Combined $h-p$ Version of the Finite Element Method, Num. Mathematik, 37, 257–277.

Belytschko, T.; Tsay, C. S. (1983): A Stabilization Procedure for the Quadrilateral Plate Element with One–Point Quadrature. Int. J. Num. Meth. Engng., 19, 405–419.

Becker, A.; Berkhahn, V.; Stein, E. (1988): Weight Optimization of Steel Frames with Consideration of Geometrical and Material Nonlinearities; Proceedings of the GAMM – Seminar "Discretization Methods and Structural Optimization", ed. H. Eschenauer, Siegen.

Brandt, A. (1985): Guide to Multigrid Development, in Hackbusch, W. / Trottenberg, U. (eds): "Multigrid Methods", Lecture Notes in Mathematics 960, Springer, Berlin–Heidelberg.

Gruttmann, F. (1988): Theorie und Numerik schubelastischer Schalen mit endlichen Drehungen unter Verwendung der Biot-Spannungen, Forschungs- und Seminarberichte aus dem Bereich der Mechanik der Universität Hannover, Bericht Nr. F88/1, Hannover.

Gruttmann, F.; Stein, E. (1987): Tangentiale Steifigkeitsmatrizen bei Anwendung von Projektionsverfahren in der Elastoplastizitätstheorie. Ing. Archiv, 58, 15–24.

Hackbusch, W. (1985): Multi–Grid Methods and Applications, Springer, Berlin–Heidelberg.

Keller, H.B. (1977): Numerical Solution of Bifurcation and Nonlinear Eigenvalue Problems. In: Rabinowitz, P. (ed.): Application of Bifurcation Theory, New York: Academic Press 1977, 359–384.

Lengnick, M. (1988): Diplomarbeit, IBNM, Universität Hannover.

Libai, A.; Simmonds, J.G. (1983): Nonlinear Elastic Shell Theory. Advances in Applied Mechanics 23, Academic Press.

Malkus, D.S.; Hughes, T.R.J. (1983): Mixed Finite Element Methods - Reduced and Selective Integration Techniques: a Unification of Concepts. Comp. Meth. Appl. Mech. Engng., 15, 63–81.

Marsden, J.E.; Hughes, T.R.J. (1983): Mathematical Foundations of Elasticity, Englewood Cliffs: Prentice-Hall.

Miehe, C. (1988): Zur numerischen Behandlung thermomechanischer Prozesse, Forschungs- und Seminarberichte aus dem Bereich der Mechanik der Universität Hannover, Bericht Nr. F88/6, Hannover.

Mittelmann, H.-D.; Weber, H. (1980): Numerical Methods for Bifurcation Problems - a Survey and Classification. In: Mittelmann, Weber (ed.): Bifurcation Problems and their Numerical Solution, ISNM 54, (Basel, Boston, Stuttgart: Birkhäuser), 1–45.

Ogden, R.W. (1972): Large Deformation Isotropic Elasticity on the Correlation of Theory and Experiment for Incompressible Rubberlike Solids, Proc. R. Soc., London, A(326), 565–584.

Reissner, E. (1982): A note on two-dimensional, finite-deformation theories of shells. Int. J. Non-lin. Mech., 17, 217–221.

Rheinboldt, W.C. (1981): Numerical Analysis of Continuation Methods for Nonlinear Structural Problems. Comp. & Struct., 13, 103–113.

Riks, E. (1972): The Application of Newtons Method to the Problem of Elastic Stability. J. Appl. Mech., 39, 1060–1066.

Schittkowski, K.(1981): The Nonlinear Programming Method of Wilson, Han and Powell with an Augmented Lagrangian Type Line Search Function, Num. Mathematik, 38, 83–114.

Simo, J.C.; Taylor, R.L. (1985): Consistent Tangent Operators for Rate-independent Elastoplasticity. Comp. Meth. Appl. Mech. Engng., 48, 101–118.

Stein, E.; Müller–Hoeppe, N. (1987): Finite Element-Analysis for Large Elastic Strains. In: Pande, G.; Middleton, J.: Proc. of NUMETA 87, Dordrecht: Nijhoff Publ.

Stein, E.; Wagner, W.; Wriggers, P. (1988): Concepts of Modeling and Discretization of Elastic Shells for Nonlinear Finite Element Analysis. In: Whiteman, J. (ed.): The Mathematics of Finite Elements and Applications VI, Proceedings of MAFELAP 87, London: Academic Press.

Truesdell, C.; Noll, W. (1965): The Non-Linear Field Theories of Mechanics. In: Flügge, S. (ed.): Handbuch der Physik, Band III/3, Berlin: Springer.

Wagner, W. (1988): Zur Formulierung eines Zylinderschalenelementes mit vollständig reduzierter Integration. ZAMM, 68, 430–433.

Vu Van, T. (1989): Zur Behandlung von Stoß– und Kontaktproblemen mit Reibung unter Verwendung der Finite–Element–Methode, Forschungs– und Seminarberichte aus dem Bereich der Mechanik der Universität Hannover, Bericht F 89/2, Hannover.

Wriggers, P. (1988): Konsistente Linearisierungen in der Kontinuumsmechanik und ihre Anwendung auf die Finite–Element–Methode, Forschungs– und Seminarberichte aus dem Bereich der Mechanik der Universität Hannover, Bericht F 88/4, Hannover.

Wriggers, P.; Wagner, W.; Miehe, C. (1988): A Quadratically Convergent Procedure for the Calculation of Stability Points in Finite Element Analysis. Comp. Meth. Appl. Mech. Engng., 70, 329–347.

Zienkiewicz, O.C. (1977): The finite element method, 3rd. Edition, London: McGraw–Hill.

Wissensbasierte Systeme in den Geowissenschaften

Oliver Günther
Forschungsinstitut für anwendungsorientierte Wissensverarbeitung
Universität Ulm

Kurzfassung

Auch in den Geowissenschaften haben wissensbasierte Systeme in letzter Zeit großes Interesse hervorgerufen. In dieser Arbeit soll am Beispiel der Datenmodellierung und - abspeicherung exemplarisch dargestellt werden, welche Einsatzmöglichkeiten für Methoden der künstlichen Intelligenz im Bereich der Geowissenschaften bestehen. Aus konzeptioneller Sicht ergibt sich insbesondere die Frage nach geeigneten Objektstrukturen und Wissensrepräsentationen. Der Begriff des Geoobjekts kann sich sowohl auf atomare Strukturen (wie z. B. ein Gebäude oder einen Fluß) wie auf molekulare Strukturen (wie z. B. eine Stadt) beziehen. Während im atomaren Bereich die Darstellung der zugrundeliegenden Geometrie im Vordergrund steht, wird man bei molekularen Objekten auf strukturierte Repräsentationen, wie z. B. semantische Netze oder Frames, zurückgreifen können. Die praktische Bedeutung dieser Fragestellungen demonstrieren wir anhand von Beispielen aus dem FAW-Projekt RESEDA, dessen Ziel ein wissensbasiertes System zur Interpretation von Satellitenbildern ist.

1. Einleitung

Fernerkundung ist ein wichtiges Hilfsmittel zur Gewinnung von Daten über unsere Umwelt, wie z. B. Temperatur oder Vegetation. Diese Daten können von Umweltinformationssystemen dazu genutzt werden, den Zustand der Umwelt zu überwachen, darzustellen und vorauszusagen. Im Rahmen des FAW-Forschungsprojekts RESEDA erproben wir zur Zeit den Einsatz von wissensbasierten Methoden für die Gewinnung von Umweltinformationen aus digitalkodierten Luftbildern der Erdoberfläche [Riek 89].

Die Informationsgewinnung vollzieht sich typischerweise in drei Schritten. Zunächst werden klassische Algorithmen aus der Bildverarbeitung, Photogrammetrie und Fernerkundung dazu eingesetzt, die eingehenden Sensordaten in ein einfacher zu handhabendes Format zu transformieren (ikonische Bildverarbeitung). Hierunter fallen insbesondere Transformationen zur Koordinatenanpassung und zur Maßstabskorrektur der Rohdaten [Swai 78]. In einem zweiten Schritt werden die Daten auf dem resultierenden Bild auf Objektstrukturen abgebildet, interpretiert und mit geographischen Objekten assoziiert. Es ist zur Zeit noch unklar, wie dieser Schritt der symbolischen Bildverarbeitung automatisiert werden kann, obgleich die Verwendung von wissensbasierten Methoden in letzter Zeit zu ersten Ergebnissen geführt hat [Desa 89, McKe 89]. In einem dritten und letzten Schritt soll die gewonnene Information in einer räumlichen Datenbank abgelegt werden. Diese Datenbank mag ein einfaches Dateisystem oder eine voll ausgebaute relationale oder objektorientierte Datenbank sein und ist möglicherweise in ein geographisches Informationssystem eingebettet. Auch die Automatisierung der Datenablage bereitet im Moment noch große Schwierigkeiten.

Die Entwicklung von Techniken zur Automatisierung dieser drei Verarbeitungsschritte ist ein Forschungsthema von großer Dringlichkeit, da die Menge zu interpretierender Daten (insbesondere Satellitenbilder) wesentlich schneller wächst als die Anzahl einschlägig ausgebildeter Fachleute [Able 87]. Wenn außer den Luftbildern selbst keine weiteren Datenquellen zur Verfügung stehen, ist eine umfassende Analyse nur in wenigen Fällen möglich [Schm 88, Desa 89]. Wesentlich erfolgversprechender erscheint dagegen ein wissensbasierter Ansatz, bei dem das System zwei zusätzliche Wissensquellen für die Bildanalyse nutzt.

Einerseits wird versucht, das Wissen von Fernerkundungsexperten zu modellieren und für die automatische Analyse einzusetzen. Solche Fachleute sind aufgrund ihrer Erfahrung in der Lage, aus den verfügbaren Klassifikationskonzepten, Reflektionsmodellen und statistischen Methoden die geeigneten Werkzeuge auszuwählen, um so die größtmögliche Menge an Information aus einem gegebenen Bild zu extrahieren. Auf die Einbeziehung derartigen *Expertenwissens* in Form von Regeln kann in vielen Fällen nicht verzichtet werden, so z. B. bei der Auswahl von geeigneten Klassifikationskonzepten zur Gewinnung von Informationen über die landwirtschaftliche Nutzung einer Fläche. Für diese Aufgabe beschreibt Desachy [Desa 89] ein wissensbasiertes System, dessen Regelbasis mehrere hundert Regeln der folgenden Form enthält:

> Wenn das Testgebiet an einem Südhang
> und zwischen 800 m und 1500 m über dem Meeresspiegel liegt,
> dann wachsen Pinien auf diesem Gebiet.
> (Diese Regel gilt mit einem Sicherheitsfaktor von 0,8.)

Auch in RESEDA wird an die Verwendung einer derartigen Regelbasis gedacht.

Andererseits ist es von Vorteil, auch *geographisches Wissen* in die Bildanalyse miteinfließen zu lassen. Dieses geographische Wissen ist oft in einer räumlichen Datenbank [Buch 90] oder einem geographischen Informationssystem abgelegt und wird während der Bildanalyse raumbezogen abgefragt. So werden für die Interpretation eines Teilbildes T zunächst sämtliche Objekte in der Datenbank ermittelt, die den in T abgebildeten Teilraum überlappen. Diese Objekte werden mit den in T vorgefundenen Bildobjekten assoziiert und verglichen. Dabei werden mögliche Abweichungen registriert; so kann sich z. B. der Verlauf eines Flusses geändert haben oder es können Gebäude errichtet oder abgerissen worden sein. Schließlich werden diese Veränderungen auf die räumliche Datenbank abgebildet, sodaß diese immer den neuesten Stand widerspiegelt.

Zusammenfassend ist festzustellen, daß die räumliche Datenbank die Bildverarbeitung in zwei Funktionen unterstützt. Sie dient zum einen als *Datenquelle* für räumliche Informationen, die für die Bildinterpretation nutzbringend eingesetzt werden können. Zum anderen dient die räumliche Datenbank als *Speicher* für die neuen Daten, die durch die Interpretation gewonnen wurden. Diese neuen Daten können dann vom Benutzer abgerufen oder wiederum als Hilfsdaten für zukünftige Bildinterpretationen genutzt werden. Wir diskutieren im folgenden einige Punkte, die beim Entwurf einer solchen räumlichen Datenbank in Betracht gezogen werden sollten.

2. Objektmodellierung

Objekte in einer räumlichen Datenbank sind typischerweise mit einer Position und einer räumlichen Ausdehnung assoziiert und können von unterschiedlicher Bauart sein. Manche dieser Objekte sind atomar (z. B. ein Gebäude), andere haben eine molekulare Struktur (wie z. B. eine Stadt mit mehreren Stadtteilen, die jeweils wiederum aus zahlreichen Gebäuden bestehen). Die genaue Definition eines Objekts hängt von der spezifischen Anwendung ab.

Eine Möglichkeit wäre, ein atomares Objekt als kleinste semantische Einheit zu definieren, auf die der Benutzer direkt zugreifen kann. Dabei kann es jedoch vorkommen, daß diese Definition dynamisch revidiert werden muß, da derart definierte Objekte nicht unbedingt unteilbar sind. Wenn z. B. die Grenze zwischen Frankreich und der Bundesrepublik Deutschland als atomares Objekt definiert wurde, und nun eine Anfrage den Teil der Grenze anspricht, der auch zur Stadtgrenze von Straßburg gehört, dann muß die Grenzlinie als molekulares Objekt neu definiert werden. Dieses neue Objekt hat dann z. B. drei atomare Komponenten: den Teil der Grenzlinie, der mit der Stadtgrenze von Straßburg zusammenfällt, sowie die verbleibenden Sektionen nördlich und südlich von Straßburg. Um solche Komplikationen zu vermeiden, ist es oft empfehlenswert, von vornherein eine weitgehende Atomisierung der Objekte vorzunehmen.

Jedes atomare Objekt wird beschrieben durch ein geometrisches Objekt, das die räumliche Ausdehnung definiert (wie z. B. eine Linie, ein Punkt, eine Kurve oder ein Polygon) und möglicherweise eine Anzahl nicht raumbezogener Attribute (wie z. B. Name, Bevölkerung, Höhe über dem Meeresspiegel, Kolorierung und Schraffur der graphischen Repräsentation). Für den geometrischen Teil dieser Repräsentation kann auf eine große Vielfalt räumlicher Datenstrukturen zurückgegriffen werden, die jeweils für die effiziente Berechnung einer bestimmten Klasse von räumlichen Operatoren geeignet sind [Requ 80, Günt 88, Same 89]. Vor der Wahl einer geeigneten Datenstruktur muß daher geklärt werden, welche Operatoren in erster Linie unterstützt werden sollen. Außerdem sollte in Betracht gezogen werden, wie einfach sich die gewählte Struktur in ein räumliches Datenbanksystem integrieren läßt [Kemp 87].

Molekulare Objekte sind nicht notwendigerweise mit einem geometrischen Objekt assoziiert, da ihre geometrische Repräsentation in vielen Fällen von der Geometrie der atomaren Komponenten abgeleitet werden kann. Für kleinere Maßstäbe kann hierzu auch auf Techniken der kartographischen Generalisierung zurückgegriffen werden [McMa 87, McMa 88]. Leider führt dieser Ansatz in der Praxis oft nicht zu guten Ergebnissen. Dies liegt einerseits an der Tatsache, daß Generalisierungsalgorithmen zum jetzigen Zeitpunkt noch nicht weit genug fortgeschritten sind, um durchweg ästhetisch ansprechende geometrische Repräsentationen zu erzeugen. Andererseits ist es oft notwendig, spezielle geometrische Repräsentationen zu verwenden, die nicht aus den Geometrien der Komponenten hergeleitet werden können. Ein Beispiel für diese sogenannten semantischen Sprünge ist die Darstellung von Städten, die auf vielen Landkarten als Kreise mit unterschiedlichen Kolorierungen dargestellt werden. Als geeignete Werkzeuge zur Repräsentation molekularer Objekte ist an semantische Netze [Luge 89, Ch. 9] oder objektorientierte Techniken [Luge 89, Ch. 14; Ditt 88] zu denken.

Ausgehend von diesen Überlegungen schlagen wir die Verwendung von sogenannten *räumlichen Datenbanksichten* vor als Datenmodell, mit dessen Hilfe ein Großteil der beschriebenen Semantik erfaßt werden kann. Jedes atomare Objekt wird im größtmöglichen Maßstab zusammen mit seinen Koordinaten im Raum abgespeichert. Die Menge dieser atomaren Objekte bildet den Kern der räumlichen Datenbank und wird physisch auf der Platte abgelegt. Alle molekularen Objekte werden dann als Sichten dieser Datenbank definiert [Date 81] und existieren in erster Linie auf der virtuellen Ebene. Darüber hinaus gibt es allerdings die Möglichkeit, auch für molekulare Objekte einen physischen Datensatz anzulegen. Dieser Datensatz enthält z. B. nichträumliche Attribute des Objekts sowie Hinweise auf dessen geometrische Repräsentation im Falle semantischer Sprünge.

Eine effiziente Implementierung dieser räumlichen Datenbanksichten ist mit Hilfe des von Stonebraker vorgeschlagenen Konzepts *QUEL as a datatype* möglich [Ston 84]. QUEL ist die Abfragesprache des relationalen Datenbanksystems INGRES [Ston 76]. In QUEL as a datatype werden die Komponenten eines molekularen Objektes mit Hilfe geschachtelter retrieve-Kommandos repräsentiert. Jedes retrieve-Kommando kann sich auf ein atomares oder wiederum auf ein molekulares Teilobjekt beziehen. D. h. die Attribute vom Typ QUEL dienen als Zeiger auf die Teilkomponenten, während die übrigen Attribute zur Repräsentation objektspezifischer Eigenschaften genutzt werden. In der Terminologie der künstlichen Intelligenz entspricht diese Repräsentation einem semantischen Netz, dessen Knoten jeweils einen Frame und dessen Kanten PART-OF-Beziehungen zwischen den Frames repräsentieren [Luge 89, Ch. 9].

Abb. 1 ist ein umfangreiches Beispiel für eine solche räumliche Datenbanksicht mit insgesamt acht Relationen. Die geklammerten kursiven Ausdrücke hinter den Spaltennamen bezeichnen den Datentyp einer Spalte, und das Symbol $ ist eine Referenz auf das aktuelle Tupel (so bezieht sich z. B. der Ausdruck $.Name auf das Attribut Name desjenigen Tupels, in dem der Ausdruck auftritt). LWN ist eine Abkürzung für *Landwirtschaftliche Nutzfläche.*

Gebäude

Straße *(char)*	Hausnummer*(int)*	Umriß *(QUEL)*
Fischergasse	7	retrieve (Kante.all) where Kante.ID in {K1, K2, K3, K4}
...	...	...

Straße

Name *(char)*	Verlauf *(QUEL)*	Häuser *(QUEL)*
Fischergasse	retrieve (Kante.all) where Kante.ID in {K5, K6, K7}	retrieve (Gebäude.all) where Gebäude.Straße=$.Name

LWN

ID *(char)*	Umriß *(QUEL)*	Nutzung *(char)*
L2	retrieve (Kante.all) where Kante.ID in {K6, K9, K12}	Hafer
...	...	...

Stadtteil

Name *(char)*	Umriß *(QUEL)*	Straßen *(QUEL)*
Lehr	retrieve (Kante.all) where Kante.ID in {K10, K8, K12}	retrieve (Straße.all) where SCHNITT(Straße.Verlauf,FLÄCHE-IN ($.Umriß)) ! = {}
...	...	...

Stadt

Name *(char)*	Stadtteile *(QUEL)*	Einwohner *(int)*	Niederschlag *(int)*	Umriß *(QUEL)*
Ulm	retrieve (Stadtteil.all) where Stadtteil.Name in {Fischerviertel, Lehr, Jungingen}	102000	22	retrieve (SUMME (Stadtteil. Umriß)) where Stadtteil.Name in $.Stadtteile.Name
...	...	...	...	...

Fluß

Name *(char)*	Verlauf *(QUEL)*
Donau	retrieve (Kante.all) where Kante.ID in {K7, K9, K11, K12, K13}
...	...

Kante

ID *(char)*	Ecken *(QUEL)*
K1	retrieve (Ecke.all) where Ecke.ID in {E2, E3}
K2	retrieve (Ecke.all) where Ecke.ID in {E3, E4}
...	...

Ecke

ID *(char)*	X *(int)*	Y *(int)*
E1	2	5
E2	3	1
E3	3	3
...	...	...

Abb. 1

Streng interpretiert können in diesem Beispiel nur die in der Relation Punkte abgespeicherten Objekte als atomar bezeichnet werden. Alle anderen Objekte werden mit Hilfe von retrieve-Kommandos und geometrischen Operatoren (wie z. B. SCHNITT) erzeugt. Man beachte, daß eine Stadt hier direkt als SUMME ihrer Stadtteile definiert ist. Jeder Stadtteil ist dagegen durch einen explizit vorgegebenen Umriß gekennzeichnet; seine Straßen ergeben sich dann durch Verschneidung.

Der wichtigste Vorteil von räumlichen Sichten ist die weitgehende Vermeidung von Redundanz und den daraus oft resultierenden Widersprüchen in einer Datenbank. Alle geographischen Einheiten, wie z. B. Stadtgrenzen, Flüsse oder Gebäude, werden nur einmal physisch abgespeichert. Dieses Vorgehen steht in deutlichem Gegensatz zu einer Menge thematischer Karten, in denen viele Geoobjekte, wie z. B. Stadtgrenzen, in mehreren Karten zugleich und damit redundant repräsentiert sind.

Thematische Karten unterschiedlicher Maßstäbe und Ausschnittflächen können nun ebenfalls als räumliche Datenbanksichten definiert werden. In der Definition der Sicht werden zunächst diejenigen Objekte aus der räumlichen Datenbank ausgewählt, die in den für die jeweilige Thematik relevanten Relationen abgelegt und innerhalb der vom Benutzer spezifizierten Ausschnittfläche positioniert sind (Selektion). In einem zweiten Schritt werden aus den berechneten Tupeln diejenigen Attribute gelöscht, die für die jeweilige Thematik irrelevant sind (Projektion). Schließlich wird die resultierende Objektmenge mit Hilfe von Generalisierungstechniken auf den gewünschten Maßstab abgebildet.

Das folgende auf Abb. 1 aufbauende Programmsegment ist ein Beispiel für die Selektion und Projektion zur Erzeugung einer thematischen Karte, auf der Flußläufe, landwirtschaftliche Nutzflächen und Städte mit mehr als 10000 Einwohner in allen Details wiedergegeben werden, während kleinere Siedlungen (bis zu 10000 Einwohner) als Punkte repräsentiert sind. An Text werden neben den Namen der abgebildeten Siedlungen und Flüsse noch sämtliche verfügbaren Informationen über die Niederschlagsmenge wiedergegeben. A steht für die vom Benutzer spezifizierte Ausschnittfläche, und SCHNITT, FLÄCHE-IN, SCHWERPKT sowie IN sind geometrische Operatoren.

```
retrieve (SCHNITT(Fluß.Verlauf, A), Fluß.Name)
where SCHNITT (Fluß.Verlauf, A) != {}

retrieve (SCHNITT(LWN.Umriß, A))
where SCHNITT (FLÄCHE-IN(LWN.Umriß), A) != {}

retrieve (SCHNITT(Stadt.Umriß, A), Stadt.Niederschlag, Stadt.Name)
where SCHNITT (FLÄCHE-IN (Stadt.Umriß), A) != {}
and Stadt.Einwohner > 10000

retrieve (SCHWERPKT (Stadt.Umriß), Stadt.Niederschlag, Stadt.Name

where IN(SCHWERPKT(Stadt.Umriß), A)
and Stadt.Einwohner <= 10000
```

Schließlich sollte noch erwähnt werden, daß neben den PART- OF-Beziehungen auch die sogenannten IS-A-Hierarchien für die Verarbeitung von Geodaten genutzt werden können. IS-A-Beziehungen erlauben die Bildung von *Objektklassen* und die *Vererbung* von Eigenschaften entlang der entstandenen Hierarchien. Abb. 2 ist ein Beispiel aus der wasser- und abfallwirtschaftlichen Arbeitsdatei des Umweltministeriums Baden-Württemberg [BeKü 90]. Hier stehen die Angaben in Klammern für Attribute der einzelnen Objektklassen, während die Pfeile IS-A-Beziehungen repräsentieren.

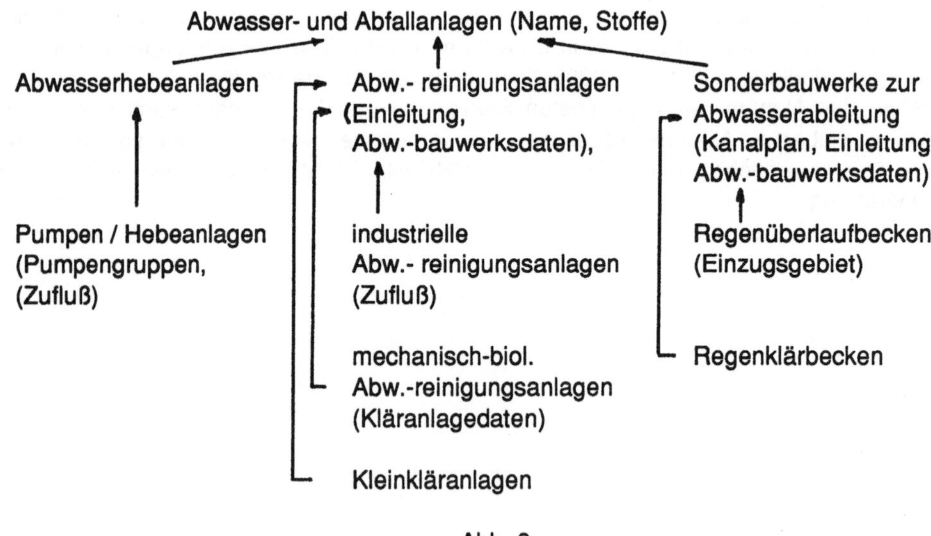

Abb. 2

Die Implementierung von IS-A-Hierarchien im Rahmen objektorientierter Datenbanksysteme ist ein aktuelles Forschungsthema; [Ditt 88] gibt einen guten Überblick über den derzeitigen Stand.

3. Räumliche Zugriffsmethoden

Wie aus den obigen Ausführungen hervorgeht, soll auf räumliche Informationen auf unterschiedliche Art und Weise zugegriffen werden können. Insbesondere muß es möglich sein, die räumliche Position von Objekten als Auswahlkriterium zu spezifizieren. Eine Auswahl, die nur auf den Werten gewisser alphanumerischer Attribute der Objekte beruht, ist nicht mehr ausreichend. Der Einsatz von räumlichen Datenbanken für die Fernerkundung erfordert z. B. die effiziente Bearbeitung von Suchanfragen nach Objekten, die für die Analyse der zu untersuchenden Region relevant sind. Beispiel:

Finde alle Objekte, die den Punkt (x/y) enthalten (Punktanfrage), oder

Finde alle Objekte, die das Rechteck R überschneiden (Bereichsanfrage).

Wenn die räumliche Datenbank als Speichermedium für neu ermittelte Daten genutzt wird, kann es zu Datenbankanfragen kommen, wie z. B.

Ersetze die Grenzlinie zwischen Parzelle A und Parzelle B durch den Polygonzug Z, oder

Ersetze den Punkt (3/4) durch den Punkt (3.1/4) in allen Grenzlinien.

In all diesen Beispielen ist es notwendig, diejenigen Objekte in der Datenbank zu ermitteln, die sich in einer gegebenen Position im Raum befinden. Ab einer gewissen Datenbankgröße ist es nicht mehr effizient, jedes Objekt einzeln auf Überschneidung mit dem Suchraum zu überprüfen. Um solche Suchoperationen effizient zu unterstützen, werden räumliche Indexstrukturen benötigt, die den Zugriff auf Objekte in einem gegebenen Teilraum effizient ermöglichen. Solche Strukturen beruhen üblicherweise entweder auf Hashtechniken (wie z. B. das Gridfile [Niev 84]) oder auf hierarchischer Dekomposition (wie z. B. der R-Baum [Gutt 84]).

In der Zwischenzeit gibt es eine ganze Reihe solcher Indexstrukturen; [Günt 88] und [Ooi 88] geben einen Überblick über den derzeitigen Stand der Forschung. Leider gibt es bisher nur wenige vergleichende Studien, die dem Benutzer eine Entscheidungshilfe darüber geben, welche Strukturen für eine bestimmte Anwendung am effizientesten sind. Ein wichtiges Thema für zukünftige Forschungsarbeiten ist daher die Klassifikation räumlicher Suchoperationen, abhängig von einer kleinen Menge von Parametern (wie z. B. Größe der Datenbank, Durchschnittsgröße der Objekte oder Objektverteilung im Raum), und die Ermittlung einer geeigneten Indexstruktur für eine gegebene Parameterkonstellation. Erste Ergebnisse in dieser Richtung finden sich in [Ooi 88, Günt 89b, Free 90, Krie 90].

Leider gibt es bisher noch kaum Ansätze, Selektion und Generalisierung von geometrischen Objekten miteinander zu verknüpfen. Wie weiter oben beschrieben, tritt häufig die Situation auf, daß eine Suchanfrage für einen gegebenen Maßstab beantwortet werden muß. Wenn die Datenobjekte zur Vermeidung von Redundanz durchweg im größten benötigten Maßstab abgelegt sind, so bedeutet dies, daß dann auch die Selektion in diesem Maßstab durchgeführt werden muß. Sobald die in Frage kommenden Objekte gefunden wurden, werden diese per Generalisierung auf den gewünschten Maßstab projiziert. (Natürlich wäre es auch möglich, zunächst die gesamte Datenbank auf den gewünschten Maßstab zu generalisieren und dann die Suchanfrage durchzuführen. Dies wird aber in den meisten Fällen die wesentlich aufwendigere Lösung sein.)

Um derartige Anfragen effizienter beantworten zu können, wären Zugriffsstrukturen von Vorteil, in denen der gewünschte Maßstab von vornherein in die Bearbeitung einfließen kann. Eine Anfrage, die sich auf einen kleineren Maßstab bezieht, sollte dann wesentlich schneller zu beantworten sein als dieselbe Suchanfrage in größerem Maßstab. Anders ausgedrückt, es sollte möglich sein, relativ schnell eine unscharfe (d. h. kleinmaßstäbliche) Antwort auf die Suchanfrage zu erhalten. Je weniger Genauigkeit vom Benutzer gewünscht wird, desto kleiner ist der angesprochene Maßstab und desto kürzer sollten demgemäß die Antwortzeiten für Suchanfragen sein.

Ein erster Schritt in diese Richtung wurde kürzlich von Becker und Widmayer mit dem Entwurf des PR-Files (Priority Rectangle File) unternommen [BeWi 90]. Mit dem PR-File ist die Zeit für die Beantwortung einer Bereichsanfrage nur davon abhängig, welche Datenmenge von der Anfrage angesprochen wird. D. h. Objekte außerhalb des Suchbereichs sowie Details, die für den gewünschten Maßstab irrelevant sind, haben keinen wesentlichen Einfluß auf die Antwortzeiten. Für geographische Anwendungen heißt dies, daß die Zeit für die Ausgabe eines Kartenausschnittes auf dem Bildschirm mit der Größe und dem Maßstab des Kartenausschnittes positiv korreliert ist. Man beachte, daß insbesondere die Abnahme der Antwortzeiten mit abnehmendem Maßstab bei anderen Indexstrukturen so nicht gegeben ist.

Weiter ist zu bemerken, daß die meisten räumlichen Zugriffsmethoden an Effizienz verlieren, wenn die Objektgrößen sehr weit gestreut sind, d. h. wenn zugleich auf sehr große und sehr kleine Objekte zugegriffen werden soll [Six 88]. In geographischen Anwendungen tritt diese Situation relativ häufig auf: sehr große Objekte (wie z. B. Länder) und sehr kleine Objekte (wie z. B. Gebäude) sind nicht selten in der gleichen Datenbank abgelegt.

Um solche Datenbanken besser indizieren zu können, wurde vor kurzem das Konzept der *Oversize Shelves* vorgeschlagen [Günt 89c], das wir im folgenden näher erläutern möchten. Die bei großen und ausgedehnten Geoobjekten auftretenden Effizienzverluste sind im allgemeinen darauf zurückzuführen, daß die meisten Indexstrukturen ursprünglich für Punktdaten entworfen worden sind, d. h. für den effizienten raumbezogenen Zugriff auf große Mengen von Punkten. Die Punkte in der Datenbank werden typischerweise auf mehrere Teilmengen (sogenannte Buckets) verteilt, die jeweils einer Partition des Datenraumes entsprechen. Auf diese Buckets wird dann mit Hilfe eines Suchbaumes oder eines Hash- Verfahrens zugegriffen. So entsprechen z. B. im Falle des R-Baumes die Buckets d-dimensionalen Intervallen, auf die mit Hilfe eines Suchbaumes zugegriffen wird (Abb. 3).

Wenn diese Punktzugriffsstrukturen modifiziert werden, um auch ausgedehnte räumliche Objekte (wie z. B. Polygone) zu indizieren, kommt es oft zu Problemen. Nach [Seeg 88] gibt es im wesentlichen drei Methoden, diese Erweiterung auf ausgedehnte Objekte vorzunehmen: Clipping, wobei Objekte entlang der Partitionslinien der zugrundeliegenden Punktzugriffsstruktur unterteilt werden; überlappende Partitionen, wobei von jeder Partition der Punktzugriffsstruktur aus diejenigen Objekte indiziert werden können, die von der Partition überlappt werden (und nicht nur die Objekte, die in der Partition vollständig enthalten sind); und Transformation, wobei ausgedehnte räumliche Objekte funktional auf höherdimensionale Punkte abgebildet werden.

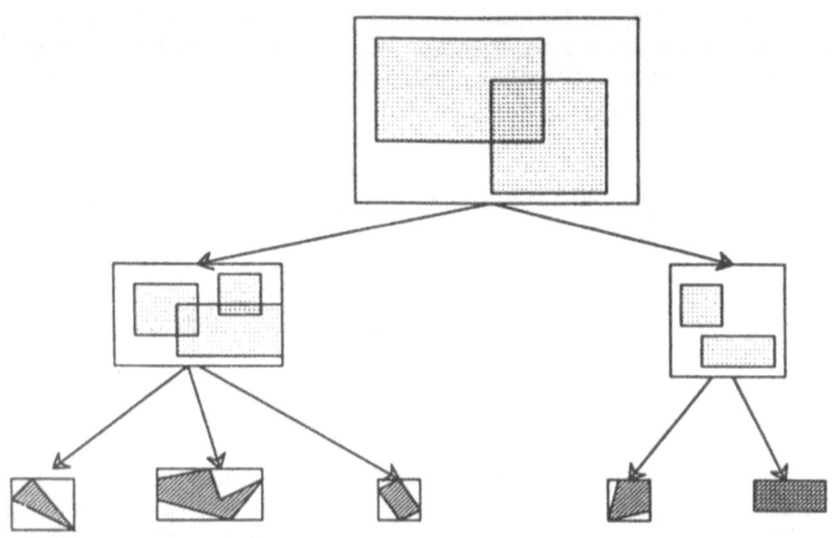

Abb. 3: R-Baum mit Datenobjekten (schraffiert)

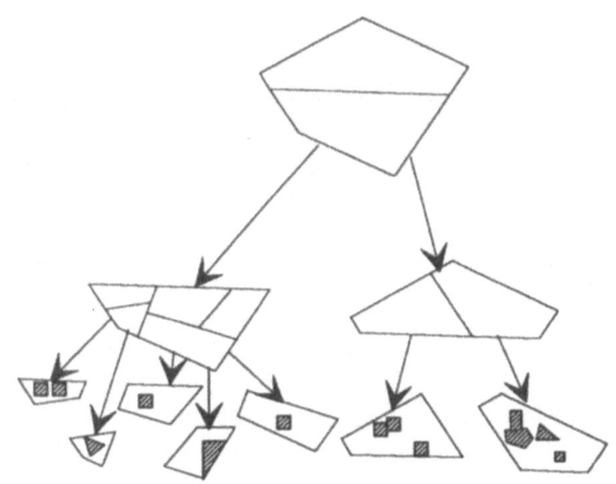

Abb. 4: Zellbaum mit Zellen (schraffiert)

Der Transformationsansatz ist nur für relativ einfache Objekte, wie z. B. Rechtecke, von Bedeutung. Kompliziertere Objekte, wie z. B. beliebige Polygone (wie in geographischen Anwendungen oft üblich), können nur mit Hilfe eines umschließenden Rechtecks dargestellt werden; die Abbildung des eigentlichen Polygons auf einen höherdimensionalen Punkt ist nicht praktikabel [Niev 85].

Der Ansatz der überlappenden Partitionen kann dagegen auch auf komplexere Objekte angewandt werden. Leider ergeben sich in diesem Fall beträchtliche Effizienzprobleme, sobald die räumliche Datenbank Objekte enthält, die im Vergleich zur Größe des gesamten Datenraums relativ groß sind. Jedes Datenobjekt wird genau einem Bucket zugewiesen, dessen zugehörige Partition so erweitert werden muß, daß sie das Datenobjekt vollständig überdeckt. Große Objekte führen daher zu umfangreichen Erweiterungen und dementsprechend zu ausgedehnten Überlappungen zwischen Partitionen, die mit unterschiedlichen Buckets assoziiert sind. Der Überlappungsgrad zwischen den Partitionen kann schließlich so groß werden, daß für die Beantwortung einer einzigen Punktanfrage die Untersuchung eines beträchtlichen Teiles des ganzen Indexes notwendig wird. Mit anderen Worten, die Antwortzeiten werden so schlecht, daß die Indexstruktur gegenüber einer vollständigen Suche keine Vorteile mehr erbringt. Ein bekanntes Beispiel für diese Art von Wachstumsverhalten ist der R-Baum [Gutt 84, Gree 88].

Auch im Falle des Clipping-Ansatzes gibt es Probleme mit großen ausgedehnten Objekten. Wenn ein neues Datenobjekt in eine solche Indexstruktur eingefügt wird, so ergibt sich eine Unterteilung des Objektes entlang der vorgegebenen Partitionslinien. Dieser Fragmentierungseffekt macht sich umso stärker bemerkbar, je größer die räumliche Datenbank (und damit auch die zugehörige Indexstruktur) wird. Mit wachsendem Index sinkt die Durchschnittsgröße der zu den Buckets gehörigen Partitionen. Dementsprechend steigt die durchschnittliche Anzahl an Teilkomponenten, in die ein neues Objekt während seiner Einfügung in den Index partitioniert wird. Dies führt nicht nur zu einer Zunahme der durchschnittlichen Antwortzeit, sondern auch verstärkt zu Überläufen von Datenseiten. Im Falle eines solchen Überlaufs muß typischerweise ein Baumknoten gespalten werden, was wiederum zu einer Zunahme der Fragmentierung führt. Eine derartige Schleife kann zum Kollaps der gesamten Zugriffsstruktur führen und muß daher unter allen Umständen vermieden werden.

Ein gutes Beispiel für ein derartiges Wachstumsverhalten ist der Zellbaum [Günt 88, Günt 89a]. Im Zellbaum entsprechen die Buckets d-dimensionalen, konvexen Polyedern, auf die mit Hilfe eines Suchbaumes zugegriffen wird. Die Datenobjekte werden in eine kleine Anzahl von konvexen Zellen unterteilt, welche dann in den Zellbaum eingefügt werden (Abb. 4). Die Einfügung einer neuen Zelle in den Zellbaum führt üblicherweise zu einer weiteren Unterteilung einer Zelle entlang der Partitionslinien des vorliegenden Zellbaumes (Abb. 5). Wie in [Günt 89b] empirisch gezeigt wurde, führt ein Wachstum der räumlichen Datenbank zu einem entsprechenden Anstieg der durchschnittlichen Anzahl an Teilzellen pro neuer Zelle.

Um die nachteiligen Folgen dieses Fragmentierungseffekts einzuschränken, schlagen wir die Verwendung von sogenannten Oversize Shelves [Günt 89c] vor. Jeder innere Knoten N des Zellbaumes wird erweitert um eine kurze Kette von zusätzlichen Datenseiten, auf denen diejenigen Zellen abgespeichert werden, die durch die Einfügung in den Teilbaum unter N zu sehr fragmentiert würden (Abb. 6).

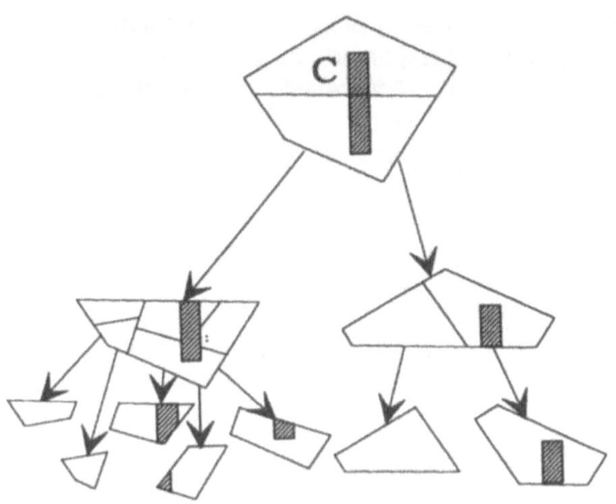

Abb. 5: Zelle C wird während der Einfügung in den Zellbaum in 4 Teilzellen zerlegt.

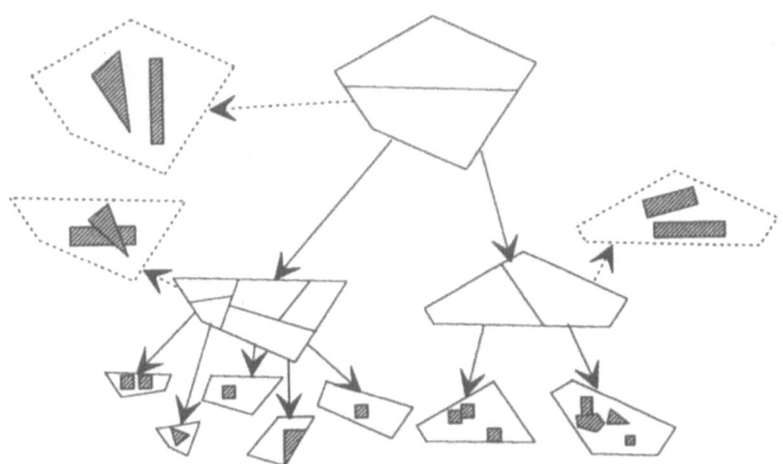

Abb. 6: Zellbaum mit Zellen (schraffiert) und Oversize Shelves (gepunktet).

Die Idee für dieses Konzept beruht auf den in Bibliotheken üblichen Regalen für übergroße Bücher. Dieses Vorgehen ist insgesamt platzsparend, da die Bibliothek für die meisten Bücher eine niedrigere Regalhöhe verwenden kann. Andererseits müssen die Benutzer der Bibliothek eine zusätzliche Suchzeit in Kauf nehmen, wenn sie ein gewünschtes Buch unter der entsprechenden Signatur nicht vorfinden; in diesem Fall ist ein Überprüfen des zugehörigen Regals für übergroße Bücher notwendig.

Im Falle räumlicher Zugriffsstrukturen sind die Effizienzüberlegungen etwas anderer Natur. Die Speicherung einer Zelle auf einem Oversize Shelf trägt dazu bei, die Anzahl an Blatteinträgen (und dadurch mittelbar die Tiefe des Baumes) zu vermindern. Andererseits muß bei der Überprüfung eines Baumknotens immer auch das zugehörige Oversize Shelf inspiziert werden. Zusätzliche Oversize Shelves erhöhen daher im Durchschnitt die Zeit, die für die Überprüfung eines Baumknotens erforderlich ist.

Die Entscheidung, ob eine neue (Teil-) Zelle in den Teilbaum unter einem Knoten N eingefügt oder stattdessen auf dem zu N gehörigen Oversize Shelf abgelegt werden soll, führt zu einem Optimierungsproblem mit mehreren Parametern. Eine detaillierte Analyse dieses Problems findet sich in [Günt 89c].

4. Schlußbemerkung

Wir haben in dieser Arbeit diskutiert, welche Einsatzmöglichkeiten für Techniken der künstlichen Intelligenz und der räumlichen Datenverwaltung im Bereich der Geowissenschaften bestehen. Die offenkundigsten Probleme in Geoanwendungen, wie z. B. Kartographie oder Fernerkundung, ergeben sich einerseits aus der hierarchischen Struktur eines Großteils der auftretenden Objekte, und andererseits aus der breiten Streuung der Objektgrößen. Räumliche Datenbanksichten können dazu eingesetzt werden, sogenannte PART-OF- und IS-A-Hierarchien zwischen Objekten zu modellieren, um Redundanz weitestgehend zu vermeiden. Oversize Shelves sind nützlich für die Abspeicherung und Indizierung von großen Datenobjekten, die andernfalls durch Zugriffsstrukturen in eine große Anzahl von Fragmenten partitioniert werden würden. Eine Implementierung dieser Konzepte im Rahmen des FAW- Forschungsprojekts RESEDA ist geplant.

5. Literaturhinweise

[Able 87] R. Abler, The National Science Foundation National Center for Geographic Information and Analysis. International Journal of Geographical Information Systems 1, 4, 1987.

[BeKü 90] R. Becker, D. Küpper et al., Natürlichsprachliches Zugangssystem zu Umweltdatenbanken, in Proceedings Informatik für den Umweltschutz, Informatik-Fachberichte, Springer Verlag 1990.

[BeWi 90] B. Becker, P. Widmayer, Spatial Priority Search: An Access Technique for Scaleless Maps, Manuscript, Universität Freiburg, 1990.

[Buch 90] A. Buchmann, O. Günther, T. R. Smith, Y.-F. Wang (eds.), Design and Implementation of Large Spatial Databases, Proceedings SSD'89, Lecture Notes in Computer Science No. 409, Springer-Verlag, 1990.

[Date 81] C. Date, An Introduction to Database Systems, Vol. I, Addison-Wesley, Reading, Mass., 1981.

[Desa 89] J. Desachy, ICARE: An Expert System for Automatic Mapping from Satellite Imagery. In L.F. Pau (ed.), Mapping and Spatial Modeling for Navigation, Springer-Verlag, 1990.

[Ditt 88] K. R. Dittrich (ed.), Advances in object-oriented database systems, Lecture Notes in Computer Science No. 334, Springer-Verlag, 1988.

[Free 90] M. Freeston, A well-behaved structure for the storage of geometric objects. In [Buch 90].

[Gree 88] D. Greene, An implementation and performance analysis of spatial data access methods. In Proc. IEEE 5th International Conference on Data Engineering, 1989.

[Günt 88] O. Günther, Efficient Structures for Geometric Data Management, Lecture Notes in Computer Science No. 337, Springer-Verlag, 1988.

[Günt 89a] O. Günther, The design of the cell tree: an object-oriented index structure for geometric databases. In Proceedings IEEE 5th International Conference on Data Engineering, 598-605, 1989.

[Günt 89b] O. Günther, J. Bilmes, The implementation of the cell tree: design alternatives and performance evaluation. In T. Härder (ed.), Datenbanksysteme in Büro, Technik und Wissenschaft, Informatik-Fachberichte No. 204, Springer- Verlag, 1989.

[Günt 89c] O. Günther, Oversize shelves: a new concept to minimize redundancy in dynamic spatial database indices, FAW Technical Report FAW-TR-89013, 1989.

[Gutt 84] A. Guttman, R-trees: Dynamic index structure for spatial searching. In Proc. of ACM SIGMOD Conference on Management of Data, Boston, Ma., 1984.

[Kemp 87] A. Kemper, M. Wallrath, An analysis of geometric modelling in database systems, ACM Comp. Surveys 19, 1, pp. 47-91, 1987.

[Krie 90] H. P. Kriegel et al., A performance comparison of point and spatial access methods. In [Buch90].

[Luge 89] G. F. Luger, W. A. Stubblefield, Artificial intelligence and the design of expert systems, Benjamin/Cummings, 1989.

[McMa 87] R. B. McMaster, Automated Line Generalization, Cartographica 24, 2, pp. 74-111, 1987.

[McMa 88] R. B. McMaster, Cartographic Generalization in a Digital Environment: A Framework for Implementation in Geographic Information System. In Proc. GIS/LIS Conference, pp. 240-255, 1988.

[Niev 84] J. Nievergelt, H. Hinterberger, K. C. Sevcik, The grid file: an adaptable, symmetric multikey file structure, ACM Trans. on Database Systems 9, 1, pp. 38-71, 1984.

[Ooi 88] B. C. Ooi, Efficient query processing in a geographic information system, Ph. D. Dissertation, Department of Computer Science, Monash University, 1988.

[Requ 80] A. A. G. Requicha, Representations for rigid solids: theory, methods, and systems, ACM Computing Surveys 12,4, 1980.

[Riek 89] W.-F. Riekert, Das RESEDA-Projekt: Ein wissensbasierter Ansatz zur Auswertung von Rasterbilddaten im Rahmen eines Umweltinformationssystems. In A. Jaeschke et al. (eds.), Informatik im Umweltschutz, Proc. 4. Symposium, Karlsruhe, Springer-Verlag, pp. 78-84, 1989.

[Same 89] H. Samet, The design and analysis of spatial data structures, Addison-Wesley, 1989.

[Schm 88] C. Schmullius, Klassifizierung einer Region mit Landsat-TM-Daten für Planung und Statistik. In Untersuchung über grundsätzliche Möglichkeiten zur Nutzung von Fernerkundungsdaten im Umweltbereich. Studie im Auftrag des Umweltministeriums Baden-Württemberg, Stuttgart 1988.

[Seeg 88] B. Seeger, H. P. Kriegel, Techniques for design and implementation of efficient spatial access methods. In Proceedings of the 14th International Conference on Very Large Databases (Los Angeles). VLDB Endownment, Saratoga, Calif., 1988.

[Six 88] H.-W. Six, P. Widmayer, Spatial searching in geometric databases. In Proc. IEEE 4th International Conference on Data Engineering, 1988.

[Ston 76] M. Stonebraker, E. Wong, P. Kreps, G. Held, The Design and Implementation of INGRES, ACM Trans. on Database Sys. 1, 3, pp. 189-222, 1976.

[Ston 84] M. Stonebraker, E. Anderson, E. Hanson, B. Rubenstein, QUEL as a data type. In Proc. of ACM SIGMOD Conference on Management of Data, Boston, Ma., June 1984.

[Swai 78] P. H. Swain, S. M. Davis (eds.), Remote Sensing: The Quantitative Approach. McGraw-Hill, New York, 1978.

[Wong 76] E. Wong, K. Youssefi, Decomposition - A Strategy for Query Processing, ACM Trans. on Database Sys. 1,3, pp. 223-241, 1976.

Mathematical Models and Simulations for Chemical and Biological Processes.

Willi Jäger
Interdisziplinäres Zentrum für Wissenschaftliches Rechnen
Universität Heidelberg

Zusammenfassung

Die mathematische Modellierung chemischer und biologischer Prozesse führt auf Problemstellungen, deren Lösung theoretische Untersuchungen und den Einsatz von Rechner-Graphik-Systemen erfordert. Computersimulationen können behilflich sein, Modellgleichungen aufzustellen, welche die im Experiment beobachteten Phänomene beschreiben. Als Beispiele wird die Strukturbildung von Bakterienpopulationen unter dem Einfluß chemischer Gradienten betrachtet. Stochastische Modelle von diskreten Populationen auf räumlichen Gittern können simuliert werden unter Annahmen über die mikroskopischen Vorgänge. Im Limes großer Populationen ergeben sich für Dichten nichtlineare partielle Differentialgleichungen, Diffusions-Reaktionsgleichungen. Chemische Prozesse wie zum Beispiel die heterogene Katalyse oder die Verbrennung werden durch Systeme ähnlicher mathematischer Struktur beschrieben. Die Dynamik solcher Systeme ist im allgemeinen sehr komplex, und die Beschreibung der auftretenden räumlich-zeitlichen Oszillationen, von Wellen und Fronten, ist eine Herausforderung, die wiederum zum Einsatz leistungsfähiger Computer führt. Voraussetzung dazu ist die Entwicklung den Problemen angepaßter Software. An ausgewählten Beispielen aus der Chemie wird die Nützlichkeit der mathematischen Modellbildung und der Computersimulation aufgewiesen, die nicht nur zu einem besseren Verständnis der Grundlagen, sondern auch zu einer besseren Verfahrenstechnik führen können.

1. Importance and relevance of mathematical modelling

Mathematics and the use of modern computers are changing science and technology in more and more and more areas. The efficiency of available computers and graphic systems makes it possible to attack complex problems arising in modelling chemical and biological processes. Whereas in physics ellaborate mathematical models have been used successfully for a long time, mathematical modelling in chemistry and biology is just starting to play an important role in at least some subareas. The complexity of chemical or biological processes seemed to be an obstacle not to be overcome by mathematical models and simulations.

Already generating a large system of equations for reaction networks representing the interactions of chemical or biological populations is a problem, which only can be handled effectively with help of computers. It is a well known fact that even systems of only three ordinary differential equations of first order with quadratic nonlinearities may show very complex dynamical behaviour. Investigations of complex dynamics depend on computation.

Setting up complete models for chemical and biological systems seems to be restricted to rather simple situations not only because of the mathematical and computational difficulties involved, but also because of the lack of experimental information. If a chemical reactor, for instance in an oil refining column, contains hundreds of chemical species, if in an biologically operating sewage plant thousands of pollutant chemicals and a huge number of still unknown bacterias are involved, the empirical approach based on experimental data and practical experience may be considered as the only possible one. However, even under such circumstandes mathematical modelling can be a very useful tool for a better theoretical unterstanding, for planning experiments or controlling real processes.

Computer simulations, based on mathematical modells, can be regarded as computer experiments providing pr-information for real experiments or even replacing them in situations where no experiments can be carried out. Safety analysis of chemical reactors has to rely on simulations unter system conditions which experimentally cannot be realized. In general, it will be impossible to perform all experiments in real ecological systems necessary to understand their dynamical behaviour. In atmospheric chemistry computer simulations are essential for testing possible kinetic pathways. The computer is no longer only an instrument for automatic data collection, but also a tool for planning and analysing experiments to check different hypotheses.

Verification of mathematical models by experiments is a necessity. In fact, already for setting up a model additional experimental work might be necessary. The interactive relation between modelling and experiment is causing important impulses in research. Examples to be mentioned are the field of chemical and biological oscillators or microbial ecology, where experimental studies and computer simulations are stimulating each other. When performing a simulation based on models the computer provides a third scientific method in addition to experiment and theory. Computational chemistry or biology will be disciplines as well established as computational physics. See [EDJ, WJ, JRT, JM]

2. Networks of complex reaction

A network of r reactions and m chemical species A_j depending on time t and space s may be symbolically written as

(1)
$$R_k : \sum_{j=1}^{m} v_{jk} A_j \rightarrow \sum_{j=1}^{m} \mu_{jk} A_j, \; k = 1, ..., r$$

where v_{jk}, μ_{jk} are natural numbers representing the stoichiometric coefficients. Each reaction proceeds by a rate ω_k which is a function of the concentrations u_j of the species and the temperature T. If we assume mass-action law and Arrhenius kinetic the rates are given in the form

$$\omega_k = \rho \prod_{j=1}^{m} u_j^{v_{jk}} a_k \; (T) \exp\left(-\frac{E_k}{RT}\right) \tag{2}$$

The reaction rate is represented by linear functions of concentrations if the reaction is monomolecular and by quadratic nonlinearities if it is bimolecular. But also other nonlinearities have to be used to model the interactions of molecules.

Under homogenous conditions, for instance in a well stirred chemical reactor, if diffusion and transport play no role and for large particle numbers the dynamics of the chemical process is described by a system of ordinary differential equations for the concentrations and the temperature, which can formally be added as component to the concentration vector.

$$\frac{du}{dt} = f(u) \qquad u = (T, u_1, \ldots u_m) \tag{3}$$

$$f_0(u) = \sum_{k=1}^{r} Q_k \;\; \omega_k\,(u),\; f_j\,(u) = \sum_{k=1}^{r} (\mu_{jk} - v_{jk})\; \omega_k\,(u)$$

Since these systems are derived from a chemical reaction network they have a special structure which can be used for first informations about its solutions. For instance, just an analysis of the formal representation (1) and of the corresponding network graph may lead to results about the existence of multiple steady states or periodic solutions. See [F, SF].

The number of resulting equations may be large, their coefficients may differ in magnitude by powers of ten, therefore in general one is confronted with a *huge, stiff system of nonlinear differential equations.* The following matrix, indicating the interactions of reactants by dots, is a part of a huge matrix for a system modelling the thermal decomposition of hexane [EEIN, E].

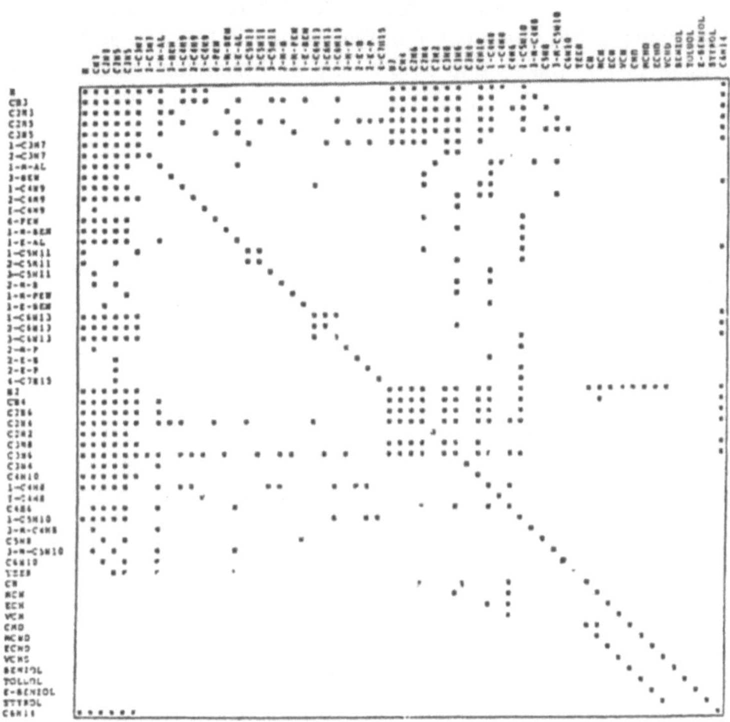

Figure 1. Interaction matrix for decomposition of hexane

The interactions of biological populations can be modelled similar to chemical reactions in a large number of situations. Even though the concept of elementary reactions used in chemistry is only a rough model for biological interactions it has been applied with success. Since chemical processes are subprocesses, the complexity of biological processes in general is even higher. In the soil for instance, thousands of different microorganisms can be found. Their coexistence, interactions and biochemistry are far from being understood. There is hope that mathematical modelling successfully used in chemistry may help to understand this practically important problem of microbial ecology.

The *chemostat*, an experimental device for studying the growth of bacterial cultures in controlled environment, is based on chemical concepts. A culture vessel is charged with populations of microorganisms. All nutrients needed for growth are pumped in. The overflow containing nutrients and microorganisms is adjusted such that the volume in the vessel is kept constant. This rather simple bioreactor is well mixed and all physical and chemical variables like temperature or pH-value are kept constant. If $S = (S_1, \ldots, S_l)$ and $u = (u_1, \ldots u_m)$ are the vectors of nutrient and species concentrations, then the model equations in case of pure competition for nutrients are

$$\text{(4)} \qquad \begin{aligned} \frac{d}{dt} S &= D(S^0 - S) - F(S)u \\ \frac{d}{dt} u &= -Du + G(S)u \end{aligned}$$

Here F(S) is a matrix and G(S) a diagonal matrix with nonnegative entries, modelling the uptake of nutrient and the convertion to growth. In case of a single nutrient and under monotonicity assumptions on F and G the dynamical behaviour of the system is mathematically well understood and

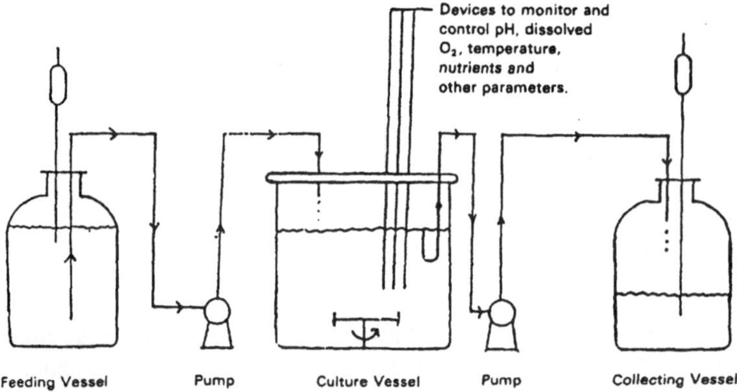

Figure 2: Diagram of a chemostat

the mathematical results were experimentally confirmed. E.g. the following theoretical result can be proven for any number of microbial species:
The solutions converge to steady states. Generically at most only one species survives.
See[HHW, W].

However pure competition is a rather simplifying assumption. Realistic networks, containing inhibition, foodchains, symbiosis, prey-predator relations, have complicated dynamical behaviour even in case of small system size. The simplest model for the decomposition of a substrate by symbiotic population of two species has the following form:

substrate

$$\frac{d}{dt} S = D(S^0 - S) - k_1 f(S,c)u$$

consumer, producing a inhibitory byproduct

$$\frac{d}{dt} u = - Du + f(S,c)\, u - \gamma c u$$

byproduct

$$\frac{d}{dt} c = - Dc + k_2 f(S,c)u - k_3 g(c)\, v$$

consumer of the byproduct

$$\frac{d}{dt} v = - Dv + g(c)\, v$$

An important biological example is the microorganism methanobacterium bryantii consuming the byproduct hydrogen produced by the S-organism from ethanol. Hydrogen is needed for the first species to perform the reaction

$$CO_2 + 4H_2 \rightarrow CH_4 + 2H_2O$$

producing methane from carbondioxide. The dynamical behaviour of this oversimplified model has been studied e.g. in [Bu] and [KB]. Only under special assumptions its analysis is complete and shows the existence of exactly one nontrivial steady state which is attractive in the positive cone. In case of nonmonotone reaction functions periodic oscilations occur in special parameter domains.

3. Sensitivity analysis, model reduction and parameter identification

One important contribution of mathematical modelling is an answer to the following question. Consider a process described by a function u mapping time into a state space and a law of evolution F depending on system parameter variables c and the states in the past. Assume that we are only interested in a functional ϕ of the state u, e.g. the concentration of one component in a chemical reaction system or the temperature. How sensitively does $\phi(u)$ depend on c? In case that the principle of linearized stability can be applied, the following system for the variations $\delta\Phi$ and δu has to be studied:

(5)
$$\begin{aligned} u(t) &= F(t,c,u) \\ \delta\Phi\,(u) &= \Phi'(u)\,\delta u \\ \delta u(t) &= \partial_c F(t,c,u)\,\delta c + (\partial_u F(t,c,u)\,\delta u)(t) \end{aligned}$$

Therefore the spectrum of the linearization of F at the given state plays an important role in estimating the effect of perturbations δc of the system parameters. Obviously, sensitivity analysis in general should include stochastic perturbations, however, in case of nonlinear systems and global sensivity, the mathematical theory is still underdeveloped (see e.g. TCMS).

Sensitivity analysis is a tool to reduce the size of the system and to identify the important parameters which have to be determined very carefully. To discriminate between possible chemical pathways or interaction graphs in biological populations is a decisive task in overcoming the complexity of the systems. The objection that it is impossible to identify all parameters of a large system is not valid in those cases where only few parameters are sensitive and unknown.

Model reduction is mathematically connected with singular perturbation techniques and the problem of lumping. For a given reaction system it is not clear a priori what the characteristic scales are and which parameters are of the order ε, the magic small parameter in perturbation theory. The transformation of a system of ordinary differential equations to a normalized form may be theoretically possible, however in complex situation

(6)
$$\begin{aligned} \frac{du}{dt} &= f(t, u, v, \varepsilon) \\ \varepsilon\frac{dv}{dt} &= g(t, u, v, \varepsilon) \end{aligned}$$

the scaling and the transformation can only be found with help of computers. So far, the analytic techniques available for perturbation problems have not been developed to computational algorithms and to software applicable for a general class of dynamical systems. Setting $\varepsilon = 0$ in (6) one obtains a differential-algebraic system, a problem class which is intensively studied by numerical analysts.

The chemical method to replace a sequence of reaction steps by a single one or several species by their sum is commonly applied, but only for linear systems mathematically justified. The lumping problem can be formulated mathematically as follows: Given a chemical network and the corresponding dynamical system. Find a related chemical network and a dynamical system as small as possible such that the dynamics of important species of the larger one can be obtained from the smaller one. Again, software should be developed for automatic lumping.

Important progress could be obtained in the last ten years in the numerical treatment of huge and stiff ordinary differential equations. For instance the package LARKIN, developed by Deuflhard and his coworkers, is available for simulation of large kinetic systems evolving hundreds of reactants [DBN]. Software development for *parameter identification* in case nonlinear ordinary differential equations is an active field of research. The package PARFIT of Bock and his group could be applied to identify parameters for smaller systems relevant in chemical engineering, in biochemistry (photosynthesis) and population dynamics. A carefull statistical interpretation of the algorithms and the data used is necessary to evaluate the obtained estimates. Parameter identification is an optimization problem, where a distance of computed solutions to measured data is minimized as a function of the parameters. For statistical reasons it is desired not to restrict the method to least squares (see [DH], [ND], [Ba], [B1], [B2], [BES]).

4. Spatially heterogenous processes

Diffusion, flow or transport are a spatial coupling chemical and biological processes. In biological systems further spatial interactions like migration caused physical or chemical stimuli (phototaxis, chemotaxis) exist. For systems with large particle numbers and on a macroscopic level the model equations will be partial differential equations or more general functional-differential-equations including integral operators coupling the states in different space-time points. One of the most challenging problems for mathematical modelling is combustion which includes not only complex chemistry but also complex fluid dnamics. The contribution of J. Warnatz to this volumn is dealing with this important topic. Therefore we concentrate here on different reactive flows. Let us consider a system of species transported in a flow, diffusing and reacting. Assume that v is the velocity of a fluid, satisfying either Navier-Stokes equation, Euler equation or Darcy's law. The concentrations satisfy in many cases a system of the following type:

$$\partial_t u_i + \sum_{j=1}^{3} \partial_{xj} (v_j a_i(u)) = \sum_{j=1}^{3} \partial_{xj} D_i(u) \partial_{xj} u_i + f_i(u) \qquad (7)$$

(transport, filtration: $\sum_{j=1}^{3} \partial_{xj} (v_j a_i(u))$; diffusion: $\partial_{xj} D_i(u) \partial_{xj} u_i$; reaction: $f_i(u)$)

In filtration problems $a_i(u)$ is nonlinear, but usually one has $a_i(u) = \alpha_i u i_i$. The diffusion coefficient may be nonlinear or may vanish. Thus, we may get parabolic equations, hyperbolic first order equations or ordinary differential equations. The initial and boundary condition have to be added. The mathematical theory of such systems is not fully developed, especially the hyperbolic case still is a unsolved problem in more than one space dimension. Thus, also the numerical algorithms cannot be based on mathematically safe ground.

Heterogenous catalysis or adsorption and desorption processes are modelled by systems of type (7). Also systems for morphogenic processes are contained. In this case usually the transport term is not included. Even reaction diffusion systems may establish wave solutions observed in real reactor or in biological systems: traveling wavefronts, periodic wavetrains, pulsating waves, spiralwaves, scroll waves. These patterns can be observed in the well-known Belousov-Zhabotinskii reaction, on the surface of a catalyst, in combustion chambers, in populations of chemotactic microorganisms. Nontrivial stable steady states of diffusion-reaction systems are used to explain patterns in morphogenesis, the formation of limbs or patterns of colouring. See e.g. [JRT, JM, M] . Pattern formation can be understood with help of the theory of bifurcations and symmetries. However, for any realistic model computations and graphic representation of the results will be necessary. The computational techniques to follow branches of solutions changing the system parameters have to be used.

Figure 3: Spiral wave in a population of chemotactic microorganisms.

5. Growth in spatial gradients

Spatial gradients of chemical substances activating or inhibiting growth are considered as a main source for growth patterns. For morphogenesis see [M] and the literature quoted there. Growth of bacteria fixed to a gel in nutrient gradients and the resulting growth patterns were studied experimentally modelled and simulated [HJP], WJC, WLC]. In fact, the modelling discovered the importance of the pH-value change by the metabolism and the dependence of the metabolism on pH- value. The mathematical model and its simulation was an essential help to set up experiments and to explain their results.

The following experimental device is a discretization of a one dimensional diffusion and consists of a coupled system of n chemostats. The medium is pumped between neighbouring vessels. The first and the n-th vessel in the linear chain have overflow. If one pumps substances in either the first or the n-th vessel spatial gradients are generated. In the notations of the chemostat we have to add as an upper index the number of the vessel and obtain the following system of ordinary differential equations, where Δ_i is the discretized Laplace operator centered at i, properly defined for i=1 or n.

$$\frac{d}{dt} S^i = D\Delta_i S - F(S)^i)u^i, \qquad (8)$$
$$\frac{d}{dt} u^i = D\Delta_i(u) - G(S^i)u^i,$$

The index i denotes the number of the vessel.

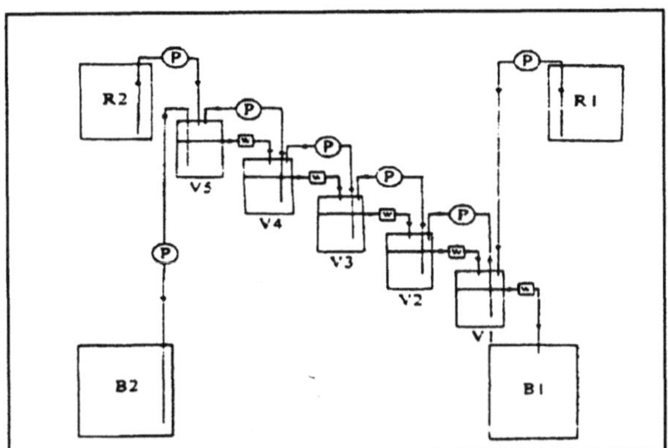

Figure 4: Diagram of a gradostat, an experimental device for studying growth in spatial gradients

Whereas in a chemostat for pure competition and one nutrient there is no coexistence, in a gradostat coexistence domains could be found in the parameter space in case of Michaelis - Menten kinetics at first in simulations. For one nutrient, two vessels and two species the analysis could be completed [JSTW]. If the number of species competing for one nutrient is larger then the number of vessels, then generically there is no steady state of coexistence [JST]. Computer simulations in case of two vessels and three species may illustrate the situation: parameters could be found such that the numerical simulations showed three coexistent species in two vessels at the steady state. According to the theoretical results this should happen only at a parameter set of measure O. Sensitivity analysis showed that essentially this set was hit. Stochastic perturbations of parameters during the time evolution, which changed the parameters less than 1%, lead to a rather wild behaviour. This situation shows that in a relatively simple system sensitivity analysis is necessary. In general it could be observed in computations, that the domains of coexistence are comparatively small.

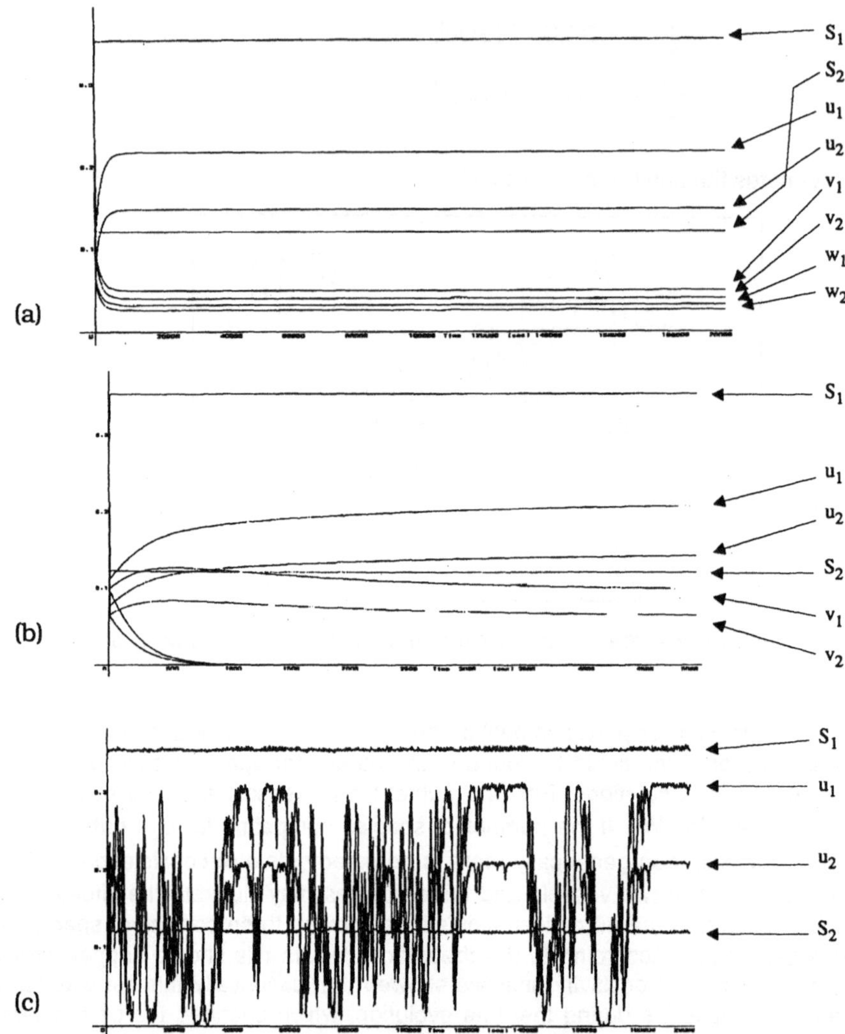

Firgure 5: Competition of three species in a gradostat with to vessels (sensitivity)

(a) Three species feeding on one substrate approach steady coexistence. Theoretically this can happen only with "probability" zero.

(b) Fixed changes of parameter of less than 1% lead to extinction of one species.

(c) Stochastic changes of less than 1% lead to large oscillations in all species.

The plots show two components of the substrate and the 3 species in (a) and (b). Only one species is plotted in case (c) [JKi].

The analysis of pure competition in a gradostat or in the continuous case of diffusion-transport systems is a first step towards an understanding of spatially distributed growth of populations. The growth of cell colonies, e.g. of a tumour, involves besides the biochemical processes for metabolism, cell growth and cell division, but also mechanical interactions. This fact causes additional difficulties for modelling and simulation.

6. Reactive flow through porous media

Another example of an area, where mathematical theory and computation have to be combined, are processes in porous media e.g. in soil or porous catalysts, and generally in composite media. Even if the processes are simple, the complexity of the geometry leads to difficulties not to be overcome directly: Averaging procedures have to be performed, sometimes on a multiple scale. Microscopic equations have to be replaced by macroscopic ones using homogenization techniques. The chromatograph is a relatively simple, but important example illustrating the problems.

A chromatograph is a column consisting of a solid phase (pellets) and a fluid phase (pores filled with a liquid or gas). Chemical substances are transported by the flow through the pores, are diffusing and reacting in the pores and in the pellets or on their surfaces. In the simplest case, one considers linear, incompressible Stokes flow of the fluid, transport an diffusion of the substances in the fluid phase, and a small diffusion of the substances in the pores.

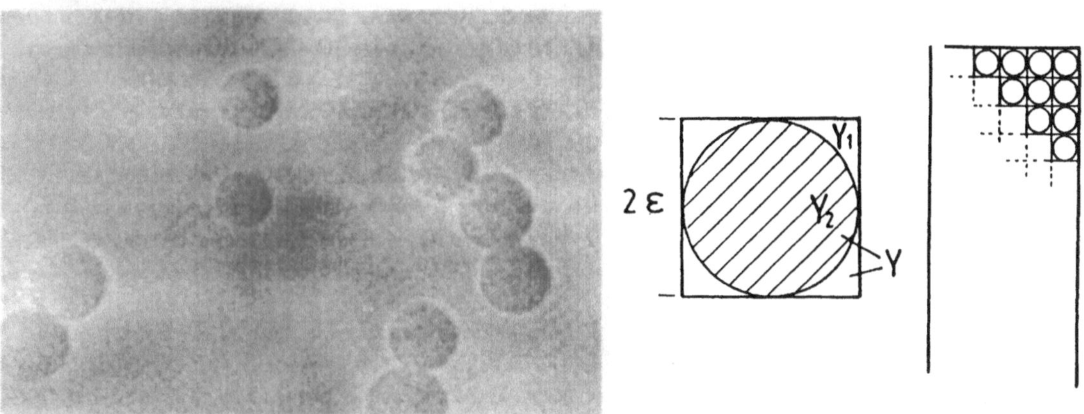

Figure 6: Pellet structure in a chromatograph. It is assumed that the structure is periodic and the pellets are balls of radius ε. The diffusion in the (porous) pellets is of order ε (see[S-S])

Formally we have for fixed ε a set of equations and solutions

microscopic equations $A_\varepsilon(u_\varepsilon) = 0.$

Homogenization gives conditions for the existence of a limit u of the microscopic solutions u_ε for ε tending to 0 and derives limit equations which can in principle be computed:

macroscopic equations A (u) = 0

They hold in the whole column, however involve in general the solution of a system in a standard cell representing the microscopic process [V, HJ1, HJ2]. In the case of a chromatograph and unter the simplifying assumptions one obtains Darcy's law for the flow and a diffusion-transport equation, where the diffusion coefficient has to be changed and an additional functional term has to be added, modelling the effect of the porous pellets. The homogenized equations enable to compute elution curves and finally to estimate the amount of different species to be seperated by the chromatograph. The following figure compares experimental results in case of polymers of fixed length with computer simulations [SS].

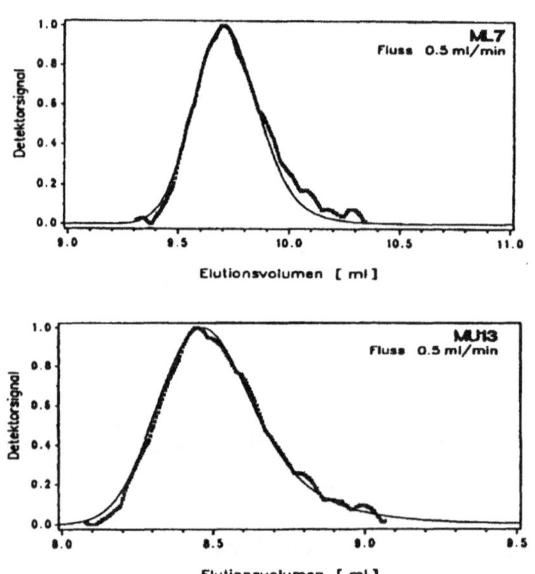

Figure 7

Homogenization techniques applied to catalysts [HJ1] and to fluid flow through soils [DPAS, H, HS]. The advantage of this approach is not only the reduction of computation, but also the derivation of macroscopic from microscopic properties. The following figure shows a concentration wave through a column with pellets which adsorb on some parts of its surface and desorb on another part. The effect is nonlinear and inhomogenous.

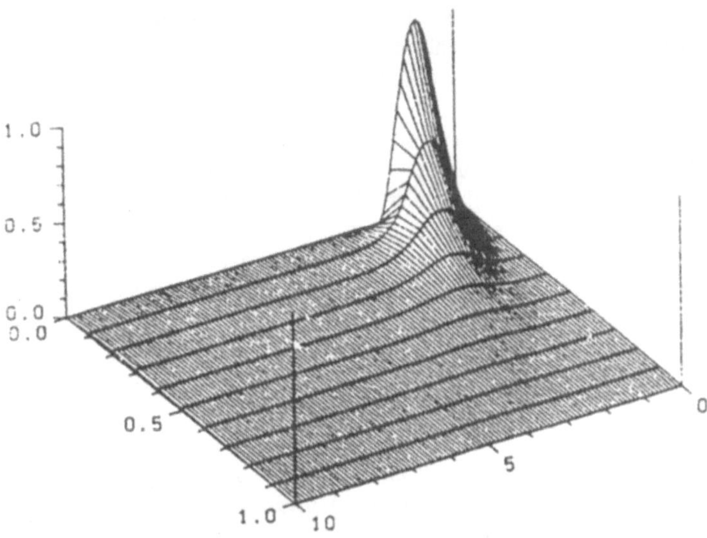

Figure 8: Concentration wave through a porous medium with heterogenous reaction and diffusion on the pellet surface [HJ1].

An important problem not yet solved arises when the porousity is changing during the process. This is the case if chemical depositions occur or growing cells decrease the pore size. Transport and reactions of subtrate and biomass in porous media is an essential process in nature and technology. In modelling the growth and the decay of biomass attached to the solid as a biofilm has to be taken in account [TJ]. In general flows through porous media pose many problems still to be solved for modelling and computation [K, JK].

7. Cellular automata and lattice point models

Modelling and simulation of complex processes uses spatial or time discrete approaches especially if the processes are evolving on different scales (micro-, macro-scales). E.g. lattice point models are appropriate to describe the movement of bacteria if one wants to use information available or conjectured about interactions. If one can reduce a spatial interaction to a coupling of subcells satisfying either deterministic or stochastic laws then cellular automata may be a good approach, at least for a first step of modelling.

These discrete techniques have several advantages. First of all, they might be necessary since for instance the particle numbers are too small to use continuous models. Furthermore, it might be difficult to obtain correct continuous model equations without starting from elementary processes. Using discrete descriptions means quite often to prescribe an algorithm for the evolution of a system which can be used directly for the computation. A disadvantage is that the dependence on the parameters of discretisation have to be taken in account and the alogrithms used might not be the best for computations. Therefore in many cases the limits to continuous models have to be considered anyhow, for instance, the limit for large particle or cell numbers. If continuous limit equations hold, then there might exist better numerical algorithms for these equations.

The following examples illustrate how usefull lattice point models and cellular automata are for modelling. A. Stevens [S] treats the aggregation of myxobacteria, a population of microorganism moving randomly, producing slime for movement and an attracting chemical substance. The aggregation initiates the formation of fruiting bodies. Stevens uses a lattice point model as first approach to a continous one. It is a stochastic process which could be called a selfattracting random walk. Computer simulations demonstrate that reasonable biological hypotheses on the behaviour of the bacteria lead to aggregations observed in experiments. The following figure shows the aggregation in a real culture and a two dimensional simulation.

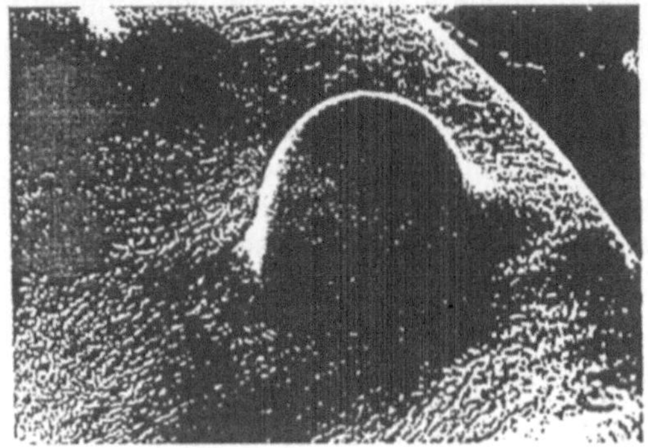

Figure 9: Aggregation of bacteria producing a gradient of an attracting substance

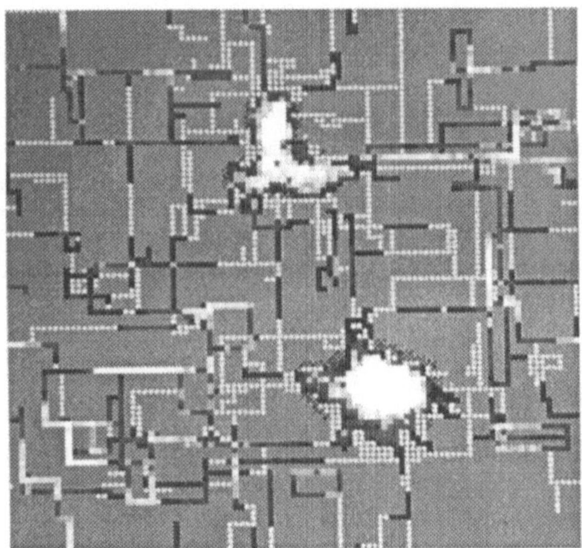

Figure 10: Computer simulation of aggregating myxobacteria. Brightness indicates high concentration [S]

Cellular automata are systems of spatially coupled cells and formally the same as lattice point models. Gerhardt and Schuster [GS] modelled the complex dynamical behaviour of heterogenuous catalytic reactions (e.g. oxydation of carbon monoxide catalyzed by cristallites in a zeolite matrix). The interaction between different cells representing the cristallites is modelled like an infection process. Each cell has its own dynamics coupled to the evolution of its neighbours according to a law of spatial interaction. The simulations could explain the temporal and spatial patterns observed in experiments rather well. Especially interesting are the wave patterns which look the same as observed in exitable media e.g. in the Belousov-Zhabotinskii reaction. Even scroll waves could be reproduced [GST].

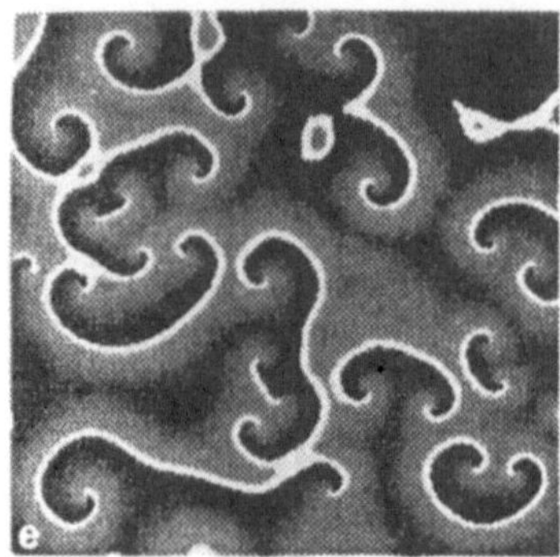

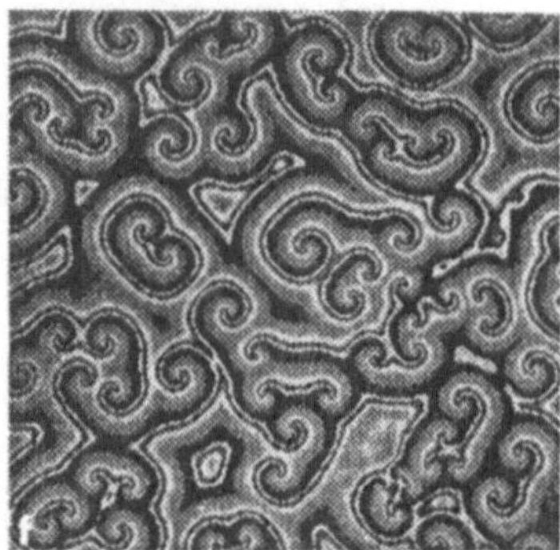

Figure 11: Computer simulation of exitable media using a cellular automaton (see [GS])

Cellular automata or lattice point models will get more important since they are at least a first step in mathematical modelling of complex dynamics and can be treated with available computers and graphic systems. Therefore the theoretical research has to be improved. Especially the question has to be studied how the results of the simulations depend on the parameters of the discrete model.

8. Final Remarks

Mathematical modelling and simulation are important scientific tools needed also in technological applications. Chemistry and Biosciences will have to use them more and more.

It is a challenging aim to develop models as simply and algorithms as effectively by as possible for solving complex problems. Complexity in modelling is not a value by itself, but sometimes unavoidable. Simulations and the data they are using have to pass a critical mathematical and statistical analysis.

Computational Sciences live on interdisciplinary cooperation. Computer science and technology have to be included. The design of new hard - or software should be based on intensive sudy of the real problems in applications they will have to solve. Computational problems in chemistry or biosciences will stimulate also computer science.

Recent developments in computer technology like the parallel machines with large numbers of effective processors open up new dimensions for computational sciences.

9. Literature

[B] Baake, E.: Ein Differentialgleichungsmodell zur Beschreibung der Fluoreszenzinduktion der Photosynthese, Dissertation Universität Bonn (1984).

[B1] Bock, H. G.: Recent Advances in Parameter Identification Techniques for O.D.E., Numerical Treatment of Inverse Problems (Deuflhard, Hairer, eds.), Birkhäuser, Boston (1983).

[B2] Bock, H. G.: Randwertproblemmethoden zur Parameteridentifizierung in Systemen nichtlinearer Differentialgleichungen, Bonner Math. Schriften (1987).

[Bu] Burchard A.: Ein Chemostat-Modell für den Abbau eines komplexen Substrats durch eine symbiotische Assoziation zweier Spezies, Diplomarbeit, heidelberg 1989, to appear

[BES] Bock, H. G., Eich, E., Schlöder, J. P.: Numerical Solution of Constrained Least Squares Boundary Value Problems in Differential-Algebraic Equations Numerical Treatment of Differential Equations (Strehmel ed.), BG Teubner (1988).

[DBN] Deutlhard, P., Bader, G., Nowak, u.: Larkin - a software package for the simulation of large systems arising in chemical reaction kinetics, Springer Series in Chemical Physics 18 (K. Ebert, P. Deuflhard, W. Jäger eds.), 38-55 (1981).

[DH] Deuflhard, P., Hairer, E. (eds.): Numerical treatment of inverse problems in differential and integral equations, Progress in Scientific Computing 2, Birkäuser (1983).

[DPAS] Douglas, J., Paes Leme, P. J., Arbogast, T., Schmitt, T.: Simulation of flow in naturally fractured reservoirs, in Proceedings, Ninth SPE Symposium on Reservoir Simulation, Society of Petroleum Engineers, Dallas, Texas, Paper SPE 16019, 271-279 (1987).

[EDJ] Ebert, K. H., Deuflhard, P., Jäger, W. (eds.): Modelling of chemical reaction systems, Springer Series in Chemical Physics 18 (1981).

[EEIN] Ebert, K. H., Ederer, H. J., Isbarn, G., Nowak, U.: The thermal decomposition of n-hexane, kinetics, mechanism and simulation, SFB 123 Report 109, Heidelberg (1981).

[E] Ederer, H. J.: Die Mathematische Modellierung chemischer Reaktionssysteme, Thesis (Habilitation), Heidelberg (1985).

[F] Feinberg, M.: Reaction network structure, multiple steady states, and sustained composition oscillations: A review of some results, Springer Series in Chemical Physics 18 (K. Ebert, P. Deuflhard, W. Jäger eds.), 56-68 (1981).

[GS] Gerhardt, M., Schuster H.: A cellular automation describing the formation of spatially ordered structures in chemical systems, Physica D 36, 209-221 (1989).

[GST] Gerhardt, M., Scuster h., Tyson J.J.: A cellular automation model of exitable media including the effect of curvature and dispersion, Preprint 1989.

[HJP] Hoppensteadt, F. C., Jäger, W., Pöppe, C.: A hysteresis model for bacterial growth patterns, Springer Lecture Notes in Biomathematics 55, 123-134 (1984).

[H] Hornung, U.: Miscible displacement in porous media influenced by mobile and imobile water, Nonlinear Partial Differential Equations (P. Fife, P. Bates, eds.), Springer, New York (1988).

[HJ] Hornung, U., Jäger, W.: A model for chemical reactions in porous media, Complex Chemical Reactions, Modeling and Simulation (J. Warnatz, W. Jäger, eds.), Chemical Physics 47, 318-334 (1987).

[HJ] Hornung, U., Jäger, W.: Diffusion, convection, adsorption, and reaction of chemicals in porous media, to appear in J. Dif. Equ.

[HS] Hornung, U.; Showalter, R. E.; Diffusion models for fractured media, J. Math. Anal. Appl. to appear.

[HHW] Hsu, S. B.; Gubbell, S. P., Waltman P.: A mathematical theory for single nutrient competition in continuous cultures of microorganisms. SIAM J. Appl. Math. 32, 366-383 (1977.

[JK] Jäger, W., Kacur, J.: Solution of porous medium type systems by linear approximation schemes, Preprint 540, SFB 123, Heidelberg (1989).

[JKi] Jäger, W., Kindl P.; SFB 123, Heidelberg, 1990, preprint in preparation.

[JM] Jäger, W., Murray, J. D. (eds.): Modelling of patterns in space and time, Springer Lecture Notes in Biomathematics 55 (1984).

[JRT] Jäger, W., Rost, H., Tautu, P. (eds.): Biological growth and spread, Springer Lecture Notes in Biomathematics 38, (1980).

[JST] Jäger, W., Smith H., Tang, B.: Some aspects of competitive coexistence and persistence in the gradostat. Preprint 1990, to appear.

[JSTW] Jäger, W., So, J. W.-H., Tang, B., Waltman, P.: Competition in the gradostat. J. Math. Biol. 25, 23-42 (1987.

[JW] Jäger, W., Waltman, P.: Coexistant steady states for competitive population with a spatial nutrient gradient and convection. Preprint, Emory University 1990.

[K] Knabner, P: Transport gelöster Stoffe in absorbierenden porösen Medien, Habilitationsschrift, Augsburg 1988.

[KB] Kreikenbohm, R., Bohl E.: A mathematical model of syntrophic cocultures in the chemostat. FEMS Microbio. Ecol. 38, 131-140 (1986).

[LW] Lovitt, R. W., Wimpenny, J. W. T.: The gradostat: a bidirectional compound chemostat and its applications in microbiological research, Gen. Microbiol. 127, 261-268 (1981).

[M] Murray, J.D.: Mathematical Biology, Biomathematic Texts, Springer 1989.

[ND] Nowak, U., Deuflhard, P.: Towards parameter identification for large chemical reaction systems, Progress in Scientific Computing 2, (P. Deuflhard, E. Hairer, eds.) 3-26 (1983).

[ND] Tylor, S. W., Jaffe', P. R.: Substrate and biomass transport in a porous medium, to appear.

[TCMS] Tilden, j. W., Costaza, C. McRae, G. J., Seinfeld, J. H.: Sensitivity analysis of chemically reacting systems, Springer Series in Chemical Physics 18 (K. Ebert, P. Deuflhard, W. Jäger eds.) 69-91 (1981).

[SS] Sattel-Schwind K.: Untersuchungen über Diffusionsvorgänge bei der Gelpermeations-Chromatographie von Poly-p-Methylstyrol, Dissertation, Heidelberg 1988.

[S] Stevens, A.: Simulation of the gliding behaviour and aggregation of myxobacteria, preprint, Heidelberg 1989, to appear (part 1 of PhD-thesis).

[SF] Schlosser, P. M., Feinberg M.: A graphical determination of the possibility of multiple steady states in complex isothermal CFSTRs, Complex Chemical Reactions, Modeling and Simulation (J. Warnatz, W. Jäger, eds.), Chemical Physics 47, 102-115, (1987).

[V] Vogt, C.: A homogenization theorem leading to a Volterra integro-differential equation for permeation chromotography, Preprint 155, SFB 123, Heidelberg (1982).

[W] Waltman, P.: Competition models in population biology. Philadelphia: SIAM 1983.

[WJ] Warnatz, J. Jäger W. (eds.): Complex Chemical Reaction Systems, Mathematical Modelling and Simulation, Springer Series in Chemical Physics 47 (1987).

[WJC] Wimpenny, J. N. T., Jaffe', S., Coombs, J. P.: Periodic growth phenomena in spatially organized microbial systems, Springer Lecture Notes in Biomathematics 55, 388-403.

[WLC] Wimpenny, J. N. T., Lovitt, R. W., Coombs, J. P.: Laboratory model system for the investigation of spatially and temporally organized microbial ecosystems, Symposia of the Society of General Microbiology 34, 67-117 (1983).

Shape Memory Materials: Mathematical Modelling and Numerical Simulations

Karl-Heinz Hoffmann
Institute of Mathematics
University of Augsburg

and

Marek Niezgódka
Institute of Applied Mathematics and Mechanics
Warsaw University

Introduction

The *shape memory effect* is a physical property characteristic of numerous solids, including various metallic alloys and non-metallic solid materials like polymers. This property consists in an ability of a solid subject to plastic deformation to recover its original shape after an appropriate thermal treatment (possibly complemented by a mechanical loading). The effect has already been discovered in the mid-thirties, but an explosive development of the interest in it, as well as understanding of its enormous applicability range date from the late sixties and are related to the discovery of extraordinarily strong and, equally, preserved in time, shape memory property of Ti-Ni alloy (Nitinol), cf. [6,29]. The same type of effects has been discovered also in many other metallic alloys. There exists, inbetween, an extensive literature devoted to the physics of shape memory effect (cf. [6,17,28]) and its applications (cf. [3,6,12]). It is not our objective to give any overview of these aspects. What we are going to expose is related to the most common characteristic features of the dynamical processes in materials exhibiting shape memory and then to construct phenomenological models capable of forecasting the developments in space and time both qualitatively and quantitatively. Since the behavior is strongly affected by the choice of a specific class of materials, we shall focus on metallic alloys, with Nitinol in mind, in particular. We shall discuss the applicability range of the models proposed and shall show some typical results of numerical experiments which visualize their forecasting value.

1 Dynamic developments in shape memory alloys

Dynamical processes in shape memory alloys are governed by the mechanism of martensitic transformations, i.e., by the nonlinear thermomechanical phenomena resulting in structural phase transitions that have a displacive diffusionless character.

The shape memory effect in metallic alloys is often referred to as a pseudoelasticity property (cf. [1,2,20–22]); the arising mechanical deformations, plastic within a certain temperature range and therefore irreversible, become in a sense elastic (and reversible) upon an appropriate thermal activation (controlled heating).

A characteristic experimental behavior of shape memory alloys is depicted in Figure 1. This graphic representation comprises material equilibrium curves that correspond to various approximation levels:

1^0 experimentally observed curves with discontinuous hysteretic branches at low temperatures (below a certain critical point); the jump discontinuities arise there when achieving the yield limits, hence they reflect the leave of the reversible elasticity range and the occurence of an elasto-plastic transformation; a description of the intrinsic behavior within the resulting hysteresis loops requires supplementary kinetic information.

2^0 smooth curves including non-monotone branches that correspond to states observable only on microscopic level, otherwise thermodynamically unstable; such approach is conformable with the description using the formalism of statistical mechanics on the level of crystal lattice cells.

3^0 non-smooth monotone curves with hysteresis loops replaced by horizontal mean-value lines; this is so-called Maxwell's approach, still capable of reflecting the discontinuity of phase transitions but neglecting their irreversible character; compared with 2^0, the mean-value line is constructed according to equal areas rule (cf. [20–22]).

Expressed in thermodynamical terms, Maxwell's approximation rules out all states which are not completely stable. On the contrary, the hysteretic approximations extend the representation by including also metastable states. The non-monotone representation 2^0 contains also the states that are thermodynamically unstable.

In some sense, the last approach combines different time scales: a slow mode that corresponds to stable and metastable processes, and a fast mode that refers to unstable processes. The fast mode is as a rule observable only on microscopic scale of the crystal lattice cell, with the appropriate branches of the constitutive curves resulting from statistical considerations.

The hysteresis loops reflect, in turn, a selection procedure related to the reaction delay of the engaged experimental and measurement units.

There exists a direct relation between the microscopic and macroscopic scales of description, however restricted exclusively to the case of one-dimensional structures. One-dimensionality means there that a single scalar variable can be selected which uniquely distinguishes the phases involved. Expressed in terms of Landau's theory of phase transitions, this means that individual phases can be characterized by a single scalar variable, so-called *order parameter* (cf., [6,9,17]).

On the contrary, the description of processes in genuine multidimensional structures requires not only introducing complex order parameters but also defining appropriate groups of the admissible spatial transformations (altogether contributing to the necessity of using advanced tensor formalism). So far, such a general treatment has been developed only in the steady-state situation (cf. [7,16,17]).

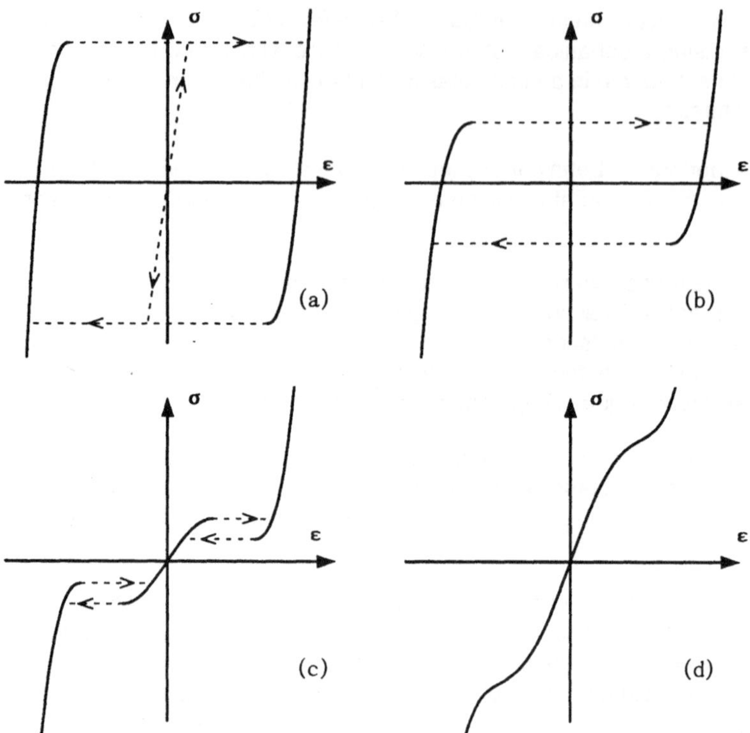

Figure 1: Schematic representation of experimentally observed isothermal scalar strain-stress ε-σ curves for Nitinol (cf. [1,9,21]), with temperature increasing from (a) through (d).

2 Applied aspects of the modelling

Deformations in the crystal lattice develop in particular on account of the mechanical twinning or, what is crystallographically close, by a martensitic transformation. The martensitic transformation proceeds without any diffusive action, only by a cooperative atom displacement. But, while the arising twins remain geometrically congruent, the result of martensitic transformation is crystallographically non-equivalent to the parent phase. Another difference is inherent in the nature of activation, either mechanical or thermal for martensitic transformations, while exclusively mechanical for the twinning. It is of importance that the thermal activation can be applied in either direction, both as a heating and cooling action (at least in many cases).

In accordance with the traditional metallurgical terminology, the high-temperature phase is usually referred as *austenite* and the low-temperature phase is called *martensite*. Certainly, there are many specific transformation mechanisms applicable to different materials. An extensive discussion of the mechanisms driving the transformations in Nitinol is offered in [6,17–19,28]. There is a strong dependence of the transformation mechanism on chemical components and their ratio.

Regardless its nature, the martensitic transformation not only contributes to changes in the symmetry of a crystal lattice but it also produces its homogeneous structure. Another difference, compared to the pure twinning, is concerned with the role of non-elastic deformations ε which can now have nonvanishing trace (on the contrary to the twins where always $\operatorname{tr}\varepsilon = 0$); the resulting phases differ from the parent not only in orientation but also in their crystal symmetry.

Such symmetry breaking can be exploited in various systems of energy conversion. This is one of the most significant applications areas for shape memory materials. Thermally activated (as a rule a small temperature increase suffices there), the systems are capable of performing mechanical work. In this connection, let us mention the whole class of thermal engines, so-called thermobiles [3,6,12], with the energy conversion efficiency up to nearly 10%. In these engines, cyclic (quasi-periodic) conversion of heat into mechanical work proceeds on account of the two-way shape memory effect and the martensitic transformation within the crystal lattice. Such conversion implies, of course, the necessity of a simultaneous treatment of the coupled energy and momentum balances to construct the corresponding phenomenological models.

Besides, energy dissipation should be taken into account. In order to provide good performance of such converting systems, the possibility of applying a controlled activating action should be ensured. A typical way of the controlled activation for the systems under considerations is either via boundary thermal treatment a mechanical forcing or via distributed action that uses some external physical fields. We shall discuss this at constructing the appropriate mathematical models and at performing experiments of numerical simulation, see sections 3 and 4 .

A number of other application areas of shape memory alloys are exposed in [3,6,29].

3 Phenomenological modeling

The construction of mathematical models of the dynamical processes in shape memory alloys goes back to I. Müller et al. [1,2,20–22] who have developed a class of the rate models based on localization (or averaging) in space and on application of statistical mechanics arguments for estimating coefficients of the model. The basic component of that class of models was a crystal lattice cell; all developments were reduced to its level. With the values of coefficients dependent only on the space variables, the models described the dynamics of processes in crystal lattice exclusively in terms of the phase ratios, with temperature playing the role of an additional internal parameter.

The construction we are going to expose is based on assuming the free energy as a function of temperature and an *order parameter*. This is an underlying hypothesis of Landau's theory (cf. [6,9]). The order parameter is a variable (of scalar, vector or tensor type) which uniquely specifies the local phase structure at fixed temperature. In the case of processes in shape memory alloys, the strain tensor can be taken as the order parameter (cf. [6,9]).

The classical Landau theory, making use of the 4th order representation of the free energy with respect to the order parameter, was applicable to the processes in two-phase systems, without twinning phenomena in either of phases and only in the case of 2nd order (continuous) phase transitions if any.

First its extension referred to as the Landau-Devonshire theory (cf. [6,9,21]) became applicable to modeling phase transitions in shape memory alloys. Including terms up to 6th order with respect to the order parameter, it equally reflected the twinning of martensitic M^+- and M^-- phases, and the discontinuous character of the corresponding phase transition.

In the sequel we confine ourselves to discussing the case of one-dimensional structures where the Landau-Devonshire approach hase proved successful, delivering physically relevant results. All physical variables will further be expressed in their specific volumetric values.

The Landau-Devonshire model is based on assuming the thermodynamic potential in the form of the Helmholtz free energy Ψ defined as a function of Kelvin temperature ϑ and the strain ε,

$$\Psi = \Psi(\vartheta, \varepsilon) \,,$$

common for all involved phases. The free energy function Ψ is postulated to satisfy the following hypotheses:

(a1) Ψ is C^∞-function in both variables;

(a2) Ψ is adjusted so that for the autonomous isothermal system it is an even function of ε;

(a3) for the autonoumous isothermal system, minima of $\Psi(\vartheta, \varepsilon)$ (with respect to ε) correspond to the stationary equilibrium states;

(a4) there exists a Curie point ϑ_c such that sharply divided thermodynamically stable phases may exist only below it (above this critical temperature, just a single phase, high-symmetric austenite, remains thermodynamically stable);

(a5) in the temperature range below Curie point ϑ_c the following behavior is to be reproducible:

1^0 the martensitic phases, in particular $M_\pm$-twins, are the only stable phases at low temperatures; for $\vartheta < \vartheta_1$ the isothermal free energy $\Psi(\vartheta, \varepsilon)$ has exactly two symmetrically located minima as function of ε,

2^0 for temperatures between the critical points, $\vartheta \in (\vartheta_1, \vartheta_c)$, both martensites and austenite are thermodynamically stable; $\Psi(\vartheta, \varepsilon)$ has two lateral minima and the central one with respect to ε,

3^0 since above the Curie point ϑ_c only the austenite remains thermodynamically stable, the corresponding free energy exhibits just a single minimum (central) with respect to ε.

The original autonomous Landau free energy, assumed as a polynomial of the 4th order in ε, was unable to reproduce the twinning effects and successive modification of the stable structure at the increase of temperature. All the above hypotheses are fulfilled by the Landau-Devonshire free energy (cf. [6,9]). In the case of materials like Nitinol, where exactly two low-temperature phases exist and for whom one-dimensional geometry can be postulated, the Landau-Devonshire energy can be assumed in the form (cf. [4,6,23,24])

$$\Psi(\vartheta, \varepsilon) = \Psi_0(\vartheta) + a_2(\vartheta - \vartheta_1)\varepsilon^2 - a_4\varepsilon^4 + a_6\varepsilon^6 \tag{3.1}$$

where $\Psi_0(\vartheta)$ is the term referring to pure heat conduction, defined in the standard form

$$\Psi_0(\vartheta) = a_0 - a_1\vartheta \log \vartheta, \tag{3.2}$$

with positive constants a_i prescribed.

The reaction of the autonomous system to variations of the order parameter ε is proportional to the partial derivative of Ψ with respect to ε. In particular, for one-dimensional martensitic transformations, with ε - strain, this reaction is characterized by the stress σ (more precisely, by its quasi-conservative component),

$$\sigma = \rho \frac{\partial \Psi}{\partial \varepsilon} \tag{3.3}$$

where ρ is the mass density. The strain ε is postulated to admit approximation by its linear part, related to the displacement u by

$$\varepsilon = u_x \, . \tag{3.4}$$

The change of the isothermal autonomous Landau-Devonshire free energy $\Psi(\vartheta, \cdot)$ as ϑ increases and the corresponding isothermal constitutive curves $\sigma = \sigma(\vartheta, \cdot)$ are depicted in Figure 2. A coincidence with the experimental isothermal load-deformations curves is evident (cf. [6,9]). Motivated by this coincidence, we are ready to introduce the complete model of the dynamics of martensitic phase transformations in shape memory alloys.

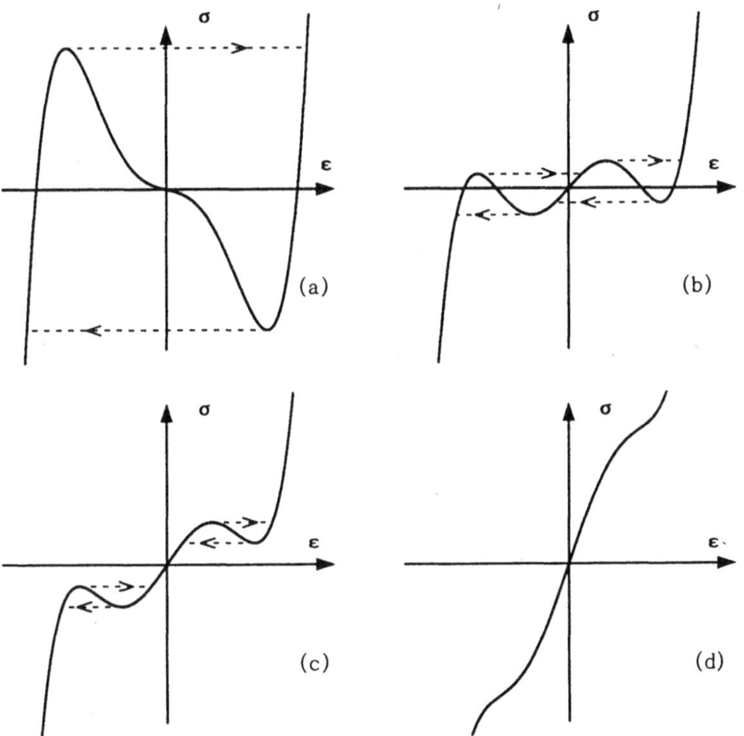

Figure 2: Schematic representation of the isothermal strain-stress ε-σ curves according to the Landau-Devonshire theory (cf. [6,8,9]), with temperature increasing from (a) through (d).

We introduce the following notations (wherever applicable, referring to specific volumetric values):

e — internal energy,
s — entropy,
q — heat flux,
k — heat conductivity,
λ — rate of distributed heat sources,
f — distributed forces.

The Gibbs-Thompson relation takes then the form

$$\Psi = e - \vartheta s, \tag{3.5}$$

with the entropy s given by

$$s = -\frac{\partial \Psi}{\partial \vartheta}. \tag{3.6}$$

With all introduced constitutive hypotheses and relations, the dynamics of the martensitic phase transitions in shape memory alloys can be described by the following system of balance equations over $\Omega \times (0, T)$ (we remain at the case of one-dimensional structures $\Omega \subset \mathbb{R}^1$):

— energy balance

$$\rho \frac{de}{dt} = -q_x + \sigma \varepsilon_t + \rho \lambda, \tag{3.7}$$

— linear momentum balance

$$\rho u_{tt} = \sigma_x + \rho f, \tag{3.8}$$

— mass balance

$$\frac{d\rho}{dt} + \rho \varepsilon_t = 0. \tag{3.9}$$

The heat flow is assumed to satisfy the Fourier heat conduction law

$$q = -k \vartheta_x, \tag{3.10}$$

with a positive heat conductivity k, in general dependent on temperature, $k = k(\vartheta)$. For the problems under consideration, as a rule the mass density changes remain negligible so that we can admit that

$$\rho \equiv \rho_0 = \text{const.} := 1. \tag{3.11}$$

This enables us to reduce the model to the energy and momentum balance equations only.

To complete the model, we need to introduce appropriate initial and boundary conditions. In particular, we can assume them in the following form:

— initial conditions prescribed in Ω at $t = 0$:

$$\vartheta(0) = v_0, \tag{3.12}$$

$$u(0) = u_0, \quad u_t(0) = u_1 \; ; \tag{3.13}$$

— boundary conditions prescribed on $\Gamma = \partial\Omega$ at $t \in [0, T]$:

$$-k \frac{\partial \vartheta}{\partial \nu} = \alpha(\vartheta - \vartheta_e), \tag{3.14}$$

$$\sigma = \sigma_e \tag{3.15}$$

where α - positive heat exchange coefficient through the boundary Γ , ϑ_e, σ_e - external temperature and stress, respectively (given as functions of time, hence applicable as the activating variables).

Let us note that the additional activation of the process is possible via the distributed source terms in balance equations. Altogether this provides multiple possibilities of forcing controlled developments in the system.

When the thermal inertion of the system is negligibly small (i.e., the coefficient α in (3.14) is sufficiently large, then instead of (3.14) one can prescribe the boundary temperature by assuming the Dirichlet condition

$$\vartheta = \vartheta_e \quad \text{on } \Gamma \times (0,T) \,. \tag{3.16}$$

An alternative way of imposing boundary conditions for the momentum equation corresponds to the case of a simply supported system; then the boundary displacement is assumed to vanish:

$$u = 0 \quad \text{at } \partial\Omega \times (0,T). \tag{3.17}$$

The Landau-Devonshire model in the generalized form, with the free energy

$$\Psi(\vartheta, \varepsilon) \equiv \Psi_0(\vartheta) + \Psi_1(\vartheta)\varepsilon^2 + \Psi_2(\vartheta, \varepsilon) \tag{3.18}$$

where Ψ_1, Ψ_2 coincide locally with the standard terms as in (3.1), otherwise provide a thermodynamically correct behaviour within extreme ranges, both for low and high temperatures, was extensively studied in a series of papers, starting from Alt et al. [4].

Alternative approaches developed in several papers exploited another extension of Landau's formalism, referred to as the Landau-Ginzburg theory. Applied in particular in [25,30,32], that approach differs from the Landau-Devonshire model in the form of the assumed free energy Ψ. In the Landau-Ginzburg model, Ψ includes an additional functional term dependent on $\nabla\varepsilon$. In the simplest case, this term is of the form

$$\kappa|\nabla\varepsilon|^2$$

and represents the surface energy at the interphase boundaries, now forming boundary layers rather than walls that would sharply separate single phases.

The assumed form of the free energy is reflected by an appropriate modification of the balance equations. In the one-dimensional case, they differ from the Landau-Devonshire equations in as much as the momentum equation includes now the additional term κu_{xxxx}.

The third model (cf. [5,10,13]), also making use of the Landau-Ginzburg free energy, differs in the way of constructing the total free energy. It is defined there as a combination of the energies of single phases. As an additional variable, the vector of phase ratios is introduced and the model is an extension of a variational inequality that describes the time-evolution of the latter vector by rate laws.

4 Mathematical and numerical aspects of the modeling

We shall confine here ourselves to discussing the Landau-Devonshire model in the case of one-dimensional setting.

This model admits the creation of sharp walls separating different phases. In this connection, jump discontinuities of the order parameter ε are admissible. Consequently, it does not make sense to interpret the model pointwise in its classical formulation where smoothness of all components is necessary. Instead, the model is to be understood in a weak variational sense. Let us be more specific and consider the one-dimensional situation, with a homogeneous boundary condition for displacement u. In this case, the form of the model globally integrated over $\Omega \times (0,T)$ is the following.

Problem (VM) . Determine a pair $\{\vartheta, u\}$ such that on a given time interval $[0,T]$ the constitutive relations hold and the following variational equations are satisfied for any $t \in [0,T]$:

$$\int_0^t \int_\Omega \left[\frac{de}{dt} - q\zeta_x - \lambda\zeta\right] + \gamma \int_0^t \int_\Gamma q_\nu \zeta = 0 , \qquad \text{for all} \quad \zeta \in L^2(0,t;H^1(\Omega)) , \tag{4.1}$$

$$\int_0^t \int_\Omega (u_{tt} - \sigma_x - f)\eta = 0 , \qquad \text{for all} \quad \eta \in L^2(0,T;L^2(\Omega)) . \tag{4.2}$$

For this model, global-in-time existence and uniqueness of the weak solution $\{\vartheta, u\}$, i.e. a pair of functions that satisfy the constitutive relations and the system (4.1), (4.2), has been proved in [24,26,15].

Results on the Lipschitz continuous dependence of the solution on the data of the problem have been established in [14]. These results contribute to the possibility of controlling the process development. Hence, a combined activation via the imposed boundary conditions and distributed source terms may contribute to creation of desired phase structures, to a localized precipitation and provide regular in time propagation of the free boundaries separating different phases.

In the case of the Landau-Ginzburg model, also asymptotic results on stable steady states of the system (their number and localization) have been obtained (cf. [11]).

In order to show the character of the predictable system developments, we now report some typical results of the performed numerical simulation experiments. Both mechanically and thermally activated processes were simulated. The activating action was performed at the domain boundary. We shall restrict ourselves to the one-dimensional case. We complete the discussion with presentation of a series of graphically represented results of the performed numerical experiments.

The first stage of the experiment consisted in observing the developments that accompany a mechanical loading via boundary conditions imposed on the stress (with the activation symmetric at both end-points and lasting for 400 time steps). Figures 3 – 5 visualize the most characteristic effects obtained at numerical simulation. In Figures 3 and 4, the initial spatial structure of the system was assumed homogeneous, with pure M^--phase throughout. In turn, the initial structure in Figure 5 comprised both martensitic twins forming a domain pattern with sharp walls in-between. Let us notice the following qualitative features:

- as long as the temperature remained low (below a critical point), only martensitic twins could be considered thermodynamically stable, hence macroscopically observable (see all Figures 3 through 5),

- up to exceeding the yield limit by the activating boundary stress, the process evolved smoothly (without any creation of singularities); the spatial structure of the system remained unchanged – no phase transition occurred (see Figures 3.a and 4.a),

- after the yield limit had been achieved, a discontinuity interface arose and began propagating; this corresponded to the initiation of the martensite-austenite phase transition and caused the movement of the free boundary separating different phases (see Figures 3.a and 4.a),

- an additional nucleation followed in the interior of the domain due to superposition of the boundary actions applied at both end-points (see Figure 3.b),

- since the boundary activation was extended only over a finite time interval, the developments could be observed to stabilize, with a sharply defined spatial phase structure (see Figures 3.c-d and 4.b),

- regardless the initial situation (provided thermodynamically stable), the spatial phase structure remained non-affected by mechanical activation below the yield limit (see Figures 5.a-b, by the way the situation depicted there refers to a continuation of the experiment presented in Figure 3).

Converting the direction of the mechanical activation at low temperatures resulted in a reverse development, with alternation between the martensitic twins as the only phase transition, up to a certain hysteretic nonlinearity (due to the slipping within the central loop of the material equilibrium curve, cf. Figure 2). This phenomenon is shown in Figure 6) where an appropriate trajectory for a fixed point of the domain is drawn in the $\varepsilon - \sigma$-plane.

The situation substantially changed after an increase of temperature, again by an appropriate boundary action. After the temperature had exceeded the critical value, the transformation to austenitic phase could be observed, equally without any additional mechanical activation (see Figures 8.a-b) and complemented by such an activation (see Figures 9.a-b). In both cases, the thermal activation was restricted to a short time interval (see Figure 7).

The presented developments clearly indicate the existence of a significant time-scale difference between the modelled coupled processes of energy and momentum transfer. To observe this effect, it is enough to compare the difference in the character of dynamical developments in Figure 3, on one hand, and Figures 8–9, on the other.

The above consequences of the model remain in qualitatively good agreement with results of the appropriate physical experiments (cf. [1–3,6,17–22,28]). Let us also refer to other reports on the related numerical experiments where results for the Landau-Devonshire models (cf. [4]) and for the Landau-Ginzburg models (cf. [30]) were discussed.

5 Final remarks

The models so far developed are mainly one-dimensional. In the three-dimensional case, only static situations [24] or rather specific (diagonalized) dynamic structures were considered.

A complete treatment of spatial transformation groups in the dynamical framework is still to be done.

Another aspect, so far neglected, concerns variations of the mass density and the corresponding dynamical mass transfer (diffusive effects). A quite close aspect is this of accounting for thermal expansions of the dynamical systems involved.

And after all, a very important factor in the dynamics of shape memory alloys is concerned with the rheological character of the constitutive laws, of special significance in cyclically activated processes. This kind of effects has not yet been studied at all. Except for Nitinol, where rheological properties are of less significance, in other shape memory alloys subject to cyclic forcing they represent a crucial factor manifesting in dynamic developments.

All of the directions of research we have just mentioned require still basic study, with special accent on the numerical simulation of the processes as an underlying step at constructing phenomenologically correct models.

References

[1] M. Achenbach, I. Müller: *Creep and yield in martensitic transformation.* Ingenieur-Archiv, 53 (1983), 73–83.

[2] M. Achenbach, I. Müller: *Shape memory as a thermally activated process.* Hermann-Föttinger Institut, TU Berlin, Preprint, 1984.

[3] E.C. Aifantis, J. Gittus, Eds.: **Phase Transformations.** Elsevier, Amsterdam, 1986.

[4] H.W. Alt, K.-H. Hoffmann, M. Niezgódka, J. Sprekels: *A numerical study of structural phase transitions in shape memory alloys.* Inst. of Mathematics, University of Augsburg, 1985.

[5] P. Colli, M. Frémond, A. Visintin: *Thermo-mechanical evolution of shape memory alloys.* Pubbl. No. 607, IAN CNR, Pavia, 1988.

[6] L. Delaey, M. Chandrasekaran, Eds.: **Martensitic Transformations.** Les Editions Physique, Les Ulis, 1984.

[7] J. Ericksen: *Twinning of Crystals I.* In: S.S. Antman et al., Eds, Metastability and Incompletely Posed Problems, Springer-Verlag, New York, 1987, 77–93.

[8] F. Falk: *Martensitic domain boundaries in shape-memory alloys as solitary waves.* In [6].

[9] F.Falk: *Elastic phase transitions and nonconvex energy functions.* In K.-H. Hoffmann, J. Sprekels, Eds, Free boundary Problems–Theory and Applications V–VI, Longman, London, 1990.

[10] M. Frémond: *Shape memory alloys. A thermomechanical model.* In: K.-H. Hoffmann, J. Sprekels, Eds, Free Boundary Problems –Theory and Applications V–VI, Longman, London, 1990.

[11] A. Friedman, J. Sprekels: , to appear.

[12] D. Goldstein, L. McNamara, Eds.: **NITINOL Heat Engine Conference Proceedings.** Naval Surface Weapons Center Report No. NSWC MP 79–441, 1979.

[13] K.-H. Hoffmann, M. Niezgódka, Zheng Songmu: *Existence and uniqueness of global solutions to an extended model of the dynamical development in shape memory alloys.* Nonlinear Analysis: Theory, Methods & Applications, in print.

[14] K.-H. Hoffmann, J. Sprekels: *Phase transitions in shape memory alloys I: stability and optimal control.* Preprint, Inst. of Mathematics, Univ. Augsburg.

[15] K.-H. Hoffmann, Zheng Songmu: *Uniqueness for structural phase transitions in shape memory alloys.* Mathematical Methods in the Applied Sciences, 10 (1988), 145–151.

[16] D. Kinderlehrer: *Twinning of Crystals II.* In: S.S. Antman et al., Eds, Metastability and Incompletely Posed Problems, Springer-Verlag, New York, 1987, 185–211.

[17] V.A. Likhachev, S.L. Kuz'min, Z.L. Kamenceva: **Shape Memory Effect.** Leningrad Univ. Press, Leningrad 1987. (in Russian)

[18] V.A. Likhachev, A.E. Volkov, V.E. Shudegov: **Continuum Defect Theory.** Leningrad Univ. Press, Leningrad, 1986. (in Russian)

[19] A.I. Lotkov, V.N. Grishkov: *Ti-Ni alloy crystallographic structure and phase transformations.* Izv. Vuzov, Fizika, 27 (1985), No. 6, 68–87.

[20] I. Müller: *A model for a body with shape-memory.* Archive Rational Mechanics and Analysis, 70 (1979), 61–77.

[21] I. Müller, K. Wilmański: *A model for phase transition in pseudoelastic bodies.* Il Nuovo Cimento, 57B (1980), 283–318.

[22] I. Müller, K. Wilmański: *Memory alloys - phenomenology and Ersatzmodel.* In: O. Brulin, R.K.T. Hsieh, Eds, Continuum Models for Discrete Systems 4, North-Holland, Amsterdam, 1981, 495–509.

[23] M. Niezgódka: **Mathematical Modelling of Phase Transitions.** Inst. Mathematics, Univ. Augsburg, 1985.

[24] M. Niezgódka, J. Sprekels: *Existence of solutions for a mathematical model of structural phase transitions in shape memory alloys.* Mathematical Methods in the Applied Sciences, 10 (1988), 197–223.

[25] M. Niezgódka, J. Sprekels: *Convergent numerical approximations of the thermomechanical phase transitions in shape memory alloys.* Submitted to: Numerische Mathematik.

[26] M. Niezgódka, Zheng Songmu, J. Sprekels: *Global Solutions to a model of structural phase transitions in shape memory alloys.* J. Math. Anal. Applications, 130 (1988), 39–54.

[27] Z. Nishiyama: **Martensitic Transformation.** Academic Press, New York, 1978.

[28] J. Perkins, Ed.: **Shape Memory Effects in Alloys.** Plenum Press, New York, 1975.

[29] L. Schetky: *Shape memory alloys.* Scientific American. No. 5 (1979), 74–82.

[30] J. Sprekels: *Global existence for thermomechanical processes with nonconvex free energies of Ginzburg-Landau form.* J. Math. Anal. Applications, in print.

[31] T. Tiihonen: . Inst. Mathematics, Univ. Augsburg, 1988.

[32] Zheng Songmu: *Global solutions to thermo-mechanical equations with nonconvex Landau-Ginzburg free energy.* J. Appl. Math. Phys. (ZAMP), 40(1989), 111–127.

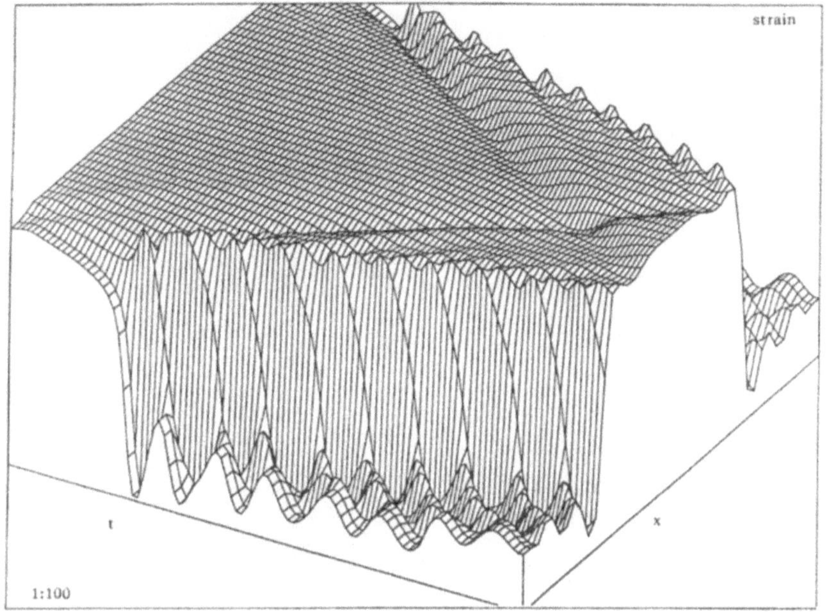

Figure 3a

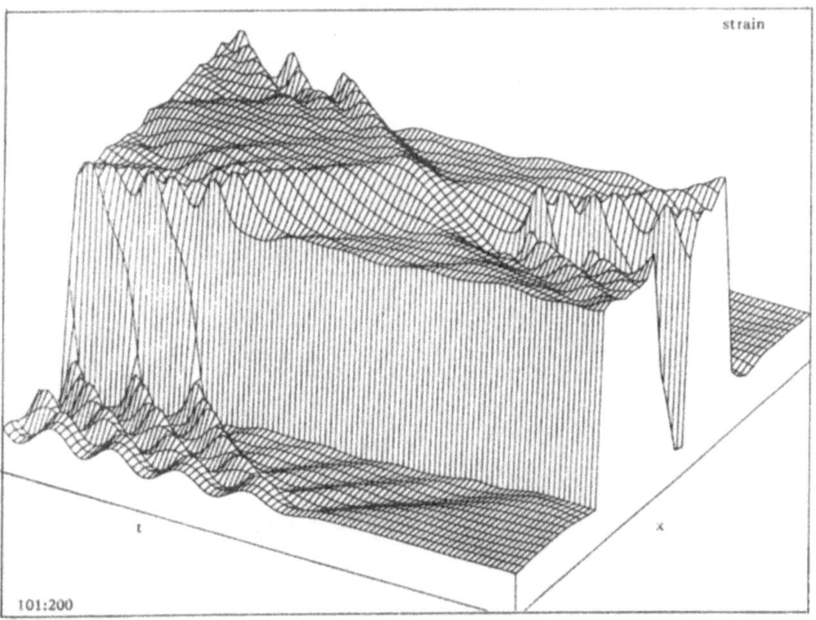

Figure 3b

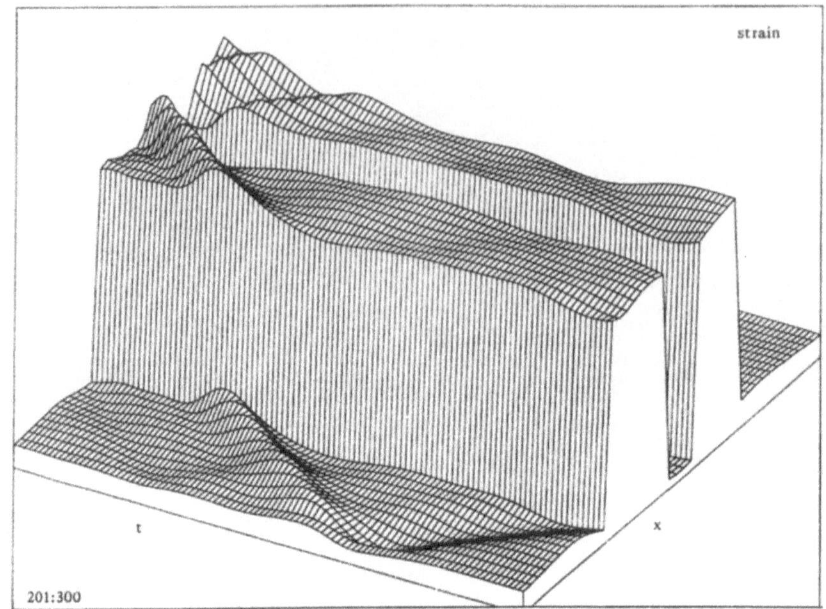

Figure 3c

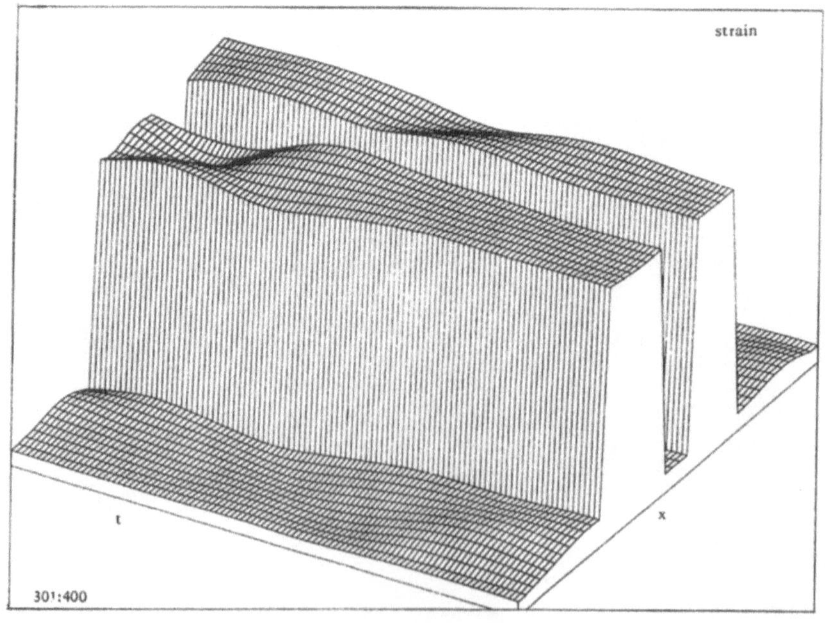

Figure 3d

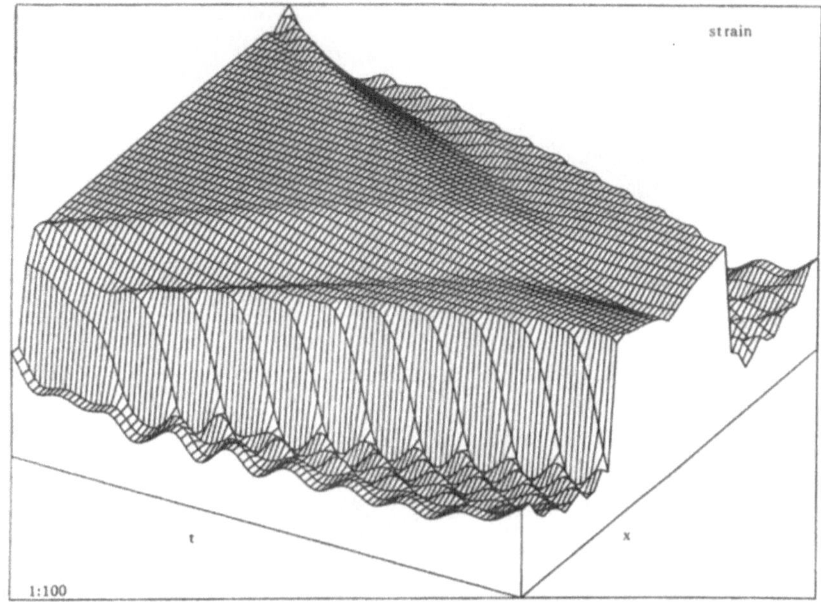

Figure 4a

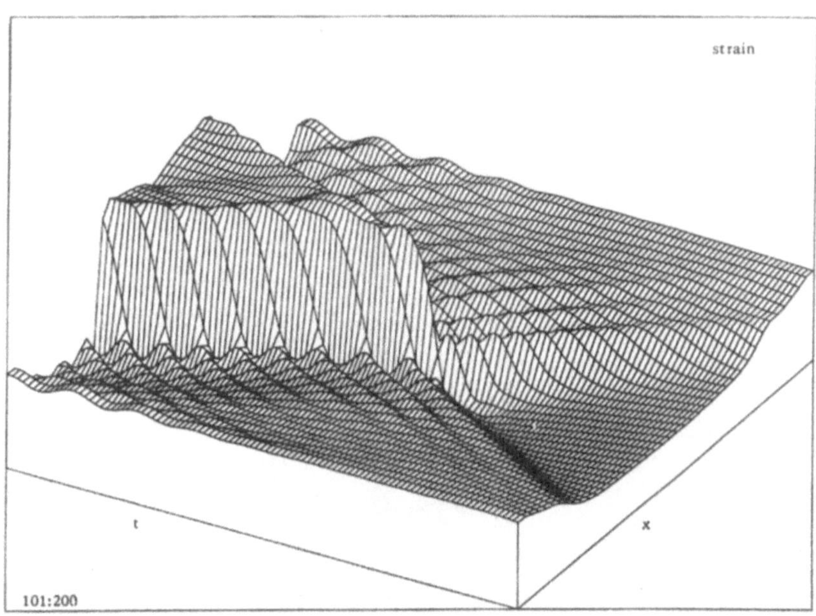

Figure 4b

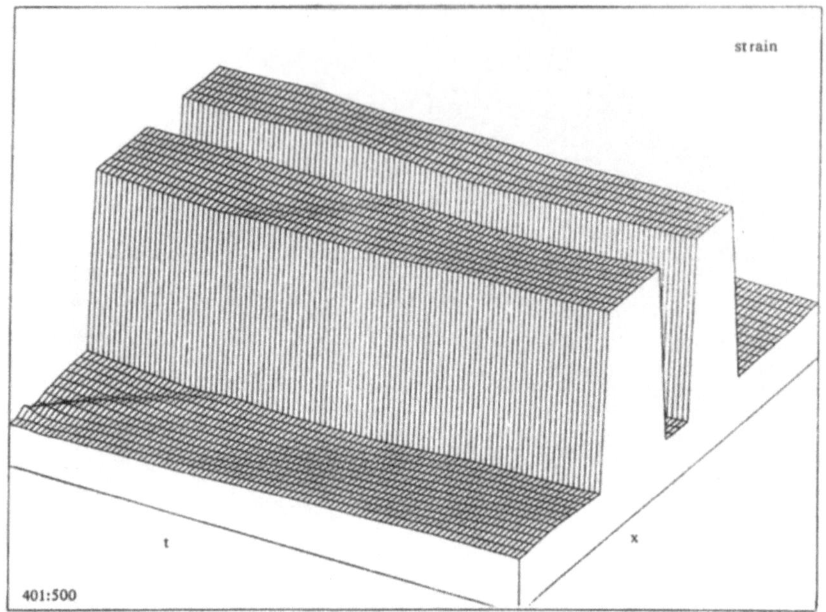

Figure 5a

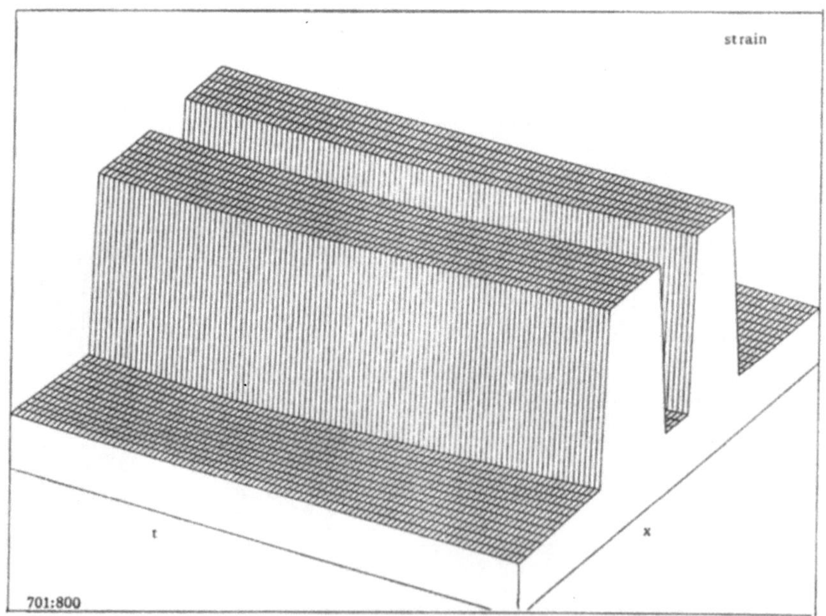

Figure 5b

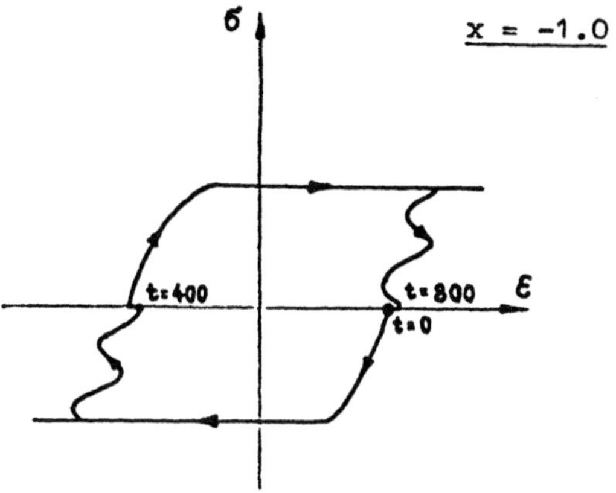

Figure 6

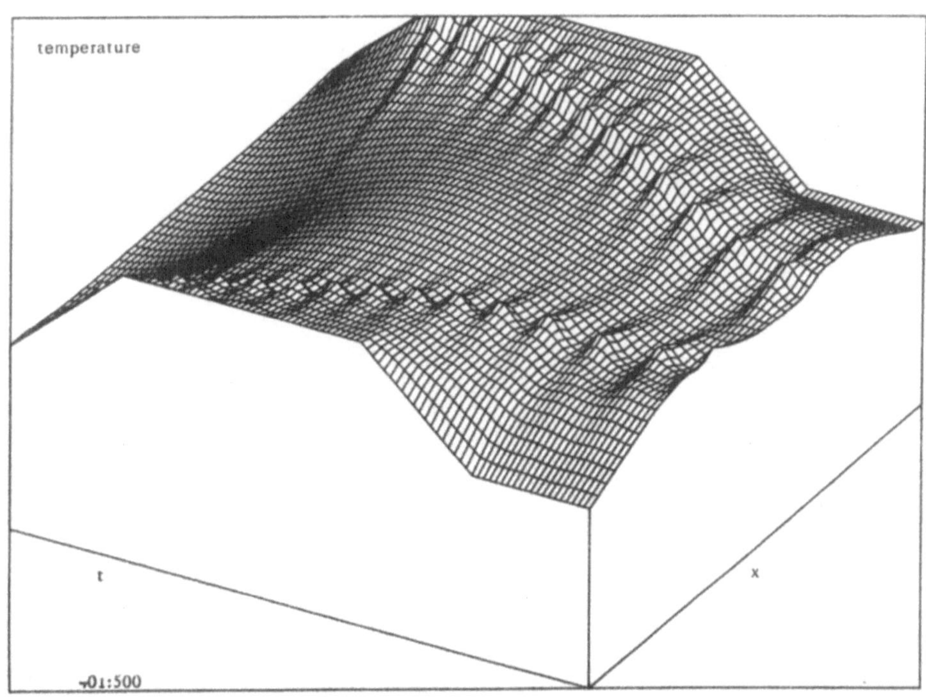

Figure 7

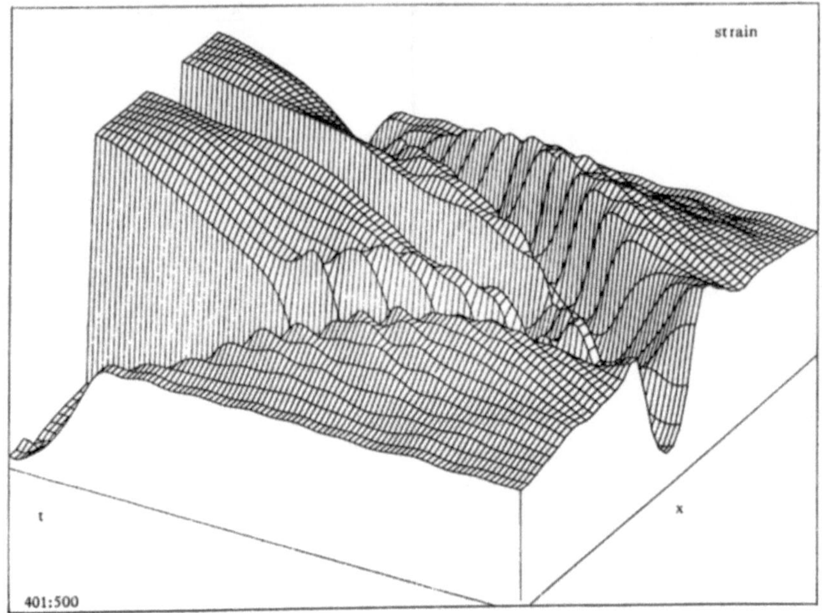

Figure 8a

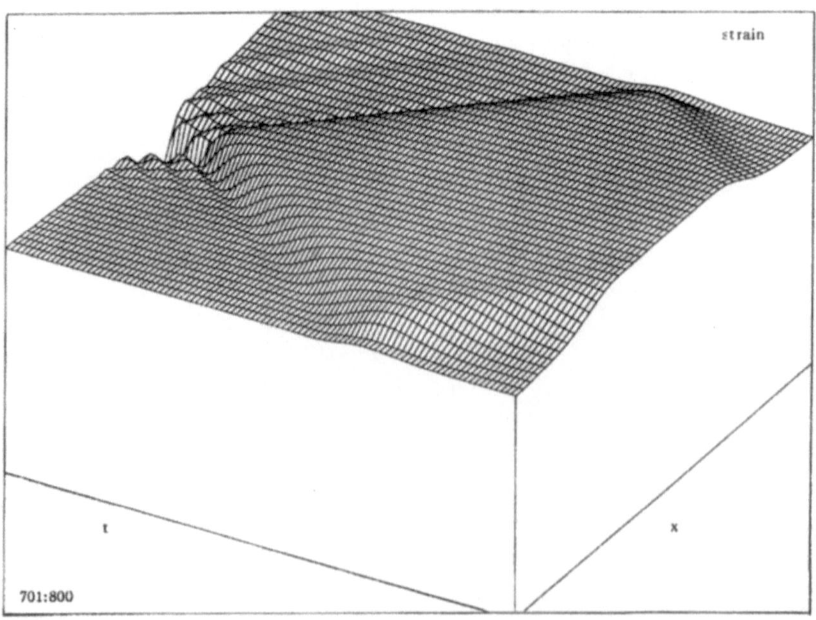

Figure 8b

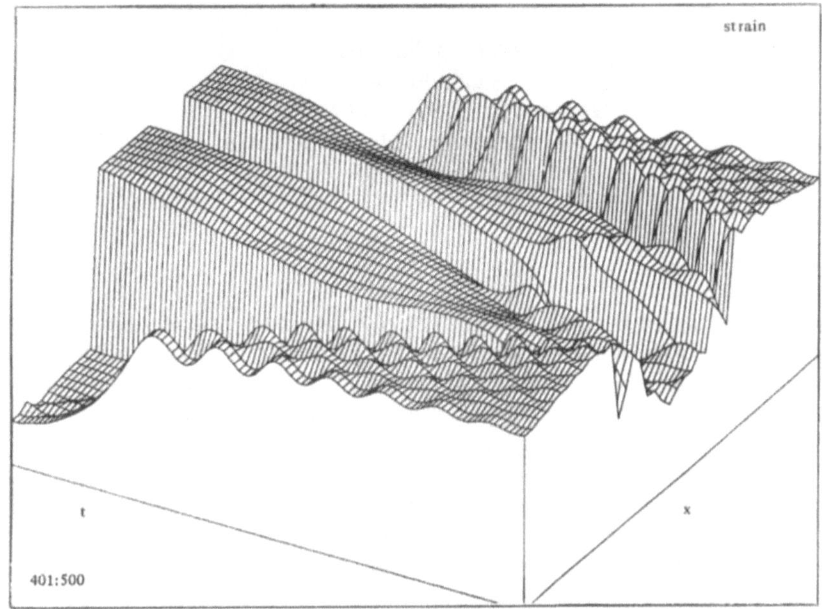

Figure 9a

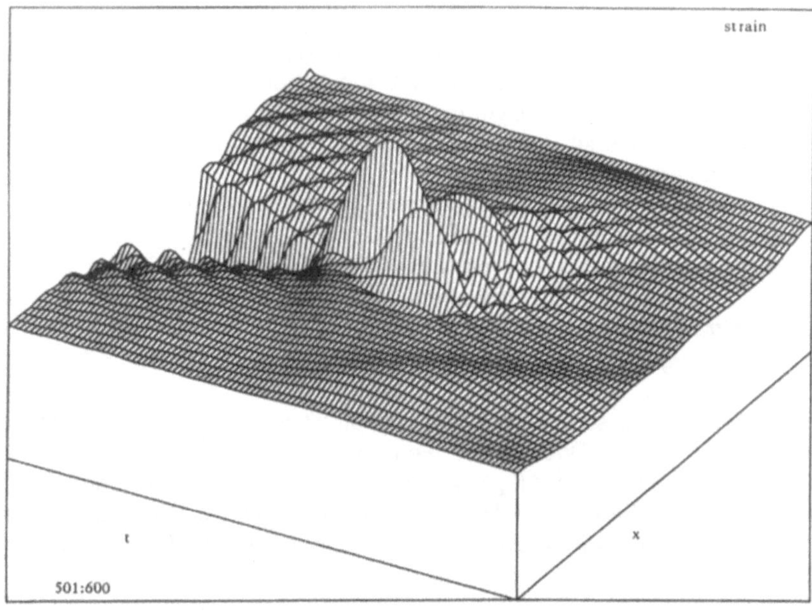

Figure 9b

Protein-Struktur und Funktion: Die Möglichkeiten und Probleme der Computersimulation aus der Sicht des Experimentators

Andreas Plückthun
Jutta Köhler
Genzentrum, Universität München
c/o Max-Planck-Institut für Biochemie
Martinsried

Zusammenfassung

Die drei-dimensionale Struktur eines Proteins ist die Grundlage seiner spezifischen Funktion. Obwohl die Gentechnologie heute erlaubt, Proteine beliebiger Aminosäure-Sequenz herzustellen, ist die Vorhersage von Struktur und Eigenschaften eines Proteins heute noch nicht möglich, und das enorme Potential der neuen experimentellen Methoden kann deshalb noch nicht voll technisch ausgenutzt werden. Es ist zunächst notwendig, Methoden zu entwickeln, die in verläßlicher Weise die sehr geringen Beträge von Wechselwirkungsenergien vorhersagen, die bei biologischen Prozessen wie Proteinfaltung und Protein-Liganden-Wechselwirkungen die entscheidende Rolle spielen. Dafür sind, um auch nur zu einer *qualitativ* korrekten Aussage über freie Energien zu kommen, sehr genaue Berechnungen nötig. Viele solcher Prozesse verlaufen nicht nach rein enthalpischen Prinzipien, sondern der Entropieterm kann die entscheidende Rolle spielen, und die Entropie ist nur über die statistische Thermodynamik in aufwendigen Simulationen zugänglich. Der Artikel diskutiert Fortschritte der Molekulardynamik mit empirischen Kraftfeldern und Fallbeispiele an einem Antikörper-Antigen-Komplex, der mit dieser Methode und verschiedenen experimentellen Ansätzen analysiert wurde.

Einleitung

Proteine entfalten ihre Wirkungen als Enzyme, Genregulatoren oder Rezeptoren erst durch die Faltung ihrer Polypeptidkette in eine bestimmte drei-dimensionale Form. Diese spezifische Struktur macht es möglich, daß ein Enzym nur mit einem bestimmten Substrat reagiert, ein Rezeptor nur eine Substanz erkennt und ein Genregulator nur an einer Stelle des Chromosoms bindet. Andererseits unterscheiden sich Proteine in solchem Ausmaß voneinander, daß ein Inhibitor oder Ligand oft nur an ein bestimmtes Protein bindet. Die Grundlage vieler Bestrebungen der pharmazeutischen Chemie ist es, solche spezifischen *Liganden* (Inhibitoren oder auch Aktivatoren) zu konstruieren, wogegen sich die neue Wissenschaft des "Protein Engineering" bemüht, *Proteine* mit verbesserten Eigenschaften, also vorbestimmter Faltung, herzustellen. Beiden gemeinsam ist das Problem der Quantifizierung von spezifischen, nicht-kovalenten Wechselwirkungen und der Frage nach der genauen Faltung der Proteinkette.

Warum ist dieses Problem so schwierig? Offensichtlich ist die Zahl der möglichen Konformationen der Proteine astronomisch. Doch selbst, wenn es gelänge, alle möglichen Konformationen der Proteinkette und des Liganden zu generieren und deren Energie zu vergleichen (was sowohl für das reale als auch für das simulierte System länger als das Alter des Universums dauern würde (Levinthal, 1968)), würde das heute kaum weiterhelfen: Die energetische Evaluierung der Konformationen erfordert genauere Potentiale als heute erhältlich und, wie unten ausgeführt, entropische Terme sind ebenfalls von Bedeutung. Es soll nun kurz umrissen werden, warum das so ist, um dann verschiedene Lösungsmöglichkeiten zu diskutieren.

Die Faltung einer Proteinkette ist ein hoch-kooperativer Prozeß, und ein Zwei-Zustandsmodell, das nur einen völlig denaturierten Zustand und den völlig nativen beinhaltet, liefert (zumindest für kleine Proteine) eine konsistente Beschreibung der Faltungsthermodynamik. Das bedeutet, daß in der Regel alle Faltungsintermediate und nicht-nativen Formen eine höhere freie Energie sowohl als der native als auch als der "random coil" Zustand haben. Der Unterschied der freien Energie beider Zustände (also gewissermaßen zwischen "Sein" und "Nicht-Sein") liegt für die meisten Proteine bei lediglich 5 bis 15 kcal/mol. Allerdings setzt sich diese geringe Energiedifferenz beider Zustände aus riesigen sich beinahe aufhebenden Komponenten zusammen (Creighton, 1983).

Deshalb erfordert die den Praktiker interessierende Voraussage, ob eine Struktur "möglich" ist, d. h. ob sie stabiler als der völlig ungefaltete Zustand ist, oder sogar stabiler als eine alternative Struktur, extrem genaue Potentialfelder und Berechnungsmethoden (s. u.). Diese Genauigkeit ist bis heute nicht erreicht.

Ein weiteres Problem ist die große Bedeutung der Entropie. Viele wichtige biologische Prozesse sind entropisch bestimmt. Als ein Beispiel sei der hydrophobe Effekt genannt, der bewirkt, daß sich Gleiches in Gleichem löst und Öltröpfchen in Wasser zusammenlagern. Dieser Effekt ist eine wichtige treibende Kraft bei der Proteinfaltung und bei der Bindung von Liganden an Proteine. Offensichtlich würde eine Beschränkung auf enthalpische Parameter (d.h. eine reine Analyse der potentiellen Energien) das Wesen dieses Prozesses verkennen. Aus diesem Grund sind in der Regel Methoden notwendig, wie z.B. die der statistischen Thermodynamik, um von mikroskopischen Simulationsrechnungen zu makroskopischen Vorhersagen zu kommen.

Eine weitere für den Theoretiker unangenehme Eigenschaft der Proteine ist die Tatsache, daß sie so groß sind. Diese Größe ist eine Folge der Notwendigkeit, eine definierte Struktur auszubilden, ohne die wiederum keine spezifischen Prozesse in der Zelle ablaufen könnten. Die Größe ergibt sich aus dem Zwang, daß das Protein ein definiertes hydrophobes Inneres und ein hydrophiles Äußeres besitzen muß. Nur so können stabile Faltungen mit Bindungstaschen für Liganden auftreten; kleine Peptide besitzen zwar oft eine *bevorzugte* Konformation (Dyson et al., 1988a, b), aber keine *stabile* Struktur.

Wasser ist ein entscheidender Bestandteil beinahe aller Prozesse, die mit Proteinen zu tun haben. Sein Entropiegewinn bei der Faltung ist eine entscheidende Triebkraft für die Proteinfaltung. Seine hohe Dielektrizitätskonstante ist allerdings ebenfalls eine bestimmende Eigenschaft vieler Wechselwirkungen zwischen Protein und Ligand. Damit ist die Beschreibung elektrostatischer Phänomene vor ein ernstes Problem gestellt. Die Dielektrizitätskonstante ist ein makroskopischer Begriff und die Übertragung auf mikroskopische Simulationsrechnungen ist ein bisher nicht befriedigend gelöstes Problem (Harvey, 1989). Auch die Einbeziehung expliziter Wassermoleküle in Simulationsrechnungen löst dieses Problem nicht automatisch; ein rechentechnisch einfach zu behandelndes, polarisierbares Wassermodell zur Beschreibung dielektrischer Phänomene wäre wünschenswert (Sauniere et al., 1989).

Offensichtlich müssen Simulationsrechnungen, deren Ziel eine Beschreibung und letztlich eine Vorhersage des Experiments ist, in der Lage sein, diese essentiellen Bestandteile des experimentellen Systems Protein-Ligand richtig zu beschreiben. Dabei genügt allerdings meist nicht einmal eine qualitative theoretische Beschreibung. Da die Unterschiede der freien Energie zwischen Bindung und Nicht-Bindung oder Faltung und Nicht-Faltung sehr klein sind, kann nur eine quantitativ sehr genaue Beschreibung überhaupt qualitativ das Experiment richtig beschreiben.

Wir wollen nun einen kurzen Überblick über verschiedene Ansätze geben und dabei den Rechenaufwand, die Bedeutung der Supercomputertechnologie und die Probleme und Perspektiven diskutieren. Es gibt zwei Arten von konkreten Ansätzen, bei denen theoretische Vorhersagen von großem Interesse sind. Die erste ist die Vorhersage einer Struktur, die ähnlich einer bekannten ist. Wie bereits ausgeführt, gibt es derzeit keinerlei Ansatzpunkte, die Vorhersage völlig neuer Strukturen in Angriff zu nehmen. Die Einflüsse bestimmter Austausche von Aminosäuren oder Schleifen des Proteins auf die Struktur sind aber Fragen, die den pharmazeutischen Chemiker und Biotechnologen beschäftigen und für die Vorhersagen von großem Interessse wären. Zudem können sie durch die kombinierte Anwendung von Gentechnologie und Röntgenstrukturanalyse in manchen Fällen experimentell überprüft werden und erlauben deshalb eine experimentelle Verifizierung der theoretischen Methoden. Die zweite Fragestellung ist die Vorhersage von freien Energien der Wechselwirkungen zwischen Ligand und Protein. Damit soll die Frage des Experimentators beantwortet werden, ob eine Variante des *Proteins* einen bestimmten Liganden besser bindet oder auch eine Variante des *Liganden* an ein bestimmtes Protein besser binden kann. Hierzu ist die Kenntnis der experimentellen Struktur des Komplexes notwendig.

Strukturvorhersage

Die Frage nach der Struktur eines veränderten Proteins (z. B. durch den Einbau einer neuen Schleife) hat zu Überlegungen geführt, ob die Kenntnis der Datenbank der empirisch bestimmten Strukturen erlaubt, ein Protein gleichsam aus bekannten Teilen zusammenzusetzen. Derartige Programme sind entwickelt worden (Jones & Thirup, 1986), und zumindest in einem Fall konnte gezeigt werden, daß eine Schleife des Proteins auch in neuer Umgebung ihre Struktur behält (Hynes et al., 1989). Die Grenzen dieses Ansatzes sind allerdings schnell erreicht. Keineswegs ist es sicher, daß diese Konserviertheit von Schleifen (Loops) ein generelles Phänomen ist. Der Ansatz negiert alle Wechselwirkungen zwischen entfernten Teilen der Sequenz und er kann keine Aussage treffen, wenn ein derartiger Loop noch nicht beobachtet worden ist. Außerdem ist der Ansatz auf recht grobe Beschreibungen der Struktur beschränkt; eine Vorhersage von Seitenkettenkonformationen ist meistens nicht möglich, da diese durch Wechselwirkungen mit räumlichen Nachbarn bestimmt sind. Diese starken Einschränkungen werden durch einen recht geringen Rechenaufwand kompensiert, der von einem normalen Mikrocomputer bewältigt werden kann.

Alle anderen Strategien beruhen auf Kraftfeldern. Diese sind eine empirische Beschreibung der potentiellen Energie als Funktion der räumlichen Lage aller Atome. Bevor die genauen Formen der Kraftfelder beschrieben werden, sollen kurz die wichtigsten Verfahren diskutiert werden, die mit diesen Kraftfeldern angewendet werden.

Die Energieminimierung ist ein Verfahren, bei dem nach etablierten rechentechnischen Verfahren (steepest descent, van Gunsteren & Karplus, 1980; conjugate gradient, Fletcher & Reeves, 1964) das der Ausgangsstruktur nächstliegende Minimum gefunden werden kann. Da ein überaus komplexes System wie das eines Proteins unzählige Minima auf der Energiehyperfläche besitzt, findet sich in aller Regel ein Minimum in nächster Nachbarschaft zur Ausgangsstruktur. Das so gefundene Minimum ist mit beinahe absoluter Sicherheit nicht das globale. Durch dieses Verfahren ändert sich also die Ausgangsstruktur kaum. Dennoch ist die Energieminimierung ein sinnvoller erster Schritt, weil er die Struktur, ohne sie viel zu verändern, "entspannt" und damit lokal ungünstige Konformationen verbessert, die bei einem anschließend angewandten Verfahren (wie z.B. Molekulardynamik) zu Problemen führen können. Der Aufwand des Verfahrens hängt sehr stark von der Komplexität des Systems ab; ein Protein in einem Wassertropfen von 10.000 bis 20.000 Wassermolekülen kann einen Mikrocomputer mehrere Tage beschäftigen und dauert auf einer Cray/XMP in der Größenordnung von 1 bis 2 Stunden.

Eine Abwandlung dieser Verfahren besteht darin, eine Suche nach Konformationen vorzunehmen. Bei dem Versuch, die Konformation eines Loops vorauszusagen, wurden alle möglichen Konformationen systematisch generiert, indem die Winkel ϕ und ψ, die die relative Lage der aufeinanderfolgenden Peptidbindungen beschreiben, in bestimmten Schritten variiert wurden und mittels eines bekannten Algorithmus die Schleife geschlossen wurde (Bruccoleri & Karplus, 1987). In einem vergleichbaren Ansatz wurde eine Schar von solchen Konformeren durch zufällige Wahl der Winkel generiert, also eine Art Monte-Carlo Ansatz (Fine et al., 1986; Shenkin et al., 1987). Ebenso wurden Seitenketten-Konformere auf diese Art evaluiert (Shih et al., 1985). Der Erfolg der Methode hängt entscheidend davon ab, wie "eng" der Potentialtopf ist, d. h. ob durch die ungünstige Wahl oder zu geringe Zahl der untersuchten Konformationen die mit der niedrigsten Energie übersehen werden kann. Diese Methode wurde bisher nur ohne explizite Lösungsmittelmoleküle angewandt; damit ist sie neben den oben erwähnten Schwierigkeiten für die sich aus dieser Vereinfachung ergebenden Probleme anfällig und, und wie alle Methoden, zusätzlich für alle Ungenauigkeiten des Potentials. Diese Nachteile werden etwas aufgewogen durch den geringen Rechenaufwand. Dieser erreicht allerdings sofort Supercomputerdimensionen, wenn die Interaktion mehrerer Teile des Proteins (z. B. mehrere flexible Loops) erlaubt wird, weil dann die Zahl der zu untersuchenden Konformationen sehr schnell immens anwächst.

Vorhersage thermodynamischer Eigenschaften (Bindung und Stabilität)

Die thermodynamischen Eigenschaften eines experimentellen biochemischen Systems besitzen zwei wichtige Charakteristika: Erstens werden in aller Regel Zustände verglichen, die sich nur durch recht kleine freie Energiebeträge (wenige kcal/mol) unterscheiden. Normalerweise ist ein qualitatives Ergebnis ausreichend (Substanz A bindet; Protein X ist stabil; Substanz B bindet besser als Substanz C). Da aber die Alles oder Nichts-Entscheidung für eine Bindung durch sehr geringe Energieänderungen zustande kommen kann, muß eine Berechnung sehr genaue quantitative Ergebnisse liefern, um überhaupt von Nutzen zu sein. Zweitens handelt es sich bei den Gesamtbeträgen von Enthalpie und Entropie meistens um die Differenzen sehr großer Zahlen, deren Berechnung deshalb mit großen Fehlern behaftet ist.

Das bedeutet im Detail: Die direkte Analyse der potentiellen Energie ist für sich allein nicht ausreichend. Erstens ist die potentielle Energie sehr empfindlich gegen kleinste Verschiebungen der Koordinaten (meist geringer als deren experimentelle Unsicherheit), zweitens werden zur Zeit große Vereinfachungen bei der Beschreibung von dielektrischen, insbesondere Polarisations-Phänomenen gemacht. Drittens wird dabei der Einfluß der Entropie und damit zusammenhängender Kräfte, wie der hydrophobe Effekt nicht berücksichtigt.

In einem originellen Ausweg wurde ein Ansatz versucht (Novotny et al., 1989), bei dem zusätzlich zu dem üblichen enthalpischen Potential empirische Terme für die Entropie und Hydrophobizität verwendet wurden. Ein Vorteil liegt in einer hohen Rechengeschwindigkeit; allerdings sind, wie bei solch weitgehenden Vereinfachungen in der Beschreibung der Entropie zu erwarten, die Übereinstimmungen mit dem Experiment unbefriedigend (Glockshuber et al., 1990).

Molekulardynamik

Wir werden nun eine Methode beschreiben, die prinzipiell Beiträge sowohl zur Strukturvorhersage als auch zu thermodynamischen Eigenschaften eines Proteins liefern kann: Die Molekulardynamik. Dabei werden wir zunächst das Potentialfeld und das Wesen der Dynamikmethode erläutern. Sodann wird die Problematik des Vergleichs einer experimentellen Struktur mit der aus der Dynamik erhaltenen diskutiert und schließlich die Verbindung zur statistischen Thermodynamik erläutert. Die Dynamik eines Makromoleküls ist dabei durchaus bereits von unmittelbarem Interesse. Die Korrelation zwischen biologischen Funktionen von Makromolekülen und ihrem dynamischen Verhalten (z. B. Flexibilität der Erkennungsregionen und der aktiven Zentren von Enzymen, Koordination mit den Übergangszuständen des Substrates etc.) wurden in einem Übersichtsartikel von Bennett und Huber (1984) diskutiert. Mit der Molekulardynamik-Methode lassen sich die Bewegungen eines Moleküls im Pikosekundenbereich erfassen. Einen Überblick über die theoretischen Perspektiven von Dynamik, Struktur und Thermodynamik von Proteinen geben Brooks et al. (1988).

Die Molekulardynamik Methode

Die Bewegungsgleichungen

Die Trajektorie eines N-Teilchen Systems kann durch Integration der Newtonschen Bewegungsgleichungen berechnet werden (siehe z. B. Berendsen & van Gunsteren, 1986) :

$$\frac{d^2 \bar{r}_i(t)}{dt^2} = \frac{\bar{F}_i(\bar{r}_1, \ldots, \bar{r}_N)}{m_i} \qquad i = 1, \ldots, N$$

Die Kräfte sind konservativ, d.h. sie sind nur von der Position r_i der Teilchen i mit der Masse m_i abhängig. Die Kräfte F_i sind die Ableitungen des Potentials V, welches die Wechselwirkungen zwischen den Teilchen beschreibt.

$$\bar{F}_i = - \nabla_i V(\bar{r}_1, \ldots, \bar{r}_N)$$

Das Potential ist ein Paar-Potential, d.h. das Gesamtpotential ist die Summe aller Paarpotentiale.

$$V(\bar{r}_1, \ldots, \bar{r}_N) = \sum_{i<j} V_{ij}(\bar{r}_{ij})$$

wobei

$$-\frac{\partial}{\partial r_{ij}} V_{ij}(\bar{r}_{ij}) = \bar{F}_{ij} = -\bar{F}_{ji}$$

und

$$\bar{F}_i = \sum_j \bar{F}_{ij}$$

Algorithmen

Es gibt verschiedene Algorithmen für die Integration der Newtonschen Bewegungsgleichungen (van Gunsteren & Berendsen, 1977). Die Gear Methode (Gear, 1971) wird in Molekulardynamik-Simulationen verwendet, in denen hochfrequente Bewegungen der kovalenten Bindungen untersucht werden, also z.B. im Femtosekunden Bereich. In Molekülen, in denen die Bindungslängen konstant gehalten werden können, weil ihre Bewegungen von denen der Bindungswinkel und Torsionswinkel relativ stark entkoppelt sind, ist es günstiger, einen anderen Algorithmus zu verwenden (Verlet, 1967; Hockney & Eastwood, 1981; Beeman, 1976). Damit ist es dann möglich, die Integrationsschrittweite so zu vergrößern, daß man auch über etwas längere Zeiträume (Pikosekunden) simulieren kann (Berendsen & van Gunsteren, 1986; van Gunsteren & Berendsen, 1977). Eine Analyse der Genauigkeit von Langevin und Molekulardynamik Algorithmen wurde kürzlich von Pastor et al. (1988) durchgeführt.

Molekulardynamik Berechnungen können bei definierten Temperaturen T_0 und Drucken p_0 erfolgen,

$$\frac{dT}{dt} = \frac{T_0 - T}{\tau_T} \qquad \frac{dp}{dt} = \frac{p_0 - p}{\tau_p}$$

wobei τ_T und τ_p die Temperatur- und Druck-Relaxationszeiten sind, mit denen das System an ein externes Bad gekoppelt wird (Berendsen et al., 1984; Hermansson et al., 1988).

Die Potential-Funktion für Biomoleküle.

Die Wahl der Potentialfunktion hat erheblichen Einfluß auf die Genauigkeit der Ergebnisse. Die benutzbaren Funktionen sind auch in starkem Maße von den zur Verfügung stehenden Computern abhängig. In der heutigen Molekulardynamik-Methode für biologische Moleküle werden die Atome als Massenpunkte mit Punktladungen aufgefaßt, d.h. elektronische Effekte wie Polarisation können nicht im Detail beschrieben werden. Die Wechselwirkungen zwischen den Atomen werden durch sog. 'effektive Potentiale' dargestellt. Diese wurden derart geeicht, daß sowohl makroskopische Ensembleeigenschaften wie z.B. die Verdampfungsenthalpie, als auch charakteristische chemische Eigenschaften, wie z. B. die Unterschiede zwischen Sauerstoffatomen aus Ester-, Carbonyl-, Carboxyl-, Hydroxyl-gruppen, oder Wasser-Sauerstoffatomen berücksichtigt werden (Hermans et al., 1984; Postma, 1985). Der Vorteil des Konzepts eines effektiven Paarpotentials ist, daß die mathematische Form rechentechnisch einfach zu handhaben ist, daß aber trotzdem durch die Parametrisierung viele zusätzliche Ensemble-Eigenschaften implizit berücksichtigt werden.

Die Potentialfunktion für ein Molekül enthält Terme für die Bindungslängen *b*, die Bindungswinkel θ , die Torsionswinkel ξ (mit einem eingeschränkten Winkelbereich, wie etwa in Ringen), sowie die Torsionswinkel ϕ (für Seitenketten mit Rotationsmöglichkeit um 360°). Die Werte für die Idealgeometrien sind dabei mit den Indices 0 versehen. Die Potentialfunktion enthält weiterhin Terme für die nicht-gebundenen Wechselwirkungen wie van der Waals- und Coulomb-Wechselwirkungen. Dabei werden die elektrostatischen Kräfte durch Ladungen q_i auf den Atomzentren modelliert (van Gunsteren & Karplus, 1982). Die Kraftkonstanten K_i und Lennart-Jones-Konstanten C_6 und C_{12} sind ebenfalls jeweils so gewählt, daß das gesamte Potential die experimentellen Eigenschaften der Moleküle möglichst genau wiedergegeben kann (empirisches Kraftfeld). Das GROMOS Potential (Berendsen et al., 1981; Hermans et al., 1984) hat folgende Form :

$$V(\bar{r}_1,\dots,\bar{r}_N)=$$

$$\sum_{l=1}^{N_b}\frac{1}{2}K_{b_l}\left(b_l-b_{0_l}\right)^2+\sum_{l=1}^{N_\theta}\frac{1}{2}K_{\theta_l}\left(\theta_l-\theta_{0_l}\right)^2+$$

$$\sum_{l=1}^{N_\xi}\frac{1}{2}K_{\xi_l}\left(\xi_l-\xi_{0_l}\right)^2+\sum_{l=1}^{N_\Phi}K_{\Phi_l}\left(1+\cos\left(n_l\Phi_l-\delta_l\right)\right)$$

$$+\sum_{i<j}^{N}\left(\frac{C_{12}(ij)}{r_{ij}}\right)^{12}-\left(\frac{C_6(ij)}{r_{ij}}\right)^{6}+\frac{q_iq_j}{4\pi\varepsilon_0\varepsilon_r r_{ij}}$$

Es wurden auch andere Potentialfunktionen entwickelt, implementiert in verschiedenen Programmpaketen (z. B. AMBER (Weiner et al., 1984; Weiner et al., 1986) ; CHARMM (Brooks et al., 1987; Nilsson & Karplus, 1986), DISCOVER (Hagler et al., 1974; Maple et al., 1988), EPEN/2 (Momany et al., 1974; Snir et al., 1978), OPLS- Parameter (Jorgensen & Tirado-Rives, 1988), X-PLOR (Bruenger, 1988)), die z. B. zusätzliche Kreuzterme oder weitere explizite Terme, z. B. für Wasserstoffbrückenbindungen, enthalten.

Um alle Wechselwirkungen des Systems zu erfassen, ist es im Prinzip notwendig, über alle 1/2 N(N-1) Paare von Teilchen zu summieren. Trotzdem werden in der Praxis jedoch nur Nachbarteilchen innerhalb eines definierten Radius, des sog. Cut-off Radius, um jedes Teilchen berücksichtigt.

Die Potentialfunktion für Wasser

Weil die meisten Reaktionen biologischer Moleküle in wäßriger Lösung ablaufen, sind Moleku-lardynamik-Simulationen in Wasser von größter Bedeutung. Für die adequate Beschreibung der Ensemble-Eigenschaften sind einfache Paarpotentiale nicht ausreichend. Beispielsweise können damit nicht gleichzeitig die Eigenschaften von Wasser in der Gasphase, in Lösung und im Festkörper beschrieben werden, da kooperative Beiträge in der Größenordnung von 20-30 % auftreten können (Barnes et al., 1979; Clementi et al., 1980; Owicki et al., 1975; Vernon et al., 1982; Berendsen et al., 1981; Koehler et al., 1987a; Koehler & Saenger, 1987). Dieser große Beitrag von kooperativen Kräften wird hauptsächlich durch Polarisationseffekte der O-H Gruppen verursacht. Das kann zu einer Änderung des Dipolmomentes von ca. 25 % führen (Berendsen et al., 1981) und wird sehr stark durch die Umgebung des Wassermoleküls beeinflußt (Berendsen & van Gunsteren, 1984; Barnes et al., 1979; Berendsen et al., 1981). Ein verbessertes effektives Paarpotential für flüssiges Wasser wurde von Berendsen et al. (1981) entwickelt.

Dieses Simple Point Charge (SPC) Modell besteht aus einem Wassermolekül mit festgehaltener Geometrie sowie Punktladungen auf den Atomen für die elektrostatischen Wechselwirkungen und van der Waals Wechselwirkungen.

Vergleich einer experimentellen Struktur mit der aus der Trajektorie erhaltenen.

Das Ergebnis einer Röntgenstrukturanalyse ist eine Elektronendichte, die so interpretiert wird, daß man die statische Proteinstruktur erzeugt, deren berechnete Röntgenbeugungseigenschaften am Besten mit den gemessenen übereinstimmen. Flexible und ungeordnete Regionen sind dabei über die sogenannten B-Faktoren zu erkennen. Das Ergebnis einer Molekulardynamik-Simulation ist dagegen der Bewegungsablauf eines Proteins über mehrere Pikosekunden. Würde diese simulierte Struktur in völligem Gleichgewicht stehen und würde sie keine multiplen Minima von ähnlicher Energie aufweisen, wäre eine Durchschnittsstruktur der Trajektorie die relevante Struktur, die es zu vergleichen gilt. Beides ist jedoch meist nicht der Fall. Eine sorgfältige Analyse der Zahl der Minima des Proteins und des Vergleichs mit der Röntgenstruktur wurden von Elber und Karplus (1987) durchgeführt. Die Übereinstimmungen und Unterschiede zwischen Neutronendiffraktionsstudien und Molekulardynamik Simulationen bei Raumtemperatur und bei 120 K im Kristall (Koehler et al., 1987b,c) sowie in Lösung (Koehler et al., 1988b) wurden an Cyclodextrinen ausführlich untersucht, wobei auch die Frage der Flip-Flop- und Mehrzentren- Wasserstoffbrückenbindungen untersucht wurde (Koehler et al., 1988a,c).

Berechnungen von Differenzen zwischen freien Energien

Die methodischen Konzepte zur Berechnung von Differenzen von freien Energien mit der Molekulardynamik-Methode sind in Übersichtsartikeln von Kollman & van Gunsteren (1987), Singh et al. (1987), van Gunsteren (1988), Cieplak & Kollman (1988), und van Gunsteren & Weiner (1989) dargestellt. Die Bedeutung und eine etwas andere Methode der Berechnung von freien Reaktionsenergien beschreiben auch Warshel et al. (1988). Die berechneten Differenzen zwischen freien Energien zweier verschiedener Systeme können mit experimentell bestimmten Bindungskonstanten verglichen werden :

$$\begin{array}{ccc} \text{Enzym} + \text{Substrat}_1 & \overset{\Delta G_1}{\rightleftharpoons} & \text{Enzym•Substrat}_1 \text{ - Komplex} \\ \Delta G_3 \upharpoonleft\downharpoonright & & \upharpoonleft\downharpoonright \Delta G_4 \\ \text{Enzym} + \text{Substrat}_2 & \overset{\Delta G_2}{\rightleftharpoons} & \text{Enzym•Substrat}_2 \text{ - Komplex} \end{array}$$

In diesem Beispiel können die Werte für ΔG_1 und ΔG_2 aus dem Experiment bestimmt werden (Bindungskonstanten K ; $\Delta G = RT \ln K$), und ΔG_3 sowie ΔG_4 werden durch Berechnung aus Molekulardynamik-Simulationen bestimmt. Die G - Funktion ist eine Zustandsfunktion, und deshalb ist die Summe aller oben erwähnten ΔG gleich Null. Die Art und Weise, in der die senkrechten Prozesse durchgeführt werden, ist ohne direkte physikalische Realität: Die Kraftfeldparameter, welche das Substrat 1 beschreiben, werden in diejenigen des Substrates 2 überführt, um ΔG_3 zu erhalten; entsprechend wird für die rechte Seite des Gleichungssystems verfahren. Während des reversiblen Übergangs von einem Zustand zum anderen werden alle Konfigurationen mit ihren enthalpischen und entropischen Beiträgen berechnet und addiert, so daß sich die Differenz $\Delta G = \Delta H - T\Delta S$ zwischen Anfangs- und Endzustand ergibt. Die methodischen Grundlagen sind beschrieben in van Gunsteren & Weiner (1989).

Das wesentliche Konzept dabei ist, daß die Molekulardynamik-Simulation benutzt wird, um ein Ensemble von Konformationen zu generieren. Zuerst wird der Hamilton Operator H (p,r), der das System durch seine potentielle Energie V(r) und seine Impulse p beschreibt, in eine Funktion des Kopplungsparameters λ verwandelt, so daß $H(p,r,\lambda_A)$ den Ausgangszustand und $H(p,r,\lambda_B)$ den Endzustand darstellt, für die die Differenz der freien Energie ΔG bestimmt werden soll.

$$H(p,r,\lambda) = \sum_{i=1}^{N} \frac{p_i^2}{2m_i(\lambda)} + V(r_1,\ldots,r_N,\lambda)$$

Die Verbindung zwischen der freien Energie und der Simulation ist über die Zustandssumme *Z* der statistischen Thermodynamik gegeben.

$$\Delta G_{BA} = \Delta H_{BA} - T \Delta S_{BA}$$

$$\Delta F_{BA} = \Delta U_{BA} - T \Delta S_{BA}$$

$$G(\lambda) = NkT - kT \ln Z(\lambda)$$

$$F(\lambda) = - kT \ln Z(\lambda)$$

$$\Delta F_{BA} = F(\lambda_B) - F(\lambda_A) = - kT \ln \frac{Z(\lambda_B)}{Z(\lambda_A)}$$

Differenziert man die Helmholtzsche freie Energie F(λ) nach λ bei konstanter Temperatur T, erhält man am Schluß einen Ausdruck, der einen Mittelwert des Ensembles von Konformationen für verschiedene λ darstellt.

$$\left(\frac{\partial F(\lambda)}{\partial \lambda} \right)_T = - \frac{kT}{Z(\lambda)} \left(\frac{\partial Z(\lambda)}{\partial \lambda} \right)_T = \left< \frac{\partial H(p,r,\lambda)}{\partial \lambda} \right>_\lambda$$

Wenn λ sehr langsam während der Molekulardynamik Simulation verändert wird, so kann gleichzeitig integriert werden. Die erhaltene freie Energiedifferenz ΔF_{BA} ist dann und nur dann richtig, wenn das System immer im Gleichgewicht bleibt (reversible Änderung von einem Intermediat zum nächsten).

$$\Delta F_{BA} = \int_{\lambda_A}^{\lambda_B} \left< \frac{\partial H(p,r,\lambda)}{\partial \lambda} \right>_\lambda d\lambda$$

Für ein isobares Ensemble gilt eine entsprechende Formel (van Gunsteren & Berendsen, 1987).

Die Berechnung der Differenz der Entropien erfolgt ebenfalls über eine Ensemblemittelwertbildung, denn es gilt

$$S = -\frac{\partial F}{\partial T}$$

so daß letztendlich die Differenz der freien Energien der Zustände A und B aus der Simulation bestimmt werden kann.

Fallstudien an einem Antikörper

Alle angesprochenen Probleme werden in Antikörper-Antigenkomplexen tangiert, deren medizinische und biotechnologische Bedeutung hier nicht erläutert werden muß. Ein besonders geeignetes Modellsystem für derartige Untersuchungen ist das Maus Immunglobulin A mit Namen McPC603, welches das Antigen Phosphorylcholin bindet. Der Grund für die Auswahl dieses Systems liegt in den zahlreichen Vorarbeiten, die für dieses Protein bereits geleistet wurden: Die Röntgenstruktur des Proteins mit und ohne gebundenes Hapten (Segal et al., 1974; Satow et al., 1986) ist ebenso wie zahlreiche Bindungsparameter bekannt. Das System kann gerade noch mit theoretischen Methoden behandelt werden, denn ein Fragment des Antikörpers (das sogenannte Fv- Fragment, bestehend aus 2 Ketten mit 115 und 122 Aminosäuren) zeigt bereits dieselben Bindungseigenschaften wie der gesamte Antikörper (Skerra & Plückthun, 1988). Aus unseren neueren experimentellen Ergebnissen liegt außerdem eine größere Anzahl von Daten darüber vor, welche Antigene beim gentechnologischen Austausch von bestimmten Aminosäuren ein verbessertes oder verschlechtertes Bindungsverhalten aufweisen (Glockshuber et al., 1990).

Antigen-bindende Regionen bestehen aus jeweils drei hypervariablen Loops in jeder der beiden Ketten. Mehrere theoretische Ansätze zur Strukturvorhersage der hypervariablen Loops wurden bereits berichtet (Snow & Amzel, 1986; Fine et al., 1986; de la Paz et al., 1986; Bruccoleri et al., 1988), jedoch wurde noch keine Molekulardynamik Trajektorie für das Molekül berechnet, in der alle Atome frei beweglich sowie Wassermoleküle eingeschlossen waren. Eine solche Studie wurde nun durchgeführt. Sie spiegelt die Flexibilität der Bindungstasche und des Phosphorylcholinmoleküls besser wider und ermöglicht nun quantitative Vergleiche mit der Röntgenstruktur. Außerdem ist sie, wie unten angeführt, die Voraussetzung für Berechnungen von Bindungsenergien des Antigens.

Wir haben von drei verwandten Antikörper-Antigen Komplexen diese Trajektorien über 30 Pikosekunden berechnet. Dabei konnte im Falle des Antikörpers McPC603 von der Röntgenstruktur des Komplexes mit Phosphorylcholin ausgegangen werden. Die Ausgangsstrukturen der verwandten Antikörper mit den Namen M167 und T15 wurden, ausgehend von derselben Kristallstruktur, an einer Graphic-Workstation nach geometrischen Kriterien modelliert. Die Aminosäure-Sequenzen der beiden Antikörper M167 und T15 stimmen zu ca. 80% mit denen von McPC603 überein. Alle Komplexe wurden bei 293K in wäßriger Lösung mit dem GROMOS87 Programmpaket simuliert, wobei das SPCE Wassermodell verwendet wurde.

Die Strukturen, die während der Simulation durchlaufen werden, zeigen nach unserer bisher vorläufigen Analyse, daß McPC603 ein equilibriertes Verhalten während der 30 Pikosekunden aufweist. Demgegenüber sind in den beiden anderen Systemen stärkere Fluktuationen zu beobachten, die darauf hindeuten, daß diese Konformationen noch einer längeren Simulationsdauer bedürfen, um ins Gleichgewicht zu kommen. Diese hatten als Startkonfiguration ja nicht ihre eigenen Kristallstrukturen zur Verfügung. Genaue Analysen und Vergleiche mit der Kristallstruktur werden zur Zeit durchgeführt, um den Wert von Molekulardynamik zur Strukturvorhersage besser abschätzen zu können.

Die Bildung des Antigen-Antikörper-Komplexes dürfte in diesem Fall zu einem erheblichen Teil auf elektrostatische Wechselwirkungen zurückzuführen sein. Deshalb ist eine detaillierte Studie über alle möglichen Bindungskräfte, d.h. van der Waals Kräfte, H-Brücken sowie in besonderem Maße Elektrostatik, notwendig. Zur detaillierten Analyse des Verhaltens der Kräfte während der Simulation wurde ein Programm entwickelt, das die elektrostatischen (nur Monopolterme) und van der Waals- Wechselwirkungen in statischen Strukturen zwischen allen Atompaaren berechnet.

Moleküle wie das Hapten Phosphorylcholin müssen, da sie nicht in Standardbibliotheken von Aminosäuren vorkommen, neu parametrisiert werden. Auch dafür mußten verbesserte Methoden entwickelt werden. Mit quantenmechanischen Methoden werden solche nicht-parametrisierten Moleküle optimiert, so daß der experimentellen Struktur und auch der theoretischen Methode so weit wie möglich entsprochen wird. In diesem Beispiel wurden Einflüsse wie Basisatzabhängigkeit und Berechnung der Ladungsverteilung nach unterschiedlichen Methoden untersucht: Mullikensche Populationsanalyse, elektrostatische Anpassung nach Chirlian & Francl (1985), sowie Verwendung von natürlichen Orbitalen (NO's) (Reed et al., 1985). Für eine Anzahl von Phosphorylcholin-Derivaten wurden die Ladungsverteilungen nach den oben genannten Methoden bestimmt (Schaumberger, 1989). Aus den Ergebnissen läßt sich ableiten, daß die NO-Methode bezüglich Basissatzunabhängigkeit, qualitativer Übereinstimmung mit Elektronegativitäten und Rechengeschwindigkeit vorteilhaft ist. Damit liegt nun eine konsistente Lagungsverteilung für eine Reihe von Derivaten des Antigens Phosphorylcholin vor, die nach einer Umskalierung (Köhler, 1990) als Ladungsparameter für die Molekulardynamik Simulationen verwendet werden können.

Die Berücksichtigung von höheren elektrostatischen Termen (Dipole) und eventuell Polarisationseffekten, im Kraftfeld während der Simulation müssen in Zukunft getestet werden. Die Verwendung weiterer Terme wird allerdings möglicherweise eine neue Gesamtparametrisierung des Kraftfeldes erforden. In Anbetracht der geringen Bindungsenergieunterschiede verschiedener Komplexe aus Protein und Ligand wird dieser Schritt aber notwendig werden. Es sei in diesem Zusammenhang auf Arbeiten verwiesen, in denen die Dipole in kleinen Molekülen mit der *ab initio* Methode bestimmt wurden, und die Anhaltspunkte für dieses Vorgehen liefert (Williams, 1988; Spackman, 1989; Klapper et al., 1986).

Probleme der Molekulardynamik-Methode und Perspektiven

Der erste Problemkreis ist das Potentialfeld. Dabei sind besonders die dielektrischen Phänomene der Elektrostatik zu nennen, die in den bisherigen Ansätzen nur implizit berücksichtigt werden. Das führt besonders bei geladenen Molekülen zu falschen Ergebnissen.

Der zweite Problemkreis ist die Qualität und Länge der Simulation. Hierfür sei auf den ausführlichen Artikel über die Genauigkeit von Berechnungen der Differenzen freier Energien von Pearlman & Kollman (1989) verwiesen. Es müssen bei dieser Methode viele Kompromisse geschlossen werden, die zum Teil von besseren Supercomputern unnötig gemacht werden könnten. Hierbei sei darauf hingewiesen, daß dafür auch in besonderem Maße vektorisierbare, parallelrechnende Computer oder gar Transputer von erheblicher Bedeutung sind und noch mehr sein werden (Lybrand & Kollman, 1985; Sauniere et al., 1989; Goodfellow & Vovelle, 1989).

(1) Die derzeitige Beschränkung der Simulationsdauer auf den Pikosekundenbereich führt oft zu der Frage, ob der gewünschte physikalische Prozeß innerhalb dieser kurzen Zeitspanne überhaupt beobachtbar ist. Eine Studie über die Verlängerung der Zeitskala von Molekulardynamik wurde von Cartling (1989) durchgeführt.

(2) Bei thermodynamischen Fragestellungen (wie der reversibel durchzuführenden Berechnung der Differenzen der freien Energien) ist die Statistik durch die Kürze der Simulation für den zu untersuchenden Konformationsraum nicht ausreichend. Daraus resultiert eine große Ungenauigkeit.

(3) Weiterhin kann eine nicht ausreichende numerische Rechengenauigkeit dazu führen, daß eine längere Trajektorie einen anderen Verlauf nimmt. Auch aus diesem Grund sind heute nur Simulationen im Pikosekundenbereich durchführbar. Prozesse von chemischem oder biochemischem Interesse, die in größeren Zeiträumen ablaufen, (z. B. Konformationsänderungen im Mikrosekunden- oder Millisekundenbereich) sind daher bisher nicht zu handhaben.

(4) Es werden approximierende Methoden für die Integration der Newtonschen Bewegungsgleichungen verwendet.

(5) Die Suche der nicht-gebundenen Nachbarn ist sehr aufwendig, was die benötigte Rechenzeit anbelangt (Berendsen & van Gunsteren, 1986). Rechenzeit wird momentan dadurch gespart, daß die angelegten Nachbarlisten nur alle 10 bis 20 Schritte erneut bestimmt werden.

(6) Es werden nur die Monopolterme der Elektrostatik explizit berechnet. Einflüsse von Dipol- und höheren Termen schlagen sich nur implizit durch die Parametrisierung nieder.

(7) Die Monopolterme der Elektrostatik haben eine Reichweite von ca. 30 Å, aber die verwendeten Cut-off Radien zur Bestimmung der Nachbarn eines Atoms, für die dieser Term berechnet wird, liegen derzeit in der Größenordnung von ca. 8-12 Å. Dadurch wird die Berechnung der Kräfte durch den Cut-off Radius beeinflußt, so daß artifizielle Fluktuationen und Rauschen entstehen. Es gibt allerdings die Möglichkeit, das Potential durch eine sogenannte 'Switching Funktion' so zu verändern, daß diese Fehler etwas eingeschränkt werden (Berendsen & van Gunsteren, 1986). Wenn keine Korrekturen angebracht werden, erkennt man das Rauschen an dem Drift, den der Algorithmus produziert.

(8) Um die Beschreibung von langreichweitigen Wechselwirkungen und Polarisationseffekten zu verbessern, werden derzeit neue Wassermodelle entwickelt.

(9) Der Einschluß von additiven Kräften, die über die Paarwechselwirkung hinausgehen, ist im Prinzip möglich, aber erfordert neue Konzepte und erheblich mehr Rechenzeit.

Ausblick

Die Leistungsfähigkeit der Computer ist sicher *ein* limitierender Faktor in der Qualität der Molekulardynamik-Simulationen und möglicherweise derzeit der Engpaß. Die wirklichen Grenzen liegen aber auch in der Qualität der physikalischen Beschreibung, doch diese Grenzen sind teilweise wegen der geringen Computerleistungen noch gar nicht erkennbar. Die Molekulardynamik-Methode ist ein Gegenstand der Forschung; als solcher ist sie sicher noch kein etabliertes Werkzeug, das dem Experimentalisten zu Diensten ist. Das wird erst möglich sein, wenn die Genauigkeit energetischer Voraussagen besser als 1 bis 2 kcal/mol ist, denn oft ist dies die Barriere einer biologischen Ja/Nein-Entscheidung. Um diesem wichtigen Ziel näher zu kommen, ist allerdings die enge Zusammenarbeit zwischen theoretisch und experimentell arbeitenden Biochemikern sowie den Computerfachleuten die Voraussetzung. Die Zeit, in der diese Methodik einen direkten Einfluß auf Medizin, Pharmazie und Biotechnologie haben wird, ist sicherlich absehbar, und die Geschwindigkeit dieser Entwicklung wird entscheidend durch die Fortschritte der Computertechnologie mitbestimmt werden.

Literatur

Barnes P, Finney JL, Nicholas JD, Quinn JE (1979). Nature 282: 459

Beeman D (1976). J. Comp. Phys. 20: 130

Bennett WS, Huber R (1984). CRC Crit. Rev. Biochem. 15: 291

Berendsen HJC, Gunsteren WF van (1984). In: Barnes AJ et al. (eds.). NATO- ASI Series C135, Reidel Publishing Company, Dordrecht, pp 475

Berendsen HJC, Postma JPM, Gunsteren WF van, Hermans J (1981). In: Pullman B (ed.). Intermolecular Forces. Reidel Publishing Company, Dordrecht, pp 331

Berendsen HJC, Postma JPM, Gunsteren WF van, DiNola A, Haak JR (1984). J. Chem. Phys. 81: 3684

Berendsen HJC, Gunsteren WF van (1986). In: Ciccotti G, Hoover WG (eds.). Proc. Enrico Fermi School of Physics, Varenna, North Holland Physics Publishing, pp. 43

Brooks BR, Bruccoleri RE, Olafson BD, States DJ, Swaminathan S, Karplus M (1983). J. Comp. Chem. 4: 187

Brooks CL, Karplus M, Pettitt BM (1988). In: Proteins: A Theoretical Perspective of Dynamics, Structure and Thermodynamics. Advances in Chemical Physics, Vol. LXXI; John Wiley & Sons

Bruccoleri RE, Haber E, Novotny J (1988). Nature 335: 564

Bruccoleri RE, Karplus M (1987). Biopolymers 26: 137

Bruenger AT (1988). J. Mol. Biol. 203: 803

Burns A, (1988). Programming in OCCAM 2. Addison Wesley Publishing Company.

Cartling B (1989). J. Chem. Phys. 91: 427

Chirlian LE, Francl MM (1985). Quantum Chemistry Program Exchange, Program 524.
Cieplak P, Kollman PA (1988). J. Am. Chem. Soc. 110: 3734

Clementi E, Kolos W, Lie GC, Ranghino G (1980). Int. J. Quant. Chem. 17: 377

Creighton TE (1983). Proteins. Freeman, New York.

Dyson HJ, Rance M, Houghten RA, Lerner RA, Wright PE (1988a). J. Mol. Biol. 201: 161

Dyson HJ, Rance M, Houghten RA, Wright PE, Lerner RA (1988b). J. Mol. Biol. 201: 201

Elber R, Karplus M (1987) Science 235: 318

Fine RM, Wang H, Shenkins PS, Yarmush DL, Levinthal C (1986). Proteins 1: 342

Fletcher R, Reeves CM (1964). The Computer J. 7: 149

Gear CW (1971). Numerical Initial Value Problems in Ordinary Differential Equations. Prentice Hall, Englewood Cliffs, N.J.

Glockshuber R, Stadlmüller J, Plückthun A (1990). Zur Publikation eingereicht.

Goodfellow JM, Vovelle F (1989). Eur. Biophys. J. 17: 167

Gunsteren WF van (1988). Protein Eng. 2: 5

Gunsteren WF van, Berendsen HJC (1977). Mol. Phys. 34: 1311

Gunsteren WF van, Berendsen HJC (1987). J. Comput.-Aided Mol. Design 1: 171

Gunsteren WF van, Karplus M (1980). J. Comp. Chem. 1: 266

Gunsteren WF van, Karplus M (1982). Macromolecules 15: 1528

Gunsteren WF van, Weiner PK, eds. (1989). Computer Simulation of Biomolecular Systems. ES-COM Science Publishers B.V., Leiden.

Hagler AT, Huler E, Lifson S (1974). J. Am. Chem. Soc. 96: 5319

Harvey SC (1989). Proteins 5: 78

Hermans J, Berendsen HJC, Gunsteren WF van, Postma JPM (1984). Bioploymers 23: 1513

Hermansson K, Lie GC, Clementi E (1988). J. Comp. Chem. 9: 200

Hockney RW, Eastwood JW (1981). Computer Simulation using Particles. McGraw-Hill, New York, N.Y.

Hynes TR, Kautz RA, Goodman MA, Gill JF, Fox RO (1989). Nature 339: 73

Jones TA, Thirup S (1986). EMBO J. 5: 819
Jorgensen WL, Tirado-Rives J (1988). J. Am. Chem. Soc. 110: 1657

Klapper I, Hagstrom R, Fine R, Sharp K, Honig B (1986). Proteins 1: 47

Köhler C (1990). Diplomarbeit, TU München.

Koehler JEH, Saenger W (1987). Proceedings of the 35th Bunsen-Kolloquium, Marburg. Springer Verlag, Berlin, pp 145

Koehler JEH, Lesyng B, Saenger W (1987a). J. Comp. Chem. 8: 1090

Koehler JEH, Saenger W, Gunsteren WF van (1987b). Eur. Biophys. J. 15: 197

Koehler JEH, Saenger W, Gunsteren WF van (1987c). Eur. Biophys. J. 15: 211

Koehler JEH, Saenger W, Gunsteren WF van (1988a). Eur. Biophys. J. 16: 153

Koehler JEH, Saenger W, Gunsteren WF van (1988b). J. Mol. Biol. 203: 241

Koehler JEH, Saenger W, Gunsteren WF van (1988c). J. Biomol. Struc. Dyn. 6: 181

Kollman PA, Gunsteren WF van (1987). Meth. Enzymol. 154: 430

Levinthal C (1968). J. Chem. Phys. 65: 44

Lybrand TP, Kollman PA (1985). J. Chem. Phys. 83: 2923

Maple JR, Dinur U, Hagler AT (1988). Proc. Natl. Acad. Sci. USA 85: 5350

Momany FA, Carruthers LM, McGuire RF, Scheraga HA (1974). J. Phys. Chem. 78: 1595

Nilsson L, Karplus M (1986). J. Comp. Chem. 7: 591

Novotny J, Bruccoleri RE, Saul FA (1989). Biochemistry 28: 4735

Owicki JC, Shipman LL, Scheraga HA (1975). J. Phys. Chem. 79: 1794

Pastor RW, Brooks BR, Szabo A (1988). Mol. Phys. 65: 1409

Paz P de la, Sutton BJ, Darsley MJ, Rees AR (1986). EMBO J. 5: 415

Pearlman DA, Kollman PA (1989). In: Computer Simulation of Biomolecular Systems. Gunsteren WF van, Weiner PK, (eds). ESCOM Science Publishers B.V., Leiden. pp 101

Postma JPM (1985). PhD Thesis Univers. Groningen.

Reed AE, Weinstock RB, Weinhold F (1985). J. Chem. Phys. 83: 735

Satow Y, Cohen GH, Padlan EA, Davies DR (1986). J. Mol. Biol. 190: 593

Sauniere JC, Lybrand TP, McCammon JA, Pyle LD (1989). Computers Chem. 13: 313

Schaumberger M (1989). Diplomarbeit LMU München.

Segal DM, Padlan EA, Cohen GH, Rudikoff S, Potter M, Davies DR (1974). Proc. Natl. Acad. Sci. USA 71: 4298

Shenkin PS, Yarmush DL, Fine RM, Wang H, Levinthal C (1987). Biopolymers 26: 2053

Shih HHL, Brady J, Karplus M (1985). Proc. Natl. Acad. Sci. 82: 1697

Singh UC, Brown FK, Bash PA, Kollman PA (1987). J. Am. Chem. Soc. 109: 1607

Skerra A, Plückthun A (1988). Science 240: 1038

Snir J, Nemenoff RA, Scheraga HA (1978). J. Phys. Chem. 82: 2527

Snow ME, Amzel LM (1986). Proteins 1: 267

Spackman MA (1989). J. Phys. Chem. 93: 7594

Verlet L (1967). Phys. Rev. 159: 98

Vernon MF, Krajnovich DJ, Kwok HS, Lisy JM, Shen YR, Lee YT (1982). J. Chem. Phys. 77: 47

Warshel A, Sussman F, Hwang JK (1988). J. Mol. Biol. 201: 139

Weiner SJ, Kollman PA, Case DA, Singh UC, Ghio C, Alagona G, Profeta S, Weiner P (1984). J. Am. Chem. Soc. 106: 765

Weiner SJ, Kollman PA, Nguyen DT, Case DA (1986). J. Comp. Chem. 7: 230

Williams DE (1988). J. Comp. Chem. 9: 745

Industrieforschung am Beispiel des Hauses Siemens

Claus Weyrich
Zentralabteilung Forschung und Entwicklung
der Siemens AG
München

Zusammenfassung

Der Weltelektromarkt unterliegt seit etwa 2 Jahrzehnten, getrieben durch die zunehmende Durchdringung der Produkte mit Mikroelektronik und Software, einem starken technologischen Wandel, dessen Merkmale kürzere Innovationszyklen, wachsende Komplexität und damit höhere anteilige Aufwendungen für Forschung und Entwicklung sind. In der globalen industriellen - und auch volkswirtschaftlichen - Auseinandersetzung wird Forschung und Entwicklung damit zu einem entscheidenden Wettbewerbsfaktor, dem weltweit besondere Aufmerksamkeit gezollt wird. Das Haus Siemens mit seiner enorm breiten Produktpalette wendet zur Zeit für Forschung und Entwicklung knapp 7 Milliarden DM auf - das sind über 11 % vom Umsatz. Etwa 7 % davon entfallen auf die Zentralabteilung Forschung und Entwicklung. Ihre Funktion als Bindeglied zwischen den Entwicklungsabteilungen der geschäftsführenden Bereiche einerseits und dem weltweiten Forschungsgeschehen andererseits, stellt zur Bewältigung der großen technologischen Herausforderung des kommenden Jahrzehnts hohe Anforderungen an Management und Mitarbeiter bezüglich fachlicher Flexibilität, Integrationsfähigkeit, persönliche Mobilität und unternehmerischer Fähigkeiten.

Einleitung

Kennzeichen des derzeitigen industriellen Wertschöpfungsprozesses auf dem Gebiet der Elektrotechnik und Elektronik ist der kontinuierlich ansteigende Anteil von Forschung und Entwicklung (FuE). Wesentliche Ursache dafür ist die zunehmende Durchdringung mit Elementen der Informationstechnik, deren treibende Kräfte die Mikroelektronik und die Softwaretechnik sind. Hauptwachstumsgebiete sind neben der Halbleitertechnik die Bürokommunikation ("Office of the Future"), die Fabrikautomation ("Factory of the Future") und die integrierten Breitbanddienste ("Network of the Future"). Daneben strahlen Mikroelektronik und Softwaretechnik auf alle anderen Industriezweige aus, insbesondere auf die übrigen der sog. Fünfergruppe, die ca. ein Fünftel des Bruttoinlandsproduktes der BRD ausmachen.

Zunehmende Komplexität und kürzere Produktzyklen führen zu einem stetigen Ansteigen der industriellen FuE-Aufwendungen für jede Technologiegeneration. Auch auf nationaler Ebene nehmen die Aufwendungen für FuE in den technologisch führenden Industrienationen laufend zu. Sie liegen heute bei etwa 3 % vom Bruttoinlandsprodukt. FuE ist damit zu einem entscheidenden Wettbewerbsfaktor in der zunehmend globalen industriellen und volkswirtschaftlichen Auseinandersetzung geworden.

Im folgenden Abschnitt 1 wird zunächst auf die Merkmale des technologischen Wandels des

Weltelektromarktes eingegangen. Abschnitt 2 behandelt die volkswirtschaftliche Bedeutung von FuE im industriellen Wettbewerb. Der dritte Abschnitt gibt einen Überblick über die Forschung und Entwicklung im Hause Siemens. Im vierten Abschnitt wird im besonderen auf die Rolle der Zentralabteilung Forschung und Entwicklung eingegangen, der die technologische Zukunftssicherung des Hauses obliegt.

1. Der Weltelektromarkt im technologischen Wandel

Der Weltelektromarkt wächst seit 1970 durchschnittlich mit 6 bis 7 % p.a. (Bild 1); er wird im Jahr 1995 über 3 Billionen DM betragen.

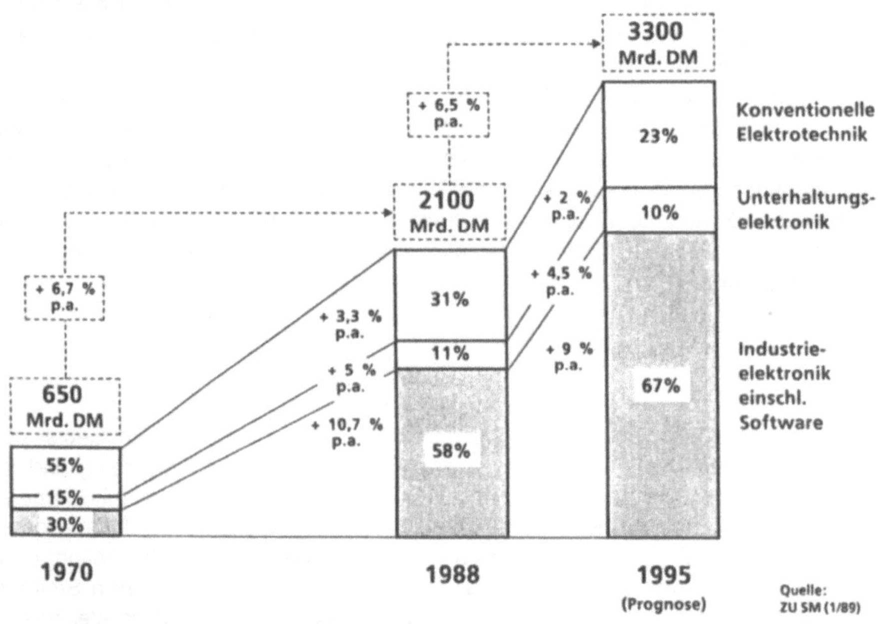

Bild 1: Strukturwandel des Weltelektromarktes

Während die "konventionelle" Elektrotechnik z.Zt. nur mehr mit 2 % p.a. zunimmt, wächst der von Mikroelektronik und Software geprägte Anteil des Elektromarktes mit fast 10 % p.a. und wird im Jahre 1995 anteilmäßig fast 70 % (1970: ca. 30 %) ausmachen.

Das Wachstum des Weltelektromarktes wird durch Innovationen geprägt. Das Innovationstempo nimmt dabei laufend zu, die Zeitabstände aufeinanderfolgender Technologiegenerationen werden - auch im Systemgeschäft - immer kürzer.

Im Bereich der Telefonvermittlungstechnik beispielsweise hatte der Hebdrehwähler einen Marktlebenszyklus von über vier Dekaden, der darauffolgende Edelmetallmotordrehwähler bereits von nur mehr knapp zwei, während die heutigen hochkomplexen elektronischen Wählsysteme Marktlebenszyklen von unter einer Dekade haben. Im Bereich der Mikroelektronik, dem wichtigsten Schrittmacher für die Informationstechnik, vervierfacht sich die Komplexität von Bausteinen innerhalb von 4 Jahren ("Moore-Kurve", Bild 2).

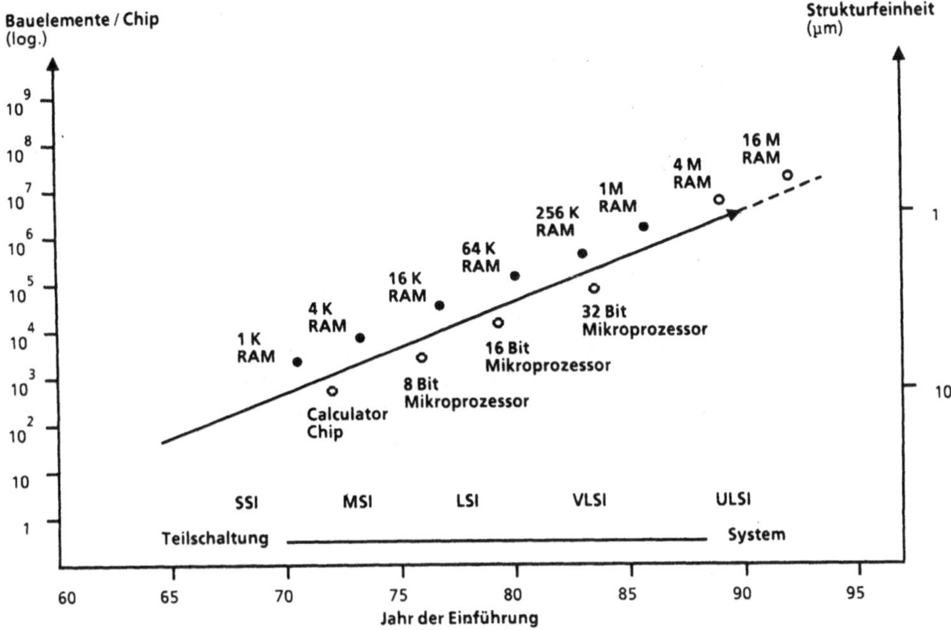

Bild 2: Die Entwicklung des Integrationsgrades bei integrierten Schaltungen

Diese Entwicklung ist das Ergebnis einer konsequenten Miniaturisierung aller Funktionselemente, wobei der flüchtige Halbleiterspeicher (DRAM Dynamic Random Access Memory) mit seinen extrem hohen Anforderungen an Wirtschaftlichkeit die treibende Rolle als Technologielokomotive ausübt. Die Logikprodukte wie Mikroprozessoren gleicher Komplexität erscheinen demgegenüber etwa 2 Jahre später auf dem Markt. Das seit 1989 in Produktion befindliche 4M-DRAM hat auf etwa 1 cm^2 Siliziumoberfläche über 8 Millionen Bauelemente integriert mit Strukturgrößen von etwa 0,8 µm. Treibende Kraft für das rasante Wachstum der Mikroelektronik ist ausschließlich die durch Miniaturisierung erreichte Verringerung der Kosten pro Bit bzw. pro logischer Funktion. Vergleichbar schnell wächst auch die Komplexität von Softwaresystemen, deren Wertschöpfungsanteil bei Bauelementen, Geräten und Systemen laufend zunimmt.

Die ansteigende Komplexität führt zu entsprechend höheren Entwicklungs- und Investitionskosten für eine Technologiegeneration. Im Bereich der Mikroelektronik findet eine Verdoppelung dieser Kosten von Generation zu Generation statt; sie lagen für die 4M-DRAM-Generation bei zusammen etwa 800 Millionen US-Dollar. Die Mikroelektronik ist dabei ein besonders signifikantes Beispiel für die Gültigkeit der Lernkurve ("Economy of Scales") und die Notwendigkeit rechtzeitig am Markt zu sein ("Time to Market"). Unter einem gewissen Produktionsvolumen und aus einer sog. Follower- Position heraus bestehen keine Chancen, die hohen Vorleistungen zu erwirtschaften, da das Zeitfenster für einen positiven Saldo immer enger wird. Als Folge dieses generellen Trends gehen viele Unternehmen Entwicklungskooperationen ein ("Burden Sharing").

Zur Zeit entfallen etwa 75 % des Weltelektromarktes zu etwa je einem Drittel auf USA, Japan und Westeuropa ("Triade"). Diese drei Regionen nehmen auch technologisch die führende Stellung ein. Charakteristikum ist ein heftiger, innovativ geführter Verdrängungswettbewerb zur Sicherung bzw. Eroberung von Marktanteilen. Die Industriefirmen operieren zunehmend global, es kommt zu strategischen Kooperationen, Allianzen und Joint Ventures. Die Liberalisierung des Fernmeldewesens und Europa '92 beschleunigen diesen Prozeß zusätzlich.

2. Forschung und Entwicklung als Wettbewerbsfaktor

Die Zunahme von FuE am volkswirtschaftlichen und industriellen Wertschöpfungsprozeß führt zur Notwendigkeit der Steigerung von Effektivität und Effizienz im FuE-Bereich, um im internationalen Wettbewerb bestehen zu können. Das moderne industrielle FuE-Management muß den oben genannten Erfordernissen des wirtschaftlich-technologischen Wandels gerecht werden. Anpassung an die unterschiedlichen Phasen des Innovationsprozesses und flexible Handhabung der Instrumente sind notwendig. Innovationsstrategien für Technologien und Produkte benötigen im Vorfeld Freiraum für Ideen, für die konsequente Umsetzung aber ein straffes Projektmanagement. Die frühzeitige Berücksichtigung von Qualitätsanforderungen und die Absicherung durch Patente gehören genauso dazu wie die Pflege und Förderung der wertvollsten Ressource, dem Personal, was zu den wichtigsten Aufgaben des FuE-Managements zählt.

Arbeitszeit und Gehaltsniveau, bei denen die BRD bekanntlich im weltweiten Vergleich mit an der Spitze liegt, gehen auch in die FuE-Produktivität ein. In Anbetracht der hohen Kapitalaufwendungen beispielsweise für Reinräume und der Höhe der Investitionen bei FuE ergibt sich zunehmend die Notwendigkeit der Mehrfachnutzung. Die Frage des Schichtbetriebs im FuE-Bereich - in den USA und Japan bereits an verschiedenen Orten praktiziert - wird man sich auch in Westeuropa und der Bundesrepublik pragmatisch stellen müssen.

Dieses führt auch zu den von Staat und Gesellschaft geschaffenen bzw. gegebenen Rahmenbedingungen, einem sehr komplexen Thema, das hier nur an zwei Punkten kurz vertieft werden soll: der staatlichen Förderung der industriellen FuE und der Ausrichtung der nationalen FuE-Anstrengungen.

In der Bundesrepublik Deutschland wurden im Jahre 1989 FuE- Leistungen im Wert von etwa 60 Milliarden DM erbracht, von denen 71 % auf die Wirtschaft entfielen. Die verbleibenden 29 % verteilen sich gleichmäßig auf Hochschulen und staatliche Forschungsinstitute. Die Wirtschaft finanziert ihren Aufwand zu etwa 90 % aus eigenen Mitteln, der Rest erfolgt über Auftragsforschung bzw. staatliche und zunehmend europäische Förderprogramme. In den USA hingegen werden ca. 30 % der industriellen FuE-Aufwendungen vom Staat finanziert, wobei dem Department of Defense eine besondere Bedeutung zukommt. In Japan liegen die Verhältnisse zahlenmäßig etwa vergleichbar mit der BRD. Allerdings scheinen indirekte Förderungen, die zahlenmäßig schwerer erfaßbar sind, in Japan eine wesentlich größere Rolle zu spielen. Hinzu kommt die vom japanischen Ministry of International Trade and Industry (MITI) konsequent betriebene Industriepolitik wie sie in der BRD und in den USA nicht entwickelt ist. Alles zusammen führt zu Wettbewerbsverzerrungen, die von der Industrie aufgefangen werden müssen.

Diese zahlenmäßigen Vergleiche bedürfen allerdings noch der Ergänzung hinsichtlich der inhaltlichen Schwerpunkte der nationalen FuE-Aktivitäten. In Westeuropa - in geringerem Maße in der BRD - bestehen - relativ und absolut gesehen - Defizite in sog. Hochtechnologien von volkswirtschaftlicher Bedeutung wie der Informationstechnik, insbesondere der Mikroelektronik. Dieses Strukturproblem betrifft nicht nur FuE, sondern auch das gesamte industrielle Geschehen. Vergleicht man beispielsweise den Verbrauch an integrierten Schaltkreisen je Einwohner, so lag im Jahre 1986 Japan mit 88 $ an der Spitze, in den USA lag dieser bei 37 $ und in Westeuropa bei nur 15 $ (BRD: 28 $) bei weiter abnehmender Tendenz.

Auch wenn dieser Vergleich einer weiteren Differenzierung bedarf, ändert sich - vor allem für Westeuropa - nichts an der Gefahr der Abhängigkeit vom Ausland auf diesem Gebiet. Zur Abwendung einer solchen Abhängigkeit wurden in Westeuropa aber auch in den USA verschiedene Initiativen und Programme unter staatlicher Beteiligung gestartet: SEMATEC (Semiconductor Manufacturing Technology) soll vor allem den Rückstand der USA gegenüber Japan auf dem Gebiet der IC-Fertigungstechnik aufholen helfen. Das EUREKA-Programm JESSI (Joint European Submicron Silicon) integriert in richtungsweisender Form IC-Hersteller und IC-Anwender unter Einbindung der Geräteindustrie und der nichtindustriellen Forschung.

3. Forschung und Entwicklung im Hause Siemens

Bild 3 zeigt die neue Unternehmensstruktur des Hauses Siemens mit 15 Bereichen, jeden für sich mit klarem Profil am Markt und verantwortlich für seine Entwicklungs-, Fertigungs- und Vertriebsaktivitäten.

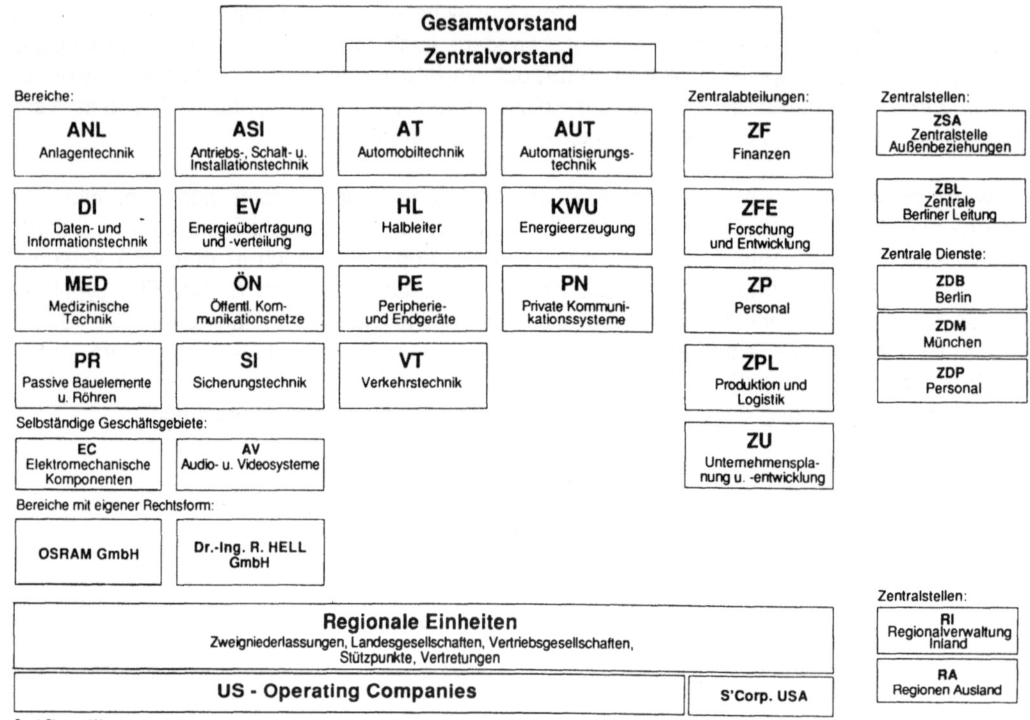

Bild 3: Organisationsstruktur des Hauses Siemens

Die Namen der Bereiche spiegeln die enorm breite Produktpalette wieder, die wiederum eine ebenso breite Technologie-Landschaft und damit auch weitgefächerte FuE-Arbeiten erfordert.

Im Geschäftsjahr 1988/89 betrugen die Aufwendungen des Hauses für FuE 6,9 Milliarden DM und damit 11,3 % vom Umsatz. Damit liegt das Haus im weltweiten Vergleich dieser Branche mit an der Spitze. Über 41000 Mitarbeiter, das sind ca. 11 % der Gesamtmitarbeiterzahl, sind in FuE beschäftigt, davon der Großteil in der BRD. FuE-Schwerpunkte außerhalb der BRD befinden sich in Österreich und in den USA.

Mehr als 80 % der FuE-Aufwendungen - davon bereits ein Drittel für Softwareentwicklung - gehen in die Produkt- und Systementwicklung, die ausschließlich in den Bereichen durchgeführt wird. Etwa 10 % der Aufwendungen entfallen auf fertigungstechnische Entwicklungen und 7 % auf die anwendungsorientierte Forschung, wobei letztere als Querschnittsaufgabe ausschließlich in der Zentralabteilung Forschung und Entwicklung durchgeführt wird.

4. Rolle und Aufgaben der Zentralabteilung Forschung und Entwicklung

Schwerpunktaufgabe der Zentralabteilung Forschung und Entwicklung (ZFE) ist Forschung und Grundlagenentwicklung für Material-, Produkt- und Systemtechnologien auf den für das Haus strategisch wichtigen Gebieten. Daneben hat sie eine beratende Funktion für die Unternehmensleitung in Fragen von FuE und eine koordinierende Funktion in übergeordneten FuE-Aufgaben wie z.B. bei FuE-Kooperationen innerhalb der Europäischen Gemeinschaft. ZFE ist auch für den gewerblichen Rechtsschutz und für die Koordinierung der Normungsarbeit im Hause verantwortlich, eine Aufgabe, der angesichts der Globalisierung des Unternehmens und vor dem Hintergrund des Europa '92 eine zunehmende Bedeutung zukommt. Dazu gehört nicht nur die patentrechtliche Absicherung der Produkte, sondern auch die aktive Verfolgung der Entwicklung im Patentrecht und die Beteiligung am Prozeß der Standardisierung.

Die Hauptaufgabe der ZFE, Forschung und Grundlagenentwicklung, umfaßt etwa 1500 Mitarbeiter an den Standorten München, Erlangen und Princeton in den USA. Mehr als zwei Drittel dieser Mitarbeiter haben eine akademische Ausbildung mit Schwerpunkten in Elektrotechnik, Physik, Mathematik, Informatik und Chemie.

Als Ergebnis der Arbeiten von ZFE werden technologische Innovationen erwartet. Der Begriff Innovation impliziert dabei nicht nur eine neue Idee, sondern auch deren (erfolgreiche) Realisierung am Markt. Die Arbeiten von ZFE - auch das sog. exploratorische Vorfeld - müssen sich daher am Technologiebedarf der Bereiche und damit am (zukünftigen) Markt orientieren, unabhängig davon, ob sie von der Bedarfsseite ("market pull" oder "demand pull") oder von der Technik ("technology push") ausgelöst werden.

Dieser übergeordneten Zielsetzung muß sich auch jedes einzelne Forschungsthema unterwerfen, in dem es sich an klaren Zielen orientiert, das durch Inhalt und Zeitpunkt, zu dem die Ziele erreicht werden sollen oder müssen, definiert ist. Das inhaltliche Erreichen eines Ziels zu einem Zeitpunkt, der ein erfolgreiches Umsetzen am Markt unmöglich macht, kann u.U. für das Haus wertlos sein.

Damit ergibt sich für die Arbeiten der Zentralabteilung Forschung und Entwicklung zwangsläufig die Notwendigkeit

1. der Festlegung der strategisch wichtigen Arbeitsgebiete,

2. des systematischen Ableitens der konkreten FuE-Ziele aus den zukünftigen Marktbedürfnissen heraus,

3. des genügend großen Freiraums in der Exploration als Basis für neue Geschäftsfelder,

4. eines den unterschiedlichen Phasen und Zielen der Forschung gerecht werdenden Bewertungssystems zur Prioritätensetzung,

5. der Optimierung des FuE-Prozesses durch konsequentes Kosten- und Zielemanagement und schließlich

6. des Transfers der Ergebnisse in die Bereiche.

Grundlage der Arbeiten von ZFE sind etwa 25 sog. Kerntechnologien, die zu fünf übergeordneten Kategorien, nämlich Material, Prozesse und Verfahren, Komponeten und Module, Software sowie Netze und Systeme subsummiert werden. Die Auswahl dieser Kerntechnologien erfolgt in Abstimmung mit den geschäftsführenden Bereichen in einem dynamischen Prozeß. Auswahlkriterien sind die Höhe des Beitrages zur Wertschöpfung und zum wirtschaftlichen Ergebnis, der Nutzen für mehrere Bereiche und das längerfristige Wachstums- bzw. Innovationspotential.

Bei der systematischen Ableitung der konkreten FuE-Ziele aus den Marktbedürfnissen ist jeweils kritisch zu prüfen, welche Ziele - sei es in den Bereichen oder in der ZFE - durch eigene Arbeiten und welche durch Zukauf oder durch Kooperation erreicht werden können bzw. müssen. Im exploratorischen Vorfeld spielt die Kooperation der ZFE vor allem mit der nationalen und internationalen nichtindustriellen Forschung eine wichtige Rolle. Diese dient nicht nur der Verbreiterung des Vorfeldes gerade bei neuen interdisziplinären Technologien und der gezielten Kompetenznutzung auf Spezialgebieten, sondern vor allem auch der Gewinnung von hochqualifizierten Nachwuchswissenschaftlern. Voraussetzung für ein gutes Funktionieren aller Kooperationen ist jedoch immer die Ausgeglichenheit der Beiträge und die Fokussierung auf ein gemeinsames Ziel.

Ein essentieller Faktor bei der Beherrschung des Innovationsprozesses ist die reibungslose und rechtzeitige Überführung der Ergebnisse der ZFE-Arbeiten in die geschäftsführenden Bereiche. Solche Schnittstellen sind nicht nur organisatorische, sondern u.U. auch "kulturelle" oder psychologische Barrieren. Letzteres ist als das sog. "Not-Invented-Here-Syndrom" allgemein bekannt. Der einfachste und zweifelsohne effizienteste Weg des Ergebnistransfers liegt vor, wenn die beteiligten Forscher das Projekt in dem betroffenen Bereich - zumindest auf Zeit - weiterführen oder begleiten. Die Identifikation mit dem Projekt und nicht mit der jeweiligen organisatorischen Einheit muß grundsätzlich im Vordergrund stehen.

Da die Beherrschung des Innovationsprozesses von Beginn an eine umfassende unternehmerische Aufgabe ist, werden die Mitarbeiter bei ZFE neben fachlichen Kenntnissen und Ergebnissen zunehmend nach Ihrer Fähigkeit, unternehmerisch zu denken und zu handlen, beurteilt bzw. gefördert. Die Fähigkeit sich in den Gesamtprozeß der Innovation zu integrieren ist für das Management von ZFE und jeden Mitarbeiter eine notwendige Voraussetzung für die Bewältigung der zukünftigen großen technologischen Herausforderungen des kommenden Jahrzehnts wie:

- Die Entwicklung maßgeschneiderter Materialien mit außergewöhnlichen Eigenschaften wie z.B. Temperaturfestigkeit und Multifunktionalität, ihre Prozeßkompatibilität und ihre Umweltverträglichkeit;

- die Steigerung des Integrationsgrades in der Siliziummikroelektronik in den Gigabitbereich;

- der Einsatz der optischen Signalverarbeitung und optischer Verbindungstechniken;

- die Integration von elektronischen, optischen, optoelektronischen und akustoelektronischen Funktionen in der Mikrosytemtechnik;

- die Beherrschung der Komplexität großer Hardware- und Softwaresysteme;

- die Steigerung der Produktivität in der Softwaretechnik;

- die Sicherheit in Informations- und Kommunikationssystemen;

- die Steigerung der Intelligenz am Arbeitsplatz;

- die Durchdringung der Informationstechnik und anderer Gebiete mit Wissens-, Bild- und Sprachverarbeitung

Gemeinsame Tendenz aller dieser Arbeitsgebiete ist die Verstärkung und frühzeitiges Einbringen von Systembetrachtungen und den zunehmenden Einsatz von Modellierung und Simulation.

Größte Herausforderung für ZFE ist aber die Beherrschung des Wechselspiels von technologischen Möglichkeiten und Marktbedürfnissen. Hier eine optimale Ausgewogenheit herzustellen ist notwendige Voraussetzung für einen späteren wirtschaftlichen Erfolg - und dieser ist letztlich das wichtigste Ziel für die Forschung im Hause Siemens.

Telekooperationen in der Forschung - Stand und Tendenzen in den 90er Jahren

Rainer Thome
Lehrstuhl für Betriebswirtschaftslehre und Wirtschaftsinformatik
Universität Würzburg

Zusammenfassung/Summary

Ausgehend von einer historischen Begründung für die Vorteile der Kooperation von Wissenschaftlern über Raum und Zeit werden einige erfolgreiche Verbundsysteme vorgestellt. Neben einer Übersicht der Kosten und Nutzeffekte eines raschen Informationsaustauschs folgt eine Analyse der noch bestehenden Grenzen für die Telekooperation.

Einführung

Das gestellte Thema zu bearbeiten ist nicht ganz einfach, weil einerseits ein zeitlicher Überblick, ja sogar ein prognostischer Ausblick und andererseits ein interdisziplinärer Überblick gewünscht wird. Ein undifferenzierter, situativer Kommentar könnte etwa so lauten:
Der Stand ist schlecht, weil die bereits vorhandenen Möglichkeiten zu wenig genutzt werden und die Tendenz ist ausgezeichnet, weil die technischen Kommunikationseinrichtungen enorme Entwicklungsmöglichkeiten versprechen.

Um gar nicht Gefahr zu laufen, eine nur unvollständigen Übersicht der Telekooperationsrealität unter Forschungseinrichtungen zu liefern, wird überhaupt nicht der Versuch unternommen, eine vollständige Transparenz über die einzelnen praktizierten Lösungen zu schaffen, sondern es wird ausschnittsweise von erfolgreichen und weniger erfolgreichen Versuchen aus verschiedenen Disziplinen berichtet.

Zunächst soll jedoch ein Plädoyer für die Verbesserung der Kommunikationsmöglichkeiten zwischen Forschern auch über größere räumliche und zeitliche Distanzen gegeben werden.

Förderung der Forschung und Entwicklung durch Informationsaustausch

Im folgenden wird eine Hypothese über den dialektischen Prozeß der Forschungsentwicklung aufgestellt und begründet. Sie soll dann dazu beitragen, die Bedeutung der Kooperation von Wissenschaftlern über die Zeit und Distanz hinweg zu erklären.

Neben der Theologie, die wegen ihres teilweise transzendentalen Charakters nicht als Beispielobjekt herangezogen werden soll, nimmt die Medizin ganz sicher zu Recht in Anspruch, die älteste Wissenschaft zu sein, da Menschen vom Anfang ihrer Entwicklung an die Kenntnis über Hilfsmaßnahmen zur Linderung von Schmerzen und zur Heilung von Gebrechen als eine große Kunst betrachtet haben (Medizinmänner, Schamanen). Dabei wurden durchaus erfolgreiche Behandlungen durchgeführt, wie sich dies aus mannigfachen Funden von geheilten Knochenbrüchen ableiten läßt, die zweifelsfrei durch Einrichten und Schienen behandelt worden waren.

Seit über 100 Jahren sind die Medizinhistoriker jedoch fasziniert von den Trepanationen, die nachgewiesenermaßen bereits im Neolithikum zu einer hohen Kunst entwickelt waren (BRO76). Warum diese teilweise sehr kunstvoll durchgeführten und am Verwachstumszustand feststellbar auch gelungenen Operationen überhaupt gemacht worden sind, wissen wir nicht. Mannigfaltige Theorien sind darüber angestellt worden. Die ubiquitäre Verbreitung, auch in Amerika sind präparierte Schädel gefunden worden, weist auf ein allgemeines Bedürfnis nach diesem Eingriff. Er wurde bei Männern und Frauen vorgenommen, was auf eine nicht rein rituelle Handlung (Weiheritus) hindeutet. Heute ist allgemein die Ansicht verbreitet, daß es sich um einen medizinischen Eingriff zur Therapie von Epilepsie und Besessenheit gehandelt haben muß. Es bleibt die Frage, warum dieser Irrweg Jahrtausende lang gegangen wurde und für die Patienten jede Vorstellungskraft überbietende Leiden erzeugt hat. Bis in das 17. Jahrhundert haben Chirurgen Schädel geöffnet, "damit die schädliche Luft entweichen könne" (TEM45, S. 244).

Wenn man unterstellt, daß die dem Menschen eigene Schöpfungsmöglichkeit von Ideen, den gleichen Gesetzen unterliegt wie die belebte Natur und die Ideen demnach wie Organismen neu entstehen, sich entwickeln und sterben können, zeigt sich in dem außergewöhnlichen Fall der Trepanation ein Musterbeispiel einer solchen Idee. Immer wieder muß sich den neolithischen Medizinmännern beim Anblick der hoffnungslos scheinenden Fälle von Besessenheit und Krampfleiden der Gedanke aufgedrängt haben, diesen erschreckenden Fremdzustand zu beenden, indem man den vermeintlichen Druck im Schädel entweichen läßt.

Wird die Evolution von Ideen dem gleichen Selektionsdruck ausgesetzt, wie die belebte Natur ihre Mutanten ausliest, müssen sie sich entweder erfolgreich behaupten oder untergehen. Ein Selektionsdruck für Ideen konnte aber in prähistorischer Zeit mangels schriftlicher Festlegungen nicht einsetzen. Nur das Festhalten einer Idee in fixierter, geschriebener Form kann einen (dem Selektionsdruck analogen) dialektischen Prozeß der Weiterentwicklung von Ideen aufkommen lassen - einen Prozeß, den wir wissenschaftliches Denken oder Forschung nennen (THO78).

Das Beispiel der Trepanation aus der Medizin zeigt auf impressive Weise, wie Ideen aus bestimmten existentiellen Situationen trotz jeglichen Erfolgsmangels immer und immer wieder wie Seifenblasen entstehen und, solange sie nicht festgehalten und damit zum Erfahrungswissen geworden sind, ohne Nachprüfung und ohne Kritikmöglichkeit ihren Wahrheits- oder Erkenntnisgehalt nicht unter Beweis stellen müssen. So wird neben der Idee als autochthoner, genialer Leistung des menschlichen Gehirns die Dokumentation und Weitergabe zur unabdingbaren zweiten Voraussetzung aller Wissenschaft und Forschung.

Mangels jeglicher Aufzeichnungsmöglichkeit wurde zunächst nur mit verbaler Überlieferung versucht Erkenntnisprozesse zu tradieren. Dabei muß man mit größten Ungenauigkeiten rechnen. Mythen- und Legendenbildung sind die Leitgedanken jener Epoche.

Damit aber entzieht sich die ursprüngliche Idee infolge der Ungenauigkeit der nicht fixierten Aussage nicht nur jeder Kritik, sondern sie wird in der Hand der Wissenden tabuisiert und zur Sicherung des eigenen Erkenntnisstandes vor jeder kritischen Äußerung geschützt.

Ein deutlicher Schritt in die Dokumentation von Ideen war die bildhafte Fixierung in Form einer Zeichnung, einer Skulptur oder eines Symbols. Eine in unserem Sinne wissenschaftliche Evolution einer Idee kann jedoch erst auf Basis einer präzisen schriftlichen Dokumentation erwartet werden. Dabei muß auch zwischen der Phase der Handschriften, in der jeder Abschreiber seine Erfahrungen einfließen ließ und der Phase der mechanischen Vervielfältigung nach Erfindung des Buchdrucks unterschieden werden, seit der erst eine größere Zahl von Interessierten die jeweils beschriebenen Erkenntnisse im Zugriff haben kann.

Viele dieser Erkenntnisse über die Struktur unserer Umwelt sind grundsätzlich nur durch Aufzeichnung und Überlieferung zu erlangen. Dazu gehören insbesondere die Beobachtungen von Naturerscheinungen, wie Klimaschwankungen und Gestirnskonstellationen am nächtlichen Himmel, die sich nur in großen Zeiträumen wiederholen. Aber auch die in kürzeren Zeitzyklen auftretenden Ereignisse, für die sich bereits frühzeitig eine Notwendigkeit zur Aufzeichnung ergab, haben den Erkenntnisprozeß außerordentlich beflügelt. Dazu sind insbesondere die regelmäßigen Überflutungen der nutzbaren Ackerflächen entlang des Nilstromes zu rechnen. Die totale Überschwemmung und Einschlämmung der Bebauungsfläche erzwang eine Aufzeichnung der Feldgrößen und ihrer Eigentümer und induzierte auf diese Weise sowohl eine Beschreibung in Form der darstellenden Geometrie als auch die Entwicklung von Methoden zur Neuausmessung und Neufixierung der jeweiligen Feldgrenzen nach der jährlichen Überflutungsperiode.

Unzählige Erkenntnisprozesse sind sicherlich dem allgemeinen Wissenstand dadurch vorenthalten geblieben, daß ihre Träger sie nicht als solche erkannten oder auch nicht weitergeben wollten. Über sie kann naturgemäß nicht berichtet werden. Es gibt jedoch Beispiele, aus denen deutlich abzuleiten ist, daß erst die Weitergabe bzw. Veröffentlichung einer Idee bei vielen anderen den Impuls zur weiteren Ausarbeitung und durch die damit möglich gewordene Nutzung des geistigen Potentials mehrerer Beteiligter eine sinnvolle Gesamtlösung erarbeitet werden konnte. Wegen ihrer teilweise Skurrilität geradezu amüsant ist die Geheimniskrämerei der Gebrüder Wilbur und Orville Wright, die nachgewiesenermaßen die ersten erfolgreich funktionierenden motorgetriebenen Luftfahrzeuge entwickelt haben. Diese in den ersten Jahren unseres Jahrhunderts entwickelten Flugapparate, die bereits 1905 einen Dauerflug von 38 Minuten und 3 Sekunden über eine Strecke von fast 39 km ermöglicht haben, blieben für die damalige Schar begeisterter Aviateure und Konstrukteure von Luftfahrzeugen weitestgehend unbekannt. Einzelne Berichterstatter, die in Europa die Versuche der Wrights kolportierten, wurden verspottet und verlacht, da sie keinerlei exakte Beschreibungen der unter größter Geheimhaltung durchgeführten Versuche abgeben konnten. Erst die Veröffentlichung eines Berichts mit einer Zeichnung des Wright'schen Flugapparates in der Zeitschrift L'Auto am 24. Dezember 1905 brachte die Impulse der amerikanischen Entwicklung nach Europa, wo sie sofort aufgegriffen und experimentell umgesetzt wurden.

Viele Erkenntnisse astronomischer Art, die für unser Selbstverständnis als Wesen in einer kosmischen Umwelt eine wichtige Basis bilden, sind nur durch die Anregung und Weitergabe von Forschern und Entdeckern entwickelt worden, die teilweise als Hobbyastronomen tätig waren. So gilt dies für den Bremer Arzt Olbers, der auf Basis seiner Himmelsbeobachtungen Berechnungen über die Dimension des Weltraums angestellt hat, bei denen er ohne Zweifel zum Ergebnis kam, daß der Kosmos, wenn er wirklich unendlich groß wäre, wie das zum damaligen Zeitpunkt vermutet wurde, durch die dann in ihm enthaltenen unendlich vielen Sterne auch in der Nacht taghelle Verhältnisse auf der Erde schaffen müßte. Seine These und die Berechnungen, die als Olber'sches Paradoxon bekannt wurden, konnten durch viele andere Wissenschaftler aufgegriffen und weiter analysiert werden und haben sicher mit dazu beigetragen, daß heute ein anderes kosmologisches Bild des Weltalls vorherrscht, bei dem wir von der Nichtunendlichkeit sowohl in Zeit als auch Raum ausgehen können.

Ansätze und Tendenzen zur Telekooperation

Neue experimentelle Methoden zur Darstellung, Klonierung und Sequenzierung der DNA-Moleküle von Organismen haben die Biologie revolutioniert und es ermöglicht, genetische und zelluläre Prozesse zu analysieren und zu beeinflussen. Die Anwendung solcher Methoden durch verschiedene Forschungseinrichtungen hat im Rahmen des internationalen Austauschs von Ergebnissen zu beträchtlichen Datenströmen geführt. Die wissenschaftliche Kommunikation ist jedoch auch hier durch herstellerabhängige Insellösungen behindert.

Um dies zu ändern, wurde in den letzten Jahren z.B. am Deutschen Krebsforschungszentrum (DKFZ) in Zusammenarbeit mit der Universität Heidelberg ein Software-System entwickelt, das nahezu alle Fragestellungen der experimentellen Arbeit in diesem Bereich unterstützt. Dieses unter der Bezeichnung "HUSAR" (Heidelberg Unix Sequence Analysis Resources) vorgestellte Programm arbeitet unter dem Betriebssystem UNIX und erlaubt damit eine vergleichsweise herstellerunabhängige Hardware. Die in HUSAR verfügbaren Analyseprogramme können auf praktisch alle international verfügbaren Sequenz-Datenbanken zugreifen. Eine Umfrage des DKFZ unter den einschlägigen Forschungsgruppen in der Bundesrepublik hat erwiesen, daß ein großes Interesse an der bundesweiten Kommunikation zur Nutzung der Software und der Datenbanken für Biocomputing besteht.

Die Telekom weitet zur Zeit ihr Angebot im Rahmen der Breitbandvideokommunikation aus, um auch kommerzielle Anwender für dieses reisekosten-, insbesondere aber zeitsparende Instrumentarium zu begeistern. Erste Anwender waren auch hier Wissenschaftler, die eine Kooperation von Krankenhäusern in Fragen der Diagnostik und Therapie von Krebspatienten aufgebaut haben. Röntgenbilder, Computertomogramme und sonstige Aufnahmen von Patienten können über große Distanzen von besonders erfahrenen Ärzten diagnostisch ausgewertet werden. Auch die Beobachtung von Behandlungsabläufen und Operationen ist über beliebige Entfernungen möglich.

Ein gänzlich anderer Aspekt, der nicht aus der wissenschaftlichen Forschung aber aus der Erforschung um die Probleme bei der Anwendung neuer Produkte stammt, ist die Entwicklung von Kundendienstinformationssystemen im weitesten Sinne. Die Verkürzung der Innovationszyklen für technische Artikel bei gleichzeitiger wesentlicher Erhöhung der Komplexität führt dazu, daß die Kundendiensteinrichtungen kaum mehr in der Lage sind, neue Kenntnisse über die Pflege und Wartung der Produkte schnell genug zu erlangen. Auch hier können Kommunikationsnetze erheblich weiterhelfen, weil sie einerseits die an einer Stelle gemachten Erfahrungen sofort an alle Betroffenen in Form von Hinweisen zur Produktpflege bzw. Reparatur weitergeben können und andererseits die betroffenen Wartungstechniker überhaupt erst in die Lage versetzen, sich rechtzeitig das Know How bezüglich neuer Produktgenerationen anzueignen.

Nutzen und Kosten

Die Kosten einer Telekooperation sind im Vergleich zu anderen Datenverarbeitungsaktivitäten besonders gut zu ermitteln. Einerseits sind die Terminalstrukturen in ihren Beschaffungs- und

Aufstellungskosten noch überschaubar und andererseits werden für die Beanspruchung der Kommunikationsnetze in der Regel exakte Gebührenabrechnungen von der Telekom vorgelegt.

Wie üblich ist die Nutzenbewertung von Kommunikationsleistungen wesentlich schwieriger. Es gibt allgemeine Abschätzungen, die den Nutzen aus dem Umsatz bzw. Bruttosozialprodukt als Pauschalbetrag ableiten (WEI87), und es gibt Ansätze, die aus einzelnen Teilnutzen den gesamten positiven Effekt von Telekommunikationssystemen herausarbeiten. Dazu gehört die Ermöglichung von Auslandskontakten, die ansonsten für viele im Hochschulbereich tätigen Wissenschaftler mangels der Reisefinanzierungsmöglichkeiten fast ausgeschlossen sind. Weiterhin erlaubt die Vernetzung von Wissenschaftseinrichtungen untereinander auch die Unterstützung bei der Anwendung neuer komplexerer Softwaresysteme, da man nicht nur den Hersteller, sondern den Kollegen befragen kann, der wahrscheinlich eine ähnliche Problemstellung und gleichzeitig eine entsprechend ausgerichtete Vorgehensweise hat und damit häufig schneller als der Softwarehersteller Unterstützung bieten kann.

Neben der unmittelbaren Kommunikation von Personen, die am Forschungsprozeß beteiligt sind, helfen Rechnernetze insbesondere heute bereits im Rahmen der Beschaffung von Informationen aus elektronischen Informationssammelsystemen und auch aus klassischen literaturbasierten Informationssammlungen, indem sie Standorte nachweisen. In diesem Rahmen wird von den öffentlichen Bibliotheken der Länder Baden-Württemberg, Bayern, Hessen, Niedersachsen und Nordrhein Westfalen je ein Verbundsystem angestrebt, das einerseits die Verbundkatalogisierung ermöglichen und andererseits auch einen landesweiten Bestandsnachweis erlauben soll. Damit werden die Grundvoraussetzungen geschaffen, über die Arbeitsplatzterminals der Wissenschaftler auf einen als "On Line Public Access Catalogue" bezeichneten Informationsbestand zuzugreifen. Das in Bayern in diesem Zusammenhang laufende Verbundprojekt SOKRATES (DV-Systeme für On Line Catalogue Recherche, Ausleihe, Telekommunikation, Erwerb und Katalogisierung von Schrifttum) baut auf einem allgemeinen Datenbankverwaltungssystem auf, das auch dem sporadischen Benutzer detaillierte und individuelle Recherchefragen ermöglichen wird.

Über der Skizzierung von maschinell unterstützten Katalogrecherchen sollte nicht die fundamentale Umwälzung übersehen werden, die sich für die wissenschaftliche Forschung aus diesen aktiven Auskunftssystemen ergibt. Während noch bis vor wenigen Jahren zumindest in den Geisteswissenschaften ein großer Teil der Forschungsarbeit auf das Auffinden, die Auswahl und die Erschließung von Literaturbeiträgen ausgerichtet war, erübrigen sich diese Arbeitsschritte künftig zum großen Teil. Daraus ergeben sich vollkommen neue Konzentrationsmöglichkeiten auf die Auswertung der Fundstellen.

Alle futuristischen Beschreibungen von Büroabläufen gehen davon aus, daß selbst diese Arbeiten der Literatursuche in Zukunft von sogenannten "Agents" noch weiter unterstützt werden. Der persönliche Agent ist der maschinelle Assistent eines jeden Bürotätigen und übernimmt die verbal oder über die Tastatur eingebenen Informationsverarbeitungswünsche und erledigt deren Ausführung. In den Präsentationen aller großen DV- Unternehmen zu diesem Umfeld wird damit der Wunschtraum verwirklicht, daß derartige lästige Arbeiten automatisch erledigt werden.

Ein weiterer wesentlicher Gesichtspunkt für die Kommunikation über elektronische Medien ist die Möglichkeit, asynchron zu kommunizieren, indem man dem Partner Nachrichten hinterläßt, die dieser wiederum, ohne in unmittelbaren Kontakt treten zu müssen, beantworten und zurücksenden kann.

Neben diesen inhaltlichen Vorteilen einer maschinellen Kommunikation gibt es die Nutzung von entfernt installierten Softwaresystemen und die Nutzung entfernt installierter Hardware.

Momentane Situation

Trotz der geschilderten Bemühungen um den Aufbau einer Infrastruktur sowohl auf Hardwareseite als auch im Bereich der Bereitstellung von Informationen für einen einfachen Abruf wichtiger Informationen, für den unmittelbaren Gedankenaustausch zwischen Forschergruppen und die Recherche über den Standort konventionell aufgezeichneter Daten bietet sich bezüglich der tatsächlichen Nutzung der Möglichkeiten ein eher düsteres Bild.

Die Telekom hat stagnierende Zahlen bezüglich der Bildschirmtextanschlüsse, die Deutsche Mailbox GmbH kommt nicht über 3.000 Nutzer ihres Electronic Mailing Systems, die Bulletinboards verschiedener wissenschaftlicher Vereinigungen können kaum genutzt werden, weil die Abfrage der eingegebenen Information durch den adressierten Kollegen nicht gesichert ist und die Anbieter von internationalen Sammel-, Verknüpfungs- und Auswertungssystemen wissenschaftlicher Daten kommentieren: "Wir suchen händeringend Anwender". Gleichzeitig steigen die Zahlen der Telephonate, Kongresse und Publikationen laufend weiter an.

Die Begründungen für diesen unbefriedigenden Zustand sind vielfältiger Art, so wird die Ausrüstung der wissenschaftlichen Arbeitsplätze als nicht homogen gerügt, weil dadurch nicht alle Adressaten einer Mitteilung auch tatsächlich erreicht werden können. Von denjenigen, die über eine entsprechende Ausrüstung verfügen, wird bemängelt, daß der Inhalt der Message-Boxen zu selten eine attraktive Nachricht enthält, für die es sich lohnen würde, täglich danach zu schauen.

Vielleicht führt aus diesem circulus vitiosus nur eine stärkere Beteiligung jüngerer Forscher heraus, für die ein derartiges Kommunikationssystem eine größere Selbstverständlichkeit aufweist, die, wie die berühmten jüngeren Mitarbeiter in klassichen betrieblichen Abteilungen, die älteren einfach mittreiben müssen. Diese Hoffnung findet auch in der Tatsache Nahrung, daß sich die jungen Mitarbeiter in Forschungseinrichtungen ihre Ausrüstung (PC, Modem, Btx-Anschluß etc.) häufig privat kaufen, während die etablierten Forscher auf die Genehmigung eines entsprechenden Antrags warten.

Literatur

KLI59: KLINCKOWSTROEM, C.: Geschichte der Technik.München Zürich 1959.

KIP84: KIPPENHAHN, R.: Licht vom Rande der Welt. Das Universum und sein Anfang. Stuttgart, 1984.

BRO76: BROCA, C.: Sur la trépanation du crâne et les amulettes craniennes á l'epoque néolithique. Congrès internat. anthrop. et arch. préhist. . Budapest, 1876.

TEM45: TEMKIN, O. : The Falling Sickness. Baltimore, 1945.

GRI87: GRIMM, R.: Der Wissenschaftler-Arbeitsplatz der FhG. In: Paul, M. (Hrsg.): GI-17. Jahrestagung, Computerintegrierter Arbeitsplatz im Büro. Informatik Fachberichte 156. Berlin Heidelberg New York, 1987.

THO78: THOME, R.: Dokumentation und Statistik als Vorausbedingung wissenschaftlicher Erkenntnis umweltbedingter Abläufe. In: Böhm, K. et. al. (Hrsg.): Historie der Krankengeschichte. Stuttgart New York, 1978.

WEI87: WEIZSÄCKER, C. C.: Die Lokomotive des Informationszeitalters. FAZ vom 19.12.1987.

Neuronale Netze, ein Beispiel für die interdisziplinäre Forschung

Rolf Eckmiller
Abteilung Biokybernetik,
Universität Düsseldorf

Zusammenfassung

Die Neuroinformatik (im englischen Sprachraum bekannt als: Neural Networks for Computing oder Connectionism) strebt danach, Informationsverarbeitungseigenschaften und Leistungen technisch zu realisieren, wie sie im Nervensystem von Tieren gegeben sind. Weltweit wird diese Grundlagenforschung und zum Teil bereits Angewandte Forschung betrieben von mehreren tausend Wissenschaftlern der Mathematik, Informatik, Elektrotechnik, Physik, Neurobiologie und den Ingenieurwissenschaften.

Die Neuroinformatik hat folgende zwei Haupt-Antriebe:

1. Suche nach technischen Lösungen zur Erzeugung intelligenter Funktionen durch 'Special Hardware' wie zum Beispiel Erkennung von Bildern und Sprachmustern, assoziatives Lernen und Gedächtnis und ferner Steuerung lernfähiger Roboter und autonomer Vehikel.

2. Erforschung der neurobiologischen Informationsverarbeitungs-Prinzipien einschließlich des menschlichen Gehirns für diagnostische und therapeutische Zwecke.

Im Gegensatz zu herkömmlichen, softwaregetriebenen, synchron und digital, seriell arbeitenden Computern funktionieren 'Neuronale Computer' typischerweise asynchron, analog (oder hybrid), voll parallel und erlangen die gewünschte Funktion durch Selbstorganisation während eines Lernvorgangs.

In den Software-getriebenen Computern, die bekanntlich auch für die meisten KI-Forschungsansätze verwendet werden, sind die zugrundeliegenden mathematischen Probleme algebraisch-analytisch repräsentiert. Im Gegensatz dazu sind die Abbildungsfunktionen, die in einer Fliege ablaufen und die eine kollisionsfreie Flugbahn erzeugen (als typisches Beispiel) in dem neuronalen Netz nicht algebraisch-analytisch repräsentiert, sondern geometrisch-topologisch in die dynamische Netz-Topologie eingebettet. Diese Prinzipien werden in der Neuroinformatik erforscht.

1. Einleitung

Das junge Forschungsgebiet der Neuroinformatik (alias: Neural Networks for Computing), welches sich auch in der Bundesrepublik mit Förderung der Europäischen Gemeinschaft (ESPRIT II; ANNI; PYGMALION; BRAIN), des Bundes (BMFT-Verbundvorhaben) und mehrerer Bundesländer (insbesondere: MWF in Nordrhein-Westfalen) etabliert, befaßt sich mit der Übertragung von Konzepten der Informationsverarbeitung in biologischen Nervensystemen auf technische neuronale Netze (NN). Ebenso wie im Bereich der herkömmlichen KI-Forschung geht es um technische Systeme für 'intelligente' Leistungen, also: Erkennung von visuellen Szenen und von Sprache, Assoziatives Lernen und Gedächtnis, sowie Bewegungssteuerung 'intelligenter' Roboter. Während jedoch die KI-Forschung bisher hauptsächlich daran arbeitet, intelligente Funktionen durch Software auf kommerziell verfügbaren Rechnern (Supercomputer, wie: Cray oder massiv parallele Computer, wie: Connection Machine, SUPRENUM oder Transputer-Systeme) zu erzielen, strebt die Neuroinformatik mittelfristig nach spezieller Hardware für intelligente Funktionen. Diese spezielle Hardware wird aus vielen Tausend Einzel-Prozessoren (hier Neurone genannt) bestehen, die über viele Tausend variable Verknüpfungspunkte (hier Synapsen genannt) NNs von sehr unterschiedlicher Netzwerk-Topologie bilden. Eine gewünschte Funktion wird nicht per Software, die eine algorithmische Repräsentation des mathematischen Problems darstellt, sondern durch Selbstorganisation des NN erzielt. Diese Selbstorganisation des NN entsteht während einer Lernphase durch das Zusammenwirken einer geeignet gewählten Anfangs-Topologie des NN, aufgeprägten Lernregeln zur gezielten Einstellung der Gewichtsfaktoren der Synapsen und durch eine größere Zahl von Lernangeboten. Der Zusammenhang zwischen Anfangs-Topologie, Lernregel und Lernangebot einerseits und der gewünschten intelligenten Funktion andererseits, ist gegenwärtig der Hauptgegenstand der Neuroinformatik-Forschung und führt zu dem neuen Berufsbild des Netzwerk-Architekten. Da zur Zeit nur wenige NNs in Hardware implementiert sind [2,23], werden viele NNs als Computer-Simulationen auf Workstations realisiert. In den nächsten zehn Jahren sind jedoch kommerzielle NN-Hardware Systeme oder Hybrid-Systeme mit NN-Hardware zu erwarten, da die Vorteile von NNs, wie Fehlertoleranz und Geschwindigkeit durch voll-parallele Informationsverarbeitung nur durch spezielle Hardware voll auszunutzen sind.

2. Biologische Grundlagen

Das Zentralnervensystem (Gehirn) des Menschen ist ein informationsverarbeitendes System. Dies gilt ebenso für einen kommerziell verfügbaren Computer. Einige grundsätzliche Unterschiede können wie folgt aufgelistet werden:

Gehirn: Hardware - etwa 10^{11} Nervenzellen mit etwa
10^3 - 10^4 variablen Synapsen am Eingang je Nervenzelle und etwa
10^3 - 10^4 Ausgangs-Synapsen je Nervenzelle

Memory - in verschiedenen Teilfunktionen der Synapsen analog
Informationsverarbeitung - parallel, analog (diskret-),
asynchron (ohne Clock)
Programmierung - Selbstorganisation durch Lernvorgang
Verbindungen - etwa 10^{15} Verbindungen

Computer: Hardware - z.B. 10^7 Transistoren mit je einem
Eingang und Ausgang

Memory - z.B. 10^{11} Transistoren (digital)
Informationsverarbeitung - sequentiell, digital,

	synchron (mit Clock)
Programmierung -	Software als Sequenz von Instruktionen
Verbindungen -	32 Verbindungen zwischen CPU und Memory z.B. bei 32 bit Wortlänge

2.1. Funktionselemente

Das Zentralnervensystem kann in stark vereinfachter Form auf eine Vielzahl von Nervenzellen und Synapsen zurückgeführt werden. Nervenzellen geben ihre jeweiligen 'Rechenergebnisse' in Form einer Folge von Impulsen (mit einer Impulsdauer von etwa 1 Millisekunde) oder als langsame Schwankungen des Membranpotentials ab. Diese Ausgangssignale erreichen andere Nervenzellen nach Signalfortleitungsprozessen längs der zugehörigen Nervenzellfortsätze. Die Übergangskontakte zwischen zwei Nervenzellen sind Synapsen. Es gibt jedoch auch andere Kontaktarten, die bisher in der Neuroinformatik kaum berücksichtigt werden [27,35].

2.2. Typische Eigenschaften der Informationsverarbeitung in biologischen Neuronalen Netzen

Eine Nervenzelle führt eine kontinuierliche (analoge) Bewertung aller erregenden und hemmenden Eingangssignale durch und repräsentiert das Bewertungsergebnis als Zeitverlauf seines Membranpotentials. Sofern dieses ständig schwankende Membranpotential (im Bereich von etwa -40 bis -90 Millivolt der Potentialdifferenz zwischen dem Intrazellular-Raum der Nervenzelle und dem auf Null-Potential liegenden Extrazellular-Raum) unterhalb der Membran-Schwelle bleibt, wird kein Ausgangssignal in Form von Impulsen erzeugt. Sobald jedoch die Membran-Schwelle (z.B. bei -60 Millivolt) in Richtung kleinerer Spannungswerte überschritten wird, so werden am Nervenzell-Ausgang Impulse erzeugt, deren Impuls-Intervallkehrwerte in erster Näherung proportional zu dem überschwelligen Membranpotential-Verlauf sind. Es gibt jedoch auch viele Nervenzellen (z.B. in der Retina), die keine Codierung des Membranpotentials in eine Impulsraten-Zeitfunktion vornehmen, sondern direkt mit nachgeschalteten Nervenzellen kommunizieren.

Die Impulsfolge verläßt die Nervenzelle typischerweise über einen einzelnen Nervenfortsatz (Nervenfaser), der Axon genannt wird. Je nach den Membran-und Isolationseigenschaften des Axons wird die Folge einzelner Impulse mit Geschwindigkeiten von unter 1 Meter pro Sekunde bis zu über 100 Meter pro Sekunde fortgeleitet und erreicht infolge der axonalen Endaufzweigung viele andere Nervenzellen über Synapsen.

Es werden mindestens zwei Arten von Synapsen unterschieden; erregende Synapsen erzeugen eine Membranpotentialschwankung (EPSP) in Richtung Membranschwelle, während hemmende Synapsen einen Impuls in eine Membranpotentialschwankung (IPSP) in Richtung negativerer Werte umwandeln. Die EPSPs und IPSPs haben typischerweise einen Verlauf mit einer Zeitkonstante von etwa 10 Millisekunden. Eine Nervenzelle kann also viele IPSPs und EPSPs in asynchroner Folge von vielen verschiedenen anderen Nervenzellen empfangen und daraus die resultierende Membranpotential-Zeitfunktion ermitteln. Die Synapsen wirken einerseits als Decodierer der Impulsfolgen und sind andererseits verantwortlich für eine hemmende oder erregende Bewertung der Impulse.

Für Zwecke der Selbstorganisation müssen die Gewichtsfaktoren einzelner Synapsen (Amplitude des IPSP oder EPSP z.B. zwischen 0 und 10 Millivolt) unter bestimmten Bedingungen veränderbar sein. Es gibt eine Reihe von biologischen Experimenten, in denen eine derartige Veränderung einer Synapse mit einem Lernvorgang in Verbindung gebracht wurde [4,37,42).

2.3. Typische Netzwerk-Topologien im Primaten-Gehirn

Das Zentralnervensystem von Primaten (Affe und Mensch) besteht aus vielen Hirnregionen, in denen Nervenzellen in (grob vereinfacht) ähnlicher Netzwerk-Topologie miteinander verknüpft sind. Einige Beispiele für die für verschiedene Hirnregionen charakteristischen Topologien sollen im folgenden angesprochen werden.

2.3.1. Retina

Die Retina oder Netzhaut entwickelt sich aus einem Teil des Zwischenhirns und stellt wegen seiner direkten Zugänglichkeit außerhalb der Schädelhülle die am besten untersuchte Hirnregion dar [32,33]. Beim Menschen besteht die Photorezeptor-Schicht aus etwa 120 Millionen Rezeptor-Zellen (Zapfen und Stäbchen). Die Retina hat eine fünf-schichtige Netzwerk-Topologie und gliedert sich in die Schichten für: Photorezeptoren, Horizontalzellen, Bipolarzellen, Amakrine Zellen und Ganglienzellen. Das "Rechenergebnis" der Retina liegt voll-parallel als Aktivitätsmuster der Ganglienzellen (beim Menschen etwa 1,2 Millionen Zellen) an, deren Axone den Sehnerv bilden. Der Signaltransport von der Photorezeptor-Schicht zur Ganglienzell-Schicht erfolgt über die Bipolarzell-Schicht. Die jeweils dazwischenliegenden Schichten der Horizontalzellen und der Amakrinen Zellen bilden sich lateral ausbreitende Netze, die einen Signaltransport auch senkrecht zur Haupt-Signalflussrichtung (von Rezeptoren zu Ganglienzellen) bewirken. Da jede Ganglienzelle in ihrer Aktivität von mehreren Photorezeptoren beeinflußt werden kann (im Durchschnitt muß eine Konvergenz von etwa 100 Rezeptor-Zellen auf eine Ganglienzelle vorliegen), spricht man von dem rezeptiven Feld einer Ganglienzelle [35).

Im Prinzip hat jede Nervenzelle mit Eingängen von einem Sinnesorgan ein rezeptives Feld bezogen auf das jeweils funktionell zugeordnete Rezeptor-Areal, dessen Reizung eine Veränderung in der Aktivität der gegebenen Nervenzelle verursacht.
Die Informationsverarbeitung in der Retina erfolgt durch Bewertung langsamer Membranpotential-Änderungen. Erst die Ganglienzellen codieren die "Rechenergebnisse" der Retina in neuronale Impuls-Folgen um.

Die Retina ist seit langem das Objekt von Software- und Hardware-Simulationen [13,21,34].

2.3.2. Visueller Cortex

Die sogenannte Großhirnrinde gehört zu den phylogenetisch jüngsten Hirnregionen und nimmt auch in der Entwicklungs-Linie von niederen Wirbeltieren, z.B. Fischen (Großhirnrinde noch nicht existent) über Reptilien und Vögel (sehr kleiner Teil von Großhirnrinde), Ratten, Katzen und schließlich zu Primaten einen immer größeren Teil des Gesamt-Gehirns ein [40].

Die Großhirnrinde besteht aus vielen Teilbezirken mit jeweils unterschiedlicher, mehrschichtiger Netzwerk-Topologie. Der visuelle Cortex (der wiederum in mehrere Teilareale zu unterteilen ist, die jeweils eine retinotope Repräsentation der visuellen Information darstellen) gehört zu den vielen sensorischen Bereichen der Großhirnrinde. Daneben gibt es noch motorische und sogenannte assoziative Rindenbereiche [6,35].

Die Netzwerk-Topologie des primären visuellen Cortex (Area 17) der Katze besteht aus 6-8 Schichten (je nach Zählweise). Das von der Retina über den Thalamus (Corpus geniculatum laterale) voll-parallele Aktivitätsmuster erreicht (bereits in zwei verschieden vorverarbeitete Muster getrennt) den visuellen Cortex in zwei getrennten Schichten (einerseits Schicht 4ab und andererseits Schicht 4c). Zwischen- oder Endergebnisse der Informationsverarbeitung im primären visuellen Cortex verlassen diesen wiederum voll-parallel von verschiedenen Schichten aus. Innerhalb dieses flächenartig ausgebreiteten, mehrschichtigen neuronalen Netzes erfolgt die Informationsverarbeitung auf noch unklare Weise, die offenbar auch Iterations-Schleifen beinhaltet [22,38,43].

Es gibt Hinweise darauf, daß die Netzwerk-Topologie des visuellen Cortex auch durch besondere neuronale Eingänge (evtl. vom Thalamus kommend) dynamisch moduliert werden kann [14]. Prinzipiell sollte die Möglichkeit zur raschen Modulation der Netzwerk-Topologie in biologischen und technischen neuralen Netzen immer mitberücksichtigt werden als eines der wesentlichen Konzepte zur voll-parallelen Informationsverarbeitung. Bei Affen und Menschen ist die Schichten-Zahl des primären visuellen Cortex etwas höher [14].

2.3.3. Cerebellärer Cortex

Das Kleinhirn (Cerebellum) besteht aus vielen Regionen der Kleinhirnrinde (Cortex cerebelli), deren "Rechenergebnisse" mehreren Kleinhirnkernen zur Verfügung gestellt werden. Besonders wegen seiner charakteristischen, nahezu regelmäßigen Architektur (im Unterschied zur Topologie) wurde der Cerebelläre Cortex häufig das Objekt von Simulationen und von Modell-Überlegungen der Informationsverarbeitung in biologischen neuronalen Netzen [12,30].

Ebenso wie die Großhirnrinde besteht auch die Kleinhirnrinde aus vielen Teilregionen mit unterschiedlichen Funktionen. Die Kleinhirnrinde (mit ähnlicher Topologie bei Affen und Menschen) wird in drei Schichten unterteilt, je eine Schicht für die zwei getrennten Eingangsbahnen (Moosfasern und Kletterfasern) und die dritte Schicht für die Purkinje-Zellen als Ausgang der Kleinhirnrinde.

In der Kleinhirnrinde findet Informationsverarbeitung voll-parallel einerseits innerhalb der einzelnen Schichten und andererseits zwischen korrespondierenden Orten verschiedener Schichten statt. Dieses Konzept gilt ebenso für andere neuronale Netze mit geschichteter Topologie, wie in der Retina oder dem visuellen Cortex.

2.4. Kommunikation zwischen verschiedenen Hirnregionen

Die verschiedenen Hirnregionen, die im Prinzip sehr dicht gepackte Ansammlungen von Nervenzellen mit jeweils charakteristischen Netzwerk-Topologien darstellen, stehen untereinander über diverse Nervenfaser-Bahnen in Verbindung. Der Informationstransport längs dieser Bahnen, die typischerweise aus vielen Tausend Axonen bestehen, erfolgt voll-parallel in Form von Impulsfolgen. Im Gegensatz zu herkömmlichen Digitalrechnern mit einer klaren Trennung in zentrale Recheneinheit, Register und Speicher ist das Zentralnervensystem (Gehirn) eher als eine Föderation von vielen 'Special-Purpose' Parallelrechnern zu betrachten, die alle selbständig Information verarbeiten und speichern können und die verschiedene Operationen zur Verarbeitung von sensorischen oder motorischen Trajektorien durchführen. Nach dieser Hypothese stellen die von Hirnregion zu Hirnregion über parallele Nervenbahnen transportierten Aktivitätsmuster meist nur sehr schwer verständliche "Zwischenergebnisse" dar. Häufig zeigt erst eine Bewegung (z.B. Sprach-Motorik oder Arm-Gestikulation) das Endergebnis an, während selbst die zu den vielen einzelnen an der Bewegung beteiligten Muskeln transportierte neuronale Information (motorischer Nerv) kaum zu erklären ist.

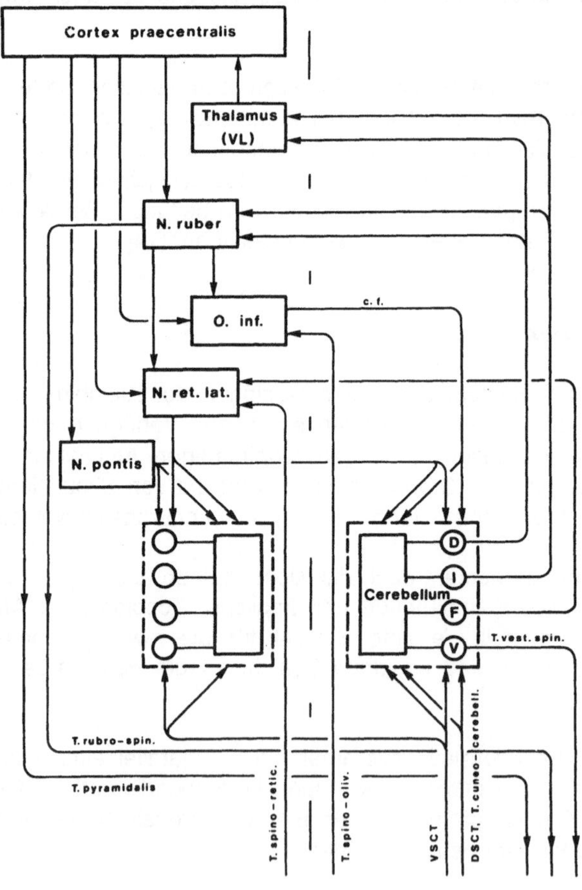

Abb. 1
Verknüpfungs-Schema des Kleinhirns (Cerebellum) mit der motorischen Großhirnrinde (Cortex praecentralis) bei Primaten.

Abb. 1 zeigt schematisch die Verbindungen des Cerebellums und der präzentralen Großhirnrinde (Cortex praecentralis) untereinander und mit dem Rückenmark (nicht dargestellte Struktur als Eingang und Ausgang für die Nervenbahnen rechts unten). Das Cerebellum ist skizziert als Block (Kleinhirnrinde) mit vier Kreisen (Kleinhirnkerne mit den Abkürzungen: D,I,F,V). Die unterbrochene senkrechte Linie in Abb. 1 markiert die Mittellinie des in zwei symmetrische Hälften zerfallenden Gehirns. Die Großhirnrinde ist nur links skizziert, während das Kleinhirn auf beiden Seiten dargestellt ist.

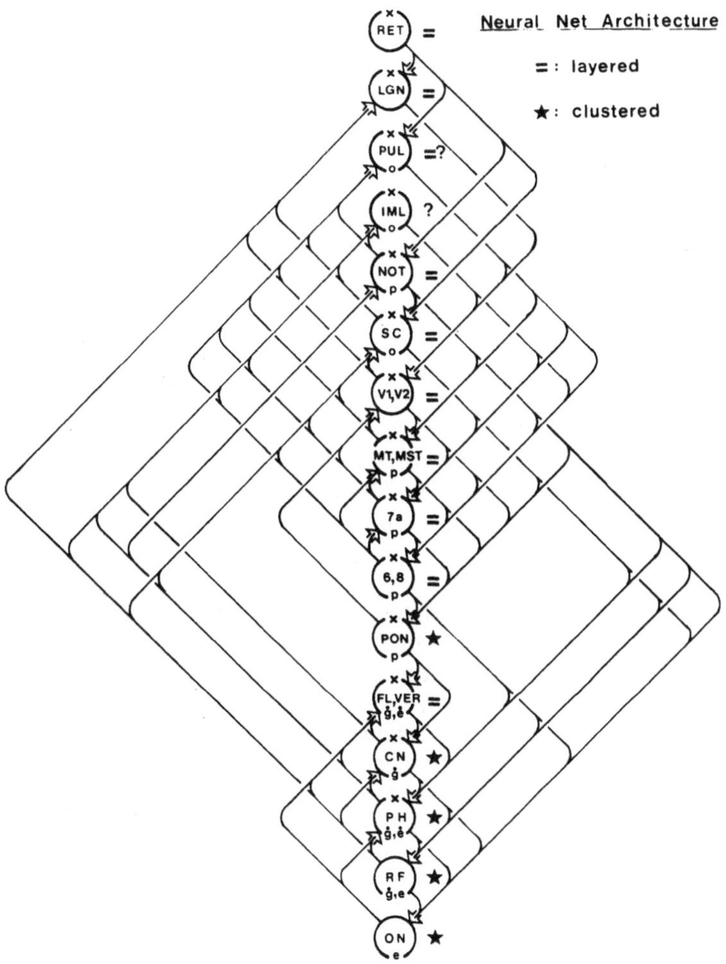

Abb. 2
"Schaltplan" des Augenfolgebewegungssystems bei Primaten. Die beteiligten Hirnregionen reichen von der Retina (RET) über den visuellen Cortex (V1, V2) bis zu den Augenmuskelkernen (ON).

Abb. 2 stellt stark vereinfacht die Verbindungen zwischen diversen Hirnregionen dar, die nachweislich an der neuronalen Kontrolle von Augenfolgebewegungen bei Affen (Makaken) beteiligt sind [14].
Die Hirnregionen mit entweder geschichteter (markiert durch =) oder als drei-dimensionale Haufenstruktur gearteter Topologie (markiert durch *) sind gesondert gekennzeichnet. Unter den dargestellten Hirnregionen sollen hier besonders hervorgehoben werden: Retina (RET) am Eingang, visueller Cortex (V1, V2), Cerebellärer Cortex (FL, VER), Kleinhirnkerne (CN) und die Ansammlung der motorischen Nervenzellen zur Kontrolle der sechs Augenbewegungsmuskeln je Auge (ON). Bitte beachten Sie die vielfältigen Vorwärts-Verbindungen (rechts) und Rückwärts-Verbindungen (links), die jedoch nicht als Rückkopplungs-Schleifen zu interpretieren sind, da Eingänge und Ausgänge nicht die gleichen Schichten einer gegebenen Hirnregion betreffen. Alle in Abb. 2 dargestellten Bahnen zwischen zwei Hirnregionen sind fast immer völlig separat, d.h. wenn eine Hirnregion Verbindungen zu zwei verschiedenen anderen Hirnregionen hat, so dienen hierfür zwei verschiedene Pakete von Nervenzellen mit zugehörigen Fasern.

3. Zur Mathematik in der Neuroinformatik

3.1 Geschichte

Als Resultat vielfacher Interaktion vieler biologischer neuronaler Netze, nämlich menschlicher Gehirne (mit dem zugehörigen sensorischen und motorischen Systemen) miteinander und mit der physikalischen Umwelt begannen einige dieser Gehirne, gewiße Regelmäßigkeiten und Regeln zu bemerken (Bell, 1937). Diese Regeln, die später als mathematische Formeln und Theoreme bekannt wurden, sind immer das gemischte Resultat raum-zeitlicher Ereignisse in der physikalischen Umwelt einerseits und sensomotorischer bzw. assoziativer Ereignisse in menschlichen Gehirnen andererseits gewesen.

Die Mathematik (mit traditionell starken Bindungen zur Philosophie und nur begrenzten Beziehungen zu den Naturwissenschaften) entwickelte sich historisch hauptsächlich in Form von zwei Theorie-Räumen, nämlich Algebra und Geometrie (Courant und Robbins, 1941; Davis und Hersh, 1986; v.d. Waerden, 1983). Einzelne Wissenschaftler haben bekanntlich eine Präferenz (möglicherweise wegen einer funktionellen Dominanz der linken oder der rechten Großhirn-Hälfte; siehe: Bell, 1937; Briggs, 1988) entweder für algebrarisch-analytisches Denken (z.B. Boole, Lagrange) oder für geometrisch-topologisches Denken (z.B. Lobatschewsky, Riemann). Demgemäß wird ein gegebenes physikalisches Problem P oft algebrarisch-analytisch als P_A oder geometrisch-topologisch als P_G beschrieben. Von einigen Wissenschaftlern wird erkannt, daß Algebra und Geometrie fundamental verschiedene Theorie-Räume darstellen (etwa vergleichbar zu dem Unterschied zwischen Wellen-Theorie und Korpuskel-Theorie in der Physik), während die populärere Betrachtungsweise annimmt, daß beide mathematischen Repräsentationen immer ineinander überführbar sind und daß sogar algebraisch-analytische Repräsentationen überlegen sind (Abb. 3).

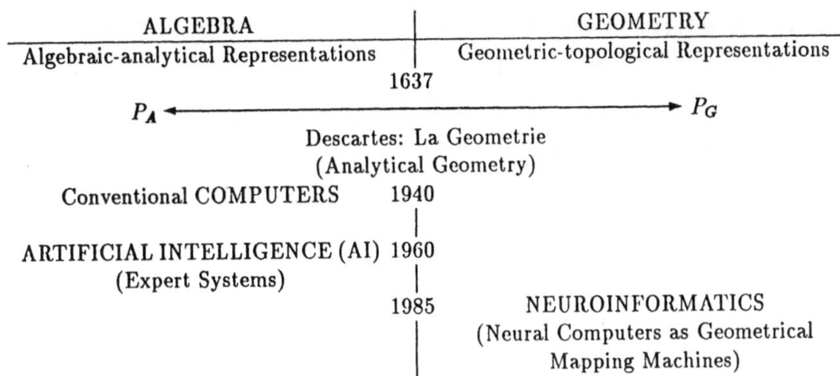

Abb. 3
Geschichte der Mathematik und zugehöriger Informationstechnologien

Der Wunsch, jeweils äquivalente Repräsentationen algebraisch oder geometrisch vorliegender Probleme im jeweils anderen Theorie-Raum zu finden, erreichte einen Kulminationspunkt in dem Buch-Kapitel "La Geometrie" von R. Descartes (1637). Descartes schuf damit den Beginn der Analytischen Geometrie, deren Haupt-Gegenstand darin besteht, äquivalente Repräsentationen von einem Theorie-Raum zum anderen zu ermöglichen. In den folgenden Jahrhunderten wurde die fundamentale Dichotomie zwischen den beiden Theorie-Räumen immer deutlicher (Bell, 1937; Yaglom, 1988), da die Zahl physikalischer Probleme mit sowohl algebraisch-analytischen als auch geometrisch-topologischen Repräsentationen zunahm. Jedoch gibt es für Physiker, Mathematiker und Ingenieure auch heute noch eine große Zahl von Problemen, die gegenwärtig entweder nur als P_A oder nur als P_G beschreibbar sind. Approximationslösungen (z.B. die Methode der finiten Elemente; Dwoyer et al., 1988) für die Abbildung eines P_G auf ein grob angenähertes P_A sind von nur begrenztem Wert, insbesondere, wenn Nichtlinearitäten, höhere Dimensionen und Zeit-Abhängigkeiten berücksichtigt werden müssen. Es ist wichtig festzustellen, daß die Geometrie viele Regeln enthält, für die es keine algebrarisch-analytischen Äquivalente gibt (bisher) und die andererseits die Basis vieler physikalischer Ereignisse einschließlich der Informationsverarbeitung in biologischen Systemen bilden. Hier werden drei einfache Beispiele genannt:

A) Verhältnis U/D vom Umfang U und Durchmesser D eines Kreises ergibt immer eine Konstante, nämlich die irrationale und sogar transzendente Zahl Π
(L. Euler: ... transzendiert die Möglichkeiten algebraischer Methoden).

B) Die Länge der Diagonalen eines Quadrates ist eine irrationale Zahl, selbst wenn die Seitenlängen durch rationale Zahlen beschrieben sind.

C) Nur mit Dreiecken gelingt es, ein Volumen mit einer minimalen Zahl von Polygonen (hier nur 4) vollständig einzuschließen.

Etwa um 1940 begann die Entwicklung der heute üblichen Software-betriebenen Computer. In Abb. 3 sind sie auf der linken Seite notiert, da ein mit diesen Computern zu lösendes Problem algebraisch-analytisch repräsentiert werden muß, um per Software eingespeist zu werden. Dieser schlichte Sachverhalt hat die dramatische und gern übersehende Konsequenz, daß der Benutzer derartiger Computer sich typischerweise auf den algebraisch-analytischen Theorie-Raum beschränken muß. Man nehme zum Vergleich einmal an, Physiker würden sich freiwillig darauf beschränken, nur mit der Wellentheorie zu arbeiten und die Korpuskeltheorie und deren Aussagen zu ignorieren.

Etwa gegen 1960 bildeten sich starke Bestrebungen, sogenannte 'Intelligente Funktionen' technisch zu generieren, also in eine bis dahin biologischen Systemen vorbehaltenen Domäne einzubrechen. Es ging und geht auch auch heute noch um Zeichen- und Mustererkennung, Assoziativspeicher und Bewegungssteuerung von redundanten Robotern und autonom navigierenden Vehikeln. Vor die Wahl gestellt, diese intelligenten Funktionen durch 'Special Software' auf der jeweils neuesten Computer-generation zu erzielen und stattdessen neuartige 'Special Hardware' für neue Computer zu entwickeln, entschied sich damals die Mehrheit für den Special Software Ansatz und startete dadurch das Forschungsgebiet: Künstliche Intelligenz. Artificial Intelligence (AI) ist in Abb. 3 ebenfalls auf der linken Seite notiert wegen der software-bedingten Einschränkung auf algebraisch-analytische Repräsentationen.

Etwa 25 Jahre später, zwischen 1980 und 1985 erreichte die Künstliche Intelligenz-Forschung auf der Ebene der Experten-Systeme für viele Wissenschaftler eine gewiße Sättigung. In dieser Situation besann man sich auf die vielen nebenher verlaufenen Entwicklungen mit technischen neuronalen Netzen und begann nach fundamental neuen Informationsverarbeitungs-Topologien ähnlich denen biologischer neuronaler Netze zu suchen. In Abb. 3 ist dieses neue Forschungsgebiet der Neuroinformatik auf der rechten Seite notiert, um anzudeuten, daß zu bearbeitende Probleme nicht algebraisch-analytisch repräsentiert sind, sondern geometrisch-topologisch in neuronalen Netzen eingebettet sind.

3.2 Stand der Forschung und Zukunft der Neuroinformatik

Gegenwärtig sind die meisten Forschungsarbeiten in der Neuroinformatik, die als ein neuer Ansatz in der Künstlichen Intelligenz betrachtet werden kann, noch Software-Simulationen auf konventionellen Computern. Dies ist mit Einschränkungen solange möglich, als man algebraisch-analytisch genau beschriebene Funktionen miteinander verknüpft und auch die Lernregeln entsprechend abbildet.Der radikale Übergang für einen Teil der Informatik-Forschung von algebraisch-analytischen zu geometrisch-topologischen Repräsentationen hat erst kürzlich begonnen. Dieser Übergang wird durch die kommerzielle Verfügbarkeit von voll paralleler und asynchron arbeitender neuronaler Netz-Hardware mit frei wählbarer Netz-Topologie zum Start des Lernens und mit wählbaren Lernregeln (ebenfalls in die Netz-Topologie eingebettet) erleichtert.

Mehrere Firmen und Forschungsinstitute entwickeln gegenwärtig Hardware für neuronale Netze, die dann als eine Art Co-Prozessor in herkömmlichen Computern oder auch als eigenständige 'Neurale Computer' arbeiten können (Eckmiller/Universität Düsseldorf;Hammerstrom/Adaptive Solutions, Beaverton; Hecht-Nielsen, San Diego; Hosticka/Fraunhofer Inst. Duisburg; Mead/Caltech, Pasadena). Die verfügbaren Software Simulationen für neuronale Netze und die jetzt langsam verfügbaren Hardware Simulatoren ermöglichen Informationsverarbeitung weit jenseits gegenwärtiger bekannter mathematischer Theorien. Anders gesagt ist die Neuroinformatik zum gegenwärtigen Zeitpunkt ein weitgehend experimentelles Forschungsgebiet, wie Experimental-Physik oder die Ingenieurwissenschaften. Intuition und das Abgucken von Konzepten aus anderen Forschungsgebieten (speziell aus der Neurobiologie) befruchten die Neuroinformatik; oft kann man nicht im Voraus sagen, welche Kombinationen von Anfangs-Netztopologie, Lernregeln und Lernangeboten am besten zu einer gewünschten Funktion führt, die generalisiert und fehlertolerant ist. Interessanterweise gehören die meisten gegenwärtig verwendeten mathematischen Theorien bei der Simulation neuronaler Netze (entsprechend dem Zeitgeist) in den algebraisch-analytischen Theorie-Raum, wie z.B.: lineare Systemtheorie; Theorie adaptiver Filter; Dynamische Systemtheorie; Variationsrechnung; Fuzzy Set Theorie.

Der biologische Existenzbeweis schafft eine prinzipielle Sicherheit dafür, daß man mit neuronalen Netzen eine Fülle von Abbildungs-Operationen durch Lernen akquirieren und in der dynamischen Netz-Topologie einbetten kann. Demgemäß können biologische und technische neuronale Netze als Geometrische Abbildungsmaschinen beschrieben werden. Gegenwertig ist jedoch keine mathematische Theorie verfügbar, die eine Vorhersage der zu einer gewünschten Abbildungsfunktion gehörige Netz-Topologie leisten könnte. Wenn man andererseits jedoch berücksichtigt, daß mehr als 50% des heute verfügbaren mathematischen Wissens erst in den letzten 50 Jahren erarbeitet wurde (Peterson, 1988), so gibt es berechtigte Hoffnung, daß die zukünftige mathematische Forschung eine Theorie der Informationsverarbeitung in adaptiven neuronalen Netzen entwickeln wird. Die dabei zu erwartende "Wiederentdeckung" der Geometrie als eigenständiger Theorie-Raum wird wahrscheinlich nicht nur für eine Theorie neuronaler Netze, sondern auch für die Informationsverarbeitung im Bereich optischer und molekularer Computer (s. Eckmiller et al., 1990) von großer Bedeutung sein.

Eine Zahl mathematischer Theorien und Methoden mit einem Ursprung im geometrisch-topologischen Theorie-Raum könnte eine gute Basis für die Entwicklung der hier fehlenden Theorie darstellen: diverse geometrische Theorien (Abelson und diSessa, 1980; Edmondson, 1987; Kapur und Mundy, 1989; Morgan, 1988; Thompson und Stewart, 1986); diverse Topologische Theorien (Brown, 1988; Grünbaum und Shepard, 1987); Graphen Theorie; Cellular Automata Theorie (Toffoli und Margolus, 1987); Fraktal Geometrie (Mandelbrot, 1982); Knoten Theorie (Kauffman, 1987).

Wie auch die in den meisten früheren technischen Entwicklungen (z.B. Rückgekoppelte Regelkreise; Mechanische Uhren und Automaten; Konventionelle Computer) geht auch bei der Entwicklung adaptiver, lernfähiger neuronaler Netze der experimentelle Ingenieurs-Ansatz der Entwicklung einer zugehörigen mathematischen Theorie adaptiver neuronaler Netze weit voraus. Im Zuge dieser Entwicklung bilden sich zunehmend Überschneidungen und Kombinationen von neuronalen Netzen mit special hardware und von herkömmlichen Computern.

4. Technische Neuronale Netze

Da das Zentralnervensystem von Primaten als eine Föderation von 'Special Purpose' Parallelrechnern betrachtet wird, die als wichtige Teilaufgabe visuelle oder auditorische Mustererkennung, Assoziativ-Speicherung und Erzeugung von Bewegungen ausführen kann, gibt es gegenwärtig starke Bestrebungen, "intelligente" Roboter mit neuronaler Netz-Kontrolle zu entwickeln, die im Prinzip ähnliche Spezialfunktionen ausführen können. Die technischen Anwendungsbereiche für derartige Systeme liegen in den verschiedensten Gebieten, wie z.B. Medizin (Prothesen-Steuerung, Diagnose-Systeme, Bildanalyse), Verkehrstechnik (Flughafen-Luftraum-Überwachung, Steuerung autonomer Fahrzeuge und Roboter) und Weltraumfahrt (extra-terrestrischer Labor-Betrieb, Raumfahrzeug-Kontrolle, Bau einer Raumstation).

4.1. Management von sensorischen und motorischen Trajektorien

Sensorische Ereignisse (z.B. fliegender Ball, Lockruf eines Vogels oder taktile Information beim Betasten eines Gegenstandes in Dunkelheit) erreichen die spezifischen sensorischen Empfangs-Strukturen (Areal von Rezeptorzellen oder Detektoren) als Raum-Zeit-Ereignis, nämlich als sensorische Trajektorie. Sowohl für biologische als auch technische Neuronale Netze gilt die Hypothese, daß derartige Trajektorien zum Zweck der Speicherung zunächst zerlegt werden in die rein räumlichen und rein zeitlichen Parameter und anschließend separat in verschiedenen Netzwerken gespeichert werden.

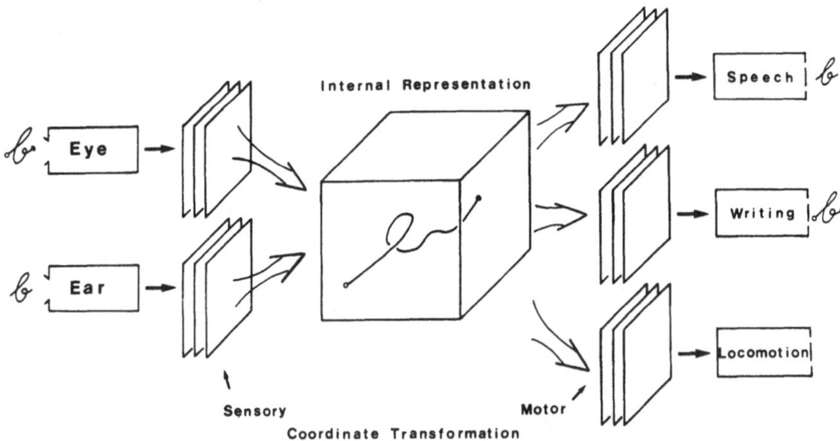

Abb. 4
Schema eines 'intelligenten' Roboters als Föderation mehrerer neuronaler Netze, die am Management sensorischer oder motorischer Trajektorien beteiligt sind. Trajektorien (hier als Beispiel ein 'b') können gesehen, gehört, aber auch gesprochen, geschrieben oder "getanzt" werden.

Abb. 4 zeigt im stark vereinfachten Schema eine derartige Föderation von sensorischen und motorischen neuronalen Netzen für die typischen Funktionen eines intelligenten Roboters. Auf der sensorischen Seite (links) wird angenommen, daß einerseits der Schreibvorgang des Buchstabens 'b' als zwei-dimensionale Trajektorie visuell verfolgt wird und daß andererseits die Vokalisation eines gesprochenen Lautes 'b' gehört wird. Hierfür dienen die beiden sensorischen neuronalen Netze (markiert mit 'Eye' und 'Ear'). Die empfangenen Trajektorien werden durch spezielle neuronale Netze zur sensorischen Koordinatentransformation umgewandelt in speziell normierte und vorverarbeitete Trajektorien zur Speicherung in einem neuronalen Netz (markiert mit 'Internal Representation'). Der interne Trajektorien-Speicher soll einerseits für etwaige Mustererkennungsvorgänge, die off-line iterativ auf der Basis der in räumliche und zeitliche Parameter-Bahnen zerlegten Trajektorien erfolgen können, dienen und andererseits für diverse Manipulationen wie Translationen, Rotationen und Skalierungen verwendbar sein. Da ein intelligenter Roboter (ebenso wie das Gehirn) als Funktionsausdruck Bewegungen erzeugt und also motorische Trajektorien formt, sind hier exemplarisch drei verschiedene Bewegungssysteme für Sprache, Schrift und Lokomotion (markiert mit 'Speech', 'Writing' und 'Locomotion') skizziert. Jedes dieser Bewegungssysteme kann beliebige gespeicherte Trajektorien (motorische Wunsch-Trajektorien) anwählen und über die jeweils zugehörigen Netzwerke zur motorischen Koordinatentransformation empfangen. Diese letztgenannten Netzwerke wandeln eine Wunsch-Trajektorie unter Berücksichtigung der Kinematik und Dynamik des jeweiligen Bewegungssystems in eine tatsächlich erzeugte motorische Trajektorie um.

Das Schema in Abb. 4 basiert u.a. auf den Hypothesen, daß sensorische Muster nicht notwendigerweise sofort in Merkmale zerlegt, sondern (evtl. nach gewissen Normierungsschritten) als Trajektorien gespeichert werden, und daß ferner ein und dieselbe gespeicherte Trajektorie in ganz verschiedene Bewegungen umgesetzt werden kann. Die gesehene Schreibbewegung für 'b' kann sofort (oder später) in eine korrespondierende Scheib- oder Tanzbewegung umgesetzt werden. Andererseits kann die gehörte Vokalisation eines 'b' sofort in ein gesprochenes 'b' oder in eine korrespondierende Tanzbewegung verwandelt werden (ohne daß ein Zeichenerkennungsvorgang erforderlich ist). Die Speicherung von Trajektorien nach Trennung in räumliche und zeitliche Parameter basiert u.a. auf der Hypothese, daß die zeitlichen Parameter in Ortsparameter neuronaler Netze verwandelt und, so gespeichert, bei Bedarf wieder rückgewandelt werden können. Grundsätzlich müssen neuronale Netze als Generatoren von Zeitfunktionen funktionieren können, auch wenn es nicht nur periodische, sondern auch aperiodische Zeitfunktionen sind.

4.2. Erzeugung von Bewegungs-Trajektorien

Zur Erzeugung nicht-periodischer Bewegungstrajektorien wurde kürzlich [15] ein Konzept vorgeschlagen, welches auf einem neuronalen Dreiecks-Gitter (neural triangular lattice, NTL) basiert. Dieses Konzept ist zwar neurobiologisch näherungsweise plausibel und steht nicht im Widerspruch zu biologischen Befunden, ist jedoch nicht aus experimentellen Daten hergeleitet. Die wesentlichen Eigenschaften eines NTL als Funktionsgenerator lassen sich wie folgt zusammenfassen:

1) Eine Geschwindigkeits-Zeitfunktion in eine Richtung ist repräsentiertdurch die Trajektorie eines neuronalen Aktivitäts-Gipfels (AP), der mit konstanter Geschwindigkeit nach Art eines Solitons von Neuron zu Neuron wandert.

2) Das NTL ist als etwa kreisförmige Fläche organisiert.
3) Das NTL-Ausgangssignal ist proportional zur radialen Entfernung des AP vom NTL-Zentrum.
4) Das NTL-Eingangssignal liegt immer am NTL-Zentrum an als eine positive oder negative Analogspannung, die die Form des Potentialfeldes des NTL (nach unten oder oben gezogene Membran mit radialsymmetrischer Form) hat.
5) AP wandert auf konzentrischen Kreisen, wenn das Potentialfeld flach ist und orientiert sich sonst am Potentialgradienten (zentrifugale Wanderung bei positivem NTL-Eingang; zentripetale Wanderung des AP bei negativem Eingangssignal).
6) Die so erzeugten beliebig geformten Trajektorien können über einen besonderen Mechanismus gespeichert und später wieder neu erzeugt werden [15].

Auf der Basis dieses NTL-Konzeptes können Speicher und Generatoren beliebiger zwei-dimensionaler (und auch drei-dimensionaler) Bewegungs-Trajektorien implementiert werden. Ein derartiges neuronales Netz führt auf sehr fehler-tolerante System-Lösungen, und es nutzt die typische flächenhafte Neuronale Netz-Topologie zur Repräsentation von Zeit-Parametern als Orts-Parameter aus.

Im Rahmen eines vom BMFT geförderten Forschungsvorhabens wird gegenwärtig eine 4-Gelenk-Maschine als redundanter Manipulator für 2-dimensionale Trajektorien-Erzeugung mit neuronaler Netz-Kontrolle entwickelt.

In diesem Projekt werden zwei verschiedene neuronale Netze entwickelt: ein Netz zur Speicherung und Erzeugung von motorischen Wunsch-Trajektorien auch in Anwesenheit von Hindernissen im Raum; das zweite neuronale Netz dient zur motorischen Koordinatentransformation (Abb. 4) und repräsentiert die Kinematik der 4-Gelenk-Maschine. Die in der herkömmlichen Robotik algorithmisch repräsentierten mathematischen Probleme sind bei diesem Ansatz der neuronalen Netz-Kontrolle geometrisch repräsentiert.

Literatur

1) Abelson, H., diSessa, A.: Turtle geometry, Cambridge: MIT Press 1980, paperback 1886

2) Alspector, J., Allen, R.B.: A neuromorphic VLSI learning system, in: Advanced research in VLSI (P. Losleben, ed.), Cambridge: MIT Press 1987, 313-349

3) Bell, E.T.: Men of mathematics - The lives and achievements of the great mathematicans from Zeno to Poincare. New York: Simon & Schuster 1937, 1965, and 1986

4) Brazier, M.A.B. (ed.): Brain mechanisms in memory and learning. New York: Raven Press 1979

5) Briggs, J.: Fire in the crucible. New York: St. Martin's Press 1988

6) Brodal, A.: Neurological anatomy. 3rd ed., New York: Oxford Press 1981

7) Brown, R.: Topology - A geometric account of general topology, homotopy types and the fundamental groupoid, Horwood-Chichester, 1988

8) Courant, R., Robbins, H.: What is mathematics? New York: Oxford University, Press 1941 and 1969

9) Davis, P.J., Hersh, R.: Descartes dream - The world according to mathematics, Harcourt Brace Javanovich, 1986, and Penguin Books - London, 1988

10) Descartes, R.: Discours DE LA METHODE pour bien conduire sa raison & chercher, La verte dans les sciences, plus LA DIOPTRIQUE. LES METEORES. Et LA GEOMETRIE. Qui sont des essais de cete METHODE. Ian Maire - Leyden, 1637

11) Dwoyer, D.L., Hussaini, M.Y., Voigt, R.G. (eds.): Finite elements - Theory and application. Springer - New York, 1988

12) Eccles, J.C., Ito, M., Szentagothai, J.: The cerebellum as a neuronal machine. Berlin: Springer 1967

13) Eckmiller, R.: Electronic simulation of the vertebrate retina. IEEE Trans. Biomedical Eng. BME-22, 305-311 (1975)

14) Eckmiller, R.: Neural control of pursuit eye movements. Physiol. Rev., 67, 797-857 (1987)

15) Eckmiller, R.: Computational model of the motor program generator for pursuit. J. Neurosci. Meth., 21, 127-138 (1987)

16) Eckmiller, R.: Neural Nets for sensory and motor trajectories, IEEE Control Systems Magazine, 9, 53-59 (1989)

17) Eckmiller, R. (ed.): Advanced Neural Computers, Elsevier, Amsterdam, 1990

18) Eckmiller, R., v.d. Malsburg, C. (eds.): Neural Computers, Springer, Heidelberg, 1988, reprinted 1989

19) Eckmiller, R., Hartmann, G., Hauske, G. (eds.): Parallel Processing in Neural Systems and Computers, Elsevier, Amsterdam, 1990

20) Edmondson, A.C.: A Fuller explanation - The synergetic geometry of R. Buckminster Fuller. Birkhäuser - Boston, 1987

21) Fukushima, K.: Neocognitron: A self-organizing neural network model for a mechanism of pattern recognition uneffected by shift in position. Biol. Cybernetics, 36, 193-202 (1980)

22) Gilbert, C.D.: Microcircuitry of the visual cortex. Ann. Rev. Neurosci., 6, 217-247 (1983)

23) Graf, H.P., Jackel, L.D., Hubbard, W.E.: VLSI implementation of a neural network model. IEEE Computer, 41-49 (March 1988)

24) Grünbaum, B., Shepard, G.C.: Tilings and patterns. Freeman - New York, 1987

25) Kapur, D., Mundy, J.L. (eds.): Geometric reasoning. MIT Press - Cambridge, 1989

26) Kauffman, L.H.: On knots. Princeton University Press - Princeton, 1987

27) Kuffler, S.W., Nicholls, J.G.: From neuron to brain. Sunderland: Sinauer Assoc. 1977

28) Mandelbrot, B.: The fractal geometry of nature. Freeman - New York, 1982

29) Morgan, F.: Geometric measure theory. Academic Press - Boston, 1988

30) Pellionisz, A., Llinas, R.: Brain modeling by tensor network theory and computer simulation. The cerebellum: distributed processor for predictive coordination. Neuroscience, 4, 323-348 (1979)

31) Peterson, I.: The mathematical tourist - Snapshots of modern mathematics. Freeman - New York, 1988

32) Rodieck, R.W.: The vertebrate retina. San Francisco: Freeman 1973

33) Rohen, J.W.: Funktionelle Anatomie des Nervensystems. Stuttgart: Schattauer 1971

34) Rosenblatt, F.: Perceptron simulation experiments. Proc. IRE, 48, 301-309 (1960)

35) Schmidt, R.F. (ed.): Grundriß der Neurophysiologie, 4. Aufl., Berlin: Springer 1977

36) Schmidt, R.F. (ed.): Grundriß der Sinnesphysiologie, 5. Aufl., Berlin: Springer 1985

37) Selverston, A.I. (ed.): Model neural networks and behavior. New York: Plenum Press 1985

38) Swadlow, H.A.: Efferent systems of primary visual cortex: a review of structure and function. Brain Res. Rev., 6, 1-24 (1983)

39) Thompson, J.M.T., Stewart, H.B.: Nonlinear dynamics and chaos - Geometrical methods for engineers and scientists. Wiley - New York, 1986, reprinted 1988

40) Thompson, R.F.: Foundations of physiological psychology. New York: Harper & Row 1967

41) Toffoli, T., Margolus, N.: Cellular automata machines. MIT Press - Cambridge, 1987

42) Trends in Neurosciences, special issue on: Learning, Memory. TINS, 11, 125-181 (1988)

43) Van Essen, D.C.: Visual areas of mammalian cerebral cortex. Ann. Rev. Neurosci., 2, 227-263 (1979)

44) v.d. Waerden, B.L.: Geometry and algebra in ancient civilizations. Springer - Heidelberg, 1983

45) Wässle, H.: Auge und Gehirn: Informationsverarbeitung im visuellen System der Säugetiere. Umschau, 290-296 (1986)

46) Yaglom, I.M.: Felix Klein and Sophus Lie - Evolution of the idea of symmetry in the nineteenth century. Birkhäuser - Basel, 1988

Die Architektur eines Shakespeare Hypertext-Systems

H. Joachim Neuhaus
Zentrum für Angewandte Informatik
Universität Münster

0. Summary

The Shakespeare-Database Project is preparing a self-contained CD-ROM hypertext product of the complete works as a new research environment for Shakespeareans and linguists interested in Early Modern English. The design stresses strong DBMS support for hypertext systems. The database has more than ten entities and more than sixty attributes. Cardinality values range between 2,500 and 1 million records. Electronic facsimile pages of early Quarto and Folio printings are accessible via play (act, scene, line, speech prefix) and word (lemma, wordform, morpheme) references. Hypertext browsing is supported through various "traditional" entry points: textual collation and editing, vocabulary, and grammar. The database design encourages an integrative perspective. Navigational advice is available at all points.

1. Text-Informationssysteme

Das Shakespeare-Database Projekt versteht sich als Teil eines Forschungsprogramms, "intelligente" elektronische Text-Informationssysteme zu entwickeln. Charakteristisch für derartige Systeme ist der Informationsverbund und die Informationsintegration. Das traditionelle literatur- und sprachwissenschaftliche Arbeiten ist dagegen gekennzeichnet durch ein arbeitsteiliges Vorgehen. Auf eine Textedition kann ein Kommentar und eine Interpretation aufbauen. Anmerkungen und Glossare bis hin zu Autorenwörterbüchern können entstehen sowie Grammatiken und andere Nachschlagewerke. Erst im elektronischen Medium ist ein Informationsverbund zwischen derartigen Produkten herstellbar. Kriterien wie Konsistenz, Vollständigkeit oder Vergleichbarkeit von Informationen sind dabei erstmalig in großem Stil durchzusetzen. Die Binnenstruktur eines elektronischen Informationsverbundes kann sytematisch in größere Zusammenhänge integriert werden. Das Werk eines Autors kann so z. B. mit seinen literarischen Quellen, oder sein Vokabular mit dem Lexikon der Zeitgenossen in Bezug gesetzt werden. Elektronische Text-Informationssysteme dieser Ausrichtung unterscheiden sich von einfachen, formal orientierten "Volltext-Suchsystemen". Informationsverknüpfungen der angesprochenen Art können am ehesten als inhaltlich orientierte Verbindungen verstanden werden, für die es jeweils "Expertensysteme" gibt. Im Shakespeare System ist die Beziehung zwischen den Shakespeare Frühdrucken des sechzehnten und siebzehnten Jahrhunderts und einer modernen Edition ein gutes Beispiel für die Komplexität von solchen inhaltlichen Informationsverknüpfungen. Konstruktionsbasis ist hier der gesamte Fundus der Editionswissenschaft. Die Komplexität der Entscheidungen ist dabei im traditionellen Verfahren der wissenschaftlichen Editionstätigkeit derart, daß ein Gelehrtenleben zur Edition auch nur eines einzelnen Textes wie etwa Shakespeares *Hamlet* angesetzt werden kann. Für die theoretische Einordnung von Text-Informationssystemen ist es hilfreich, von einer hierarchischen Taxonomie der Leistungsfähigkeit auszugehen. In einer solchen Taxonomie können technische Daten eingehen wie Speicherplatzbedarf oder Zugriffszeiten. Interessanter sind strukturelle Gesichtspunkte der Systemarchitektur. So kann man "flache" Informationssysteme und "tiefe" Informationssysteme unterscheiden und durch Kombination "hybride" Informationssysteme erzeugen und ihnen ein bestimmtes Leistungsspektrum zuordnen. Die Datenbankforschung hat die bisher am meisten entwickelten Werkzeuge für derartige Leistungsvergleiche erarbeitet. Die Benutzeroberfläche und der Grad des Erfolgs, den ein System in der Informationsvermittlung haben kann, sind schließlich wichtige Charakteristika für einen Systemvergleich.

2. Hypertext und literarische Texte

Das zur Zeit einflußreichste Entwicklungsparadigma für Text-Informationssysteme ist ohne Zweifel das Hypertext-Modell. Zeitlich gesehen kommt dieses Modell für den literaturwissenschaftlichen Bereich insofern etwas zu früh und weitgehend unvorbereitet, als rein formale "Volltext-Suchsysteme" erst anfangen, über die Mikrocomputer Plattform eine nennenswerte Verbreitung zu finden. Der elektronische Text ist in Bezug auf Shakespeare kommerziell in zwei verschiedenen Konkordanz- und Suchumgebungen dieser Art erst seit kurzer Zeit erhältlich. Leistungsfähigere Text-Datenbanken, die diesen Namen verdienen, also nach dem CODASYL Netzwerk Standard, oder dem relationalen Standard von Codd strukturiert sind und die keine reinen maschinenlesbaren Text-Archive sind, befinden sich weitgehend erst im Projektstatus.

Das Hypertext-Modell, das sich auf Vorüberlegungen von Vannevar Bush und erste Realisierungen von Theodor Nelson beziehen kann, ist zur Zeit im Informatikbereich jedoch soweit präzisiert, daß koordinierte Forschungsarbeiten möglich sind, und erste Produkte in Sektoren wie Dokumentation und Unterricht vorgestellt werden konnten. Über die theoretischen Probleme besteht weitgehende Klarheit. Monographien wie das Buch von Jakob Nielsen, *Hypertext and Hypermedia* (San Diego, 1990), sind Anzeichen für den erreichten Entwicklungstand. Die Zeit der reinen Gedankenexperimente und einer "Black Magic" Perspektive ist damit überwunden. Dennoch ist bei der jetzt zu beobachtenden Professionalisierung eine Zurückhaltung derjenigen traditionellen Einzelwissenschaften zu beobachten, die sich traditionell vornehmlich mit Texten beschäftigt haben.

Insbesondere kann sich die Literaturwissenschaft zur Zeit noch nicht mit ihren typischen Fragestellungen und Forschungsparadigmen im Hypertext-Modell wiedererkennen. Dabei wäre es einerseits abwegig zu erwarten, daß Literaturwissenschaft in toto unter das Hypertext-Modell subsummiert werden könnte. Andererseits können die Gründe, die die literaturwissenschaftliche Zurückhaltung bewirken, die zukünftige Weiterentwicklung des Hypertext-Modells entscheidend vorantreiben.

Hypertext wird gemeinhin als Text verstanden, der nicht sequentiell fixiert ist, sondern umgestellt werden kann und dessen Teile untereinander in verschiedene Beziehungen gesetzt werden können. Diese Textdynamik wurde bisher typischerweise für einen erklärenden Zweck, der das Textverständnis insgesamt fördern will eingesetzt. Didaktische Intentionen stehen bei bestehenden Hypertextanwendungen als Dokumentationssystemen und Unterrichtssytemen im Vordergrund. Das literarische Beispiel, das Mark Frisse in seinem Aufsatz *From Text to Hypertext* (Byte, October 1988, S. 247) erwähnt, ist eher untypisch: aus Textstücken von *Romeo and Juliet* und *Julius Caesar* entsteht ein neuer Text *Caesar and Juliet*. Textkonstruktionen in diesem Sinne können reine Spielvariationen sein, denen kein eigenes literaturwissenschaftliches Erkenntnisinteresse entspricht, es sei denn, daß verschiedene Versionen eines Textes, seien es Umarbeitungen des Autors selbst wie im Fall von *King Lear*, oder Adaptationen des Stoffes, oder anderer Textkonstituenten durch andere, eine historische Authentizität haben. Das Verhältnis verschiedener Versionen eines Romans, die Textgenese also, bis hin zu einer Ausgabe letzter Hand hat nicht notwendigerweise eine texterklärende Funktion. Dennoch handelt es sich um eine mögliche Hypertext Anwendung. Im literaturwissenschaftlichen Sinn ist die Herstellung eines Bezuges zwischen Textstücken darüber hinaus zumeist nicht hinreichend für eine Aussage. So finden sich in den Shakespearestücken hunderte von sprichwörtlichen Redensarten. Eine Zuordnung zwischen einem Sprichwort in einem Sammelwerk und einer konkreten Sprichwortverwendung in einem Text kann direkt als Type-Token Beziehung realisiert werden. Die Beziehung ist jedoch im allgemeinen erst dann interessant, wenn die rhetorische Funktion im Text als dritte Komponente thematisiert werden kann. Literarische Sprache ist in diesem Sinne nicht nur wortwörtlich zu nehmen und die älteste literaturkritische Tätigkeit, die Textkommentierung, führt vor, wie ein literarischer Text mehr enthalten kann, als er wörtlich formuliert. Dieses Mehr an Inhalt, wenn es etwa in einer Variorum Ausgabe der Lesarten gesammelt wird, ist zuweilen widersprüchlich und meist in allen Einzelheiten nur schwer untereinander vereinbar. Die Gewichtung von Lesarten kann aber in einem elektronischen Informationssystem auf der Grundlage von viel größerem verfügbaren Wissen erfolgen. Widersprüche und Ungereimtheiten können systematisch herausgesucht und überprüft werden, ohne daß sie notwendigerweise immer aufgelöst werden können.

3. Textstrukturen und Textformulare

Hypertextsysteme bauen auf der Binnenstruktur von Texten auf und setzen diskrete Textfragmente voraus. Texte können sehr unterschiedliche Binnenstrukturen haben. Daher ist die Textzerlegung in einzelne Fragmente und die Darstellung der Relation dieser Fragmente zueinander das Hauptproblem beim Entwurf von Systemen. Umgekehrt ist die Homogenität eines Textes, seine sequentielle Oberfläche, die allenfalls in drucktechnischen Angaben wie Seitenzahlen oder groben Inhaltskategorien wie Kapiteleinteilungen Unterbrechungen findet, ein Hauptproblem für Zerlegungsverfahren. In den einflußreichen *NoteCards* und *HyperCard* Applikationen wird von nicht weiter zu unterteilenden Textabsätzen ausgegangen, wobei die Vorstellung einer herkömmlichen Karteikarte Vorbild für die elektronische Modellierung war. Karteikarten können typischerweise nach verschiedenen Kriterien umsortiert werden. Eine variable Sortierreihenfolge kann Karteikartenstapel manipulieren und dem jeweiligen Benutzerinteresse anpassen. Die Karteikartenorganisation ist sicher eine mögliche Textstruktur, aber eben nur eine unter vielen anderen Möglichkeiten. Literarische Texte sind nur gewaltsam als Sequenzen von Textabsätzen nach dem Bild eines Karteikartenstapels aufzufassen.

Dabei geht es weniger darum, daß diese Texte eine andere Struktur haben, als daß Textstrukturen sich auf verschiedenen Ebenen ansetzen lassen und sich dadurch typischerweise überlappen. In einem Shakespeare Stück gibt es die Einteilung in Zeilen, Szenen und Akte. Zeileneinteilungen sind in Verspassagen definiert. In Prosapassagen sind sie konventionell festgelegt. Die Einteilung in Akte ist in den Stücken eine nachträglich von späteren Herausgebern eingeführte Einteilung. Für Schauspiele ließe sich aufgrund dieser Einteilungen ein Textformular definieren, das aus fünf Akten mit den jeweils enthaltenen Szenen besteht. Ein solches Textformular kann dann durch einen konkreten Einzeltext gefüllt werden. Die szenenreihende Struktur führt zu Einheiten sehr unterschiedlicher Länge. In *The Winter's Tale* hat die erste Szene des dritten Akts nur 22 Zeilen, die vierte Szene des vierten Akts jedoch 842. Szenen sind daher

Einheiten, die eine zu große Variation im Umfang haben, um sich als optimal überschaubare Textfragmente manipulieren zu lassen. Eine detailliertere Einteilung kann nach dem jeweiligen Sprecher vollzogen werden. So wird jeder Dialogteil ein Textfragment und einzelne Dialogteile können zu in sich abgeschlossenen Zwiegesprächen oder Monologen zu höheren Einheiten zusammengeschlossen werden. Diese Einteilungen und die Szeneneinteilungen sind kontinuierlich, d.h. es bleibt kein nicht zugeordneter Text zwischen den abgeteilten Textfragmenten stehen. Diskontinuierliche Fragmente lassen sich durch die Festlegung auf einen Sprecher definieren, wobei es möglich ist, daß zwei derartige diskontinuierliche Sequenzen keine Berührungspunkte haben, da die betreffenden Figuren nicht in einen gemeinsamen Dialog eingebunden sind. Sprecherstrukturen können auf abstrakterer Ebene in soziogrammartige Relationen abgebildet werden, bei denen zwar der Text die Konstruktionsgrundlage darstellt, d.h. als Nachweis einer Verbindung herangezogen werden kann, aber nicht mehr als sequentielles Ereignis faßbar ist, sondern in einer statischen Struktur aufgegangen ist. Viele literarisch interessante Textstrukturen lassen sich jedoch nicht auf eine konkrete Textstelle beziehen, oder auf ein Ensemble von Textpassagen. Wenn man etwa versucht, Textformulare für die elisabethanische Rachetragödie, die Moralitätenstücke, oder die klassische Komödie direkt auf Texte zu übertragen, oder übergreifende thematische Bezüge und parallele Spielebenen darzustellen, sind Metatextebenen unvermeidlich. Im Extremfall bauen sich solche Strukturen aus Elementen auf, die nicht im Text verbalisiert sind. Was nicht getan und nicht gesagt wird, kann so konstitutiv für eine Strukturierung sein. Umgekehrt wäre ein literarischer Text, der in einem hohen Maße explizit verbalisiert, bei dem also nichts "zwischen den Zeilen" zu lesen wäre, trivial: der Hamlet-Stoff als Kasperletheater.

4. Hypertexte und Datenbanken

Im Projekt Shakespeare-Database wurde der Versuch gemacht, die angesprochenen Probleme durch eine hybride Informationsstruktur zu lösen. In dieser Informationsstruktur sind Hypertextkomponenten mit klassischen Datenbankkomponenten verbunden. Die Systemarchitektur hat dadurch eine gewisse "Tiefe", d.h. auf niedrigen Ebenen sind relativ schwache Informationsauswertungen möglich, auf höheren Ebenen relativ mächtige Datenaufbereitungen. Diese mächtigen Datenaufbereitungen bauen auf integrierten Wissensbasen auf, die z.B. die Grammatik, das Wortbildungssystem oder die Werkchronologie und buchwissenschaftliche Setzeranalyse betreffen. Durch definierte Schnittstellen ist die Verbindung zwischen den Ebenen gewährleistet. In der Abbildung 1 ist als Beispiel für die niedrigste Informationsebene des Systems ein Ausschnitt aus dem First Folio Text von *The Winter's Tale* wiedergegeben. Es handelt sich hier um einen Ausschnitt aus einer Seite der ersten Folio-Ausgabe von 1623. Diese Seiten werden elektronisch als graphische Objekte verwaltet, die intern eine geometrisch verstandene "Balkenstruktur" haben, die es erlaubt "Zeilen" auf der Graphikseite herauszuschneiden und einzeln anzusprechen. Die in der Abbildung 1 durch Strich gekennzeichnete Zeile kann so separat manipuliert werden (vgl. Abbildung 2).

Eine Verknüpfung mit dem Text einer modernen Ausgabe ist über die Zeilenangabe herstellbar wie in Abbildung 3 zur Textstelle V.i.110 in der Riverside Ausgabe. Das Verhältnis zwischen diesen beiden Textebenen ist jedoch komplexer als diese direkte Gegenüberstellung vermuten läßt. Wenn man einmal absieht von Stücken mit mehreren Textvorlagen (Quartos, First Folio), die oft eine unterschiedliche Gesamtlänge haben, die durch Zusätze und fehlende Passagen, aber auch durch Varianten zustande kommen kann, sind zwischen copy-text und moderner Ausgabe mehrere Zwischenstufen anzusetzen. Die erste Ebene über dem copy-text ist der transliterierte Text, der eine Manipulation auf der Buchstabenebene zuläßt. Ein transliterierter Text kann die Orthographie standardisieren und so über sich als weitere Ebene einen normalisierten old-spelling Text aufbauen. Dieser kann endlich den heute geläufigen Schreibkonventionen angepaßt werden und als weitere Ebene einen modern-spelling Text anschließen. Idealiter würde in einem komplexen Text-Informationssystem die Genese einer Zeile in der modernen Ausgabe als nachvollziehbarer Prozeß von Textebene zu Textebene unter Angabe der verwandten Regeln abrufbar sein. Eine Minimalforderung ist es, jede Abweichung von allgemeinen Regeln explizit zu machen, also bei Emendationen die üblichen Angaben zur Autorität der Lesart und zu ihren Alternativen zu machen. Der Shakespeare-Database stehen diese Angaben explizit zur Verfügung. Sie wurden von Marvin Spevack bereits separat als Teilband IX seiner *Complete and Systematic Concordance to the Works of Shakespeare* (Hildesheim 1980) in Buchform publiziert.

Enter a Seruant.
Ser. One that giues out himſelfe Prince *Florizell*,
Sonne of *Polixenes*, with his Princeſſe (ſhe
The faireſt I haue yet beheld) deſires acceſſe
To your high preſence.
Leo. What with him? he comes not
Like to his Fathers Greatneſſe: his approach
(So out of circumſtance, and ſuddaine) tells vs,
'Tis not a Viſitation fram'd, but forc'd
By need, and accident. What Trayne?
Ser. But few,
And thoſe but meane.
Leo. His Princeſſe (ſay you) with him?
Ser. I: the moſt peereleſſe peece of Earth, I thinke,
That ere the Sunne ſhone bright on.
Paul. Oh *Hermione*,
As euery preſent Time doth boaſt it ſelfe
Aboue a better, gone; ſo muſt thy Graue
Giue way to what's ſeene now. Sir, you your ſelfe
Haue ſaid, and writ ſo; but your writing now
Is colder then that Theame: ſhe had not beene,
Nor was not to be equall'd, thus your Verſe
Flow'd with her Beautie once; 'tis ſhrewdly ebb'd,
To ſay you haue ſeene a better.
Ser. Pardon, Madame:
The one, I haue almoſt forgot (your pardon:)
The other, when ſhe ha's obtayn'd your Eye,
Will haue your Tongue too. This is a Creature,
Would ſhe begin a Sect, might quench the zeale
Of all Profeſſors elſe; make Proſelytes
Of who ſhe but bid follow.
Paul. How? not women?
Ser. Women will loue her, that ſhe is a Woman
More worth then any Man: Men, that ſhe is
The rareſt of all Women.
Leo. Goe *Cleomines*,
Your ſelfe (aſſiſted with your honor'd Friends)

Abb. 1 The Winter's Tale (First Folio)

Ser. Women will loue her, that ſhe is a Woman
More worth then any Man: Men, that ſhe is
The rareſt of all Women.

Abb. 2 Zeilenblock aus Abb. 1

Enter a SERVANT.
Serv. One that gives out himself Prince Florizel,
Son of Polixenes, with his princess (she
The fairest I have yet beheld), desires access
To your high presence.
Leon. What with him? He comes not
Like to his father's greatness. His approach,
So out of circumstance and sudden, tells us
'Tis not a visitation fram'd, but forc'd
By need and accident. What train?
Serv. But few,
And those but mean.
Leon. His princess, say you, with him?
Serv. Ay; the most peerless piece of earth, I think,
That e'er the sun shone bright on.
Paul O Hermione,
As every present time doth boast itself
Above a better gone, so must thy grave
Give way to what's seen now! Sir, you yourself
Have said and writ so, but your writing now
Is colder than that theme, "She had not been,
Nor was not to be equall'd" — thus your verse
Flow'd with her beauty once. 'Tis shrewdly ebb'd,
To say you have seen a better.
Serv. Pardon, madam:
The one I have almost forgot — your pardon —
The other, when she has obtain'd your eye,
Will have your tongue too. This is a creature,
Would she begin a sect, might quench the zeal
Of all professors else, make proselytes
Of who she but bid follow.
Paul. How? not women?
Serv. Women will love her, that she is a women
More worth than any man; men, that she is
The rarest of all women.
Leon. Go, Cleomines;
Yourself, assisted with your honor'd friends,

Abb. 3 The Winter's Tale (Riverside Edition)

Wenn ein so beschriebenes "Editionssystem" als mehrstufige Architektur realisiert wird, sind inhaltliche Querverbindungen noch nicht herstellbar. Der Begriff "gleiches Wort" (Lemma) steht noch nicht zur Verfügung. Im Shakespeare System ist daher als eine der wichtigsten Strukturen über den modernen Text eine lexikalische Datenbankstruktur definiert worden, die die Manipulation auf der Wortebene, verstanden als Lemma, oder Wörterbucheintrag, ermöglicht. In der Abbildung 4 ist ein sehr vereinfachtes Entity - Relationship Diagramm dieses lexikalischen Bereiches dargestellt. Die lexikalische Datenbankstruktur setzt auf einer desambiguierten Textstruktur auf, die explizite Worteinheiten aufweist also z.B. Komposita auch dann als Einheiten behandelt, wenn sie graphisch als zwei Wörter im Text erscheinen und auch zwischen verschiedenen Lesarten auf der Wortebene unterscheiden kann. Bei Shakespeare ist das bei Puns typischerweise der Fall. Ein derartig desambiguiertes Textwort wird auf der nächsten Ebene der entsprechenden Flexionsform zugeordnet. Auf dieser Wortformen-Ebene mit insgesamt 13 Informationskategorien ist die gesamte Flexionsmorphologie der Sprache Shakespeares ansprechbar, d.h. es können etwa alle 4.217 Pluralformen zu Substantiven abgerufen werden und hinunter bis in die nachgeordneten Textebenen verfolgt werden. Dabei sind die für die elisabethanische Sprache charakteristischen Varianten in der Flexionsmorphologie wie etwa der Wechsel von {-th} zu {-s} im direkten Zugriff. Alle Wortformen werden auf der nächsten Datenbankebene ihrem jeweiligen Lemma zugeordnet. Dem Lemma werden die typischen lexikalischen Merkmale wie Etymologie, Wortart, Erstbeleg, Register, usw. als Attribute beigefügt. Insgesamt sind 21 Informationskategorien auf der Lemma-Ebene definiert. Die Lemma-Ebene eignet sich besonders als eine systematische Schnittstelle zwischen dem Shakespeare System und anderen elektronischen lexikalischen Datenbanken. Der Begriff des Wortschatzes bei Shakespeare ist auf dieser Ebene auch quantitativ analysierbar und dadurch vergleichbar mit anderen Autoren oder Textgattungen. In Abbildung 5 ist ein einfacher Überblick über die Wortartenverteilung als Beispiel graphisch aufbereitet. Derartige quantitative Übersichten sind für die Benutzerorientierung in einem System von großer Bedeutung zumal sie nicht zum bisherigen "Expertenwissen" der Shakespeare-Philologie gehören, für die selbst der Umfang des Vokabulars eine Frage von Schätzungen und Extrapolationen war, wobei es eine weit verbreitete Meinung gibt, das Vokabular sei besonders umfangreich: "Shakespeare had one of the largest vocabularies of any English writer, some 30,000 words". (BBC Fernsehserie *The Story of English*, Buchausgabe London 1987, S. 102). Der Wortschatz ist jedoch weit geringer und wenn die Eigennamen und das Vokabular der fremdsprachigen Passagen in den Stücken abgezogen werden, was insgesamt etwa 11 % ausmacht, liegt der Umfang zwischen 17.000 und 18.000 Lemmata. Die "höheren" Datenbankebenen und die "tieferen" Textebenen sind durch die Verknüpfungen aufeinander beziehbar, so daß etwa bei der sequentiellen Lektüre von Textpassagen gezielt zusätzliche Informationen zur Verfügung stehen. Ein Beispiel für eine solche zusätzliche auf den Text abgebildete Information ist die Information, ob es sich im Text um neue Wortbildungen aus elisabethanischer Zeit handelt. Detaillierte chronologische Informationen zu Erstbelegsdaten werden auf der Lemma-Ebene verwaltet. In der nach Perioden aufgeschlüsselten statistischen Übersicht in Abbildung 6, die mit dem altenglischen Wortschatzanteil beginnt und den mittelenglischen und frühneuenglischen Anteil als Periode darstellt, wird ersichtlich, daß etwa 21 % des Wortschatzes von Shakespeare nicht vor der Entstehungszeit seiner Werke lexikographisch nachzuweisen ist.

Eine Untermenge davon stellt den wortschöpferischen Beitrag in der Sprache Shakespeares dar, also die wahrscheinlichen Erstbelege des Autors. Es ist eine Frage der Benutzeroberfläche, wie dann eine solche Information "Erstbeleg" auf eine konkrete Textpassage in einem Bildschirm-Layout projeziert wird. Ein separates Fenster ist denkbar, aber auch eine Markierung in der Textpassage selbst. Das geläufige Hypertextverfahren, in einer Textpassage ein Textwort "mit der Maus anzuklicken", wie es im Jargon heibt, setzt an sich voraus, daß dann nur ein anderes vorgegebenes Textstück zur Verfügung gestellt wird, wo Erklärungen, Hilfen, usw. abgelegt sind. Bei einer Hypertext-Dokumentation ist das natürlich ein gewünschter Effekt, da Dokumentationen eine konsistente Darstellung ohne unnötige Variation anstreben müssen. Die als Beispiel angeführte Fragestellung hingegen zeigt eine variable Informationsstruktur. Anstelle der "Erstbeleglektüre" kann z.B. eine etymologisch orientierte Lektüre treten, die die Kategorien "germanischer Erbwortschatz" und "romanischer Lehnwortschatz" auf eine Textebene projeziert.

5. Navigationshilfen

Eine Ergebnis der Ergonomieforschung zur Datenbankbenutzung ist die unerwartet niedrige Quote des Erfolgs. So wurden in kalifornischen juristischen Datenbanken typischerweise nur 20 % der für eine Recherche tatsächlich relevanten case-law Daten auch gefunden. Der Datenbankbenutzer muß nicht nur eine Abfragesprache wie etwa SQL beherrschen, er muß die genaue Informationskategorie kennen und die exakten Bezeichnungen und die gleichwertigen Synonyme. Im Shakespeare System wurde versucht, eine hierarchische Informationsstruktur zu den einzelnen Informationskategorien aufzubauen. Im etymologischen Bereich wird der Benutzer in diesem Sinne über drei Stufen mit zunehmender Informationsdetaillierung geführt.

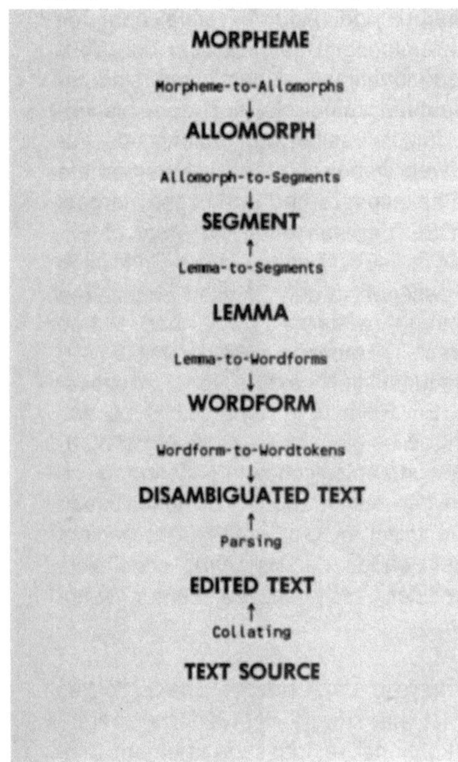

Abb. 4 DBMS Subschema Text bis Morphem

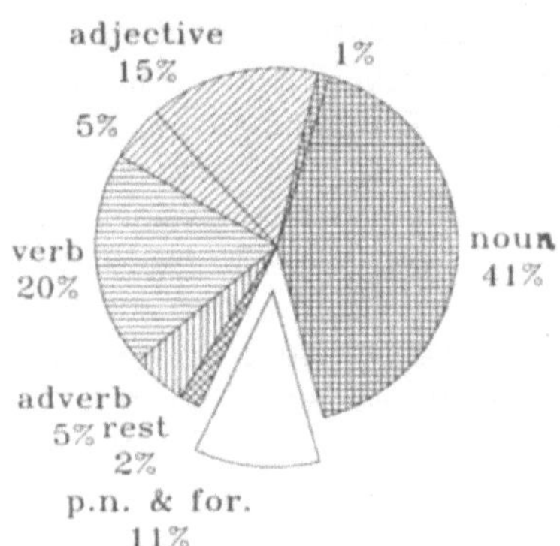

Abb. 5 Wortartenverteilung

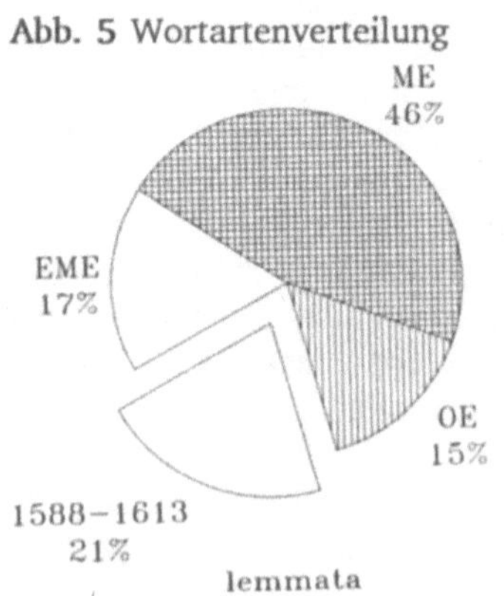

Abb. 6 Shakespeares Vokabular

Lemma	Wortart	Datierung	Werk	Frequenz
love	n.	oe		
love	vb.	oe		
lovely	adj.	oe		59
love-token	n.	oe		1
true-love	n.	oe		10
belove	vb.	1205		56
love-book	n.	<1225		1
lover	n.	<1225		143
love-letter	n.	<1240		2
loveday	n.	~1290		1
love-song	n.	<1310		7
love-spring	n.	<1310		1
loveless	adj.	~1311		1
loveliness	n.	1340		2
well-beloved	pwf.(adj.)	1386		3
unlove	vb.	<1395		2
lovingly	adv.(pwf.)	1398		1
loving	pwf.(adj.)	1529		1
lovesick	adj.	1530		4
love-lacking	pwf.(adj.)	1532		1
dear-beloved	pwf.(adj.)	>1548		1
self-love	n.	1563		8
love-in-idleness	NP	1578		1
self-loving	pwf.(adj.)	1590		3
love-bed	n.	>1592	R3	1
love-god	n.	>1593	SON	2
love-kindling	pwf.(adj.)	>1593	SON	1
love-suit	n.	>1593	SON	3
after-love	n.	1594	TGV	2
love-affair	n.	1594	TGV	1
love-discourse	n.	1594	TGV	1
love-wounded	pwf.(adj.)	1594	TGV	1
love-feat	n.	>1594	LLL	1
love-monger	n.	>1594	LLL	1
love-rhyme	n.	>1594	LLL	1
love-devouring	pwf.(adj.)	>1595	ROM	1
love-performing	pwf.(adj.)	>1595	ROM	1
loving-jealous	pa.phr.(n.)	>1595	ROM	1
new-beloved	pwf.(n.)	>1595	ROM	1
lack-love	n.	>1595	MND	1
love-juice	n.	>1595	MND	1
love-shaft	n.	>1595	MND	1
love-news	n.	>1596	MV	1
love-cause	n.	1599	AYL	1
love-prate	n.	1599	AYL	1
love-shaked	pwf.(adj.)	1599	AYL	1
love-broker	n.	>1601	TN	1
lover-thought	n.	>1601	TN	1
lover	vb.	>1601	LC	1
love-line	n.	>1602	AWW	1
brother-love	n.	>1612	H8	1

Abb. 7 Morphologische Familie {LOVE}

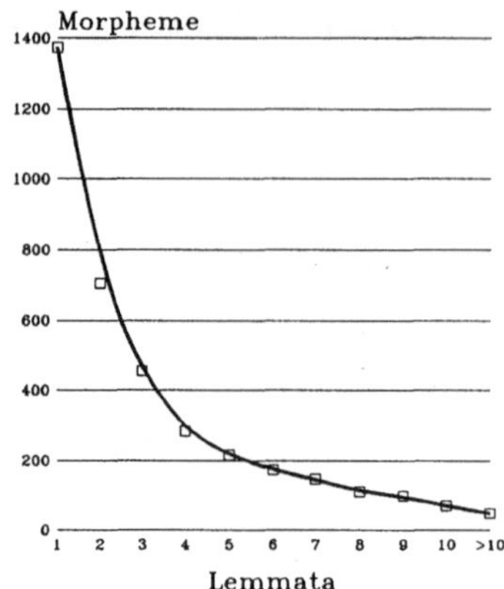

Abb. 8 Die Größe morphologischer Familien bei Shakespeare

Er wird so nicht direkt mit den mehr als hundert Herkunftstypen konfrontiert und kann durch die Hierarchisierung gezielt auf benachbarte Informationskategorien zugreifen und so auch ausprobieren, welche Ergebnisse dort zu erhalten sind. Wo irgend möglich ist der Versuch gemacht worden, ein derartiges Browsing in Nachbarkategorien durch eine zweite Art von Navigationshilfen zu erleichtern. Das System kann statistische Gesamtüberblicke anbieten, die damit Einzelabfragen einen Bewertungskontext zur Seite stellen, die dem Benutzer die Interpretation seiner Recherche im größeren Kontext ermöglichen. Ein Beispiel kann das verdeutlichen. Der in der Abbildung 2 herausgeschnittene Zeilenblock enthält ein Vorkommen des Verbs **love.** Durch die Datenbankstruktur zwischen den Ebenen Lemma und Morphem (vgl. Abbildung 4) ist es möglich zu diesem Textwort eine "morphologische Familie" als komplexe Datenbankstruktur aufzubauen und dem Benutzer darzustellen, etwa in einer chronologischen Anordnung so wie in der Abbildung 7 mit einer Auswahl von bestimmten weiteren Informationen wie Wortart und Vermerk eines Erstbelegs unter Angabe des Stückes. Eine morphologische Familie ist definiert als die Menge der Lemmata, die wenigstens ein Morphem gemeinsam haben. Ob die morphologische Familie {LOVE} eine besondere Struktur ist, ob sie etwa besonders umfangreich, oder besonders reich an Erstbelegen ist, kann erst vor dem Hintergrund von statistischen Übersichten festgestellt werden. Eine solche Beurteilungshilfe bietet die Abbildung 8 an, aus der ersichtlich wird, daß die meisten morphologischen Familien bei Shakespeare viel kleiner sind, und die morphologische Familie {LOVE} zu den wenigen größeren Strukturen mit mehr als 10 Fällen gehört. Als letzte Möglichkeit einer Benutzerführung, insbesondere für den neuen Benutzer, bietet das System vertraute Informationsoberflächen aus der Buchtechnologie an: das Format einer textkritischen Edition, die Organisation einer Referenzgrammatik, eine Wörterbuchumgebung, oder die Kategorien der traditionellen Wortbildungslehre. Diese Umgebungen haben den Vorteil, daß bestimmte Erwartungen, aber auch Beschränkungen, dem Benutzer bereits bewußt sind und keine Schwierigkeiten bei der Standortbestimmung bestehen, der Benutzer also jeweils weiß, wo er sich in einem großen Informationssystem befindet. Der große Nachteil derartiger "Imitationsoberflächen" ist natürlich, daß sie das Informationspotential eines komplexen Systems in keiner Weise ausschöpfen und es in der Tat bequemer sein kann, anstelle der Bildschirmumgebung auf ein Buch zurückzugreifen. Der erfahrene Benutzer, der keine Karteikartenmetaphorik und Buchseitenfenster mehr als Übergangshilfe benötigt, wird erst im Umgang mit den Möglichkeiten des Informationssystems zu einer kreativen Phase der Benutzung gelangen, wenn er auf neue Fragestellungen stößt, für die es bisher keine Antwortmöglichkeiten gab.

Interaktive Anwendungen mit optischen Speichersystemen in den Geisteswissenschaften

Reinhard Köhler
Sprachwissenschaftliches Institut
Universität Bochum

Zusammenfassung

Die in den letzten Jahren entwickelten optischen Speichermedien besitzen im Vergleich zu den bisher verwendeten Speichern eine immense Kapazität. Mit ihrer Verfügbarkeit erst wird in vielen Bereichen der Geisteswissenschaften eine nicht-triviale Nutzung von Rechnern möglich. Der folgende Beitrag beschäftigt sich mit den technischen Eigenschaften der verschiedenen Medien und einigen Aspekten der neuen Einsatzbereiche. Anhand von vier Beispielen (Malerei, Handschriften/Buchmalerei, Fotoarchivierung und Sprachatlas) werden Entwicklung und Anwendung interaktiver Systeme mit optischen Speichern dargestellt.

1.

Für die Archivierung und Speicherung von Textdokumenten werden seit Jahren die Vorteile elektronischer Informationsübermittlung und -speicherung auf breiter Basis genutzt. Inzwischen ist der Zugriff auf Texte und ihre Bearbeitung in vielen Bereichen wegen der großen Datenmengen oft nur noch mit Hilfe moderner Digitaltechnik möglich.

An eine ebensolche computergestützte Verarbeitung von Bilddokumenten (Fotografien, Zeichnungen, Karten, Filmen, Malereien, Faksimiles etc.) war bisher aufgrund des hohen Speicherbedarfs nicht zu denken. Mit der Entwicklung analoger und digitaler optischer Speichermedien hat sich diese Situation geändert; alle Vorteile der Rechnertechnik stehen heute auch in diesem Bereich zur Verfügung, u.a.:

- beliebige Reproduzierbarkeit,
- Alterungsbeständigkeit (kein Qualitätsverlust über lange Zeit),
- Sicherheit vor mechanischer Beschädigung,
- minimaler Raumbedarf,
- Weiterverarbeitungsmöglichkeit durch Rechenanlagen,
- Datenbankanbindung
- Telekommunikation,
- elektronisches Publizieren.

Die computergestützte Speicherung von Bilddokumenten ermöglicht entscheidende Fortschritte im Hinblick auf zwei verschiedene Ziele: Archivierung und Publikation. Alle optischen Speichermedien erlauben aufgrund ihrer hohen Kapazität, auf kleinstem Raum große Mengen von Dokumenten aller Art abzuspeichern - einige gestatten auch, Videosequenzen und ganze Filme mit Ton abzulegen. Wichtig ist dabei, daß Sichtung, Verwaltung und Zugriff auf diese Daten mit Hilfe handelsüblicher Rechner erfolgen kann, wenn man über die für die jeweilige Anwendung geeignete Software verfügt. Auf diese Weise können kombinierte Bild-Text-Datenbanken, Auskunfts- und Informationssysteme entstehen, die Archivieren und Wiederauffinden von Bilddokumenten durch Stichwort- oder Kategorieneingabe, Nachbearbeiten, Kopieren, Druckvorbereiten usw. in Sekundenschnelle vom Arbeitsplatz aus ermöglichen.

Geisteswissenschaftliche Nutzergruppen sind heute vor allem Bibliotheken, Museen, Archive, Universitäten und andere Forschungseinrichtungen, die Aufgabenbereiche betreffen besonders

- die Erstellung, die Publikation und die Nutzung großer Textkorpora, maschinenlesbarer Wörterbücher u.ä.,
- Bestandssicherung und Erschließung von Sammlungen (Malereien, Handschriften, Skulpturen etc.),
- die Dokumentation von einmaligen oder besonders zu schützenden Objekten (wie in der Archäologie),
- die Verbesserung des Zugangs und der Verfügbarkeit in Film- und Bildarchiven, kartografischen Archiven u.a.,
- Projekte zu dialogfähigen Film- und Bildsequenzen,
- digitalakustische Ton- und Sprachkonservierung und -bearbeitung,
- vielfältige Bestrebungen im Bereich von Lehr- und Lernsystemen.

2.

Für jede Anwendung sollte sorgfältig geprüft werden, welcher der angebotenen optischen Speichertechniken jeweils der Vorzug zu geben ist; die verschiedenen Medien unterscheiden sich stark u.a. in folgenden Merkmalen, die daher auch wichtige Kriterien für die Auswahl darstellen:

- Fehlersicherheit,
- Kapazität,
- Aufnahme- und Wiedergabegeschwindigkeit,
- Weiterverarbeitungsmöglichkeit der Daten,
- Beschreibbarkeit durch den Anwender/Systemersteller,
- Systemkosten,
- Medienkosten,
- Produktionskosten.

Es stehen heute zwei grundsätzlich verschiedene Techniken zur optischen Speicherung zur Verfügung: Analog- und Digitaltechnik. Die Analogtechnik verwendet zur Abbildung der Lichtintensität (Grau- bzw. Farbwerte) des Originals Verfahren, bei denen keine Stufungen entstehen - ähnlich wie bei der Rillentiefe der herkömmlichen Schallplatte, die ein analoges Abbild des Schalldrucks am Aufnahmeort ist.

Bei der digitalen Speicherung von Vorlagen wird die Intensität (bzw. der Farbwert) jedes Rasterpunkts als ganze Zahl in einem vorgegebenen Intervall ausgedrückt; Werte zwischen den kleinsten definierten Abständen werden gerundet. Dadurch entstehen Stufungen: die Wiedergabe ist nicht unendlich fein - sie kann aber prinzipiell beliebig fein gewählt werden. In der Praxis richtet man sich nach der Wiedergabemöglichkeit der Ausgabegeräte (Bildschirme, Drucker, Verstärker und Lautsprecher) und dem Unterscheidungsvermögen der menschlichen Wahrnehmung, bzw. nach dem Zweck der Speicherung und - nicht zuletzt - nach den Kosten.

Analogtechnik wird da eingesetzt, wo eine Weiterverarbeitung der gespeicherten Dokumente mittels Rechner nicht vorgesehen ist, und wo der Geschwindigkeitsvorteil bei der Übertragung sowie die höhere Kapazität (die beide heute noch gegenüber den digitalen Verfahren bestehen) eine Rolle spielt. Hier wird im Grunde die gleiche Technik verwendet wie beim Fernsehen. Das entsprechende optische Speichermedium ist die Laservision-Bildplatte (Laser video disk), die auf jeder Plattenseite ein Fassungsvermögen von 54000 Einzelbildern in Farbe bietet.

Der Hauptvorteil der Digitaltechnik für Dokumentations- und Übertragungszwecke liegt in der hohen Fehlersicherheit, also der verlustfreien Wiedergabequalität. Störungen (wie Rauschen und Kratzer bei der herkömmlichen Schallplatte, Alterungserscheinungen oder mechanische Beschädigungen bei Papier oder Film) können vom System erkannt werden, da sie Abweichungen von den definierten Digitalwerten darstellen (sie liegen zwischen den Stufen) und somit automatisch korrigierbar sind - eine Qualitätseinbuße nach der Digitalisierung kann also vermieden werden. Außerdem besteht die Möglichkeit der Weiterverarbeitung und Verwaltung der digitalen Daten mit Hilfe eines Rechners; analog gespeicherte Bilder können dagegen von Rechnern nur verwaltet werden.

Auf dem Markt erhältlich sind heute die folgenden fünf Typen von optischen Speichern:

Laservision-Bildplatte: Dieses Medium wird schon seit rund zehn Jahren eingesetzt. Aufzeichnungstechnisch ist es mit der normalen Schallplatte und dem Video-Band vergleichbar. Bild-, Film- und Tondokumente werden analog abgebildet und, durch Abtastung mit Hilfe eines Laserstrahls, reproduziert. Zur Erstellung einer solchen Bildplatte bedarf es einer beträchtlichen Vorarbeit. Alle später abrufbaren Einzelbilder oder Sequenzen und alle Details, die etwa vergrößert sichtbar werden sollen, müssen vor der Produktion festgelegt und in der endgültigen Fassung mit einer Videokamera aufgenommen werden. Die Resultate gelangen über ein Einzoll-Masterband in eine Spezialfabrik, wo nach mehreren Fertigungsphasen die gewünschte Auflage der Platte gepreßt wird.

Wegen dieses Produktionswegs bedingt die Verwendung der Bildplatte im Allgemeinen eine Mindestzahl von zu distribuierenden Exemplaren; sie ist zu reinen Archivierungszwecken weniger geeignet.

Attraktivität erhält die Bildplattentechnik besonders dadurch, daß es mit einer Computerschnittstelle ausgerüstete Abspielgeräte gibt, über die der Abruf von Bildern und Filmabschnitten gesteuert werden kann. Dadurch lassen sich mit geeigneter Software kombinierte Bild-Datenbanken und visuelle Informationssysteme aufbauen (Zwei Beispiele für diese Technik werden unten angeführt).

DRAW: Hierbei handelt es sich um ein erst vor einem Jahr vorgestelltes Produkt, das im wesentlichen der Bildplatte entspricht, die Kapazität liegt allerdings bei nur 32000 Einzelbildern je Seite. Im Unterschied zu der Bildplatte läßt sich die DRAW vom Benutzer selbst beschreiben - der Speichervorgang erfolgt in einem kompakten Gerät, das manuell bedient werden, aber auch rechnergesteuert arbeiten kann.

Die Vorteile für die reine Archivierung liegen auf der Hand; der hohen Anschaffungskosten für die Geräte wegen kommt die DRAW jedoch für Publikationszwecke vorläufig nur in Ausnahmefällen in Betracht.

CD-ROM: Der wohl bekannteste optische Speicher entspricht technisch völlig der verbreiteten Musik-CD (compact disk). Er gestattet die Speicherung von Daten aller Art in digitaler Form und erlaubt daher ihre Weiterverarbeitung per Computer. Neben der Bildplatte ist der CD-ROM der einzige weltweit genormte optische Speicher. Seine Kapazität beträgt netto 540 Megabytes (formatiert und nach Abzug der Kapazität, die für Fehlererkennung und - korrektur benötigt werden).

Zur Herstellung eines CD-ROMs ist (wie bei der Audio-CD und der Bildplatte) größerer technischer Aufwand erforderlich. Allerdings ist hier unter Umständen bereits eine relativ kleine Auflage (um 50 oder 100 Stück), evtl. sogar eine Einzelfertigung (z.B. zu Testzwecken) wirtschaftlich. In erster Linie ist der CD-ROM wie die Bildplatte ein Medium zur Publikation von großen Datenmengen, zumal entsprechende Laufwerke für fast alle Rechnertypen zu kleinen Preisen erhältlich sind. Zumeist werden CD-ROMs zusammen mit der Software vertrieben, die zur anwendungsgerechten Nutzung der gespeicherten Daten auf dem jeweiligen Zielsystem benötigt wird.

WORM: Dieser Digitalspeicher mit - je nach Hersteller und Typ - zwischen 200 Megabytes und 3 Gigabytes Kapazität je Plattenseite kann vom Anwender ein einziges Mal selbst beschrieben und beliebig oft gelesen werden. Er eignet sich daher besonders für Archivierungszwecke und Datensicherung. Wegen der moderaten Kosten der Laufwerke sind sie jedoch auch für den Austausch großer Datenmengen zwischen mehreren interessierten Stellen geeignet.

Da bei der Speicherung von Bildern in Digitaltechnik je nach verwendeter Auflösung und Farbtiefe bis zu mehreren Megabytes pro Bild anfallen, werden für die meisten Anwendungen mehrere WORMs benötigt. Für den Zugriff auf ein bestimmtes Bild ist dann das manuelle Einlegen der entsprechenden Platte erforderlich. Dieser Umstand ist in vielen Fällen akzeptabel (nämlich immer dann, wenn die Zugriffshäufigkeit relativ gering ist), in anderen Fällen (und immer, wenn es sich um ein Mehrbenutzersystem handelt) unzumutbar. Abhilfe schaffen die sog. Juke-Boxes, automatische Magazine mit einer schnellen Plattenwechselrobotik und meist mehreren integrierten Laufwerken, die eine Gesamtkapazität von bis zu mehreren Terabytes pro Box besitzen können.

ROD: Die jüngste Entwicklung auf dem Gebiet der optischen Speicher ist die wiederbeschreibbare digitale Platte (rewritable optical disk). Rein optische Speicherplatten sind noch nicht serienreif, dagegen finden zur Zeit die magneto-optischen Platten (MOD) mit etwa 250 Megabytes pro Seite rasche Verbreitung. Während bei der WORM die Bits durch einen Laserstrahl in das Material gebrannt werden, beruht die Arbeitsweise der MODs auf einer punktgenauen Ummagnetisierung, die auf den vom Laserstrahl erhitzten Fleck begrenzt bleibt - was die gegenüber der Magnetplatte hohe Aufzeichnungsdichte möglich macht. Solche Speicher können auch wie Wechselplatten mit immenser Kapazität verwendet werden.

3.

Nachstehend sollen vier Beispiele illustrieren, wie Geisteswissenschaftler mit interaktiven Anwendungen optischer Speicher für Forschung und Lehre (aber auch für die interessierte Öffentlichkeit) neuen Zugang auf das Material ihres Gegenstandsbereichs eröffnen und eine bisher nicht gekannte Informationsdarstellung und -erschließung gewinnen können.

3.1
Das System "Interaktive Bild-Text-Kommunikation Malerei" (IBTK-M) geht auf die Idee und die Initiative von Christa Schwens zurück, die als Professorin im Bereich Kunstgeschichte und Kunstpädagogik der Universität-GH-Essen tätig ist. Die Arbeiten zu diesem Projekt entstanden mit Unterstützung des BMFT. Beteiligt waren außer der Arbeitsgruppe der Universität Essen unter der Leitung von Christa Schwens das Essener Softwarehaus RST Rechner- und Softwaretechnik, die Philips AG und der Belser Verlag Stuttgart, der den Vertrieb übernahm. Ziel des Projekts war die Entwicklung prototypischer Lösungen zum Einsatz in Bibliotheken.

Dem Gegenstand und dem Ziel entsprechend wurde als Speichermedium die analoge Bildplatte gewählt. Die zu entwickelnde Software sollte auf einem handelsüblichen Mikrorechner laufen und mittels einer kombinierten Bild-Text-Datenbankrecherche Zugriff auf die Bilder gleichzeitig mit der Präsentation zugehöriger textueller Information bieten. Dabei sollte die Bedienung für EDV-Laien problemlos und ohne spezielle Einführung möglich sein.

Als Ergebnis liegen zur Zeit drei Malerei-Bildplatten mit Software vor:

- "Deutsche Malerei der Renaissance",
- "Niederländische Barockmalerei",
- "Malerei des 19. Jahrhunderts (Teil 1)".

Die Systemkonfiguration ist der Abbildung 1 zu entnehmen. Ein Mikrorechner, auf dessen Festplatte das Softwarepaket mit der Datenbank abgelegt ist, steuert über eine serielle Schnittstelle den Bildplattenspieler. Von diesem wird das jeweils von der Software angewählte Bild analog (Scart, Composite video oder RGB) auf einem Monitor dargestellt. Der Rechner präsentiert die Fachinformationen auf einem zweiten Monitor, der auch für den Benutzerdialog verwendet wird. Die Benutzereingaben erfolgen über die Tastatur und werden ebenfalls auf diesem Monitor dargestellt (Vgl. auch die fotografische Darstellung in Abbildung 2).

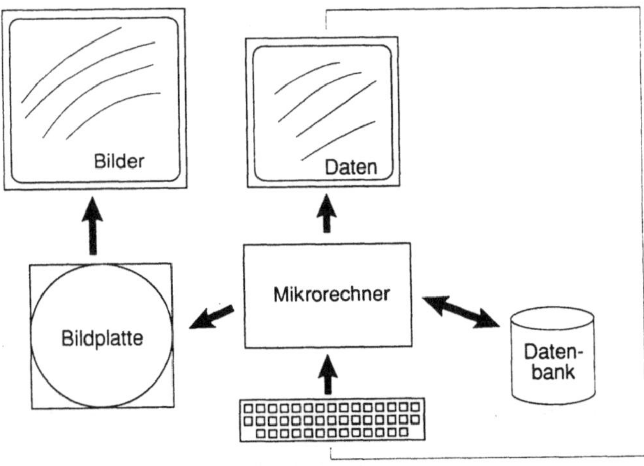

Abb. 1: Konfiguration des Bildplatten-Systems

Abb. 2: Recherche-Arbeitsplatz mit Bildplattensystem

Die logische Struktur der Benutzerschnittstelle ist baumartig. Über Menüs, Eingabemasken und Funktionstasten wird in die Programmteile und Funktionen verzweigt. Zu jeder Funktion und in jedem Zustand kann mit einer Funktionstaste Hilfestellung abgerufen werden. Die Hauptfunktionen des Malerei-Programms sind:

- Impressum,

- Einführung (Selbstdarstellung des Programms mit Erläuterung der Arbeitsweise und der Benutzungsmöglichkeiten,

- Recherche (suchen nach Bild- und Textdokumenten, die Benutzervorgaben genügen),

- Arbeitsspeicher (Möglichkeit zum Ablegen von Recherche- Ergebnissen, Bildlisten und eigenen Kommentaren auf Disketten und Abruf derselben zwecks Wiederaufnahme der Arbeit am System oder zur Vorbereitung und späteren Durchführung eines Vortrags mit Bildbeispielen),

- Bibliographie (Literatur recherchierbar nach Künstlern, Bildtiteln, Autoren u.a.).

Die gesamte Benutzeroberfläche wurde unter den Gesichtspunkten der Einheitlichkeit (konsequente Syntax und Semantik), der unmittelbaren Verständlichkeit und der Vermeidung von Fehleingaben gestaltet. Hier soll nur kurz auf den zentralen Programmteil, die Recherche, eingegangen werden.

Den fast voraussetzungslosen Einstieg in jede Recherche bildet das Frageformular, das dem Benutzer nach Anwahl des Menüpunkts "Recherche" vorgelegt wird (vgl. Abbildung 3). In dieses Formular können eine oder mehrere Vorgaben eingetragen werden; und zwar in die Felder, die den Suchkategorien entsprechen. Wird mehr als ein Feld ausgefüllt, so wird nach der UND-Verknüpfung der Schlüssel gesucht.

Titel - Bild:..
- Bildersystem: ....

Künstler: ....

Datierung: ....

Format: ....

Technik - Farbträger: ....
- Malmaterial: ....

Art: ....

Standort - Stadt: ....
- Museum: ....

Typus: ....
Gattung: ....

F1 Hilfe F2 Suchen F3 Löschen F4 Auswahl...F10 Ende

Abb. 3: Das Recherche-Formular der Renaissance-Software

Zur Vermeidung von Tippfehlern und um den Benutzer vor vergeblichen Suchvorgängen nach von vornherein unzutreffenden Suchbegriffen zu bewahren (z.B. nach Bildern von Cézanne auf der Renaissance-Platte) werden die Felder nicht durch Eintippen ausgefüllt, sondern durch Auswahl aus Menüs. Zu jedem Feld gibt es ein Auswahlfenster, das durch Tastendruck aktiviert wird. Dies geschieht kontextsensitiv: je nach dem, in welchem Feld sich die Schreibmarke (Cursor) befindet, öffnet der Druck auf die Funktionstaste F4 das entsprechende Fenster mit der Liste der zu der betreffenden Kategorie sinnvollen Fragemöglichkeiten. Durch diese Vorgehensweise werden nicht nur Fehler vermieden - der Benutzer erhält gleichzeitig eine positive Information: z.B. welche Malmaterialien in der Renaissance überhaupt Verwendung gefunden haben, oder was man unter der Kategorie Bildgattung zu verstehen hat.

Zum Feld "Gattung" z.B. erscheint (im Fall der Renaissance) ein Menüfenster mit der alphabetisch geordneten Liste:

Allegorie
Andachtsbild
....
Vedute

Innerhalb der Liste kann die Marke mit den Pfeiltasten und den üblichen anderen Tasten (PgDn, PgUp etc.) geblättert und positioniert werden. Zusätzlich besteht hier die Möglichkeit, Buchstaben in eine Suchzeile einzugeben. Beim Eintippen rollt die Liste jeweils automatisch weiter, bis die Eingabe eindeutig ist. Beide Eingabeverfahren können auch gemischt verwendet werden. Werden lange Listen von mehreren Hundert Einträgen vorgelegt, so erreicht man den schnellsten Zugriff auf ein gewünschtes Suchwort, indem man den ersten oder die ersten beiden Buchstaben eintippt und dann den Cursor mit den Pfeiltasten auf den richtigen Eintrag setzt.

Mit der Enter-Taste übernimmt man den markierten Begriff in das Feld der Suchmaske. Hat man alle gewünschten Felder besetzt, so gibt man mit einer weiteren Funktionstaste den Befehl zum Suchen von Bildern, die den Vorgaben entsprechen.

Je nach dem, ob kein, ein Bild oder mehrere solcher Bilder gefunden werden, wird weiterverfahren. Es gibt die Möglichkeit, die gefundenen Bilder abzurufen, die Recherche-Vorgaben zu erweitern oder einzugrenzen, und eine Liste mit Kurzinformationen vorlegen zu lassen, aus der heraus einzelne Bilder angewählt werden können.

Hat sich der Benutzer entschieden, ein bestimmtes Bild auf die eine oder andere Weise anzuwählen, so erscheint die zugehörige Informationsmaske sofort und ohne Wartezeit auf dem Monitor. Der Aufbau des Bildes selbst auf dem zweiten Monitor benötigt ebenfalls keine praktisch meßbare Zeit - lediglich die Positionierung des Lasers kann bis zu einer halben Sekunde dauern. .

Die Informationsmaske gleicht der Suchmaske (das ist nicht zwingend notwendig); allerdings sind hier alle Felder mit den entsprechenden Informationen zu dem aktuellen Bild ausgefüllt (vgl. Abbildung 4). Von hier aus sind über Funktionstasten Details des Bildes abrufbar, außerdem kann der Inhalt der Maske gedruckt werden, das Bild kann in den Arbeitsspeicher eingefügt werden, und - falls vorhanden - kann das Bild selbst in Farbe oder schwarz/weiß mit einem Video-Printer ausgedruckt werden. Wo dies inhaltlich erforderlich bzw. sinnvoll war, wurden noch zusätzliche, nicht an die Kategorien gebundene Angaben zu Bildern oder Details abgespeichert, die ebenfalls mit einer Funktionstaste abrufbar sind.

Detail 4 Detail 5 Detail 6

Abb. 4: Bild- und Textmonitor (oben); Details (unten)

Eine analoge Struktur besitzen die weiteren Programmpakete zur Malerei, während das Konzept zu einem geplanten Projekt "Rheinisch-Westfälische Tafelmalerei der Gotik" aufgrund der Objektstrukturen wesentlich komplexer ist und z.B. auch Bewegtsequenzen (sich öffnende Altarflügel u.ä.) einschließt.

3.2

Im Großen und Ganzen gleichartig wurde das System "Interaktive Bild-Text-Kommunikation Buchmalerei" ausgelegt, das ebenfalls im Rahmen des o.g. BMFT-Projekts entstand (s. Abbildung 5). Es handelt sich hier um die Edition einer mittelalterlichen Handschrift, des Codex vaticanus latinus 39, eines Neuen Testaments aus dem 13. Jhd., in Form einer Laservision-Bildplatte und des dazugehörenden Softwarepakets. Die fachwissenschaftliche Leitung des Projekts hatte die Essener Mediävistin Heide Stamm, die auch die Autorin des gesamten fachlichen Inhalts ist.

Abb. 5: Recherche im Codex vaticanus latinus 39

Vielen ist aus eigener Erfahrung bekannt, daß die Originale historischer Handschriften zumeist unzugänglich und uneinsehbar in Archiven und Depots lagern. Auf den gelegentlichen Ausstellungen sind nur einzelne, ausgewählte Stücke zu sehen, und dann - aus gutem Grund - nur mit einer aufgeschlagenen Seite unter Glas und abgedunkelt.

Um die komplexe Information dieses Codex mit mehreren Hundert Seiten Text, Miniaturen, Randillustrationen und Initialen zugänglich zu machen und zu sichern, war eine andere Vorgehensweise erforderlich als im Fall der Malerei, zumal die mittelalterliche Kunst für uns heute in hohem Maß erklärungsbedürftig ist. Sie lebt aus einer engen Beziehung zwischen Text und Bild, aus der Kenntnis einer komplexen Symbolwelt, die sich im Verlauf der Jahrhunderte zu einem Netz von Bildern und Theorien, Motiven, Verweisen und Zitaten zusammensetzt. Daher ist es wichtig, dab die Bildinformationen nicht nur dargestellt, sondern daß das System umfangreiche Erklärungen liefert.

Die hierzu entwickelte Software erlaubt verschiedenartige Zugriffe auf die Datenbankinhalte:

- Blättern im Codex wie in einem Buch.

- Anwahl von Doppelseiten oder einzelner Seiten. Von dem präsentierten Informationsformular aus (vgl. Abbildung 6) sind Unterstrukturen getrennt nach zwei Aspekten verfolgbar: "Lesen" (Sequentielle Vorlage von vergrößerten Textdetails) und "Ansehen" (Illuminationsdetails). Zu allen Details erscheinen wieder ausführliche Informationen und Erläuterungen auf dem Textbildschirm.

- Recherche über Suchworteingabe. Es schien in diesem Fall nicht sinnvoll, die Benutzervorgaben durch kategoriengebundene Suchmasken durchzuführen. Vielmehr legt das System nach der Menü-Auswahl "Recherche" ein Fenster vor, das aus einem komplexen Sachlexikon besteht und über 1600 Suchworteinträge enthält. Zwischen den Lexikoneinheiten besteht ein Geflecht von Synonym-, Ober- und Unterbegriffbeziehungen, die dem Benutzer allerdings verborgen bleiben. In dem konkreten Fall des Codex vat. lat. 39 enthält das Lexikon Motive und Themen von der "Ankündigung des Weltgerichts" bis zur "Ewigen Verdammnis", einzelne Bildgegenstände vom "Lamm" bis zum "Satan", Konkreta wie "Hand", Abstrakta wie "Reue", die sich sowohl auf Belegstellen der Texte beziehen als auch auf ikonographisch aufgenommene Bildinhalte.
In den meisten anderen Funktionen wie Arbeitsspeicher u.a. gleicht das Programmsystem der oben beschriebenen Malerei-Variante.

Codex: Vat. lat. 39, Neues Testament
Standort: Biblioteca Apostolica Vaticana, Rom
Entstehung: 13. Jahrhundert

SEITE: fol. 168 r Details Illumination: 12
Details Schrift: 6

Art: Illustrierte Textseite

Bildthema: Die erste eschatologische Schlacht: Kampf des Christkönigs / Der Antichrist im Feuer

Text: Offenbarung des Johannes 19,18 - 20,4

Elemente: Text mit Initialmajuskel: halbseitige Miniatur; Randillustration

Anmerkung:

F1 Hilfe F2 Merken F3 Ansehen F4 Lesen F5 Drucken F10 Ende

Codex: Vat. lat. 39, Neues Testament Detail Illumination
Nr. 1 von 7
Standort: Biblioteca Apostolica Vaticana, Rom

Entstehung: 13. Jahrhundert

SEITE: fol. 120 v

DETAIL: A

Halbseite: Text (1. Korintherbrief [Schluß] und Explicit: "EXPLICIT eP(ISTV)La ad corinthio(s) PRIMA" / Vorrede zum 2. Korintherbrief

F1 Hilfe F2 Merken F5 Drucken F10 Ende

Abb. 6: Informationsmaske zu einer Seite (oben) und zu einem Detail (unten)

3.3
Eine weitere Entwicklung, das "Elektronische Fotoarchiv", verwendet digitale (und vom Anwender selbst beschreibbare) optische Speicher (WORMs) und besitzt auch eine andere Systemkonfiguration (vgl. Abbildung 7). Es dient wie die oben skizzierten Systeme der Recherche von Bildern und zugehörigen Textdokumenten, aber zusätzlich ist es zur Archivierung durch die Anwender selbst gedacht. Anwendergruppen sind u.a. Bildarchive, Fotografische Sammlungen in Museen, aber auch Stadtbildstellen und Zeitungsarchive. Die Idee eines solchen Fotoarchivs stammt aus dem Essener Folkwang-Museum, wurde aber in privater Initiative der RST Rechner- und Softwaretechnik GmbH realisiert.

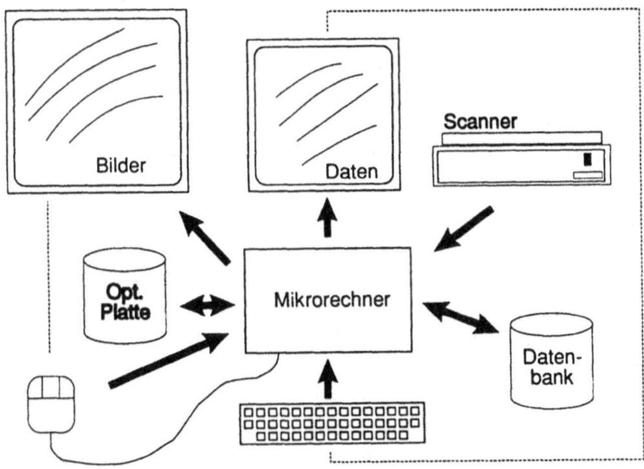

Abb. 7: Konfiguration des elektronischen Foto-Archivs

Die Hardwarekomponente besteht in der Einzelplatzversion aus einem Mikrorechner auf der Basis einer 386er Zentraleinheit, einer großen Festplatte (80 bis 650 MB), einem Monochrom-Monitor für die Textdokumente, einem hochauflösenden Grafik-Monitor (z.Zt. 1280x1024 Bildpunkte) mit einem speziellen Grafik-Adapter (TIGA- Standard), einem WORM-Laufwerk (bzw. einer Juke-Box) und einem Scanner zum Abtasten der zu archivierenden Fotos oder Negative in Farbe (bis zu 17 Mio Farbtönen) oder (bis zu 256) Graustufen. Ergänzt werden kann es mit einem Laserdrucker, einem Dia-Belichter oder einem Fotosatz-Gerät. Eine 5.25"-WORM-Platte faßt z.B. bei 16 Graustufen und VGA-Auflösung ca. 5000 Fotografien.

Inhalt und Gestaltung der Recherche-, Bearbeitungs- und Informationsmasken sind dem Anwender weitgehend überlassen, so daß sie dem jeweiligen Zweck optimal angepaßt werden können. Es kann auch zwischen verschiedenen Ebenen der Information unterschieden werden: so kann ein Museum für interne Zwecke Anschaffungspreise, Ausstellungsgeschichte, Versicherung, Ausleihdaten u.a. im gleichen System mitabspeichern und für die Verwaltung nutzen, ohne diese dem Publikum preiszugeben.

Zur Archivierung werden die Bilder mittels eines Scanners oder einer Digitalisierkamera abgetastet und in einen Zwischenspeicher des Systems übernommen. Der Anwender kann die entsprechenden Informationen kategoriegebunden und/oder in Form von Stichwörtern entweder jeweils parallel zum aufgenommenen Bild, das auf dem Grafik-Monitor sichtbar ist, eingeben, oder auch zunächst einen ganzen Stapel von Bildern scannen. Mit jedem Abtastvorgang werden bestimmte Daten wie Tag und Uhrzeit automatisch erfaßt, so daß auch eine spätere Zuordnung leicht und eindeutig möglich ist.

Die Recherche geht im Wesentlichen so vor sich, wie es schon im Zusammenhang mit der Malerei-Software erläutert wurde. Zusätzlich werden jedoch hier parallel zu den Auswahllisten mit Kurzinformationen, die auf dem Text-Monitor geboten werden, auf dem Grafik-Monitor Auswahltafeln mit den zugehörigen Bildern in verkleinertem Format sichtbar. Die Auswahl eines Bildes durch den Anwender kann ebenfalls auf zwei Weisen geschehen: mit den Cursor- und Funktionstasten, die sich auf Positionen innerhalb der Fenster auf dem Text-Monitor beziehen, oder durch Positionierung des Grafik-Cursors auf eines der verkleinerten Bilder auf dem zweiten Monitor. Das System sorgt stets für die Synchronisierung der Cursor-Markierungen auf den beiden Schirmen, so daß die Zuordnung von Text und Bild auch auf dieser Ebene gewährleistet ist. Wurde ein bestimmtes Bild angewählt, so erscheint es formatfüllend auf dem Grafik-Monitor, während der Text-Monitor das entsprechende Textdokument zeigt (ähnlich arbeitet der Bearbeitungsmodus, der berechtigten Anwendern zusätzlich die Möglichkeit zur Veränderung und Ergänzung der Informationen gibt).

In diesem Systemzustand stehen weitere Funktionen zur Verfügung: Festlegen eines Ausschnitts mit der Maus, der dann vergrößert angezeigt wird (Zoom/Lupe), Negativ-Positiv-Wandlung, Druckausgabe, Retusche u.a.

3.4

Um die Kombination visueller Daten mit dem akustischen Kanal geht es bei dem "Digital-akustischen Sprachatlas", einem Kooperationsprojekt der Universität Salzburg (Hans Goebl) und der RST GmbH mit dialektologischer Thematik. Die Systemkonfiguration ist in der Abbildung 8 schematisch dargestellt: es handelt sich um ein Ein-Monitor-System, das in Fenstertechnik (MS-WINDOWS) arbeitet. Der Mikrorechner ist mit einer Digital-Analog- Wandlereinrichtung (DA/AD) versehen, mit Hilfe derer sprachliche Äuberungen in digitale Daten gewandelt werden können - und umgekehrt. Das technische Prinzip ist identisch mit dem der Audio- CD (compact disk).

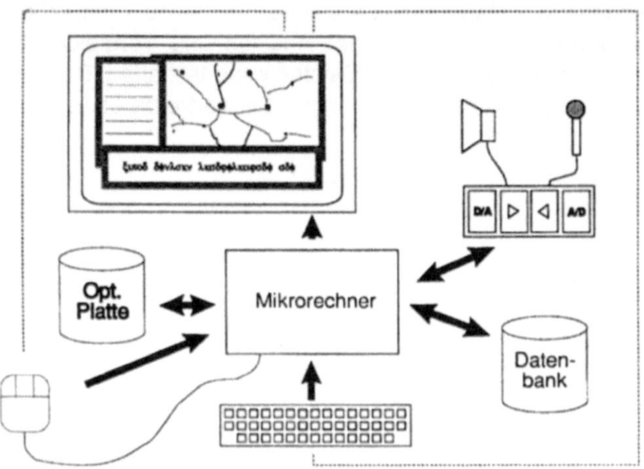

Abb. 8: Konfiguration des digitalakustischen Sprachatlas

Zum Aufbau einer dialektografischen Datenbank dient ein besonderer Programmteil, das Funktionen zum Aufnehmen der Äußerungen per Mikrofon oder von einem Tonbandgerät, zur Wiedergabe und zum Schneiden der gewünschten Signalausschnitte zur Verfügung stellt. Zu diesem Zweck dient eine komfortable grafische Benutzeroberfläche; in einem Fenster wird der Signalverlauf der Äußerung als Oszillogramm dargestellt, ein zweites Fenster wirkt als verschiebbare Lupe. Mit der Maus können Ausschnitte beliebig markiert und herausgeschnitten werden. Über ein Dialogfenster gibt man die zu dem Signal gehörenden Daten ein: Stimulus, Response, Aufnahmeort, Transkription etc.
Der Endbenutzer erhält eine Oberfläche, die ebenfalls in Fenstertechnik ausgeführt ist. Er kann z.B. die ihn interessierenden Orte mit der Maus auf einer geografischen Karte anklicken, die in einem der Fenster sichtbar ist, und diese Auswahl mit Einträgen aus der Liste der aufgenommenen Wörter oder Phrasen kombinieren. Ein Abruf löst die akustische Wiedergabe gleichzeitig mit der Präsentation der vorhandenen Informationen und einer phonetischen Transkription auf dem Schirm aus.

Eine mögliche Erweiterung besteht im Hinzufügen von digitalisiertem ethno-fotografischen Material etc.

4.

Die vorgestellte Auswahl von Beispielen interaktiver Anwendungen mit optischen Speichersystemen hat vielleicht deutlich machen können, welche potentielle Bedeutung für die Geisteswissenschaften schon allein die reine Ausnutzung der hohen Speicherkapazität dieser neuen Medien besitzt. Noch gar nicht einzuschätzen sind die Möglichkeiten, die aus der Kombination verschiedener Techniken und der weitergehenden Nutzung von Rechenanlagen hervorgehen können. So wurden die Rechner in den hier dargestellten Beispielen vornehmlich zu Zwecken der Datenverwaltung eingesetzt - Datenanalyse spielte hier keine Rolle. Es ist aber zu erwarten, daß maschinelle Verfahren zu automatischer Analyse und Vergleich von Bild-, Text- und Sprachsignaldaten in dem Maße auch in den Geisteswissenschaften Bedeutung erlangen, wie es möglich sein wird, große und größte Datenmengen bei vertretbaren Kosten maschinenlesbar zu speichern und operabel zu machen.

Bausteine für Lernprogramme: Beschreibung und Implementierung

Alfred Schreiber
Pädagogische Hochschule Flensburg

Zusammenfassung

Technologiegestütztes Lernen (z. B. im Rahmen von computerunterstütztem Unterricht, in Form von interaktivem Video, als Lernen im Planspiel, eigenständig oder im Medienverbund) spielt eine immer größere Rolle für den tertiären Bildungsbereich und die berufliche Aus- und Weiterbildung. Bei entsprechenden technischen Realisierungen wird aber zunehmend die Komplexität deutlich, der sich die Entwickler in der Praxis zu stellen haben und die in der Regel zu interdisziplinären Problemlösungen zwingt.

Im Vortrag werden zunächst Fragen der Beschreibung und der Strukturanalyse von Lernprogrammen behandelt. Sie zielen unter anderem auf eine Klassifikation von Bausteinen, die als "Teilaufgaben" im Entwicklungsprozeß zu identifizieren sind. In einem weiteren Schritt geht es dann um Probleme der Implementierung. Dabei werden die Zielbereiche spezialisierter Entwicklungswerkzeuge dargestellt und, anhand von Beispielen, konkrete Konzepte und praktische Verfahren der "autoriellen Arbeit" erörtert. Zukünftige Fortschritte auf diesem Gebiet bedürfen einer stärkeren Integration bisheriger Forschungsansätze (CAI, ICAI).

1. Lernprogramm-Entwicklung als komplexe Aufgabe

1.1. Seit nunmehr 30 Jahren wird computerunterstützter Unterricht (CUU) in vielfältigen Ausprägungen und mit unterschiedlichen Zielsetzungen erforscht und entwickelt:

Anfänglich dominierten bekanntlich viel zu einfache Methoden wie die Verhaltenssteuerung durch Konditionierung (nach Skinner) oder das verzweigte Programmieren mit Rückmeldungen (nach Crowder). In der Folge erweiterte man diese Basis um kognitionspsychologische Prinzipien, allgemeinere Systemansätze bei der Unterrichtsplanung und -entwicklung, sowie die Implementierung neuer Lehrverfahren (z.B. Simulationen, generative Systeme, probabilistische Modelle). Hinzu kommen, schon seit den 70er Jahren, die im KI-Bereich entwickelten Techniken der Repräsentation und Verarbeitung von Wissen (strukturierter Information), von denen man sich heute gar einen Paradigmenwechsel zu "intelligenten tutoriellen Systemen" (ITS) verspricht.

1.2. Im letzten Jahrzehnt erhielt CUU zusätzlich neuen Schwung von der praktischen Seite her, nämlich durch die Vermarktung von Lernprogrammen für die Aus- und Weiterbildung in Betrieben und Organisationen. Diese Programme, überwiegend auf Kleinstrechnern (PC-Standard) implementiert, werden als Standardware angeboten oder entstehen als Projekte für einen einzelnen Auftraggeber. Schon ein flüchtiger Blick in die Anforderungskataloge genügt, um das Ausmaß an fundiertem Wissen und Können abzuschätzen, das hierbei den CUU-Entwicklern abverlangt wird:

Sie müssen zu vorgegebenem Inhalt eine geeignete didaktische Struktur entwickeln und sie in ein Programm umsetzen; dieses soll Information in Texten, Bildern und grafischer Animation vermitteln, anspruchsvolle Lernformen anbieten (Simulation, Plan- oder Rollenspiel, adaptives Üben, interaktives Video etc.), über eine ausgeklügelte Kommunikationsschnittstelle verfügen, und - wenn möglich - sorgfältig evaluiert worden sein.

Die Zukunft technologiegestützter Lehr- und Lernformen wird nicht zuletzt davon abhängen, wieweit sich die Entwicklung dieser Medien mehr als bisher professionalisieren läßt.

Ich sehe hier typischerweise keineswegs Pädagogen oder Ausbilder in Pausenzeiten damit beschäftigt, herkömmliche Schulungsunterlagen mit Hilfe eines Autorensystems in Lernprogramme zu verwandeln. CUU-Entwicklung ist eine komplexe Aufgabe im Schnittfeld von Pädagogik, Gestaltung und Technik. Sie verlangt einen kontrollierten und koordinierten arbeitsteiligen Prozeß, an dem interdisziplinär ausgerichtete Fachleute mitwirken. In irgendeiner Form umfaßt dieser Prozeß u.a. Teilaufgaben wie Analyse, Entwurf, Entwicklung und Evaluation, wie sie in soliden Lehrwerken über CUU mehr oder weniger ausführlich beschrieben werden [Steinberg, 1984; Alessi/Trollip, 1985].

1.3. Auch mit den folgenden Überlegungen möchte ich zum besseren Verständnis von CUU-Entwicklung beitragen. Ausgangspunkt ist dabei die Lernprogramm-Struktur selbst und die an ihr aufweisbaren Komponenten (Bausteine). Diese sollten

- einer technischen Modularisierung entsprechen und
- jeweils für sich noch pädagogische Bedeutung besitzen.

Unter diesen Bedingungen lassen sich dann technische Konzepte und pädagogische (einschließlich gestalterischer) Probleme nach einem einheitlichen Gliederungsprinzip bearbeiten. Ferner steht einer Einbindung in bewährte Systemansätze für den Unterrichtsentwurf nichts im Wege.

2. Die Trennung der Komponenten

Aus welchen 'natürlichen' Funktionseinheiten ist ein Lernprogramm (LP) aufgebaut? Die Behandlung dieser Frage ist mehr als nur von theoretischem Interesse, denn eine sachgerechte Trennung von Komponenten in der Lernprogramm-Struktur liefert zugleich auch ein Prinzip für die Teilung der praktischen Entwicklungsarbeit. Was allerdings hierbei 'sachgerecht' bedeutet, hängt sehr stark von der zugrundeliegenden Idee von CUU ab.

2.1. Ältere Auffassungen entwickelten eine 'atomistische' Sicht, die das Unterrichtsgeschehen in 'kleinste' Schritte zerlegt (Lehrschritt, Item, "frame"). Das vergröberte Abbild eines LPs im Ganzen ist dann ein gerichteter Graph, dessen Knoten die Lehrschritte und dessen Kanten die Übergänge zwischen zwei Lehrschritten darstellen. Frank [1964] betrachtet globale Eigenschaften solcher Graphen (kreisfrei, linear, direktiv) und erhält so eine erste Typeneinteilung von LP-Strukturen:

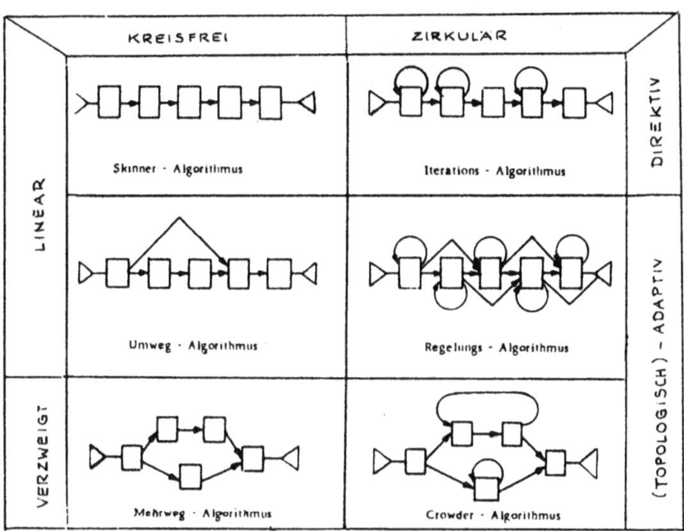

<ABB 1>: LP-Typen; Quelle: Frank [1964]

Ripota [1974] hat für LP-Graphen eine Reihe numerischer Kenngrößen eingeführt (Adaptivitätsgrad, Freiheitsgrad, Strukturgrad), die für weitergehende Klassifikations- und Dokumentationszwecke in der CUU-Praxis von Interesse sind.

Der Kern dieser formalen Beschreibungen liegt keineswegs in der etwaigen Suche nach (inhaltlich betrachtet) möglichst kleinen Einheiten oder in einer vermeintlichen Ausrichtung an behavioristischen Lerntheorien. Wesentlich ist vielmehr die Unterscheidung einer lokalen von einer globalen Beschreibungsebene, einer Mikrostruktur von einer Makrostruktur.

2.2. Die Methoden und Konzepte, mit denen Vertreter der KI-Forschung herkömmlichen CUU verbessern wollen, beruhen auf einem 'holistischen' Ansatz. Danach ergeben sich die Teile, die ein ITS zu seiner Funktion benötigt, unmittelbar aus den allgemeinen Komponenten des Unterrichtsgeschehens. Der Lehrende - und bildlich gesprochen auch das ITS - muß

- ausreichendes Wissen über den zu vermittelnden Inhalt besitzen (Expertenmodul),
- den Lernenden beurteilen können (Diagnosemodul),
- über eine (adaptive) Lehrmethode verfügen (Tutormodul),
- einen 'Dialog' mit dem Lernenden führen können (Kommunikationsschnittstelle).

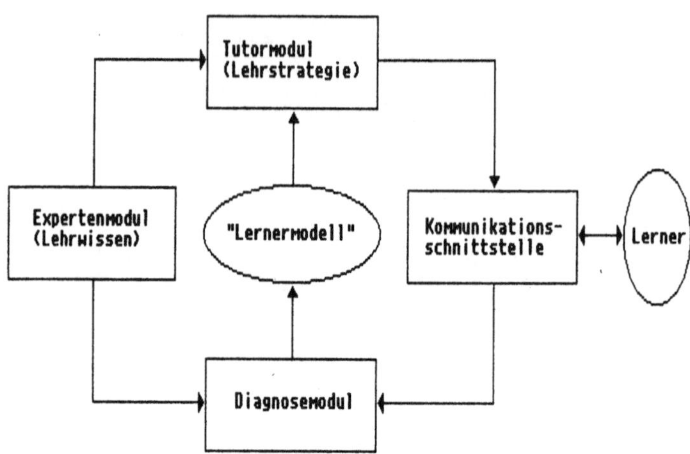

<ABB 2>: Idealtypischer Aufbau eines ITS

Die Module bestehen aus einer statischen Wissensbasis und einem darauf operierenden Inferenzmechanismus. Dabei enthält der statische Teil Information in jeweils geeigneten Datenstrukturen (z.B. semantische Netze, Produktionssysteme oder "script-frames"). Der Verarbeitungsteil nutzt dann bei vorliegenden Eingabedaten diese Information für einen Suchvorgang, dessen Ergebnis an ein anderes Modul und, über die Kommunikationsschnittstelle, zuletzt an den Teilnehmer weitergeleitet wird.

Systeme dieses Typs arbeiten im wesentlichen generativ, d.h. sie erzeugen lokale Prozesse, auch unterhalb der Lehrschrittebene, durch globale Strukturen. Dafür bedarf es einer weitgehenden Trennung von Form und Inhalt.

2.3. 'Traditioneller' CUU und 'modernes' ITS-Paradigma lassen sich mit Gewinn gegenüberstellen und vergleichen [Park/Perez/Seidel, 1987]. Dabei wird deutlich:

a) Programme vom ITS-Typ bilden neue Varianten und Schwerpunkte bei den Unterrichtsformen (z.B. "gemischt-initiativer Dialog", "diagnostischer Tutor", "coaching", "Mikrowelten") und realisieren diese in vergleichsweise wohlstrukturierten Themengebieten wie Mathematik, Elektronik, medizinische Diagnose oder Programmiersprachen. Projekte dieser Art, deren Aufwand auberordentlich hoch ist, stellen allerdings vorerst noch nicht den Normalfall technologiegestützter Unterrichtsentwicklung dar.

b) Eine Reihe klassischer Konzepte und Techniken im CUU (z.B. generative Verfahren, Übungen, Simulation, rechnergeleitetes Selbststudium) sind nicht veraltet, sondern wurden weiterentwickelt. Auch "frame"-orientierte Methoden behalten ihr Recht bei Anwendungen, auf die das ITS-Schema nicht paßt oder für die aus anderen Gründen Programme vom ITS-Typ nicht realisiert werden.

Wünschenswert ist eine stärkere Integration der bisherigen Forschungsansätze und Methodologien mit dem gemeinsamen Ziel, Lernprogramme zu entwickeln, die das Lernen (und das berufliche Training) nennenswert verbessern [Kearsley, 1987].

2.4. Die in 2.1 und 2.2 skizzierten Sichtweisen scheinen sich gegenseitig auszuschließen: Ein ITS soll und kann vordefinierte lokale Strukturen nicht verwenden; ein herkömmliches LP hingegen trennt Form und Inhalt - wenn überhaupt - zumeist nur oberhalb der Lehrschrittebene.

Gleichwohl lassen sich die Unterscheidungen in einer Kreuztabelle (Tab.1) sinnvoll kombinieren. Bei weiterer Aufschlüsselung der Form/Inhalt-Kategorien ergibt sich nämlich ein hinlänglich umfassender Vorrat von Bausteinen; diese lassen, je nach Paradigma, unterschiedliche Interpretationen zu.

	LOKAL	GLOBAL
Ziele	*Feinziele*	*Grobziele*
Inhalt	*Inhaltselemente*	*Struktur*
Präsentation	*Texte, Bilder, Ton*	*Erscheinungs-rahmen*
Schnittstellen	*Menüs*	*Kontrolle*
Interaktion	*Einzelformen von Kleinstunterricht*	*Diagnose, Lehrstrategie*

Tab.1: LP-Bausteine

3. Verfahren und Werkzeuge für die Implementierung

Jeder der aufgezählten Bausteintypen verdient eingehende Erörterung. Hier beschränke ich mich auf eine Auswahl prägnanter Hinweise und Beispiele. Sie sollen pars pro toto vor Augen führen, über welche methodischen und technischen Möglichkeiten CUU-Entwickler heute grundsätzlich verfügen. In der praktischen Tagesarbeit wird, aus verschiedenen Gründen, dieses Potential allerdings nicht annähernd ausgeschöpft.

3.1. Zunächst einige Bemerkungen über die Entwicklungswerkzeuge für CUU, sogenannte Autorensysteme. Seit längerem sind sie Gegenstand vergleichender Studien, bei denen es zumeist um die Fragen geht, a) welche der (mehr als 200 existierenden) Systeme geeignet seien, und b) ob man Sprachen oder Nicht-Sprachen den Vorzug geben solle.- Die möglichen Antworten sind, da es einen Standard nicht gibt, kaum als allgemeingültig anzusehen; sie richten sich nach dem Zweck, der jeweiligen Verwendungssituation, dem Kenntnisstand und den Vorlieben der Entwickler, und nach den verfügbaren Ressourcen.

Die hier geschilderte CUU-Entwicklungskonzeption ist grundsätzlich nicht an ein spezielles Autorensystem oder sonstiges Softwarewerkzeug gebunden. Allerdings setzt sie ein hohes Maß an Mächtigkeit und Flexibilität voraus. Im allgemeinen läßt sich dieses nur über eine Sprache erzielen, die einen ausreichenden Vorrat an CUU-spezifischen Funktionen besitzt sowie geeignete Makro-Definitionen gestattet (so beispielsweise die vom PLATO-System herstammenden TUTOR-Dialekte).

Auf eine Auswahl weiterführender technischer Möglichkeiten verweise ich hier am Beispiel der Autorensprache TOPIC, die seit 1985 bei einer Vielzahl von CUU-Projekten in Forschung und Wirtschaft eingesetzt wird [Schreiber/Vagh, 1987-1990; Schreiber 1990]:

- Software-Schnittstelle zu einer allgemeinen Hochsprache (PASCAL), die Simulationen, Befehlserweiterungen, und Ansteuerung externer Einheiten zuläßt;

- direktes Gestalten und Edieren in einem TRACE-Fenster, das während der Laufzeit bedient werden kann;

- Verwaltung von virtuellem Arbeitsspeicher bis zum 100-fachen der augenblicklichen 640 KByte-Grenze von MS/PC-DOS (je 32 MByte für Platte und EMS);

- einheitliches Grafiktreiber-Konzept für sämtliche Betriebsarten einschließlich umfassender Funktionen für Grafik und grafische Animation.

Autorenwerkzeuge sollen dazu beitragen, (1) die Qualität des als Produkt abzuliefernden Lernprogramms zu verbessern, und (2) dem Entwickler die praktische Arbeit zu erleichtern, und zwar in möglichst vielen Abschnitten des Gesamtprozesses und für möglichst viele Typen von CUU. Dieses Ziel ist bislang nur in schwacher Näherung erreicht.

Die Aufgabe wird umso schwieriger, je mehr dabei auch vom ITS-Paradigma geprägte Elemente zu berücksichtigen sind. Begg und Hogg [1987] haben in einer Realisierbarkeitsstudie die Probleme geschildert, die bei der Konstruktion eines IAS ("intelligent authoring system") im einzelnen auftreten. Als praktische Lösung hat Wallach [1987] vorgeschlagen, ein ITS zunächst mit Hilfe einer KI-Sprache (LISP, PROLOG) zu entwerfen und anschließend in einer leistungsfähigen Nicht-KI-Sprache (C, PASCAL) zu implementieren. Auch in europäischen Projekten (AAT, "Advanced Authoring Tools" im DELTA-Programm) beginnt man sich auf breiter Basis diesem Problemkreis zu widmen [Bessière/Giry/Leonhardt, 1989].

3.2. Ziele und Inhalt. Die Formulierung von Zielen ist eine hilfreiche und zugleich unerläßliche Maßnahme bei der Planung und Entwicklung von Unterricht. Häufig definiert man zunächst ein am Unterrichtszweck ausgerichtetes Grobziel und gliedert dieses dann, abhängig von den inhaltlichen Strukturen, schrittweise weiter in Feinziele auf.

Seit den 60er Jahren sind Taxonomien und Verfahren entwickelt worden, die den Unterrichtsautor bei der praktischen Arbeit in diesem Bereich unterstützen sollen. Die betreffenden Modelle liefern zumeist ein (lerntheoretisch begründetes) Gerüst und enthalten dazu passende Vorschläge oder Vorschriften für den Einsatz von Lehrstrategien. Die intuitiv-gestaltende Arbeit des Autors wird damit aber keineswegs überflüssig.

Als Beispiel einer praktischen Entwurfsmethodik für den Mikrobereich nenne ich hier das CDT-Verfahren ("Component Display Theory") von Merrill [1983]. Unterrichtselemente werden darin zunächst in einem zweidimensionalen Schema ("performance-content matrix") nach Ziel und Inhalt klassifiziert. Vertikal erscheinen darin Gagnés Lernzielkategorien (Kenntnis, Gebrauchsverstehen, Entdecken) und horizontal eine Einteilung von Inhaltselementen in Sachverhalte, Begriffe, Verfahren, und Prinzipien. Mit Hilfe verschiedener Darstellungsformen (in Anlehnung an das RULEG-System von Evans, Homme und Glaser) werden dann zu einzelnen Matrixzellen unterrichtsmethodische Vorschriften angegeben. Zum Gebrauchsverstehen von Begriffen haben Merrill und Tennyson [1977] dies in Form konkreter Handlungsanweisungen ausgearbeitet.

Beim globalen Entwurf geht es um die Frage, wie sich Unterricht als Ganzes aus seinen Teilen zusammensetzt. Grundlegend ist dabei die Vorbedingungsrelation **PR** ("prerequisite relationship") zwischen lokalen Einheiten. Die klassischen Verfahren bestimmen eine entsprechende Struktur durch sachlogische Analyse (z.B. mittels der von Gavini [1965] verwendeten Kohärenzmatrix nach Davies) oder durch empirische Validierung. Der Grundgedanke der empirischen Methode besteht darin, die Inhaltselemente zunächst durch Aufgaben-Items (i,j,...) darzustellen und **PR**(i,j) aufgrund der relativen Häufigkeiten p(non-i,j) zu beurteilen [Bart/Krus, 1973; Heinrich, 1977].

Sunouchi [1981] hat dazu ein Verfahren (nach Takeya) beschrieben, das die Vorbedingungsrelation mit einem vorgebbaren Niveauwert μ ($0<\mu<1$) indiziert. Danach besteht **PR**(μ;i,j) genau dann, wenn $p(j|\text{non-}i)<\mu p(j)$ gilt (gleichbedeutend mit $p(\text{non-}i,j)<\mu p(\text{non-}i)p(j)$). Das Verfahren eignet sich, bei 'kleinem' μ, zur rechnergestützten formativen Evaluation von Lernprogrammen.

Lesgold [1988] hat darauf aufmerksam gemacht, daß die (nach klassischem Muster gedeutete) Vorbedingungsrelation im Hinblick auf Programme vom ITS-Typ ein viel zu rigides Abbild der curricularen Inhaltsstruktur liefert. Z.B. entstehen im Ablauf des Unterrichtsgeschehens lernerspezifische Kontexte, von denen **PR** lokal abhängt, d.h.: die Menge aller i mit **PR**(i,j) wird dann nicht allein durch j, sondern auch durch einen (seinerseits dynamischen) Kontext von j bestimmt. Dem dürfte wohl nur eine Struktur gerecht werden, die lokale und globale Prozesse integriert.

Eine in diese Richtung weisende Erweiterung des CDT-Modells 'im Großen' ist das von Reigeluth [1983] entwickelte ET-Verfahren ("Elaboration Theory"). Grundgedanke ist die 'von oben nach unten' gerichtete Ausarbeitung von Wissenstrukturen unterschiedlicher Art (Begriffe, Verfahren, Prinzipien) auf verschiedenen Ebenen zwischen den Extremen 'global' und 'lokal'. Dabei ist die Vorbedingungsrelation jeweils auf die aktuelle Ebene der Ausarbeitung zu beziehen.

Traditionell bieten Autorenwerkzeuge dem CUU-Entwickler keine oder nur sehr geringe Unterstützung im Bereich "Ziele und Inhalt"; manches deutet aber darauf hin, daß sich dies in Zukunft ändern wird.

3.3. Präsentation. Sie umfaßt alle Formen wahrnehmbarer Darstellung von Information in einem Lernprogramm, im allgemeinen also Text und Grafik auf einem Bildschirm sowie, je nach Art des Programms, akustische Ausgaben.

Das Kernproblem der Präsentation liegt in ihrer dienenden und damit anderen (pädagogischen) Zielen untergeordneten Rolle im CUU. Die im einzelnen zu lösenden Probleme sind solche der kunstgerechten Gestaltung, etwa von Schrift nach typografischen Regeln [Rubinstein, 1988], oder allgemeiner: des globalen Erscheinungsrahmens, den ein Lernprogramm für seine Funktionen verwendet [Heines, 1984].

In technischer Hinsicht sollten Präsentationsbausteine auch tatsächlich als in der LP-Struktur selbständige Module implementiert werden können. Dabei sind häufig Beziehungen zwischen einem 'statischen' und einem 'dynamischen' Teil zu berücksichtigen. Z.B. spielt der Erscheinungsrahmen die Rolle eines statischen Teils innerhalb der Bedienoberfläche; diese bildet eine größere Einheit, die zusätzlich, als dynamischen Teil, Kontrollfunktionen mit umfaßt.

Dasselbe Phänomen tritt auch 'im Kleinen' auf, etwa bei Menüs, Lexika, oder grafischer Animation, und es stellt sich die Frage, wie man dem auf der Implementierungsebene gerecht werden kann. Eine grundsätzliche Lösung besteht in einer Teilung des Entwicklungsvorgangs:

(1) Der statische Teil wird modelliert, z.B. mit Hilfe eines spezialisierten Editors, mit dem sich ein geeignetes Datenobjekt mehr oder weniger direkt erstellen läßt.

(2) Der dynamische Teil wird programmiert, d.h. durch eine passende sprachliche Spezifizierung festgelegt; er bleibt auf diese Weise besonders leicht änderbar.

Im Endergebnis werden beide Komponenten, zumeist durch Zugriff von (2) auf (1), kombiniert. Natürlich verlangt diese Methode, daß neben den direkten Gestaltungsmöglichkeiten ein hinreichend mächtiges Sprachsystem verfügbar ist.

Besonders typisch hierfür ist das Beispiel der grafischen Animation, bei der Objektmodellierung und Bewegungsspezifikation im Vordergrund stehen [Magnenat-Thalmann/Thalmann, 1985]. Bisher gehörte dieses Gebiet nicht gerade zu den Domänen von Autorenwerkzeugen, so daß man schon bei eher einfachen Bewegungsabläufen aufwendigere Videotechnik einsetzen oder auf eine Darstellung im Lernprogramm verzichten mußte. Deshalb soll hier eine Verfahrensweise skizziert werden, die komplexere Grafikanimation auch in den höher auflösenden Betriebsarten des Standard-PC (Hercules, EGA, VGA, SuperVGA) möglich macht. Die technischen Grundlagen hierzu bietet das TOPIC-Autorensystem u.a. mit (1) einer spezialisierten Subsprache für Effekt- und Bewegtgrafik, (2) einer hohen Präsentationsgeschwindigkeit (bis zu 100 EGA-Bilder pro Sekunde), und (3) flexibler Verwaltung von virtuellem Arbeitsspeicher.

Im einzelnen lassen sich bei dem Verfahren vier Arbeitsabschnitte unterscheiden:

1. Realisation einzelner Objekte: Diese erfolgt mit leistungsfähigen Grafik-Editoren und/ oder Bildverarbeitungswerkzeugen, etwa zur Digitalisierung von Realbildern oder zur Interpolation von Bewegungsphasen ("in-betweening").

<ABB 3>

2. Datenimport: Die in Abschnitt 1 erstellten Grafikvorlagen werden durch eine speicherresidente Bildfangroutine auf das erforderliche Datenformat (Rastergrafik-Vollseiten) gebracht. Damit lassen sich dann beliebige Stapel aus frei formatierbaren Bildteilen anlegen.

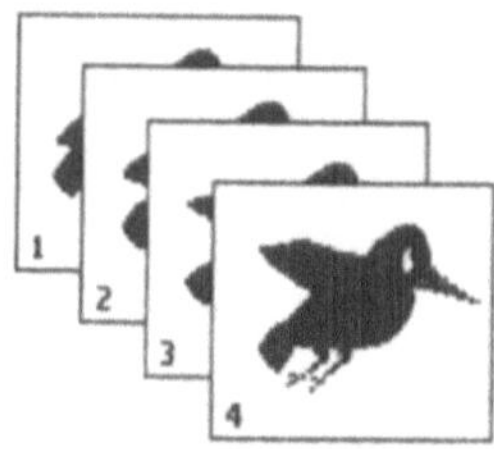

<ABB 4>

3. Spezifikation von Einzelbewegungen: Ein Bilderstapel kann auf verschiedene Weisen präsentiert werden. Am einfachsten ist die Darbietung an festen Koordinaten (X,Y), was bei entsprechender Beschaffenheit der Bilderfolge schon eine Animation bewirkt. Ferner läßt sich das 'filmische' Durchblättern eines Stapels parallel zu einer Variation seiner Ursprungskoordinaten (X,Y) ausführen. Diese Variation wird durch einen Befehl entlang einer Stützpunktfolge $(X_1,Y_1),\dots,(X_n,Y_n)$ realisiert, die sich unterschiedlich vorgeben läßt: a) explizit numerisch, b) indirekt durch Anklicken der Punkte auf dem Bildschirm, c) analytisch mittels einer Parameterform $\mathbf{P}(t)=(X(t),Y(t))$ oder als Orbit eines zweidimensionalen Systems gewöhnlicher Differentialgleichungen 1. Ordnung: $dX/dt=f_1(X,Y)$, $dY/dt=f_2(X,Y)$.

<ABB 5>:

Flugbewegung entlang der Kurve **P**(t)=(sin(t),cos(t)sin(t/2)), wobei $-\pi \leq t \leq \pi$

Die Bewegung des Stapelursprungs läßt sich auch unmittelbar durch den Teilnehmer auf Lernprogrammebene über Tasten- oder Maussteuerung erzielen, so daß dieser ein veränderliches Objekt frei bewegen kann.- In sämtlichen Fällen erfolgt die Bewegungsspezifikation schließlich durch eine (einzige) Anweisung im Programm. Diese wird vom Autor mit geeigneten Parametern versorgt, mit denen sich z.B. auch die Bewegung einer Figur ohne den sie ursprünglich umgebenden Hintergrund 'über' den Bildschirm bewirken läßt.

4. Synchronisierung: Bis zu 48 Teilprozesse der bisher geschilderten Art, darunter auch Ausgaben von Tonfolgen, lassen sich als sog. Tasks anmelden, verwalten und ausführen. Die parallele Ausführung von Tasks erfolgt durch einfache Prozeduren unter der Regie einer MULTITASK-Anweisung. Zur Kontrolle und Synchronisation dienen u.a. Schrittzahlangaben, eine LOOP-Struktur, definierbare Bewegungsbereiche, sowie diverse Abbruchoptionen.

```
BEISPIEL

Definierte Tasks
HubA (Hubschrauber auf dem Landeplatz)
HubB (abhebender Hubschrauber)
HubS (steuerbarer Hubschrauber)
Rot1 (schwaches Rotorgeräusch)
Rot2 (starkes Rotorgeräusch)
Vog1 (Vogel im Flug auf Kurve 1)
Vog2 (Vogel im Flug auf Kurve 2)

MULTITASK >>
>>       Show(30,HubA) Show(120,Rot1,HubA) Show(30,Rot2,HubB)>>
>>           Loop (Loop(2,Show(200,Rot2,HubS)                 >>
>>                        Show(40,HubS,Vog1))                 >>
>>                 Show(300,Rot2,HubS) Show(50,HubS,Vog2))
```

```
Regiekommentar
Hubschrauber steht auf dem Landeplatz; schwaches Rotorgeräusch
kommt hinzu; Hubschrauber hebt mit starkem Rotorgeräusch ab;
(*); Hubschrauber läßt sich steuern (200 Schritte); dazwischen
Vogel im Flug auf Kurve 1;(**); Hubschrauber läßt sich steuern
(300 Schritte); weiterer Vogel im Flug auf Kurve 2;(***).
Abschnitt (*)-(***) wird solange wiederholt, bis die für die
Tasks definierten Abbruchoptionen wirksam werden. Abschnitt (*)-
(**) wird zweimal ausgeführt (innerhalb (*)-(***)).
```

<ABB 6>: Einfaches Beispiel für parallele Task-Ausführung

3.4. Schnittstellen. Ein typischer Baustein, über den Aktionen des Programm-Teilnehmers mit denen eines Programms verknüpft werden, ist das lokale Menü. Dabei kann sich der Teilnehmer zu einem bestimmten Zeitpunkt für eine von mehreren Wahlmöglichkeiten entscheiden. Heute gibt es eine Vielzahl von Menüformen, auf die ein CUU-Entwickler zurückgreifen kann [Heines, 1984; Steppi, 1989].

Die Implementierung eines Menüs ist eine vergleichsweise einfache Aufgabe. Zweckmäßigerweise werden dazu Inhalt und Verzweigungslogik in einer Datei erzeugt, deren Präsentation sich dann programmiersprachlich spezifizieren läßt.

Besondere Anforderungen stellen lexikalische Menüs. In ihnen muß nicht nur eine große Anzahl von Stichwörtern angeboten werden; auch innerhalb der Erläuterungstexte gibt es üblicherweise Referenzen, die direkt zur Erläuterung anderer Stichwörter verzweigen. Die Definition der Steuerstruktur sollte klar getrennt werden von der Angabe des Lexikoninhalts (so das in TOPIC gewählte Verfahren).

Über ein permanent aktiv(ierbar)es Menü lassen sich globale Kontrollfunktionen ausüben - eine Technik, die sich bei der Gestaltung der Bedienoberflächen von Lernprogrammen zunehmend durchgesetzt hat. Die zugrundeliegende Idee von Lernprozeßkontrolle bestimmt dabei Ausmaß und Art der dem Teilnehmer eingeräumten Interventionsmöglichkeiten, z.B. 'Bewegungen' wie Abbrüche, Vor- und Rücksprünge, Ebenenwechsel, oder Aufruf spezieller Teilfunktionen (Hilfen, Lexikon, Lernstand, Untermenüs, Suchen, Notizablage, Wiederaufnahme unter Kennwort und dgl. mehr).

Das zentrale Problem dieser Struktur liegt in der Restituierung des Status quo, d.h. der Aufgabe, nach dem Abbruch von Prozessen, z.B. durch Sprünge oder Unterroutinen, im Lernprogramm den Ausgangszustand soweit wie möglich wiederherzustellen. Auch hier gilt in der Frage der Implementierung der Wahlspruch von der Trennung der Komponenten. Danach wäre die Bedienoberfläche als ausgelagerter globaler Baustein zu entwickeln, etwa als System von miteinander arbeitenden Befehlsmakros (Prozeduren) in einer externen Bibliotheksdatei. Die Vorteile liegen auf der Hand: Die Bibliothek kann unabhängig vom jeweiligen Lernprogramm gepflegt werden; und umgekehrt braucht der CUU-Entwickler sich nur ausnahmsweise darum zu kümmern, was gerade 'hinter den Kulissen' seines Lernprogramms erledigt wird.

3.5. Interaktion. Zu den am besten erforschten Dingen im CUU gehören die lokalen Formen der Interaktion, ein klassisches Interessengebiet von Testpsychologen und Unterrichtswissenschaftlern.

Die "Frame"-Struktur wurde kürzlich noch einmal von Eckel [1989] unter dem Begriff "Kleinstunterricht" in ihrer allgemeinen Ablauflogik dargestellt. Das dabei verwendete Schema erlaubt (1) dem Unterrichtsautor, den Inhalt und die Strukturdaten des Lehrschritts in eine Art Formblatt einzutragen, und (2) dem CUU- Entwickler, mit einfachen Sprachmitteln (etwa Erstellung geeigneter Prozeduren in einer Autorensprache) die Strukturdaten (wie Höchstzahlen, Antworteigenschaften, Standardkommentare) über einen Flußplan zu interpretieren. Für die Praxis hilfreich sind die dazu detailliert entwickelten Standardformen von Kleinstunterricht:

- Auswahl (einfach, mehrfach)
- Zuordnung (allgemein, eindeutig, injektiv, bijektiv)
- Anordnung (Sonderfall der bijektiven Zuordnung)
- Freiantwort

Eine Sonderform bilden Simulationen, die meist als größere abgeschlossene Einheiten entwickelt werden. Sie sind in dem Sinne relativ selbständig, als sie alle zum Ablauf erforderlichen Elemente selbst erzeugen oder umfassen. Im Unterschied dazu benötigt ein gewöhnlicher Lehrschritt in einem tutoriellen Programm einen Folgeschritt, zu dem das Programm verzweigt.

An dieser Stelle kommt die Lehrstrategie als derjenige Baustein ins Spiel, der darüber entscheidet, was jeweils als nächstes im LP geschieht. Im Idealfall handelt es sich um eine globale Struktur, die für den Lernprozeß relevante Daten auswerten kann: das bisherige Lernverhalten und das zu vermittelnde Lehrwissen (als strukturierte Information). Natürlich muß hierbei eine Diagnose stattfinden, in der das aktuelle Verhalten eines Teilnehmers beurteilt wird, im allgemeinen mit Hilfe eines seinen Lernstand repräsentierenden Modells ("student model" in ITS).

Die globalen Bausteine im Bereich der Interaktion gehören traditionell zu den wirklich schwierigen Aufgaben der CUU-Entwicklung. Umso mehr wird ihre Implementierung von den jeweiligen technischen und ökonomischen Ressourcen begrenzt. Vielleicht sind die folgenden drei Verfahrensniveaus typisch:

a) Man verknüpft einzelne Einheiten (auf lokaler Ebene, "frames") gemäß einem vorliegenden LP-Graphen. Dazu wird die aktuelle Antwort (Eingabe) des Lerners analysiert, und das Programm verzweigt zu einem Punkt innerhalb oder außerhalb der Einheit. Die Diagnose ist hier nichts anderes als eine lokale Antwortanalyse, häufig auch nur mit einem lokalen Suchraum in Form einer Vergleichsliste. Trotz des großen Aufwandes, den solche Analysen verursachen (vor allem bei frei konstruierten Antworten oder bei Aufruf eines globalen Retrievalprozesses), bleiben so erzeugte Lehrstrategien in ihrer Adaptivität vergleichsweise beschränkt.

b) Die Lehrstrategie wird komplett ausgelagert und regelt als selbständiges Modul die Allokation bzw. Sequenzierung der Einheiten. Zumeist handelt es sich bei diesen um abgeschlossene Items, die in keiner festen Lehrstoffordnung stehen, z.B. Items zur Assoziierung von Begriffspaaren. Zu diesem Problem wurden zahlreiche Beiträge geliefert. Z.B. beschreibt Atkinson [1976] ein entscheidungstheoretisch optimierendes Verfahren, das ein Markoff-Modell mit drei Itemzuständen ('bekannt', 'temporär', 'unbekannt') benutzt, um jeweils das Item mit der größten Wahrscheinlichkeit für den Übergang in den Zustand 'bekannt' auszuwählen. Eine andere Möglichkeit besteht darin, sämtliche Items in einer frei konfigurierbaren 'Lernkartei' zu verwalten [Hartmann, 1988]. Methoden dieser Art lassen sich hauptsächlich für die Implementierung adaptiver Übungsprogramme verwenden.

c) Der Lehrstrategie wird ein Modell für den Lernstand eines Teilnehmers unterlegt. Dazu genügt keinesfalls eine bloße Anhäufung von Daten. Vielmehr benötigt man eine Struktur, die diese Daten als Wissen des Lerners darstellt. Goldstein [1982] hat gezeigt, daß sich anhand seines "genetischen Graphen", der für ein mathematisches Lernspiel konzipiert wurde, sogar die Evolution des Lernerwissens mit einbeziehen läßt. Die Lehrstrategie soll damit Situationen meistern können, in denen Lerner sich verfrüht einem Thema zuwenden, für das sie (durch das LP) noch nicht ausreichend vorbereitet sind. Die Ausführung solcher Konstruktionen für ein 'vollständiges' ITS ist extrem aufwendig. Zudem haben Park, Perez und Seidel [1987] darauf hingewiesen, daß die pädagogische Qualität dieser Programme durch keinerlei systematische Evaluation überprüft wurde.

Bevor man darangeht, eine bestimmte Lehrstrategie zu realisieren, bedarf es einer grundlegenden Entscheidung über die Form der Lernprozeßkontrolle.

So alt wie CUU ist der Streit darüber, ob das Programm oder der Programm-Teilnehmer das Unterrichtsgeschehen steuern solle. Als plausibel erscheint es zunächst, dem Lerner ein Höchstmaß an Freiheit zu geben und damit auf jede explizite Lehrstrategie zu verzichten. Der Lerner hat dann selbst zu entscheiden, womit er sich beschäftigen möchte, in welcher Quantität, Form und Geschwindigkeit dies geschehen soll. Empirischen Befunden zufolge ist diese Methode jedoch differenziert zu beurteilen und anzuwenden [Steinberg, 1989]. Daß ein ungeübter Lerner ein Mindestmaß an Führung und Hilfen benötigt, weiß jeder Unterrichtspraktiker. Erfahrene Teilnehmer hingegen, die ausgeprägte Arbeits- und Studiertechniken ("metacognitive skills") entwickelt haben, erzielen bessere Erfolge, wenn sie nicht gegängelt werden.

Vieles spricht dafür, die Lernprozeßkontrolle zu individualisieren. Im einfachsten Fall lassen sich dazu Hilfestufen einrichten, die den Lernern schrittweise die Kontrolle in einzelnen Bereichen (Inhalt, Lernform, Zeit etc.) ermöglichen [Merrill, 1983]. Aufwendiger wäre es, die Kontrolle selbst als volladaptiven Baustein zu gestalten ("dynamic locus of control", [Steinberg, 1989]). Für praktische Zwecke ist es in den meisten Fällen unerläßlich, den Aufwand durch eine vorherige sorgfältige Analyse der Zielgruppe zu begrenzen.

3.6. Der Fortschritt im Gebiet des technologiegestützten Unterrichts braucht neben Projekten der Grundlagenforschung um nichts weniger effiziente Verfahren und Techniken für den Normalfall. Erst dadurch kann die Unterrichtsentwicklung für CUU sich als eine reguläre professionelle Praxis etablieren, die in Industrie, Wirtschaft und Verwaltung nutzbringend eingesetzt werden kann. Theoretische Modelle und Prototypen, die uns die Grundlagenforschung heute bietet, sind allenfalls mögliche Praxis von morgen. Dieser für alle Technik gültige Gemeinplatz ist - gleichwohl - besonders für den technologiegestützten Unterricht zu beherzigen, der hierzulande in zu vielen und zu 'perfektionistisch' geführten Debatten leicht in Gefahr gerät, Selbstzweck zu werden.

Literatur

Alessi, S.M./ Trollip, S.R.: Computer-Based Instruction. Methods and Development. Prentice-Hall, Inc.: Englewood Cliffs, New Jersey, 1985.

Atkinson, R.C.: Adaptive Instructional Systems: Some Attempts to Optimize the Learning Process. In: D. Klahr (ed.): Cognition and Instruction. Hillsdale, NJ, 1976, 81-108.

Bart, W.M. / Krus, D.J.: An Ordering-Theoretic Method to Determine Hierarchies among Items. In: Educational an Psychological Measurement **33** (1973), 291-391.

Begg, I.M./ Hogg, I.: Authoring Systems for ICAI. In: Kearsley [1987], 323-346.

Bessière, C. / Giry, M. / Leonhardt, J.-L.: Advanced Authoring Tools. In: DELTA Multimedia Journal **1** (Oct. 1989), 3-11.

Eckel, K.: Didaktiksprache. Grundlagen einer strengen Unterrichtswissenschaft. Böhlau: Köln, Wien, 1989.

Frank, H.: Zur Makrostrukturtheorie von Lehralgorithmen. In: Grundlagenstudien aus Kybernetik u. Geisteswissenschaft **5**/3,4 (1964), 101-114.

Gavini, G.P.: Manuel de formation aux techniques de l'enseignement programmé. Éditions Hommes et Technique: Puteaux, 1965.

Goldstein, I.P.: The genetic graph: a representation for the evolution of procedural knowledge. In: D. Sleeman, J.S. Brown (eds.): Intelligent Tutoring Systems. Academic Press, Inc.: London, 1982, 51-77.

Hartmann, A.: Ein Sequenzierungsalgorithmus für Übungsprogramme und seine Implementation für das Autorensystem TOPIC. Abschlußarbeit Praktische Informatik: PH Flensburg, 1988.

Heines, J.M.: Screen Design Strategies for Computer-Assisted Instruction. Digital Press: Bedford (Mass.), 1984.

Heinrich, P.-B.: Simulationsstudien zur Strukturvalidierung hierarchischer Testsysteme. In: K. Boeckmann, U. Lehnert (Hrsg.): Bilanz und Perspektiven der Bildungstechnologie. Beiträge des 14. Symposions der GPI (Hamburg 1976): Berlin, 1977, 210-213.

Kearsley, G.P. (ed.): Artificial Intelligence and Instruction. Applications and Methods. Addison-Wesley: Reading (Mass.), 1987.

Lesgold, A.: Toward a Theory of Curriculum for Use in Designing Intelligent Instructional Systems. In: H. Mandl, A. Lesgold (eds.): Learning Issues for Intelligent Tutoring Systems. Springer: New York, Berlin, Heidelberg, 1988, 114-137.

Magnenat-Thalmann, N. / Thalmann, D.: Computer Animation. Theory and Practice. Springer: Tokyo, 1985.

Merrill, M.D.: Component Display Theory. In: Reigeluth [1983], 279-333.

Merrill, M.D. / Tennyson, R.D.: Teaching concepts: An instructional design guide. Educational Technology Publications: Englewood Cliffs, N.J., 1977.

Park, O. / Perez, R.S. / Seidel, R.J.: Intelligent CAI: Old Wine in New Bottles, or a New Vintage? In: Kearsley [1987], 11-45.

Reigeluth, C.M. (ed.): Instructional-Design Theories and Models. An Overview of their Current Status. Lawrence Erlbaum Associates, Inc.: Hillsdale, New Jersey, 1983.

Reigeluth, C.M. / Stein, F.S.: The Elaboration Theory of Instruction. In: Reigeluth [1983], 335-381.

Ripota, P.: Klassifikation von Lernprogrammen. In: K. Brunnstein, K. Haefner, W. Händler (Hrsg.): Rechner-Gestützter Unterricht. Fachtagung, Hamburg 12.-14. August 1974. Springer: Berlin, Heidelberg, New York, 1974, 200-209.

Rubinstein, R.: Digital Typography. An Introduction to Type and Composition for Computer System Design. Addison Wesley Publ. Company: Reading (Mass.), 1988.

Schreiber, A.: Lernprogramm: Beleihungswertermittlung. Ein Pilotprojekt zum computerunterstützten Lernen in der deutschen Sparkassenorganisation. In: Betriebswirtschaftl. Blätter **39**/4 (1990), 169-174.

Schreiber, A.: Entwicklung didaktischer Software auf Autorensystembasis. In: Zentralblatt f. Didaktik d. Mathematik 1990/H.3, 92-104.

Schreiber, A./ Vagh, J.: Handbuch zum TOPIC Autorensystem für Personal Computer (2 Bde.). TOPIC: Würselen/bei Aachen, 1987-1990.

Steinberg, E.: Teaching Computers To Teach. Lawrence Erlbaum Associates, Inc.: Hillsdale, New Jersey, 1984.

Steinberg, E.: Cognition and Learner Control: A Literature Review, 1977-1988. In: Journal of CBI **16**/4 (1989), 117-121.

Steppi, H.: CBT - Computer Based Training. Planung, Design und Entwicklung interaktiver Lernprogramme. Klett: Stuttgart, 1989.

Sunouchi, H. (et al.): Analysis Methods and Supporting Systems for CAI Courseware Development. In: R. Lewis, D. Tagg (eds.): Computers in Education. North Holland Publ. Company, 1981, 809.

Wallach, B.: Development Strategies for ICAI on Small Computers. In: Kearsley [1987], 305-322.

Unternehmensweite Dezentrale Datenmodellierung

Hans Czap
Lehrstuhl für Wirtschaftsinformatik und Betriebswirtschaftslehre
Universität Trier

Zusammenfassung

Basis einer Datenmodellierung von Unternehmungen bilden Begriffe, wie Kunde, Lieferant, Auftrag, Artikel, und deren grundsätzliche Beziehungen. Dabei erweist sich eine einheitliche Festlegung des Inhaltes und der Struktur dieser Basisbegriffe als unverzichtbar zur Realisierung konkreter Aufgaben. Dies gilt insbesondere unter dem Aspekt eines durchgängigen Informationsflusses zwischen den beteiligten betrieblichen Abteilungen.

Notwendigerweise fließen in die konkrete Definition des Datenmodells die spezifische Sicht einer Unternehmung und die besonderen Bedingungen ihrer Geschäftstätigkeit ein. Für dezentral operierende Geschäftseinheiten bedeutet deswegen der Zwang, sich dem unternehmensweiten Standard eines Datenmodells zu unterwerfen, die bewußte Aufgabe marktspezifischer Möglichkeiten. Dies fällt jedoch in zunehmendem Maße schwer angesichts des wachsenden Konkurrenzdrucks und der Notwendigkeit zur schnellen Anpassung an sich wandelnde betriebliche Anforderungen.

Eine dezentralisierte Datenmodellierung wird deswegen zu inhaltlich ähnlichen, de facto aber unterschiedlichen begrifflichen Festlegungen der Basisdatentypen führen. Um folglich in der geschilderten betrieblichen Situation ein unternehmensweit einheitliches Datenmodell zu verwirklichen, müssen die inhaltlichen Unterschiede der jeweiligen Definitionen dem EDV-System bekannt sein.

Es zeigt sich, daß einige wenige Beziehungsgrundtypen, wie "Identifikation", bedingte und unbedingte "Generalisierung" und "Spezifikation" ausreichen zur Repräsentation der erforderlichen Semantik. Diese Konstruktionsmechanismen werden vorgestellt, ihre Notwendigkeit wird begründet. Die Konsistenz der Überlegungen kann an Hand eines beispielhaften, dezentralen Datenmodells nachvollzogen werden, das zu Demonstrationszwecken auf einem relationalen Datenbanksystem entwickelt wurde.

1. Unternehmensweites konzeptionelles Datenmodell

Das günstige Kosten- Leistungsverhältnis arbeitsplatzorientierter Rechnersysteme hat zu einem raschen Aufbau dezentraler Anwendungssysteme geführt. Trotz vielfach vorhandener Vernetzung der DV-Installationen fehlt es jedoch immer noch an einer Integration der Anwendungen. Vordergründig mag dies auf die nur zögerlich einsetzenden Bemühungen zur Spezifikation der Anwendungsebene, Schicht 7 im ISI/OSI-Modell, bzw der Verabschiedung der entsprechenden Normen zurückzuführen sein, z.B. ODA/ODI-Norm zur Dokumentenarchitektur und dem Dokumentenaustausch, EDIFACT etc.
Der Hintergrund dieser bislang weitgehend fehlenden Integration wird jedoch durch die Hektik ökonomischen Geschehens in Marktwirtschaften gebildet, das kurzfristige geschäftliche Erfol-

ge benötigt und somit begünstigt. Im Zweifelsfall genießt die ad hoc konzipierte EDV-Lösung, die einen schnellen "Return of Investment" verspricht, Vorrang vor der langfristig ausgerichteten, Grundsätzliches berücksichtigenden Konzeption.

Eine funktionsorientierte Programmierung ist, wie der Name sagt, ausgerichtet an den einzelnen betrieblichen Funktionen, also z.B. am Rechnungswesen, an den Anforderungen einer Lohn- und Gehaltsbuchhaltung, an Aufgaben der Materialwirtschaft oder der Produktion. Die benötigte Daten- bzw. Informationsbasis leitet sich aus den Funktionserfordernissen ab. Sie hat damit eine nachgeordnete Bedeutung. Sie ist funktionsspezifisch.

Wird die Datenbasis aus dem Blickwinkel jeweils eines Funktionsbereichs oder einiger weniger gestaltet, so bleibt es nicht aus, daß Daten grundsätzlich gleicher Bedeutung in den einzelnen Unternehmensbereichen in unterschiedlichen Repräsentationsformen, Merkmalsausprägungen und Bedeutungsinhalten vorliegen.

Einige Beispiele sollen diesen Sachverhalt verdeutlichen.

Bei einer großen Krankenversicherung mit mehreren Millionen Versicherungsverträgen ist das Geburtsdatum der Versicherten nur nach Monat und Jahr spezifiziert, was für die vertragsrechtlichen Gegebenheiten offensichtlich ausreicht. Um aber seitens des Außendienstes eine persönliche Beziehung zum einzelnen Versicherten aufbauen zu können mit dem Ziel ergänzende Leistungen zu verkaufen, ist das komplette Geburtsdatum, einschließlich dem genauen Tag, unverzichtbar.
Im vorliegenden Fall ging der Außendienst dazu über, eine eigene Kundenstammdatei aufzubauen und zu pflegen.

An einem Standardbegriff jedes Unternehmens, etwa dem Wort "AUFTRAG" kann das Auftreten von Mehrdeutigkeiten recht gut verdeutlicht werden.
Die wesentlichen Informationskategorien eines Auftrages können zunächst erfaßt werden durch Datenfelder, wie etwa "AUFTRAGSNUMMER", "DATUM_ERTEILT", "LIEFERDATUM", "AUFTRAGGEBER" und den einzelnen "AUFTRAGSPOSTEN".

Je nach Kontext hat jedoch ein Auftrag unterschiedliche Bedeutung. In einer Verkaufsabteilung werden wir in der Regel an einen "KUNDENAUFTRAG" denken, im Einkauf eher an einen "LIEFERAUFTRAG" oder "BESCHAFFUNGSAUFTRAG", in der Produktion an einen "FERTIGUNGSAUFTRAG".
Streng genommen handelt es sich dabei um unterschiedliche Begriffe. Alle verwenden sie jedoch die gleiche Benennung "AUFTRAG".

Informations- und Kommunikationsprozesse basieren auf Benennungen bzw. Bezeichnungen. Bedeutungsvielfalt führt bei menschlichen Kommunikationsprozessen zu Fehlinterpretationen, zu einem "Aneinander vorbei Reden", zu aufwendigen "Fehlerbegrenzungs-Mechanismen" und Effizienzverlusten. Wie an dem simplen Beispiel der Einkaufs- bzw. Verkaufsabteilung deutlich wird, spielt für das Entstehen von Mißinterpretationen der jeweilige Erfahrungshintergrund eine wesentliche Rolle.

Vor diesem Hintergrund wird auch das Bemühen manches Konzerns um eine eigene Identität verständlich, die Forderung nach einer "Corporate Language", einer unternehmensweit einheitlichen und eindeutigen Sprachregelung.

Mehrdeutigkeiten sind für den Menschen aufgrund kontextueller Informationen in der Regel auflösbar. Für Datenverarbeitungsprozesse sind sie jedoch - wenn man von den Ansätzen der KI-Forschung absieht - absolut unzulässig. Soll der Wert eines Auftrags verbucht werden, so muß das Buchungsprogramm die Art des Auftrags - Beschaffungsauftrag bzw. Verkaufsauftrag - kennen, es muß den Auftraggeber bzw. Auftragnehmer identifizieren können, damit die korrekte Zuordnung von Soll und Haben sichergestellt ist.
In anderen Worten, eine integrierte Datenverarbeitung setzt die Normung von Datenkategorien voraus, die die vorhandenen Funktionsbereiche übergreift und damit im Gesamtunternehmen verbindlich ist.

Diese Normungsfunktion ist Aufgabe eines unternehmensweiten konzeptionellen Datenmodells. Es beschreibt sämtliche Fachbegriffe, die in datenverarbeitende Prozesse Eingang finden unabhängig von der DV-technischen Implementierung und neutral gegenüber den verschiedenen betrieblichen Anwendungsfunktionen und ihren spezifischen Sichten auf die Daten. Ein unternehmensweites konzeptionelles Datenmodell wird damit zur Grundlage einer Entwicklung von Anwendungssystemen und ist die gemeinsame sprachliche Basis von Informations- und Kommunikationssystemen [1].

2. Dezentrale Datenmodellierung

Eine dezentrale Datenmodellierung hat gegenüber einem unternehmensweiten konzeptionellen Datenmodell offensichtliche Schwächen. Mehrfacherfassungen und Mehrfachspeicherungen verursachen vermeidbare Kosten, erhöhten Pflegeaufwand und resultieren in Aktualitätsunterschieden und Inkonsistenzen [2]. Angesichts der Vielzahl unterschiedlicher Begriffe [3] im administrativen und technischen Bereich einer Unternehmung wächst insbesondere der Kommunikationsfunktion eines unternehmensweiten konzeptionellen Datenmodells, die in der Vereinheitlichung und Festlegung von Begriffsinhalten besteht, eine überragende Bedeutung zu.
Überraschenderweise finden sich in der betrieblichen Praxis nur zögerliche Ansätze zur Realisierung eines unternehmensweiten konzeptionellen Datenmodells. Insbesondere auch große, weltweit operierende Konzerne weisen diesbezüglich erstaunliche Defizite auf.

Die Gründe sind vorrangig durch das allgemeine wirtschaftliche Umfeld und, wie oben bereits angedeutet, seine inhärente Dynamik, verbunden mit einer wachsenden Komplexität, bestimmt.
So sind gleichzeitig mit der enormen Zunahme der Vielfalt des Warenangebots die Ansprüche der Käufer hinsichtlich Produktqualität, Produktdesign und sonstiger Leistungen der Anbieter, wie etwa Termintreue, Beratung, Produktwartung, Garantie etc. gewaltig gestiegen.

Stichworte wie CIM und die sich daran entzündende Diskussion signalisieren starke Änderungen der Produktionstechnologie. Einer Technologie, die hohe Investitionen bei ihrer Einführung erfordert, den Unternehmen jedoch die Chance bietet, sich auf schrumpfenden Märkten durch kundenindividuelle Fertigung behaupten zu können.

Diese Änderungen haben den Lebenszyklus einzelner Produkte drastisch sinken lassen. Der durch die geschilderte Situation bedingte härtere Wettbewerb verlangt ein schnelles Reagieren

der Produzenten auf Angebots- und Nachfrageänderungen.
Den daraus resultierenden Anforderungen an Produzenten und Handel im Aufspüren von Marktchancen, in der Weiterentwicklung des vorhandenen "Know-How" kann kaum noch entsprochen werden. **Flexibilität**, nicht nur in der Produktion sondern auch in den der Produktion vor- und nachgelagerten Bereichen ist gefordert [4].

Eine globale Änderung der Rahmenbedingungen verschärft diesen Zwang zur Flexibilität.
So läßt sich auf gesellschaftlicher Ebene eine Verschiebung weg vom reinen Konsumdenken hin zu ethischen Überlegungen und ökologischen Betrachtungen beobachten. Entsprechend läßt die veränderte Einstellung der Bevölkerung Fragen der Umweltbelastung und der Umweltwirkungen der Produktion ein wachsendes Gewicht zukommen [5].

Dieser extern beobachtbaren Komplexität und Dynamik wird unternehmensintern mit zwei Maßnahmenbündeln begegnet, nämlich der Zunahme von **Spezialisierung** einerseits und der Schaffung geeigneter **Koordinationsstellen** andererseits.

Flexibilität verlangt nach kurzen Entscheidungswegen, nach einer guten Kenntnis des Entscheidungsumfeldes und nach Mitarbeitern, die bereit sind Verantwortung zu übernehmen. Daraus resultiert die Forderung nach mehr Marktnähe, die zu räumlich und verantwortungsmäßig **dezentralen Organisationseinheiten** führte. Das Profit-Center ist Ausdruck dieses Konzeptes einer Firma in der Firma.

Kleine spezialisierte Einheiten stehen jedoch grundsätzlich in der Gefahr, den Vorteil der eigenen Gruppe höher einzuschätzen als das Wohl der Gesamtunternehmung. Die Zunahme an Spezialisierung erfordert erhöhte Aufwendungen, um die auseinanderdriftenden Abteilungen zu koordinieren. Das Verlangen nach Hilfsmitteln zur Wahrung des erforderlichen Überblicks und der Bedarf an Mitarbeitern, die aufgrund ihres breiten fachlichen Hintergrunds dafür qualifiziert sind, werden immer wichtiger.

Die Schaffung selbständig operierender Geschäftseinheiten verlangt konsequenter Weise nach einer **dezentralen Datenmodellierung**. Kurze Entscheidungswege, Verantwortungsübernahme, hohe Flexibilität sind nur mit einem erhöhten Maß an Selbständigkeit erreichbar. Dies gilt natürlich auch für die Informationsbasis. Der Zeitbedarf zur Anpassung und Veränderung eines zentralen Datenmodells, das in aller Regel einen mühsamen Abstimmungsprozeß zwischen allen Abteilungen einer Unternehmung erfordert, wird dem Gebot nach schnellen Aktionen und Reaktionen nicht gerecht.

Benötigt wird also beides, eine unternehmensweit einheitliche Datenmodellierung einerseits, und die Freiräume einer dezentralen Datenmodellierung andererseits.
Im folgenden, mehr technisch orientierten Teil wird ein Konzept vorgestellt, das beiden Zielsetzungen gerecht wird: Werden geeignete Konstruktionsmechanismen als konstituierende Elemente einer dezentralen Datenmodellierung vorgeschrieben, dann läßt sich der erforderliche Datenabgleich für ein unternehmensweit einheitliches Datenmodell durch den Rechner selbst vornehmen.

3. Unternehmensweit einheitliche, dezentrale Datenmodellierung

Für ein Verständnis des Folgenden wird die Vertrautheit mit der Theorie relationaler Datenbanksysteme vorausgesetzt. An Hand einer Pilotinstallation, die erstmals auf der CEBIT 1990 vorgestellt wurde, lassen sich die einzelnen konzeptionelle Überlegungen nachvollziehen.

Um einen maschinellen Datenabgleich verschiedener Entity-Typen bzw. einzelner Einträge zu ermöglichen, müssen die semantischen Beziehungen des modellierten Realitätsausschnittes explizit erfaßt und verwaltet werden. Dazu wird die konzeptionelle Vielfalt des relationalen Modells eingeschränkt.

(1) Als Basisobjekte des Datenbanksystems werden Relationen angesehen. Jedes Tupel einer Relation ist über einen dem System explizit bekannten Primärschlüssel (PK) identifizierbar.

(2) Jeder Fremdschlüssel (FK) muß per Deklaration dem System bekannt gemacht werden. Dabei ist anzugegeben, auf welche Relationen der Fremdschlüssel sich beziehen kann. Entsprechend wird jeder Eintrag in eine Relation, die einen Fremdschlüssel enthält, systemseitig um den Namen dieser ergänzt. Dadurch wird erreicht, daß der so erweiterte Fremdschlüssel im gesamten Datenbanksystem identifizierend ist.

Beispiel: Die Relation AUFTRAG enthalte den Fremdschlüssel GESCHÄFTSPARTNER_NR. Diese kann sich auf einen Lieferanten oder einen Kunden beziehen.

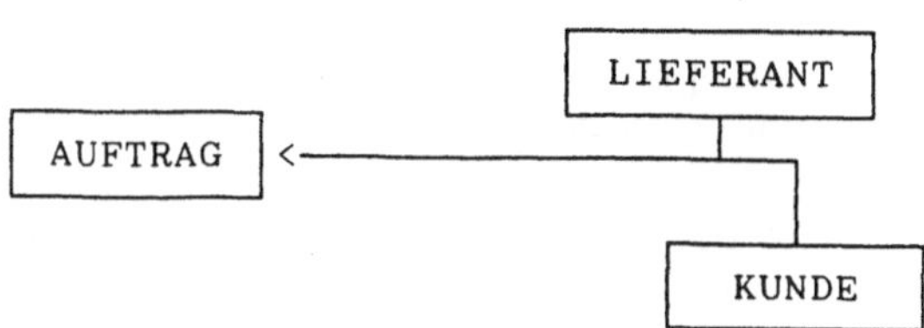

Erst über einen qualifizierenden Zusatz kann einem konkreten Tupel in AUFTRAG entnommen werden, ob es sich um einen Kundenauftrag oder einen Kaufauftrag handelt.

Wie C.J.Date in (6) gezeigt hat, läßt sich bei systemseitiger Kenntnis des Primär- und Fremdschlüssels unter bestimmten Umständen ein UPDATE von VIEWS realisieren.

(3) Das VIEW-Konzept relationaler Datenbanken kann beibehalten werden, soweit es sich um ein VIEW über einer einzigen Relation handelt.

VIEWS, die sich auf mehrere Relationen beziehen, werden durch die spezifischen Konstruktionsmechanismen (4) - (6) ersetzt.

(4) Fremdschlüsselspezifikation (FK-Spezifikation).
Die Spezifikation von AUFTRAG zu VERKAUFSAUFTRAG entspricht dem klassischen VIEW-Konzept:

```
CREATE VIEW     VERKAUFSAUFTRAG
AS SELECT       *
FROM            AUFTRAG
WHERE           GESCHÄFTSPARTNER_NR verweist auf KUNDE
```

Der Wert des Femdschlüssel FK dient beim Konstruktionsmechanismus "FK-Spezifikation" als Selektionskriterium.

Dadurch, daß der Typ des VIEWS, hier FK-Spez, in einer Systemtabelle festgehalten wird, lassen sich die üblichen Operationen UPDATE, INSERT, DELETE realisieren.

(5) Unbedingte Generalisierung

Bei der unbedingten Generalisierung werden zwei im Allgemeinen unterschiedlich strukturierte Relationen zu einem gemeinsamen Oberbegriff zusammengefaßt.

Beispiel: Zusammenfassung von KUNDE und LIEFERANT zu GESCH_P.

```
CREATE VIEW     GESCH_P (NR, REL_NAME)
AS
SELECT          NR, 'KUNDE'
FROM            KUNDE
UNION
SELECT          NR, 'LIEFERANT'
FROM            LIEFERANT
```

Da KUNDE und LIEFERANT in der Regel verschiedene Attribute beinhalten werden, kann GESCH_P nur aus den jeweiligen Schlüsseln und dem Namen der Basisrelation bestehen.

(6) Bedingte Generalisierung (PK-Spezifikation)

Als bedingte Generalisierung bzw. Primärschlüsselspezifikation wird der Fall bezeichnet, bei dem zwei oder mehr Relationen bezüglich eines konkreten Aspektes zusammengefaßt werden.
Beispielsweise kann in einem konkreten Eintrag in der Relation AUFTRAG eine Kostenstelle als Auftraggeber vermerkt sein, bei einem anderen Eintrag ein konkreter Kunde.
Der VIEW 'AUFTRAGGEBER' kann folglich als Generalisierung der Relationen KOSTENSTELLE und KUNDE angesehen werden, wobei nur die Tupel zu selektieren sind, deren Primärschlüssel (PK) sich in einem entsprechenden Eintrag in AUFTRAG wiederfinden.

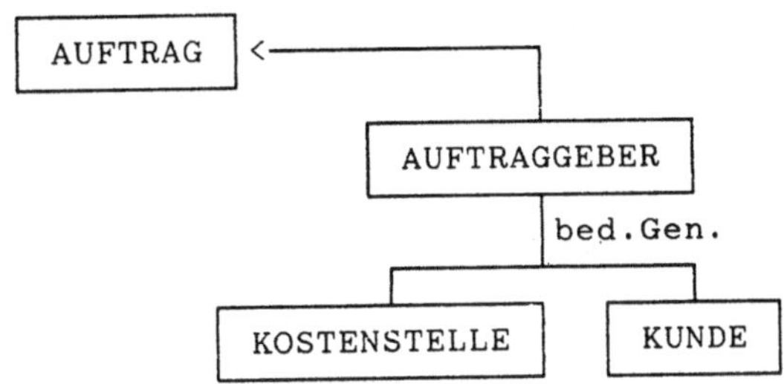

(7) Zur Wahrung der Konsistenz der Datenbank wird der Mechanismus **"Identifikation"** benötigt, der die Übereinstimmung des Inhalts bestimmter Attribute einer Relation mit korrespondierenden Attributen einer anderen Relation sicherstellt.

Beispiel: Die Relation ARTIKEL und die Relation TEIL beziehen sich im Wesentlichen auf den gleichen Sachverhalt. Jedem Artikel mit den Attributen ARTIKEL_NR und ARTIKEL_BEZEICHNUNG ist ein entsprechendes Teil mit gleicher Nummer und Bezeichnung zugeordnet und umgekehrt. ARTIKEL gehört jedoch zu dem Kontext kaufmännisch-administrativer Anwendungen. Folglich finden sich spezifische Attribute aus diesem Bereich, etwa LAGERORT oder SICHERHEITSBESTAND zur Unterstützung der Materialwirtschaft. Im Gegensatz dazu bezieht sich TEIL auf den produktionswirtschaftlichen Bereich, mit typischen Attributen wie z.B. ÜBERGEORDNETES TEIL, HERSTELLKOSTEN FIX, STÜCKKOSTEN.
Die **Identifikation** läßt sich bequem über einen **Triggermechanismus** realisieren.

(8) **Strukturtransformation.**
In den bisherigen Beispielen war davon ausgegangen worden, daß das Attribut GESCHÄFTSPARTNER_NR in der Relation AUFTRAG Fremdschlüssel ist und sich über den Wert von GESCHÄFTSPARTNER_NR unterschiedliche Relationen oder Views anbinden lassen, etwa die Relationen KUNDE oder LIEFERANT bzw. der View AUFTRAGGEBER.
Will man jedoch den Begriff AUFTRAG nicht nur in Richtung LIEFERAUFTRAG oder KUNDENAUFTRAG etc. spezifizieren, sondern wird auch der Begriff FERTIGUNGSAUFTRAG als einen spezielle Form von AUFTRAG angesehen, so muß die vorhandene Struktur von Auftrag erweitert werden. Zur Spezifikation eines FERTIGUNGSAUFTRAGES wird die Angabe der auftraggebenden Kostenstelle und der auftragnehmenden benötigt. An dem einen vorhandenen Fremdschlüssel GESCHÄFTSPARTNER_NR müssen jetzt zwei Informationseinheiten, nämlich der Verweis auf den AUFTRAGGEBER und den AUFTRAGNEHMER angebunden werden. dazu ist eine Hilfstabelle AUFTRAGSPARTNER erforderlich, die das logische "UND", AUFTRAGSPARTNER sind AUFTRAGGEBER **und** AUFTRAGNEHMER, realisiert.

In einer grafischen Darstellung würde sich folgendes Strukturdiagramm ergeben:

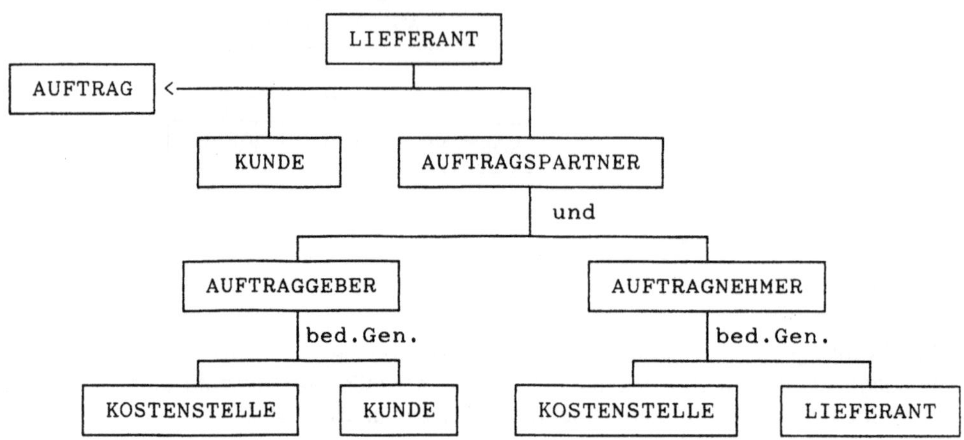

4. Schlußbemerkung

Die vorgestellten Konstruktionsmechanismen gestatten eine Datenmodellierung des kaufmännisch administrativen Bereichs einer Unternehmung. Um dies zu demonstrieren wurde in der Abteilung Wirtschaftsinformatik der Universität Trier der Prototyp UDD, Unternehmensweite Dezentrale Datenmodellierung, erstellt.
Eine dezentrale Datenmodellierung stellt erhöhte Anforderungen an die Qualität der Benutzerschnittstelle. Das System muß den Benutzer in seinem Verlangen unterstützen, möglichst schnell eine Übersicht über vorhandene Datenbestände zu gewinnen und deren logische Abhängigkeiten. Deswegen verwendet UDD eine grafische Benutzerschnittstelle zur Auswahl vorhandener Relationen und Views und zu deren Modellierung.

Anmerkungen

1) vgl. M.Vetter, Aufbau betrieblicher Informationssysteme, 1989, S.5ff

2) vgl. A.-W.Scheer, EDV-orientierte Betriebswirtschaftslehre, 1987, S. 41ff sowie Unternehmensdatenmodell (UDM) als Grundlage integrierter Informationssysteme, S. 1091.

3) vgl. dazu H.Czap, Datenbankunterstützung der betrieblichen Dokumentation, 1989, S.364f, aber auch A.-W.Scheer, "Unternehmensdatenmodell (UDM) ... ", S. 1105. Scheer konzentriert sich in seinem Beitrag nur auf den administrativen Bereich einer Unternehmung und erhält bereits ca. 300 verschiedene Begriffs- und Beziehungstypen. Auf der Ebene einzelner Merkmale (Attribute) wird im administrativen Bereich einer Unternehmung eine Zahl von ca. 10000 Ausprägungstypen als realistisch angesehen.

4) vgl. H.Czap: Unterstützung eines komplexen Informationsbedarfs mittels Hypertext, S.61.

5) vgl. H.Czap: Kybernetik und Kommunikation..,S. 1ff.

6) C.J.Date: Relational Database: Selected Writings, S.367 ff.

Literatur

Czap,H.: Datenbankunterstützung der betrieblichen Dokumentation. Aufgaben und Entwicklungstendenzen terminologischer Datenbanksysteme. In: Zeitschrift für Betriebswirtschaft (ZfB), 59. Jg. (1989) Heft 4, S.7 - 22.

Czap,H.: Unterstützung eines komplexen Informationsbedarfs mittels Hypertext. In: Schriftenreihe der Österreichischen Computergesellschaft, Proceedings des 9. Symposium "Der Computer als Instrument der Forschung und Lehre in den Sozial- und Wirtschaftswissenschaften, Wien 1989, S.61-71.

Czap,H.: Kybernetik und Kommunikation zur Bewältigung des sozioökonomischen Wandels. Erscheint in: Unternehmensstrategien im sozio-ökonomischen Wandel (H. Czap, Hrsg.), Wirtschaftskybernetik und Systemanalyse, Bd.15, Berlin 1990.

Date,C.J.: Relational Database: Selected Writings. Reading Mass. u.a. 1986.

Scheer, A.-W.: EDV-orientierte Betriebswirtschaftslehre. Vierte, völlig neu bearbeitete Auflage, Berlin u.a. 1990.

Scheer,A.-W.: Unternehmensdatenmodell (UDM) als Grundlage integrierter Informationssysteme. In: Zeitschrift für Betriebswirtschaft (ZfB), 58.Jg.,1988, S. 1091-1114.

o.V.: Information Processing - Text and Office Systems - Office Document Architecture (ODA) and Interchange Format (ODIF), Part 1-8, International Organization for Standardization 1987.

Vetter,M.: Aufbau betrieblicher Informationssysteme mittels konzeptioneller Datenmodellierung. 5., durchgesehene Auflage, Stuttgart 1989.

Dezentrale Fertigungssteuerung

August-Wilhelm Scheer
Institut für Wirtschaftsinformatik (IWi)
Universität des Saarlandes

Zusammenfassung

Klassische EDV-gestützte Systeme zur Produktionsplanung und - steuerung (PPS) beruhen auf einem einheitlichen Planungskonzept. Auftragsannahme, Materialwirtschaft, Zeitwirtschaft bis hin zur Feinterminierung und Rückmeldung sollen von einem einheitlichen EDV-System unterstützt werden.
Neue Organisationsformen in der Produktion wie Fertigungsinsel, flexible Fertigungssysteme usw. bedingen aber eine neue Architektur von PPS. Die Dezentralisierung der Fertigung erfordert auch dezentralisierte Fertigungssteuerungsphilosophien.
Es wird gezeigt, wie die klassische PPS-Systeme mit dezentralisierten Fertigungssteuerungssystemen verbunden werden können, welche neuen Chancen zur adäquaten Unterstützung von differenzierten Problemstrukturen durch Dezentralisierung bestehen und wie dezentralisierte Fertigungssteuerungssysteme über Leitstandskonzepte mit technischen Systemen wie DNC, Qualitätssicherung, Transport- und Lagersteuerung verknüpft werden können.

Die Planungskonzeption klassischer PPS-Systeme, wie sie seit rund 20 Jahren die Ablauforganisation von Industrieunternehmungen bestimmt, ist zentralorientiert. Dieses bedeutet, daß von einem einheitlichen Programmsystem, das auf einem Host-Rechner abläuft, die Planungsstufen:

- Planung des Primärbedarfs,
- Materialwirtschaft,
- Zeitwirtschaft,
- Auftragsfreigabe und
- Feinsteuerung

durchgeführt werden. Auch das Rückmeldesystem (Betriebsdatenerfassung) wird häufig an dieses zentrale System angeschlossen. Die Planungsstufen sind durch abnehmende Planungszeiträume bei gleichzeitig zunehmender Detaillierung gekennzeichnet. Der Anspruch des zentralorientierten Konzeptes, mit einem einheitlichen Ansatz alle Planungs- und Steuerungsprobleme von einer langfristigen Grobplanung über eine mittelfristige Planung bis hin zu einer quasi minutengenauen Steuerung abzudecken (vgl. Abb. 1a), wird immer mehr in Zweifel gezogen. Insbesondere sind folgende Schwierigkeiten aufgetreten:

1. Die Steuerungsprobleme in der Fertigung sind so heterogen, daß sie nicht mit einer einheitlichen Steuerungsphilosophie abgedeckt werden können. Beispielsweise kann in einem Fertigungsbereich die Auslastung der Betriebsmittel im Vordergrund stehen, in einem anderen Fertigungsbereich die Ausnutzung wertvoller Materialien, und in einem dritten Fertigungsbereich hat der schnelle Auftragsdurchfluß Priorität.

Steuerungskonzepte
zentrale Daten-banken
Produktions-planung und -steuerung
Betriebsmittelgruppen
Produktions-planung
Zentrale Daten
Koordination der dezentra-len Systeme
Betriebs-daten
Bereichs-daten 1
Steuerungs-system 1
Steuerungs-system 2
Bereichs-daten 2
Bohren
Drehen
Fräsen
Fertigungs-insel 1
Fertigungs-insel 2

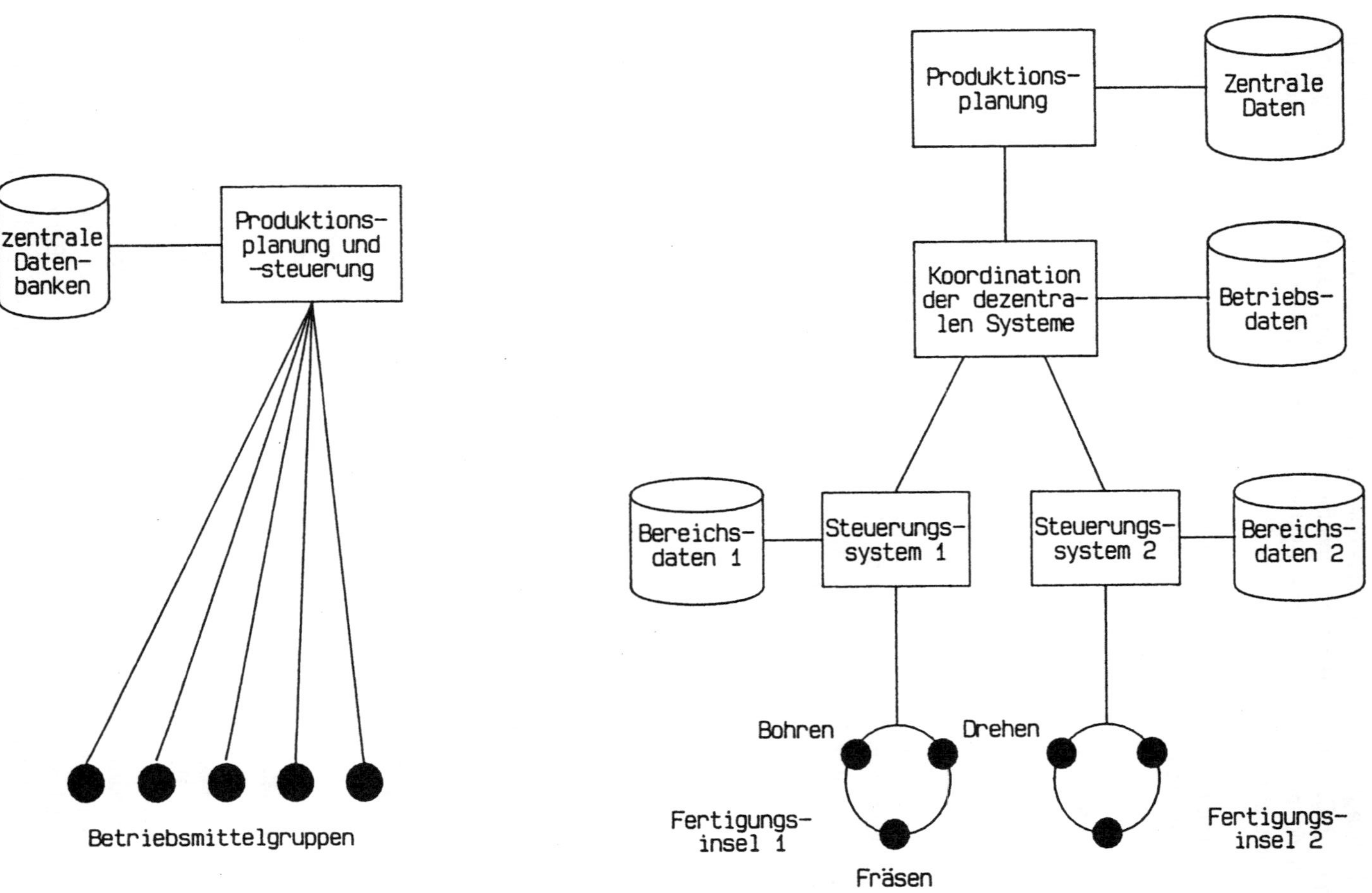

Abb. 1a

Abb. 1b

2. Die Integration der Fertigungssteuerung mit den computergesteuerten Fertigungsanlagen (NC, DNC), Betriebsdatenerfassungssystemen, Qualitätssicherung und Instandhaltung erfordert eine offene Systemarchitektur. Dieses betrifft die Hardware-Schnittstellen, aber auch die funktionale Abstimmung.

3. Die Anforderungen an Verfügbarkeit und Antwortzeitverhalten an die Fertigungssteuerung werden bei hochautomatisierten Fertigungseinrichtungen immer höher. Da die zentralorientierten Anwendungen i. d. R. auf Time sharing-Betriebssystemen mit einer Zweischicht-Dialogverfügbarkeit betrieben werden, reichen sie für den Dreischichtbetrieb in der Fertigung bei real-time-Verarbeitungsansprüchen nicht aus.

4. Die Algorithmen-orientierten Kapazitätsausgleichs- und Feinsteuerungsverfahren haben bei der Einbeziehung des gesamten, zentral vorhandenen Auftragsbestandes versagt.

5. Die Planungs- und Steuerungskonzeption gängiger PPS-Systeme ist auf die Fertigungsindustrie ausgerichtet, also auf Strukturen mit tiefer Stücklistenstaffelung und funktional gegliederter Fertigung (Werkstättenprinzip). Andere Strukturen, wie prozeßorientierte Fertigung und montageorientierte Fertigung, werden nur mangelhaft unterstützt.

Bereits diese Gründe führen dazu, die Planungskonzeption in Richtung einer stärkeren Dezentralisierung zu überdenken. Damit soll die Problemkomplexität vereinfacht werden, so daß auf individuelle Problemstrukturen in der Fertigung stärker eingegangen werden kann.

Diese Entwicklung trifft sich mit neuen Entwicklungen der Fertigungsorganisation.

Bei dem Werkstättenprinzip steht die Zielsetzung der hohen Ausnutzung von Betriebsmittelkapazitäten im Vordergrund. Sie kann i. d. R. nur durch lange Durchlaufzeiten der Aufträge und entsprechend hohe Lagerbestände realisiert werden. Aus diesem Grunde werden zunehmend Fertigungsorganisationsformen diskutiert, die die Fertigung nicht nach den Verrichtungen untergliedern, sondern nach den bearbeiteten Objekten. Das bedeutet konkret, daß für ausgewählte Teile "Fabriken in den Fabriken" eingerichtet werden, in denen die Teile komplett gefertigt werden. Die Betriebsmittel werden nach der Bearbeitungsfolge angeordnet, wobei der Materialfluß durch zugeordnete Transport- und Lagersysteme unterstützt wird. Dieser Trend wird durch Organisationsformen wie flexible Fertigungssysteme, Bearbeitungszentren und Fertigungsinseln verdeutlicht.

Die genannten Beispiele unterscheiden sich durch den Integrationsgrad der zusammengefaßten Arbeitsfolgen. Bei einem Bearbeitungszentrum werden lediglich wenige Arbeitsfolgen in einer maschinellen Anlage unter Ausnutzung automatischer Werkzeugwechseleinrichtungen bearbeitet (typisch hierfür sind z. B. Bohr-Fräszentren). Bei einem flexiblen Fertigungssystem werden mehrere computergesteuerte Produktionsanlagen von einem Steuerungsrechner versorgt, wobei die Flexibilität auf schnelle Umrüstvorgänge bezogen ist. Bei der Fertigungsinsel steht die komplette Bearbeitung von Teilen im Vordergrund, wobei die Fertigungsinsel eine hohe Steuerungsautonomie besitzt. Die Zielsetzung dieser Organisationsformen betont mehr den Auftragsdurchfluß als die Maschinenauslastung. Häufig werden solche Fertigungssysteme als komplette Einheit angeboten. Die Ausrüster dieser schlüsselfertigen komplexen Fertigungssysteme werden immer mehr gefordert, auch die Informationsversorgung schlüsselfertig dem Anwender zu übergeben.

Beide Faktoren, die Unzufriedenheit mit zentralorientierten klassischen Steuerungssystemen sowie der Trend zu neuen dezentralen Organisationsformen in der Fertigung, führen zu einer Dezentralisierung der Steuerung innerhalb von PPS-Systemen. In Abb. 1b wird diese Dezentralisierung dem Zentralkonzept gegenübergestellt. Auf der unteren Ebene sind zwei verschiedene Steuerungsbereiche (hier als Fertigungsinseln bezeichnet), die jeweils durch dedizierte Steuerungssysteme, die auf die spezielle Problematik der Einheiten eingehen, versorgt werden. Sie übernehmen nicht nur die Feinterminierung der Aufträge, sondern sind gleichzeitig mit dem DNC-Betrieb, dem Qualitätssicherungssystem und der Materialflußsteuerung verbunden.

Die Produktionsplanungsfunktionen des Zentralsystems reichen bei der in Abb. 1b angegebenen Konzeption lediglich bis zur Freigabe der Aufträge an den Betrieb. Dabei werden lediglich mittelfristige, d. h. grobe Funktionen der Material- und Zeitwirtschaft benötigt. Während in Abb. 1a die Zeitwirtschaft minutengenau geplant hat, ist hier lediglich eine tages- oder schichtgenaue Kapazitätsvorschau erforderlich. Unterhalb der Planungsebene werden die übernommenen Aufträge verwaltet und auf die unterschiedlichen Fertigungsbereiche verteilt. Neben dieser Auftragsversorgungsfunktion entsteht aber auch Koordinationsbedarf; Rückmeldungen aus den dedizierten Steuerungssystemen können zu Aktionen in anderen Steuerungssystemen oder sogar auf der Planungsebene führen. Derartige Aktionen zu erkennen oder zu veranlassen, ist eine weitere Funktion der in Abb. 1b angegebenen Koordinationsebene.

Die neue PPS-Architektur ist gegenwärtig bereits in konkreten Produktentwicklungen zu erkennen. So werden unter die zentralorientierten PPS-Systeme zunehmend dedizierte Steuerungssysteme gehängt. Diese werden, um den genannten Anforderungen an höhere Verfügbarkeit nachzukommen, auf eine andere Systemarchitektur (z. B. Minirechner oder Personal Computer) ausgerichtet. Beispielsweise sind der grafische Leitstand der Firma AHP auf PC-Basis, das Fertigungssteuerungssystem VAX-SHOP, das Steuerungssystem RECAM von mbp, das Feinsteuerungssystem FIS auf Nixdorf TARGON oder das Fertigungsinsel-Steuerungssystem FI-2 der Firma IDS, welches auf Workstations ausgerichtet ist.

Der Übergang zu neuer Hardware ermöglicht es, bei den Steuerungssystemen auch in neue Trends der Informationsverarbeitung einzusteigen. Während die Host- orientierten PPS-Systeme von den umfangreichen Datenbanken der Stücklisten, Arbeitspläne und Betriebsmittelgruppen gesteuert werden und deshalb bezüglich neuer Konzeptionen unbeweglich sind, wird auf der Steuerungsebene Neuland betreten. Hier können die Fragen nach Betriebssystemen, Datenbankkonzeption, Software- Entwicklungstools und Benutzeroberfläche neu gestellt werden. Aus diesem Grunde ist zu beobachten, daß Neuentwicklungen hier die Trends UNIX, komfortable Benutzeroberfläche mit Fenstertechnik, Pop-Up-Menue, Pull-Down-Menue und Farbunterstützung ausnutzen. In Abb. 2 ist als Beispiel neuer Oberflächengestaltung ein Ausschnitt des Systems FI-2 dargestellt. Im oberen Bereich ist deutlich der Auftragszusammenhang zu erkennen, da die einzelnen Betriebsmittelgruppen der Fertigungsinsel zeilenweise dargestellt sind. Als Fenster ist die Kapazitätsübersicht eines Betriebsmittels (Bohrmaschine) eingeblendet.

Zum Anschluß derartiger dezentraler Systeme ist die Schnittstelle auf der Host-Ebene zu definieren. Hierbei besteht die Schwierigkeit, daß die zentralorientierten Systeme plötzlich zu tief in die Fertigungssteuerung hineinragen, da die ausgelagerten Steuerungsfunktionen nunmehr nicht mehr benötigt werden. Es bietet sich an, die in vielen zentralorientierten PPS-Systemen vorhandene Auftragsfreigabe als Schnittstelle zur Versorgung der Subsysteme heranzuziehen. Auf der Host-Ebene werden dann lediglich auf Basis der Fertigungsaufträge Ecktermine für Start und Ende vorgegeben, die Feinterminierung der einzelnen Arbeitsfolgen innerhalb des Auftrages wird dann von den Steuerungssystemen übernommen.

Trotz dieser bereits vorhandenen Schnittstelle ist die konkrete Realisierung mit detaillierten Abstimmungsproblemen behaftet. Hierbei wirkt sich auch aus, daß PPS-Systeme nicht ausschließlich die Produktion betreffen; viele Rückmeldungen werden beispielsweise auch für die Bruttolohn-Erfassung oder für das Rechnungswesen (mitlaufende Kalkulation) benötigt. Aus diesem Grunde führt die Dezentralisierung von PPS-Funktionen auch zu einem Umdenkprozeß bei der Ermittlung von Leistungsdaten für die Bruttolohn-Abrechnung sowie der Kostenrechnung. Anders ausgedrückt: Ein dezentralorientiertes PPS-System bei Beibehaltung eines detaillierten zentralorientierten Nachkalkulationssystems ist ein Widerspruch; es würde bedeuten, daß die zentrale Ebene von detaillierten (arbeitsganggenauen) Informationen befreit ist, das Rechnungswesen aber nach wie vor auf der Host-Ebene arbeitsganggenaue Vorgabe- und Rückmeldedaten benötigt. Es ist deshalb zu fordern, daß alle betroffenen Funktionen der Dezentralisierung folgen, indem z. B. der Leiter einer Fertigungsinsel dezentral die Kosten plant und auch die Ist-Kosten erhebt.

Die in Abb. 1b angegebene Funktionsarchitektur wird auch durch eine entsprechende Hardware-Architektur begleitet. In Abb. 3 ist eine typische Hardwarestruktur mit den zugeordneten möglichen Funktionen angegeben. Auf der Betriebsebene wird ein Backbone Local Area Network gezogen, das mit einer hohen Datenübertragungsrate ausgestattet ist. Die einzelnen Fertigungsbereiche werden durch Bereichsrechner gesteuert, die mit Bereichsnetzen verbunden sind. Innerhalb der Bereichsnetze können je nach Komplexität der Fertigung weitere Teilbereiche - hier Fertigungszellen genannt - gebildet werden. Auch innerhalb von Zellen können eigene Netze, z. B. mit besonderen Anforderungen einer real-time-Verarbeitung, gebildet werden.

Bei der Funktionsaufteilung in Abb. 3 endet jeweils eine Schicht mit einer Freigabe von Aufträgen an die nächst untergeordnete Schicht. Diese Freigabefunktion, in die eine Verfügbarkeitsprüfung eingebettet ist, wird entsprechend dem abnehmenden Planungs- und Steuerungszeitraum jeweils detaillierter durchgeführt. Während z. B. auf der zentralen Ebene die Verfügbarkeit in Wochenkapazitätsstunden gemessen wird, kann auf der untersten Ebene die physische Verfügbarkeit der Ressourcen Sekunden vor dem Start eines Arbeitsganges überprüft werden.

Auch andere Funktionen kommen auf mehreren Ebenen der Funktionshierarchie vor. Dieses bedeutet, daß die funktionsorientierte Modularisierung, wie sie für klassische PPS- Systeme typisch ist, nicht mehr aufrechterhalten werden kann. Also ist ein Materialwirtschaftssystem nicht mehr als einheitliches Programmsystem identifizierbar, da materialwirtschaftliche Funktionen in unterschiedlicher Detaillierung in mehreren Stufen und auf unterschiedlicher Hardware durchgeführt werden.

Neben der sorgfältigen Funktionsdefinition und Aufteilung innerhalb einer neuen Architektur ist auch die Gestaltung der Datenstrukturen von entscheidender Bedeutung für die Systemgestaltung. Durch die stärkere Dezentralisierung und Detaillierung der Problemstellungen werden auch detailliertere Datenstrukturen benötigt. Gleichzeitig muß entschieden werden, welche

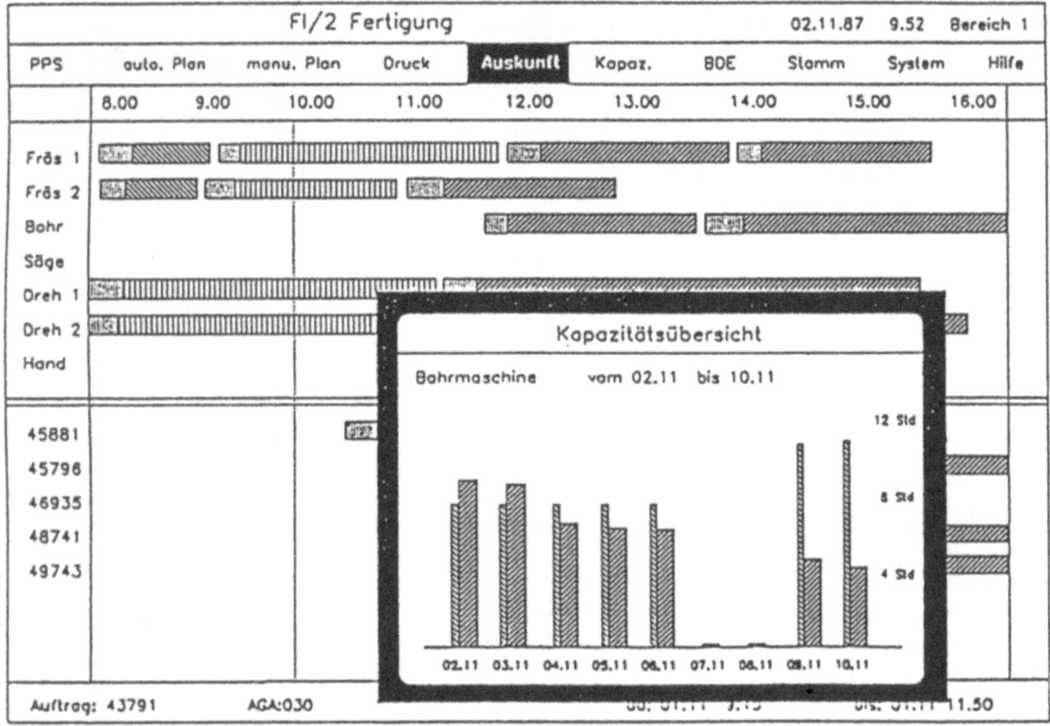

FI/2 - Elektronische Plantafel mit Kapazitätsübersicht

Abb. 2 (Quelle: IDS Prof. Scheer GmbH)

Funktionen
Auftragsbearbeitung
Produktionsplanung
Personalwirtschaft
Betriebswirtschaft
Auftragsfreigabe
Zentraler Rechner
Betriebs-rechner
Auftragsverwaltung
NC-Datenverwaltung
Produktions-steuerung
Instandhaltung
Auftrags-/ Arbeits-gangfreigabe
Backbone - LAN
Bereichs-rechner
Auftrags-/ Arbeits-gangverwaltung
Feinterminierung
Qualitätssicherung
Werkzeugsteuerung
Auftrags-/ Arbeits-gangfreigabe
Bereichs LAN
Zellen-rechner
Zellen
Maschine
Arbeitsgangver-waltung
Feinstterminierung
DNC
Betriebsdatenver-arbeitung
Arbeitsgangfreigabe
Maschinensteuerung
Betriebsdatener-fassung
Zellen LAN

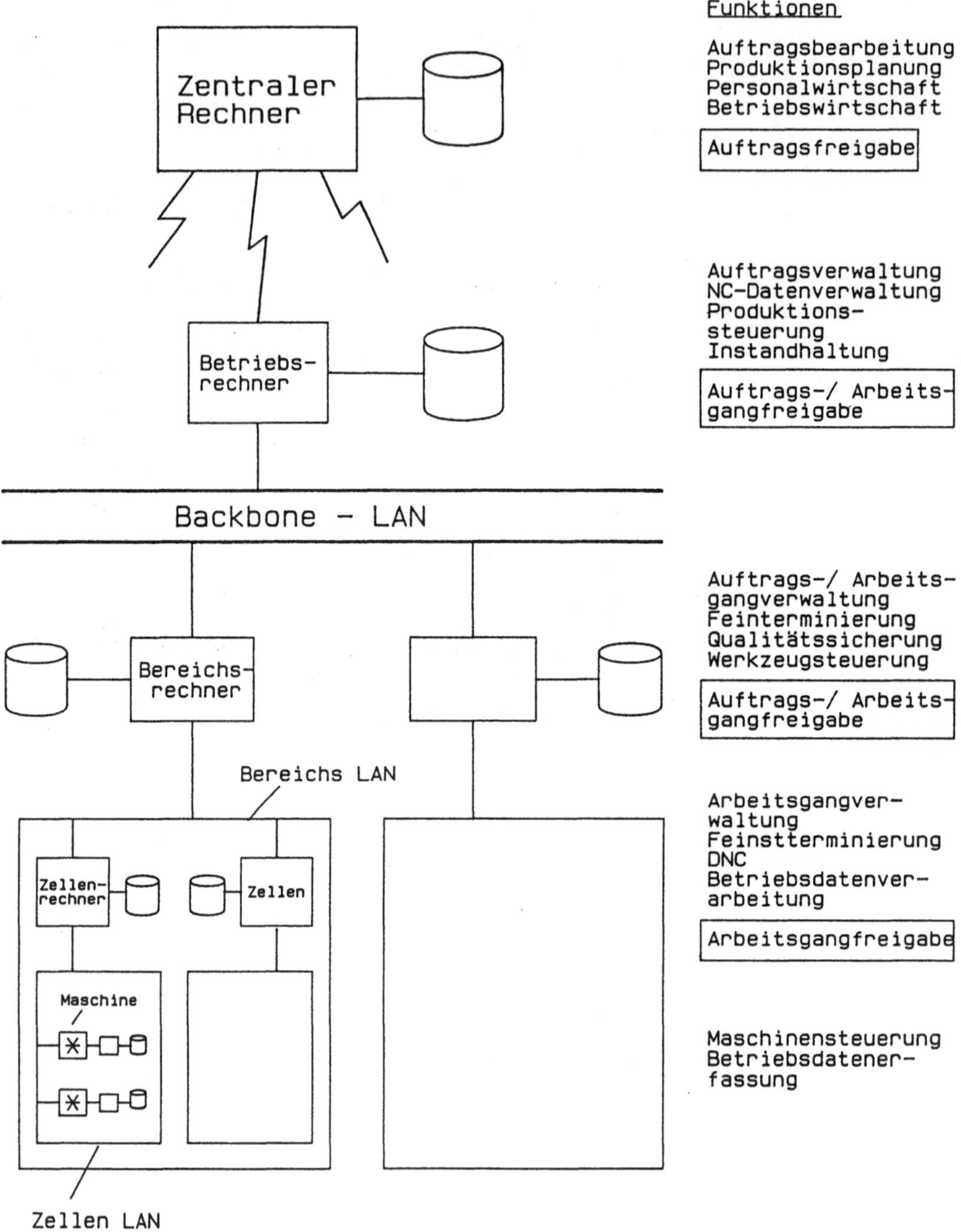

Abb. 3

Schlüsselattribute:

TNR : Teilenummer
Datum : Datum
APLNR : Arbeitsplannummer
VNR : Technisches Verfahren
BMGNR : Betriebsmittelgruppennummer
BMNR : Betriebsmittelnummer
SNR : Sequenznummer
WZNR : Werkzeugnummer
VON...BIS: Zeitangabe
PNR : Personalnummer

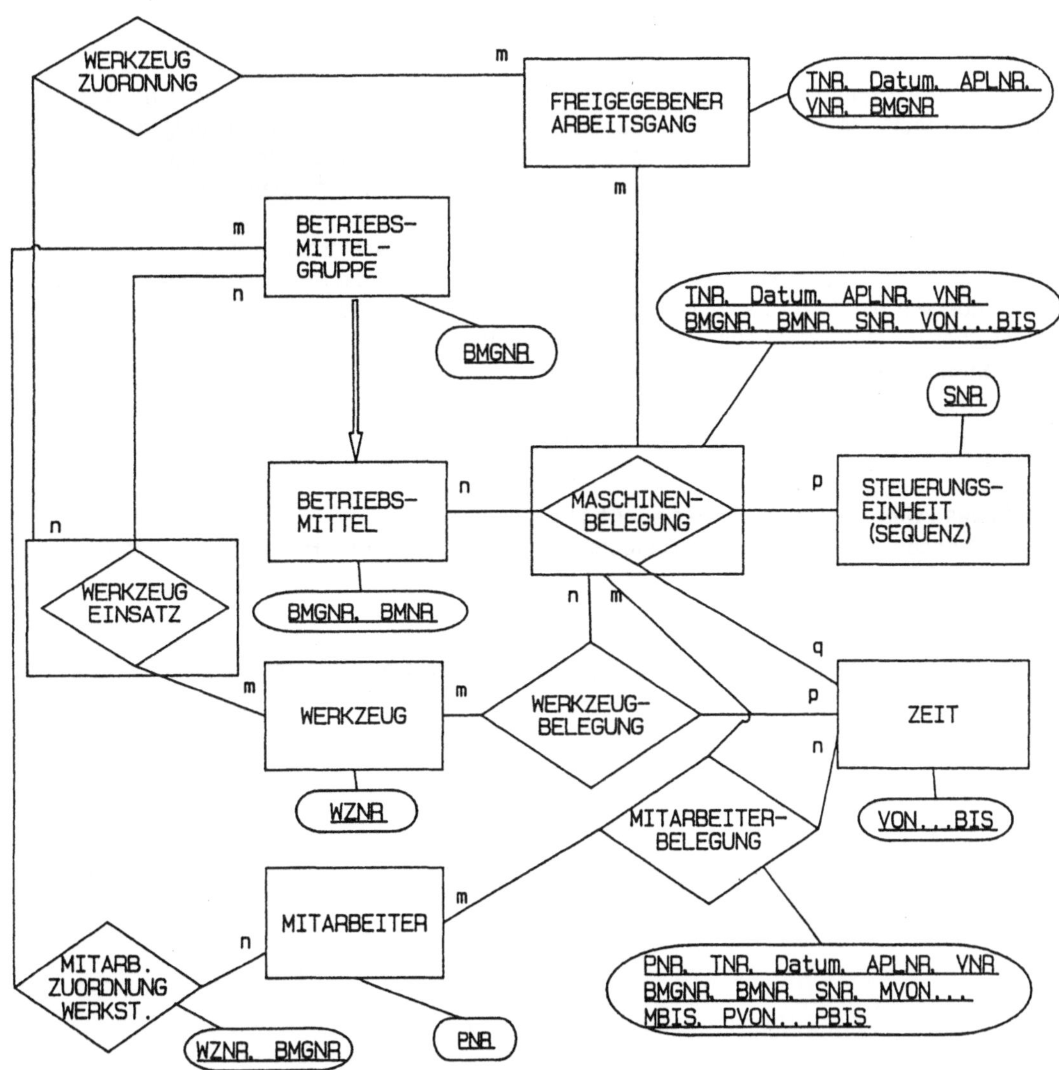

Abb. 4

Stammdaten auf welchen Funktionsebenen geführt werden sollen. Auch der Grad an erlaubter Redundanz ist dabei festzulegen. In Abb. 4 ist mit Hilfe des Entity-Relationship- Diagramms eine detaillierte Datenstruktur für ein dediziertes Steuerungssystem angegeben (vgl. Scheer, Wirtschaftsinformatik, 2. Auflage, Springer 1988, S. 236). Mit der Einführung des Begriffes "Steuerungseinheit" wird dem Gedanken Folge getragen, daß für eine Fertigungseinheit der Auftrag nicht immer die maßgebliche Steuerungsgröße ist. Vielmehr können Materialeinheiten, Transporteinheiten oder besondere Betriebsmittel Ausgangspunkt der Steuerung sein. Deshalb wird eine Maschinenbelegung als Kompositon aus Arbeitsgang, Betriebsmittel und der Steuerungseinheit gebildet.

Auch die weiteren Ressourcen Werkzeuge und Mitarbeiter werden detailliert abgebildet, indem von den Maschinenbelegungen Zuordnungen zu den Werkzeugen und Mitarbeitern eingeführt werden. Die Komplexität der aufgeführten Schlüsselattribute verdeutlicht den hohen Detaillierungsgrad.

Der Trend zur Dezentralisierung von PPS-Systemen gibt diesem für Industriebetriebe wichtigen Anwendungsgebiet neuen Auftrieb. Einmal ist er Voraussetzung für die Einbettung der Produktionsplanung und -steuerung in umfassende CIM-Konzepte, die eine detailliertere Verknüpfung der Fertigungssteuerung mit Qualitätssicherung und CAM erfordern. Daneben wird auch der Einstieg in neue Philosophien der Software-Entwicklung möglich. Das gegenwärtig von der IBM in deren CAM-Entwicklungszentren Boca Raton entwickelte Enabler-Konzept sieht z. B. vor, daß für den Feinsteuerungsbereich keine fertigen Standardsoftware-Lösungen angeboten werden, sondern ein Werkzeugkasten mit Makrobefehlen bereitgestellt wird, aus denen der Systemgestalter für die detaillierten Anforderungen seines Bereiches das geeignete Steuerungssystem entwickelt kann.

Literatur:

A.-W. Scheer, CIM - Der computergesteuerte Industriebetrieb, 4. Auflage, Springer-Verlag Berlin, Heidelberg, New York, London, Paris, Tokyo, Hong Kong 1990.

A.-W. Scheer, Wirtschaftsinformatik - Informationssysteme im Industriebetrieb, 2. Auflage, Springer-Verlag Berlin, Heidelberg, New York, London, Paris, Tokyo 1988.

Modellbasierte Konzepte für die Entwicklung von Expertensystemen

Peter Stahlknecht
Fachbereich Wirtschaftswissenschaften
Universität Osnabrück

Zusammenfassung

Bei der Entwicklung von Expertensystemen sind Modelle mit einer strengen Phaseneinteilung nicht anwendbar. Andererseits ist die Unterstützung des Managements nur zu erreichen, wenn eine realistische Projektplanung und -kontrolle gewährleistet werden kann. Unter kritischem Vergleich einiger in der Fachliteratur vorgeschlagener Entwicklungsmethoden für Expertensysteme wird ein Konzept vorgestellt, das aus einem Phasenschema besteht, innerhalb dessen mit Prototyping gearbeitet werden darf ("Kombinatorisches Prototyping"), wobei aber gewisse Einschränkungen zu beachten sind.

Dieses Konzept wurde der Entwicklung eines Expertensystems für Absatzprognosen in einem Buchclub zugrundegelegt. Berichtet wird über Projekterfahrungen bei der Realisierung des Systems.

Summary

Phase-oriented development models with a strong step by step approach are not suitable to produce expert systems. On the other hand top management only will support new techniques and projects if an efficient project management is guaranted. After discussing different published models a development method is proposed, which is based on a phase-oriented schema allowing stepwise prototyping ("combinatorial prototyping") within some restrictions.

The proposed method has been used to develop an expert system for sales forecasting in a book club center. Experiences about the project management of this system are presented.

1. Einordnung des Themas

Die Aspekte, unter denen das Gebiet der Expertensysteme (XPS = expert systems) in der wissenschaftlichen Literatur diskutiert und in der betrieblichen Praxis behandelt wird, lassen sich zu folgenden Schwerpunkten zusammenfassen:

- Theoretische Grundlagen: Hierzu gehören die Strukturierung von Expertensystemen nach Komponenten, die Verfahren der Wissensrepräsentation wie Regeln, Frames, Semantische Netze und die Problemlösungsmechanismen, z.B. die Vorwärts- oder Rückwärtsverkettung durch den Regelinterpreter.

- Entwicklungsumgebungen: Hierzu gehören KI-Sprachen wie LISP oder PROLOG und die bekannten regel- oder objektorientierten bzw. hybriden Entwicklungswerkzeuge

(Shells).

- Anwendungen: Hierzu gehören alle Anwendungen in Medizin, Technik, Wirtschaftswissenschaften usw., wobei eine erhebliche Diskrepanz in der Anzahl der (aus wissenschaftlichem Interesse oder versuchsweise) entwickelten und der Anzahl der im laufenden betrieblichen Einsatz befindlichen Systeme besteht /15/.

- Entwicklungsmethodik: Hierzu gehören die gesamte Ablauforganisation bei der XPS-Entwicklung von der Problemfindung und -formulierung über die Systemrealisierung bis zur Einführung und der Pflege bzw. Wartung im laufenden Betrieb.

- Projektmanagement: Hierzu gehören die Planung, Steuerung und Kontrolle aller XPS-Entwicklungen, die als Projekte organisiert werden, einschließlich der Abschätzung des Entwicklungsaufwands, der Auswahl der geeigneten Projektbearbeiter und der Aufgabenverteilung innerhalb des Projektteams.

- Dokumentation: Hierzu gehört die Dokumentation für XPS-Entwicklungen im Hinblick auf den Einsatz, die Benutzung und die Pflege der Systeme.

Das nachfolgende Konzept befaßt sich auf der Basis der bei der Entwicklung eines umfangreichen XPS-Projekts gewonnenen Erfahrungen in erster Linie mit Fragen der Entwicklungsmethodik und des Projektmanagements. Der Aspekt der XPS-Dokumentation, für die die bei der Entwicklung konventioneller Anwendungssysteme üblichen Dokumentationsrichtlinien nur bedingt oder gar nicht anwendbar sind, ist einer späteren Veröffentlichung vorbehalten.

2. Dilemma der XPS-Entwicklung

Vorschläge, für die Entwicklung von Expertensystemen ähnliche Phasenmodelle aufzustellen wie die bekannten Stufen- oder Wasserfallmodelle des Software Engineering für konventionelle DV-Anwendungssysteme, sind nicht neu /2/, /5, S. 220/, /6, S. 191/, /17, S. 223/ und werden oft wieder aufgegriffen /3/, /14/, ebenso Darstellungen der Zusammenhänge bzw. Unterschiede zwischen derartigen Phasenmodellen und den herkömmlichen Modellen der Systementwicklung /16/. Als universellster Ansatz mit Schwerpunkt Wissensakquisition ist dabei die Methode KADS (Knowledge Acquisition and Documentation System) anzusehen /1/.

Bei fast allen Vorschlägen zur Entwicklungsmethodik dominiert die eher lakonische Feststellung, daß eine strenge Phaseneinteilung - insbesondere mit der Forderung, daß eine Phase erst vollständig abgeschlossen sein muß, bevor mit der nächsten begonnen werden darf - bei der XPS-Entwicklung nicht einzuhalten sei, und zwar hauptsächlich,

- weil sich das Wissen von Experten nicht innerhalb einer abgeschlossenen Phase akquirieren lasse,

- weil das Expertensystem selbst, beispielsweise durch die Produktion neuer Regeln, einen einmal festgelegten Systemumfang in späteren Phasen des Entwicklungsprozesses erweitere bzw. verändere und

- weil die permanente, durch die Systemumgebung bedingte Änderung der Systemvoraussetzungen zu laufenden Systemkorrekturen zwinge.

Aus diesen Gründen wird die Entwicklung von Expertensystemen als evolutionärer Prozeß betrachtet, für den sich in erster Linie ein Vorgehen nach dem Prinzip des Prototyping bzw. Rapid Prototyping eignet. Beispielsweise ist das Phasenschema von HARMON/KING als eine Entwicklungsmethode anzusehen, bei der das endgültige Expertensystem als Abschluß einer Serie nacheinander produzierter Prototypen entsteht (Abbildung 1). Generell werden Phasenmodelle, bei denen Schleifenbildungen zugelassen sind, als "Zyklenmodelle" bezeichnet.

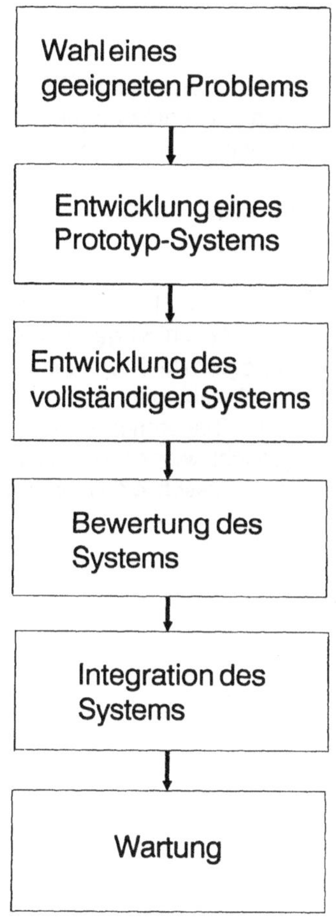

Abb. 1: Phasenschema nach HARMON/KING /5, S.220/

Aus der beschriebenen Situation resultiert ein Dilemma, das für die eingangs erwähnte Diskrepanz zwischen der Anzahl entwickelter und der Anzahl eingesetzter Expertensysteme mit verantwortlich sein dürfte. Voraussetzung für die Akzeptanz aller DV-Anwendungssysteme - auch die der Expertensysteme - durch das Management der Unternehmen ist die Gewährleistung eines effizienten Projektmanagements. Fehlt diese Voraussetzung, sind beim Management weder eine Identifizierung mit beabsichtigten Neuentwicklungen - unabhängig davon, ob die Initiative von der Fachabteilung oder von der DV-Abteilung ausgeht - noch die erforderliche Unterstützung zu erreichen. Voraussetzung für effizientes Projektmanagement ist aber bekanntlich ein Phasenschema,

- das eine realistische Aufwandsschätzung nach Projektphasen zuläßt und
- mit dem abschnittsweise Fortschrittskontrollen und projektbegleitende Steuerungsmaßnahmen möglich sind.

Die Schlußfolgerungskette lautet also:

- Kein Phasenschema mit schrittweisem Vorgehen für XPS-Entwicklungen.
- Ohne strenge Phaseneinteilung kein effizientes Projektmanagement.
- Ohne effizientes Projektmanagement keine Unterstützung durch die oberen Führungskräfte.
- Ohne Management-Unterstützung keine Aussicht auf XPS-Entwicklungen für den laufenden betrieblichen Einsatz.

Das so skizzierte Dilemma ist seit langem bekannt /4/. SCHNUPP/NGUYEN HUU /17, S. 221 ff./ sind der Meinung, daß "von der Vorstellung Abschied genommen werden muß, auch bei XPS-Entwicklungen gäbe es zeitlich streng abgegrenzte Projektphasen". Statt dessen müsse überlappend gearbeitet werden. Als Kompromiß schlagen sie in Anlehnung an JACKSON /6, S. 191/ einen Projektablauf vor, der "wie ein Phasenmodell aussieht" (Abbildung 2). Die große Anzahl der darin enthaltenen Zyklen entspricht wieder weitgehend dem Prototyping-Ansatz. Allerdings fällt auf, daß alle Rückkopplungen ausschließlich von der letzten Phase des Modells ausgehen.

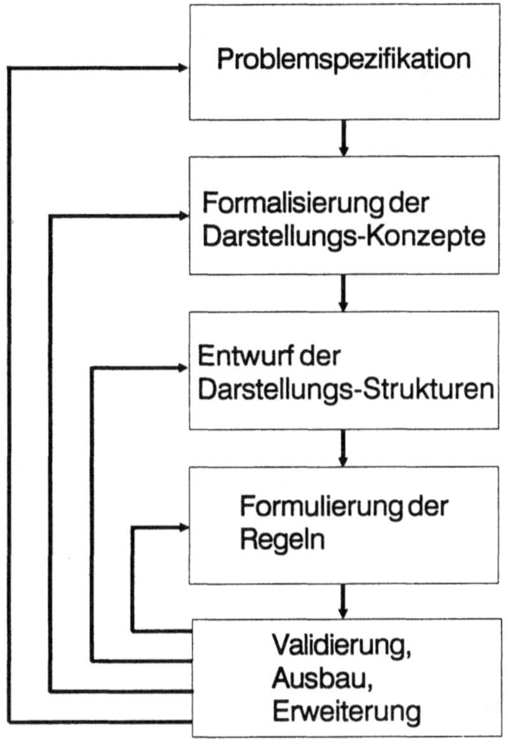

Abb. 2: Phasenmodell nach SCHNUPP/HUU /17, S. 223/

Generell lösbar erscheint die Problematik nur, wenn sie nicht allein aus der Sicht der Informatik betrachtet, sondern wenn primär vom betriebswirtschaftlich-organisatorischen Standpunkt ausgegangen wird. In diese Richtung bewegen sich daher in jüngerer Zeit mehrere Arbeiten aus dem Bereich der Wirtschaftsinformatik im deutschsprachigen Raum /7/, /8, S. 81 ff./, /9/, /10/, /11/, /12/. Exemplarisch dafür soll das Phasenschema nach KURBEL/PIETSCH stehen (Abbildung 3), das als typisches Zyklenmodell zu bezeichnen ist. Wesentlich ist darin die Tatsache, daß Schleifen nur zwischen den zum engeren Entwicklungszyklus gehörenden Phasen auftreten.

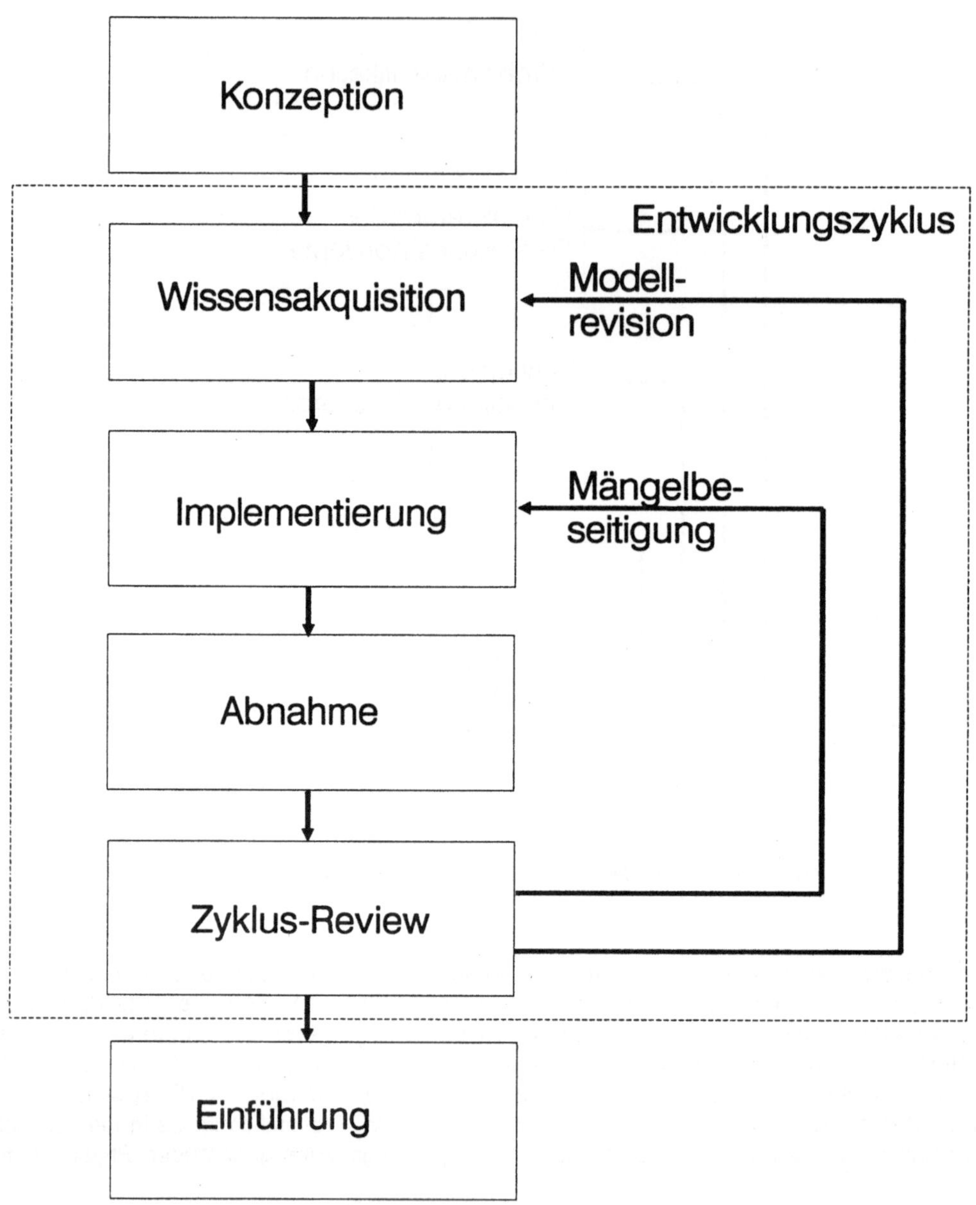

Abb. 3: Phasenschema nach KURBEL/PIETSCH /10 /

3. Aufstellung eines Entwicklungskonzepts

Die Aufgabe bestand im vorliegenden Fall darin, in einem Medienkonzern die XPS-Technik in folgenden Schritten einzuführen:

1. Präsentation der prinzipiellen Arbeitsweise und der möglichen Nutzenaspekte von Expertensystemen anhand allgemeinverständlicher Beispiele und publizierter Erfahrungsberichte.
2. Brainstorming mit dem Ziel, mögliche XPS-Projekte des Unternehmens zu formulieren und hinsichtlich des erwarteten Nutzens zu diskutieren.

3. Auswahl eines Pilot-Projekts aus der Liste aller Vorschläge anhand eines Kriterienkatalogs (System ELIED, siehe Abschnitte 4 und 5).

4. Realisierung und Implementierung des ausgewählten XPS-Projekts und Sammlung von Erfahrungen beim laufenden Einsatz.

5. Schrittweise Entwicklung von weiteren XPS-Projekten aus der Vorschlagsliste bzw. von später neu hinzugekommenen Projekten.

Als Grundvoraussetzung für die Startgenehmigung des gesamten Vorhabens wurde vom oberen Management ein Entwicklungskonzept verlangt, das

- die gleiche Handhabung wie die Phasenmodelle für die Entwicklung konventioneller Anwendungssysteme gestattet (Projektplanung und -kontrolle, Aufwandsschätzung) und
- sich später in die im Unternehmen bestehenden Richtlinien für die Entwicklung (einschließlich der Dokumentation) von konventionellen Systemen integrieren läßt.

Als nicht akzeptabel wurden insbesondere Vorschläge zu einer rollenden ("flexiblen") Projektplanung mit zeitlich fortschreitenden (phasenbegleitenden) Aufwandsschätzungen angesehen (wie etwa in /10/ empfohlen).

Wenn man ein entsprechend geeignetes Entwicklungskonzept entwerfen soll, hat man zwei Prämissen zu beachten:

- Die exakte Einhaltung eines Phasenmodells ohne Zyklenbildung ist nur bei der Entwicklung konventioneller DV-Anwendungssysteme möglich (und dort teilweise schon problematisch).

- Prototyping (entweder als Evolutionäres Prototyping mit einem schrittweise entwickelten System oder als Rapid Prototyping mit "Wegwerf-Teilsystemen") ist sowohl bei konventionellen DV-Anwendungssystemen als auch bei Expertensystemen anwendbar, bei gut strukturierten Systemen jedoch weitgehend entbehrlich.

Die Lösung des vorliegenden Problems liegt daher in einem Entwicklungskonzept, das - im Sinne von SCHNUPP/NGUYEN HUU -

- nach außen als Phasenschema erscheint und
- intern Prototyping mit einigen Einschränkungen zuläßt.

Ein Konzept, das diesen Forderungen nahe kommt, stammt von KÖNIG/BEHREND /7/ (Abbildung 4). Grundprinzip ist darin

- eine "strukturierte", d.h. phasenorientierte Entwicklung bei vollständig strukturierten (Teil-)Aufgaben und

- eine "explorative", d.h. Prototyping benutzende Entwicklung bei unvollständig strukturierten (Teil-)Aufgaben.

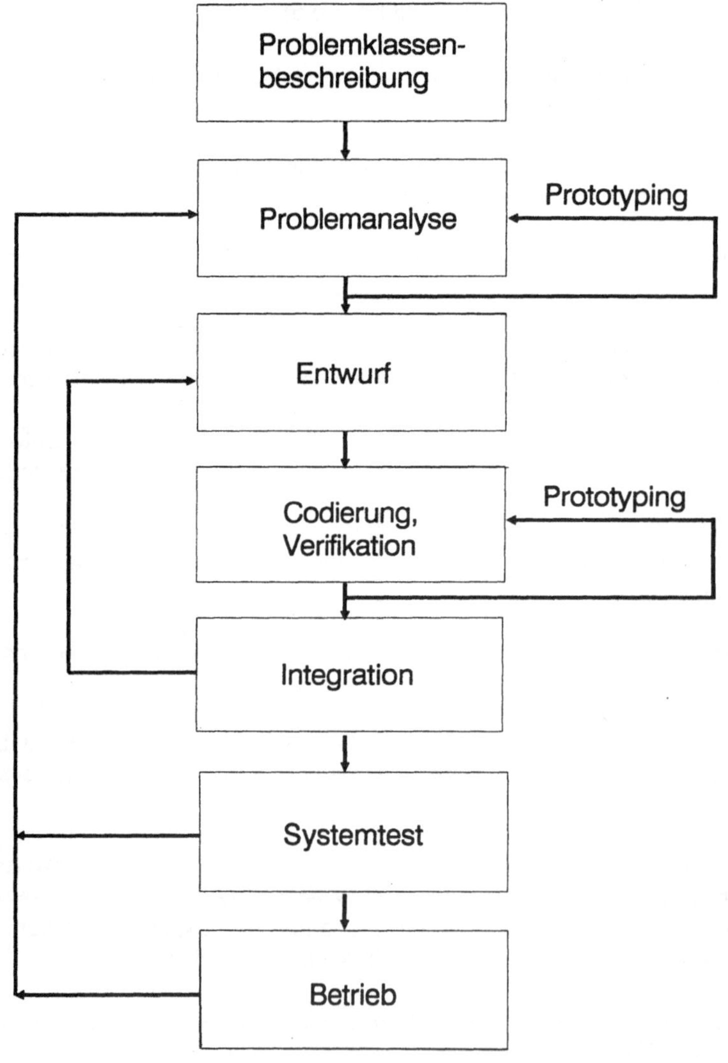

Abb. 4: Phasenschema nach KÖNIG/BEHREND /7/

Prototyping ("Parallelisierung") tritt dabei in erster Linie innerhalb der Phasen Problemanalyse sowie Codierung/Verifikation auf. Äußerst bedenklich erscheint jedoch die generell vorgesehene Rückkopplung von der Phase "Betrieb" bis zurück zur Phase "Problemanalyse", weil sie eine Unsicherheit der Projektbearbeiter über den Projekterfolg antizipiert.

In Erweiterung des Ansatzes von KÖNIG/BEHREND soll hier ganz allgemein unter der Bezeichnung "Kombinatorisches Prototyping" eine Vorgehensweise verstanden werden,

- der ein Phasenmodell zugrundeliegt und
- bei der innerhalb des Phasenmodells (im Sinne eines Zyklenmodells) abschnittsweise mit Prototyping gearbeitet werden darf, wobei ein Abschnitt
    - aus einer einzelnen Phase,
    - aus mehreren aufeinanderfolgenden Phasen oder
    - aus mehreren Phasen unter Weglassung bzw. Überbrückung dazwischenliegender Phasen

  bestehen kann.

Der Spezialfall, daß ein Abschnitt alle Phasen des Schemas enthält, entspricht einem "reinen" Prototyping. Er ist auf sehr kleine Expertensysteme beschränkt.

Unter Verwendung des so eingeführten Begriffs "Kombinatorisches Prototyping" lassen sich die genannten Grundforderungen des Managements wie folgt in Einzelanforderungen an ein Entwicklungskonzept umsetzen:

1. Der Entwicklung muß ein Phasenschema zugrundeliegen.

2. Die Phasen müssen so abgegrenzt sein, daß sie sowohl eine realistische Abschätzung des Entwicklungsaufwands erlauben als auch die Möglichkeit bieten, Meilensteine für Projektfortschrittskontrollen zu setzen.

3. Der Inhalt der einzelnen Phasen ergibt sich aus den für die Entwicklung von Expertensystemen erforderlichen Aktivitäten. Unbedingt sind die Aktivitäten "Wissensakquisition" und "Wissensrepräsentation" getrennten Phasen zuzuordnen.

4. Innerhalb des Phasenschemas kann abschnittsweise mit Prototyping im Sinne des "Kombinatorischen Prototyping" gearbeitet werden. Nach Möglichkeit sollte aber jeder Abschnitt, in dem Prototyping eingesetzt wird, nur aus einer Phase bestehen.

5. Der Umfang phasenübergreifender Rückkopplungen bzw. des Prototyping über mehrere Phasen ist zu minimieren. In unvermeidbaren Fällen sind diejenigen Abschnitte, die von mehreren Phasen gebildet werden, so zu bemessen, daß sich eine abschnittsweise (an Stelle einer phasenweisen) Aufwandsschätzung durchführen läßt.

6. Der Einsatz von Prototyping ist spätestens vor Beginn der Phase "Systemeinführung" zu beenden.

7. Nach der Einführung des Systems, d.h. in der Phase "Pflege/Wartung", ist ein Rücksprung auf die mit dem Entwurf und der Realisierung befaßten früheren Modellphasen

nicht zugelassen, zumindest nicht bis zum Abschluß eines längeren Zeitraums, in dem das System intensiv genutzt worden ist. Unvermeidbare Verbesserungen und Ergänzungen sind auf Rücksprünge zur Phase "Validierung" zu beschränken.

Von diesen Einzelanforderungen ausgehend wurde in Anlehnung an /11/, /17, S. 223/ das in Abbildung 5 dargestellte Entwicklungskonzept formuliert, in dem unter den verlangten Einschränkungen Prototyping zugelassen wird. Dieses Konzept wurde der Entwicklung des Expertensystems ELIED (siehe Abschnitte 4 und 5) zugrundegelegt. Es wird inzwischen auch bei weiteren XPS-Projekten des Unternehmens benutzt.

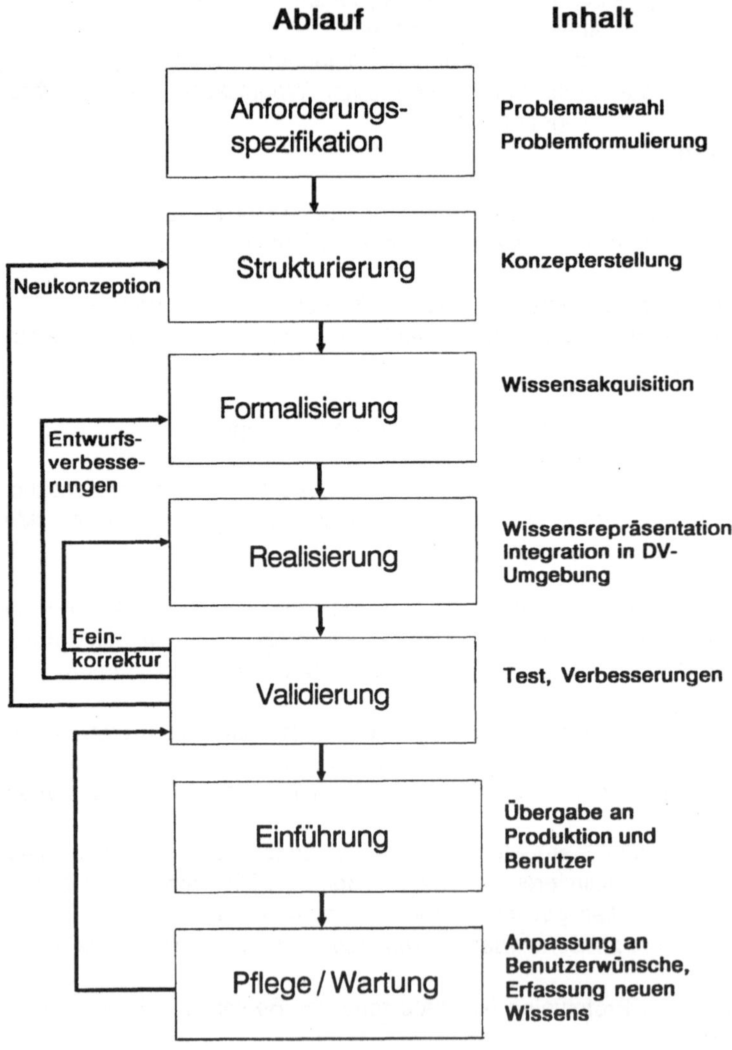

Abb. 5: Phasenschema für Kombinatorisches Prototyping /18, S.19/

Abbildung 5 bedarf einiger Erläuterungen:

- Das vorgeschlagene Entwicklungskonzept besteht aus sieben Phasen. Nach den elementaren Formeln der Kombinatorik (daher die Bezeichnung "Kombinatorisches Prototyping") sind theoretisch 21 Zyklen zwischen den Phasen möglich. In die Abbildung sind davon nur die realistischen Zyklen eingezeichnet. Generell gelten die in den Punkten 4 bis 7 formulierten Forderungen, nach denen eine Reihe von Zyklen nicht zulässig oder nicht erwünscht ist.

- Generell üblich ist - wie schon bei der Entwicklung konventioneller DV-Anwendungssysteme - Prototyping innerhalb derselben Phase (Punkt 4). Dieser Fall wurde im Gegensatz zum Phasenschema nach KÖNIG/BEHREND (vgl. Abbildung 4) in die Abbildung 5 bewußt nicht gesondert eingezeichnet.

Beispiele für Prototyping innerhalb derselben Phase sind:

a) Phase Anforderungsspezifikation: Mögliche XPS-Projekte werden diskutiert und wegen ihres geringen Nutzeffekts wieder verworfen.

b) Phase Formalisierung: Das akquirierte Wissen wird auf verschiedene Arten so lange segmentiert, bis schließlich iterativ eine Struktur gefunden ist, die der anschließenden Wissensrepräsentation zugrundegelegt wird.

c) Phase Realisierung: Die Abbildung des Wissens erfolgt in einem semantischen Netz, das schrittweise als Ergebnis einer Folge nacheinander gezeichneter und jeweils redigierter Entwürfe entsteht.

4. Systembeschreibung

ELIED (Expertensystem für Lizenzeinkauf und Erstauflagendisposition) wurde für die Bertelsmann AG in Zusammenarbeit zwischen dem Lehrstuhl für Betriebswirtschaftslehre / Wirtschaftsinformatik der Universität Osnabrück und Mitarbeitern des Medienkonzerns entwickelt /18/.

Der Konzern betreibt Buchclubs in Deutschland (vorerst wurde nur die Bundesrepublik in das System einbezogen), Österreich und der Schweiz. Bücher können - ausschließlich von Mitgliedern - durch Direktbestellung oder durch Kauf in den "Club-Centern" (CC) erworben werden. Quartalsweise wird ein aktuelles Buchprogramm in den vier Segmenten Belletristik, Sachbuch, Kinder-/Jugendbuch, Reihen/Serien per Katalog (und durch Sonderaktionen für einzelne Titel) angeboten.

Die Lizenzen für die Produktion und den Vertrieb der einzelnen Buchtitel erwirbt Bertelsmann von verschiedenen Verlagen. Den Lizenzen werden bestimmte Buchmengen vertraglich zugrundegelegt. Lassen sich die eingekauften Mengen später nicht am Markt absetzen, ergeben sich daraus Kosten in Form von Abschreibungen auf die zuviel gekauften Lizenzen und - falls schon produziert - auf die überzähligen Bücher. Ziel von ELIED ist die Minimierung dieses Risikos beim Einkauf durch Unterstützung

- bei der Abschätzung des erwarteten Gesamtabsatzes bzw. -umsatzes über alle Quartale (im "Lebenszyklus" des Titels) und

- bei der Festlegung der Höhe der Erstauflage.

Der Lizenzeinkauf erfolgt etwa vier bis sechs Quartale vor dem geplanten Termin der Erstauflage. Die Höhe der Erstauflage wird zwei Monate vor diesem Termin festgelegt.

ELIED besteht aus folgenden Modulen und zugehörigen Datenbanken (Abbildung 6):

- Prognoserechnung: Abschätzung der Gesamtauflage für die Bundesrepublik Deutschland anhand von Vergleichswerten sogenannter Analogietitel;
- Bedarfsrechnung: Abschätzung des Absatzverlaufs in allen drei Ländern;
- Rahmenabgleich: Korrektur der Schätzwerte anhand betriebswirtschaftlicher Rahmendaten wie Lagerplatzbedarf, Lagerumschlag, Deckungsbeitrag u.a.;
- Bestellrechnung: Festlegung der Höhe der Erstauflage.

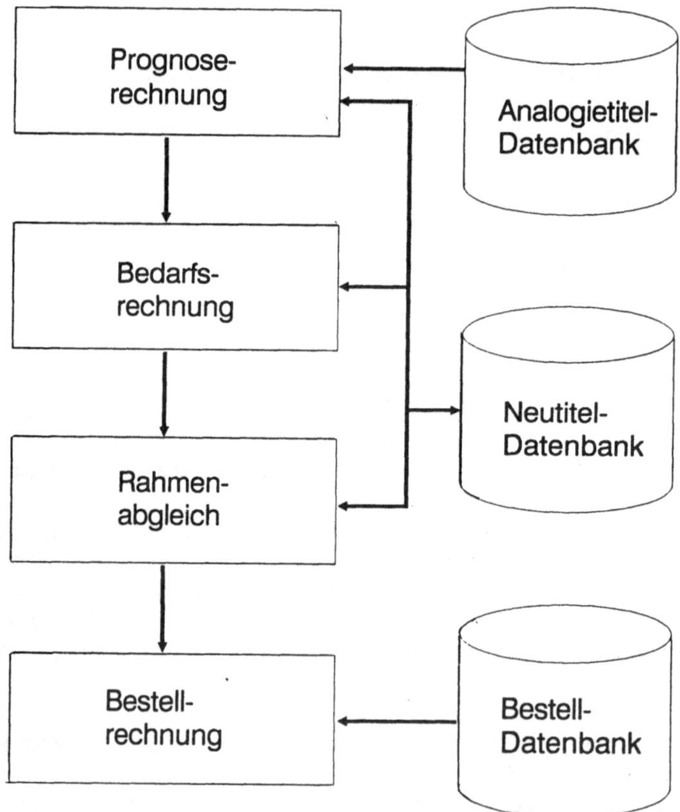

Abb. 6: Komponenten von ELIED

Das eigentliche Expertensystem umfaßt die Prognose- und die Bedarfsrechnung. Die Basis bilden Bücher mit den folgenden (zu Objektklassen zusammengefaßten) Merkmalen:

- Autor des Titels,
- Titel des Buches,
- Systembandcharakter (Wahl-, Quartal-, Hauptvorschlagsband),
- Saisoneinfluß (auf Neuauflage),
- Preisklasse,
- Autorenakzeptanz,
- Aktualität des Themas,
- verkaufsfördernde Maßnahmen (Werbung, Autorenehrung u.a.),
- Einordnung des Inhalts in eine Epoche,
- Einordnung des Inhalts in eine Region/einen Kulturkreis,
- Katalogfläche,
- Qualität der Anzeige im Katalog,
- Begleitung durch Fernsehsendung oder Kinofilm.

Hinzu kommen als weitere absatzbestimmende Einflußgrößen der Mitgliederbestand der Buchclubs sowie der durchschnittliche Pro-Kopf-Absatz und Pro-Kopf-Umsatz je Mitglied.

In der Prognoserechnung ermittelt ELIED zunächst einen Basiswert für den Absatz ("Basisabsatz") anhand von Analogietiteln, die vom Benutzer aus einer entsprechenden Datenbank ausgewählt werden können. Jede einzelne Titelausprägung nach den genannten Eigenschaften wird dann mit einem Faktor bewertet, der eine prozentuale Erhöhung oder Verringerung des Basisabsatzes bewirkt.

In der Bedarfsrechnung wird aus der vorher ermittelten Höhe der Gesamtauflage für Deutschland anhand länderspezifischer Faktoren die Gesamtauflage für alle drei Länder errechnet und mit Hilfe von Lebensdauerkurven und Saisonfaktoren über den geplanten Angebotszeitraum verteilt.

Im Rahmenabgleich werden die Prognosen für alle Neutitel (ca. 120 pro Quartal) addiert und anhand der genannten betriebswirtschaftlichen Rahmendaten manuell im Benutzerdialog korrigiert. Das Modul Rahmenabgleich hätte sich auch konventionell realisieren lassen. Es wurde jedoch formal in das Expertensystem einbezogen, um eine einheitliche Benutzeroberfläche beizubehalten.

Im Modul Bestellrechnung wird die Höhe der Erstauflage festgelegt. Dieses Modul wurde ausschließlich konventionell realisiert. Die Berechnungen erfolgen mit Hilfe eines Tabellenkalkulationsprogramms, das im wesentlichen Erfahrungswerte berücksichtigt und sicherstellt, daß permanente Lieferbereitschaft gegeben ist.

ELIED enthält ca. 600 Regeln und mehr als 1.000 Objekte. Zur Realisierung wurden benutzt:

- NEXPERT OBJECT für die eigentliche XPS-Entwicklung,
- FOXBASE für die Verwaltung der Datenbanken und
- EXCEL für das Modul Bestellrechnung.

Dem Werkzeug NEXPERT OBJECT wurde gegenüber anderen Werkzeugen der Vorzug gegeben, u.a. weil es

- eine anwenderfreundliche Oberfläche und übersichtliche grafische Darstellungen (z.B. der Wissensbasis) bietet,
- sowohl die regel- als auch (mit Einschränkungen) die objektorientierte Form der Wissensrepräsentation gestattet und
- auf verschiedenen Hardware-Umgebungen lauffähig ist.

Als Hardware-Umgebung wurde ein System Apple Macintosh II benutzt.

Die Analogietitel-Datenbank wurde aus einer repräsentativen Auswahl von 1.200 Buchtiteln (mit Erstauflage-Quartalen rückwirkend bis 1986) aus zwei Großrechner-Datenbanken, die für routinemäßige konventionelle DV-Anwendungen angelegt worden sind, aufgebaut. Die Neutitel-Datenbank enthält jeweils ca. 120 Titel pro Quartal, die nach Erscheinen der Erstauflage in die Analogietitel-Datenbank überführt werden.

Das Projekt war personell wie folgt zusammengesetzt:

- aus der DV-Abteilung ein Projektleiter (zugleich anwendungsnaher Knowledge Engineer, siehe Abschnitt 5), ein systemnaher Knowledge Engineer und ein konventioneller Programmierer;
- aus den Fachabteilungen ein stellvertretender Projektleiter, ein Hauptexperte und vier beratende Experten.

ELIED befindet sich seit Juli 1989 im laufenden betrieblichen Einsatz.

5. Projekterfahrungen

Die wichtigsten Projekterfahrungen lassen sich zu folgenden Punkten zusammenfassen, die teilweise selbstverständlich erscheinen mögen, aber dennoch bei vielen XPS-Vorhaben nicht beachtet werden und deswegen häufig zu Mißerfolgen führen:

1. Die Einführung der XPS-Technologie im Unternehmen kann bottom up (Ausgang: Experten) oder top down (Ausgang: Management) geschehen. Erfolgversprechender ist - wie generell beim Einstieg in technologisches Neuland - die top down-Vorgehensweise.

2. Ausschlaggebend für die Unterstützung des Managements ist die Qualität der vorangehenden Präsentation. Diese sollte

   - Workshop-Charakter besitzen,
   - die Unterschiede zu konventionellen DV-Anwendungssystemen verständlich herausarbeiten,

- die Komponenten und Arbeitsweisen von Expertensystemen an einfachen Beispielen erläutern,
- Nutzenaspekte für das Unternehmen aufzeigen und
- als Ergebnis einer Brainstorming-Diskussion eine Liste möglicher XPS-Projekte produzieren.

3. Unzureichende Management-Unterstützung oder mangelnde (zeitliche) Verfügbarkeit von Fachexperten sollten als k.o.-Kriterien zum sofortigen Ausschluß der betreffenden Projektvorschläge führen.
   Im vorliegenden Fall wurden aus einer Liste von sechs möglichen Projekten von vornherein drei ausgeschieden.

4. Für die Auswahl eines Pilotprojekts empfiehlt sich eine sorgfältige Nutzwertanalyse mit Kriterien wie Anwendbarkeit der XPS-Technologie, Expertenverfügbarkeit, Problemschwierigkeit, Benutzerakzeptanz, Nutzen bzw. Wirtschaftlichkeit usw.
   Im vorliegenden Fall wurde ELIED mit Hilfe einer Nutzwertanalyse aus den verbliebenen drei Projektvorschlägen ausgewählt.

5. Eine Projektgenehmigung ist nur zu erwarten, wenn das Expertensystem von vornherein - ähnlich wie ein konventionelles DV-Anwendungssystem - hinsichtlich seines Anwendungsbereichs und seiner Zielsetzung exakt definiert und abgegrenzt wird.

6. Die Projektgenehmigung ist leichter (oder vielleicht überhaupt nur) zu erreichen, wenn sich - wie schon bei konventionellen DV-Anwendungssystemen - der erwartete Nutzen des Expertensystems monetär bewerten, zumindest jedoch quantifizieren läßt.
   Bei ELIED wurden vorsichtig eine Reduzierung des Einkaufsrisikos um 10% und damit jährliche Kosteneinsparungen von 200 TDM geschätzt.

7. Entscheidend für erfolgreiches Projektmanagement ist die Trennung der Phasen Wissensakquisition und Wissensrepräsentation, zweckmäßigerweise gekoppelt mit einer Aufteilung der entsprechenden Aufgaben auf systemnahe und anwendungsnahe Knowledge Engineers (siehe auch /19/).
   Die anwendungsnahen Knowledge Engineers führen die Wissensakquisition durch und beschreiben unabhängig von der späteren Realisierung die Wissensbasis. Die systemnahen Knowledge Engineers übernehmen die Repräsentation des akquirierten Wissens.
   Diese Aufteilung auf zwei Typen von Knowledge Engineers reduziert den Projektaufwand und ermöglicht realistische Schätzungen des Entwicklungsaufwands für die beiden Phasen Formalisierung und Realisierung aus Abbildung 5. Bei ELIED wurde ein Entwicklungsaufwand von 30 Mannmonaten (Mitarbeiter der DV-Abteilung) bei einer Entwicklungsdauer von 18 Monaten geschätzt, als Planzahl vorgegeben und exakt eingehalten. Falls der erwartete Nutzen (siehe Punkt 6) in voller Höhe eintreten sollte, hätte sich der Entwicklungsaufwand (einschließlich der Kosten für die Hard- und Softwarebeschaffung) innerhalb von ca. vier Jahren amortisiert.
   Etwa zwei Drittel des Zeitaufwands entfielen auf die Phasen bis einschließlich Formalisierung, das restliche Drittel auf die Phasen Realisierung, Validierung und Einführung. Dieses Verhältnis bestätigt nochmals die Aussage, daß eine sorgfältige Strukturierung des akquirierten Wissens den Aufwand für die Realisierung des Systems we-

sentlich reduziert, indem Zyklenbildungen in späteren Phasen weitgehend überflüssig werden.

8. Die Einrichtung eines dem XPS-Projekt übergeordneten Controlboards gewährleistet eine permanente Projektfortschrittskontrolle und erleichtert flankierende Maßnahmen. Für ELIED wurde ein Controlboard aus leitenden Mitarbeitern der DV-Abteilung und der beteiligten Fachabteilungen gebildet und in monatlich stattfindenden Sitzungen von der Projektleitung über den Projektstand informiert.

9. Reine Expertensysteme gibt es in der betrieblichen Praxis nicht. Reale Systeme enthalten stets

   - konventionelle Bestandteile (bei ELIED das Modul Bestellrechnung) und
   - herkömmlich organisierte Datenbanken (bei ELIED die Analogietitel-, die Neutitel- und die Bestell-Datenbank sowie etwa 10 kleinere Datenbanken).

   Die Festlegung und Realisierung der Schnittstellen zwischen dem Expertensystem und den konventionellen Bestandteilen besitzt entscheidende Bedeutung für den Projekterfolg.

10. Um eine einheitliche Benutzeroberfläche zu erreichen, kann es zweckmäßig sein, konventionelle Systembestandteile innerhalb des Expertensystems zu realisieren (bei ELIED das Modul Rahmenabgleich).

11. Weil Expertensysteme mit konventionellen DV-Systemen zu integrieren und an den Arbeitsplätzen von vielen, im Umgang mit konventionellen DV-Systemen geübten Mitarbeitern zur Verfügung zu stellen sind, spielt die vorhandene DV-Umgebung eine dominierende Rolle (siehe auch /13/). Dadurch wird der sich anbahnende Trend, KI-orientierte Entwicklungsumgebungen (Workstations) zu verlassen und Mainframe- oder PC-basierte Werkzeuge zu bevorzugen, verstärkt.

12. Die Pflege und Wartung von Expertensystemen durch die Experten selbst erweist sich zur Zeit noch als unmöglich. Sie bleibt vorläufig den Knowledge Engineers überlassen. Daraus resultiert die Forderung nach Shells, die sich über entsprechende Benutzerschnittstellen auch von DV-Laien handhaben lassen.

Literatur

/1/ Breuker, J., Wielinga, B., KADS, Structured Knowledge Acquisition for Expert Systems. Proceedings of the Fifth International Workshop of Expert Systems and their Applications, Vol. 2. Avignon 1985, S. 887-900

/2/ Buchanan, B.G., Barstow, D., Bechtal, R. et al., Constructing an Expert System. In: Hayes-Roth, F. et al. (Hrsg.), Building Expert Systems. London, Amsterdam, Sydney, Tokyo 1983, S. 127-167

/3/ Felgentreu, K.-U., Krasemann, H., Mebing, J., Entwicklungsstrategien. Handbuch der Modernen Datenverarbeitung 26, Heft 147, S. 35-43, 1989

/4/ Freiling, M., Alexander, J., Messick, S. et al., Starting a Knowledge Engineering Project: A Step-by-Step Approach. Artificial Intelligence Magazin 6, Heft 3, S. 150-164, 1985

/5/ Harmon, P., King, D., Expertensysteme in der Praxis - Perspektiven, Werkzeuge, Erfahrungen, 3. Auflage. München, Wien 1989

/6/ Jackson, P., Introduction to Expert Systems. Reading, Mass. 1986

/7/ König, W., Behrend, R., Die Produktion von Expertensystemen. Angewandte Informatik 12, Heft 3, S. 95-102, 1989

/8/ Kurbel, K., Entwicklung und Einsatz von Expertensystemen. Berlin, Heidelberg 1989

/9/ Kurbel, K., Pietsch, W., Projektmanagement bei einer Expertensystem-Entwicklung. Information Management 3, Heft 1, S. 6-13, 1988

/10/ Kurbel, K., Pietsch, W., Expertensystem-Projekte: Entwicklungsmethodik, Organisation und Management. Informatik-Spektrum 12, Heft 3, S. 133-146, 1989

/11/ Lebsanft, E., Entwicklungsmethodik für Expertensysteme. Industrielle Organisation 57, Heft 2, S. 87-91, 1988

/12/ Lebsanft, E., Projektmanagement mit Software Engineering in Expertensystem-Projekten. In: Jacob, H., Scheer, A.W. et al. (Hrsg.), Schriften zur Unternehmensführung, Bd. 36, Betriebliche Expertensysteme 1. Wiesbaden 1988, S. 68-85

/13/ Mertens, P., Expertensysteme in den betrieblichen Funktionsbereichen - Chancen, Erfolge, Mißerfolge. In: Brauer, W., von Wahlster, W. (Hrsg.), Wissensbasierte Systeme. Berlin, Heidelberg 1987, S. 181-206

/14/ Mertens, P., Biebinger, H., Entwicklungsphasen wissensbasierter Systeme. Künstliche Intelligenz 3, Heft 3, S. 64-67, 1989

/15/ Mertens, P., Borkowski, V., Geis, W., Betriebliche Expertensystem-Anwendungen - Eine Materialsammlung, 2. Auflage. Berlin, Heidelberg 1990

/16/ Schmitz, P., Lenz, A., Abgrenzung von Expertensystemen und konventioneller ADV. Betriebswirtschaftliche Forschung und Praxis, Heft 6, S. 499-516, 1986

/17/ Schnupp, P., Nguyen Huu, C.T., Expertensystem-Praktikum. Berlin, Heidelberg 1987

/18/ Schweneker, O., Entwicklung eines Expertensystems für Absatzprognosen durch Konzeptionelles Prototyping. Dissertation am Fachbereich Wirtschaftswissenschaften der Universität Osnabrück, 1990

/19/ Tank, W., Entwurfsziele bei der Entwicklung von Expertensystemen. Künstliche Intelligenz 2, Heft 3, S. 69-76, 1988

Entwurfswerkzeuge der Mechatronik

Karl-Peter Jäker, Joachim Lückel, Wolfgang Moritz
Fachbereich Maschinentechnik
Universität Gesamthochschule Paderborn

Kurzfassung

Die technischen Anforderungen z.B. an Systeme der Verkehrs- bzw. Fahrzeugtechnik oder der Fertigungs- bzw. Robotertechnik sind in den letzten Jahren ständig gestiegen. Ein Grund dafür muß in der harten Konkurrenzsituation gesehen werden, in der sich ein moderner Industriestaat ständig bewähren muß. Das verlangt hohe Flexibilität, damit schnelle und umfassende Anpassung an neue Randbedingungen und eine möglichst optimale Auslegung des Gesamtsystemverhaltens. Daraus ergibt sich automatisch eine Steigerung der Systemkomplexität und der Zwang, neue Hilfsmittel zur Entwicklung und Realisierung einzusetzen. Hier spielt die Mikroelektronik eine zentrale Rolle, sowohl zu Unterstützung des eigentlichen Produktentwicklungsvorgangs wie auch als aktives Element zur Verbesserung des Systemverhaltens (z.B. als digitaler Steuerungs- und Regelungsbaustein). Damit folgt auch für den Maschinenbau die Notwendigkeit, in ganzheitlichen Vorstellungen fachübergreifend zu arbeiten. Die Mechatronik stellt dabei ein typisches Beispiel dar. An Hand von drei Beispielen, die bei Forschungsprojekten der Paderborner Automatisierungstechnik entstanden sind, wird die Entwicklung eines rechnerunterstützten Mechatroniklabors mit den Schwerpunkten Modellerzeugung, Reglerentwurf und -realisierung beschrieben. Besondere Aufmerksamkeit findet dabei die Anwendung moderner Software Engineering Techniken, die es möglich machen, mit Hilfe der Entwurfswerkzeuge eine Brückenfunktion zwischen Theorie und Praxis des Ingenieurs wahrzunehmen.

1. Zur Definition komplexer Systeme der Mechatronik

Mechatronische Systeme spielen u. a. auch in der Fahrzeug- und Fertigungstechnik eine immer wichtigere Rolle. Man versteht darunter mechanische Systeme meistens höherer Übertragungsbandbreite, die zur Verbesserung des statischen und dynamischen Gesamtverhaltens um elektrische oder hydraulische Aktuatoren und Sensoren und um aufwendige, gewöhnlich digital realisierte Regelelemente ergänzt werden [1]. Die Bearbeitung derartiger Systeme muß daher fachübergreifend erfolgen. Bild 1 stellt die Zusammenhänge schematisch dar.

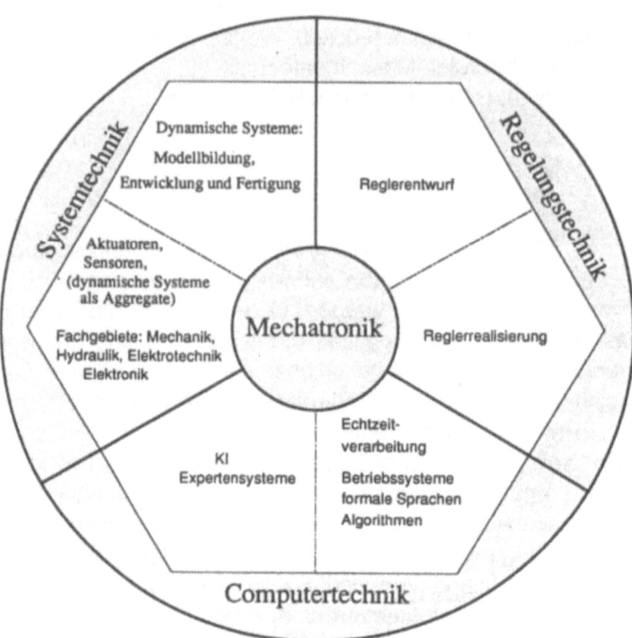

Bild 1: Fachübergreifende Bedeutung der Mechatronik

Neben der fachübergreifenden Wirkung sind mechatronische Strukturen häufig durch hohe Komplexität gekennzeichnet, auch als Auswirkung der ständig steigenden Anforderungen z. B. an Systeme der Fahrzeug- oder Fertigungstechnik. Dabei sollen unter Komplexität im hier beschriebenen Kontext die folgenden Eigenschaften verstanden werden [3]:

1. Verbindung einer (oft) großen Anzahl von unterschiedlichen dynamischen Systemelementen.

2. Dabei können die Verbindungen mechanischer (form- oder kraftschlüssig) und informatischer (über Bus- oder Netzsysteme) Art sein, da die in der Mechatronik üblichen *Bewegungssysteme* (kontinuierlich, kombiniert mit synchron als Regler arbeitenden digitalen Elementen hoher Taktrate) zunehmend in höher organisierte *Informationssysteme* (asynchron, interruptgesteuert, mehr als Steuerung arbeitend) eingebunden werden.

3. Die Systeme sind häufig stark vernetzt, enthalten unter strikten Echtzeitbedingungen arbeitende Rückkopplungen, die auch die *Informationssysteme* mit einbeziehen.

4. Die Übertragungsbandbreite der *Bewegungssysteme* ist oft hoch ($\leq$ 10 kHz), was zu besonderen Anforderungen an die Verarbeitungsleistung der Digitalbausteine unter Echtzeitbedingungen führt.

5. Zusätzlich wird eine hohe Flexibilität bezüglich Um- und Neukonfigurierbarkeit bzw. Erweiterbarkeit verlangt.

Im nächsten Kapitel werden drei mechatronische Systeme als Beispiele vorgestellt, die auch die Einbindung von Bewegungssystemen in höher organisierten Gruppen der Informationsverarbeitung erkennen lassen.

2. Beispiele komplexer mechatronischer Systeme

An drei typischen Beispielen, die bei Projekten der Paderborner Automatisierungstechnik mit Kooperationspartnern aus der Industrie entwickelt wurden, sollen unser Entwurfskonzept für mechatronische Systeme und seine Realisierung erläutert werden.

Beispiel 1: Aktive Fahrzeugfederung [5, 6]

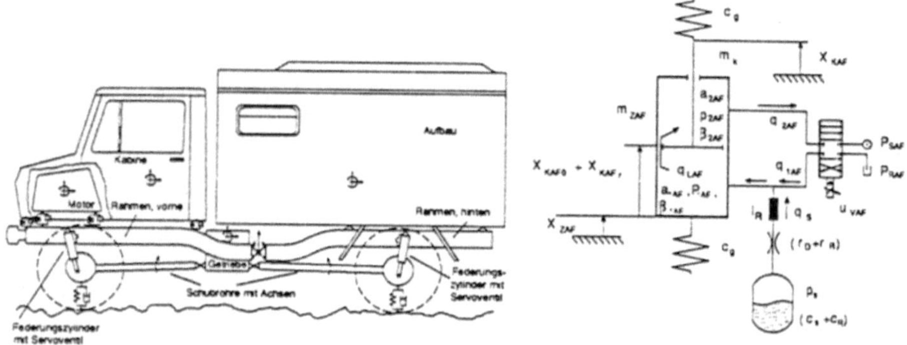

Bild 2: Starrkörpermodell für Fahrzeug

Bild 3: Federbeinmodell (Hydraulik/ Mechanik)

Typische Systemeigenschaften:

- Stark variierende Betriebspunkte aufgrund unterschiedlicher Beladung und wechselnden Aufbauten sowie bei Kurvenfahrt und Bremsmanövern.
- Ein Kompromiß bei der Auslegung des Federungssystems zwischen Fahrkomfort und Fahrsicherheit ist erforderlich.

Anforderungen:

- Den Leistungsbedarf so niedrig wie möglich halten!
- Den Fahrkomfort so weit wie möglich verbessern, bei ausreichender Fahrsicherheit in allen Fahrzuständen!
- Die Regelung muß robust gegenüber Parameterschwankungen der Strecke sein.

Randbedingungen:

- Die Messungen im Fahrzeug sind nur bis zu einer bestimmten Bandbreite nutzbar (z.B. Beschleunigungen: 0.1-25Hz, Federwege: 0-100Hz, Drücke: 0-40Hz).
- Die statische Last muß voll vom aktiven Federbein getragen werden (volltragendes hydraulisches Federbein).

Gleichungen:

- Bewegungsgleichungen der Mechanik: $\boldsymbol{M\ddot{x} + D\dot{x} + Kx = f(\dot{x}, s, u, t)}$ für das Starrkörpersystem mit 15 Freiheitsgraden; Überführung in den Zustandsraum notwendig, um eine Kopplung mit Hydraulik- und Regelungsbausteinen zu ermöglichen.
- Hydraulikaggregat (Federbeine, Druckölversorgung) als Differentialgleichungssystem 20. Ordnung modelliert.

- Anregungs- und Bewertungsmodelle zur Beschreibung der Betriebsumgebung (18. Ordnung).
- Kompensator für die Regelung (48. Ordnung)
  ==> komplexes Gesamtsystem 116. Ordnung für den Entwurf.

Regelung, Entwurf:

- Konzipiert als hierarchische Regelung, die in mehreren Stufen in Betrieb genommen und erprobt werden kann (Bilder 4 und 5).
- Gemeinsame Optimierung von Strecken- und Reglerparameter
  ==> Parameteroptimierungsverfahren notwendig.

Beim Aufbau hierarchischer Regelungen haben sich standardisierte Basisblöcke wie in Bild 4 dargestellt bewährt. Zuerst werden lokal aus Meßeingängen u_m und Steuereingängen u_c (Steuerausgänge hierarchisch höherliegender Baugruppen) im Block Schätzfilter/Beobachter nichtmeßbare Systemzustände und Störgrößen geschätzt. Die Steuerausgänge y_c setzen sich zusammen aus Anteilen, die zu Rückführungen, und solchen, die zu Aufschaltungen gehören.

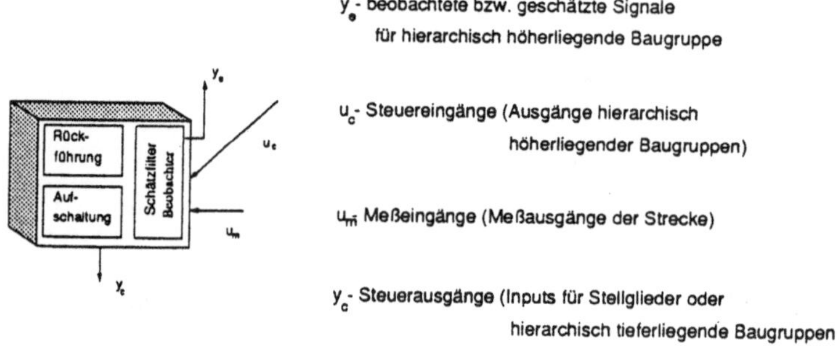

Bild 4: Basisblock eines hierarchischen Kompensators

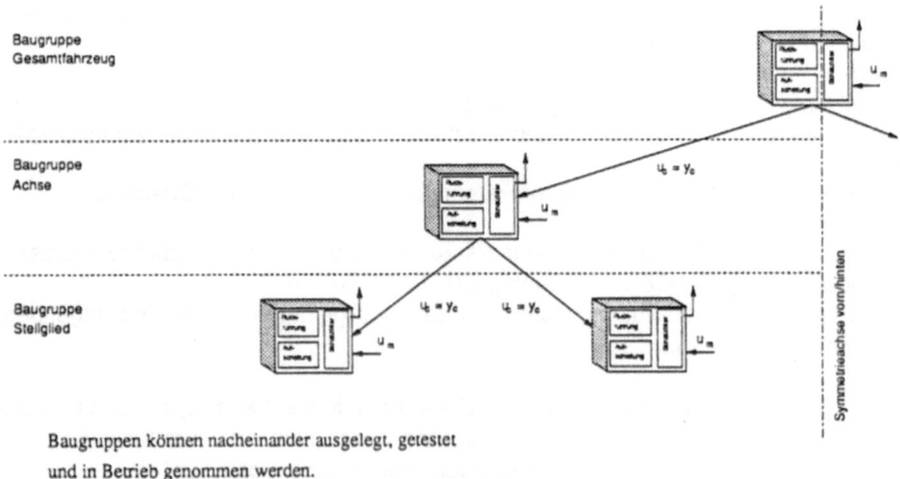

Bild 5: Hierarchischer Kompensator für aktive Federung

Die Basisblöcke innerhalb einer hierarchischen Regelung dienen dann zur gezielten Verbesserung der Dynamik der zugeordneten Baugruppe. Für die aktive Federung z.B. können zuerst die Stellglieder stabilisiert, dann die Achsen für eine ausreichende Fahrsicherheit besser bedämpft und schließlich die das Gesamtfahrzeug betreffende Aufbaubewegung (Wanken, Nikken, Huben) gut gedämpft und horizontiert werden.

Beispiel 2: *Bahnregelung eines 5-achsigen hydraulischen Portalroboters zum Wasserstrahlschneiden*

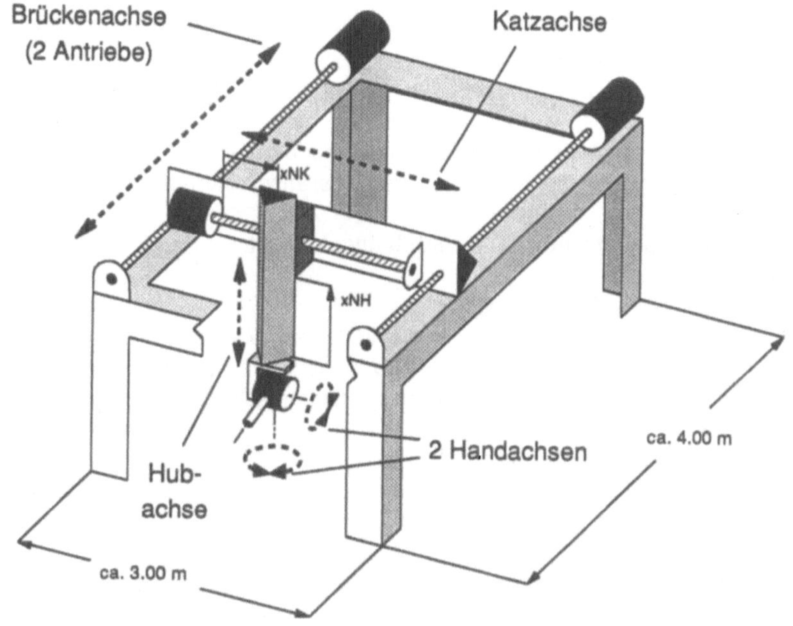

Bild 6: Aufbau des Portalroboters

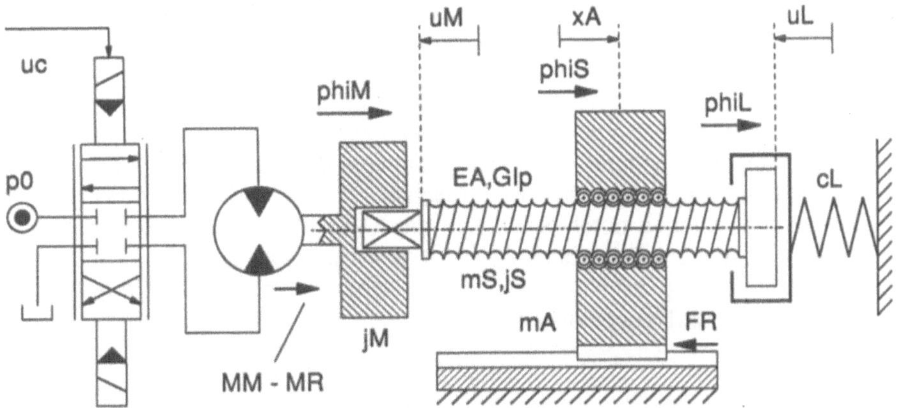

Bild 7: Beispiel für physikalisches Ersatzmodell eines Antriebs: Katzachse

Typische Systemeigenschaften:

- Starrkörpermodell mit strukturelastischen Anteilen (lange torsionselastische massebehaftete Wellen hinter Hydraulikmotoren, biegeelastische massebehaftete Träger in CFK-Leichtbauweise).
- Hohe Streckenordnung des Gesamtsystems.
- Extreme Abhängigkeit der Systemdynamik von der Position der jeweiligen Achsen.
- Nichtlinearitäten in den hydraulischen Stellgliedern (Durchflußkennlinien der Servoventile, Reibungskennlinien der Hydromotoren).

Anforderungen:

- Geringe dynamische Bahnabweichungen ($\leq$ 0,2 mm) bei hohen Sollgeschwindigkeiten (1 m/s) und -beschleunigungen (30 m/s^2).
- Die Regelung muß robust bezüglich aller Parameteränderungen der Strecke sein.

Randbedingungen:

- Es steht nur eine Meßgröße (Lage indirekt gemessen über Motorposition) pro Achse zur Verfügung; die sonst übliche Differenzdruckmessung am Hydraulikmotor ist nicht zugelassen.
- Die Lagegeber sind z. T. elastisch angekoppelt.

Gleichungen:

- Mechanische Teilsysteme:
  Besonderheit: Systemanteile mit verteilten Masse- und Steifigkeitseigenschaften können mittels Ansatzfunktionen (Ritz-Ansatz für Auslenkungen) mit in ein gewöhnliches DGL- System eingebunden werden. Mechanische Bewegungsgleichungen:
  $\boldsymbol{M\ddot{x} + D\dot{x} + Kx = f(\dot{x}, x, u, t)}$
- Hydraulische Teilsysteme:
  Axialkolben- und Linearmotoren mit elektrohydraulischen Servoventilen: Nichtlineare Zustandsgleichungen.

Regelungskonzept:

- Beobachter für Drücke, Geschwindigkeiten und weitere interne Zustände, Ausgangsvektorrückführung.
- Einsatz nichtlinearer Kompensatoren zur Reduzierung der Abhängigkeit des Durchflusses vom Druck bei den Servoventilen.
- Vorsteuerung aller Sollagen, -geschwindigkeiten und - beschleunigungen.
- Gesamtregler: 36. Ordnung, 21 Eingänge, 15 Ausgänge, 2 kHz Abtastfrequenz.

Reglerentwurf und -realisierung:

- Erweiterung der Regelstrecke um Anregungsmodelle (Führungen, Störungen) und Bewertungsmodelle (Regelabweichungen) für alle Achsen.
- Simultane Optimierung aller Parameter von Beobachter, Rückführ- und Aufschaltverstärkungen bei gleichzeitiger Berücksichtigung verschiedener Achspositionen.
- Reglerüberprüfung durch Simulation des Gesamtsystems, einschließlich aller Zusatzeffekte wie AD- und DA-Wandlung, diskreter Reglerrealisierung.
- Reglererprobung im Laborversuch mit Signalprozessoren, Reglerrealisierung beim Serienroboter mit Transputersystem.

Beispiel 3: Simulation und Optimierung von Nadeldruckköpfen [10, 11, 12]

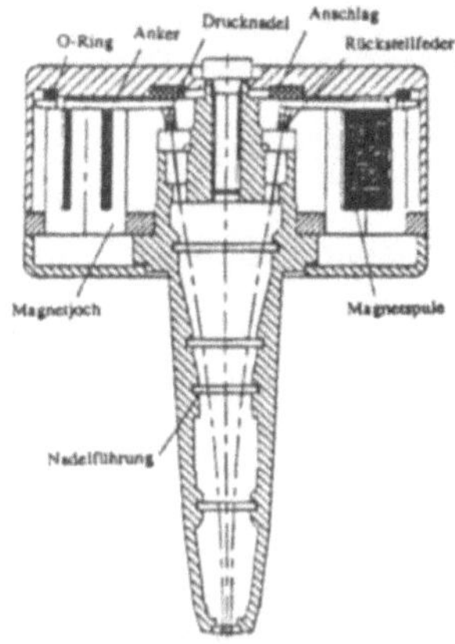

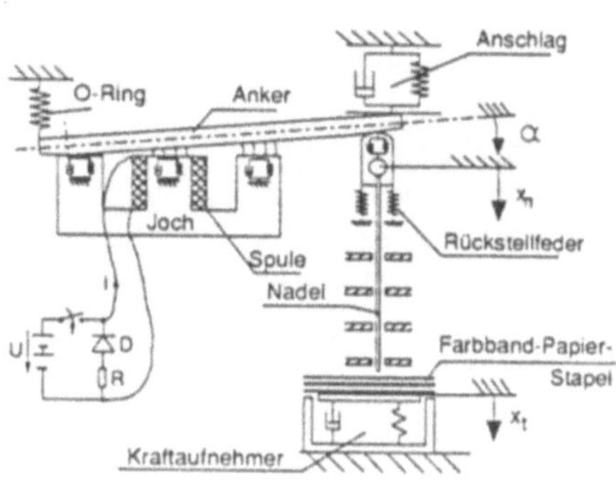

Bild 8: Konstruktionszeichnung

Bild 9: Druckkopfmodell, vereinfacht

Typische Systemeigenschaften:

- Extrem schnelle Aktuatoren (Ansteuerzeiten 180 µsec, Wechselwirkung zwischen elektronischen, magnetischen und mechanischen Systemkomponenten.
- Integrierter Treiberbaustein für Ansteuerung (Spannungsbeaufschlagung mit Zeitabschaltung und Strombegrenzung).

- Magnetik: nichtlineare weichmagnetische Werkstoffe, dreidimensionale Geometrien, transiente Vorgänge (Wirbelstöme), bewegte mechanische Teilkomponenten.
- Mechanik: hochgradig nichtlineare Systeme mit elastischen Teilkomponenten (Anker, Nadel), periodische Systemanregung
  ==> chaotisches Systemverhalten im Grenzbereich.

Anforderungen:

- Hohe Aufschlagskraft (15 N) und hohe Druckfrequenz (> 2,5kHz).
- Geringer Energieverbrauch, niedrige Wärme- und Schallentwicklung, hohe Lebensdauer.

Randbedingungen:

- Hochpräzise elektromechanische Bauelemente
- Hohe thermische Belastungen, starke mechanische Dauerschwingbelastung.

Gleichungen:

- Elektromagnetik: 3-dimensionale, nichtlineare FEM- Untersuchungen, Erfassung transienter Vorgänge durch komplexe Kennlinienfelder.
- Bewegungsgleichungen der mechanischen Teilkomponenten Anker und Nadel unter Berücksichtigung ihrer strukturelastischen Eigenschaften:

$$\begin{pmatrix} M_A & 0 \\ 0 & E_N \end{pmatrix}\begin{pmatrix} \ddot{q}_A \\ \ddot{q}_N \end{pmatrix} + \begin{pmatrix} D_A & 0 \\ 0 & diag(2\zeta\omega_{Ni}) \end{pmatrix}\begin{pmatrix} \dot{q}_A \\ \dot{q}_N \end{pmatrix} + \begin{pmatrix} C_A & 0 \\ 0 & diag(\omega_{Ni}^2) - C_F(F_N) \end{pmatrix}\begin{pmatrix} q_A \\ q_N \end{pmatrix} = \begin{pmatrix} F_A \\ h(F_N) \end{pmatrix}$$

- Überführung in den Zustandsraum notwendig, um weitere Teilkomponenten wie Kennlinienfelder für die Elektromagnetik, Anschläge, Stoßvorgänge und externe Sensoren zu berücksichtigen.
  ==> komplexes Gesamtsystem 44. Ordnung mit einer großen Anzahl von Diskontinuitäten (Stöße, Reibung,...) für die Analyse und Optimierung.

Entwurf, Analyse, Optimierung:
- Optimierung der Ansteuerstrategie, Bestimmung optimaler Systemparameter: Trägheitsmomente, Abmessungen, Federkonstanten, Stützebenenverteilung.
- Analyse des Systems im Grenzbereich: chaotisches Systemverhalten.

3. Organisation und Verwaltung komplexer Systeme

Zur Organisation und Verwaltung komplexer Systeme gibt es eine Reihe von zum Teil bekannten, allgemein verwendbaren Ordnungsprinzipien. Manche dieser Konzepte zur Strukturierung, bekannt z. B. aus der Biologie oder auch der Betriebs- und Organisationswissenschaft, finden sich auch in der Computerwissenschaft [2]. Hierzu zählt vor allem jede Form von Dezentralisierung, speziell als Modularisierungs- (eine horizontale Strukturierung) bzw. als Hierarchisierungsstruktur (eine vertikale Strukturierung) realisiert. Ebenfalls dazu gehört die sogenannte Objektorientierung, ein bereits seit Anfang der siebziger Jahre bekanntes Paradigma aus der Softwaretechnik.

Eine Umsetzung und Anwendung solcher Vorstellungen wird in der Elektronik bereits seit längerem praktiziert, da speziell beim Entwurf hoch integrierter Rechnerbausteine komplexe Systeme extrem hoher Ordnung behandelt werden. Ähnliche Tendenzen lassen sich jetzt bei der Bearbeitung mechatronischer Systeme erkennen, bei denen die Ordnung der Gesamtsysteme zwar niedriger ist als etwa bei einem CPU- Entwurf mit 1,2 Mio Transistorfunktionen, dafür aber die einzelnen Subsysteme als mechatronische Bausteine mit ihren Verknüpfungen, wie beschrieben, hoch komplex sind.

Analog zur Entwicklung in der Elektronik lassen sich die Strukturierungskonzepte *Modularisierung*, *Hierarchisierung* und *Objektorientierung* sowohl auf die Gliederung der physikalischen Systeme bzw. ihrer mathematischen Modelle als auch auf die der rechnerunterstützten Entwurfswerkzeuge anwenden.

Zur Modularisierung

Komplexe mechatronische Systeme sind häufig schon von Hause aus stark dezentralisiert, so daß sich eine Modularisierung aufgrund physikalischer Vorgaben anbietet. In unserer Vorstellung bedeutet das: Konsequente Anwendung einer physikalisch orientierten *Subsystemtechnik*, die auch die mechanischen Strukturen im Basiselement auflöst. Weitere Gründe für diese Arbeitsweise sind u. a. die folgenden:

1. Die für große mechatronische Systeme sehr zeitraubende und fehlerbehaftete mathematische Modellerzeugung (als Grundlage jeder weiteren theoretischen Bearbeitung) wird aufgeteilt in die Operationen

- Erzeugung neuer bzw. Verwendung vorhandener Basissysteme
- und Kopplung zu höherwertigen Strukturen, die mit entsprechender Rechnerunterstützung erheblich einfacher, komfortabler und sicherer sind.

2. Subsysteme lassen sich so als Baukastensystem mit Datenbankunterstützung relativ einfach verwalten.

3. Die Subsystemtechnik erleichtert eine dezentrale Regelung, was den Entwurf und die Inbetriebnahme außerordentlich vereinfacht.

4. Sowohl bei der theoretischen Bearbeitung als auch bei der Realisierung mechatronischer Systeme unterstützt die Subsystemtechnik eine Parallelverarbeitung von dezentral organisierten Rechnersystemen.

Zur Hierarchisierung

Ein zweites wichtiges Strukturierungsmittel zur Behandlung komplexer mechatronischer Systeme stellt die Aufteilung in mehrere hierarchische Ebenen dar, so daß eine logische Entkopplung der Verarbeitungsvorgänge möglich wird. Zur Erläuterung ein Beispiel aus der Verkehrstechnik mit drei Hierarchieebenen (von unten nach oben gezählt):

Ebene 1 (Untersystem)
Im Fahrzeug (z. B. PKW) implementierte *lokale Prozesse* (wie Motormanagement, elektronisches Gaspedal, automatisches Getriebe, Servolenkung, Antiblockiersystem, aktive Federung etc.), alles dezentrale Bewegungssysteme mit eigener "Intelligenz" zur Steuerung und Regelung.

Ebene 2 (Mittelsystem)
Koordinierung der lokalen Prozesse zum *kybernetischen System Fahrzeug* (Informationsübertragung über einen lokalen Bus).

Ebene 3 (Obersystem)
Vernetzung und Steuerung einer großen Anzahl von Fahrzeugsystemen und Regelung des Verkehrsflusses durch Fahrzeugleitsysteme (Beispiel: EG-Projekt PROMETHEUS).

Einige Anmerkungen zur Verwendung hierarchischer Strukturen in der Mechatronik, die sich sowohl auf die realen Systeme als auch auf die Werkzeuge zur theoretischen Beschreibung und Bearbeitung anwenden lassen:

- Bewegungssysteme bilden vor allem die untersten Ebenen der hierarchischen Struktur.
- Je höher man in der Hierarchie aufsteigt, desto mehr nehmen die informationsverarbeitenden Prozesse zu (Planungs- , Optimierungs- und Entscheidungsstrategien, KI-Techniken).
- Beeinflussungen zwischen Hierarchieebenen finden in beiden Richtungen statt, aber Ebenen mit höherer Wertigkeit haben die größere Autorität, wobei ein direkter Zugriff möglichst nur auf die nächstniedrigere Stufe stattfinden soll [3].

Durch Modularisierung und Hierarchisierung werden sowohl Entwurf als auch Realisierung komplexer Systeme der Mechatronik wesentlich erleichtert, da das Gesamtsystem zuerst nur im Konzept festgelegt werden muß und dann die einzelnen Systeme und Ebenen nach und nach entwickelt, getestet und in Betrieb genommen werden können.

Zur Objektorientierung

Der Begriff *Objektorientierung* entstand eingangs der siebziger Jahre bei den Arbeiten zur Entwicklung der Programmiersprachen SIMULA und SMALLTALK. Die Objektorientierung wurde als Strukturierungshilfsmittel eingeführt, um die Entstehung immer komplexerer Softwaresysteme zu erleichtern und zu unterstützen. Inzwischen enthalten fast alle modernen Programmiersprachen Erweiterungen für eine Objektorientierung. So ist es auch möglich, in der Programmiersprache Ada, die bei der Automatisierungstechnik als Basisinstrument zur Entwicklung der gesamten Entwurfsumgebung verwendet wird, wesentliche Elemente der Objektorientierung einzusetzen [2].

Klasse enthält als Schablone für *Objekte* die Definition von Datentypen und auf sie anzuwendende Operationen *(Methoden)*. Besonders wichtig ist die Informationskapselung für Klassen. Ada-Konstrukte zur Realisierung von Klassen: Pakete, private Typen, Tasks.

Objekt
Instanz einer Klasse, d. h. die Zuordnung einer Variablen zur Klasse und Besetzung mit konkreten Werten (in manchen Darstellungen wird auch die Dreiergruppe Datentyp-Methoden- Instanz als Objekt bezeichnet).

Vererbung
Klassen lassen sich hierarchisieren. Dabei werden bei den rein objektorientiert arbeitenden Sprachen die Eigenschaften einer Klasse automatisch allen weiteren Unterklassen weitervererbt. Diese Möglichkeit einer implizit im Compiler festgelegten Aktion läßt sich in Ada explizit durch die *"context clauses"* nachbilden.

4. Entwurfswerkzeuge der Mechatronik

Die in Kap. 2 vorgestellten Beispiele lassen erkennen, daß eine theoretische Bearbeitung von komplexen mechatronischen Systemen nach *rechnergestützten Entwurfswerkzeugen* verlangt, an die besondere Anforderungen hinsichtlich Leistung (gemeint ist die zur Verfügung gestellte Funktionalität nach Umfang und Flexibilität), Benutzerfreundlichkeit und Anschaulichkeit im Sinne einer physikalischen Deutbarkeit gestellt werden.
Die großen Fortschritte in der Computerwissenschaft in den letzten Jahren, vor allem durch die enormen Steigerungen der Rechenleistung von Mikrorechnern, haben dazu geführt, daß völlig neue Möglichkeiten zur Bearbeitung mechatronischer Systeme entstanden. Voraussetzung dafür ist aber die Entwicklung adäquater Anwendersoftware, was für uns eine intensive Auseinandersetzung mit modernen Konzepten des Software-Engineering bei Programmiersprachen und -umgebungen bedeutete.
Neben anderen vorteilhaften Eigenschaften unterstützt die ungewöhnlich leistungsfähige Programmiersprache Ada in besonderem Maße auch die Organisationskonzepte *Modularisierung*,

Hierarchisierung und wesentliche Konstrukte einer *Objektorientierung* [2], was sie für die Implementierung unserer Softwarewerkzeuge als besonders geeignet erscheinen läßt. Bei der Entwicklung der Entwurfswerkzeuge standen für uns vor allem drei Zielvorstellungen im Mittelpunkt:

1. Die Komplexität der untersuchten Systeme und der beim Entwurf anfallenden Problemstellungen muß *adäquat* behandelbar sein.

2. Der gesamte Entwurfsablauf muß sich als physikalisch anschaulicher Vorgang darstellen (Stichwort: Abbildung eines Versuchslabors im Rechner, möglichst mit gleitendem Übergang zur physikalischen Realisierung, Hardware-in-the-Loop). Dazu muß die Software eine *Brückenfunktion* zwischen den zunehmend abstrakten und anspruchsvollen theoretischen Methoden und der anschaulichen Welt eines konstruktiv orientierten Ingenieurs wahrnehmen (Stichwort: Fenster in den Rechner, Systemwissen im Rechner abgebildet).

3. Das gesamte Softwarepaket, selbst ein "komplexes System", muß in bestimmten Bereichen für den Anwender und für den Entwickler *offen* sein. Für den Anwender müssen Modellerzeugung, -modifizierung und -erweiterung zugänglich und programmierbar sein, während alle auf die Systeme anzuwendenden Methoden gekapselt und damit nicht veränderbar sind. Das bleibt allein dem Entwickler vorbehalten; dabei muß das Entwurfssystem einfach und sicher durch neue Bearbeitungsmodule erweitert werden können.

So entstand ein *Mechatroniklabor* in drei weitgehend entkoppelten Hierarchieebenen. In Anlehnung an Vorstellungen aus der Prozeßautomatisierung werden sie (von unten nach oben aufgezählt) dargestellt wie in Bild10 ersichtlich als

- *Systemebene* (lokale Prozeßbearbeitung, mit dem Prozeß als Objekt),
- *Experimentebene* (Prozeßleitung, mit dem Experiment als Objekt),
- *Projektebene* (zentrale Planung, mit dem Projekt als Objekt).

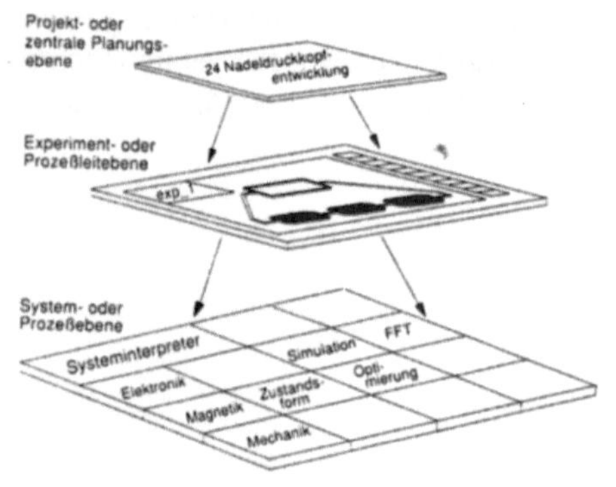

Bild 10: Mechatroniklabor in drei Hierarchieebenen

In der Systemebene werden die Ressourcen für Experimente bereitgestellt; dazu gehören Systemmodelle (zusammensetzbar aus Basisbausteinen und Aggregaten) und lokale Operationen auf diese Systeme; in der mittleren Ebene werden Experimente vorbereitet, durchgeführt, modifiziert und ausgewertet; in der oberen Ebene werden Experimentreihen zu Projekten verknüpft. Auf jeder Ebene werden andere Darstellungsformen und Verarbeitungsmethoden angeboten, wobei unsere Aktivitäten sich zur Zeit auf die beiden unteren Ebenen beziehen.

In der untersten, der Systemebene, konzentriert sich die Arbeit auf drei Schwerpunkte: *Modellerzeugung, Reglerentwurf* (die Synthese) und *Reglerrealisierung.*

4.1 Modellerzeugung

Am Beginn einer jeden theoretischen Untersuchung mechatronischer Systeme steht die Ableitung der mathematischen Modelle, die das Bewegungsverhalten mit ausreichender Genauigkeit wiedergeben. Normalerweise läuft dieser Vorgang in zwei Schritten ab: Aus den Konstruktionszeichnungen, der zeichnerischen Umsetzung der physikalischen Realität des Systems, wird, entsprechend den Untersuchungsvorgaben, ein stark vereinfachtes *physikalisches Ersatzmodell* abgeleitet. Für unsere Zwecke werden z. B. die mechanischen Teilsysteme zweckmäßig in einer *Mehrkörperdarstellung* beschrieben. Dafür wird dann nach den Regeln der Mechanik (Koordinatensysteme festlegen, Schnittprinzip, Newton-Euler- bzw. Lagrange-Formalismus anwenden, ...) das mathematische Modell erstellt. Dieser Ablauf ist, ohne jede Rechnerunterstützung, angewandt auf komplexe mechatronische Systeme, außerordentlich langwierig und fehlerbehaftet. Dazu kommt erschwerend, daß sich Erfahrungen mit vorliegenden, schon untersuchten Systemen nur sehr schlecht auf neue übertragen lassen.

Aufgrund vieler Anregungen durch Anwendungen von kommerziellen und nichtkommerziellen Softwarepaketen zur Behandlung von Problemen der Mechanik und Regelungstechnik sowie eigene Arbeiten entsteht seit einigen Jahren bei der Automatisierungstechnik ein in Ada programmiertes Baukastensystem von Softwarewerkzeugen.

Im Mittelpunkt steht ein selbstentwickelter *Systemtechnik- Compiler/Interpreter* [7], der dynamische Systeme, aufgebaut aus mechanischen, elektrischen, hydraulischen etc. Subsystemen, beschrieben durch nichtlineare gewöhnliche Differentialgleichungssysteme in Zustandsdarstellung, scannt, parst, mit Zahlenwerten versieht und dann numerisch koppelt und evaluiert. Die Eingabe erfolgt als Quelltext in einer *standardisierten Systembeschreibungssprache.*

Als Beispiel dient die Modellerzeugung für einen Nadeldrucker (s. Bild 8) [10, 12]. Bild 9 zeigt ein vereinfachtes physikalisches Ersatzmodell für einen Nadelantrieb, der aus den drei Systemgruppen Aktuator, Kontaktgruppe und Nadelumgebung besteht, die selbst wieder die Untergruppen Anregung, Elektromagnetik, Anker bzw. Nadel, Papier-Farbband und Übertrager enthalten. Bild 11 gibt die rein mechanischen Untergruppen an, Bild 12 die in der Systembeschreibungssprache formulierte Modellbeschreibung des Kraftaufnehmers (transducer), Bild 13 die Koppelinformation für den Aktuator.

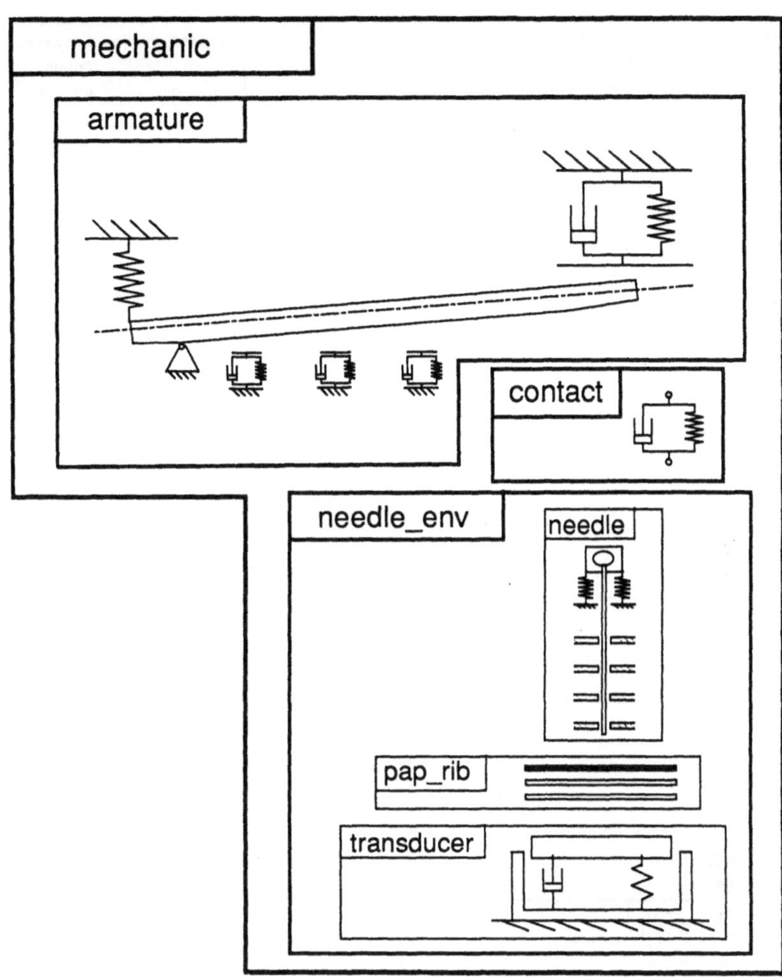

Bild 11: Zerlegung der Mechanik in einzelne Teilkomponenten

```
basic system transducer
           (parameter:
              m := 0.25E-03 "kg",
              d := 7.00E+00 "Nsec/m",
              c := 4.00E+08 "N/m";
            input   : F    "N";
            output  : x    "m",
                      xd   "m/sec",
                      xdd  "m/sec**2") is

state : x1:= 0.0,
        x2:= 0.0;

state_equation :
  x1' := x2;
  x2' := (F - c * x1 - d * x2) / m;
output_equation :
  x   := x1;
  xd  := x2;
  xdd := x2';
end_basic;
```

Bild 12: Modellbeschreibung des Kraftaufnehmers

```
coupled system actuator
              (input      :   contact_force ;
               output     :   armature_disp,
                              armature_veloc)

is

subsystem : pulse_train, magnetic, armature ;

input_condition  :
  armature.F_contact := contact_force;

couple_condition :
  magnetic.voltage   := pulse_train.voltage;
  armature.F_magn_1  := magnetic.F_magn_1;
  armature.F_magn_2  := magnetic.F_magn_2;
  armature.F_magn_3  := magnetic.F_magn_3;

output_condition :
  armature_disp  := armature.armature_disp;
  armature_veloc := armature.armature_veloc;

end_coupled;
```

Bild 13: Koppelinformationsdatei des Aktuators

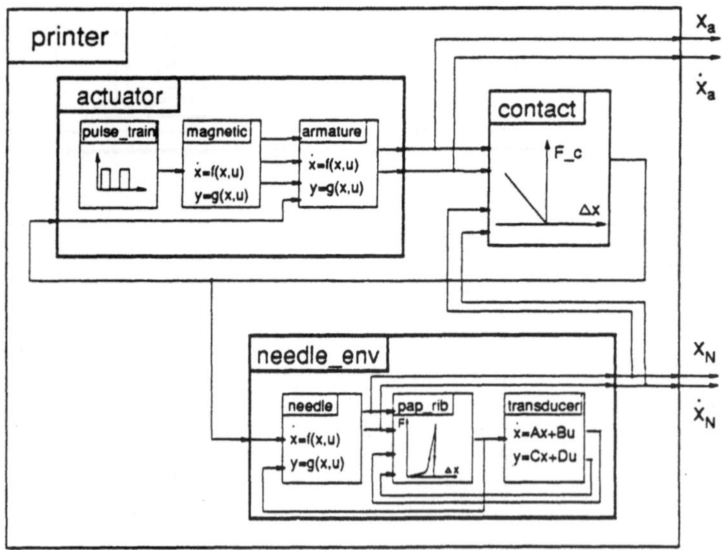

Bild 14: Blockschaltbilddarstellung des Gesamtsystems

Alle Basissysteme werden, einmal erzeugt, in einer Datenbank verwaltet und können bei Bedarf wieder verwendet werden. Bild 14 zeigt die Blockschaltbilddarstellung für das Gesamtsystem, Bild 15 den vom Compiler/Interpreter erzeugten Systembaum.

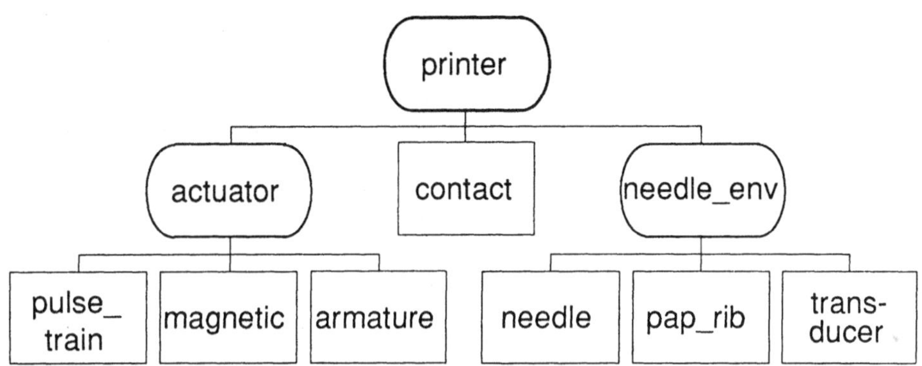

Bild 15: Systembaum des Gesamtsystems

4.2 Entwurf und Realisierung von Mehrgrößenreglern

Mechatronische Systeme verdanken ihre Leistungen (was das statische und das dynamische Verhalten betrifft) und ihre hohe Flexibilität vor allem hochdimensionalen, digital realisierten Mehrgrößenreglern, die für die speziellen Arbeits- und Umgebungsbedingungen des Gesamtsystems entworfen werden müssen. Der Entwurf, d.h die Berechnung eines Verarbeitungsalgorithmus, und die Realisierung von Mehrgrößenreglern gehört nach wie vor zu den konzeptionell anspruchsvollsten und numerisch aufwendigsten Aufgaben bei der Entwicklung mechatronischer Systeme:

1. Die Systemordnung (unter Berücksichtigung der Umgebungseinflüsse) ist meistens hoch.

2. Die Ingenieurforderungen an das Gesamtsystemverhalten lassen sich realistisch nur mit einem Vektorkriterium nachbilden, das in der Regel eine recht hohe Anzahl von Elementen enthält; dieses Gütekriterium wird zur Bewertung der Qualität und der Auslegung des Reglers verwendet (s. dazu Beispiel 1).

3. Meistens stehen nur wenige Meßgrößen zur Verfügung, d. h. fehlende Informationen für die Ausgangsvektorrückführung müssen durch Teilbeobachter geschätzt werden.

4. Die Struktur des Kompensators (Regler einschl. Schätzer) muß vorgegeben werden (s. dazu Beispiel 1).

5. Damit ist der Entwurf auf eine numerische Parameteroptimierung zurückgeführt, bei der die freien Parameter des Kompensators so bestimmt werden müssen, daß das Vektorgü-

tekriterium minimalisiert wird; die Anzahl der zu berechnenden Parameter liegt in unseren Beispielen zwischen 10 und 30.

6. Der so entworfene Kompensator (ein lineares oder nichtlineares Dgl-System hoher Ordnung) muß auf einem speziellen Mikrorechensystem besonders hoher Leistung implementiert werden, das eine Lösung in Echtzeit mit Taktraten im kHz-Bereich gestattet.

Bild 16 zeigt den gesamten rechnerunterstützten Entwurfsvorgang mit den Phasen Modellbildung, -evaluierung und Parameteroptimierung. Zur Zeit ist die Optimierungsrechnung nur für den linearen Zweig installiert, während der nichtlineare Zweig bisher auf die Berechnung der Zeitantworten (die digitale Simulation) beschränkt ist.

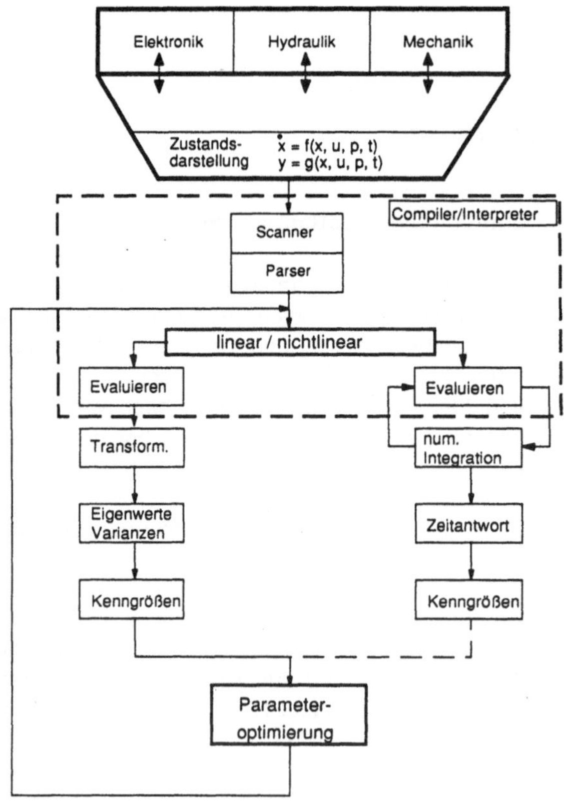

Bild 16: Ablaufdiagramm: Entwurfswerkzeuge der Mechatronik

Zur Parameteroptimierung mit vektoriellem Gütekriterium

Ausgangspunkt der Optimierung ist bei uns in der Regel ein lineares System der Form

$$\dot{\underline{x}} = \underline{A}(\underline{p}_s)\underline{x} + \underline{B}(\underline{p}_s)\underline{u}_s$$
$$\underline{y}_w = \underline{C}(\underline{p}_s)\underline{x} + \underline{D}(\underline{p}_s)\underline{u}_s$$

Mit Hilfe des Compiler/Interpreters wird das lineare System aus Subsystemen in symbolischer Zustandsform generiert. Zur Analyse und Synthese stehen dann eine große Zahl ausgereifter Tools, wie z.B. Transformation auf Normalformen, Frequenzgangrechnung usw., zur Verfügung. Das vektorielle Gütekriterium in Form des Zielvektors

$$\underline{z}(\underline{p}) = \begin{Bmatrix} z_1 \\ z_2 \\ \cdot \\ \cdot \\ \cdot \\ z_{nz} \end{Bmatrix} = \begin{Bmatrix} \text{RMS von Ausgängen} \quad s_i = [E\{y_{oi}^2\}]^{1/2} \\ \text{Quadratische Integralausdrücke} \quad q_i = \left[\int_0^\infty y_{oi}^2(t)dt\right]^{1/2} \\ \text{Stabilität (Dämpfung, Eigenfrequenz)} \quad d_i \\ \text{Frequenzstützpunkte} \quad f_i \\ \text{Parameterbegrenzungen} \quad LB_i =< p_i =< UB_i \end{Bmatrix}$$

mit $z_i \geq 0$ enthält alle für die Optimierung interessierenden charakteristischen Kenngrößen des Systems. Die Optimierungsaufgabe besteht nun darin, eine Folge von Zielvektoren $\underline{z}(\underline{p}_0)$, $\underline{z}(\underline{p}_1)$, ...zu generieren, so daß

$$\underline{z}(\underline{p}_{k+1}) \leq \max(\underline{z}(\underline{p}_k)\,\underline{z}_L), \text{ mit } \underline{z}_L \text{ den Limits für } \underline{z}$$

eingehalten wird. Zielgrößen, die die vom Anwender spezifizierten Limits z_{Li} überschreiten, sind aktiv (werden bei der Berechnung der Suchrichtung berücksichtigt), alle anderen passiv (Bild 17). Die so angefahrenen Lösungen sind paretooptimal, d.h. es lassen sich Verbesserungen einer Zielgröße nur zu Lasten anderer Zielgrößen erreichen. Bild 18 zeigt Höhenlinien zweier Zielgrößen z_1, z_2 im zweidimenionalen Parameterraum p_1, p_2, wo paretooptimale Punkte auf der gestrichelten Linie liegen.

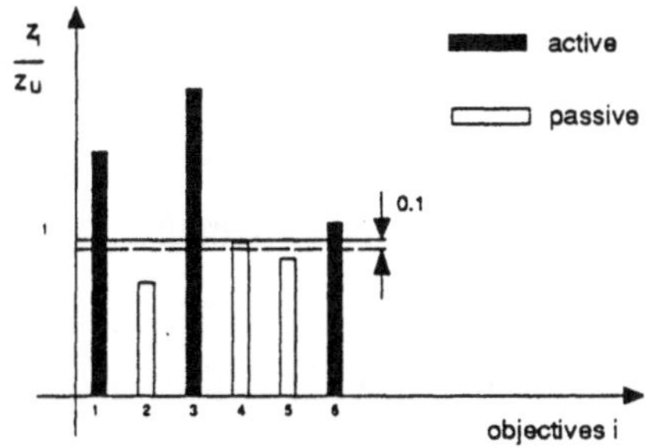

Bild17: Skalierter Zielgrößenvektor im k-ten Optimierungsschritt

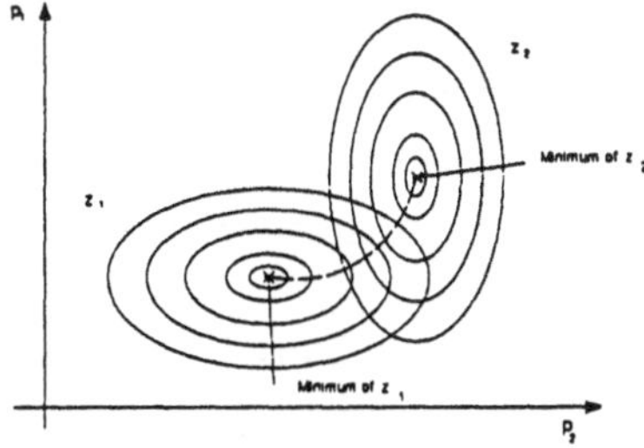

Bild18: Zwei Zielgrößen im zwei- zweidimensionalen Parameterraum

Die Berechnung eines Iterationsschrittes des oben beschriebenen Vektoroptimierungsproblems erfolgt in zwei Teilschritten:

1) lokales Problem lösen, d.h. Suchrichtung $\underline{d}_k$ von Punkt $\underline{p}_0$ beginnend bestimmen,

2) globales Problem lösen, d.h. neuen Parametervektor $\underline{p}_{k+1} = \underline{p}_k + \Delta\underline{p}_k = \underline{p}_k + s_k \cdot \underline{d}_k$ mittels eindimensionaler Minimumsuche berechnen.

Die Lösung des lokalen Problems im 1. Schritt kann mit Hilfe der Empfindlichkeitsmatrix $\underline{S}_k = [\underline{g}_1(\underline{p}_k), \ldots, \underline{g}_{na}(\underline{p}_k)]$, wo die Gradienten $\underline{g}_i(\underline{p}_k)$ spaltenweise einsortiert sind, erfolgen. Dazu wird das generell nichtlineare Vektoroptimierungsproblems durch

$$\underline{z}(\underline{p}) \approx \underline{z}(\underline{p}_k) + \underline{S}_k^T \underline{d}_k \quad \text{mit} \quad \underline{d}_k = \underline{p} - \underline{p}_k$$

linear approximiert. Ausgehend von einem Punkt $\underline{p}_k$ muß für die Suchrichtung $\underline{d}_k$ sichergestellt werden, daß

$$\underline{S}_k^T \underline{d}_k \leq -\Delta \underline{z}_k \leq \underline{0}$$

gilt, d.h. jede aktive Komponente des Zielgrößenvektors $\underline{z}$ muß verbessert werden, solange dies in dem zur Verfügung stehenden Parameterraum möglich ist. Da für eine Zielgröße das Verfahren in ein reines Gradientenverfahren übergeht, sollen Bedingungen 2.Ordnung hinzugenommen werden. Dazu wird ein Hilfsfunktional

$$f_k(\underline{p}) = \underline{l}_k^T \underline{z}(\underline{p})$$

formuliert, mit den noch unbekannten Gewichtungen $\underline{l}_k \geq 0$. Approximiert man dieses Hilfsfunktional mittels eines quadratischen Funktionals, dann lassen sich mit der Hessematrix $\underline{H}_k$ im Punkt k und der Definition für konjugierte Gradienten $\underline{d}_j \underline{H}_k \underline{d}_k = 0$ sowie den Gradientenänderungen $\Delta \underline{G}_k$ Bedingungen für konjugierte Gradienten der Form

$$\Delta \underline{G}_k^T \underline{d}_k = 0 \quad \text{mit} \quad \Delta \underline{G}_k = [\Delta \underline{b}_{k-1}, \ldots, \Delta \underline{b}_{k-ng}]$$

angeben. An die Stelle der direkten Berechnung der Suchrichtung $\underline{d}_k$ mit Gl.4 tritt dann eine Linearkombination aus Gradienten und Gradientenänderung des Hilfsfunktionals gemäß

$$\underline{d}_k = -(\underline{S}_k \underline{l}_k + \Delta \underline{G}_k \underline{m}_k) \quad \text{mit} \quad \underline{l}_k, \underline{m}_k \geq 0$$

Die unbekannten Gewichtungsfaktoren $\underline{l}_k$, $\underline{m}_k$ lassen sich durch Lösen des linearen Gleichungs- und Ungleichungssystems

$$\underline{S}_k^T \underline{S}_k \, l_k + \underline{S}_k^T \, \Delta \, \underline{G}_k \, \underline{m}_k \geq \Delta \, \underline{z}_k$$
$$\Delta \, \underline{G}_k^T \, \underline{S}_k \, \underline{l}_k + \Delta \, \underline{G}_k^T \, \Delta \, \underline{G}_k \, \underline{m}_k = 0$$

berechnen. Dies geschieht mittels eines modifizierten Simplexalgorithmus (Goal Programming [16]) so, daß zuerst alle aktiven Zielgrößen zumindest verbessert ($\Delta \, \underline{z}_k \geq 0$) und dann so viele konjugierte Richtungen wie möglich berücksichtigt werden. Die größte mögliche Verbesserung einer jeden Zielgröße wird dann im zweiten Schritt mittels einer eindimensionalen Minimumsuche berechnet.

Vorteile des zuvor beschriebenen Vektoroptimierungsverfahrens sind:

- In jedem Iterationsschritt kann garantiert werden, daß keine Komponente des Zielvektors sich verschlechtert oder das einmal erreichte Limit wieder überschreitet.
- Nach jedem Iterationsschritt können interaktiv der Optimierungsprozeß unterbrochen, neue Parameter, Zielgrößen und Limits spezifiziert und wieder aufgesetzt werden.

Zur Reglerrealisierung

Nach dem Entwurf eines Kompensators (Vorgabe der Struktur und Optimierung der Parameter) und eingehenden Tests am nichtlinearen Modell des Gesamtsystems (digitale Simulation) erfolgt die Vorbereitung (Umformung, Diskretisierung, ...), Programmierung und Implementierung für die Echtzeitverarbeitung am realen System. Dazu werden bei der Automatisierungstechnik lokale Prozeßmodule (auf der Basis von Signalprozessoren oder Transputern) verwendet, die eine schnelle Verarbeitung mit Taktzeiten im kHz-Bereich gestatten. Zur weiteren Information sei hier nur auf einige Aufsätze verwiesen [13, 14, 15].

5. Literaturverzeichnis

[1] G. Schweitzer:
Mechatronik an der ETH Zürich, Bulletin SEV/VSE, 1/1989, S. 1-4.

[2] G. Booch:
Software Components with Ada. Structures, Tools, and Subsystems, The Benjamin/ Cummings-Publishing Company, Inc., Menlo Park, Ca., 1987.

[3] J. Lückel:
Verteilte, rechnergestützte Entwurfswerkzeuge zur Entwicklung mechatronischer Systeme. Arbeitstagung des DFN- Nutzerkreises "Robotertechnik" zum Thema "Simulation dynamischer Prozesse auf der Basis verteilter Rechnersysteme". Automatisierungstechnik, Universität- Gesamthochschule Paderborn, November 1989.

[4] H. Henrichfreise:
Aktive Schwingungsdämpfung an einem elastischen Knickarmroboter. Braunschweig

1989 (Fortschritte der Robotik 1).

[5] J. Lückel, K. P. Jäker, R. Rutz:
Aktive Schwingungsdämpfung von Straßenfahrzeugen mit Unebenheitssensor, Düsseldorf 1988 (VDI-Berichte 695), S. 193-210.

[6] H. J. Hohensee, K. P. Jäker, R. Rutz, Th. Gaedtke:
Aktive Fahrzeugfederung, Düsseldorf 1989 (VDI-Berichte 778), S. 357-377.

[7] R. Kasper, J. Lückel, K. P. Jäker, J. Schröer:
A CACE Tool for Multi-Input, Multi-Output Systems Using a New Vector Optimization Method , Int. J. Control 1990, Vol 51, No. 5, S. 963-993

[8] R. Neumann, A. Engelke, W. Moritz:
Digitale Bahnregelung eines hydraulischen Portalroboters durch lineare Beobachter mit Zustandsvektorrückführung und nichtlineare Kompensation der Ventilkennlinie. 9. Aachener Fluidtechnisches Kolloquium, 20.-22. 3. 1990.

[9] R. Neumann, W. Moritz:
Observer-Based Joint Controller Design of a Robot for Space Operation (erscheint in RO.MAN.SY 1990, 2.-6. Juli 1990, Krakau/Polen).

[10] J. Lückel, W. Moritz, E. Waßmuth, F. Junker:
Modellbildung und Simulation von elektromechanischen Drucksystemen (erscheint 1990 in ZAMM).

[11] U. Lefarth, J. Schröer, H. Siemensmeyer: Simulation als Experiment im Mechatroniklabor, Vortrag beim 6. Symposium Simulationstechnik, TU Wien, 25.-27. September 1990.

[12] E. Waßmuth, F. Junker: Modelling and Simulation of Mechatronic Systems: Application to a Needle Printhead. Vortrag beim MIM-S2'90 IMACS International Symposium, Brüssel, September 1990.

[13] H. Hanselmann:
Implementation of Digital Controllers. A Survey, Automatica 23, 1, 1987, S. 7-32.

[14] H. Hanselmann, W. Moritz:
High Bandwidth Control of the Head Positioning Mechanism in a Winchester Disk Drive, IEEE Control Systems Magazine, Oktober 1987, S. 15-19.

[15] H. Hanselmann, A. Schwarte:
Generation of a Fast Target Processor Code from High-Level Controller Description, Preprints, 10th IFAC World Congress, Bd. 4, München 1987, S. 90-95.

[16] J. P. Ignizio:
Goal Programming and Extensions. Lexington, Mass./Toronto 1976.

Produktentwicklung mit modernen Methoden und Arbeitsmitteln

Wolfgang Beitz
Institut für Maschinenkonstruktion
Technische Universität Berlin

Zusammenfassung

Moderne Entwicklungs- und Konstruktionstechnik ist durch eine Systematik im Ablauf des Arbeitsprozesses, durch die Anwendung neuester relevanter Erkenntnisse und Methoden sowie durch den Einsatz der DV-Technik gekennzeichnet. Zur effizienten Nutzung dieser Möglichkeiten ist ein geplanter und durchgängiger Arbeits- und Datenfluß mit Hilfe eines rechnerintegrierten Konstruktionsleitsystems zweckmäßig, das zu den jeweiligen Arbeitsschritten Methoden, Modelle und Daten aus einem Speicherbereich abrufbar enthält. Teilbereiche eines solchen Entwicklungs- und Konstruktionssystems können als wissensbasiertes System aufgebaut sein und damit eine weitgehend automatische Aufgabenbearbeitung ermöglichen. Im Interesse der Anwendungsflexibilität und der Kreativitätsförderung sind aber zahlreiche Dialog- und Entscheidungsschritte durch den Konstrukteur erforderlich.
Die Entwicklung solcher Konstruktionsleitsysteme erfordert neben einer leistungsfähigen, allgemein anwendbaren Arbeits- und Gestaltungssoftware auch einen starken Anteil unternehmens- bzw. produktspezifischer Programme und Datenbanken.

Einführung

Eine leistungsfähige Produktentwicklung hinsichtlich Innovationskraft, Aufwand und Entwicklungszeiten gehört heute, und in Zukunft sicher noch verstärkt, zu den wichtigsten Faktoren eines Unternehmenspotentials. Die Fabrik der Zukunft mit einer rechnerintegrierten Fertigung (CIM) erfordert die planerische und datenmäßige Einbindung des Entwicklungs- und Konstruktionsbereiches in den gesamten Produktionsprozeß, was eine Systematik des Arbeitsprozesses und eine kontinuierliche Weiterverarbeitbarkeit der Arbeitsergebnisse voraussetzt. Angesichts dieser Herausforderung hat sich eine Konstruktionsmethodik entwickelt, die trotz unterschiedlicher, zum Teil branchenspezifischer und forschungsspezifischer Unterschiede im Detail, doch einen generellen Ablauf des Arbeitsprozesses mit einsetzbaren Konstruktionsmethoden ermöglicht [1,2]. Die Anwendung einer solchen Konstruktionsmethodik in der Industriepraxis ist abhängig von der Mitarbeiterstruktur und von der Ausrichtung der Konstruktionsleitung, verstärkt sich aber mit zunehmendem Rechnereinsatz [3].

Ablauf einer methodischen Produktplanung und -entwicklung

Der im Bild 1 vorgeschlagene Ablauf logisch und zweckmäßig aufeinanderfolgender Arbeitsphasen und Arbeitsschritte beruht auf wissenschaftlich orientierten Ansätzen und Erfahrungswissen der Konstruktionspraxis [1,2,4,5].
Der Ablauf beginnt beim Markt, für das Produkt muß ein Bedürfnis vorhanden sein, auf keinen Fall darf am Markt vorbei entwickelt werden. Der zweite Ausgangspunkt ist das Unternehmen.

Unternehmenspotential (z.B. Know how und interne Personal-, Finanz- und Fertigungsverhältnisse) und Unternehmensziele bestimmen die Situation vor und während der Produktplanung und -entwicklung, aber auch ein Umfeld aus externen Einflüssen, wie z.B. die Verhältnisse der Volks- und Weltwirtschaft, des Absatz- und Beschaffungsmarktes, der Technologie und Forschung sowie der Gesetzgebung und Politik. Markt-, Umfeld- und Unternehmensverhältnisse müssen in einer Situationsanalyse untersucht werden (Abschnitt 1), ehe man mit Suchstrategien zum Aufstellen von Suchfeldern oder eines Suchfeldvorschlags kommt (Abschnitt 2), d.h. eines Bereichs, in dem sich das Suchen nach Produktideen lohnt, in dem es strategische Freiräume hinsichtlich Umsatz, Marktanteil und Branche gibt. Auch das Erkennen von Bedürfnissen und Trends gehört dazu.

Mit dem Suchen nach Innovationsansätzen und dem Anwenden von Suchmethoden können dann Produktideen entstehen, die anschließend nach Auswahl- und Bewertungskriterien selektiert werden müssen (Abschnitt 4).

Die ausgewählte Idee führt dann zu einer Produktdefinition, zu einem Produktvorschlag, der dann im Entwicklungs-, Konstruktions- und Fertigungsbereich konkretisiert und realisiert werden muß (Abschnitt 5).

Während das Finden von Produktideen nicht so problematisch ist, ist das Auswählen mit dem Ziel, wirklich marktgängige und unternehmensgünstige Ideen zu erkennen, schwierig. Entscheidungskriterien leiten sich von den Unternehmenszielen, den Unternehmensstärken und Umfeldbedingungen ab.

Die Arbeitsabschnitte 1 bis 5 werden üblicherweise durch eine im Unternehmen speziell institutionalisierte Produktplanung abgedeckt, während die Abschnitte 6 bis 12 dem Entwicklungs- und Konstruktionsbereich zugeordnet werden. Es ist aber anzustreben, den Übergang und Informationsfluß durch zeitweiligen Personalaustausch zu verbessern, um den Sachverstand und die Erfahrungen des Konstrukteurs aus zahlreichen Produktentwicklungen auch bei der Planung neuer Produkte zu nutzen.

Die eigentliche Produktentwicklung beginnt mit dem Klären und Präzisieren des Produktvorschlags, d.h. der Aufgabenstellung für den Konstrukteur, was zum Erkennen der zu lösenden wesentlichen Probleme aus der Fülle der vorgegebenen Anforderungen in der Begriffswelt des Konstrukteurs führt (Abschnitt 6). Ergebnis ist die Anforderungsliste mit zu erfüllenden Forderungen und anzustrebenden Wünschen.

Die lösungsneutrale, d.h. nicht Lösungen vorfixierende Definition solcher Probleme erfolgt zweckmäßigerweise in Form von Funktionen, deren Verknüpfung zu Funktionsstrukturen führt (Abschnitt 7). Solche Funktionsstrukturen stellen bereits eine abstrakt, logische Form eines Lösungskonzeptes dar und müssen anschließend schrittweise stofflich realisiert werden.

Das Suchen nach Lösungsprinzipien für die wesentlichen Soll-Funktionen dient der Festlegung einer geeigneten Wirkstruktur, die bei mechanischen Produkten durch physikalische Effekte und deren prinzipielle Realisierung mit Hilfe geometrisch-stofflicher Merkmale entsteht, bei Software-Produkten dagegen durch Algorithmen und Datenstrukturen gebildet wird (Abschnitt 8).

Das Aufgliedern der prinzipiellen Lösung in realisierbare Module soll zu einer Baustruktur führen, die zweckmäßige Entwurfs- bzw. Gestaltungsschwerpunkte vor der arbeitsaufwendigen Konkretisierung erkennen läßt sowie eine fertigungs- und montagegünstige, instandhaltungs- und recyclingfreundliche und/oder baukastenartige Struktur erleichtert (Abschnitt 9). Ein weiterer Gesichtspunkt für eine solche Modularisierung ist die effiziente Aufteilung der weiteren Entwurfsarbeit.

Das Gestalten maßgebender Module der Baustruktur, d.h. das Festlegen der Gruppen, Teile und Verbindungen zum Erfüllen der für das Produkt wesentlichen Hauptfunktionen bzw. zum Konkretisieren der für diese gefundenen prinzipiellen Lösungen, beinhaltet vor allem folgende Tätigkeiten: Verfahrenstechnische Durchrechnungen, Spannungs- und Verformungsanalysen, Anordnung- und Designüberlegungen, Fertigungs- und Montagebetrachtungen und dergleichen (Abschnitt 10). Diese Arbeiten dienen in der Regel noch nicht fertigungs- und werkstofftechnischen Detailfestlegungen, sondern zunächst der Festlegung der wesentlichen Merkmale der Baustruktur, um diese nach technisch- wirtschaftlichen Gesichtspunkten optimieren zu können.

Der Abschnitt 11 beinhaltet das Gestalten weiterer, in der Regel abhängiger Funktionsträger, das Feingestalten aller Gruppen und Teile sowie deren Kombination zum vollständigen Gesamtentwurf. Hierzu werden eine Vielzahl von Berechnungs- und Auswahlmethoden, Kataloge für Werkstoffe, Maschinenelemente, Norm- und Zukaufteile sowie Kalkulationsverfahren zur Kostenerkennung eingesetzt.

Der letzte Arbeitsabschnitt 12 dient dem Ausarbeiten der Ausführungs- und Nutzungsangaben, d.h. der Werkstattzeichnungen, Stücklisten oder sonstigen Datenträger zur Fertigung und Montage sowie von Bedienungsanleitungen, Wartungsvorschriften und dergleichen.

Dieses Vorgehen kann der Entwicklung eines Gesamtprodukts oder nur einzelner Produktkomponenten dienen. Es erfordert häufig ein mehrmaliges, iteratives Durchlaufen einzelner Arbeitsschritte, um durch Anheben des Informationsniveaus zu besseren Lösungen zu kommen. Ferner müssen bei jedem Arbeitsschritt Auswahlentscheidungen getroffen werden, um aus mehreren möglichen Lösungsalternativen die beste Lösung für die weitere Konkretisierung herausfinden zu können.

In der Praxis werden häufig mehrere Arbeitsabschnitte zu Entwicklungs- bzw. Konstruktionsphasen zusammengefaßt, z.B. aus organisatorischen oder tätigkeitsorientierten Gründen. Im Maschinenbau sind dies die Konzeptphase, Entwurfsphase und Ausarbeitungsphase.
Zur Bearbeitung dieser Arbeitsschritte steht eine Vielzahl allgemein anwendbarer und fachgebietspezifischer Durchführungsmethoden zur Verfügung, von denen eine Auswahl in den Bildern 2 und 3 zusammengestellt sind.

Kontinuierlicher und flexibler Arbeitsablauf durch Rechnerintegration

Von dem in Bild 1 dargestellten Produktplanungs- und -entwicklungsablauf soll hier nur der Entwicklungs- und Konstruktionsbereich (Abschnitte 6 bis 12) betrachtet werden. Zur Realisierung einer kontinuierlichen Rechnerunterstützung dieser Abschnitte mit deren Einzelschritten wurde im Rahmen eines von der DFG geförderten Sonderforschungsbereiches ein Konstruktionsanalyse- und -leitsystem KALEIT konzipiert und bereits teilweise programmtechnisch reali-

siert [6,7,8]. Die Möglichkeiten und Anforderungen mit einem solchen System wurden an einem Konstruktionsbeispiel untersucht (Bild 4) und sollen auch mit diesem erläutert werden.
Bild 5 zeigt zunächst die Grobstruktur von KALEIT mit seinen Fähigkeiten, Bild 6 den modularen Aufbau des Konstruktionsleitsystems. Man erkennt folgende Details:
Zur kontinuierlichen Bearbeitung jedes Arbeitsabschnittes bzw. jeder Konkretisierungsstufe des Konstruktionsprozesses müssen für diese "Produktdarstellende Modelle" PDM_i zur Verfügung stehen, die mit "Poduktdefinierenden Daten" PDD_i für die jeweilige Aufgabenstellung konkretisiert werden. Diese aktuellen Konstruktionsdaten setzen sich aus Anforderungsdaten der Aufgabenstellung PDD_A, aus internen Daten des Konstruktionsprozesses PID und weiteren externen Daten aus der Konstruktionsdatenbank PED zusammen. Der Konstruktionsprozeß wird durch einen Operationsprozessor OPR gesteuert, der mit Operationsregeln OR und der jeweils aktiven Konstruktionsmethode in Form sog. Operationsprinzipien OP_i arbeitet. Wichtiger Bestandteil ist ein Datenbankbereich mit gespeicherten Methoden, Modellen sowie Steuer- und Konstruktionsdaten.
Die folgenden Bildschirmbilder sollen die Möglichkeiten eines solchen Programmsystems erläutern.

Bild 7: Einstieg der Bearbeitung ist z.B. eine frei formulierte Aufgabenstellung, hier als Beispiel ein rotierender Energiespeicher für ein Notstromaggregat [9].

Bild 8: Wenn keine gespeicherte Anforderungsliste abgerufen werden kann, ist ein schrittweiser Aufbau einer neuen Anforderungsliste möglich, wobei zu generellen Hauptmerkmalen sog. Sachmerkmal-Bäume aufgerufen werden können, die den Konstrukteur bei der Formulierung von Anforderungen unterstützen sollen (Bild 9).

Bild 10: Zur Aufstellung einer Funktionsstruktur werden dem Konstrukteur allgemeine Funktionen angeboten, mit denen er eine Funktionsstruktur aufbauen kann. Das Programm prüft die Verträglichkeit der Funktionsverknüpfungen und bildet die Funktionsstruktur rechnerintern als Produktmodell ab [7].

Bild 11: Für die Suche nach prinzipiellen Lösungen in Form von Prinzipskizzen oder Strukturplänen liegt noch keine programmtechnische Realisierung vor, wohl aber schon theoretische Informationsmodelle [7].

Bild 12: Der Einstieg in die Entwurfsphase erfolgt vom erarbeiteten Konzept ausgehend durch die Aufstellung einer Baustruktur, zu deren Komponenten die gestaltungsbestimmenden Anforderungen aus der Anforderungsliste zugeordnet werden [10].

Bild 13: Mit einem Entwurfsplan, der entweder aus der Datenbank abgerufen werden kann oder bei Neuentwicklungen erst aufgestellt werden muß, werden dem Konstrukteur Inhalt und Reihenfolge der wesentlichen Arbeitsschritte vorgeschlagen.

Bild 14 und Bild 15: Hilfsmittel zum Aufbau eines Produktmodells, insbesondere Geometriemodells, sind Auslegungs- und Gestaltungsfeatures, mit denen für eine Grobauslegung von Normteilen, produktspezifischen Gestaltungsmakros und Neuteilen Auslegungsmethoden und Geometriemakros abgerufen werden können.

Bild 16: Ergebnis der Grobgestaltungsphase sind Vorentwürfe als Drahtmodell oder schon als 3D-Modell.

Bild 17: In der Feingestaltungsphase muß nun das Produktmodell (Geometrie, Werkstoffe, Technologie) vervollständigt und optimiert werden. Dazu dienen Berechnungs- und Optimierungsprogramme, Normteil- und Zulieferteil-Datenbanken sowie spezielle Darstellungssoftware.

Bild 18: Eine Vereinfachung für den Konstrukteur können Programmsysteme sein, mit denen nicht nur Einzelteile, sondern umfangreiche Gestaltungskomplexe abgerufen werden können, für die dann auch Berechnungssoftware ohne Neueingabe eingesetzt werden kann [11]. Das Bild zeigt eine so gestaltete Schraubenverbindung, bei der nach Vorgabe einer Schraubenart und -größe die gesamte Verbindung automatisch gestaltet wird.

Bild 19 zeigt das Ergebnis einer Verformungsberechnung, die die benötigten Geometriedaten unmittelbar vom rechnerintern gespeicherten Geometriemodell abruft.

Bild 20 zeigt die Vereinfachung mit dieser Gestaltungsstrategie gegenüber einer konventionellen Vorgehensweise mit einzelnen rechnerunterstützten Arbeitsschritten.

Bild 21: Ergebnis der Entwurfsphase ist ein Gesamtentwurf mit einer vorläufigen Stückliste. Beides ist Grundlage zur Erstellung von Fertigungsunterlagen. Da die Geometrie und alle weiteren Werkstoff- und Technologiedaten als Produktmodell rechnerintern gespeichert sind, kann ein CAD-CAM-Datentransfer auch unmittelbar zum Fertigungsbereich erfolgen.

Ausblick

Das vorgestellte Konstruktionsleitsystem kann und soll auch bei weiterem Ausbau nicht zu einer "automatischen" Konstruktion und Produktentwicklung führen. Mit einer verstärkten Entwicklung von wissensbasierten Systemen werden allerdings einzelne Konstruktionsschritte noch effektiver durchzuführen sein. Festzustellen ist, daß ein Konstruktionsleitsystem als Ganzes und zahlreiche Komponenten eines solchen Systems unternehmens- und produktspezifisch entwickelt werden müssen. Die Forschung und unternehmensexterne Institutionen können nur die generelle Vorgehensstrategie, allgemein anwendbare Programme für Maschinenelemente, Normteile und sonstige Informationen [12], Berechnungs- und Optimierungssoftware, Geometriemodellierer und Datenbankverwaltungssysteme sowie Steuerprogramme mit definierten Schnittstellen für Einzelprogramme entwickeln [8]. Die Unternehmen müssen dagegen produktspezifische Gestaltungsmakros und Datenbanken, aber auch zweckmäßige Arbeitsabläufe und Konstruktionsmethoden entwickeln.
Bei einer stärkeren Integration von Konstruktionsmethodik und Rechnereinsatz müssen darüber hinaus auch arbeits- und sozialwissenschaftliche sowie denkpsychologische Erkenntnisse berücksichtigt werden, um durch solche Konstruktionsleitsysteme die Kreativität des Konstrukteurs zu erhöhen und nicht abzubauen. Weiterhin müssen Fragen der Arbeitsbelastung, Arbeitsteilung und Mitarbeiterqualifikation geklärt werden, um zu einer effizienten Nutzung teurer CAD-Arbeitsplätze zu kommen [13].

Schrifttum

[1] Pahl, G.; Beitz, W.: Konstruktionslehre - Handbuch für Studium und Praxis. 2. Aufl. Berlin: Springer 1986.

[2] VDI-Richtlinie 2221: Methodik zum Entwickeln und Konstruieren technischer Systeme und Produkte. Düsseldorf: VDI-Verlag 1986.

[3] Beitz, W.: Konstruktionsmethodik für die Praxis. Konstruktion 41 (1989) 403-405.

[4] Kramer, F.: Innovative Produktpolitik. Berlin: Springer 1987.

[5] Beitz, W.: Planbare Produktinnovationen durch Methodik und Rechnereinsatz-Innovationsmethodik. VDI-Berichte Nr. 724 (1989) 159-177.

[6] Feldhusen, J.: Systemkonzept für die durchgängige und flexible Rechnerunterstützung des Konstruktionsprozesses. Schriftenreihe Konstruktionstechnik (Hrsg. W. Beitz), Nr. 16. Berlin: TUB 1989.

[7] Stürmer, U.: Informationsmodell zum Abbilden funktionaler und wirkstruktureller Zusammenhänge im Maschinenbau. Schriftenreihe Konstruktionstechnik (Hrsg. W. Beitz), Nr. 17. Berlin: TUB 1990.

[8] Beitz, W.: Konstruktionsleitsystem als Integrationshilfe. VDI-Berichte Nr. 812 (1990) 181-201.

[9] Groeger, B.: Ein System zur rechnerunterstützten und wissensbasierten Bearbeitung des Konstruktionsprozesses. Konstruktion 41 (1990) 91-96.

[10] Bauert, F.; Weise, E.; Salem, N.: Modellierungsmethoden für Systeme zur rechnerunterstützten Gestaltung. Konstruktion 42 (1990) 97-107.

[11] Schwenke, H.: Methodische Entwicklung von CAD-Anwenderprozeduren für Norm- und Standardteile. Konstruktion 42 (1990) 165-172.

[12] Schacht, M.: Rechnerunterstützte Bereitstellung und methodische Entwicklung von Normen. Konstruktion 42 (1990) 3-14.

[13] Langner, Th.; Müller, Th.; Springer, J.: Belastungs- und Beanspruchungsanalyse der Konstruktionsarbeit. Konstruktion 42 (1990) 157-164.

Bildunterschriften

Bild 1:	Phasen, Arbeitsabschnitte und Einzelschritte einer methodischen Produktplanung und -entwicklung [5]
Bild 2:	Auswahl von Methoden zur Lösungssuche [1,5]
Bild 3:	Gestaltungsregeln, -prinzipien und -richtlinien [1]
Bild 4:	Hauptphasen einer Produktentwicklung mit Beispiel
Bild 5:	Grobstruktur und Fähigkeiten eines Konstruktionsanalyse- und -leitsystems KALEIT [6,9]
Bild 6:	Modularer Aufbau von KALEIT [6]
Bild 7:	Aufgabenstellung für Konstruktionsbeispiel, bearbeitet mit KALEIT [9]
Bild 8:	Anforderungsliste mit Hauptmerkmalen
Bild 9:	Unterstützung beim schrittweisen Aufbau einer Anforderungsliste durch Sachmerkmale [6,9]
Bild 10:	Aufbau und Ausgabe einer Funktionsstruktur [7]
Bild 11:	Darstellung von Wirkstruktur-Varianten (noch konventionell gezeichnet)
Bild 12:	Konzept, Baustruktur und Anforderungen als Grundlagen für die Gestaltung [10]
Bild 13:	Entwurfsplan als Arbeitsvorbereitung für eine Grobgestaltung [10]
Bild 14:	Auslegungsfeatures für Grobgestaltung [10]
Bild 15:	Gestaltungsfeatures zum Aufbau eines Geometriemodells [10]
Bild 16:	Ausgabe der grobgestalteten Baugruppe als Drahtmodell [10]
Bild 17:	Datei mit Normteilen und zugeordneten Gestaltungszonen [11]
Bild 18:	Mit dem System KONUS gestaltete Schraubenverbindungen [11]
Bild 19:	Ausgabe einer Verformungsberechnung für Schraubenverbindung gemäß Bild 18 [11]
Bild 20:	Vergleich konventioneller Arbeitsschritte mit KONUS [11]
Bild 21:	Ausgabe der feingestalteten Baugruppe mit vorläufiger Stückliste [10]

Markt
Umfeld
Unternehmen
Phasen
1 Analysieren der Situation
- Erkennen der Lebenszyklus-Phase
- Aufstellen einer Produkt-Markt-Matrix
- Erkennen der eigenen techn. Unvollkommenheit
- Erfassen des Stands der Technik
- Abschätzen künftiger Entwicklungen
Situationsanalyse
2 Aufstellen von Suchstrategien
- Erkennen strategischer Freiräume : Umsatz, Marktanteil, Branche, Sortiment
- Erkennen von Bedürfnissen und Trends
- Berücksichtigen von Unternehmensabsichten
- Aufstellen von Suchfeldern
Suchfeldvorschlag
3 Finden von Produktideen
- Bearbeiten der Suchfelder : Funktionen, Wirkprinzipien, Gestaltung Energie-, Stoff- und Signalumsatz Verfahren und Technologien
Produktideen
4 Auswählen von Produktideen
- Anwenden von Auswahlkriterien mit ausgewählten Kriterien
Ausgew. Produktideen
5 Definieren von Produkten
- Präzisieren ausgewählter Ideen
- Entwickeln von Produktdefinitionen
- Bewerten nach vollständigen Kriterien
Produktvorschlag
6 Klären und Präzisieren
- Ergänzen externer Anforderungen
- Hinzufügen interner Anforderungen
- Strukturieren der Anforderungen
Anforderungsliste
7 Ermitteln von Funktionen
- Erkennen wesentlicher Soll-Funktionen
- Verknüpfen zu Funktionsstrukturen
Funktionsstruktur
8 Suche nach Lösungsprinzipien
- Suchen nach phys./chem. Effekten
- Festlegen geom./stoffl. Merkmale
- Verknüpfen zu Wirkstrukturen
- Auswählen und Bewerten
Prinzipielle Lösung
9 Gliedern in Module
- Erkennen gestaltungsbest. Anforderungen
- Strukturieren in gestaltungsbestimmende Module (Hauptfunktionsträger)
Modulare Struktur
10 Gestalten maßgebender Module
- Grobgestalten, Berechnen, Anordnen der Hauptfunktionsträger
- Auswählen geeigneter Entwürfe
Vorentwürfe
11 Gestalten des Gesamtprodukts
- Gestalten weiterer Funktionsträger
- Feingestalten aller Funktionsträger
- Kombinieren, Vervollständigen, Kontrollieren
- Bewerten nach techn./wirt. Kriterien
Gesamtentwurf
12 Ausarbeiten
- Ausarbeiten von Fertigungsunterlagen
- Ausarbeiten von Nutzungsunterlagen
- Prüfen aller Unterlagen
Produktdokumentation
Weitere Realisierung
Produkt planen
Konzipieren
Entwerfen
Ausarbeiten

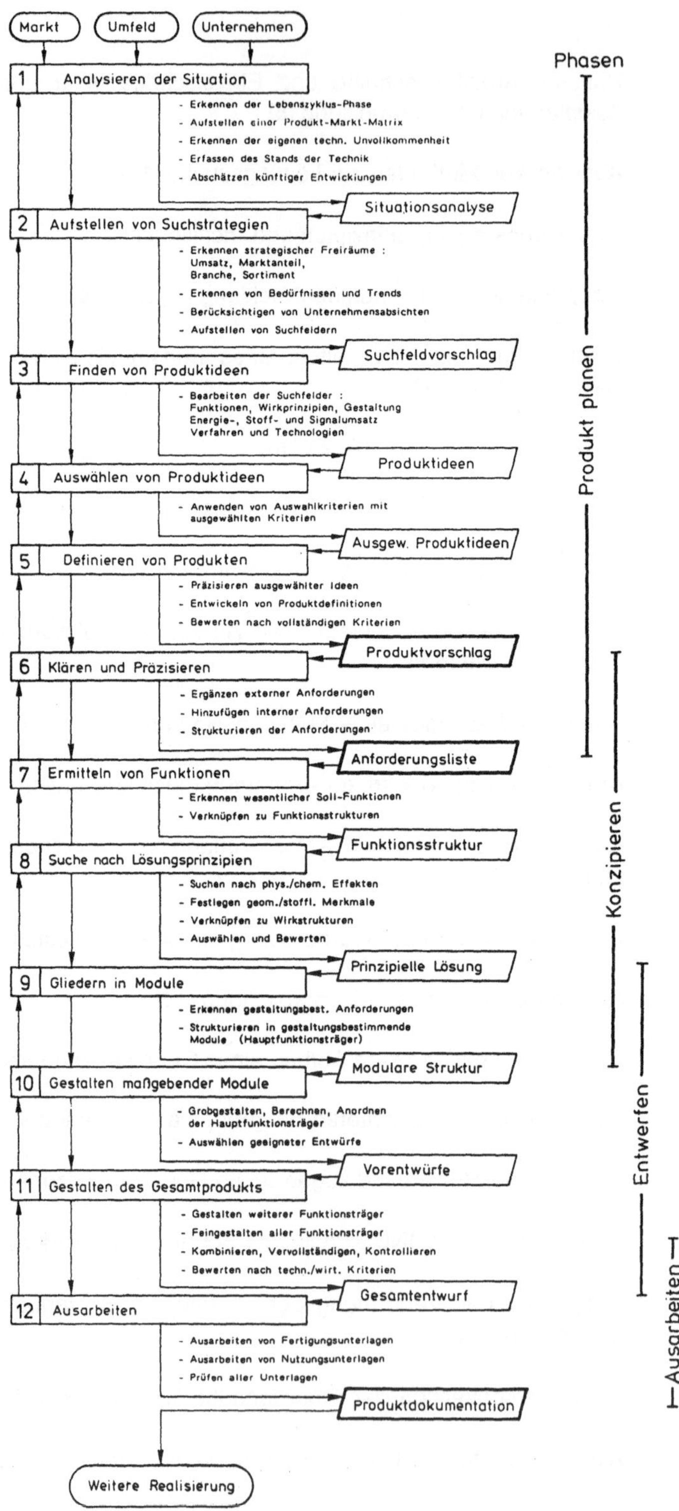

Bild 1

Allgemeine Hilfsmittel
- Literatur, Kataloge, Datenbanken
- Analyse der Natur
- Analyse bekannter Lösungen
- Experimente an Modellen und Baumustern
- Heuristische Operationen: Abstrahieren, Verallgemeinern, Analysieren, Definieren, Zergliedern, Ordnen, Kombinieren, Schematisieren, Konkretisieren, Detaillieren, Iterieren, Darstellen,....
-

Intuitiv betonte Methoden
- Brainstorming
- Synektik
- Galeriemethode
- Delphi - Methode
- Design-Methoden
- Bewerten, Auswählen, Vergleichen

Diskursiv betonte Methoden
- Systematische Problemstrukturierung
- Systematische Variation von Lösungsmerkmalen
- Systematische Lösungskombination
- Mathematische Methoden
- Wertanalyse
-

Bild 2

Grundregeln zur Gestaltung
- Eindeutig
- Einfach
- Sicher

Gestaltungsprinzipien
- Prinzipien der Kraftleitung
  - Gleiche Gestaltfestigkeit
  - Kurze Kraftleitung
  - Ausgenutzte Verformung
  - Abgestimmte Verformung
  - Kraftausgleich
- Prinzip der Aufgabenteilung (Funktionstrennung, Differentialbauweise, Verbundbauweise)
- Prinzip der Funktionsintegration (Integralbauweise)
- Prinzip der Selbsthilfe
- Prinzip der Stabilität und Bistabilität

Gestaltungsrichtlinien hinsichtlich <u>Beanspruchung</u>
- Festigkeitsgerecht
- Formänderungsgerecht
- Ausdehnungsgerecht
- Stabilitätsgerecht
- Kriech- und relaxationsgerecht
- Korrosionsgerecht
- Verschleißgerecht

Gestaltungsrichtlinien hinsichtlich <u>Fertigung</u> und <u>Gebrauch</u>
- Fertigungsgerecht
- Montagegerecht
- Prüfgerecht
- Transportgerecht
- Ergonomiegerecht
- Formgebungsgerecht (Indust. Design)
- Gebrauchsgerecht
- Instandhaltungsgerecht
- Recyclinggerecht

Bild 3

Aufgabenstellung	Rotierender Energiespeicher für Notstromaggregat 150 kW, 1500 min^{-1}, ...
Anforderungsliste	(see table below)
Funktionsstruktur	Magnet: I → F; Speicher: E_{rot}; Kupplung: E_{rot}
Wirkstruktur	
Baustruktur	
Dokumentation	Stücklisten, Werkstattzeichnungen CAD/CAM-Datenträger

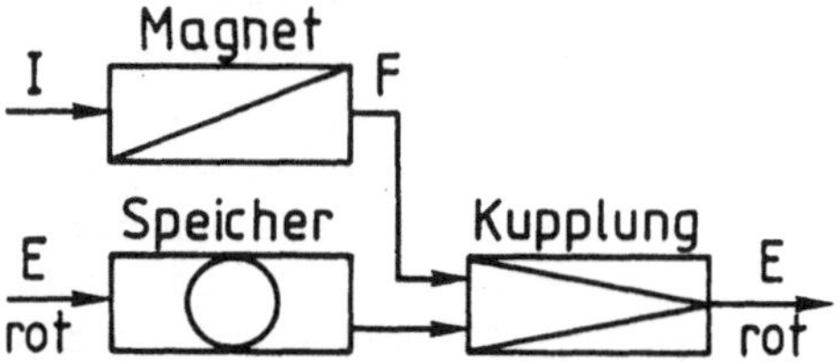

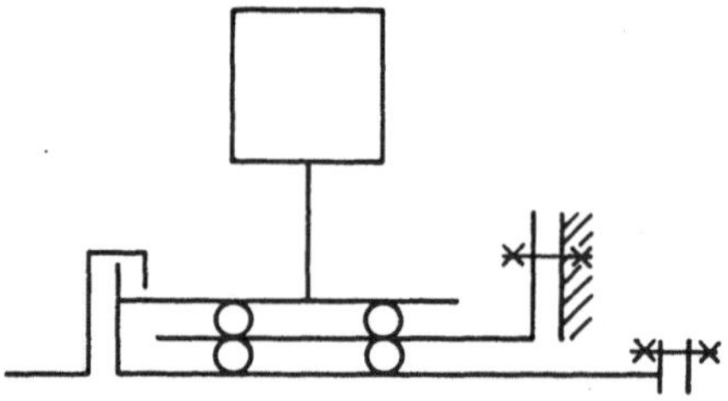

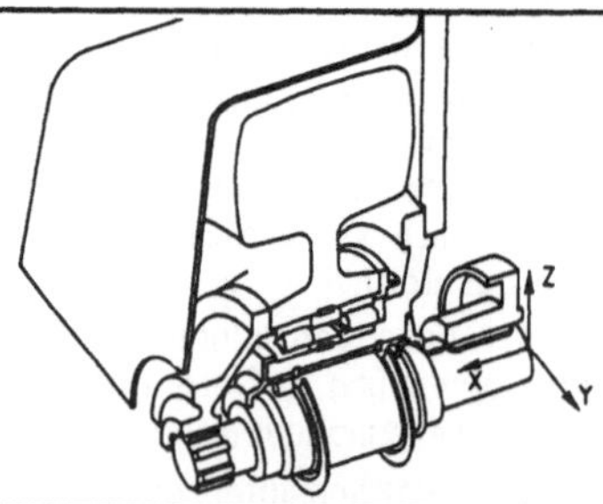

Nr.	F/W	Anforderung	
1	F	<u>Geometrie</u> Genormte Achshöhe verwenden	
5	F	<u>Energie</u> Massenträgheit in kgm Generatorseite: 1,8 Motorseite: 0,3	

Bild 4

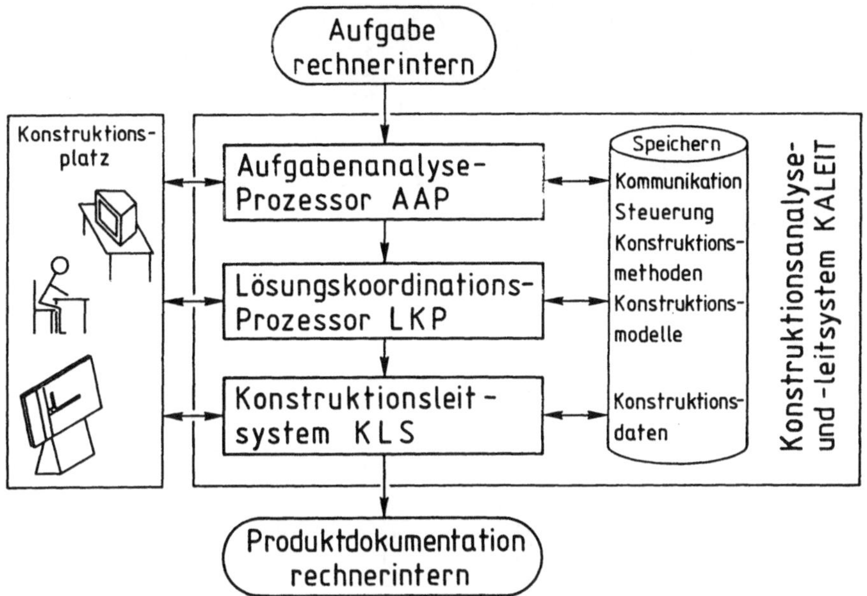

Aufgabenanalyse - Prozessor AAP

Aufgabenbeschreibung durch:

- Frei formulierte Beschreibung des Konstruktionsauftrages
- Suche nach nutzbaren Informationen aus Speicherbereich durch Kennzeichnung charakteristischer Suchworte

Lösungskoordinations - Prozessor LKP

Arbeitsplanung durch:

- Ermitteln erforderlicher Konstruktionsschritte, konventionell und rechnerunterstützt
- Zusammenstellen benötigter Informationen und Daten

Konstruktionsleitsystem KLS

Aufgabenlösung durch:

- Anbieten von Konstruktionsmethoden (konventionell, CAD)
- Bereitstellen von Konstruktionsmodellen
- Bereitstellen von Konstruktionsdaten
- Darstellen von Arbeitsmethoden und Daten

Bild 5

Benutzerebene
Operationsprozessor OPR
Operationsregeln OR
aktive Konstruktionsmethode OP i
aktives Konstruktionsmodell PDM i
aktuelle Konstruktionsdaten PDD i
Operationsstruktur (Steuerprogramm) OS
PDD A
PID
PED
Kommando-Verwaltungs-system
Methoden-Verwaltungs-system
Modell-Verwaltungs-system
Datenmanipulations- und Datendefinitionssprache DMS + DDS
Kommunikations- und Steuerprozeß-daten
Operationsprinzipien (Konstruktions-methodenbank) OP
Modellbank PDM
Konstruktions-datenbank PED
KLS
Speicherbereich
Anfrage/Initialisierung
Datenfluß

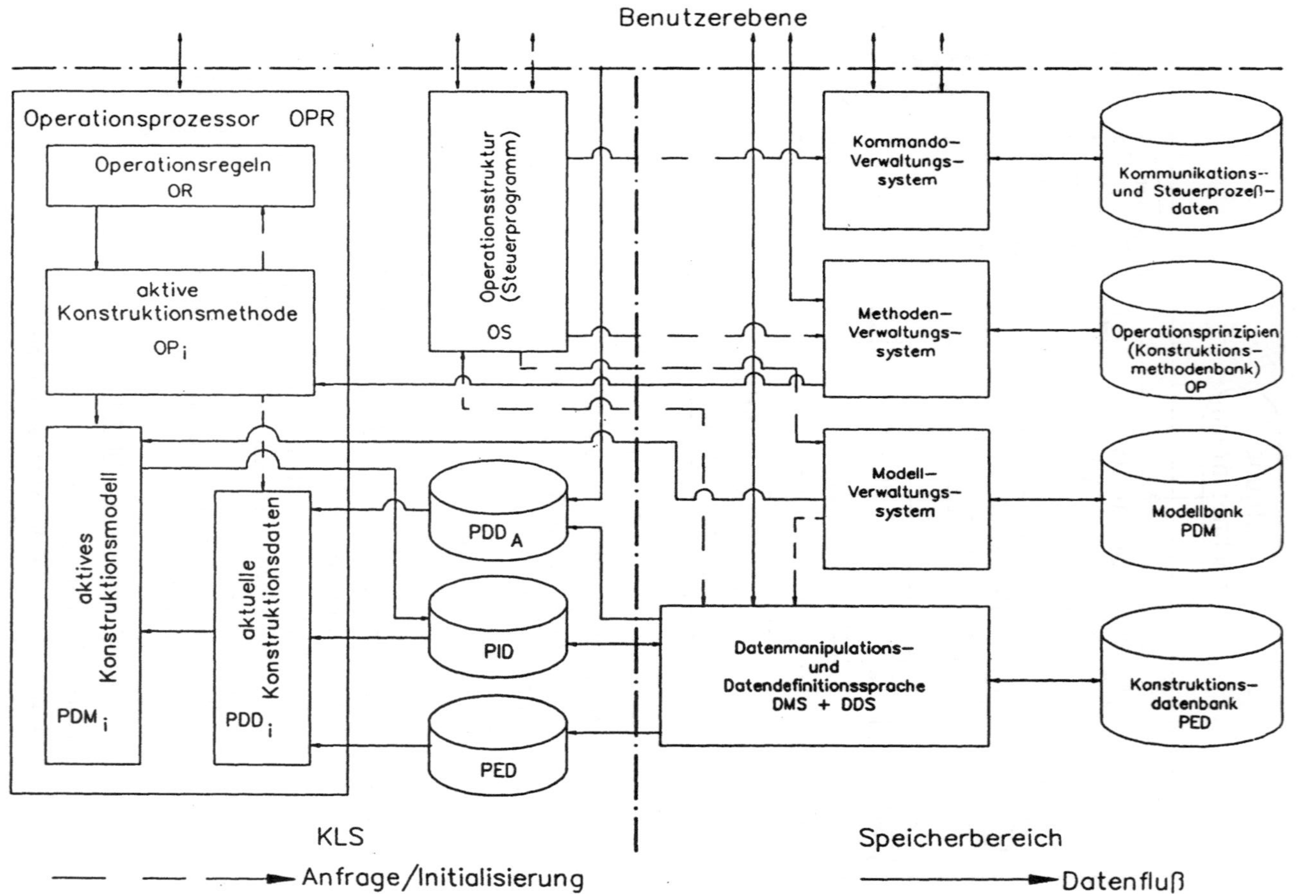

Bild 6

KNr. Inhalt der Aufgabenstellung

0002 Sofortbereitschaftsanlage zur Notstromversorgung

Für eine Sofortbereitschaftsanlage zur Notstromversorgung soll ein Energiespeicher entwickelt werden. Dieser soll die von einem E-Motor erzeugte rotatorische Energie speichern und bei Stromausfall das sofortige Anwerfen eines Dieselmotors ermöglichen.

Die Stromversorgung wird dann durch einen vom Dieselmotor angetriebenen Generator übernommen.

Die vorhandenen Schnittstellen zwischen den Maschinen (Generator – Energiespeicher: durch elastische Kupplung; Energiespeicher – Dieselmotor: schaltbare Kupplung) sind bei der konstruktiven Ausführung zu berücksichtigen.

Daten:

Leistung	: Dieselmotor, E-Motor	$P = 150$ kW
Drehzahl	:	$n = 1500\ min^{-1}$
Stoßfaktor	:	$K = 1{,}7$
Trägheitsmomente	: $J_{Diesel} < J_{E\text{-}Motor,\ Generator,\ Speicher,\ Schnittstellen}$	

Generatorseite : $J_{Antrieb} = 1{,}8\ kgm^2$

Dieselmotorseite : $J_{Diesel} = 0{,}3\ kgm^2$

Zeichen
- einfügen
- anhängen
- ersetzen
- löschen
- löschen <--

Zeile
- einfügen
- anhängen
- löschen

Sonderzeichen
- einzeln
- Formel

Suchwort
- Anfang
- Ende
- löschen

Bild 7

Anforderungsliste

LNr	Aend.	F/W	Anforderung	Ver

Geometrie
Kinematik
Kraefte
Energie
Stoff
Signal
Sicherheit
Ergonomie
Fertigung
Kontrolle
Montage
Transport
Gebrauch
Instandhaltu
Recycling
Kosten
Termin

Save | WIKON | NOBES | RESI | Engl | Last | Root

KNr. 0002

KT

Bild 8

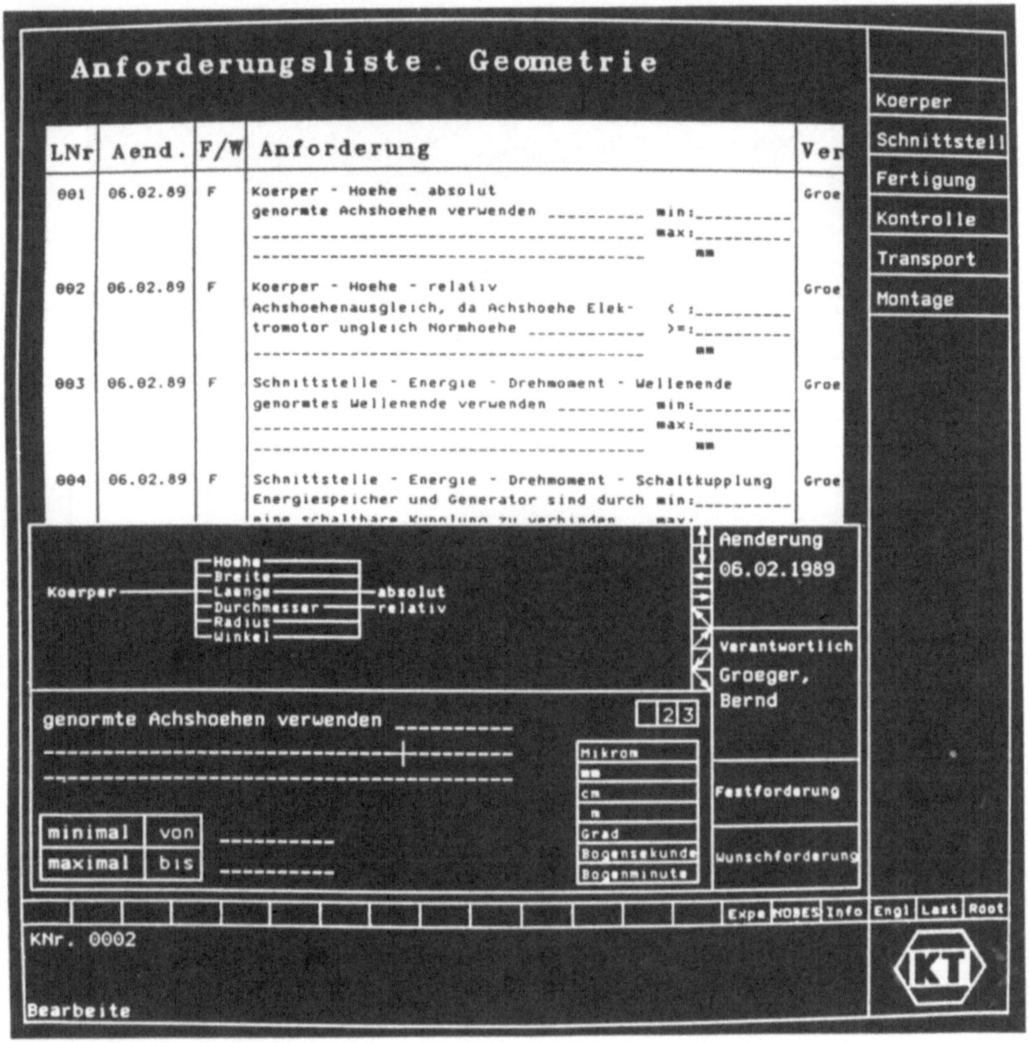

Anforderungsliste . Geometrie

LNr	Aend.	F/W	Anforderung	Ver
001	06.02.89	F	Koerper - Hoehe - absolut genormte Achshoehen verwenden _________ min:_________ ____________________________________ max:_________ ____________________________________ mm	Groe
002	06.02.89	F	Koerper - Hoehe - relativ Achshoehenausgleich, da Achshoehe Elek- < :_________ tromotor ungleich Normhoehe ___________ >=:_________ ____________________________________ mm	Groe
003	06.02.89	F	Schnittstelle - Energie - Drehmoment - Wellenende genormtes Wellenende verwenden ________ min:_________ ____________________________________ max:_________ ____________________________________ mm	Groe
004	06.02.89	F	Schnittstelle - Energie - Drehmoment - Schaltkupplung Energiespeicher und Generator sind durch min:_________ eine schaltbare Kupplung zu verbinden max:	Groe

Koerper — Hoehe, Breite, Laenge, Durchmesser, Radius, Winkel — absolut, relativ

Aenderung
06.02.1989

Verantwortlich
Groeger,
Bernd

genormte Achshoehen verwenden _________

minimal	von	_________
maximal	bis	_________

1 2 3

Mikrom
mm
cm
m
Grad
Bogensekunde
Bogenminute

Festforderung

Wunschforderung

Koerper
Schnittstell
Fertigung
Kontrolle
Transport
Montage

Expe NOBES Info Engl Last Root

KNr. 0002

Bearbeite

KT

Bild 9

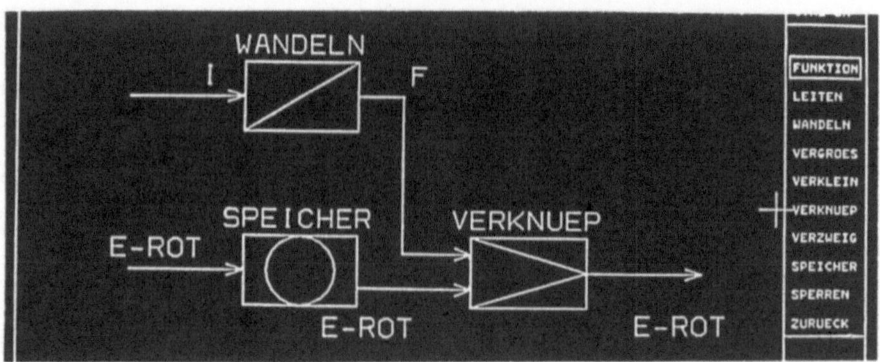

Tabelle der Verbindungen

Nr.	IDNr. Anf.	IDNr. Ende	physikalische Größe
1	0	1	elektr. Strom I
2	1	2	Kraft F
3	2	0	rot. Energie
4	3	2	rot. Energie
5	0	3	rot. Energie
...			

F–Editor:
Funktion
Verbindung
Löschen
Tabelle
Graphik

Tabelle der Teilfunktionen

Nr.	Funktions– name	ID Nr.	1. Eingang	2. Eingang	1. Ausgang	2. Ausgang
1	speichern	1	Rot. Energie		Rot. Energie	
2	wandeln	2	Strom		Kraft	
3	verknüpfen	3	Kraft	Rot. Energie	Rot. Energie	
...						

Modul: Funktionsstruktur

Bild 10

WR1 WR2 WF3 WF4
WF6
WF5
WR3
Md,n
T1
WF1
WF2
WR4
BT1
Md,n
T2
T4
U,I
T3
WR5
A
WR2 WR1 WF5 WF6
WF4
WF3
WR3
Md,n
T1
WF1
WF2
WR4
WR5
BT1
Md,n
T2
T4
U,I
T3
B
WR2 WR1 WF4 WF3
WR5
WR7
WF6
WF5
WR3
Md,n
T1
WR8
WF1
WF2
WR6
BT1
Md,n
T2
T4
U,I
T3
WR4
C
WR2 WR1 WF5 WF6
WF4
WF3
WR3
Md,n
T1
WF1
WF2
WR4
WR5
BT1
Md,n
T2
T4
U,I
T3
D

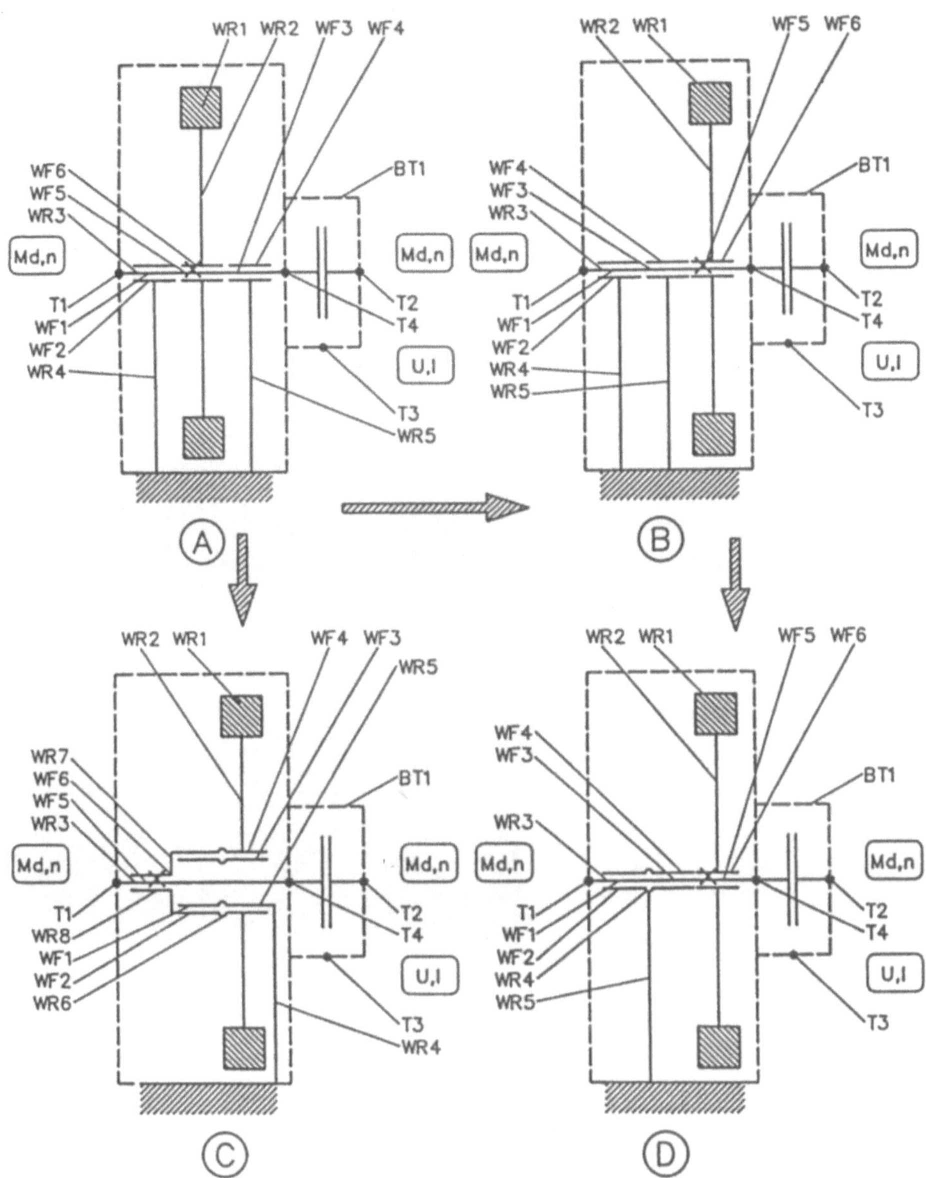

Bild 11

```
BAUSTRUKTUR
===========

        NOTSTROMAGGREGAT

1.0.0   DIESELMOTOR
2.0.0   DREHELASTISCHE KUPPLUNG
3.0.0   ENERGIESPEICHER
4.0.0   DREHELASTISCHE KUPPLUNG
5.0.0   GENERATOR
6.0.0   E-MOTOR


3.1.0   SCHWUNGRAD
 *(F) UMFANGSGESCHWINDIGKEIT
 *       HINSICHTLICH FESTIGKEIT
 *       U. BAUHOEHE OPTIMIEREN
 *(F) STATISCHE UND DYNAMISCHE
 *       UNWUCHT MINIMIEREN
 *(F) ROTATIONSTRAEGHEIT DES
 *       ENERGIESP. HINSICHTLICH
 *       FUNKTION, FESTIGKEIT,
 *       REAKTIONSKRAEFTEN UND
 *       BAUGROESSE OPTIMIEREN
3.2.0   WELLE
 *(F) GENORMTE LAGERUNGEN
 *       VERWENDEN
 *(F) ANTRIEB MITTELS E-MOTOR:
 *       LEISTUNG PN =150 KW
 *       DREHZAHL N =1500 (MIN)-1
 *       STOSSZAHL K =1.7
 *(W) EINFACHE MONTAGE ERMOEGL.
 *(F) GENORMTES WELLENENDE
 *       VERWENDEN
3.3.0   LAGERUNG WELLE
 *(F) GENORMTE LAGERUNGEN
 *       VERWENDEN
 *(F) REAKTIONSKRAEFTE MINIM.
 *       STOSSZAHL K =1.7
 *(F) FETTGESCHMIERTE LAGER
 *       VERWENDEN
 *(F) WAELZLAGER VORSEHEN
 *(F) ABDICHTUNG DER LAGER
 *(W) EINFACHE DEMONTAGE UND
 *       MONTAGE ZUM AUSTAUSCHEN
 *       DER LAGER
3.4.0   TRAGFLANSCHROHR
```

```
* ------------------------------------------------------------
* Hauptmerkmal     Checkpunkte
* ------------------------------------------------------------
*
* Auslegung        Garantieren die gewaehlten Formen
*                  und Abmessungen mit dem vorgesehen-
*                  en Werkstoff bei der festgelegten
*                  Gebrauchszeit und unter der auftre-
*                  tenden Belastung
*
*                  ausreichende     HALTBARKEIT,
*                  zulaessige       FORMAENDERUNG,
*                  genuegende       STABILITAET,
*                  genuegende       RESONANZFREIHEIT,
*                  stoerungsfreie   AUSDEHNUNG,
*                  annehmbaren      VERSCHLEISZ,
*                  hinnehmbares     KORROSIONSVERHALTEN
*
```

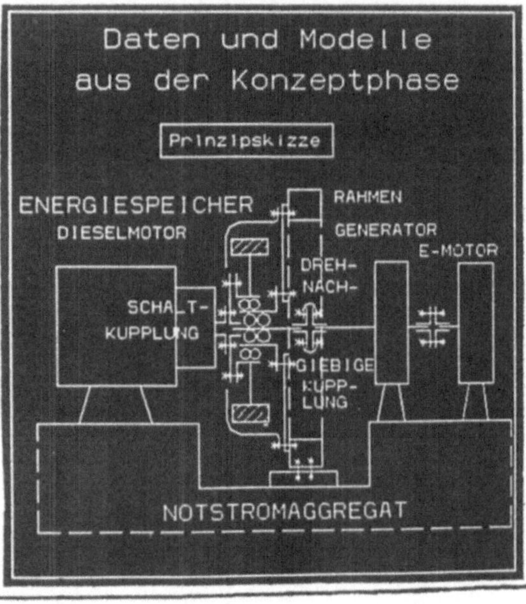

Daten und Modelle
aus der Konzeptphase

Prinzipskizze

ENERGIESPEICHER
DIESELMOTOR
RAHMEN
GENERATOR
E-MOTOR
DREH-
NACH-
GIEBIGE
KUPP-
LUNG
SCHALT-
KUPPLUNG
NOTSTROMAGGREGAT

Bild 12

ENTWURFS-PLAN

R.JOSHI /11.12.1989

Nr.	Arbeitsschritt	Baugruppe
1	MINDESTDURCHMESSER ERRECHNEN	3.2.0 WELLE
2	ART DER DREHMOMENTEINLEITUNG WAEHLEN	
3	ART DER DREHMOMENTUEBERTRAGUNG AUF DREHMOMENTFLANSCH WAEHLEN	
4	WELLENDURCHM. AN W/N-VERBINDUNGEN WAEHLEN	
5	LAENGEN DER W/N-VERBINDUNGEN ERRECHNEN	
6	LAGERABSTAND BESTIMMEN	
7	WELLENDURCHMESSER AN LAGERSTELLEN BESTIMMEN	
8	WELLE IN GROBGESTALT DARSTELLEN	
9	ART DER LAGERUNG WAEHLEN	3.3.0 LAGERUNG WELLE
10	LAGERBELASTUNG ERRECHNEN	
11	MINDESTTRAGZAHL ERRECHNEN	
12	LAGER AUSWAEHLEN	
13	LAGER VEREINFACHT DARSTELLEN	
14	ART DER DICHTUNG AUSWAEHLEN	
15	WANDDICKE AM LAGERSITZ BESTIMMEN	3.4.0 TRAGFLANSCHHR
16	LAGERABSTAND BESTIMMEN	3.5.0 LAGERG.SCHWUNGRAD
17	LAGERAUSSENDURCHMESSER ABSCHAETZEN	
18	MASZSE UEBERSCHLAEGIG ERRECHNEN	3.1.0 SCHWUNGRAD
19	GEWICHTSKRAFT ERRECHNEN	
20	MINDESTWANDDICKE ERRECHNEN	3.4.0 TRAGFLANSCHROHR
21	ART DER BEFESTIGUNG AN PLATTE WAEHLEN	
22	ROHRDURCHMESSER AN LAGERSTELLEN BESTIMMEN	
23	TRAGFLANSCHROHR IN GROBFORM DARSTELLEN	
24	ART DER LAGERUNG WAEHLEN	3.5.0 LAGERG.SCHWUNGRAD
25	LAGERBELASTUNG ERRECHNEN	
26	LAGER AUSWAEHLEN	
27	LAGER VEREINFACHT DARSTELLEN	
28	ART DER DICHTUNG AUSWLEN	
29	ART DER BEFESTIGUNG AM FLANSCH WAEHLEN	3.1.0 SCHWUNGRAD
30	SCHWUNGRAD IN GROBFORM DARSTELLEN	

Bild 13

Auslegungsrechnung
Nr.
Bauteil
Parameter
1
Welle
Mt
D
D=?
Leistung P = 150.0 KW
Drehzahl N = 1500.0 U/min
zul. Schubspannung TAUzul = 25.0 N/mm2
ERGEBNIS: MINDESTDURCHMESSER D = 57.7 mm
2
Passfeder-Verbindung
h-t1
Lp
Lp=?
Wellendurchmesser D = 70.0 mm
Schulterhoehe h-t1 = 4.5 mm
zul. Pressung Pzul = 90.0 N/mm2
Anzahl der Passfedern i = 2
ERGEBNIS: MINDESTLAENGE LP = 44.8 mm
3
Keilprofil
Lk=?
Dn
Nenndurchmesser dn = 72.0 mm
tragende Keilhoehe h = 5.0 mm
zul. Pressung Pzul = 90.0 N/mm2
Zaehnezahl z = 8
ERGEBNIS: MINDESTLAENGE LK = 9.9 mm
4
Lagerung
C=?
p=3 0 p=3 33
Dyn. Belastung Pdyn = 5.000 kN
Lebensdauer L10h = 60 Tsd. Stunden
Exponent p = 3.33
ERGEBNIS: TRAGZAHL CDYN = 66.040 KN

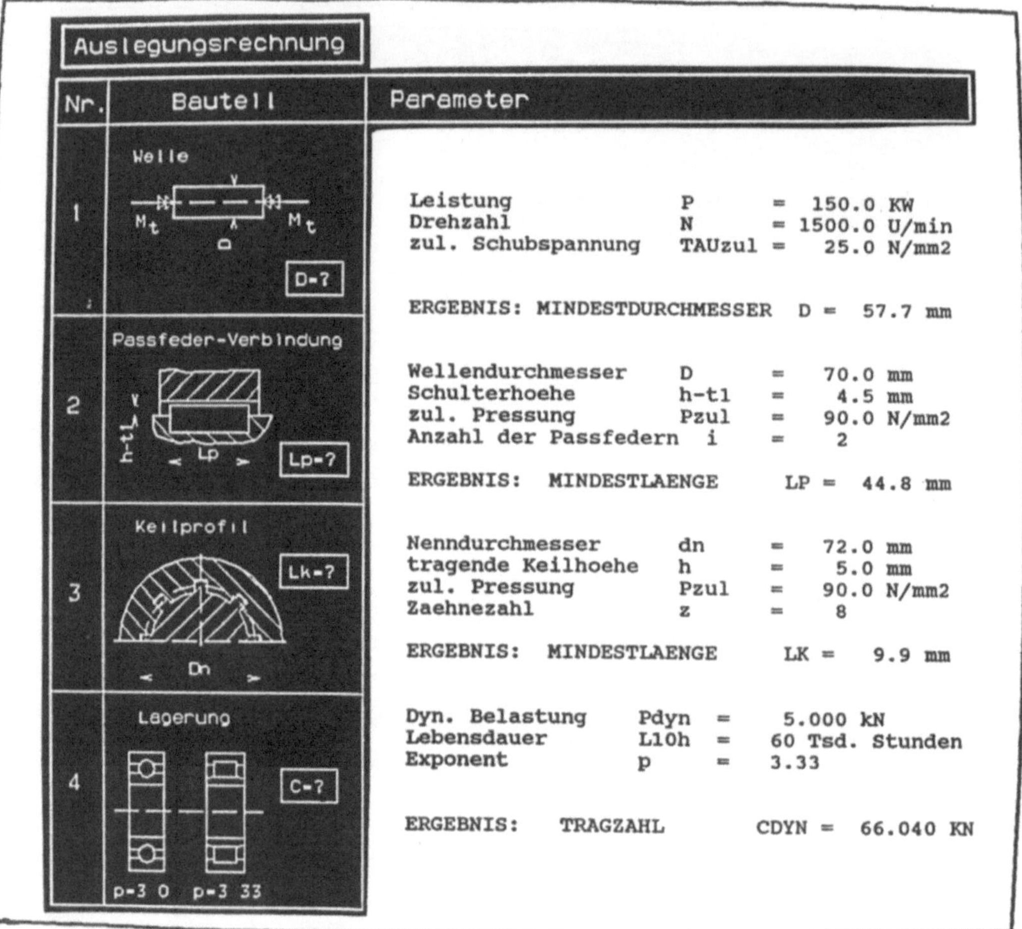

Bild 14

Grobgestaltung
Welle
Grobgestaltung
Schwungrad
Grobgestaltung
Normteile
01 Wellendichtring links
02 Wellendichtring rechts
01 Schweisskonstruktion
02 Gusskonstruktion
01 Zylinder
02 Vierkant
03 Kegelstumpf
04 Kegelstumpf
05 Gewinde
06 Gewinde
07 Kegel
08 Kegel

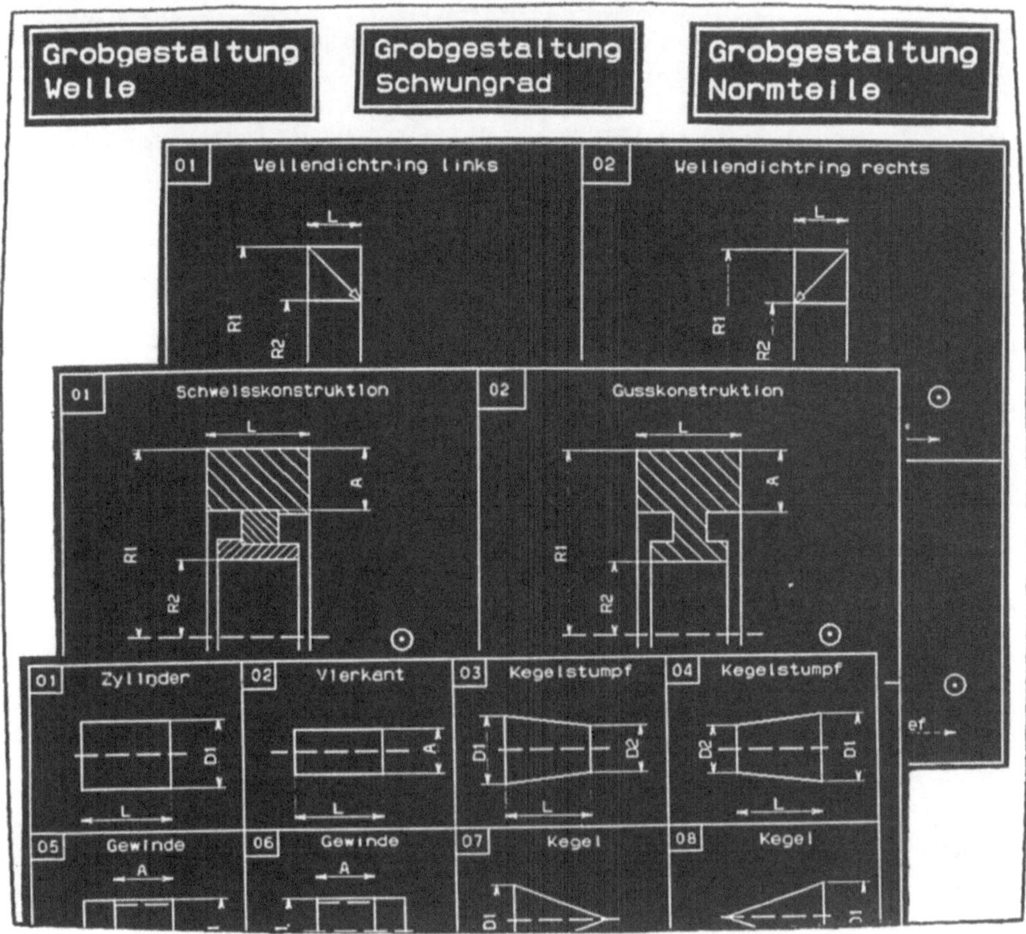

Bild 15

SCHWUNGRAD
(3.1.0)
SCHWUNGRADLAGERUNG (3.5.0)
DREHMOMENTFLANSCH
(3.6.0)
TRAGFLANSCHROHR
(3.4.0)
WELLE (3.2.0)
WELLENLAGERUNG (3.3.0)
SCHWUNGRAD
(3.1.0)
TRAGFLANSCHROHR
(3.4.0)
WELLE (3.2.0)
SCHWUNGRADLAGERUNG (3.5.0)
WELLENLAGERUNG (3.3.0)
DREHMOMENTFLANSCH
(3.6.0)

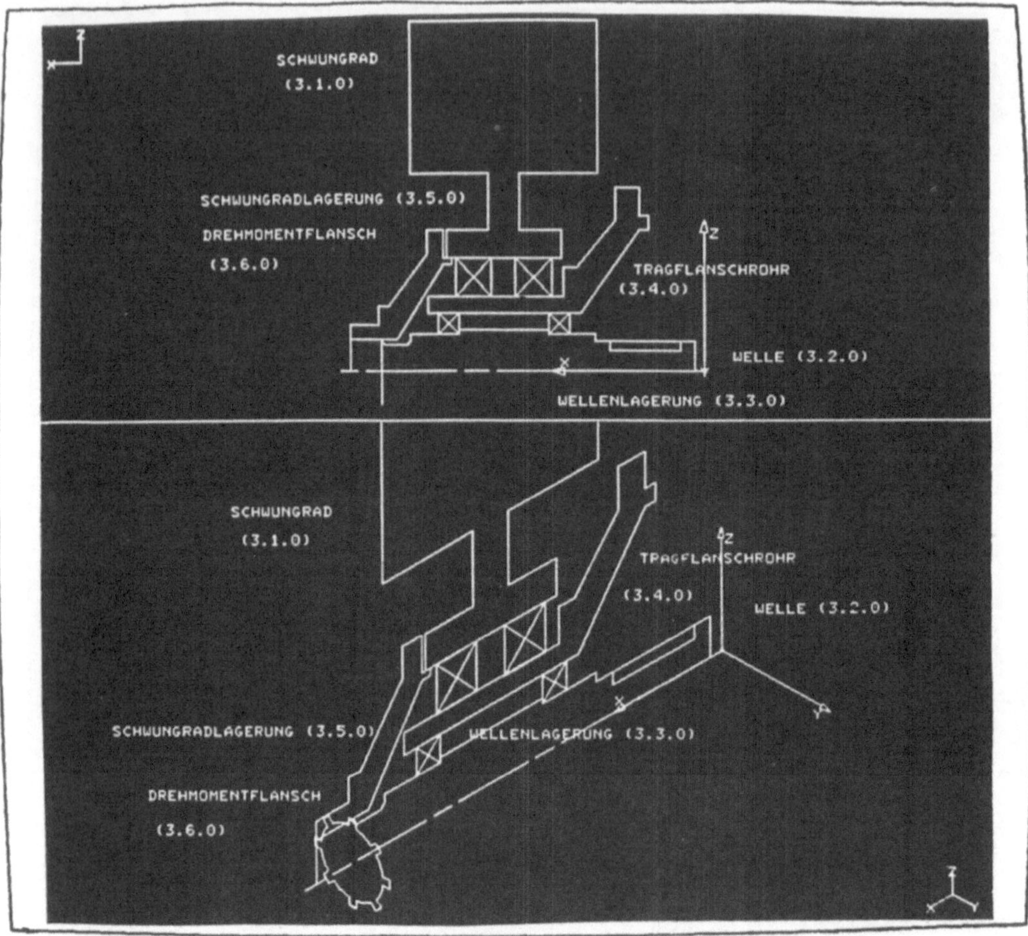

Bild 16

INFO: WRENCHES
DIN 695
DIN 838
DIN 896
DIN 897
INFO: COUNTER THREAD
TABLIHO
TATHRUHO
TABLIHOU
NUT
INFO: COUNTERBORES
COUNTER1
COUNTER2
INFO: WASHERS
DIN 125
INFO: BOLTS
DIN 912
DIN 931
DIN 963
DIN 965
DIN 7991
EXECUTE
CTRL OFF
CTRL ON
INFO
(BACK)
DIN 912 : FILLISTER SOCKET HEAD SCREWS
AVAILABLE DIAMETERS: M1,4 ... M100
DIN 931 : HEXAGON HEAD BOLTS
AVAILABLE DIAMETERS: M1,6 ... M39
DIN 963 : SLOTTED COUNTERSUNK (FLAT) HEAD SCREWS
AVAILABLE DIAMETERS: M1 ... M10
DIN 965 : CROSS RECESSED COUNTERSUNK (FLAT) HEAD SCREWS
AVAILABLE DIAMETERS: M1,6 ... M10
DIN 7991: HEXAGON SOCKET COUNTERSUNK HEAD SCREWS
AVAILABLE DIAMETERS: M3 ... M24
LINES : 1 TO 37
FORWARD/BACKWARD: PAGE
AS EX BP SV
KEY CMS 101
HENDRIK
MACRO : KONUS6E
PANEL : ISCHRE
YES:EXECUTE
W-SPACE = *MASTER
AXS**AXS1 VU**VU 1

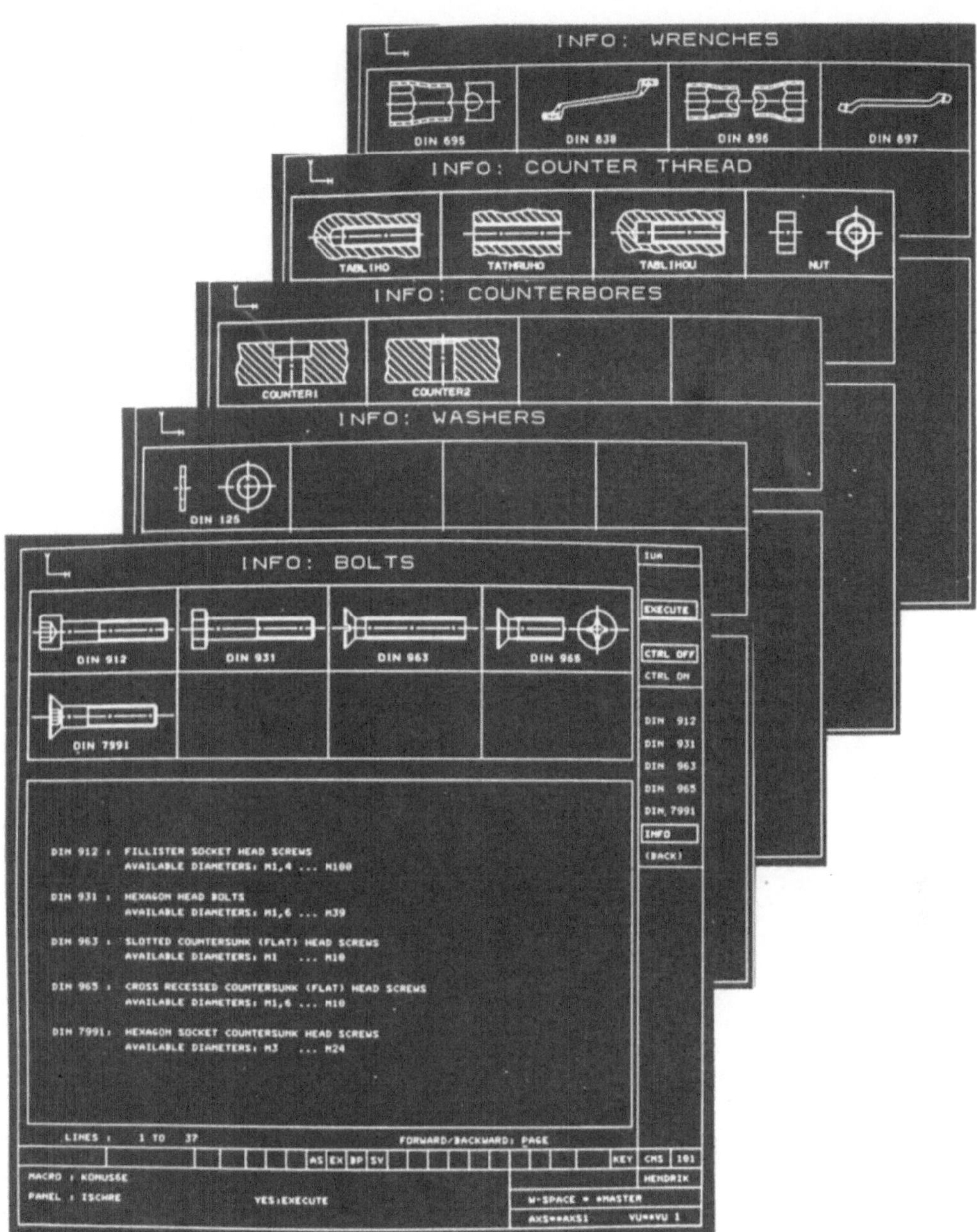

Bild 17

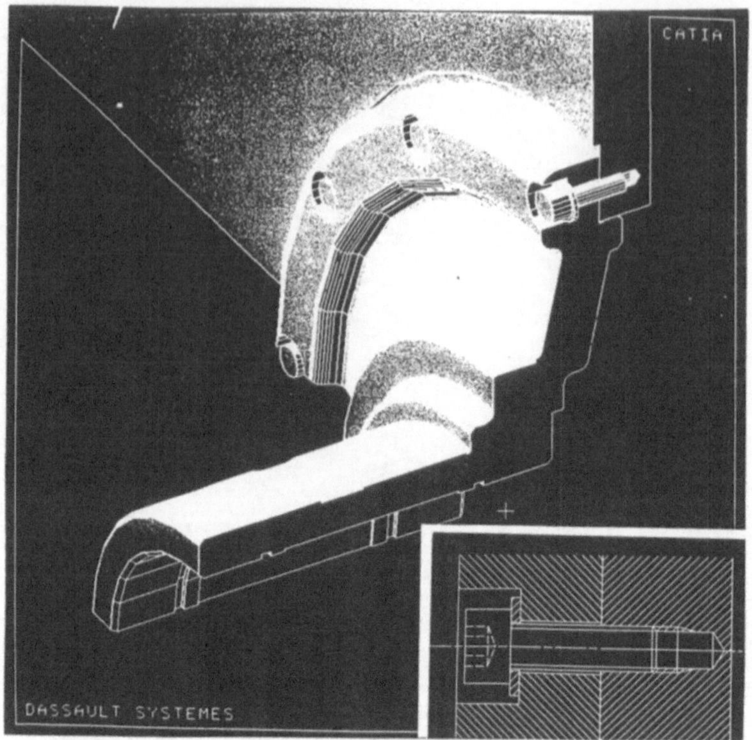

Bild 18

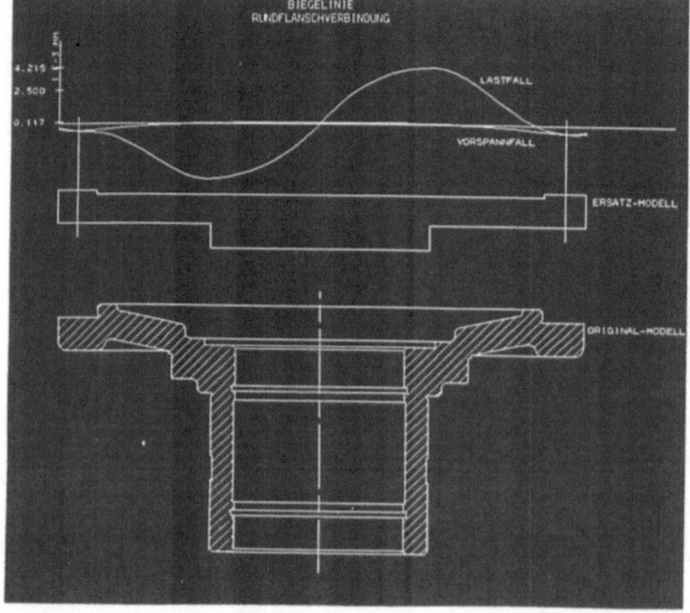

Bild 19

1. Senkungsform bestimmen
2. Senkungsmaße heraussuchen
3. Kontrolle: Senkung zulässig?
4. 3-D-Modell der Senkung erzeugen
5. Senkung im Raum plazieren
6. boolesche Operation ausführen
7. Scheibenmaße heraussuchen
8. 3-D-Modell der Scheibe erzeugen
9. Scheibe plazieren
10. Muttermaße heraussuchen
11. 3-D-Modell der Mutter erzeugen
12. Mutter plazieren
13. erf. Mindestschraubenlänge berechnen
14. Schraubenlänge festlegen
15. Schraubenmaße heraussuchen
16. 3-D-Modell der Schraube erzeugen
17. Schraube plazieren
18. Bohrungsmaße heraussuchen
19. 3-D-Modelle der Bohrungen erzeugen
20. Bohrungen plazieren
21. boolesche Operationen ausführen
22. Stücklisteninformationen erstellen: Teilebeschreibung / Teileposition

KONUS

1. Schrauben-Mittelachsen festlegen
2. zu verbindende Konstruktionsteile selektieren
3. Auswahldialog führen
4. Gewindenenndurchmesser eingeben
5. Kontrolle

Bild 20

ENERGIESPEICHER
AUFTRAG-NR: AP.NA.16983.89
ANF.-LISTE NR: AEG.__16983.89
DATUM: _____10.5.1989
VERANTW.: BAU/WEI/SAL___
VORLAEUFIGE STUECKLISTE :
3.1.0 SCHWUNGRAD : T1
3.2.0 WELLE : T2
3.4.0 ROHR : T3
3.6.0 DREHMOMENTFLANSCH : T4
3.3.8 DECKEL 1 : T5
3.3.7 DECKEL 2 : T6
3.5.7 DECKEL 3 : T7
3.8.0 PLATTE : T8
3.5.3 DISTANZHUELSE 1 : T9
3.5.4 DISTANZHUELSE 2 : T10
3.7.0 KAPSELUNG : T11
3.7.2 FIXIERSCHEIBE : T12
3.7.0 SCHEIBENKUPPLUNG FORM B: T13
3.5.1 ZYLINDERROLLENLAGER NUP: T14
3.5.2 ZYLINDERROLLENLAGER N : T15
3.3.1 ZYLINDERROLLENLAGER NU : T16
3.3.4 RILLENKUGELLAGER : T17
3.5.5 RADIAL-WELLENDICHTRINGE: T18
3.3.5 RADIAL-WELLENDICHTRINGE: T19
3.7.1 PASSFEDER : T20
3.3.2 SICHERUNGSRINGE 1,2 : T21
3.3.3 SICHERUNGSRINGE 3,4 : T22
3.5.6 NILOSRING AV : T23
3.3.6 PASSCHEIBE U. SCHEIBE A: T24
3D-MODELL

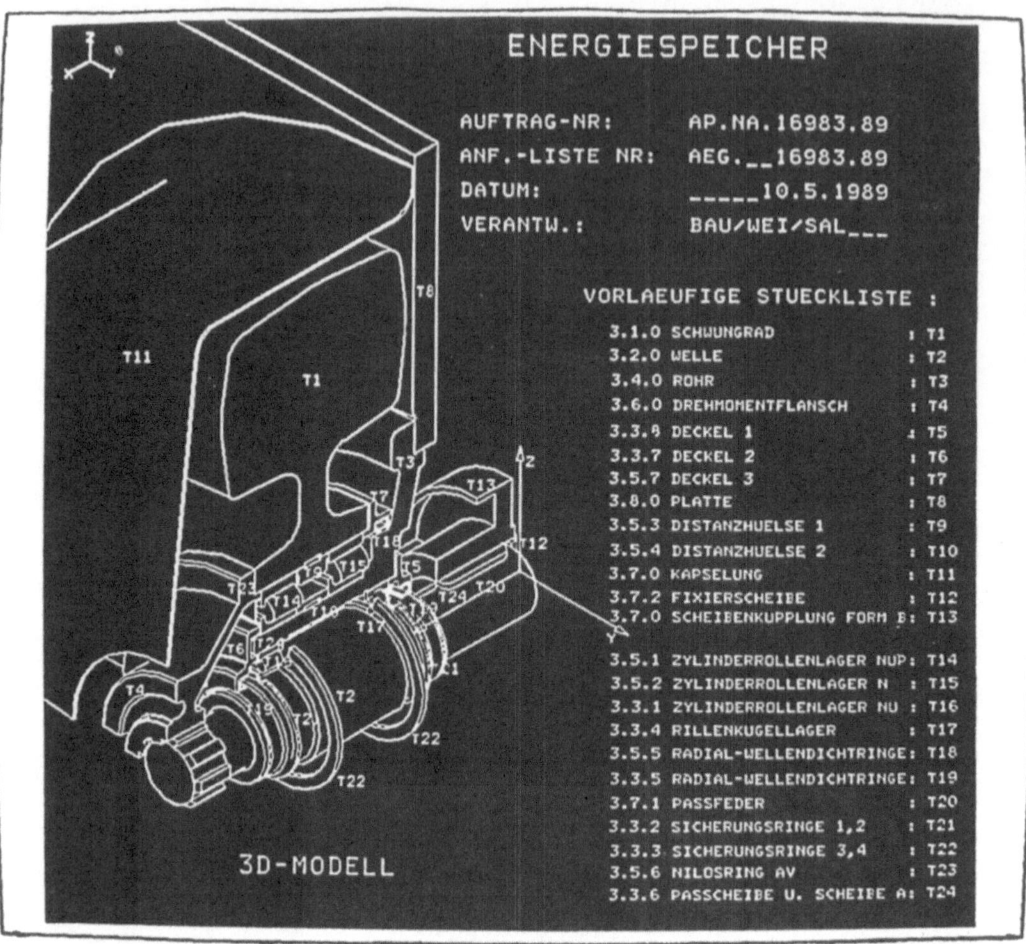

Bild 21

Geo-Informationssysteme als interdisziplinäre Hilfsmittel in den Geo-Wissenschaften

Dieter Fritsch
Lehrstuhl für Photogrammetrie
Technische Universität München

Zusammenfassung

Mit dem Einzug der elektronischen Datenverarbeitung in die Geo-Disziplinen wie z.B. Geologie, Geodäsie, Geographie und Ökologie - hier seinen nur einige genannt - hat sich das Umfeld der jeweiligen Disziplin enorm verändert. Bedingt durch diesen Wandel sind die Tätigkeiten und Aufgabenstellungen wesentlich anspruchsvoller geworden. Diese Umorientierung hat ebenso zu einem interdisziplinären Austausch und Zusammenwirken der Einzeldisziplinen geführt.

Mit der Bereitstellung von Geo-Informationssystemen (GIS) ist eine noch intensivere Zusammenarbeit der Geo-Disziplinen möglich. Während hierbei im wesentlichen Landinformationssysteme (LIS), Rauminformationssysteme (RIS) und Umweltinformationssysteme (UIS) eingesetzt werden, die in ihrer Gesamtheit ein GIS bilden, kommt den Netzinformationssystemen (NIS) der Versorgungsunternehmen sowie speziellen Ausprägungen als Fachinformationssystemen (FIS) eine eher eigenständige Rolle zu.

Der Beitrag definiert die Ausprägungen der einzelnen Informationssysteme (IS) sowie die Bilanzierungsrahmen für verschiedene Geo-Disziplinen. Neben elementaren Betrachtungen zum Aufbau von GIS wird gezeigt, daß für die meisten Aufgabenstellungen ein einheitliches Datenmodell ausreicht. Dieses Datenmodell - im Sinne der Datenbankentwicklungen in das konzeptionelle Schema zu subsummieren, besteht aus der Kombination von Metrik (unterste Stufe) mit der Topologie (mittlere Stufe) und der Thematik (oberste Stufe). Sowohl Vektor- als auch Rastergraphik lassen sich in dieses Modell einpassen. Einige Beispiele belegen die Effizienz dieses Datenmodells, das 2D- und 3D-Wiedergabe zuläßt.

Innerhalb eines Ausblicks werden dann Verfeinerungen des thematischen Modells wiedergegeben, die wesentlichen Einfluß auf die Bereitstellung einer Abfragesprache für Geometrie-Daten (Geo-Elemente) haben.

1. Einleitende Betrachtungen

"Boden ist nicht vermehrbar". Dieser Leitsatz wurde in den kulturell hochentwickelten Ländern schon früh erkannt und hat zum Aufbau von Informationssystemen in der Form von Karten- und Buchwerken bereits im 19. Jahrhundert beigetragen. Mit der zunehmenden Verdichtung des menschlichen Lebensraums wurden diese Informationssysteme immer komplexer und mit mehr Wissen angereichert, so daß innerhalb der Geo-Disziplinen wie Geologie, Geodäsie, Geographie, Ökologie u.v.a.m. umfangreiche analoge Informationssysteme zur Verfügung stehen.

Durch den Einzug der elektronischen Datenverarbeitung in die einzelnen Fachausrichtungen wird vermehrt auf den Einsatz von elektronischen Hilfsmitteln zurückgegriffen. Die schnelle Entwicklung der Computertechnologie (Hardware) hat ebenso wesentlich zur Weiterentwicklung der Methoden und daraus resultierender Produkte (Software) innerhalb der geometrischen und graphischen Datenverarbeitung beigetragen. In Konsequenz sind die 'Geo-Informationssysteme (GIS)' entwickelt worden, die in der Lage sind, geometrische Informationen (Vektor- und Rasterdaten) sowie Sachinformationen (Attribute) simultan vorzuhalten und zur Problemlösung einzusetzen (D. Fritsch / M. Schilcher, 1989).

So werden heutzutage in den meisten Geo-Disziplinen Geo-Informationssysteme aufgebaut und mit Daten gefüllt, um schnell und umfassend Informationen zur jeweiligen Fragestellung bereitzustellen. Der Austausch dieser Informationen über Schnittstellen läßt die Informationssysteme einzelner Fachausprägungen längst nicht mehr als isolierte Einrichtung, sondern als 'Astknoten' zu einem Netzwerk erscheinen, das hoffentlich gegen Ende dieses Jahrzehnts die meisten Belange des Umweltschutzes, der Raumplanung, der Bevölkerungsentwicklung, der Ressourcenverteilung u.a.m. abdecken kann.

1.1 Ausprägung von Geo-Informationssystemen

Der voneinander unabhängige Aufbau von Geo-Informationssystemen in den unterschiedlichen Fachrichtungen hat im wesentlichen zu **fünf** verschiedenen Ausprägungen geführt.

Mit Beginn der siebziger Jahre wurden im Vermessungswesen (Geodäsie) die Landinformationssysteme (LIS) definiert und durch verschiedene Projekte - hier sei lediglich das Sollkonzept der Automatisierten Liegenschaftskarte (ALK) zitiert (AdV, 1970) - in der Praxis realisiert. LIS setzen sich in erster Linie mit geometrischen Aufgabenstellungen im großmaßstäblichen Bereich (1:500 - 1:10 000) auseinander; jedoch finden sich mit der Umstellung des analogen topographischen Kartenwerkes im Rahmen des Amtlichen Topographischen und Kartographischen Informationssystems (ATKIS, AdV, 1988) ebenso Anwendungen im mittleren Maßstabsbereich 1:10 000 - 1:50 000 sowie in kleineren Maßstäben (< 1:100 000).

Seitens der Raumplanung sind unter Mitwirkung der Geographie die Rauminformationssysteme (RIS) - häufig auch als Geographische Informationssysteme bezeichnet -vorgeschlagen und realisiert worden bzw. finden sich im Aufbau. Dabei ist im wesentlichen der mittlere Maßstabsbereich abgedeckt. Die Aufgaben von RIS sind meist thematischer Natur; sie umfassen Bevölkerungs- , Wirtschaftsstatistiken, den Infrastrukturausbau sowie regionale Entwicklungsprogramme, um nur einige aufzuzählen.

Umweltinformationssysteme (UIS) sind Sammler verschiedener Fachausrichtungen wie Geologie, Ökologie, Forstwesen usw. - hier finden sich deshalb die meisten Realisierungen. Hauptaufgabe ist dabei eine umfassende Kontrolle von Luft, Wasser und Boden, so daß hier ebenso die Thematik im Vordergrund steht. Zu finden sind UIS innerhalb der gesamten Maßstabsskala.

Darüberhinaus müssen die Ver- und Entsorgungsleitungen in anthropogenen Ballungsgebieten dokumentiert werden, was zu den Netzinformationssystemen (NIS) geführt hat. Diese sind überwiegend im großen Maßstab (1:100 - 1:10 000) digitalisiert, können jedoch auch für globale Nachweise (Pipelinebau, Fernwärme) in mittleren und kleineren Maßstäben vorliegen.

Besondere Ausprägungen (Navigation, Militär) haben zu den sogenannten Fachinformationssystemen (FIS) geführt, die ebenso Geo-Elemente beinhalten können (Beispiel: Topographisches Informationssystem (TOPIS) der Bundeswehr).

In der Abb.1 sind die verschiedenen Ausprägungen mit ihren Maßstabsskalen wiedergegeben.

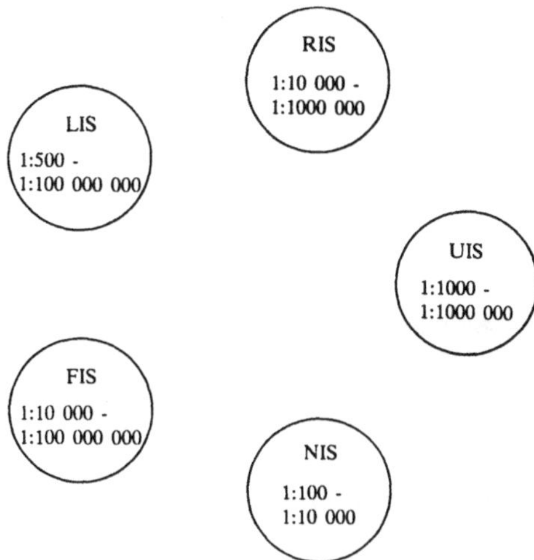

Abb. 1: Verschiedene Ausprägungen von Geo-Informationssystemen

1.2 Entwicklung von Geo-Informationssystemen

Hinsichtlich der Entwicklung von GIS lassen sich direkte Beziehungen zwischen der Informationsdarstellung und der eingesetzten Technik angeben (siehe Abb.2). Geo-Informationssysteme stellen eine besondere Gruppe von Informationssystemen (IS) dar, da ihre Daten stets eine geometrische und eine nicht-geometrische Komponente aufweisen, wohingegen allgemeine IS i.d.R. keinen geometrischen Bezug innehaben.

a) Geo-Informations-Darstellung

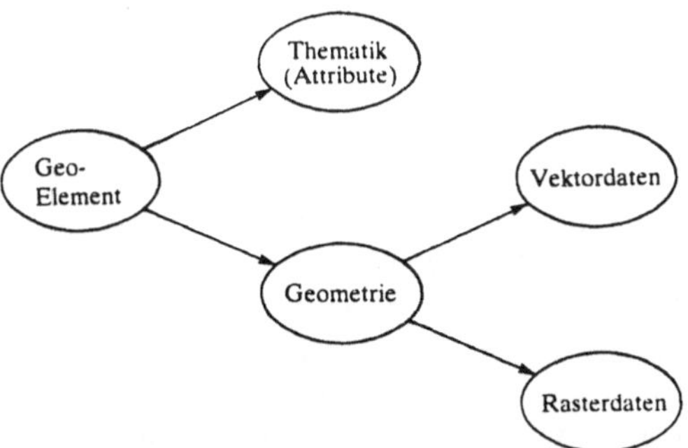

b) Geo-Informations-Evolution

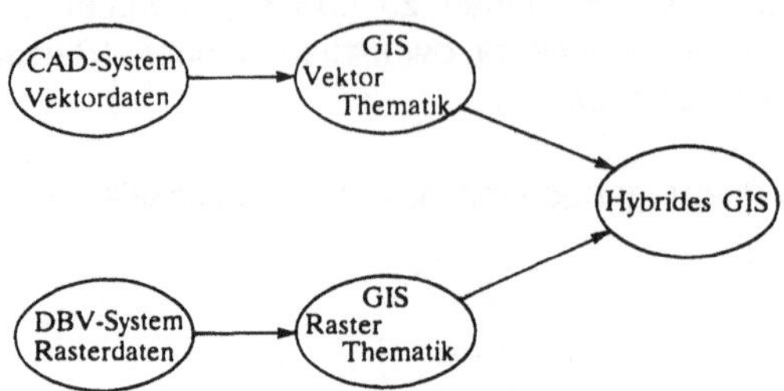

Abb. 2: Entwicklung von Geo-Informationssystemen

Die zuvor aufgezeigten Ausprägungen unterscheiden sich durch die unterschiedlichen thematischen Inhalte. Ebenso lassen sich GIS hinsichtlich ihrer abgespeicherten Geometrie klassifizieren, was zu den vektororientierten, rasterorientierten und hybriden Systemen geführt hat.

1.3 Aufbau von Geo-Informationssystemen

Ein Geo-Informationssystem ist ein komplexes Datenverarbeitungssystem, das sich im wesentlichen in vier Hauptbestandteile gliedert. Diese Komponenten sind die Benutzer-Schnittstelle, die Rechnerbestandteile und Rechnerleistung (Hardware), die Datenorganisation mit den Anwendungsprogrammen (Software) und die Daten (siehe Abb.3).

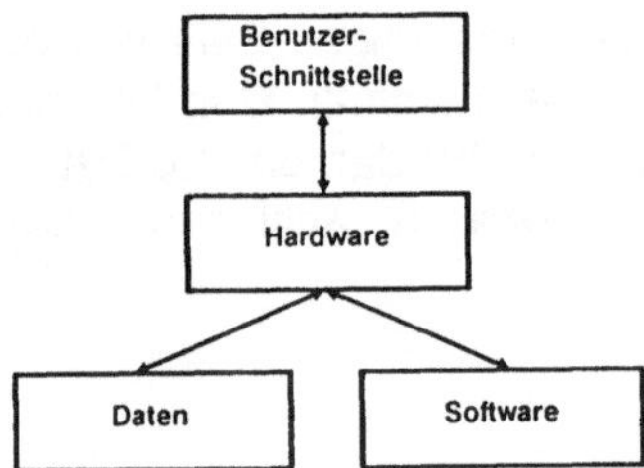

Abb. 3: Komponenten eines Geo-Informationssystems

Die Leistungsfähigkeit eines Geo-Informationssystems ist direkt an den technologischen Fortschritt innerhalb der Computer-Hardware und der Methoden gebunden. Innerhalb der Hardware-Bereitstellung sind kaum mehr Einschränkungen gegeben. Während die Host-Prozessorleistung durch RISC-Architekturen (Reduced Instruction Set Computer) immer leistungsfähiger wird, findet sie weitere Unterstützung durch Satellitenprozessoren (Vektorrechner, Transputer). Zur Datenspeicherung dienen Medien von hoher Datendichte in Winchester- oder Lasertechnologie (optische Platten). Weitere periphere Bestandteile sind hochauflösende graphische Bildschirme sowie Ein- und Ausgabegeräte in der Form von Scannern, Digitalisiertabletts, Stift- und Rasterplotter und Bildschirmkopierer.

Daher ist das Hauptaugenmerk bei der Weiterentwicklung von Geo-Informationssystemen der Datenorganisation und -manipulation (Software) zuzuwenden. Die Software gliedert sich im wesentlichen in die fünf Module: Dateneingabe, Abfragen, Antworten, Datenbank mit -Verwaltungssystem und der Methodenbank, in der Algorithmen zur Manipulation der Daten in kodierter Form zur Verfügung stehen. Innerhalb der Dateneingabe sind die Daten zu verifizieren, so daß ein leistungsfähiger Dateneditor für Vektor- und Rasterdaten zur Verfügung stehen sollte. Der Abfragemodul ist bisher nur beschränkt ausgebaut - es fehlt noch an einer Abfragesprache für die Geometrie-Elemente. Ebenso ist die Datenbankphilosophie weiterzuentwickeln, indem der Objektorientiertheit Rechnung zu tragen ist. Der Ausgabemodul dient der Präsentation der Geo-Information - je leistungsfähiger und differenzierter im Sinne 'überschaubar', umso größer ist die Akzeptanz der Geo-Informationssysteme durch die Anwender. Die Ausprägung eines GIS findet sich in der Methodenbank wieder. Hier sind für verschiedene Aufgabenstellungen kodierte Algorithmen vorhanden.

In der Abb.4 ist der Aufbau eines Geo-Informationssystems wiedergegeben.

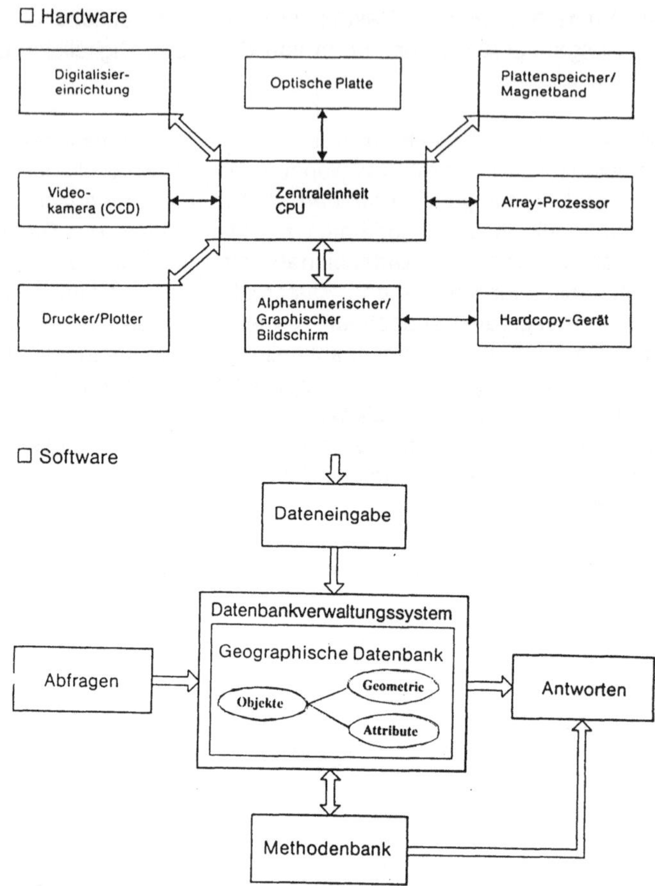

Abb. 4: Aufbau eines Geo-Informationssystems

2. Datenmodelle und Datenstrukturen

Geo-Informationen beschreiben Objekte und Phänomene von Prozessen nicht nur an der Erdoberfläche, sondern auch im Erdinnern (Geologie) und evtl. in der Atmosphäre. Aus diesem Grund ist sich verschiedenen Datenmodellen zuzuwenden, aus denen wiederum Datenstrukturen abgeleitet werden können. Dabei ist die räumliche Ausdehnung eines abzubildenden Geo-Elementes genauso zu berücksichtigen wie dessen zugehörige Thematik, die durch verschiedene Identifikatoren verzweigt werden kann. Dies hat in der jüngsten Vergangenheit zu umfangreichen theoretischen Betrachtungen geführt (D. Fritsch et.al., 1988, M. Molenaar, 1989a, 1989b, M. Molenaar / D. Fritsch, 1990).

2.1 Datenmodellierung

Um Geo-Informationen im Rechner abzuspeichern, bedarf es konzeptioneller Überlegungen nicht nur im Bereich der geometrischen und thematischen Kartographie, sondern auch in der Computergraphik. In der Vergangenheit sind Datenmodelle entwikelt worden, die sich an den analogen Kartendarstellungen orientierten und daher nur beschränkte Leistungsfähigkeit aufweisen. Bekannte Datenmodelle sind DIME (J.P. Corbett, 1979) und TIGER (R.W. Marx, 1989), die speziell für Landinformationssysteme entwickelt und zur Verfügung gestellt wurden. Mit diesen Modellen ist jedoch eine 3D-Modellierung nicht möglich.

Da in den Geo-Disziplinen die dreidimensionale Abspeicherung von Geo-Elementen immer mehr an Bedeutung gewinnt, werden im folgenden die Modellierungsstrategien der Computergraphik wiedergegeben. Diese sind an einem einfachen Geo-Element demonstriert: einem Haus, das sich aus zwei festen Bestandteilen zusammensetzt

a) reales Geo-Element

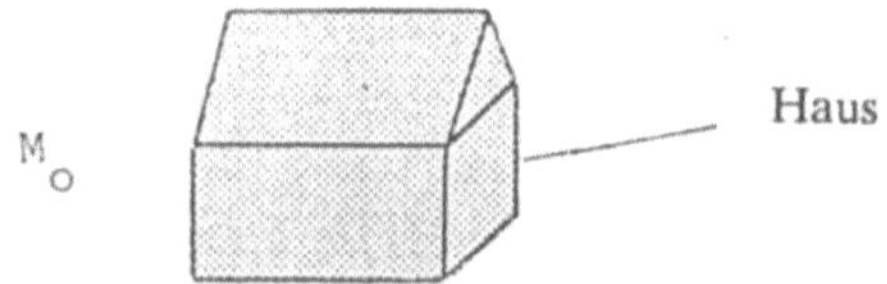

1) Parametrische Beschreibung

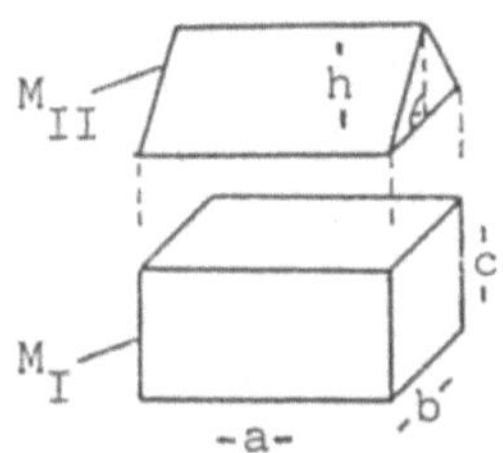

$$M_{II} = \{ a,b,h \}$$

$$M_{I} = \{ a,b,c \}$$

$$\rightarrow M_0 = M_I \cup M_{II}$$

2) Enumerationsverfahren

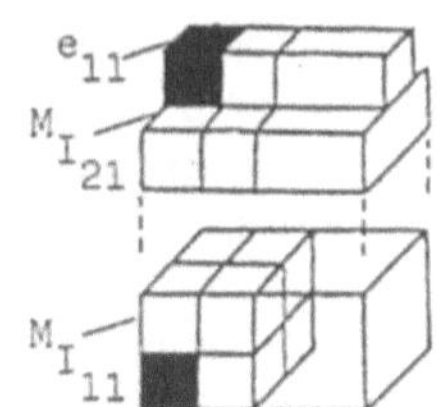

$$M_{I_{21}} = \{ e_{11}, e_{11}, \ldots , e_{11} \} = 6\ e_{11}$$

$$M_{I_{11}} = \{ e_{11}, e_{11}, \ldots , e_{11} \} = 8\ e_{11}$$

$$M_0 = M_{I_{11}} \cup M_{I_{12}} \cup M_{I_{21}} \cup M_{I_{22}}$$

3) Zellenzerlegung

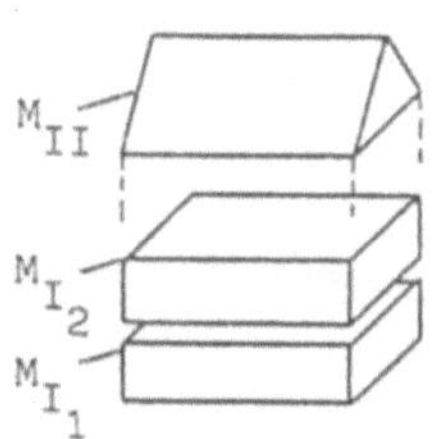

$$M_0 = M_{I_1} \cup M_{I_2} \cup M_{II}$$

4) Randbeschreibung

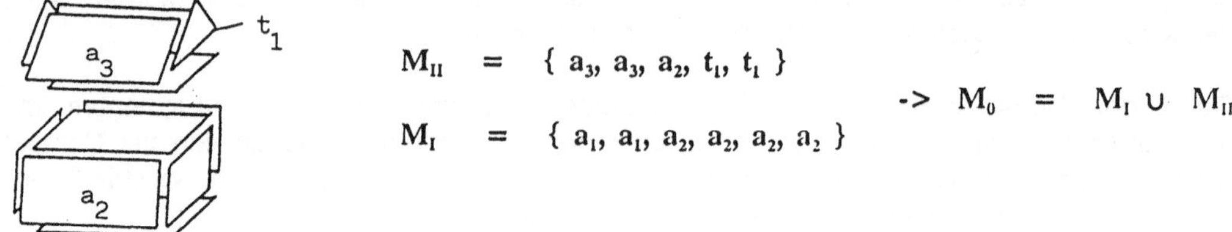

5) Modellierung mit Primitivkörpern

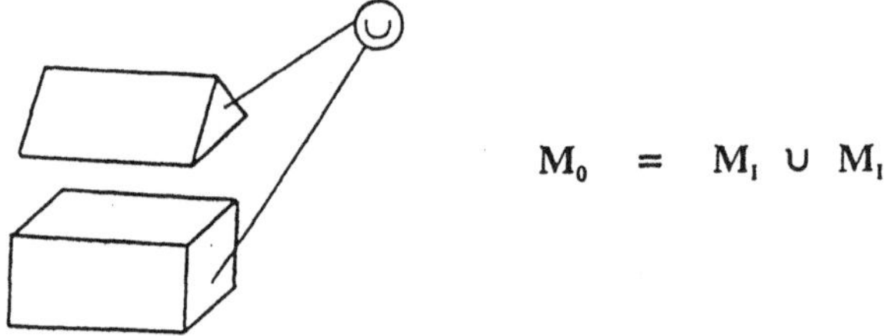

Abb. 5: Datenmodelle der Computergraphik

Diese Datenmodelle können jedoch auch als grundlegende Basiskonzepte zur Abbildung von Geo-Elementen angesehen werden, da mit ihnen die gegenwärtig angewandten Methoden sowie neue Vorgehensweisen zu veranschaulichen sind.

Zu 1) Die parametrische Beschreibung quantifiziert das Objekt durch Parameter wie Länge, Breite, Höhe. Im übertragenen Sinne lassen sich diese Parameter als Objekt-Attribute auffassen.

Zu 2) Das in der Computertomographie häufig eingesetzte Konzept der Enumeration benutzt fest vorgegebene Raumzellen zur Beschreibung bzw. Approximation von komplizierten räumlichen Objekten. Daraus ergeben sich die Volumen-Elemente (volume elements, voxels), die für den zweidimensionalen Raum in die Bildelemente (picture elements, pixels) entarten.

Zu 3) Die Zellenzerlegung beschreibt das Objekt durch Raumzellen von unterschiedlicher Art und Größe. Hierunter läßt sich ebenso das Zellteilungsprinzip der Geo-Datenhaltung subsummieren, dessen Zellen der Datendichte angepaßt werden.

Zu 4) Die Randbeschreibung gibt das räumliche Objekt durch seine Randelemente wieder, was z.B. Flächen, Linien und Punkte sein können. Auf der Randbeschreibung basiert die Detailabbildung der Geo-Elemente, da hier die Topologie einfach darzustellen ist.

Zu 5) Die Modellierung mit Primitivkörpern ist bisher noch wenig angewendet worden. Hierzu kann insbesondere die Boole'sche Algebra zur Datenmanipulation eingesetzt werden. Jedoch sind auch die topologischen Konzepte der Modellierung und Datenbeschreibung anzupassen.

2.2 Thematische Modellbildung

Bisweilen kommt man für viele Belange der Geo-Wissenschaften mit einer Randbeschreibung des Details aus. Diese Randbeschreibung setzt auf der Metrik (x,y-Koordinaten) auf und enthält die komplette Nachbarschaftsgeometrie (Topologie) der Geo-Elemente. Jedoch hat sich herausgestellt, daß ein weiteres Modell zur Objektdefinition und -verzweigung benötigt wird, welches auch als 'thematisches Modell' zu bezeichnen ist (siehe Abb.6).

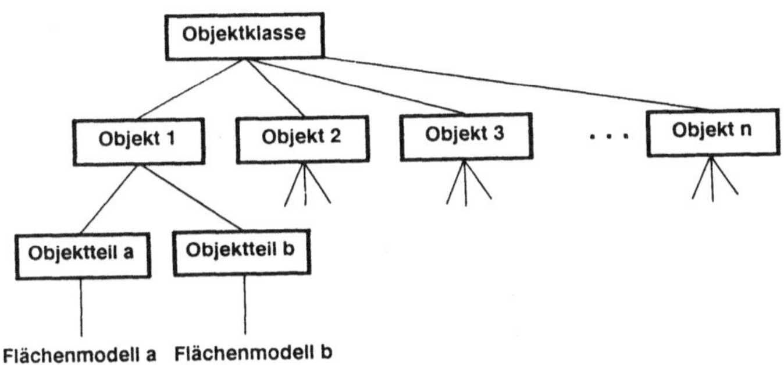

Abb. 6: Thematisches Modell für Geo-Elemente

Dieses Modell beinhaltet eine abgestufte Hierarchie: Objektklasse, Objekt und Objektteil. Beispielsweise ist damit die Objektklasse der Gewässer aufzuteilen in das Objekt: Flüsse und das Objekt: Seen, wobei die Individualflüsse Objektteile sein können. Andererseits kann jedoch auch jeder einzelne Fluß als ein Objekt definiert sein, der als Objektteile durchaus linienhafte Flußelemente und Stauseen enthalten kann. Ein weiteres Beispiel ist die Separation von Lage und Höhe, so daß sich die Situtation in verschiedenen Objekten, die Höhe jedoch in einem einzelnen Objekt wiederfindet.

Die Kombination von thematischem Modell und der Randbeschreibung für das zuvor eingeführte Geo-Element 'Haus' ist in der Abb.7 wiedergegeben.

Thematisches Modell

Objektklasse	'Haus'			
Objekt 1	'Körper'			
Objekt 2	'Dach'			
Objektteil 1	'Körper. Quadrat	a_1'	;	2
	'Körper. Rechteck	a_2'	;	4
Objektteil 2	'Dach. Rechteck	a_3'	;	2
	'Dach. Rechteck	a_2'	;	1
	'Dach. Dreieck	t_1'	;	2

Randbeschreibung

Flächenmodelle:	'Quadrat	a_1, Länge 1, Breite 1 '
	'Rechteck	a_2, Länge 2, Breite 1 '
	'Rechteck	a_3, Länge 2, Breite 1,1'
	'Dreieck	t_1, Länge 2, Höhe 1,1'

Abb. 7: Objektbeschreibung

Um nun diese Objektbeschreibung in eine Datenbank abzubilden, bedient man sich häufig des Entitäts-Relationen-Modells (ER-Modell, C.J. Date, 1986). Die Menge der Entitäten ist durch fest vorgegebene Attribute definiert, wobei eine Entität ein Element dieser Menge darstellt und aus einem oder mehreren Attributen besteht. Aus dem thematischen Modell ergeben sich verschiedene Entitätsmengen, die miteinander verknüpft werden müssen. Diese Verknüpfungen bilden in ihrer Gesamtheit die Menge der Relationen, d.h. eine Relation ist nichts anderes als eine Verbindung von wenigstens zwei Entitäten. In der Abb.8 ist das ER-Modell für das zuvor eingeführte Geo-Element 'Haus' demonstriert.

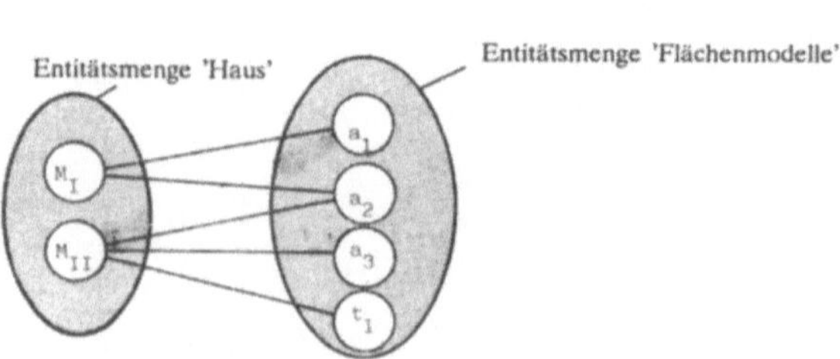

Abb. 8: Entitäts-Relationen-Modell

In den modernen Programmiersprachen wie Common-Lisp, C++, Small Talk sind es die 'strukturierten Variablen', die die Menge der Entitäten aufnehmen. Von daher läßt sich eine direkte Verbindung zwischen thematischem Modell und objektorientierter Programmierumgebung herstellen. In diesem Zusammenhang wird häufig die Entitätsmenge als 'set type' und die einzelne Entität als 'data set' bezeichnet. Die Menge der Relationen läßt sich analog als 'relationship type' festlegen.

2.3 Datenstrukturierung

Zur Abspeicherung der Detailinformation sind bestimmte Bedingungen zu erfüllen. Während für Vektordaten effiziente Konzepte zur Verfügung stehen, ist die Integration von Rasterdaten noch Gegenstand der Forschung (D. Fritsch et al., 1988, M. Molenaar / D. Fritsch, 1990, H. Yang, 1990). Die Verknüpfung von beiden Datentypen erfolgt über das thematische Modell und hier insbesondere durch Identifikatoren (siehe Abb.9).

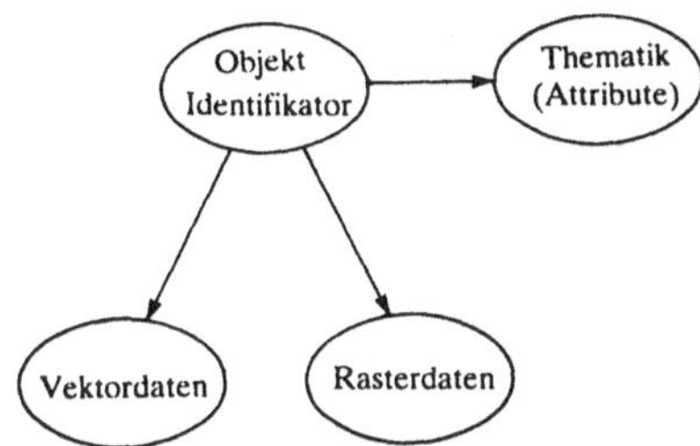

Abb. 9: Datenstruktur zur Kombination von Vektor- und Rasterdaten

Für die generelle Abspeicherung von Vektor- und Rasterdaten stehen drei verschiedene Möglichkeiten zur Verfügung

- die sequentielle Methode
- der direkte Zugriff
- die Zeigerlisten

in denen hierarchisch organisiert ist vermittels

- des gesamten Datenfiles als Ansammlung aller Datenzeilen
- der Datenzeile als Ansammlung von Datenelementen
- den Datenelementen, die die gespeicherte und verarbeitete Information erhalten

Der Ausdruck 'Datenstruktur' bezieht sich nun auf die Organisation der Datenzeilen sowie ihre gegenseitige Verknüpfung innerhalb des Datenfiles. Innerhalb der Abspeicherung von Geo-Informationen sind generell zwei Fragestellungen von Interesse:

1) Wieviele Daten sind zu speichern (Maximum?)
2) Wie schnell kann auf individuelle oder auch Gruppen von Datenelementen zugegriffen werden?

Daher gelten die folgenden Rahmenbedingungen

- Objekte mit gemeinsamen Eigenschaften sollten in Feldern organisiert sein
- Objekte in einer hierarchischen Struktur sind als 'invertierter Baum' aufzufassen
- Dynamisches Wachsen und Ändern ist zu gewährleisten
- Zugriff auf beliebige Elemente ist zu ermöglichen

Während lokale Daten im sequentiellen Modus - einfach sequentiell, geordnet sequentiell und index-sequentiell - abgelegt sein können, und Rasterdaten im direkten Zugriff schnell abzufragen sind, ist sich insbesondere zur Abspeicherung des thematischen Modells und der Randbeschreibung verschiedener Listenformen zu bedienen (siehe Abb. 10).

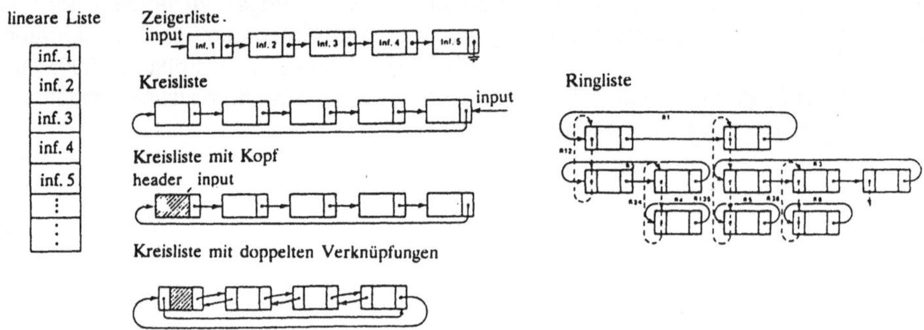

Abb. 10: Listenstrukturen

Ein Vergleich einer Datenstruktur für Vektorinformation (M. Molenaar / D. Fritsch, 1990) mit den Listenstrukturen zeigt, daß hier adequate Organisationsformen zur Verfügung stehen. In der Abb. 11 ist die Datenstruktur für Vektorinformation in der Form eines sogenannten 'Blasenmodells' dargestellt.

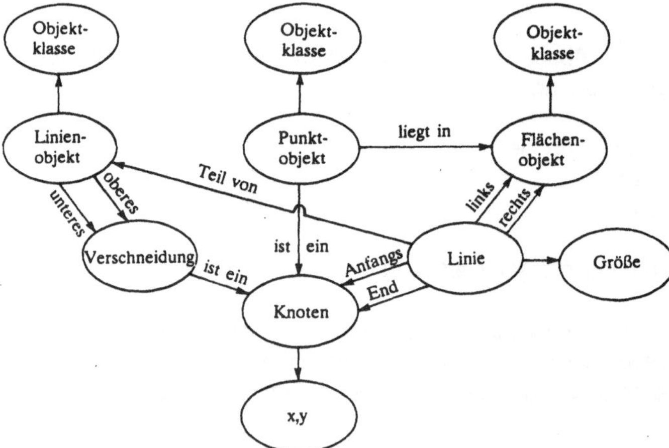

Abb. 11: Datenstruktur für Vektorinformation

Zur Demonstration des Gebrauchs dieser Datenstruktur ist ein einfaches Geo-Element 'Rechteck a_2' in einer Ringliste abgespeichert (vgl. Abb.12).

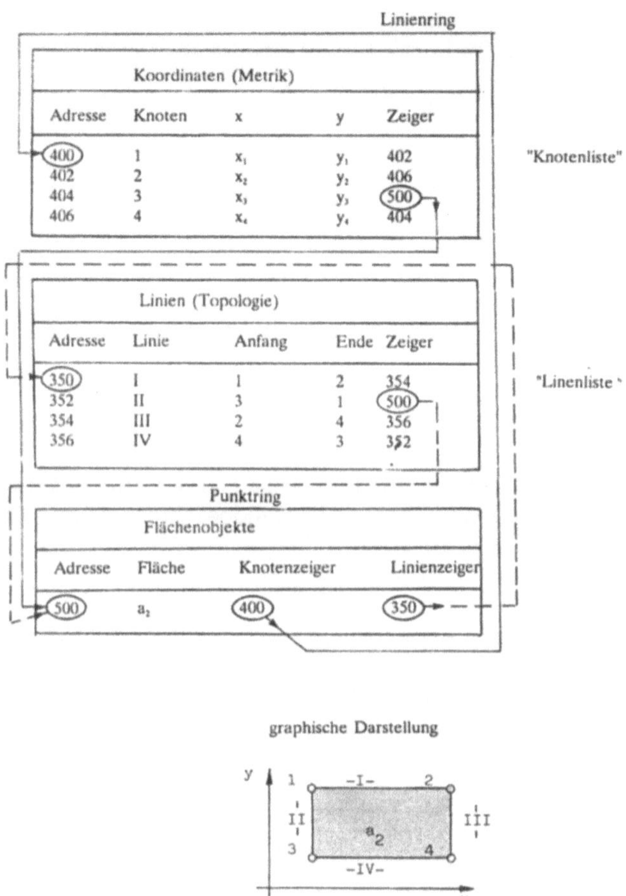

Abb. 12: Ringliste für das Rechteck a_2

Die Datenstruktur der Abb.12 gibt ein netzwerkartiges Gebilde wieder, dessen Antwortzeitverhalten für Graphik als 'sehr leistungsfähig' zu beurteilen ist. Jedoch liegt der Hauptnachteil der Ringliste in den Verzeigerungen, die bei jeder Änderung des Datenbestandes mit fortgeführt werden müssen.

Das thematische Modell kann in einem relationalen Modell abgespeichert werden, das ebenso für die Attributverwaltung zu bevorzugen ist (siehe Abb.13).

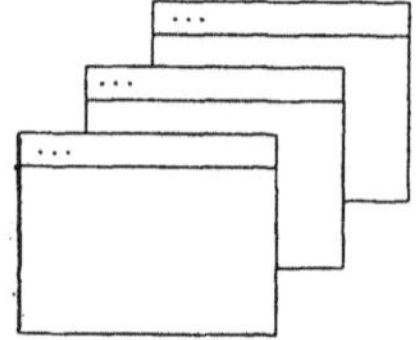

Abb. 13: Anordnung von Thematik

Vermittels des Objekt-Identifikators ergibt sich dann die Verknüpfung von Thematik mit Graphik.

2.4 Höhenintegration

Die Integration von Geländehöhen ermöglicht eine wesentliche Spektrumserweiterung des Bilanzierungsrahmens. Geländehöhen sind ebenso als Randbeschreibungen aufzufassen, die organisiert sein können in (D. Fritsch, 1990b)

- einem Raster
- einer Triangulation
- einem hybriden Modus bestehend aus der Kombination von Raster mit Triangulationen

Während Raster und hybride Modelle durch einen invertierten Baum hierarchisch zu organisieren sind, ist für die Verwaltung von Triangulationen ebenso ein gemischter Modus anzustreben. Auf höherer Ebene können Triangulationen durchaus im Rastermodus verwaltet werden, wobei die Detailabbildung wiederum durch Listen erfolgt (siehe Abb.14).

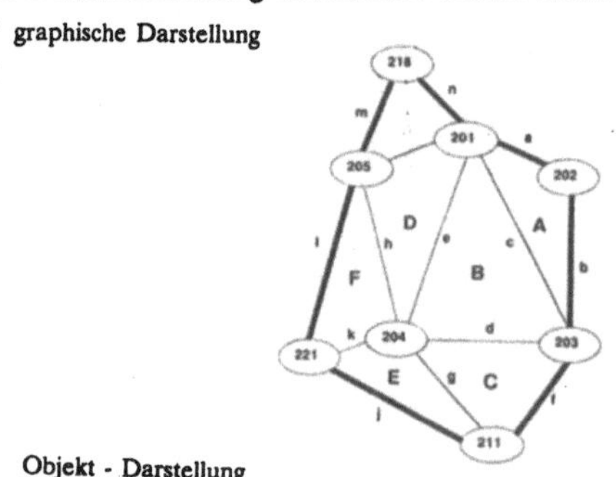

Knoten-Liste			
Knoten	x	y	z
201	x_{201}	y_{201}	z_{201}
202	x_{202}	y_{202}	z_{202}
203	x_{203}	y_{203}	z_{203}
204	x_{204}	y_{204}	z_{204}
205	x_{205}	y_{205}	z_{205}
211	x_{211}	y_{211}	z_{211}
218	x_{218}	y_{218}	z_{218}
221	x_{221}	y_{221}	z_{221}

Linien-Liste	
Dreieck	Knoten
A	201, 202, 203
B	201, 203, 204
C	203, 204, 211
D	201, 204, 205
E	204, 211, 221
F	204, 205, 221
I	201, 205, 218

Flächen-Liste	
Dreieck	Nachbar
A	B
B	A,C,D
C	B,E
D	B,F,I
E	C,F
F	E,D
I	D

Hülle
Knoten
201
202
203
211
221
205
218

Abb. 14: Organisation einer Triangulation in linearen Listen

Für die Verknüpfung von Höhen- mit Lageinformation können Objekt-Identifikatoren herangezogen werden (vgl. Abb. 9) oder aber die Datenhaltung erfolgt vollständig dreidimensional (D. Fritsch, 1990b).

3. Bilanzierungsrahmen für Geo-Informationssysteme

Geo-Informationssysteme sollen in erster Linie zur Sicherung, Erhaltung und Verbesserung des Lebens- und Wirtschaftsraumes sowie zum Schutz von Grund und Boden beitragen (K. Barwinski, 1983). Dabei benötigt vor allem der Planungs- und Entwicklungsbereich sehr unterschiedliche Daten und Methoden. Diese Mannigfaltigkeit zumindest der Daten ist nachfolgend wiedergegeben, ohne einen Anspruch auf Vollständigkeit zu erheben.

1. Vermessungswesen (Geodäsie)

- Kataster (Liegenschaftskarte, Liegenschaftsbuch)
- Landesvermessung (Lage- und Höhefestpunktfeld, topographische Landesaufnahme)
- Kommunale Vermessung

2. Grundbuch

- Bestandsverzeichnis, Eigentum, Lasten und Beschränkungen,
- finanzielle Belastungen)

3. Natürliche Ressourcen

- Geologie und Bodenschätze
- Wassermengen in ihrer zeitlichen Verteilung
- Tier- und Pflanzengemeinschaften
- Klimaforschung
- Naturschutz

4. Technische Anlagen

- Wohngebiete
- Industrie- und Energieanlagen
- Verkehrsanlagen
- Anlagen und Leistungen für die Ver- und Entsorgung

5. Auswirkungen von Industrie und Technik auf die Umwelt

- Lärm
- Schadstoffemmission
- Schadstoffkonzentration in der Umwelt (Luft, Wasser, Boden)
- Krankheitsanzeichen der Umwelt (Pflanzenschäden, aussterbende Arten)

6. Wirtschaftliche und sozialpolitische Angaben

- Bevölkerung
- Arbeitsmöglichkeiten
- Verkehrssituation
- Kulturstätten (Ausbildung, Freizeit)
- Gesundheitswesen

Diese Vielfalt der Daten definiert den Bilanzierungsrahmen für Geo-Informationssysteme, der sich ebenso an der Ausprägung orientiert. Innerhalb des Bilanzierungsrahmens sollen typische Fragestellungen festgelegt werden, z.B.

- Welche Objekte sind zu bilanzieren:
- Welche objektspezifischen Bedingungen liegen vor?
- Welche semantischen und geometrischen Beziehungen existieren zwischen den individuellen Objekten?

Dieser Bilanzierungsrahmen hat direkten Einfluß auf die Definition von Abfragesprachen, auf die im nächsten Abschnitt mehr eingegangen wird.

4. Ausblick

Gegenwärtig stehen verfeinerte Modelle zur Objektdefinition und zur Datenstrukturierung im Kernpunkt von Forschung und Entwicklung. Dabei wird sich insbesondere auch den Raster- (Bild-) Daten gewidmet, die verschiedene Verarbeitungsprozesse durchlaufen können. Während die Originär-Bilddaten thematisch noch ungeordnet sind, können Klassifizierungen und die Mustererkennung zur Objektdefiniton beitragen. Dies führt zu verschiedenen Darstellungsformen von Rasterdaten, wobei bisher lediglich die Quadtree-Zerlegung von homogenen Gebieten hinreichend untersucht worden ist (H. Yang, 1990). Weitere Übergangskonvertierungen sind Gegenstand der Forschung.

4.1 Kombinierte Datenstruktur

Die Integration von Rasterdaten in Geo-Informationssysteme impliziert die Bereitstellung von kombinierten Datenstrukturen, in der auch verarbeitete Rasterdaten zu berücksichtigen sind. Ein erster Vorschlag für eine solche Datenstruktur ist mit der Abb. 15 gegeben (M. Molenaar / D. Fritsch, 1990), in der eine Quadtree-Darstellung von klassifizierten Daten berücksichtigt ist.

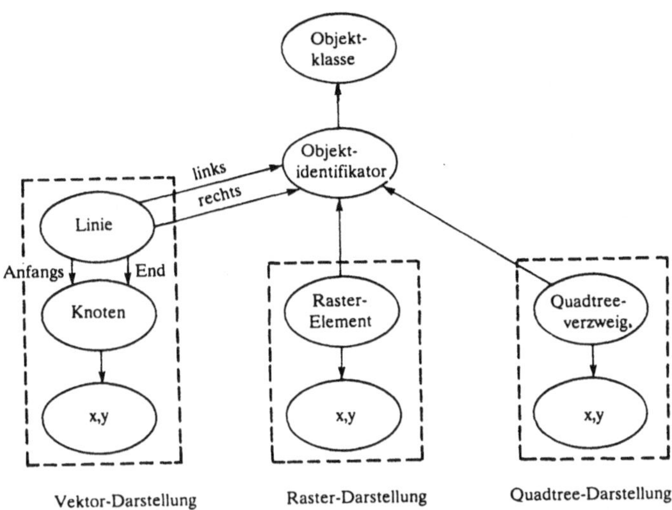

Abb. 15: Kombinierte (hybride) Datenstruktur

Dabei erfolgt die Verknüpfung durch Objekt-Identifikatoren, die bestimmte Flächenstücke charakterisieren. Ebenso sind Erweiterungen dieser Datenstruktur innerhalb der Rasterwelt denkbar.

4.2 Erweiterung von Abfragesprachen

Bisweilen steht für die Attribut-Abfrage das mächtige Werkzeug der strukturierten Abfragesprache (structured query language) der relationalen Datenbanksysteme zur Verfügung. Dies bedeutet jedoch eine starke Einschränkung, da nur die Semantik der Geo-Elemente abgefragt werden kann. Für die Geometrie muß daher eine adequate Abfragesprache entwickelt werden, um dem Benutzer ein einheitliches Vokabular für Abfragen anzubieten. Erste Lösungsansätze zeichnen sich zumindest in der Forschung hierzu ab (D. Findeisen, 1990) - einige Entwickler haben diese Lücke ebenso erkannt und arbeiten an der Bereitstellung von erweiterten SQL, auch als Geo-SQL bezeichnet.

Diese Erweiterung soll an den folgenden beiden Beispielen belegt werden, wobei insbesondere die Rasterdaten auch objektorientiert abgespeichert sein müssen. Im Beispiel 1 sollen in der Gemarkung A-Dorf alle Flurstücke innerhalb der Flur 12 dargestellt werden. Beispiel 2 fragt nach klassifizierten Rasterdaten, indem innerhalb der allgemeinen und reinen Wohngebiete die Grünflächen selektiert werden. Des weiteren beinhaltet das Abfragevokabular die Auswahl von Straßen von Kerngebieten, die sich in der Altstadt befinden.

Beispiel 1 (Vektordaten)

SELECT Gemarkung	OBJECT A-Dorf
THEREOF Flur	OBJECT 12
THEREOF Flurstück	OBJECT ALLE

Beispiel 2 (Rasterdaten)

SELECT	Grünfläche
THEREOF	Reine Wohngebiete UND Allgemeine Wohngebiete
OBJECT	ALLE
AND	Straßen
THEREOF	Kerngebiete
OBJECT	Altstadt

Abb. 16: Beispiele für Geo-SQL

5. Schluß

Die vorliegenden Betrachtungen haben aufgezeigt, daß Geo-Informationssysteme generellen Betrachtungen zu unterziehen sind, die weniger von der Anwendung abhängen, sondern von den Datentypen. Innerhalb der Weiterentwicklung dieser Systeme ist insbesondere die digitale Kartographie aufgefordert, ihren Beitrag zur Objektbeschreibung, der Definition von Bilanzierungsrahmen, der Datenorganisation, der Datenanalyse und der Datenpräsentation zu leisten. Insbesondere ist die Rasterkartographie weiterzuentwikeln, um leistungsfähige graphische Editoren, Vektorisierungen und die Extraktion von kartographischen Symbolen zu gewährleisten. Erst wenn hybride Datenhaltungskonzepte mit zugehörigen Abfragesprachen vorliegen, können die meisten Belange der Geo-Disziplinen abgedeckt werden.

6. Literatur

Arbeitsgemeinschaft der Vermessungsverwaltungen der Länder der Bundesrepublik Deutschland (AdV, 1970): Rahmen-Soll-Konzept Automatisiertes Liegenschaftskataster als Basis der Grundstücksdatenbank (ALK). Landesvermess. Amt NRW, Bonn

Arbeitsgemeinschaft der Vermessungsverwaltungen der Länder der Bundesrepublik Deutschland (AdV, 1988): Amtliches Topographisch-Kartographisches Informationssystem (ATKIS). Landesverm. Amt NRW, Bonn.

Barwinski, K. (1983): Der Beitrag der Landesvermessung zu bodenbezogenen Informationssystemen. Zeitsch. Verm. Wes. (ZfV), 108, S. 14-20.

Corbett, J.P. (1979): Topological Principles in Cartography, Techn. Pap. 48, U.S. Dept. Commerce, Bureau of the Census, Washington DC.

Date, C.J. (1986): An Introduction to Database Systems. Addison-Wesley, Reading, Mass.

Findeisen, D. (1990): Datenstruktur und Abfragesprache für raumbezogene Informationssysteme. Dissertation, Univ. Bonn, Bonn.

Fritsch, D. / M. Schilcher / H. Yang (1988): Object Oriented Management of Raster Data in Geographic Information Systems. Int. Arch. Phot. Rem. Sens., 27, B4, pp. 538-546, Kyoto.

Fritsch, D. / M. Schilcher (1989): Geo-Informationssysteme - Einführung und Stand der Entwicklung. In: Geo-Informationssysteme, Hrsg. M. Schilcher / D. Fritsch, Wichmann, Karlsruhe.

Fritsch, D. (1990a): Digital Cartography as Basis of Geographic Information Systems. Proceed. Eurocarto VIII, Palma de Mallorca.

Fritsch, D. (1990b): Raumbezogene Informationssysteme und Digitale Geländemodelle. Habilitationsschrift Techn. Univ. München, München.

Marx, R.W. (1989): TIGER and GIS. Geo-Informations-Systeme (GIS), 2, pp. 8-11.

Meier, A. (1986): Methoden der grafischen und geometrischen Datenverarbeitung. Teubner, Stuttgart.

Molenaar, M. (1989a): Single-Valued Vector Maps - A Concept in Geographical Information Systems. Geo-Informations-Systeme (GIS), 2, pp. 18-26.

Molenaar, M. (1989a): Status and Problems of Geographical Information Systems, A conceptual Approach. Proceed. 42. Photogr. Week, pp. 7-23, Inst. Photogr., Stuttgart Univ., Stuttgart.

Molenaar, M. / D. Fritsch (1990): Combined Data Structures for Vector and Raster Representations in Geographic Information Systems. Int. Arch. Phot. Rem. Sens., 28, Wuhan.

Yang, H. (1990): Zur Integration von Vektor- und Rasterdaten in Geo-Informations-systemen. - Theoretische und praktische Aspekte der Quadtree-Struktur für Geometrie-Daten.

Schilcher, M. / D. Fritsch (1989): Geo-Informationssysteme. Anwendungen, Neue Entwicklungen. Wichmann, Karlsruhe.

Simulation von chemisch reaktiven Strömungen

Jürgen Warnatz
Institut für Technische Verbrennung
Universität Stuttgart

0. Zusammenfassung

Die Bedeutung von chemisch reaktiven Strömungen in Wissenschaft und Technik beruht auf der Tatsache, daß es sich hier einerseits um äußerst interessante und komplexe Phänomene handelt, deren quantitative Beschreibung eine Reihe von grundsätzlichen Problemen aus Physik, Chemie und Mathematik aufwirft, andererseits um technisch wichtige Erscheinungen handelt, so daß von Seiten der Anwendung ein sehr großes Interesse an der Beherrschung dieser Erscheinungen besteht.

Als wichtige Beispiele für chemisch reaktive Strömungen seien in diesem Zusammenhang z. B. Verbrennungsvorgänge, Prozesse aus der Chemietechnik, Atmosphärenchemie, Hyperschallprobleme aufgezählt; weitere Anwendungen ergeben sich z. B. in der Biologie und der Medizin. Als Anwendungsbeispiel werden angesprochen:

- *Verbrennungsprozesse* - Hier sind einmal motorische Verbrennung und andererseits Heizung bzw. Energieerzeugung zu nennen; die Probleme resultieren aus der engen Wechselwirkung von Wärmefreisetzung und Strömungsfeld.

- *Hyperschallprobleme* - Die bei Hyperschallbedingungen auftretenden hohen Temperaturen (schneller Überschallflug, Weltraum-Missionen) führen dazu, daß Luft als chemisch reaktives Medium zu betrachten ist.

1. Einleitung: Die Bedeutung reaktiver Strömungen in Wissenschaft und Technik

Chemisch reaktive Strömungen spielen eine wichtige Rolle in Wissenschaft und Technik. Leider ist ihre rechnerische Behandlung jedoch mit großen Schwierigkeiten verbunden, da sie aus einem komplexen Wechselspiel von Strömung, Transport und chemischer Reaktion entstehen. Die Simulation (und damit ein quantitatives Verständnis und die Möglichkeit der Extrapolation zu experimentell nicht oder schwer zugänglichen Bedingungen) ist erst in den letzten zehn Jahren möglich geworden durch das Zusammentreffen von drei Bedingungen: (1) die Verfügbarkeit von schnellen Rechnern mit großen Speichern, (2) die Verfügbarkeit von reaktionskinetischen Daten und (3) ausgefeilte mathematische Algorithmen zur effizienten Lösung der auftretenden sehr großen, steifen, hoch nicht-linearen partiellen Differentialgleichungs-Systeme. Als Beispiele für chemisch reaktive Strömungen seien genannt:

a) *Verbrennungsprozesse:* Verbrennungsprozesse versorgen die Menschheit derzeit mit über 80 % ihres Energiebedarfs (Transportwesen, Kraftwerke, Feuerungen), und eine wesentliche Änderung ist für die nächsten Jahrzehnte nicht vorhersehbar.

b) *Chemietechnik:* Eine große Komplikation ist hier bisher jedoch bei den meisten Prozessen das Vorhandensein von Katalysatoren, da über Oberflächenreaktionen keine gesicherten Kenntnisse vorliegen.

c) *Atmosphärenchemie:* Die Chemie der Erdatmosphäre ist in den letzen Jahren im Zusammenhang mit den Umweltproblemen oft in den Mittelpunkt des Interesses geraten. Aber auch hier ist man weit entfernt von einem umfassenden Verständnis der ablaufenden reaktiven Strömungen und noch nicht in der Lage vorherzusagen, welche Umweltänderungen auf Grund menschlicher Aktivitäten in der Zukunft eintreten werden, sondern lediglich, welche Änderungen eintreten könnten.

d) *Hyperschallprobleme:* Beim Wiedereintritt von Raumfahrzeugen treten Geschwindigkeiten von etwa 25-facher Schallgeschwindigkeit auf, die hinter einer Bugstoßwelle zu Temperaturen bis 10 000 K und damit zur Luft-Dissoziation führen. Die ablaufende Chemie hat einen starken Einfluß auf die Lage der Stoßwelle, die für das Design des Fahrzeuges wichtig ist, und auf die Größe des Wärmeüberganges auf die Wand des Wiedereintrittkörpers, der für die Materialauwahl wesentlich ist.

Weitere Beispiele für das Interesse an der Simulation reaktiver Strömungen finden sich in Biologie (z. B Populationsdynamik) und Medizin (z. B. Simulation der Nierentätigkeit).

2. Erhaltungsgleichungen

Zur Charakterisierung des Zustandes eines chemisch reagierenden Systems braucht man Angaben über Dichte ρ , Temperatur T, Geschwindigkeit $\vec{v}$, Zusammensetzung (z. B. in Massenbrüchen w_i) und Druck p. Diese Größen können bestimmt werden durch Bilanzierung von Gesamtmasse, Energie, Impuls und Teilchenmassen der Spezies i; der Druck kann dann aus der idealen Gasgleichung bestimmt werden.

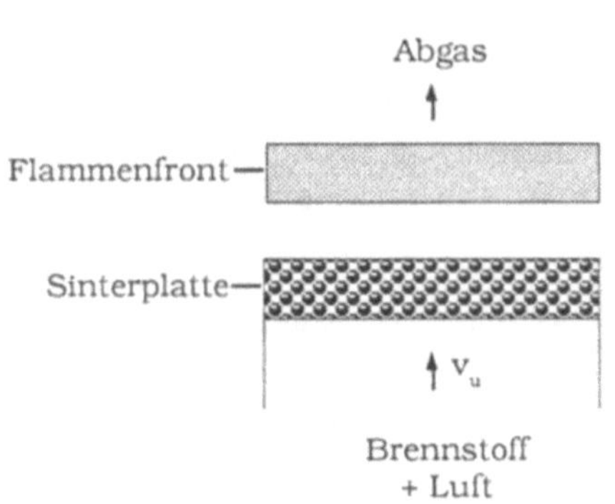

Abb. 1 Flache Vormisch-Flamme

Es soll zuerst ein ganz einfaches Beispiel betrachtet werden, das besonders einfache Experimente zuläßt: Für die Fortpflanzung einer flachen Flamme (also einem eindimensionalen System mit der Ortskoordinate z; siehe Abb. 1) ergibt sich dann (hier sind der Druck p und der Massenfluß ρv konstant) für Energie und Teilchenmasse (siehe z. B. [1-4]; zur Vereinfachung sind Thermodiffusion und ein Korrekturterm j_q weggelassen):

$$\rho\frac{\partial T}{\partial t} = -\rho v\frac{\partial T}{\partial z} + \frac{1}{c_p}\frac{\partial}{\partial z}\left(\lambda\frac{\partial T}{\partial z}\right) - \frac{\sum r_i h_i}{c_p}$$

$$\rho\frac{\partial w_i}{\partial t} = -\rho v\frac{\partial w_i}{\partial z} + \frac{\partial}{\partial z}\left(D_i^M \rho\frac{\partial T}{\partial z}\right) + r_i$$

(zeitl. Änderung) (Strömung) (Transport) (chem. Reaktion)

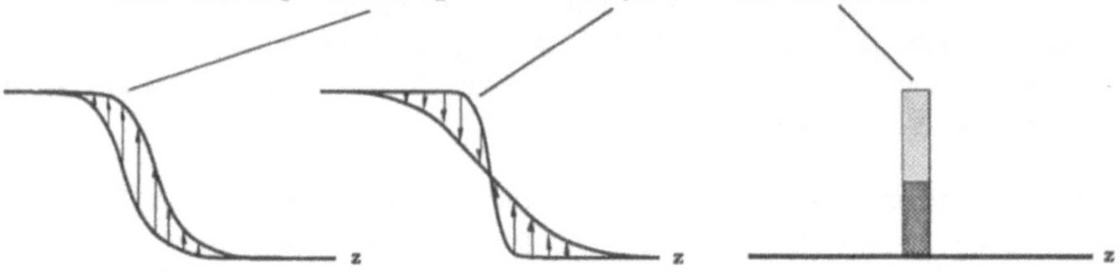

z z z

wobei t = Zeit, r_i = Bildungsgeschwindigkeit der Spezies i in der Konzentrationsskala, c_p = spezifische Wärmekapazität der Mischung bei konstantem Druck, λ = Wärmeleitfähigkeit der Mischung, D_i^M = Diffusionskoeffizient der Spezies i (i=1,....,S) in die Mischung und h_i = spezifische Enthalpie der Spezies i sind.

Diese Erhaltunggleichungen bilden ein System partieller Differentialgleichungen (mit der Zeit t und der Ortskoordinate z als unabhängigen Variablen), das sich unter Verwendung geeigneter Randbedingungen lösen läßt.

Den einzelnen Termen auf der rechten Seite der Erhaltungsgleichungen kann leicht eine physikalische Deutung zugeordnet werden:

a) *Diffusive Prozesse:* Die zweiten Ableitungen geben *"diffusive"* Prozesse wieder (Massendiffusion, Wärmeleitung). Zusammen mit der linken Seite der Gleichung beschreibt dieser Term das Auseinanderlaufen der Profile: Die zeitliche Änderung ist proportional zur Krümmung (= 2. Ableitung) des jeweiligen Profiles.

b) *Strömung:* Die ersten Ableitungen geben *"konvektive"* Prozesse wieder. Zusammen mit der linken Seite der Gleichung beschreibt dieser Term das Verschieben der Profile: Die zeitliche Änderung ist proportional zur Steigung (= 1. Ableitung) des jeweiligen Profiles.

c) *Reaktive Prozesse:* Die ableitungsfreien Ausdrücke geben *"reaktive"* Prozesse wieder. Zusammen mit der linken Seite der Gleichung beschreibt dieser Term *("Quellterm")* lokale Veränderungen der Profile, die nicht von der Umgebung abhängen.

Bei zwei- oder dreidimensionalen Problemen empfiehlt es sich, die Erhaltungsgleichungen mit Hilfe von Differentialoperatoren zu schreiben; man erhält [5, 6]:

Gesamtmasse: $$\frac{\partial \rho}{\partial t} + div(\rho \vec{v}) = 0$$

Teilchenmasse: $$\frac{\partial w_i}{\partial t} + \frac{1}{\rho}\, div\, \vec{j}_i + \vec{v}\, grad\, w_i - \frac{r_i}{\rho} = 0$$

Impuls: $$\frac{\partial \vec{v}}{\partial t} + \frac{1}{\rho} div \overline{\overline{\Pi}} + \vec{v}\, grad\, \vec{v} + \frac{1}{\rho} grad\, p = 0$$

Energie: $$\frac{\partial T}{\partial t} - \frac{1}{\rho c_p}\frac{\partial p}{\partial t} - \frac{1}{\rho c_p} div\, \vec{j}_q + \frac{1}{\rho c_p}\sum_{i=1}^{S} j_i c_{pi}\, grad\, T + \vec{v}\, grad\, T$$
$$+ \frac{1}{\rho c_p}\vec{v}\, grad\, p + \frac{1}{\rho c_p}\overline{\overline{\Pi}} : grad\, \vec{v} + \frac{1}{\rho c_p}\sum_{i=1}^{S} r_i h_i = \frac{1}{\rho c_p}\dot{q}$$

Dabei ist die Erdschwerkraft vernachlässigt, $\dot{q}$ ist eine externe Wärmequelle, wie sie weiter unten zur Simulation von Zündvorgängen gebraucht wird; $\vec{j}_i$, $\vec{j}_q$ und der Drucktensor sind gegeben durch

$$\vec{j}_q = -\lambda\, grad\, T \quad ; \quad \vec{j}_i = -D_i^M \rho\, grad\, w_i - D_i^T \frac{1}{T} grad\, T$$

$$\overline{\overline{\Pi}} = -\mu\left[(grad\, \vec{v}) + (grad\, \vec{v})^T - \frac{2}{3}(div\, \vec{v})\overline{\overline{E}}\right]$$

3. Lösung der Erhaltungsgleichungen

Das oben beschriebene partielle Differentialgleichungssystem stellt ein sogenanntes Anfangs-Randwertproblem dar, das einige Besonderheiten aufweist:

- das System ist "steif", d. h. es treten um viele Größenordnungen verschiedene Orts- und Zeitskalen auf (im Ort einige cm und mehr bei den Gefäßdimensionen, µm für die Dicke von Stoßwellen, in der Zeit die um viele Größenordnungen verschiedenen Reaktionszeiten, siehe z. B. [7, 8].

- Das System ist hoch-nichtlinear wegen der auftretenden Konzentrationsabhängigkeiten (z. B quadratisch in den Konzentrationen) und Temperaturabhängigkeiten (typischerweise exponentiell in der Temperatur) in den Quelltermen.

- Das System ist normalerweise sehr groß, so daß effiziente Lösungsmethoden eingesetzt und die Vektorisierungsmöglichkeiten moderner Großrechner ausgenutzt werden müssen.

Aus diesen Gründen muß eine anspruchsvolle örtliche und zeitliche Diskretisierung der auftretenden Ableitungen erfolgen, und es werden spezielle Lösungsverfahren notwendig [5, 6, 9-11].

3.1 Multi-Skalen-Charakter der Erhaltungsgleichungen ("Steifheit")

Es soll die einfache Reaktionsfolge S_1 --> S_2 --> S_3 betrachtet werden. Das zugehörige System von gewöhnlichen Differentialgleichungen lautet (eine der Spezies ist wegen der Teilchen- bzw. Massenerhaltung linear abhängig und braucht nicht weiter betrachtet zu werden; $[S_i] = c_i$ = Konzentration des Stoffes i):

$$\frac{d[S_1]}{dt} = -k_{12}[S_1] \quad ; \quad \frac{d[S_2]}{dt} = k_{12}[S_1] - k_{23}[S_2]$$

bzw. allgemein:

$$\frac{dc_s}{dt} = F_s(c_1,\dots,c_S) \quad ; \quad s = 1,\dots,S$$

Als *"Jacobi-Matrix"* $J = (\delta F_i \,/\, \delta c_j)_{ij}$ des Systems ergibt sich für das betrachtete Beispiel

$$J = \begin{pmatrix} -k_{12} & 0 \\ +k_{12} & -k_{23} \end{pmatrix}$$

Als Eigenwerte von J ergeben sich k_{12} und k_{23} als charakteristische Zeitkonstanten. Als *"Steifheitsgrad"* bezeichnet man das Verhältnis von größtem und kleinstem negativen Eigenwert der Jacobi-Matrix, hier k_{23} / k_{12}. Er charakterisiert die Unterschiedlichkeit der beteiligten Zeitskalen [7]; bei großer Steifheit muß man kleine Zeitskalen berücksichtigen und bei der Integration kleine Schrittweiten wählen (siehe Abb. 2). falls man nicht *"implizite"* Integrationsverfahren (siehe weiter unten) benutzt.

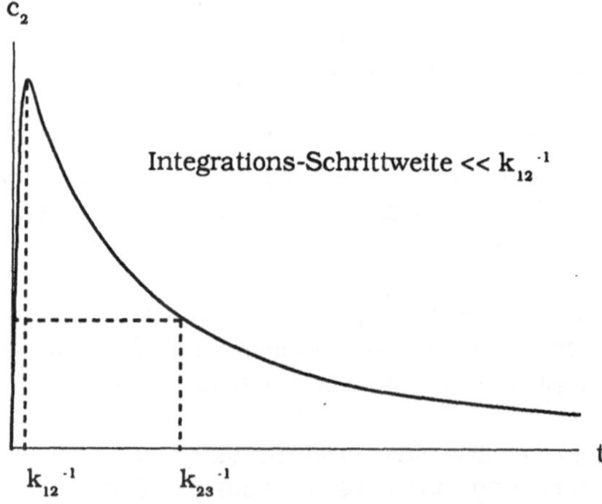

Abb. 2: Zeitkonstanten für die Reaktionsfolge $S_1 \rightarrow S_2 \rightarrow S_3$

Im allgemeinen Fall eines großen Gleichungssystems ergeben sich große Jacobi-Matrizen, deren Elemente im allgemeinen konzentrationsabhängig sind. Steifheit ist dann offensichtlich eine lokale Eigenschaft.

3.2 Explizite und Implizite Lösung von Differentialgleichungssystemen

Es soll das einfache Beispiel $\delta f / \delta t = \delta^2 f / \delta z^2$ (ähnlich dem 2. Fick'schen oder Fourier'schen Gesetz) betrachtet werden (für die hier interessierenden Erhaltungsgleichungen gilt entsprechendes). Für die Zeitableitung soll eine Näherung 1. Ordnung *("linearer Ansatz")* benutzt werden, für die Ortsableitung eine Näherung 2. Ordnung *("parabolischer Ansatz")*. Es ergibt sich (siehe Abb. 3)

$$\frac{f_l^{(t+\Delta t)} - f_l^{(t)}}{\Delta t} = \frac{f_{l+1}^{(t)} - 2f_l^{(t)} + f_{l-1}^{(t)}}{(\Delta z)^2}$$

Daraus ergibt sich durch Auflösung nach dem gesuchten $f_l^{(t+\Delta t)}$ die *"explizite Lösung"*

$$f_l^{(t+\Delta t)} = f_l^{(t)} + \Delta t \frac{f_{l+1}^{(t)} - 2f_l^{(t)} + f_{l-1}^{(t)}}{(\Delta z)^2}$$

Die explizite Lösung ergibt sich also gewissermaßen durch *"Vorwärtsschießen"* von $z_l^{(t)}$ nach $z_l^{(t+\Delta t)}$ [12].

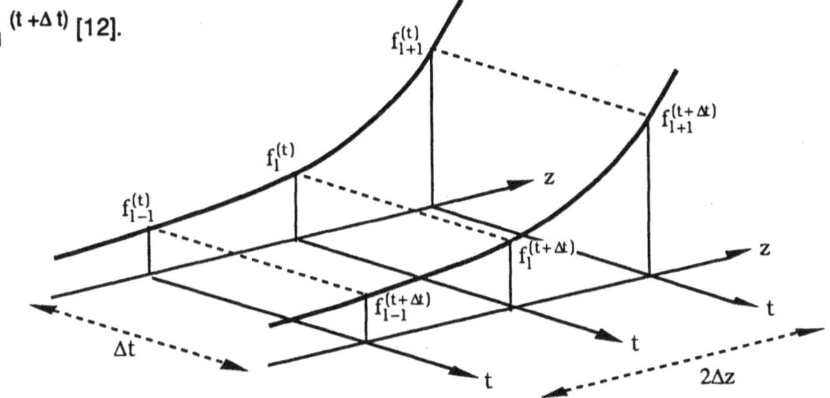

Abb. 3: Diskretisierung einer partiellen Differentialgleichung

Die *"implizite"* Lösung für das eben behandelte Beispiel ergibt sich durch Formulierung des Differenzenausdrucks für die Ortsableitung zum Zeitpunkt $t + \Delta t$ [12]:

$$\frac{f_l^{(t+\Delta t)} - f_l^{(t)}}{\Delta t} = \frac{f_{l+1}^{(t+\Delta t)} - 2f_l^{(t+\Delta t)} + f_{l-1}^{(t+\Delta t)}}{(\Delta z)^2}$$

Bringt man die unbekannten Größen zur Zeit $t + \Delta t$ alle auf eine Seite, so ergibt sich

$$A f_{l-1}^{(t+\Delta t)} + B f_{l}^{(t+\Delta t)} + C f_{l+1}^{(t+\Delta t)} = f_l^{(t)} \quad ; \quad l = 2, \ldots, L-1$$

wobei zur Abkürzung $A = C = -\Delta t \, / \, (\Delta z)^2$ und $B = 1 + 2\Delta t \, / \, (\Delta z)^2$ gesetzt ist; L sei die Stützstellenzahl. Das ist ein *"tridiagonales"* lineares Gleichungssystem zur Bestimmung von $f_l^{(t+\Delta t)}$, $l = 2, \ldots, L-1$; f_1 und f_L ergeben sich aus den Randbedingungen.

Die implizite Lösung ist ein *"Rückwärts-Verknüpfen"* und demgemäß wesentlich stabiler als die explizite Lösung. Auf der anderen Seite erfordert die implizite Lösung dafür einen wesentlich größeren Rechenaufwand.

3.3 Linearisierung der Erhaltungsgleichungen

Falls die Koeffizienten in der betrachteten Differentialgleichung nicht-linear von den Variablen f abhängen, ist eine *"Linearisierung"* notwendig, z. B. wenn der Quellterm ein Reaktionsterm ist. Für eine Elementarreaktion (d. h. einer chemischen Reaktion, die auf molekularer Ebene genau so abläuft, wie die Reaktionsgleichung es besagt) in der allgemeinen Schreibweise

$$\sum_{s=1}^{S} \nu_{rs}^{(a)} A_s \rightarrow \sum_{s=1}^{S} \nu_{rs}^{(p)} A_s \quad ; \quad r = 1, \ldots, R$$

ergibt sich dann ein Geschwindigkeitsgesetz, das zweite und dritte Potenzen von Konzentrationen enthält ($c_i = [A_i]$ = Konzentration des Stoffes i; $\nu_{rs}^{(a)} < 4$):

$$r_i = \left(\frac{\partial c_i}{\partial t}\right)_{chem} = \sum_{r=1}^{R} k_r \left(\nu_{ri}^{(p)} - \nu_{ri}^{(a)}\right) \prod_{s=1}^{S} c_s^{\nu_{rs}^{(a)}} \quad ; \quad i = 1, \ldots, S$$

Darüberhinaus sind die Geschwindigkeitskoeffizienten k stark nicht-linear von der Temperatur abhängig gemäß (E_a ist die *"Aktivierungsenergie"* der Reaktion)

$$k = A \cdot \exp\left(-\frac{E_a}{RT}\right) \qquad \text{bzw.} \qquad k = A' \, T^b \cdot \exp\left(-\frac{E'_a}{RT}\right)$$

Man linearisiert (entsprechend dem ersten Schritt einer Newton-Iteration) durch Benutzung von [13]

$$dr_i = \sum_{s=1}^{S} \frac{\partial r_i}{\partial c_s} dc_s$$

bzw. in Differenzenschreibweise (s = 1, ..., S ist die Numerierung der beteiligten Stoffe):

$$r_i^{(t+\Delta t)} = r_i^{(t)} + \sum_{s=1}^{S} \left(\frac{\partial r_i^{(t)}}{\partial c_s} \right) \left[c_s^{(t+\Delta t)} - c_s^{(t)} \right]$$

<u>Beispiel für eine Linearisierung:</u> Für das einfache Beispiel zweier Elementarreaktionen

$$A_1 + A_1 \rightarrow A_2 \qquad r_1^{(t+\Delta t)} = \frac{\partial c_1^{(t+\Delta t)}}{\partial t} = -2k_1 \left[c_1^{(t+\Delta t)} \right]^2$$

$$A_2 + A_2 \rightarrow A_3 \qquad r_2^{(t+\Delta t)} = \frac{\partial c_2^{(t+\Delta t)}}{\partial t} = k_1 c_2^{(t+\Delta t)2} - 2k_2 \left[c_2^{(t+\Delta t)} \right]^2$$

ergibt die Linearisierung:

$$r_1^{(t+\Delta t)} = -4\,k_1\, c_1^{(t)} \left[c_1^{(t+\Delta t)} - c_1^{(t)} \right] + r_1^{(t)}$$

$$r_2^{(t+\Delta t)} = 2\,k_1\, c_1^{(t)} \left[c_1^{(t+\Delta t)} - c_1^{(t)} \right] - 4\,k_2\, c_2^{(t)} \left[c_2^{(t+\Delta t)} - c_2^{(t)} \right] + r_2^{(t)}$$

Die Reaktionsterme $r_i^{(t+\Delta t)}$ sind nur linear in den $c_i^{(t+\Delta t)}$, so daß implizite Integration zu linearen Gleichungssystemen führt, die dann mit relativ einfachen Mitteln zu bewerkstelligen ist.

4. Simulation des Wiedereintritts von Raumfahrzeugen durch Lösung der Euler-Gleichungen mit detaillierter Chemie

4.1 Physik und Chemie des Problems

Beim Wiedereintritt von Raumfahrzeugen treten Geschwindigkeiten von etwa 25-facher Schallgeschwindigkeit auf, die hinter einer Stoßwelle vor dem Bug des Wiedereintrittkörpers zu Temperaturen bis 10 000 K und damit zur Luft-Dissoziation führen. Die ablaufenden chemischen Vorgänge haben einen starken Einfluß auf die Lage der Stoßwelle, die für das Design des Fahrzeuges wichtig ist, und auf die Größe des Wärmeüberganges auf die Wand des Wiedereintrittkörpers, der für die Materialauswahl wesentlich ist [14, 15]:

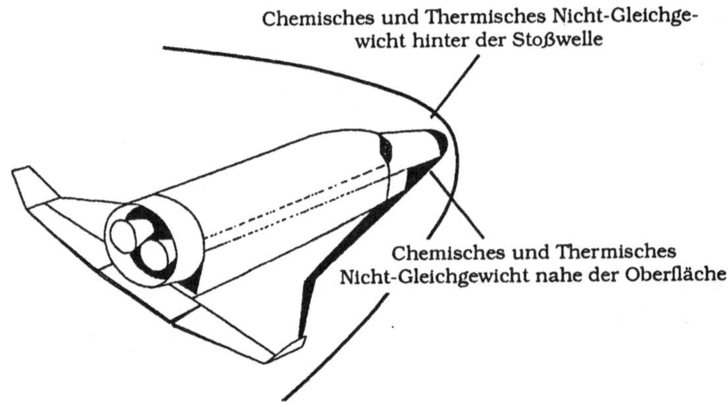

Abb. 4: Probleme beim Wiedereintritt eines Raumfahrzeuges

Die ablaufenden chemischen Reaktionen werden bei Vorhandensein thermischen Gleichgewichts (siehe weiter unten) beschrieben durch zehn Reaktionen [15 - 17] der Teilchen O, N, NO, N_2 und O_2 (Das Gleichheitszeichen bedeutet, daß sowohl Vorwärts- als auch Rückwärtsreaktion ablaufen können; M ist ein unspezifiziertes Molekül, das Stoßenergie aufnimmt oder liefert):

$$O_2 + M = O + O + M \qquad (R1, R2)$$
$$N_2 + M = N + N + M \qquad (R3, R4)$$
$$NO + M = N + O + M \qquad (R5, R6)$$
$$O + N_2 = NO + N \qquad (R7, R8)$$
$$O + NO = N + O_2 \qquad (R9, R10)$$

Es ergeben sich also fünf Erhaltungsgleichungen für die Speziesmassen, die (wie weiter oben schon geschildert) ein Differentialgleichungssystem bilden. Abb. 5 zeigt, wie dieses Gleichungssystem die zeitliche Entwicklung der Luftdissoziation bei hypersonischen Bedingungen beschreibt [15]. Es stellt sich heraus, daß die Reaktionszeiten ($\sim 10^{-5}$ - 10^{-3} s) den charakteristischen Zeiten für den Übergang der in der Bugstoßwelle gebildeten Wärme auf den Wiedereintrittkörper entsprechen und die Chemie daher ein limitierender Faktor ist.

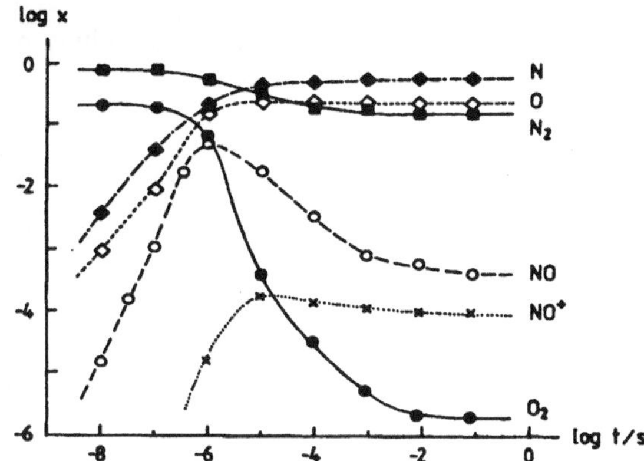

Abb. 5: Einstellung des chemischen Gleichgewichts in Luft auf einer Wiedereintritts-Trajektorie bei h = 71 km (T_{eq} = 6002 K, p = 2.56 · 12^{-2} bar)

Eine starke Komplikation stellt das Vorhandensein von thermischen Nicht-Gleichgewichtseffekten dar: Zwischen den Schwingungszuständen von O_2 und N_2 stellt sich keine Boltzmann-Verteilung ein, so daß die Moleküle in den verschiedenen Schwingungszuständen als verschiedene chemische Spezies betrachtet werden müssen, die z. B. Schwingungs-Schwingungs- (V→V) und Schwingungs-Translations / Rotations-Relaxationsreaktionen (V→ T, R) eingehen wie [14, 15]

(V → V)	:	N_2 (v=2)	+	N_2 (v=0)	→	N_2 (v=1)	+	N_2 (v=1)
(V → T,R)	:	N_2 (v=2)	+	M	→	N_2 (v=1)	+	M

Es ergeben sich also große Reaktionsmechanismen mit etwa 500 Reaktionen von etwa 80 Spezies.

4.2 Erhaltungsgleichungen und ihre Lösung

Bei den betrachteten Bedingungen können die Navier-Stokes-Gleichungen für reaktive Strömung (siehe Abschnitt 2) zu den Euler-Gleichungen für eine reaktive Strömung vereinfacht werden; dabei fallen die Transportterme mit den zweiten Ableitungen *div* j_i, *div* j_q und *div* $\overline{\overline{\Pi}}$ fort (formal: $\lambda = \mu = D_i = O$), so daß sich wesentlich einfachere und schnellere Lösungsmethoden ergeben. [18].

Der Luftdissoziations-Mechanismus (Reaktionen R1-R10 in Abschnitt 4.1) besitzt (im Gegensatz z. B. zu Verbrennungsmechanismen) nur eine relativ kleine Steifheit, so daß mit einem expliziten Lösungsverfahren gearbeitet werden kann, auch wenn etwa zehnmal so viele Zeitschritte wie bei einem impliziten Verfahren bis zum Erreichen der stationären Lösung notwendig sind.

4.3 Ergebnisse

Abb. 6 gibt ausgewählte Ergebnisse für das Verhalten vor der Nase eines elliptischen Wiedereintrittskörpers bei hypersonischen Bedingungen wieder [18].

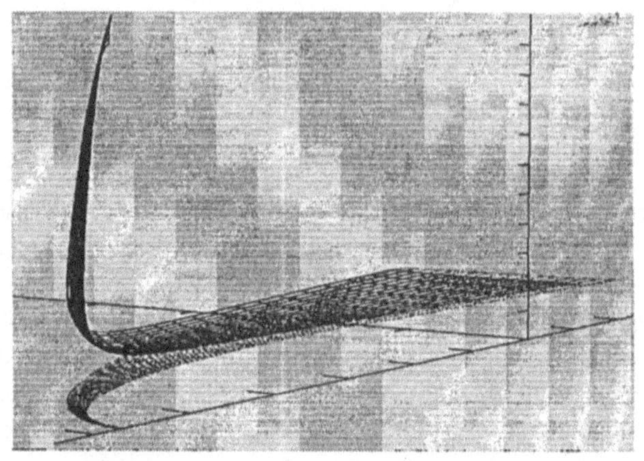

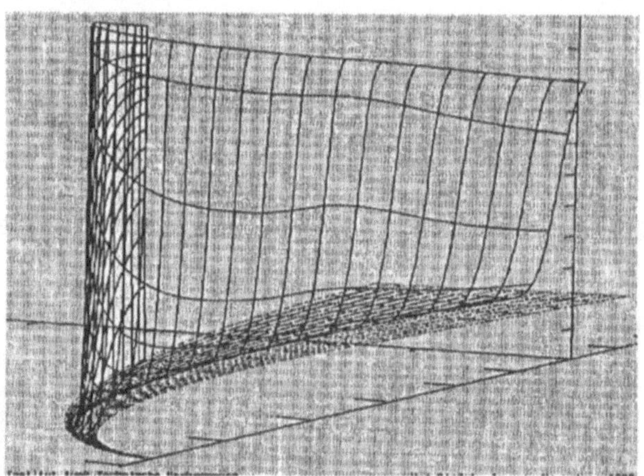

Abb. 6: Druck (oben) und O-Atom-Molenbruch (unten) vor einem elliptischen 2D-Wiedereintrittskörper (r_1= 1 m, r_2 = 4 m, M = 15)

Deutlich sieht man (Abb. 6a) den steilen Druckanstieg vor dem Wiedereintrittskörper und dadurch verursacht (Abb. 6b) die schnelle Dissoziation des O_2 zu O-Atomen, die zum Wärmeübertrag und zu katalytischen Oberflächen-Effekten beitragen. Weiterhin sind das unterlegte Gitternetz und die Kontur des Wiedereintrittskörpers zu sehen.

Der Einfluß der Güte verschiedener Chemie-Modelle - insbesondere die Notwendigkeit der Benutzung eines aufwendigen Reaktionsmechanismus - ist in Abb. 7 wiedergegeben [14, 15].

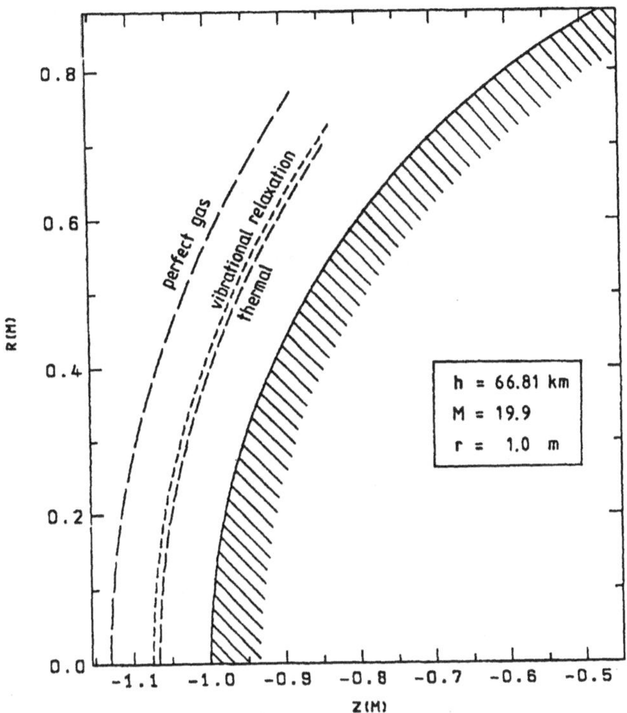

Abb. 7. Einfluß von verschieden Chemie-Modellen auf die Lage der Stoßwelle vor einem halbkugelförmigen Wiedereintrittskörper (r = 1m, h = 66,8 km)

Verglichen sind ein Modell, das die Chemie der Luftdissoziation unberücksichtigt läßt und vollkommen falsche Ergebnisse liefert (*"perfect gas"*), der thermische Mechanismus (Reaktionen R1-R10 in Abschnitt 4.1) und der aufwendige Mechanismus mit Berücksichtigung der Schwingungsrelaxation (siehe Abschnitt 4.1). Der Einfluß der nicht-thermischen Chemie (~ 500 Reaktionen von ~ 80 Spezies) ist deutlich zu sehen und wird bei Höhen h > 67 km noch größer.

5. Simulation von Zündprozessen durch Lösung der Navier-Stokes-Gleichungen mit detaillierter Chemie

5.1 Physik und Chemie des Problems

Zündprozesse spielen als unerwünschte Prozesse eine wichtige Rolle in der Sicherheitstechnik [4] und als erwünschte Prozesse eine Rolle in der ottomotorischen Verbrennung [19]. Im Gegensatz zu den eben beschriebenen stationären Problemen ist man bei Zündprozessen an der zeitlichen Entwicklung des Verbrennungsprozesses interessiert. Auch in diesem Fall beschränkt man sich zweckmäßigerweise auf eindimensionale Geometrien (unendlicher Spalt, unendlicher Zylinder oder Kugel [4]); die Simulation zweidimensionaler Geometrien ist - wie hier demonstriert werden soll - jedoch schon möglich [5, 6].

Bedingt durch die große Anzahl dynamischer Prozesse bei der instationären Flammenausbreitung (Wanderung der Flammenfront, Ausbreitung von Druckwellen) ist eine ständige Kontrolle des Gitters der Ortsdiskretisierung und gegebenenfalls eine Anpassung nötig. Hierzu wird durch ein geeignetes Verfahren die Gitterpunktdichte des verwendeten Gitternetzes entsprechend den Gradienten und Krümmungen der abhängigen Variablen verteilt [4].

5.2 Erhaltungsgleichungen und ihre Lösung

Das Hauptproblem bei der Lösung der Navier-Stokes-Gleichungen in zwei Raumdimensionen besteht in einer Diskretisierung des partiellen Differentialgleichungssystems, die das Auftreten von Instabilitäten vermeidet. Dazu sollen die Abbildungen 8a-8c betrachtet werden. Normalerweise (Fall a) führt einfache parabolische Interpolation zu stabilem Verhalten (kein Überschwingen der interpolierten Kurve).

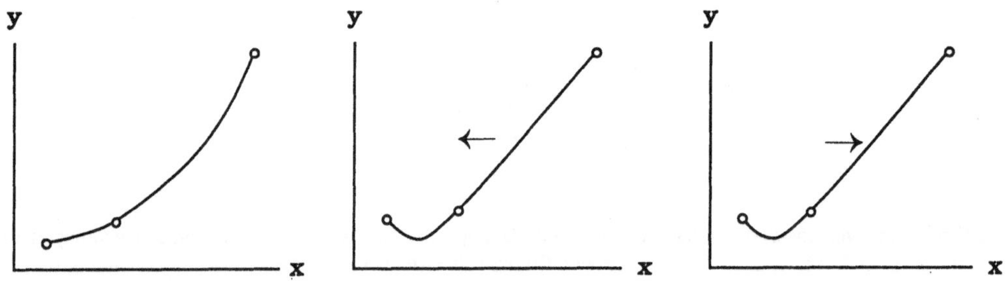

Abb. 8: Stabilität bei parabolischer Interpolation. (a) Normaler Fall; (b) aus dem Rechengebiet herauswandernde Instabilität; (c) in das Rechengebiet hineinwandernde Instabilität

Besondere Vorkehrungen sind jedoch zu treffen, wenn solch ein Überschwingen auftritt. Sorgt die Konvektion (Strömungsrichtung in Abb. 8b und 8c durch Pfeil angedeutet) dafür, daß Instabilität vom mittleren Stützpunkt, bei dem die Ableitungen berechnet werden, wegtransportiert wird, so sind keine weiteren Maßnahmen notwendig. Ganz anders hat man für den Fall zu verfahren, daß die Instabilität sich auf den zentralen Stützpunkt zubewegt: Es muß auf eine andere aufwendige Diskretisierung umgeschaltet werden, die Monotonie erzwingt und trotzdem eine weiche Interpolation liefert [20].

Ein weiteres Problem bereiten die auftretenden Druckwellen, die sehr dünn (im µm-Bereich) sind und daher von der Diskretisierung nur schwer zu erfassen sind. Hier bedient man sich des Tricks, die Druckwellen künstlich zu verbreitern [21]; die Fortpflanzungsgeschwindigkeit der Druckwellen wird dadurch nicht beeinflußt.

Gelöst wird das resultierende gewöhnliche Differentialgleichungssystem mit dem Programmpaket LIMEX [9, 10]; die hier auftretenden block-nonadiagonalen linearen Gleichungssysteme werden mit einer gemischten Methode aus direkter Lösung und Gauß-Seidel-Iteration behandelt [5, 6].

5.3 Ergebnisse

Als Beispiel herausgegriffen ist die weiter oben schon erwähnte thermische Zündung eines Ozon-Sauerstoff-Gemisches durch einen gepulsten Laserstrahl [22, 23]; es sind die Profile von Druck, Temperatur und Brennstoff wiedergegeben. Abb. 9a zeigt eine Folge von Abbildungen (1 µs Zeitabstand) nach der Zündung durch den Laserstrahl, der von links in die Brennkammer eindringt und dort am intensivsten absorbiert wird. Demgemäß steigt die Temperatur links als Folge des Energiepulses am meisten an. Es bildet sich eine Flammenfront, aus der sich eine Druckwelle löst, die sich in radialer Richtung auf die Zylinderwand zubewegt.

Abb. 9b zeigt eine weitere Bildfolge, die die Reflektion der Druckwelle an der Zylinderwand wiedergibt. Die langsamere Verbrennungswelle breitet sich sowohl radial als auch axial aus.

Abb. 9c zeigt schließlich das Zusammentreffen der sich in der Zylinderachse konzentrierenden Druckwellen. Sowohl Druck- als auch Verbrennungswelle sind durch ihre Wechselwirkung kurz vorher deformiert und führen zu einem komplizierten Verhalten, das mit einer einfacheren mathematischen Behandlung unmöglich zu beschreiben wäre.

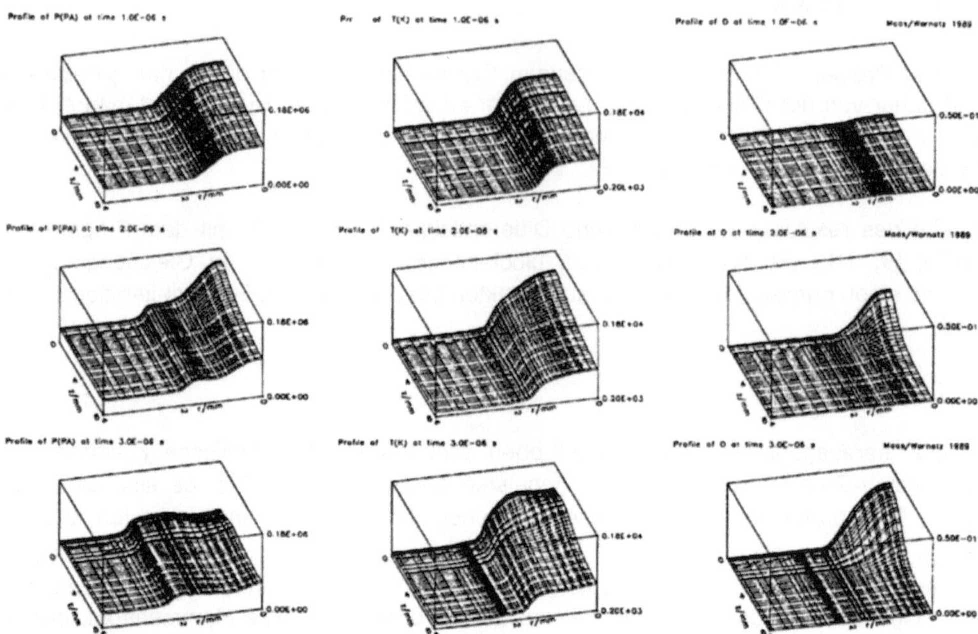

Abb. 9a: Profile von Druck, Temperatur und Brennstoff (1 µs Zeitabstand) nach der Zündung durch den Laserstrahl

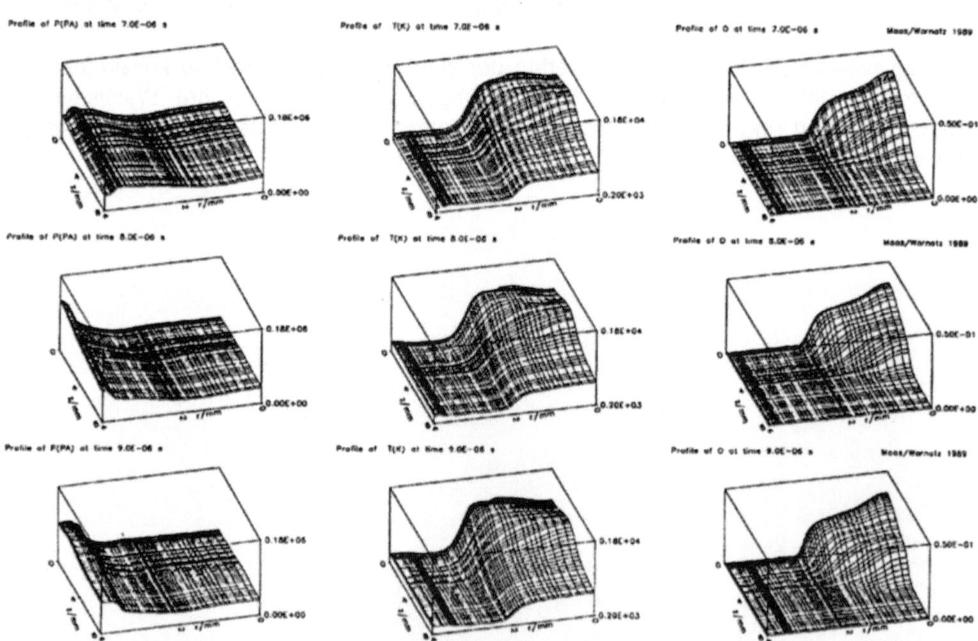

Abb. 9b: Profile von Druck, Temperatur und Brennstoff (1 µs Zeitabstand) bei der Reflektion der Druckwelle an der Zylinderwand

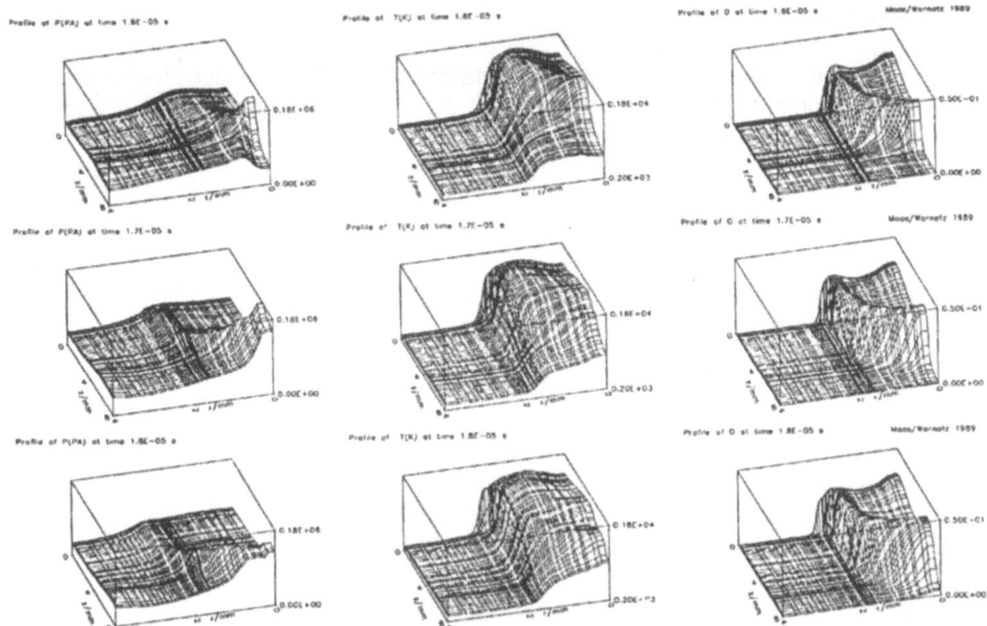

Abb. 9c: Profile von Druck, Temperatur und Brennstoff (1 μs Zeitabstand) während der Konvergenz der Druckwelle in der Zylinderachse

6. Schlußbemerkungen

Die gezeigten Beispiele für die Simulation chemisch reaktiver Strömungen zeigen den gegenwärtigen Stand auf diesem Gebiet auf.

Es handelt sich hier wohl nur um einen schüchternen Anfang; die rasche Entwicklung der Rechnertechnik und der große Bedarf an Computersimulationen läßt erahnen, daß dieses Gebiet sich erst am Anfang seiner Entwicklung befindet und eine aufregende Zukunft hat. Ganz besonders gilt das wohl für das Verständnis turbulenter reaktiver Strömungen und für die Anwendung in der Biologie.

7. Danksagung

Herrn *Dr. U. Maas* sei herzlich gedankt für die Mitarbeit an der Lösung der 2D-Navier-Stokes-Gleichungen für Verbrennungsprobleme, Herrn *Prof. Dr. Y. Zhu* und Herrn *Dr. C. Pöppe* für die Zusammenarbeit bei der Lösung der Euler-Gleichungen für das Wiedereintrittsproblem.

8. Literatur

[1] *R. B. Bird, W. E. Stewart, E. N. Lightfoot:* Transport Phenomena. John Wiley & Sons, New York (1960)

[2] *J. Warnatz:* Ber. Bunsenges. Phys. Chem. 82. 643 (1978)

[3] *J. Warnatz*: 18th Symposium (International) on Combustion, S. 369. The Combustion Instiute, Pittsburgh (1981)

[4] *U. Maas, J. Warnatz:* Combust. and Flame 74, 53 (1988)

[5] *U. Maas, J. Warnatz:* Z. Phys. Chem. NF 161, 61 (1989)

[6] *U. Maas, J. Warnatz:* Impact of Computing in Science and Engineering 1, 394 (1989)

[7] *J. O. Hirschfelder:* 9th Symposium (International) on Combustion, p. 553. Academic Press, New York (1963)

[8] *R. Courant, K. O. Friedrichs*: Supersonic Flow and Shock Waves. Wiley, New York (1957)

[9] *P. Deuflhard, E. Hairer, J. Zugck:* One-Step and Extrapolation Methods for Differential / Algebraic Systems. Univ. Heidelberg, SFB 123: Tech. Rep. 318 (1985)

[10] *P. Deuflhard, U. Nowak:* Extrapolation Integrators for Quasilinear Implicit ODEs. Univ. Heidelberg, SFB 123: Tech. Rep. 332 (1985)

[11] *L. R. Petzold:* A Description of DASSL: A Differential / Algebraic System Solver. Sandia Report SAND82-8637, Sandia National Laboratories, Livermore (1982); IMACS World Congress, Montreal (1982)

[12] *G. E. Forsythe, W. R. Wasow:* Finite-Difference Methods for Partial Differential Equations. Wiley, New York (1960)

[13] *K. A. Wilde:* Combust. and Flame 18, 43 (1972)

[14] *Y. Zhu, B. Chen, X. Wu, J. Warnatz;* Computation of Non-Equilibrium Gas Flow past Blunt Bodies. Computers and Fluids (submitted)

[15] *J. Warnatz*: Different Levels of Air Dissociation Chemistry and Its Coupling with Flow Models. Proc. 2nd Joint US-Europe Short Course on Hypersonics, Colorado Springs (1989)

[16] *C. Park:* AIAA paper 85-0247, AIAA 23rd Aerospace Sciences Meeting, Reno, NV (1985)

[17] *M. h. Bortner:* A Review of Rate Constants of Selected Reactions of Interest in Re-Entry Flow Fields in the Atmosphere. NBS Technical Note 484, U. S. Department of Commerce, Washington D. C. (1969)

[18] *C. Pöppe, J. Warnatz:* Solution of the 2D Euler Equations Including Detailed Chemistry. Veröffentlichung in Vorbereitung

[19] *G. Goyal, U. Maas, J. Warnatz:* Simulation of the Transition from Deflagration to Detonation. SAE Technical Paper Series (1990), in Druck

[20] *F. N. Fritsch, J. Butland:* SIAM J. Sci. Stat. Comput. 5, 300 (1984)

[21] *R. Richtmyer, K. Morton*, in L. Bers, R. Courant, J. Stoker (eds.), Interscience Tracts in Pure and Applied Mathematics Nr. 4, 2nd edition (1967)

[22] *B. Raffel, J. Warnatz, J. Wolfrum*: Appl. Phys. B 37, 189 (1985)

[23] *B. Raffel, J. Warnatz, H. Wolff, J. Wolfrum, R. J. Kee,* in: J. R. Bowen, J.-C. Leyer, R. I. Soloukhin (Eds.), Dynamics of Reactive Systems, part II, S. 335. AIAA, New York (1986)

Erweiterte Thermodynamik - eine Alternative zur Navier-Stokes-Fourier Theorie von Gasen

Ingo Müller
Physikalische Ingenieurwissenschaft
Technische Universität Berlin

Zusammenfassung

Dieser Beitrag beschreibt und interpretiert einige Ergebnisse der kürzlich fertiggestellten Dissertation von Wolf Weiss [1], [2]. Es ist Ziel dieser Arbeit, den Gültigkeitsbereich der Navier-Stokes-Fourier Theorie abzustecken und zu bestimmen, wann die Erweiterte Thermodynamik benötigt wird und wieviele Momente die Erweiterte Thermodynamik berücksichtigen muß.

Die Erweiterte Thermodynamik ist gekennzeichnet durch ein System quasilinearer Feldgleichungen erster Ordnung mit symmetrisch hyperbolischem Charakter; sie betrachtet nicht nur die Felder der Massen-, Impuls- und Energiedichte als thermodynamische Variablen, sondern auch höhere Momente wie Spannungstensor und Wärmefluß. Die Theorie ist stark motiviert durch die kinetische Gastheorie und in der vorliegenden Beschreibung reduziert sie sich - vor allem bei Berücksichtigung von mehr als 13 Momenten - ganz auf die kinetische Gastheorie.

Als Maß für die Verläßlichkeit einer Theorie werden Frequenz- und Wellenlängenbereich gewählt, in dem die Theorie die Dispersion von Schallwellen bzw. das Streuspektrum von Licht beschreibt. Je größer die Frequenz und je kleiner die Wellenlänge ist, um so mehr Momente werden benötigt. Wenn man das weiß, kann man zur Beschreibung eines gegebenen Anfangs- und Randwertproblems die benötigte Theorie auswählen: Im zeitlichen und räumlichen Fourierspektrum dieses Problems dürfen nur solche Frequenzen und Wellenlängen auftreten, bei denen die Theorie Schalldispersion und Lichtstreuung gut wiedergibt.

1. Dispersionsrelation

1.1. Navier-Stokes-Fourier Theorie

Die klassische Thermodynamik von Fluiden setzt sich zum Ziel, die Felder

Massendichte	$\varrho(\underset{\sim}{x},t)$	
Geschwindigkeit	$v_i(\underset{\sim}{x},t)$	(1.1)
Temperatur	$T(\underset{\sim}{x},t)$	

zu bestimmen. Sie bedient sich dazu der Erhaltungssätze für Masse, Impuls und Energie, nämlich

$$\dot{\varrho} + \varrho \frac{\partial v_i}{\partial x_i} = 0$$

$$\varrho \dot{v}_i - \frac{\partial t_{ij}}{\partial x_j} = 0 \qquad (1.2)$$

$$\varrho \dot{u} + \frac{\partial q_i}{\partial x_i} = t_{ij} \frac{\partial v_i}{\partial x_j} .$$

Dieses Gleichungssystem wird abgeschlossen durch Angabe einer kalorischen Zustandsgleichung $u = u(\rho, T)$ sowie durch Materialgleichungen, die die Spannung t_{ij} und den Wärmefluß q_i mit den Feldern $\rho\ (\underset{\sim}{x},t)$, $v_i\ (\underset{\sim}{x},t)$, $T(\underset{\sim}{x},t)$ verknüpft. Für einatomige ideale Gase hat man

$$u = \frac{3}{2} \frac{k}{m} T + \alpha$$

$$t_{ij} = - \varrho \frac{k}{m} T \delta_{ij} + 2 \eta \frac{\partial v_{<i}}{\partial x_{j>}} . \qquad \text{(Navier Stokes)} \qquad (1.3)$$

$$q_i = - \kappa \frac{\partial T}{\partial x_i} . \qquad \text{(Fourier)}$$

Dies sind empirisch gefundene Formeln. Gleichung $(1.3)_2$ heißt Navier-Stokes Gleichung und der Koeffizient η ist die Viskosität. Gleichung $(1.3)_3$ heißt Fourier Gleichung und der Koeffizient κ ist die Wärmeleitfähigkeit.

Einsetzen von (1.3) in (1.2) liefert ein System partieller Differentialgleichungen. Die Theorie ihrer Lösungen bezeichnen wir als die Navier-Stokes-Fourier Theorie, oder kurz NSF-Theorie. Diese Theorie hat viele nützliche Anwendungen auf technisch wichtige Probleme der Wärmeleitung und inneren Reibung erfahren; ihr Anwendungsbereich ist enorm, *aber sie ist nicht perfekt!* Abweichungen zwischen Theorie und Experiment ergeben sich bei der Ausbreitung ebener harmonischer Wellen hoher Frequenz ω.
Die allgemeine Form einer ebenen harmonischen Welle ist

$$a = a_0 + \text{Re} \left[\tilde{a}\, e^{i(kx - \omega t)} \right] . \qquad (1.4)$$

Dabei ist a_0 ein konstanter Mittelwert, $\tilde{a}$ ist die komplexe Amplitude und $k = k_r + i k_i$ ist die komplexe Wellenzahl. Phasengeschwindigkeit c_{PH} und Dämpfungsfaktor α sind gegeben durch

$$c_{Ph} = \frac{\omega}{k_r} \qquad \text{und} \qquad \alpha = - k_i . \qquad (1.5)$$

Wir untersuchen Lösungen der NSF-Theorie, in der ρ, v_i und T von der Form (1.4) sind mit kleinen Amplitudenwerten $\tilde{\rho}$, $\tilde{v}_i$ und $\tilde{T}$, so daß wir linearisieren können. Dann erhalten wir

Lösungen nur, wenn die Dispersionsrelation

$$\left(\frac{10}{3}\frac{1}{z^2} + i\frac{3}{2}\frac{1}{z}\right)\left(\frac{k}{\omega/c_0}\right)^4 + \left(1 - i\,\frac{23}{6}\,\frac{1}{z}\right)\left(\frac{k}{\omega/c_0}\right)^2 - 1 = 0 \tag{1.6}$$

erfüllt ist. Hierbei wurde gesetzt $\kappa/\eta = 15/4\ k/m$, was für einatomige Gase gut erfüllt ist. $c_0 = \sqrt{\frac{5}{3}\frac{k}{m}T}$ ist die Schallgeschwindigkeit bei kleiner Frequenz und

$$z = \frac{\varrho_0\, c_0^2}{\eta}\,\frac{1}{\omega} \tag{1.7}$$

ist ein dimensionsloses Maß für die Frequenz; z ist groß wenn ω klein ist und umgekehrt.

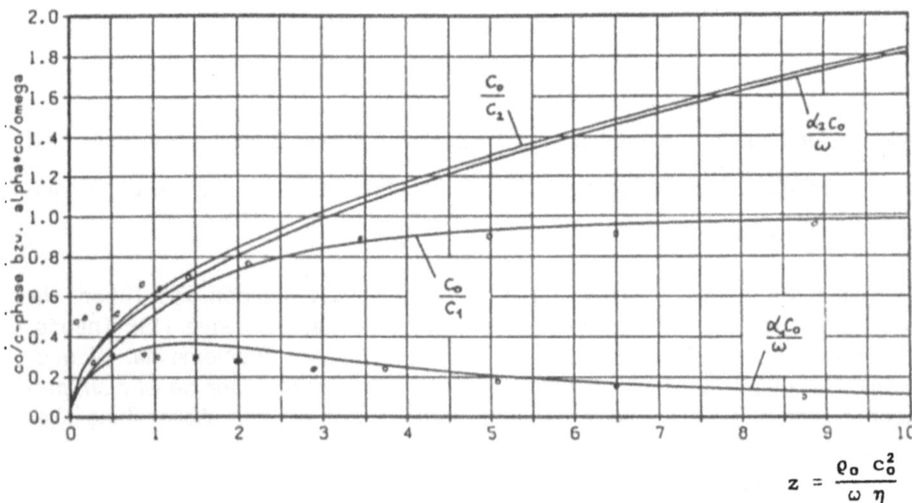

Fig. 1: Phasengeschwindigkeiten und Dämpfungsfaktoren der Navier-Stokes-Fourier Theorie. Meßwerte von Meyer und Sessler [3] .

Gleichung (1.6) hat zwei relevante Lösungen, die als Mode 1 und Mode 2 bezeichnet werden. In beiden sind k_r und k_i Funktionen von ω und die darausfolgenden Phasengeschwindigkeiten und Dämpfungsfaktoren sind in Figur 1 über der dimensionslosen Größe z aufgetragen.

Figure 1 zeigt auch Meßwerte von c_{Ph} und α für Mode 1 und man sieht, daß diese nur im Bereich kleiner Frequenzen mit den berechneten Werten übereinstimmen. Insbesondere strebt

c_{Ph} für $\omega \rightarrow 0$ gegen ∞ , ein Phänomen, welches man das Paradox der NSF-Theorie genannt hat. Denn c_{Ph} ($\omega = \infty$) ist gleichzeitig die Ausbreitungsgeschwindigkeit von Temperaturpulsen und man war der Meinung, diese solle endlich sein. Dieses Paradox der NSF-Theorie war der Anlaß zur Formulierung der Erweiterten Thermodynamik.

1.2. Erweiterte Thermodynamik mit 13 Feldern

Die Erweiterte Thermodynamik in ihrer einfachsten Form erweitert den Satz der 5 Felder der Massen-, Impuls- und Energiedichte um den Deviator der Impulsflußdichte $F_{<ij>}$ und die Energieflußdichte F_{ijj} . So entsteht eine Theorie von 13 Feldern - in der vorliegenden Form zuerst formuliert von Liu und Müller [4] - deren Unterschied zur gewöhnlichen Thermodynamik von 5 Feldern sich am einfachsten aus der folgenden Gegenüberstellung ablesen läßt.

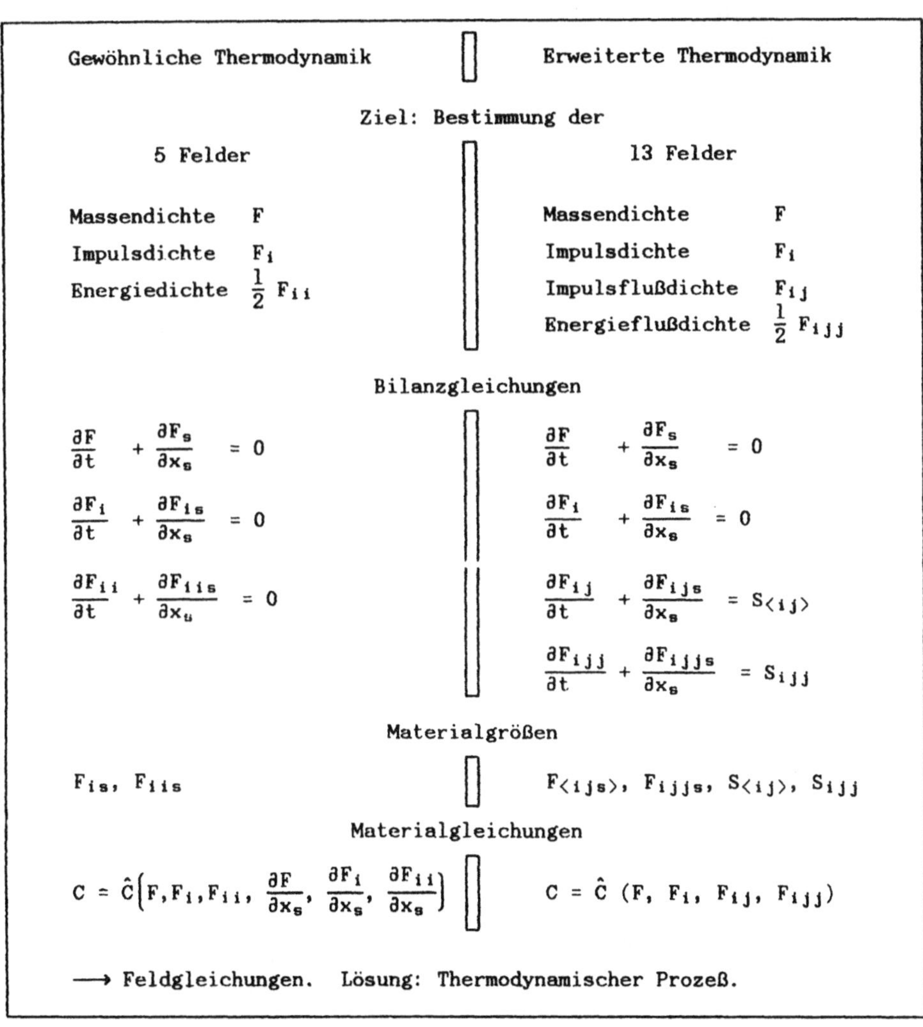

Gewöhnliche Thermodynamik	Erweiterte Thermodynamik
Ziel: Bestimmung der	
5 Felder	13 Felder
Massendichte F	Massendichte F
Impulsdichte F_i	Impulsdichte F_i
Energiedichte $\frac{1}{2} F_{ii}$	Impulsflußdichte F_{ij}
	Energieflußdichte $\frac{1}{2} F_{ijj}$
Bilanzgleichungen	
$\frac{\partial F}{\partial t} + \frac{\partial F_s}{\partial x_s} = 0$	$\frac{\partial F}{\partial t} + \frac{\partial F_s}{\partial x_s} = 0$
$\frac{\partial F_i}{\partial t} + \frac{\partial F_{is}}{\partial x_s} = 0$	$\frac{\partial F_i}{\partial t} + \frac{\partial F_{is}}{\partial x_s} = 0$
$\frac{\partial F_{ii}}{\partial t} + \frac{\partial F_{iis}}{\partial x_u} = 0$	$\frac{\partial F_{ij}}{\partial t} + \frac{\partial F_{ijs}}{\partial x_s} = S_{\langle ij \rangle}$
	$\frac{\partial F_{ijj}}{\partial t} + \frac{\partial F_{ijjs}}{\partial x_s} = S_{ijj}$
Materialgrößen	
F_{is}, F_{iis}	$F_{\langle ijs \rangle}$, F_{ijjs}, $S_{\langle ij \rangle}$, S_{ijj}
Materialgleichungen	
$C = \hat{C}\left(F, F_i, F_{ii}, \frac{\partial F}{\partial x_s}, \frac{\partial F_i}{\partial x_s}, \frac{\partial F_{ii}}{\partial x_s}\right)$	$C = \hat{C}\ (F, F_i, F_{ij}, F_{ijj})$

$\longrightarrow$ Feldgleichungen. Lösung: Thermodynamischer Prozeß.

Alle Feldgleichungen der Erweiterten Thermodynamik basieren auf Bilanzgleichungen und die Materialgleichungen sind lokal - im Gegensatz zu den Materialgleichungen der gewöhnlichen Thermodynamik.

Bemerkenswert ist auch, daß in der Übersicht die Spur der Impulsflußdichte gleich der zweifachen Energiedichte angesetzt wurde. Das ist eine Beziehung, welche die Theorie, so wie sie hier präsentiert wird, auf die Beschreibung einatomiger idealer Gase reduziert.

Explizite Feldgleichungen erhält man nur, wenn man die Materialfunktionen explizit kennt. Die Bestimmung der Materialfunktionen - oder die Reduzierung ihrer allgemeinen Form - ist Aufgabe der Thermodynamischen Materialtheorie.

Diese bedient sich universeller physikalischer Prinzipien und insbesondere des

i) Prinzips der Galilei Invarianz der Feldgleichungen,
ii) Entropie Prinzips,
iii) Postulats der Konvexität und Kausalität.

Die Auswertung dieser Prinzipien ist ein langwieriger und mühsamer Prozeß, der allerdings - im Falle einatomiger Gase zu ganz konkreten Feldgleichungen führt. In der folgenden Übersicht sind die linearisierten Feldgleichungen der gewöhnlichen und der erweiterten Thermodynamik gegenübergestellt sowie die daraus folgenden Ergebnisse für Phasengeschwindigkeiten und Dämpfungsfaktoren.

$$\frac{\partial\tilde{\varrho}}{\partial t} + \varrho_0\frac{\partial\tilde{v}_k}{\partial x_k} = 0 \qquad\qquad \frac{\partial\tilde{\varrho}}{\partial t} + \varrho_0\frac{\partial\tilde{v}_k}{\partial x_k} = 0$$

$$\frac{\partial\tilde{v}_i}{\partial t} + R\frac{T_0}{\varrho_0}\frac{\partial\tilde{\varrho}}{\partial x_i} + R\frac{\partial\tilde{T}}{\partial x_i} + \frac{1}{\varrho_0}\frac{\partial p_{\langle ik\rangle}}{\partial x_k} = 0 \qquad\qquad \frac{\partial\tilde{v}_i}{\partial t} + R\frac{T_0}{\varrho_0}\frac{\partial\tilde{\varrho}}{\partial x_i} + R\frac{\partial\tilde{T}}{\partial x_i} + \frac{1}{\varrho_0}\frac{\partial p_{\langle ik\rangle}}{\partial x_k} = 0$$

$$\frac{\partial\tilde{T}}{\partial t} + \frac{2}{3}T_0\frac{\partial\tilde{v}_k}{\partial x_k} + \frac{2}{3}\frac{1}{R\varrho_0}\frac{\partial q_k}{\partial x_k} = 0 \qquad\qquad \frac{\partial\tilde{T}}{\partial t} + \frac{2}{3}T_0\frac{\partial\tilde{v}_k}{\partial x_k} + \frac{2}{3}\frac{1}{R\varrho_0}\frac{\partial q_k}{\partial x_k} = 0$$

$$p_{\langle ij\rangle} = -2\mu\frac{\partial v_{\langle i}}{\partial x_{j\rangle}} \quad \text{N.-S.} \qquad\qquad \frac{\partial p_{\langle ij\rangle}}{\partial t} + \frac{4}{5}\frac{\partial q_{\langle i}}{\partial x_{j\rangle}} + 2\varrho_0 R T_0\frac{\partial\tilde{v}_{\langle i}}{\partial x_{j\rangle}} = \sigma p_{\langle ij\rangle}$$

$$q_i = -\kappa\frac{\partial T}{\partial x_i} \quad \text{F.} \qquad\qquad \frac{\partial q_i}{\partial t} + R T_0\frac{\partial p_{\langle ik\rangle}}{\partial x_k} + \frac{5}{2}R^2\varrho_0 T_0\frac{\partial\tilde{T}}{\partial x_i} = \frac{2}{3}\sigma q_i$$

Dispersion und Dämpfung

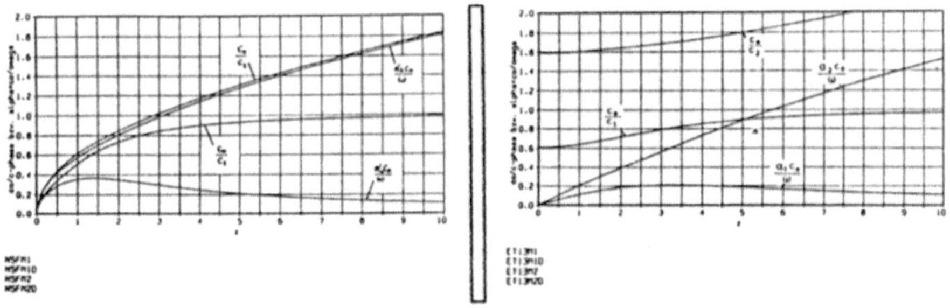

Fig. 2: Vergleich von Phasengeschwindigkeiten und Dämpfungsfaktoren der Navier-Stokes-Fourier Theorie (links) und der Erweiterten Thermodynamik mit 13 Momenten.

Man erkennt, daß c_{Ph} $(\omega = \infty)$ für beide Ausbreitungsmoden endlich ist, so daß sich Temperaturpulse mit endlicher Geschwindigkeit ausbreiten. Damit ist das Paradox der NSF-Theorie aufgelöst. Allerdings gilt: Wenn auch die Phasengeschwindigkeit endlich bleibt, so ist doch ihre quantitative]bereinstimmung mit den Meßwerten bei hohen Frequenzen nicht gut. Das legt den Gedanken an eine zusätzliche Erweiterung der Theorie nahe.

1.3. Erweiterte Thermodynamik mit vielen Variablen

Die oben beschriebene Erweiterte Thermodynamik mit 13 Variablen ist eine rein makroskopische Theorie. Aber sie zeigt vollständige Übereinstimmung der Feldgleichungen mit den Feldgleichungen des Grad'schen 13- Momenten Verfahrens in der kinetischen Gastheorie. Für zusätzliche Erweiterungen folgen wir daher der von Grad 5 prinzipiell beschriebenen Methode und berücksichtigen mehr und mehr Momente der Form

$$F_{i_1 i_2 \dots i_n} = \int m \, c_{i_1} c_{i_2} \dots c_{i_n} \, f \, dc \, .$$

f ist die Verteilungsfunktion der Gasatome. m und c_k sind Masse und Geschwindigkeit der Atome.

In solchen Theorien mit höheren Momenten ergeben sich auch immer mehr Ausbreitungsmoden mit jeweils verschiedenen Geschwindigkeiten. Figur 3 zeigt die ω -abhängige Phasengeschwindigkeit der Mode 1, d.h. derjenigen, die bei niedrigen Frequenzen in die normale Schallausbreitung mit $c_{Ph} = c_0$ übergeht. Man sieht an den Diagrammen der Figur 3, daß der Bereich der Übereinstimmung zwischen den Theorien bis zu immer höheren Werten von ω reicht je mehr Momente berücksichtigt werden. Die natürliche Interpretation dieser Beobachtung besagt, daß der ω-Bereich, in dem die Theorien mit den höchsten Momenten übereinstimmen, die verläßlichen Ergebnisse enthält. Und in der Tat, die gemeinsame Kurve verschiedener Theorien liegt nahe an den Meßwerten wie man an den Diagrammen von Figur 3c und 3d sieht.

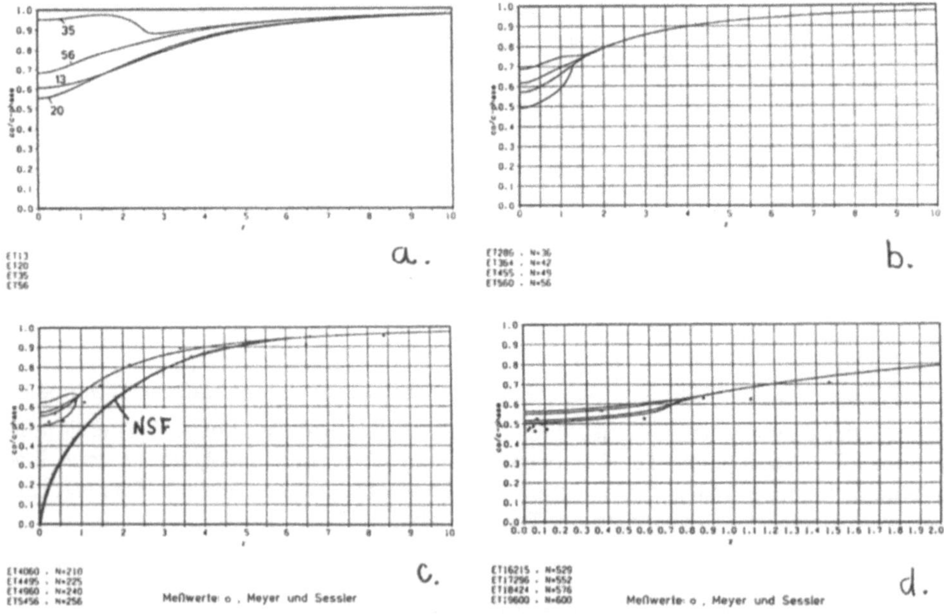

Figur 3: Phasengeschwindigkeiten von Theorien mit mehr und mehr Momenten. Man beachte den veränderten Abszissenabstand in Figur 3d.

Immerhin muß man mit der Zahl der Momente bis zu etwa 5.000 gehen, um verläßliche Phasengeschwindigkeiten bis herunter in z = 1 zu erhalten. Siehe dazu Figur 3c, in der auch noch einmal die Phasengeschwindigkeit der NSF-Theorie eingetragen ist, um zu demonstrieren wieviel besser die Momententheorien sind.

Figur 3d zeigt, daß es sich bei den vorliegenden Meßwerten nicht lohnt, mit der Zahl der Momente höher zu gehen als bis 20.000, denn zwischen 16.000 und 19.600 streuen die berechneten Kurven etwa nur noch genauso stark wie die Meßwerte.

1.4. Interpretation und Kritik

Obige Argumente haben ergeben, daß der Vergleich von Messungen der Phasengeschwindigkeit mit den in einer n-Momenten Theorie berechneten Werten uns gestattet zu bestimmen, bis zu welcher Frequenz ω_n die Theorie verläßlich ist. Diese Information interpretieren wir, indem wir sagen, daß ein Prozeß, in dessen zeitlichem Fourierspektrum Frequenzen bis zu ω_n auftauchen, eine n-Momenten Theorie erfordert.

Es ist allerdings kritisch anzumerken, daß eine n-Momenten Theorie schwer zu handhaben ist. Nicht nur liegt für n > 13 ein umfangreiches System partieller Differentialgleichungen vor, sondern es müssen auch Rand- und Anfangswerte für die höheren Momente beschafft werden, bevor an eine Lösung zu denken ist.

2. Streuspektren

2.1. Meßwerte im Streuspektrum. Onsager Hypothese

Figur 4 zeigt den schematischen Aufbau eines Streuexperiments. Wir werden auf die Details dieses Aufbaus nicht eingehen, dafür sei auf die einschlägige Literatur verwiesen, etwa Berne und Pecora [5] . Es soll hier genügen zu erklären, daß die Lichtstreuung an Dichteschwankungen in Gasen erfolgt. Die Meßgröße ist der dynamische Strukturfaktor $S(q,\omega)$, d.h. die zeitliche Fourier Transformierte der Autokorrelationsfunktion

$$\langle \delta\varrho^* (\underset{\sim}{q},0)\ \delta\varrho(\underset{\sim}{q},\tau)\rangle = \frac{1}{T}\int_0^T \delta\varrho^*(\underset{\sim}{q},t)\ \delta\varrho(\underset{\sim}{q},t+\tau)\ dt\ . \tag{2.1}$$

Dabei ist $\delta\rho\ (\underset{\sim}{q},t)$ die räumliche Fourierkomponente (Harmonische) zum Wellenvektor $\underset{\sim}{q}$ der Dichteschwankung $\delta\rho = \rho\ (\underset{\sim}{x},t) - \rho_0$ um den Gleichgewichtswert ρ_0. Richtung und Betrag von $\underset{\sim}{q}$ werden durch die Lage des Detektors bestimmt. Es gilt

$$q = 2\,\frac{\omega^{(i)}}{c}\,\sin\frac{\theta}{2} \tag{2.2}$$

wenn $\omega^{(i)}$ die Frequenz des einfallenden Lichts ist und θ der Streuwinkel. Folglich registriert der Detektor unter kleinem Winkel die großräumigen Schwankungen, d.h. die mit kleiner Wellenzahl q. Unter großem Winkel werden die kleinräumigen Schwankungen registriert.

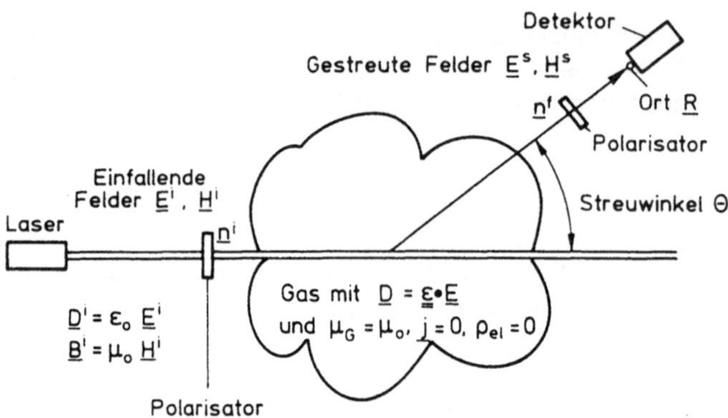

Figur 4: Schemabild eines Lichtstreuexperiments

Die Messungen des dynamischen Strukturfaktors sind wichtig, weil man diese Größe auch berechnen kann. Dies geschieht unter der - von Onsager ausgesprochenen - Hypothese nach der die Autokorrelationsfunktion der Dichteschwankungsharmonischen $\delta\rho$ (q,t) proportional ist zur Relaxation einer Abweichung $\delta\rho$ (q,0) nach den Gesetzen der irreversiblen Thermodynamik.

Die Messung der Autokorrelationsfunktion und ihr Vergleich mit der aus der Thermodynamik berechneten Relaxation $\delta\rho$ (q,t) kann auf zwei Weisen Information liefern:

i) Bei qualitativer Übereinstimmung der Funktionen kann man die Materialkoeffizienten der irreversiblen Thermodynamik bestimmen.

ii) Wenn keine qualitative Übereinstimmung vorliegt, so muß man die thermodynamische Theorie verbessern. Das heißt etwa, man muß die NSF-Theorie durch eine Erweiterte Thermodynamik ersetzen.

In dieser Arbeit wird uns der zweite Gesichtspunkt interessieren. Denn wir werden uns bei diesen Untersuchungen auf Messungen und Rechnungen an Edelgasen beschränken, für die wir alle Materialkoeffizienten bereits kennen. Dann bleibt nur der zweite Gesichtspunkt.

Das die Erweiterte Thermodynamik beherrschende Gleichungssystem für Edelgase ist in Gleichung (2.3) dargestellt. Dabei sind nun freilich nicht die $F_{i1\ i2 \cdots in}$ als Variable gewählt, sondern Mittelwerte $\underset{\sim}{G}$ über Hermite Polynome; diese bilden ein orthogonales Polynomsystem, welches den einfachen Polynomen $c_{i1}\ c_{i2}\ ...c_{in}$ vorzuziehen ist. Denn bei Verwendung der Mittelwerte $\underset{\sim}{G}$ erfolgt der Abschluß des Gleichungssystems einfach durch Weglassen aller höheren Mittelwerte und aller höheren Gleichungen, so wie in Gleichung (2.3) durch die Schachtelung angedeutet. ξ_{rs} sind bekannte Zahlen und κ ist der Koeffizient des Wechselwirkungspotentials Maxwellscher Moleküle.

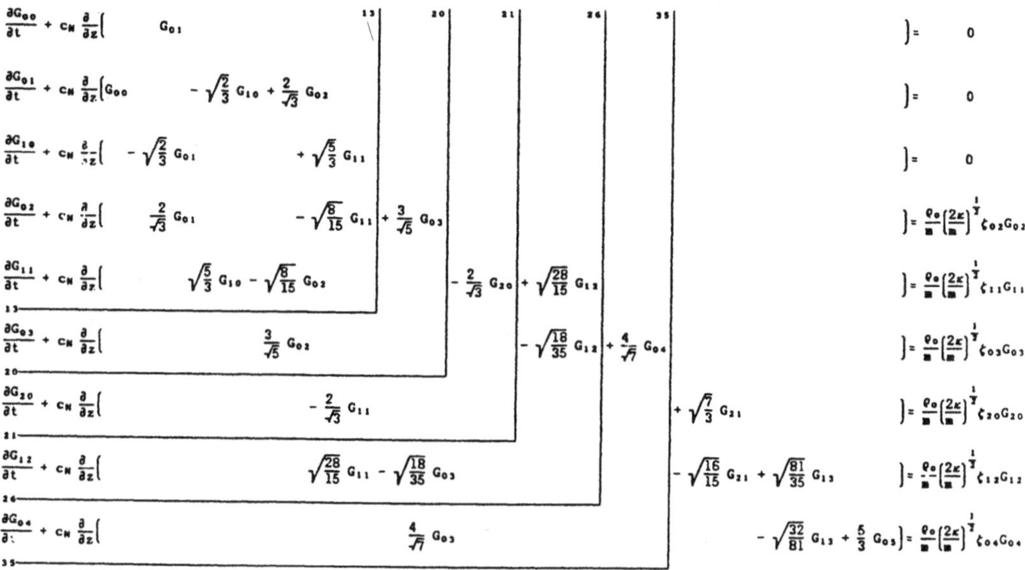

(2.3)

2.2. Dynamische Strukturfaktoren S(q, ω) für verschiedene Streuwinkel als Funktion von ω

Figur 5 zeigt die Fourierkomponenten S(q, ω) der NSF-Theorie und der Erweiterten Thermodynamik mit 13 bzw. 14 Momenten. Die Kurven eines Diagramms sind jeweils berechnet für *einen* Streuwinkel, d.h. sie repräsentieren eine Harmonische der Dichteschwankung. Kleines q, d.h. großes y entspricht einer großräumigen Schwankung, während kleines y einer kleinräumigen Schwankung entspricht.

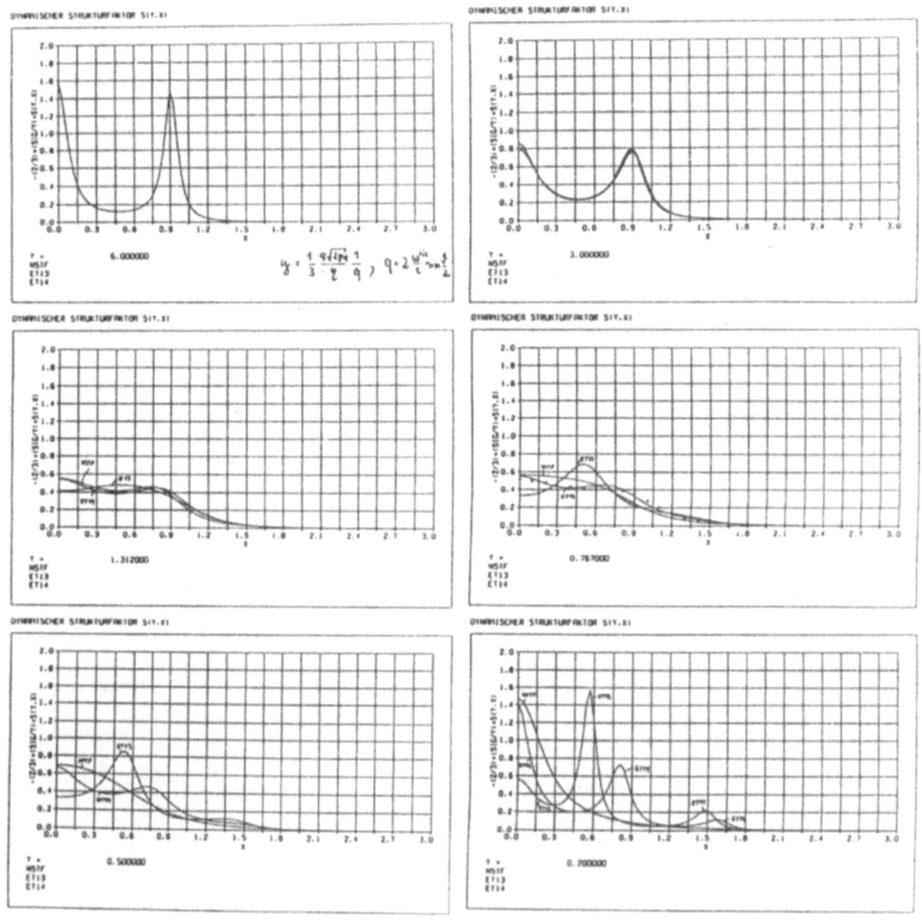

Figur 5: Dynamische Strukturfaktoren S(q,ω) für verschiedene Streuwinkel. NSF-Theorie und 13- bzw. 14-Momenten Theorie

Für den großen Wert y = 6 liefern alle Theorien denselben Kurvenverlauf von S(q,ω) und dieser entspricht auch den Meßwerten. Selbst bei y = 3 ist das noch der Fall, obwohl sich hier erste Unterschiede zwischen den berechneten Kurven zeigen. Bei y = 1.3 sind diese Unterschiede schon deutlich und erst recht bei y = 0.767. Letzteres ist ein Wert, für den Meßwerte von N.A. Clarke [6] vorliegen, die in Figur 5d als Punkte eingetragen sind. Man erkennt, daß die NSF-Theorie sowie die 13-Momenten Theorie die Meßwerte sehr schlecht beschreiben, während die 14-Momententheorie ganz gut zu sein scheint.

Bei noch kleineren Werten von y - nämlich bei y = 0.5 und y = 0.2 - werden die Diskrepanzen zwischen den 3 Theorien immer drastischer. Natürlich sind da die NSF-Theorie und die 13-Momententheorie sicher nicht mehr verläßlich. Höchstens die 14-Momententheorie verdient vielleicht noch Vertrauen.

Selbst das jedoch muß ausgeschlossen werden. Wir überlegen: Figur 5 zeigt, daß verschiedene Theorien "immer uneiniger" werden je kleiner y wird. Eine Kurve ist nur dann verläßlich für ein gegebenes y wenn sie sich auch bei Berücksichtigung von mehr Momenten nicht mehr ändert. Nun sehen wir aber an Figur 6a, daß bei y = 0.767 - wo die 14-Momenten Theorie gut schien - die Theorien mit 20, 35, 56 und 84 Momenten stark unterschiedliche Kurven liefern, so daß wir selbst diesen Theorien nicht trauen können. Darum ist die 14-Momenten Theorie sicher erst recht nicht verläßlich. In der Tat, erst die Theorien mit 120, 165, 220 und 286 liefern übereinstimmende Kurven, siehe Figur 6b. Wir schließen daraus, daß die Zahl der Momente mindestens auf 120 gesetzt werden muß, um verläßlich zu sein. Und tatsächlich stimmen die Kurven der Figur 6b perfekt mit den in Figur 5d eingetragenen Meßwerten über ein. Daß schon die 14-Momenten Theorie diese Meßwerte gut beschrieb, muß im Lichte dieser Diskussion als reiner Zufall erscheinen.

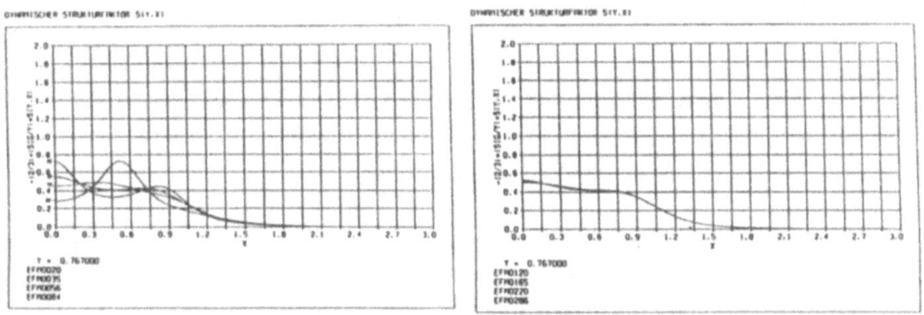

Figur 6: Dynamischer Strukturfaktor bei y = 0.767 für verschiedene Momententheorien

Wenn wir y noch weiter absenken, so werden selbst Theorien mit vielen Momenten wieder unverläßlich. Das ist in Figur 7 illustriert wo y den Wert 0.1 hat und Kurven für Momentenzahlen zwischen 210 und 256 deutlich unterschiedliche Verläufe zeigen. Hier müßten noch mehr Momente berücksichtigt werden.

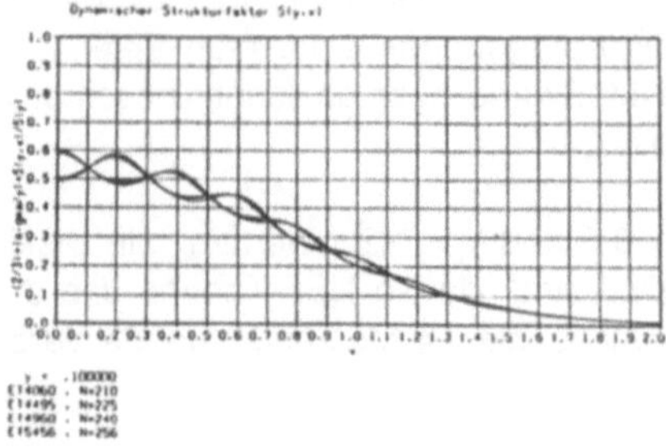

Figur 7: Dynamischer Strukturfaktor bei sehr großem Streuwinkel für Theorien mit vielen Momenten

2.3. Interpretation und Kritik

Obige Argumente zeigen, daß eine n-Momenten Theorie bis herunter zu einer Wellenlänge

$\lambda_n = \frac{2\pi}{q_n}$ den dynamischen Strukturfaktor verläßlich beschreibt. Je kleiner diese Wellenlänge ist, um so größer muß n, die Zahl der Momente sein. Diese Information interpretieren wir, indem wir sagen, daß ein Prozeß, in dessen *räumlichen* Fourierspektren Wellenlängen bis zu λ_n auftauchen, eine n-Momenten Theorie erfordert.

Diese Interpretation entspricht genau der von Teil 1, wo uns die Bestimmung der Phasengeschwindigkeit angab, bis zu welcher Frequenz eine n-Momenten Theorie gut ist. Dort hatten wir geschlossen, daß wir eine n-Momenten Theorie benötigen, wenn im *zeitlichen* Fourierspektrum eines Prozesses Frequenzen bis herauf zu ω_n auftauchen.

Wir sehen somit, daß sich die Betrachtungen von Dispersion und Streuspektrum gegenseitig ergänzen: In einer gegebenen Theorie bestimmen sie die maximalen Frequenzen im zeitlichen Fourierspektrum der beschreibbaren Prozesse bzw. die minimalen Wellenlängen in deren räumlichem Fourierspektrum. In beiden Fällen sehen wir, daß die Zahl der zu berücksichtigenden Momente mit wachsender Frequenz und abnehmender Wellenlänge stark wächst. Die NSF-The orie ist nur gut für kleine Frequenzen und große Wellenlängen.

Im übrigen ist es so, daß der Anwendungsbereich einer Theorie nicht ausschließlich durch Frequenz und Wellenlänge bestimmt werden, sondern durch die dimensionslosen Größen

$$z = \frac{\varrho_0\, c_0^2}{\eta} \frac{1}{\omega} \qquad \text{und} \qquad y = \frac{\sqrt{6}}{3\sqrt{5}} \frac{\varrho_0\, c_0}{\eta} \frac{1}{q} .$$

Man sieht daran, daß eine Verkleinerung der Dichte denselben Effekt hat wie eine Vergrößerung der Frequenz und eine Verkleinerung der Wellenlänge. Die Beschreibung eines verdünnten Gases erfordert also viel eher eine umfangreiche Momenten Theorie als die eines dichten Gases.

Literatur

[1] Weiss, W. Zur Hierarchie der Erweiterten Thermodynamik. Dissertation TU Berlin (1990).

[2] Weiss, W. Dispersion Relation in Extended Thermodynamics with many Variables. In preparation.

[3] Meyer, E., Sessler, G. Schallausbreitung in Gasen bei hohen Frequenzen und niedrigen Drücken. Z. Physik 149 (1957).

[4] Liu, I-Shih, Müller, I. Extended Thermodynamics of Classical and Degenerate Gases. Arch. Rational Mech. Anal. 83 (1983).

[5] Berne, B.J., Pecora, R. Dynamic Light Scattering. John Wiley & Sons, Inc. New York (1976).

[6] Clarke, N.A. Inelastic Light Scattering from Density Fluctuations in Dilute Gases. The Kinetic Hydrodynamic Transition in a Monatomic Gas. Phys. Rev. A 12 (1975).

Zur Physik des Fusionsreaktors
Neue Ergebnisse

Michael Kaufmann
Max-Planck-Institut für Plasmaphysik
Garching

Kurzfassung

Die Fusion ist eine der wenigen Optionen, um das Energieproblem des nächsten Jahrhunderts zu lösen. Bei magnetischem Einschluß wird ein Plasma aus Deuterium und Tritium bei ausreichender Dichte und Reinheit auf eine Temperatur von 100 bis 200 Millionen Grad aufgeheizt. Das heiße Plasma muß durch das Magnetfeld ausreichend gut wärmeisoliert sein.

In Westeuropa wird die Fusionsforschung durch EURATOM in einem gemeinsamen Programm koordiniert. Dieses europäische Fusionsprogramm hat in den letzten Jahren wesentliche Beiträge zur Lösung der physikalischen Probleme geleistet. Die Fortschritte der physikalischen Untersuchungen betreffen die Heizung des Plasmas, seinen Einschluß und Methoden zur Reinhaltung. Insbesondere ist das gemeinsame europäische Experiment JET in Culham in Großbritannien den Zieldaten für ein Fusionsplasma bereits nahe gekommen. Dazu haben vor allem Experimente in der sogenannten Divertorkonfiguration beigetragen, die an der Anlage ASDEX im Max-Planck-Institut für Plasmaphysik durchgeführt wurden.

Die heute vorliegenden physikalischen Kenntnisse erscheinen ausreichend, um einen Fusionsreaktor zu planen. Zur Zeit wird in weltweiter Zusammenarbeit der Bau eines gemeinsamen Testreaktors ITER angestrebt. Eine Studiengruppe aus Wissenschaftlern der Europäischen Gemeinschaft, aus Japan, USA und der UdSSR arbeitet dieses Projekt zur Zeit in Garching aus.

Im Institut für Plasmaphysik in Garching wird in ASDEX-Upgrade der Divertor weiter untersucht, um die mit dem Plasma-Wand-Kontakt zusammenhängenden Fragen zu lösen. Daneben wird die Alternative zum Tokamak, der Stellarator, weiterentwickelt.

1 Einleitung

In diesem Beitrag soll über die Fortschritte berichtet werden, die in den physikalischen Untersuchungen zum Fusionsreaktor in den letzten Jahren erzielt worden sind. Zu dem ebenso wichtigen Stand der technologischen Entwicklung des Reaktors und der Umweltverträglichkeit der Fusion will ich zur

Einleitung lediglich einige kurze Anmerkungen machen.

Zunächst möchte ich aber auf die Frage eingehen, warum wir uns überhaupt der Erforschung der Kernfusion widmen sollen. Ist heute eine intellektuell anspruchsvolle aber kostspielige Forschung notwendig, wenn zugleich Energie reichlich verfügbar scheint und der Wunsch - vielleicht auch die Hoffnung - auf Energieeinsparung bestehen? Ich glaube, daß man diese Fragen bejahen muß, wenn man die zukünftige Entwicklung unserer Energiesituation bedenkt. Es gibt im wesentlichen drei Gründe, die für die Zukunft des nächsten Jahrhunderts ein schwerwiegendes Energieversorgungsproblem erwarten lassen. Zum einen ist die Anzahl der Menschen ständig im Wachsen. Es setzt bereits einen gewissen Optimismus voraus anzunehmen, daß sich die Welt-Bevölkerungszahl bei 10 Milliarden stabilisieren wird. Entscheidend ist dabei, daß zur Zeit nur wenig mehr als 1 Milliarde der Erdbevölkerung von heute 5 Milliarden einen Prokopf-Verbrauch von Energie haben, der mit dem westeuropäischen vergleichbar ist. Selbst wenn wir also bereits eine Reduktion unseres Energieverbrauchs von z.B. 20% und eine Entwicklung des Weltenergiebedarfs auf dieses niedrigere Niveau annehmen, stiege der Verbrauch weltweit um etwa einen Faktor 5 an. Der zweite Grund, mit einem Dilemma in der Energieversorgung zu rechnen, liegt in der bekannten Notwendigkeit, die Verbrennung der fossilen Stoffe zu begrenzen. Die Fortschreibung unseres heutigen Versorgungssystems mit einem Anteil von circa 90% fossiler Brennstoffe ist bei einem derart gesteigerten Bedarf wohl nicht vorstellbar. In dieser Lage, in der ein wachsender Bedarf zugleich auf die Notwendigkeit einer grundsätzlichen Neuorientierung trifft, findet man nun drittens nur insgesamt 3 Energiequellen, die das Potential haben für eine Energieversorgung des nächsten Jahrhunderts und überhaupt für die weitere Zukunft der Menschheit: der schnelle Brüter, die Sonnenenergie und die Fusion. Alle drei haben ihre spezifischen Probleme: der Brüter Sicherheit und Akzeptanz, die Sonnenenergie hohe Kosten und einen extremen Materialbedarf, die Fusion vor allem die bisher offene Frage der Machbarkeit. Nur wenn wir heute die Fusion und ebenso die Sonnenenergie und den Brüter weiterentwickeln, schaffen wir durch die Bereitstellung dieser Optionen die Voraussetzung, daß die Menschheit im nächsten Jahrhundert das kommende Energieproblem lösen kann.

Die Hauptschwierigkeiten der Entwicklung zum Fusionsreaktor lagen bisher auf physikalischem Gebiet und entsprechend hat sich die Forschung auf diese Fragen konzentriert. Mit dem Fortschritt insbesondere beim Energieeinschluß heißer Plasmen wendet sich die Entwicklung nun auch verstärkt den technologischen Fragen zu wie den supraleitende Spulensystemen, dem Tritium-Brutmantel und der Technologie der Ersten Wand . In dem geplanten nächsten Schritt zu einem Experimentalreaktor sollen parallel zu einer Demonstration der Physik alle technischen Komponenten getestet werden.

Die Sicherheit und Umweltverträglichkeit des Fusionsreaktors kann kurz so charakterisiert werden: einerseits treten radioaktive Substanzen wie das Gas Tritium, das als Brennstoff in einem reaktor internen System umläuft, und die durch Neutronen aktivierte Reaktorbauteile auf, die durch geeignete Schutzmaßnahmen gesichert werden müssen. Andererseits ist die wohl wichtigste positive Eigenschaft der geringe nukleare Energieinhalt im Fusionsreaktor: Das Tritium im Plasma reicht z.B. nur für circa 75 s Brennzeit und es fehlt die physikalische Möglichkeit, daß dieser Reaktor durchgehen kann. Die Belastung der Umwelt wird nach heutiger Kenntnis sowohl im Normalbetrieb als auch bei Störfällen gering bleiben.

2 Physikalisches Konzept

Ich werde mich auf die magnetische Fusion beschränken. Das heiße Plasma wird durch ein Magnetfeld eingeschlossen, das eine ringförmig geschlossene Struktur (Torus) hat, um Energieverluste parallel zu den Magnetlinien zu vermeiden. Das Plasma wird auf diese Weise von der Reaktorwand isoliert. Die bisher erfolgreichste dieser Anordnungen, das "Tokamak", hat einen russischen Namen und heißt soviel wie "**to**roidale **Ka**mmer mit **Mag**netfeld". *Artzimowich* hatte am Kurtchotov-Institut in Moskau erstmals heiße Plasmen in dieser Konfiguration erzeugt und eingeschlossen. Im "Tokamak" ist der Plasmaring axialsymmetrisch und ein Teil des Magnetfeldes wird durch einen toroidalen Strom im Plasma erzeugt (s. Abbildung 1). Das Magnetfeld, erzeugt durch Ströme in den Hauptfeldspulen und dem Plasma selbst, besitzt eine spiralige Struktur. Die Feldlinien liegen auf ineinander geschachtelten Torusflächen. Der Plasmatorus wird durch die Wechselwirkung des Plasmastromes mit dem Vertikalfeld zusammengehalten.

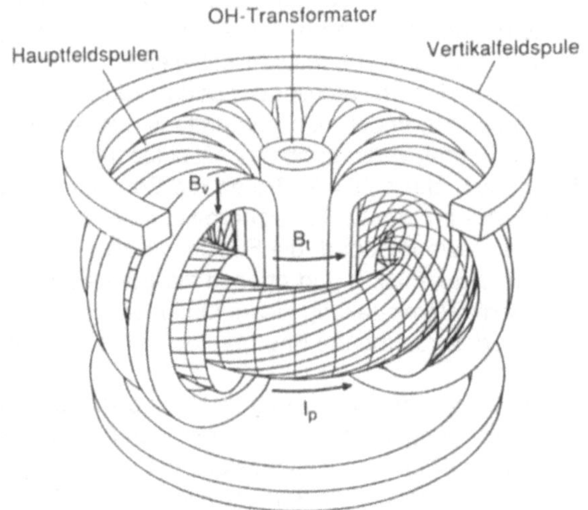

Abbildung 1

Die Anforderungen, die der Reaktor an das Plasma stellt, sollen im folgenden präzisiert und eine Zündbedingung definiert werden: Im Fusionsreaktor wird Energie durch die Fusion der Wasserstoffisotope Deuterium und Tritium gewonnen. Bei einem ausreichend energiereichen Stoß zwischen diesen Wasserstoffisotopen entsteht Helium, ein Neutron und 17,6 MeV überschüssige Energie:

$$D + T \rightarrow He^4 \text{ (3,5 MeV)} + n \text{ (14,1 MeV)}$$

Das energiereiche Neutron verläßt das Plasma, deponiert seine Energie in einem "Blanket" und erzeugt dort aus Lithium Tritium. Das in der Natur nicht vorkommende Tritium kann so für den Fusionsprozeß bereitgestellt werden. Helium bleibt als geladener Atomkern im Magnetfeld eingeschlossen, gibt seine Energie an das Plasma ab und heizt so das Plasma. Zunächst muß jedoch das Plasma durch eine Fremdheizung soweit aufgeheizt werden, daß die Entladung zündet. Die bei der Fusion erzeugten Heliumteilchen sorgen dann nach Abschalten der Fremdheizung dafür, daß das Plasma weiterbrennt. Zwischen der Heizleistung des Heliums, P_{He}, und der Verlustleistung des Plasmas durch Wärmeleitung und Strahlung, P_V, herrscht dabei ein Gleichgewicht.

$$P_{He} = P_V.$$

Diese Bedingung läßt sich in eine "Zündbedingung" umschreiben:

$$n \cdot \tau_E = f\ (T).$$

Dabei ist n die Dichte und T die Temperatur des Plasmas. τ_E ist die "Energieeinschlußzeit", ein Maß für die Güte der Wärmeisolation des Plasmas. Sie ist definiert als die Zeit, in der sich das Plasma abkühlt, wenn die Heizung aussetzen würde. Das Produkt aus Dichte n und Energieeinschlußzeit τ_E muß also bei der Zündung einen bestimmten Wert erreichen, der mit steigenden Temperaturen zunächst drastisch fällt, wie man aus der folgenden Tabelle entnehmen kann.

T [Mio. Grad]	$n \cdot \tau_E$ [s/m³]
44	$1{,}4 \cdot 10^{23}$
90	$4{,}5 \cdot 10^{20}$
110	$3{,}4 \cdot 10^{20}$
220	$1{,}6 \cdot 10^{20}$
550	$2{,}1 \cdot 10^{20}$

Tabelle 1

Erst bei Temperaturen ab etwa 100 Millionen Grad reichen $n \cdot \tau_E$-Werte von einigen 10^{20} s/m³ zur Zündung aus. Man siedelt den Fusionsreaktor deshalb in diesem Temperaturbereich von 100 bis 200 Millionen Grad an und wählt aus Gründen, die hier nicht diskutiert werden sollen, Dichten von etwa 10^{20} Teilchen pro m³. Es ergibt sich dann eine notwendige Energieeinschlußzeit von etwas mehr als einer Sekunde.

3 Der Energieeinschluß

In einem Tokamak wird das Plasma zunächst durch den induzierten Strom auf natürliche Weise geheizt. Zusätzlich kann das Plasma durch den Einschuß von energiereichen, neutralen Wasserstoffatomen weitergeheizt werden, die das Magnetfeld ungehindert durchdringen. Sie werden im Plasma ionisiert, eingefangen und geben ihre Energie an das Plasma ab. Damit läßt sich das Plasma auf die notwendige hohe Temperatur bringen. So sind Temperaturen von 200 Millionen Grad an dem europäischen Experiment JET in Culham gemessen worden. Auch die notwendige Dichte kann eingestellt werden. Als kritische Größe erweist sich vor allem die Güte des Energieeinschlusses, die durch τ_E, die Energieeinschlußzeit, gemessen wird. Dabei kommt es darauf an, ein hohes τ_E gleichzeitig mit den Zielwerten von T und n zu erreichen. Nehmen wir ein Plasma aus reinem Wasserstoff an, dann spielt die Strahlung in der Energiebilanz keine Rolle, während die Wärmeleitung den

Energieverlust beherrscht. Wird das Plasma allerdings durch Wandmaterial verunreinigt, können die Strahlungsverluste dieser schweren Atome drastisch ansteigen und die Fusion hindern.

Im klassischen Bild tragen die Plasmateilchen ihre Energie durch Stöße nach außen. Dieser Prozeß der klassischen und berechenbaren Wärmeleitung würde bei einem Plasma, welches ansonsten die für einen Reaktor optimale Größe hat, zu einem guten Energieeinschluß führen. Im Experiment zeigt sich aber, daß der Energieeinschluß schlechter ist, als durch die Stoßprozesse berechnet. Der Energietransport ist anomal erhöht, weil Instabilitäten, die aus der Wechselwirkung des Plasmas mit dem Magnetfeld getrieben werden, zu einem turbulenten Transport führen. Dieser Prozeß ist, obwohl viele Untersuchungen laufen, bisher nicht ausreichend physikalisch geklärt und erst recht nicht berechenbar. Trotz aller Fortschritte der Computer, über die ja an anderer Stelle dieser Konferenz berichtet wird, liegt die Berechnung derartiger Vielteichensysteme weit außerhalb unserer heutigen Möglichkeiten.

Die inzwischen an vielen Tokamakexperimenten unterschiedlicher Auslegung zusammengetragenen Daten gestatten es jedoch, ein empirisches Skalierungsgesetz anzugeben. Die Energieeinschlußzeit τ_E skaliert danach immerhin über 3 Größenordnungen (τ_E =10 ms bis 1 s) etwa wie folgendes Gesetz /1/:

$$\tau_E = \gamma \cdot I_p \cdot R^{1,3} \cdot A^{0,4} \cdot \kappa^{0,5} \cdot P_H^{-0,5}$$

γ : Vorfaktor
I_p : Plasmastrom
R : großer Radius des Plasmas
A : Aspektverhältnis = R/kleiner Plasmaradius
κ : Achsenverhältnis des elliptischen Plasmaquerschnitts
P_H : Heizungsleistung

Während der Einschluß mit Strom und Größe verbessert wird, verschlechtert er sich mit wachsender Heizleistung. Die meisten Parameter dieser Beziehung lassen sich nur in engen Grenzen variieren, die durch die Physik und Technik gesetzt sind. Geht man an diese Grenzen und fordert zugleich ein ausreichend großes Produkt $n \cdot \tau_E$, so bleibt nur das Plasmavolumen zur Anpassung frei, um die Zündbedingung zu erfüllen. Die Skalierungsformel für τ_E läßt sich also in einen Ausdruck für das zur Zündung notwendige Plasmavolumen V_z umschreiben:

$$V_z \propto \gamma^{-3,4}$$

Man erkennt, wie entscheidend es auf einen ausreichend großen Vorfaktor γ in obigem Skalierungsgesetz für die Energieeinschlußzeit ankommt. Ist γ zu klein, wird der Fusionsreaktor schnell so groß, daß er für eine Anwendung uninteressant wird.

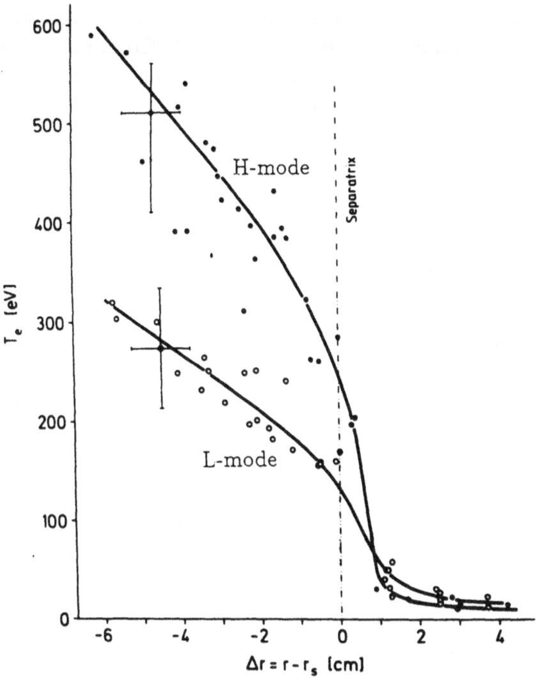

Abbildung 2

In diesem Zusammenhang hat eine Entdeckung an dem Tokamak ASDEX im Max-Planck-Institut für Plasmaphysik die Chancen für den Fusionsreaktor wesentlich verbessert. In ASDEX wurde eine plötzliche Verbesserung des Plasmaeinschlusses beobachtet (1982 /2/): Wenn das Plasma stark geheizt wird und der Plasmarand eine bestimmte Temperatur langsam erreicht, steigt die Temperatur plötzlich stark weiter an, ohne daß die Heizleistung weiter erhöht wurde. Nach diesem Umschlag der Entladung steigt die Temperatur bis zu einem wesentlich steileren Temperaturgradienten an. Die Entladung zeigt ein bistabiles Verhalten.

Die Abbildung 2 zeigt zwei Temperaturprofile im Plasmarandbereich vor und nach dem Umschlag. Der Vorfaktor γ wird bei diesem Übergang von der "L-mode" (L = low) zu der "H-mode" (H = high) etwa um den Faktor 2 vergrößert. Inzwischen ist der Umschlag zu einem besseren Einschluß auch an anderen Maschinen beobachtet worden; es kann folglich auch im Fusionsreaktor mit dieser Verbesserung gerechnet werden. Letztlich bedeutet diese Verbesserung, daß das zur Zündung nötige Plasmavolumen V_z entsprechend der obigen Formel etwa um eine Größenordnung gegenüber der L-mode reduziert werden kann.

Dieses Ergebnis an ASDEX war kein Zufall. Der Erfolg erklärt sich durch eine bestimmte Gestaltung des Plasmarandes, nämlich durch die Einführung einer magnetischen Separatrix und eines Divertors. Da es sinnvoll ist, den Divertor im Zusammenhang mit der gesamten Plasma-Wand-Problematik zu behandeln, will ich dies in einem späteren Abschnitt tun. Hier soll nur vorweggenommen werden, daß sich mit einer magnetischen Separatrix eine thermische Barriere am Plasmarand einstellen kann, was die Voraussetzung für das Umklappen des Einschlußverhaltens ist.

Nach der Entdeckung an ASDEX war eine entscheidende Frage, ob auch an der Anlage JET das H-mode gefunden werden könnte. JET ist ein gemeinsam von den Mitgliedsländern der EG, Schweden und der Schweiz betriebenes Tokamak, welches sich vor allem durch seine Größe auszeichnet. Mit einem großen Radius von R = 3 m und einem kleinen Radius von a = 1,2 m liefert es wichtige Daten, um auf einen dann noch größeren Fusionsreaktor extrapolieren zu können. JET war nicht als Divertor-Experiment aufgebaut worden. Nach der Entdeckung an ASDEX war es jedoch möglich, durch eine andere Verschaltung der Magnetfeldspulen eine magnetische Separatrix und einen provisorischen Divertor zu erzeugen. Damit gelang auch in JET im Jahr 1986 der Umschlag einer Plasmaentladung in die H-mode.

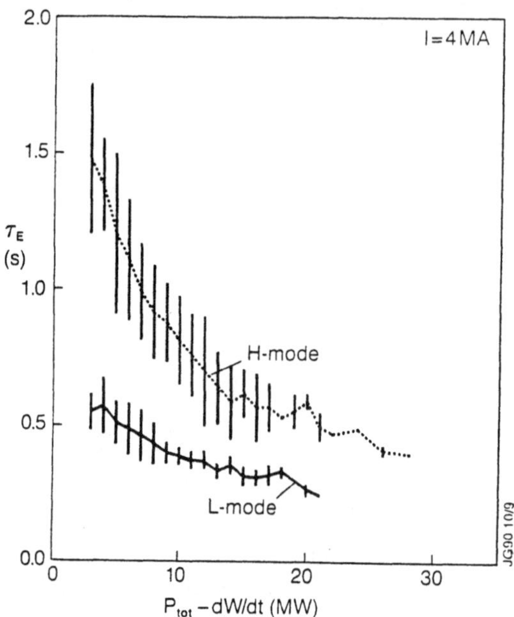

Abbildung 3

In der Abbildung 3 sind Energieeinschlußzeiten τ_E von JET dargestellt /3/. τ_E fällt zwar mit wachsender Heizleistung, es wird aber ähnlich wie bei ASDEX eine Verdopplung der Energieeinschlußzeit beim Übergang in die H-mode beobachtet. Inzwischen haben mehrere Tokamaks den H-Übergang verwirklicht und man kann die Daten der H-Entladungen zur Extrapolation auf einen Experimentalreaktor benutzen.

Der Fortschritt beim Energieeinschluß kann insgesamt in einer kompakten Form dargestellt werden. Im Bereich hoher Temperaturen (T = 70 ... 200 Millionen Grad) läßt sich die Zündbedingung $n \cdot \tau_E = f(T)$ in guter Näherung als eine Bedingung an das Produkt der drei Größen Dichte, Energieeinschluß und Temperatur umschreiben:

$$n \cdot \tau_E \cdot T = const$$

Diese Darstellung hat den Vorteil, daß sie das gleichzeitige Annähern an die Zielwerte richtig bewertet. In der folgenden Tabelle ist dargestellt, wie sich das Fusionsprodukt im Laufe der Jahre verbessert hat /4/. Der letzte experimentelle Wert ist das JET-Ergebnis aus dem Jahre 1989 /3/, der in der H-mode erreicht wurde. Die experimentellen Werte lassen sich mit dem Wert für Q = 1 (Q ≡ gesamte Fusionsleistung/Heizleistung) und dem Zielwert für einen brennenden ITER vergleichen. JET würde bei seinen maximalen Parametern 13 MW Fusionsleistung produzieren, wenn ein Deuterium-Tritiumgemisch eingefüllt würde. Ein solcher Betrieb ist für Mitte der neunziger Jahre geplant.

Jahreszahl	$n \cdot \tau_E \cdot T \;\; [m^{-3} \cdot s \cdot Grad]$
1960	$\approx 10^{22}$
1970	$\approx 10^{24}$
1980	$\approx 10^{26}$
1989, JET	$1 \cdot 10^{28}$
Q = 1	$1,1 \cdot 10^{28}$
ITER	$9,4 \cdot 10^{28}$

Tabelle 2

4 Der Experimentalreaktor

Unter einem Experimentalreaktor soll hier eine Maschine verstanden werden, die auf der physikalischen Seite ein Plasma so gut einschließt, daß die Heizung durch die bei der Fusion entstehenden Heliumkerne ausreicht, um das Plasma am Brennen zu halten. Auf der technischen Seite sollten alle wichtigen Komponenten eines endgültigen Reaktors realisiert sein: Ein Erste-Wand-Bereich muß die Wechselwirkung zwischen Plasma und der Wand so gestalten, daß Plasma und Wand sich nicht kritisch beeinträchtigen, ein Brutmantel sollte das Brüten von Tritium aus Lithium demonstrieren und supraleitende Spulen, die ausreichend gut gegen die Neutronen abgeschirmt sind, das Magnetfeld erzeugen.

Seit etwa 2 Jahren arbeitet eine internationale Gruppe in Garching an dem Entwurf eines solchen Experimentalreaktors. Auf Initiative Gorbachovs hatten sich die Sowietunion, Japan, die Vereinigten Staaten von Amerika und die Europäische Gemeinschaft zusammengetan, um zunächst das Konzept eines solchen Reaktors ITER (International Thermonuclear Experimental Reactor) zu entwerfen. Die Europäer sind durch die Gruppe NET (Next European Torus) vertreten, die zuvor schon selbständig und analog zu JET einen europäischen Reaktor vorbereitete. Nach der Einigung auf ein gemeinsames Konzept /5/ wird jetzt eine Phase für den detaillierten Entwurf des ITER vorbereitet. Garching bewirbt sich mit Unterstützung der EG wieder als Standort für diese etwa 200 Mitarbeiter umfassende Studiengruppe. Es ist das von den vier Partnern anvisierte Ziel, ITER gemeinsam zu bauen und zu betreiben.

Um im ITER das Plasma zünden zu können, muß vor allem der Plasmastrom gegenüber JET noch einmal deutlich von 7 MA auf 22 MA gesteigert werden (s. Kapitel 3). Der große Radius soll in ITER 6 m betragen. Im brennenden Zustand erzeugt ITER eine Fusionsleistung von etwa 1 GW.

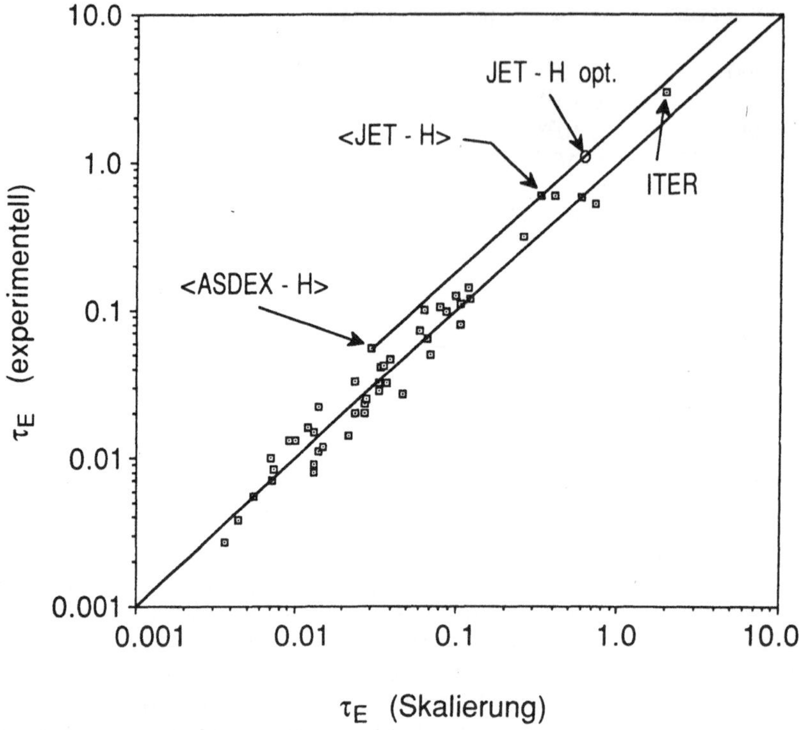

Abbildung 4

In der Abbildung 4 sind unsere heutigen Kenntnisse über die Energieeinschlußzeit τ_E auf ITER hin extrapoliert /6/. Nach rechts sind die Zahlen aufgetragen, die sich aus dem Skalierungsgesetz ergeben, nach oben experimentelle Resultate von ASDEX, JET und anderen Maschinen. Je dichter die Meßpunkte an der Diagonale liegen, je genauer gibt das empirische Gesetz die experimentellen Ergebnisse wieder. Die Diagonale gibt die L-Mode wieder. Man erkennt, daß erst bei einem Übergang in die H-Mode, die die Gerade nach oben verschiebt, Zündung für ITER vorhergesagt wird: der vorhergesagte Wert von τ_E liegt oberhalb des τ_E-Wertes, den ITER zur Zündung benötigt. Es wird auch sichtbar, wie die JET-Ergebnisse mit der H-Mode, die insbesondere aus der letzten Zeit stammen, einen Punkt festlegen, der den ITER-Zieldaten am nächsten kommt.

5 Der Plasmarand und die Wechselwirkung mit der Wand

Die Diskussion der physikalischen Grundlagen für die Fusion hat sich bis zu diesem Punkt auf eine einfache Sequenz verkürzt: man mache die Wärmeisolierung des Plasmas - ausgedrückt in der Energieeinschlußzeit - so gut, daß man zur Zündung kommt, ohne daß der Reaktor übermäßig groß wird. Wir haben gesehen, daß der Rand des Plasmas dabei eine wichtige Rolle spielt: das Umklappen in die H-Mode wird durch einen heißen Rand ausgelöst. An den Randbereich müssen jedoch noch andere Forderungen gestellt werden, die eine Optimierung des Plasmarandes verlangen.

Die Leistung, - vor der Zündung die externe Heizung des Plasmas, nach der Zündung die Heizung durch das Fusionshelium, - fließt aus dem Inneren des Plasmas zusammen mit einem Teilchenstrom durch den Plasmarand auf die Wand. Die Wand muß den Leistungsfluß aufnehmen können und darf nicht durch die Wechselwirkung mit den einzelnen energiereichen Plasmateilchen abgetragen werden.

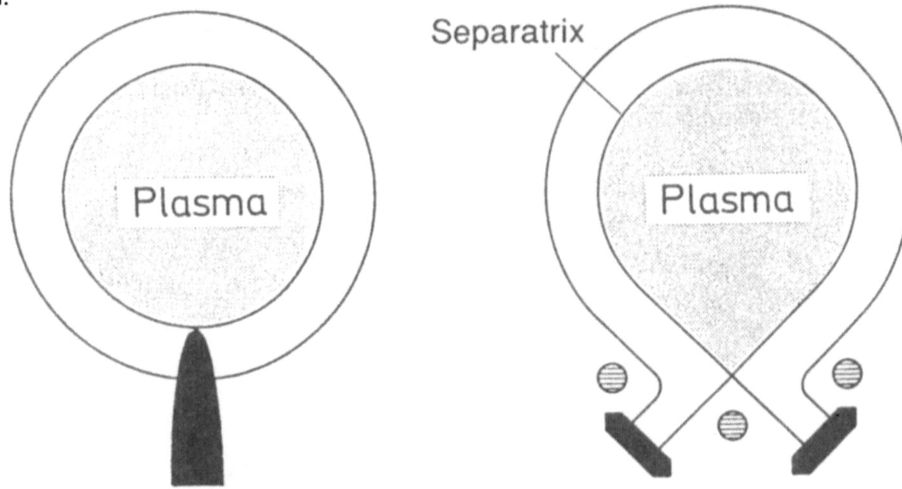

Abbildung 5 **Limiter** **Divertor**

Die Physik der Wärmeleitung in einem Plasma senkrecht bzw. parallel zum Magnetfeld führt zu der folgenden charakteristischen Situation, die anhand der zwei Grundkonzepte, den Rand zu gestalten, diskutiert werden soll, dem "Limiter" und dem "Divertor". In der linken Hälfte der Abbildung 5 ist ein Querschnitt durch den Plasmaring und den Limiter gezeigt. Der Limiter ist ein Stück vorstehende Wand, die das Plasma begrenzt. Die Energie fließt im zentralen Plasma zunächst senkrecht zum Magnetfeld relativ gleichmäßig nach außen. An der Stelle jedoch, wo Feldlinien erreicht werden, die den Limiter schneiden, ändert sich die Situation. Es entsteht ein starker Strom von Energie und Teilchen parallel zum Magnetfeld auf den Limiter zu, der den Transport senkrecht zum Feld übertrifft. Die Wärmeleitung parallel zum Magnetfeld hängt sehr stark, nämlich proportional zu $T^{7/2}$, von der Temperatur ab. Bei dem hohen Leistungsfluß eines Fusionsreaktors stellt sich die Temperatur gerade so ein, daß der Wärmetransport auf den Limiter durch Wärmeleitung (und teilweise auch Strömung) parallel zu den Magnetfeldlinien erfolgt. Die Temperatur fällt nach außen in radialer Richtung schnell ab, etwa auf der Länge eines Zentimeters. Folglich ist weiter außen die Wärmeleitung parallel zu den Feldlinien sehr viel niedriger als unmittelbar an der Separatrix. Oder anders ausgedrückt: die allererste Schicht von Feldlinienbündeln, die Materie schneiden, gräbt allen weiter außen liegenden Schichten den Energiefluß ab. Diese schmale energieführende Schicht beaufschlagt daher den Kopf des Limiters mit einem hohen Leistungsfluß, weshalb energiereiche Teilchen des Plasmas die Oberfläche des Limiters "zerstäuben" können.

Bei einer Divertorkonfiguration wird der erste Kontakt mit der Wand auf anderem Wege hergestellt. Das ineinandergeschachtelte System von "magnetischen Flächen", auf denen sich die Feldlinien spiralig schließen, wird nicht einfach durch einen Limiter gestört, sondern die Magnetfeldkonfiguration selbst wird topologisch geändert. Außerhalb der sogenannten "Separatrix" laufen die Feldlinien nicht mehr spiralig um den Plasmatorus, sondern sie laufen vom Plasma weg. Man läßt sie am "Divertortarget" zum erstenmal mit einer materiellen Oberfläche schneiden. Obwohl im Divertor die Randschicht nach wie vor schmal bleibt, gewinnt man Freiheiten, die es gestatten, den Plasmarand zu optimieren. Weil sich neben dem Fluß von Energie ein Strom von Teilchen in die Divertorkammer einstellt, können die durch das Plasma aus dem Target herausgeschlagenen Teilchen nur gegen den Strom des Plasmas in den zentralen Bereich gelangen. Darüber hinaus lassen sich vor der Targetplatte andere Plasmazustände einstellen, insbesondere kann das Plasma vor der Targetplatte eine niedrigere Temperatur als am Plasmarand haben.

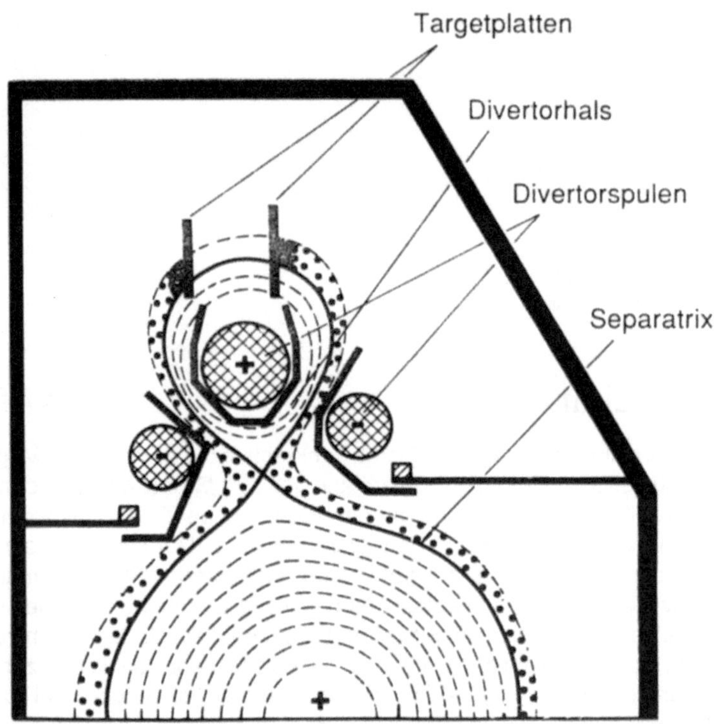

Abbildung 6

Im Experiment ASDEX im Max-Planck-Institut für Plasmaphysik wurde Anfang der 80er Jahre eine solche Divertorkonfiguration realisiert (s. Abbildung 6). Plasmanahe Spulen verändern das Magnetfeld, so daß eine Separatrix entsteht. Die Abbildung 7 zeigt das erwartete Ergebnis /7/: Bei ausreichend hoher Dichte am Rand gelangen Teilchen, die aus den Divertor-Targetplatten herausgeschlagen wurden, mit 20- bis 40fach geringerer Wahrscheinlichkeit in das zentrale Plasma verglichen mit Teilchen, die aus der normalen Wand im Hauptraum stammen. Der Limiter liegt noch exponierter als die Hauptraumwand, so daß Verunreinigungen noch leichter vom Limiter in das zentrale Plasma gelangen können. Man erkennt also, daß durch die Verlagerung der Plasma-Wand-Wechselwirkung in den Divertor das zentrale Plasma vor Verunreinigung geschützt wird. Dies ist besonders wichtig, weil Wandmaterial im heißen Plasma wesentlich stärker strahlen würde als Wasserstoff und den Energieeinschluß zerstören könnte.

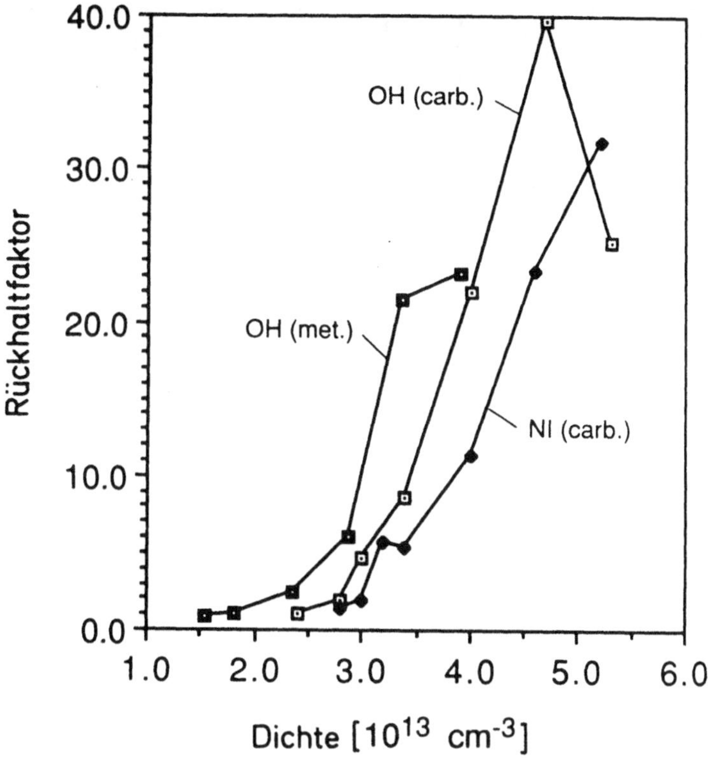

Abbildung 7

Der Divertor ermöglicht aber noch, wie bereits erwähnt, eine weitere Verbesserung. Da beim Limiter die Plasma-Wand-Wechselwirkung plasmanahe bleibt, gelangen die geladenen Teilchen, die auf die Wand laufen und dort neutralisiert werden, sofort wieder in das heiße Plasma zurück. Beim Divertor dagegen werden nicht nur Wandteilchen zurückgespült, auch der am Target neutralisierte Wasserstoff kann vor Erreichen der zentralen Plasmasäule im Rand reionisiert werden. Er wird dann mit der Strömung wieder gegen das Target geführt. Ein Teilchen aus dem Plasma kann also einige Male rezyklieren, bevor es endgültig abgepumpt wird. Der Energiefluß wird deshalb auf mehrere Teilchen verteilt, bevor er die Wand erreicht. Dadurch wird die Dichte vor der Targetplatte höher, die Temperatur deutlich niedriger als am Plasmarand sein. Diese Entkopplung der Parameter vor der ersten Wand im Divertorbereich und dem Plasmarand durch die kalte Schutzschicht kann die Erosion des Materials wesentlich verringern.

Es ist also dieselbe Eigenschaft des Divertors, die die Wand schont, die auch den Umschlag des Plasmaeinschlusses in das H-mode ermöglicht hat: die Temperatur kann in der Randschicht vor den Targetplatten zugleich relativ niedrig und am Plasmarand relativ hoch sein.

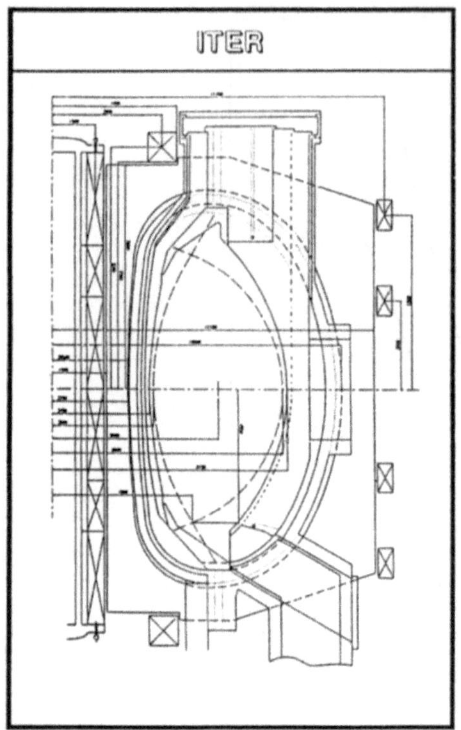

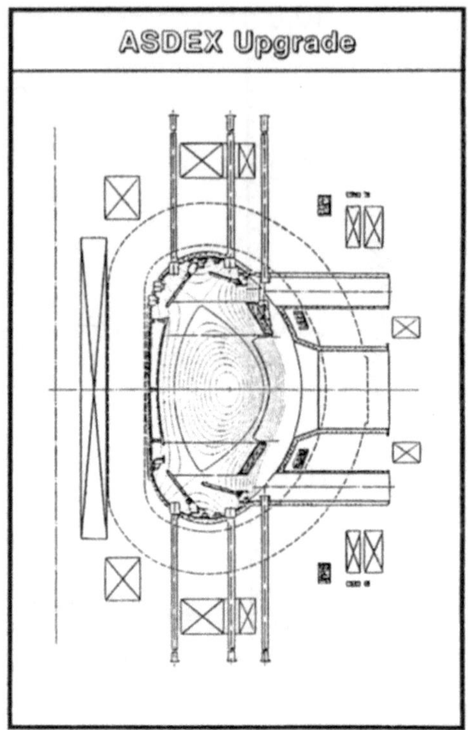

Abbildung 8

In der Abbildung 6 erkennen wir, daß die Separatrix in ASDEX durch Magnetspulen erzeugt wird, die nahe am Plasma liegen. In einem Reaktor wie ITER müssen wegen der Neutronenbelastung alle Spulen vom Plasma weit entfernt sein (s. Abbildung 8, linke Hälfte) und hinter der Abschirmung liegen. Der Divertor in ITER wird deshalb eine andere Gestalt als in ASDEX haben müssen. Das hohe Rezyklieren der Teilchen kann deshalb nicht mehr durch getrennte Divertorkammern wie in ASDEX eingestellt werden, sondern das kalte und dichte Plasma vor den Targetplatten selbst muß den Divertor verstopfen. Um dies auch experimentell abzusichern, haben wir in Garching als Nachfolgeexperiment zu ASDEX die Anlage ASDEX-Upgrade gebaut /8/, die zwar nur unwesentlich größer als ASDEX ist (R = 1,65 m), aber eine sehr ähnliche Magnetfeldkonfiguration wie ITER besitzt (Abbildung 8, rechte Hälfte). Eines der wissenschaftlichen Ziele des Experimentes, das in diesem Jahr in Betrieb geht, ist es, den ITER-Divertor zu optimieren.

Ich möchte diesen Abschnitt meiner Ausführungen mit einer Modellrechnung zu ASDEX-Upgrade abschließen. Wir beabsichtigen, durch das Zusetzen von Gasen wie Neon in das Randplasma vor allem in der Randschicht Energie abzustrahlen. Dadurch kann die Entkopplung von Temperatur und Dichte im Rand noch weiter getrieben werden. Abbildung 9 zeigt als Ergebnis solcher Rechnungen /9/ Linien gleicher Abstrahlung durch Neon (linke Hälfte) und die sich einstellende Isothermen (rechte Hälfte). Natürlich können diese Rechnungen nur eine Richtschnur für die Experimente sein, die wir an ASDEX Upgrade ausführen wollen. Wir sind weit davon entfernt, die komplexen Verhältnisse im Rand vollständig modellieren zu können.

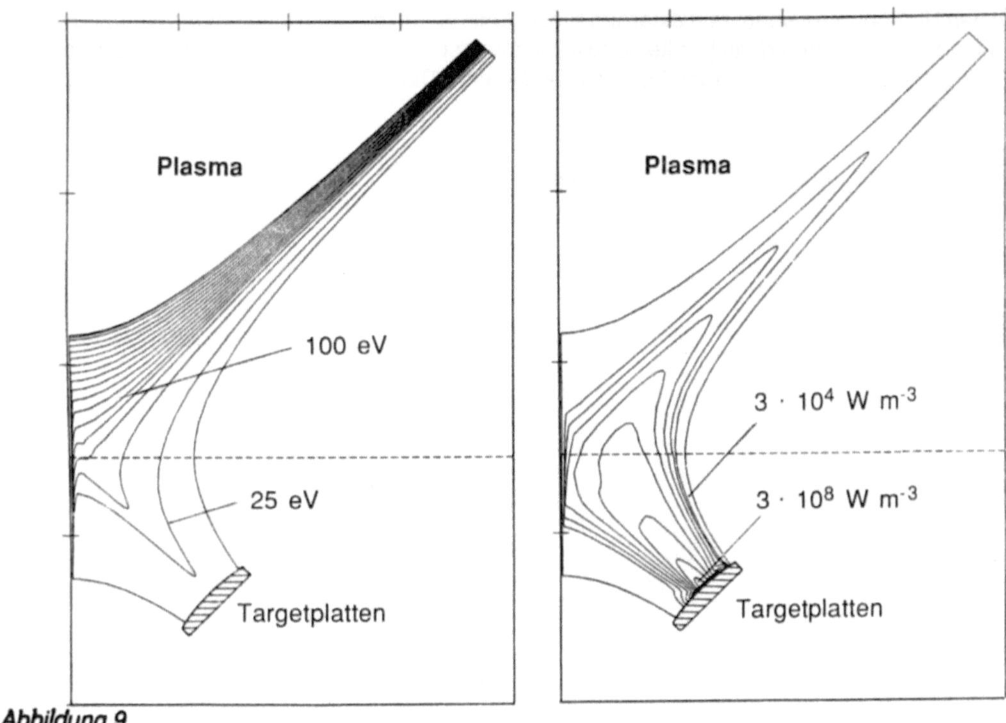

Abbildung 9

6 Der Stellarator

Abschließend möchte ich auf eine alternative Entwicklungslinie zum Tokamak, nämlich den Stellarator, eingehen. Im Institut für Plasmaphysik in Garching beschäftigen wir uns intensiv mit der Weiterentwicklung des Stellarators, weil wir glauben, daß er für einige kritische Punkte des Tokamaks eine Alternative bietet. Vielleicht sind die Rechenergebnisse, die ich präsentieren möchte, gerade auf dieser Tagung, auf der Computer einen Schwerpunkt bilden, von Interesse.

Der Strom im Tokamak wird wie in einem Transformator induziert. Daher ist die Pulslänge der Entladung begrenzt, typisch auf 1000 s. Der Stellarator erzeugt dagegen alle einschließenden Magnetfelder durch externe Spulen. Damit wird es möglich, anstelle des technisch ungünstigen Pulsbetriebes den Fusionsreaktor im Dauerbetrieb zu fahren. Verbunden mit dieser Änderung wird ein zweites technisches Problem beseitigt: gekoppelt an den Plasmastrom ist eine große magnetische Energie, die bei einem unvorhergesehenen Abbruch der Entladung thermische und mechanische Zerstörung auslösen kann. Beim Stellarator entfällt natürlich diese Folge des Stromabbruches.

Gerade das Fehlen des toroidalen Stromes hat den Stellarator zunächst in seiner Entwicklung gegenüber dem Tokamak behindert: es bleibt die "Strom-Eigenheizung" aus, die das Tokamakplasma bereits auf mehr als 10 Millionen Grad aufheizen kann. Erst mit der Entwicklung von effizienten Zusatzheizungen, wie der Injektion neutraler Atome, konnte zum erstenmal in unserem Institut der Stellarator auf Temperaturen und Dichten gebracht werden, die mit den Daten eines Tokamaks vergleichbar sind. Am Stellarator W VII A konnte 1981 der erfolgreiche Einschluß in stromloser Konfiguration demonstriert werden.

Durch den Übergang zu einem rein externen Einschluß erkauft man sich eine höhere Komplexität der Magnetfelder. Es gibt grundsätzlich keine axialsymmetrische Lösung mehr. Bereits die Berechnung von Gleichgewichten bereitete lange Zeit Schwierigkeiten. Der Plasmadruck p muß im Gleichgewicht mit der Lorentzkraft sein:

$$\vec{\nabla} p = \vec{j} \times \vec{B}$$

($\vec{j}$: Stromdichte, $\vec{B}$: Magnetische Kraftflußdichte)

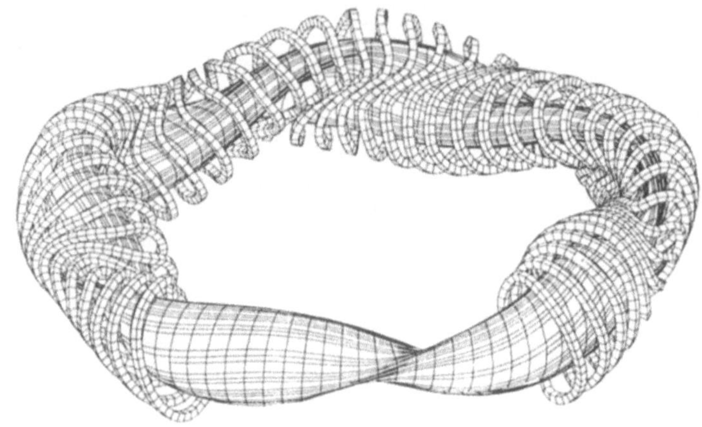

Abbildung 10

Dieses Gleichgewicht muß stabil sein, das heißt, bei einer Störung um eine kleine Auslenkung $\vec{\xi}(\vec{x})$ darf diese Störung nicht anwachsen. Die Abbildung 10 zeigt die untersuchte Plasmakonfiguration sowie die dazugehörigen Spulen.

In dem folgenden Block sind die Gleichungen angegeben, die zur Analyse des Stabilitätsproblems gelöst wurden /10/. Der Verschiebungsvektor $\vec{\xi}$ wird durch eine Gleichung beschrieben, die formal wie eine Bewegungsgleichung der Punktmechanik aussieht. Das entsprechende Energieprinzip führt auf ein Eigenwertproblem, das letztlich auf die Lösung großer Matrixgleichungen hinausläuft. Wir haben mit dem entsprechenden Programmen an einem Rechenwettbewerb der Firma Cray teilgenommen. Teilnehmen konnten alle Anwenderprogramme, die schneller als 1 GFLOP sind. Unser Programm TERPSICHORE erreichte mit 1,71 GFLOPS den ersten Platz vor einem NASA-Programm zur Berechnung turbulenter Strömungen.

Linearisierte Bewegungsgleichung

$$\rho\ddot{\vec{\xi}} = \vec{F}(\vec{\xi})$$

wobei F linearisierter MHD Operator

$$\vec{F}(\vec{\xi}) = \nabla[\gamma p\vec{\nabla}\cdot\vec{\xi} + \vec{\xi}\cdot\nabla p] + \vec{j}\times\vec{Q} + (\vec{\nabla}\times\vec{Q})\times\vec{B}$$
$$\vec{Q}(\vec{\xi}) = \vec{\nabla}\times(\vec{\xi}\times\vec{B})$$

$$\text{Energie} - \text{Prinzip} \int \rho\dot{\vec{\xi}}^2 \mathrm{d}^3 r = -\int \mathrm{d}^3 r\vec{\xi}\cdot\vec{F}(\vec{\xi})$$

$$\vec{\xi} \rightarrow \vec{\xi}\,\exp\,(i\omega t)$$

$$\text{Eigenwert} - \text{Problem}\ \omega^2 = \frac{\int \mathrm{d}^3 r\vec{\xi}\cdot F(\vec{\xi})}{\int \rho\vec{\xi}^2 \mathrm{d}^3 r}$$

Block

In 3D Geometrie werden typisch $10^2 - 10^3$ diskrete „Elemente“ für $\vec{\xi}$ benötigt → großes Matrix Eigenwert-Problem

7 Schlußbemerkungen

Obwohl noch wichtige physikalische und technische Vorbereitungen getroffen werden müssen, ist ein Fusions-Experimentalreaktor in Reichweite. Vielleicht wird er in weltweiter Zusammenarbeit in diesem Jahrzehnt als Projekt ITER realisiert. Damit wird die Option, die die Fusion als eine der Lösungen des Energieproblems darstellt, für das nächste Jahrhundert vorbereitet. Unser Institut beteiligt sich an dieser Forschung vor allem durch die Untersuchung des Divertors in ASDEX-Upgrade und durch die Planung eines großen Stellaratorexperiments W VII X, das diese wichtige Alternative zum Tokamak weiterverfolgen soll.

Danksagung

Für die Vorbereitung von Unterlagen und die kritische Durchsicht möchte ich insbesondere Frau Dr. M. Bessenrodt-Weberpals, Frau I. Milch, Herrn H. Kollotzek, Herrn Prof. Dr. K. Lackner, Herrn Dr. J. Neuhauser, Herrn Dr. J. Nührenberg, Herrn Dr. K.-H. Steuer und Herrn Prof. Dr. G. Vlases herzlich danken.

Referenzen

/1/ R. Goldston, Plasma Phys. and Contr. Fusion **26** (1984) 87

/2/ F. Wagner et al. Phys. Rev. Lett. **49** (1982) 1408
F. Wagner et al. Nucl. Fusion **29** (1989) 1959

/3/ M. Keilhacker, Phys. Blätter **46** (1990) 176

/4/ J. Wesson, Tokamaks, Clarendon Press, Oxford 1987

/5/ ITER Conceptual Design, Interim Report, October 1989 IAEA Wien

/6/ K. Lackner, N.A.O. Gottardi, Nucl. Fusion **30** (1990) 767
O. Kardaun et al., Proc. of the 17th European Conf. on Plasmaphysics, Amsterdam, 1990

/7/ G. Janeschitz, G. Fußmann, J. Hofmann et al., J. Nucl. Mat. **162-164** (1989) 624

/8/ W. Köppendörfer, et al., Nuclear Engineering and Design/Fusion **3** (1986) 265
O. Gruber et al. J. Nucl. Mat **121** (1984) 407

/9/ J. Neuhauser et al, Contrib. Plasma Phys. **30** (1990) 95

/10/ C. Schwab, Proc. Joint Varenna-Lausanne Workshop on Theory of Fusion Plasmas, Chexbres, Switzerland, 1988, Eds.: J. Vaclavik, F. Troyon, E. Sindoni, Bologna, Ed. Compositori, (1989) 85-92
D.V. Anderson, A. Cooper, R. Gruber, U. Schwenn, ibid. 93-102

Tabellen- und Bildunterschriften

Tabelle 1
Das für die Zündung des Fusionsplasmas notwendige Produkt aus Dichte n und Energieeinschlußzeit τ_E fällt bis zu etwa 80 Millionen Grad steil mit wachsender Temperatur ab.

Tabelle 2
Experimentelle $n{\cdot}\tau_E{\cdot}T$-Werte sind für verschiedene Zeitpunkte angegeben. Dichte- und Temperaturwert gelten für die Ionenkomponente im Zentrum des Plasmas. Unterhalb der gestrichelten Linie bedeutet der Wert für Q = 1, daß die Heizleistung gleich der gesamten Fusionsleistung wird (Deuterium-Tritiumgemisch vorausgesetzt). Der ITER-Referenzwert führt zu einem brennenden Plasma.

Abbildung 1
Ein System von Hauptfeldspulen erzeugt im Tokamak ein toroidales Magnetfeld B_t. Die "OH-Spule" bildet die Primärwindung, das Plasma die Sekundärwindung eines Transformators, so daß ein toroidaler Plasmastrom I_p induziert werden kann. Das resultierende Magnetfeld läuft spiralig auf Torusflächen um und schließt das Plasma ein. Das Vertikalfeld B_v erzeugt zusammen mit dem Plasmastrom eine Kraft, die den Plasmatorus zusammenhält.

Abbildung 2
Wenn die Temperatur am Plasmarand ($\Delta r = 0$) ausreichend hoch ist, steigt die Temperatur weiter an. Die Entladung klappt von der L-mode in die H-mode mit verbessertem Einschluß um.

Abbildung 3
Auch das europäische Experiment JET in Culham zeigt die H-mode. Die Energieeinschlußzeit τ_E steigt bis auf 1,5 s an, fällt aber - nach wie vor - mit steigender Heizleistung ab.

Abbildung 4
Experimentelle Werte für τ_E werden mit einem Skalierungsgesetz für die L-mode verglichen. Benutzt man für die Extrapolation zum Experimentalreaktor die H-mode mit verbessertem Einschluß, so kann für ITER die Zündung des Plasmas vorhergesagt werden.

Abbildung 5
Beim Limiter begrenzt ein vorstehender Teil der Wand den Bereich des magnetisch eingeschlossenen Plasmas (links). Beim Divertor dagegen ist die Magnetfeldtopologie so geändert, daß eine "Separatrix" den Bereich geschlossener Flußflächen begrenzt (rechts). Der erste Kontakt zur Wand ist vom heißen Zentralplasma getrennt.

Abbildung 6
Die Abbildung zeigt einen Querschnitt durch den Divertor in ASDEX. Plasmanahe Divertorspulen erzeugen die Separatrix. Der Divertorraum ist durch materielle Begrenzungen vom Plasmahauptraum getrennt.

Abbildung 7
Bei ausreichend hoher Dichte haben Verunreinigungen, die auf den Targetplatten erzeugt werden, eine deutlich verringerte Wahrscheinlichkeit gemessen als Rückhaltefaktor, in das zentrale Plasma zu gelangen, als Teilchen, die von der plasmanahen Wand stammen.

Abbildung 8
Im Experimentalreaktor ITER (links) müssen wegen des Neutronenflusses alle Spulen vom Plasma entfernt hinter der Neutronenabschirmung liegen. Dies wirkt sich auf die Magnetfeldtopologie im Divertorbereich aus. ASDEX-Upgrade (rechts) ist zwar ein wesentlich kleineres Experiment (R = 1,65 m). Die ITER-ähnliche Magnetfeldtopologie gestattet es aber, den Divertor für ITER zu untersuchen und zu optimieren.

Abbildung 9
Die Abbildung zeigt Modellrechnungen zu ASDEX-Upgrade. Durch die Kombination von Divertor und Neonzusatz ist die Temperatur vor der Prallplatte deutlich geringer als am Plasmarand (links). Vor der Prallplatte bildet sich ein strahlender Ring (rechts), der die Prallplattenbelastung reduziert.

Abbildung 10
Der Stellarator benötigt eine komplexere Magnetfeldkonfiguration, gestattet jedoch kontinuierlichen Betrieb und vermeidet die die Anlage gefährdenden Stromabbrüche.

Die Attraktivität der Hochschulforschung für die Industrie

Otto-Hermann Grüneberg
Mitglied des Bereichsvorstandes Daten- und Informationstechnik
der Siemens AG
München

Zusammenfassung

Der Weltelektromarkt wächst, getragen von der Informationstechnik, sehr schnell. Die vom Wettbewerb diktierten Innovationszyklen werden kürzer. Neue Entwicklungsschwerpunkte haben sich gebildet. Die Aufwendungen für Forschung und Entwicklung steigen. Damit sich unsere Volkswirtschaft auch künftig im Wettbewerb behaupten und dadurch unseren Lebensstandard sichern kann, müssen die Ressourcen effektiv eingesetzt werden. Adminstrative Maßnahmen sowohl auf nationaler, als auch auf europäische Ebene sind initiiert; engere Zusammenarbeit der Industrie sowie zwischen Industrie und wissenschaftlichen Institutionen in öffentlicher Trägerschaft wurden verstärkt. Den Kooperationen mit Hochschulen kommt bei der Siemens AG traditionell besondere Bedeutung zu: neben der Forschung tragen Hochschulen die Verantwortung für den wissenschaftlichen Nachwuchs. Vor dem geschilderten Szenario der Informationstechnik erscheint eine Anpassung der Ausbildung an die künftigen Aufgaben in der Industrie erforderlich. Kooperationen und ein verstärkter Personalaustausch können hilfreich sein. Da die Volkswirtschaft, und damit auch Forschung und Entwicklung, in der Bundesrepublik überwiegend marktwirtschaftlich organisiert ist, trägt die Industrie die Verantwortung für die technische Innovation. Eine fruchtbare Zusammenarbeit zwischen Industrie und Hochschulen auf diesem Gebiet setzt daher voraus, daß Kooperationsvereinbarungen auf die marktwirtschaftlichen Rahmenbedingungen abgestellt sind. Die Siemens AG ist bereit, die Zusammenarbeit mit den Hochschulen weiter auszubauen.

"Gemeinsam handeln statt lamentieren",
so überschrieb vor über fünf Jahren Prof. Dr. Karl Heinz Beckurts seinen Beitrag zum Thema "Kooperationen mit Hochschulen" und führte weiter aus:" Um uns auch künftig im internationalen Wettbewerb zu behaupten und unseren nationalen Lebensstandard zu sichern, müssen wir bei der dynamischen Entwicklung der Zukunftstechnologien mithalten. Das erfordert die Nutzung aller Ressourcen, vor allem auch des wissenschaftlichen Potentials der Hochschulen.".

Dieser Grundsatz ist nach wie vor gültig.

Die Informationstechnik ist geprägt von einem schnell wachsenden Markt, der, im Wettbewerb um Marktanteile, außergewöhnliche Anstrengungen auf dem Gebiet der Forschung und Entwicklung (FuE) erforderlich macht.

Markt

Der Weltelektromarkt wächst seit 1970 durchschnittlich mit 6 - 7 % pro Jahr.; er wird 1995 über

3 Billionen DM betragen. Während die "konventionelle Elektrotechnik" z. Zt. nur mit etwa 2 % pro Jahr zunimmt, wächst der von der Mikroelektronik und Software dominierte Anteil des Elektromarktes um rund 10 % pro Jahr und wird 1995 anteilmäßig 70 % ausmachen; 1970 betrug dieser Anteil nur 30 %.

Hauptwachstumsgebiete sind die Bürokommunikation (office of the future), die Fertigungsautomation (factory of the future), integrierte Breitbanddienste (network of the future) und die Halbleitertechnik (integrierte Schaltkreise, diskrete Halbleiterbauelemente) .

In Jahre 1988 entfielen 75 % des Weltelektromarktes zu etwa je einem Drittel auf die USA, Japan und Westeuropa ("Triade"). Diese drei Regionen nehmen auch technologisch die führende Stellung ein. Charakteristikum des Elektromarktes ist ein heftiger, über Innovationen geführter Verdrängungswettbewerb und die strategische Sicherung bzw. Eroberung von Marktanteilen ("globales Orientieren und Operieren"). Die zunehmende Liberalisierung des Fernmeldewesens, der Trend zu offenen Systemen und Europa '92 beschleunigen diesen Prozeß.
Als Folge der schnell steigenden Nachfrage nach Produkten der Informationstechnik werden die Zeitabstände aufeinanderfolgender Technologiegenerationen immer kürzer. Im Bereich der Mikroelektronik beispielsweise vervierfacht sich die Funktionsdichte von Bausteinen innerhalb von drei Jahren, was in allen Größenklassen technischer Produkte das Verhältnis von Funktion, Leistung und Kosten dramatisch verändert. Im Gefolge dieser Entwicklung hat sich die Software als neue Basistechnologie weit über die Computerbranche hinaus etabliert. Die Mehrzahl der hochintegrierten Schaltungen ist entweder Träger von Software oder benötigt sie in der Anwendung als funktionalen Bestandteil. Der Software-Anteil an den Siemens-Produkten übersteigt bei vielen Systemen den Wert der Hardware. Wenn man sich vergegenwärtigt, daß für die nächste Generation der Telekommunikationssysteme Software-Programme mit 50 Millionen lines-of-code erforderlich sein werden, bestätigt dieses Beispiel eindrucksvoll den Funktions- und Leistungssprung auf einem Gebiet, das wir alle noch als Telefonsystem mit mechanischen Wählkomponenten kennen.
An diesem Beispiel zeigen sich auch die künftigen Entwicklungsschwerpunkte:

Neue Techniken für den Entwurf, die Validierung, die Verteilung und Implementierung von Software. Neue Software-Architekturen und Sicherheitskonzepte.

Bei einer durchschnittlichen Produktlebensdauer von nur 5 Jahren im Bereich der Informationstechnik, kommt der Zeitdauer für die Entwicklung zunehmend Bedeutung zu. Verzögert sich nach Festlegung der grundlegenden Anforderungen und Normen die Markteinführung eines Produktes gegenüber den Wettbewerbern um 6 Monate, reduziert sich der kumulierte Gewinn um 30 %.

Mit nur 5% würde der Gewinn belastet, wenn, um diese Verzögerung zu vermeiden, der FuE-Einsatz verdoppelt wird. Der FuE-Anteil an der Wertschöpfung steigt dadurch ständig; Forschung und Entwicklung werden somit zum Produktionsfaktor.

Nach Berechnungen des Battelle-Instituts liegen die Anteile für FuE am Bruttoinlandsprodukt in Japan und den USA bei etwa 3 %, in der Bundesrepublik knapp darunter. Die absoluten Werte, wie sie von der OECD für 1985 ermittelt worden sind, zeigen - trotz des Vorbehalts unterschiedlicher Bewertungen - die Größenverhältnisse:

USA	111 Mrd. $
Japan	40 Mrd. $
Westeuropa	72 Mrd. $

Faßt man alle diese Fakten zusammen, wird deutlich, daß ein kooperatives Handeln aller am Innovationsprozeß Beteiligten, der Bundesrepublik und Westeuropa den internationalen Anschluß auf den High-Tech-Gebieten sichern kann.

Diese Erkenntnis hat sowohl in der Politik als auch bei der Industrie Maßnahmen ausgelöst:

Für die Europäische Gemeinschaft soll hier stellvertretend das Forschungsprogramm für Informationstechnik ESPRIT stehen, das die Zusammenarbeit zwischen öffentlichen Forschungsinstitutionen und der Industrie förmlich voraussetzt.

Auf nationaler Ebene kann das Deutsche Forschungsnetz als Beispiel angeführt werden. Es bietet die Infrastruktur für die Kommunikation verteilter Forschergruppen und stellt die Grundlage für Telekooperationen dar.

Zwei Projekte aus der Industrie , an denen wir beteiligt sind, sollen diese beispielhafte Aufzählung abrunden:
Das European Computerindustry Research Center (ECRC) in München, eine Gründung der Firmen Bull, ICL und Siemens mit dem Ziel gemeinsamer Grundlagenforschung auf dem Gebiet der Artificial Intelligence und das Mega-Projekt, bei dem Philips und Siemens in enger Zusammenarbeit die Speichertechnik der Zukunft entwickeln. Die Ergebnisse dieses Projekts machen uns auch zu einem gefragten Partner im europäischen JESSI-Projekt. Hier arbeiten die führenden europäischen Halbleiterhersteller mit zahlreichen Firmen und Institutionen aus dem Kreis der Anwender integrierter Schaltungen an der Entwicklung der künftigen Generationen der Mikroelektronik zusammen.

Darüberhinaus haben die Kooperationen mit den Hochschulen bei Siemens einen großen Stellenwert und eine lange Tradition. So geht die Einrichtung des Studienfachs "Elektrotechnik" auf eine Anregung von Werner von Siemens, dem Gründer unseres Unternehmens zurück.

Inzwischen haben sich verschiedene Formen der Zusammenarbeit herausgebildet:
Mit nahezu allen auf unserem Gebiet tätigen Hochschulen in der Bundesrepublik betreiben wir gemeinsame FuE-Projekte. Neben den großen Themenfeldern Festkörperphysik und Fertigungstechnik liegt ein besonderer Schwerpunkt bei der Informationstechnik.

Hervorzuheben sind hier besonders die neuen Kooperationsformen der direkten Industriebeteiligung an hochschulnahen Forschungsinstituten wie z. B. das Walter-Schottky-Institut mit der Technischen Universität München auf dem Gebiet der Halbleiterforschung oder das Deutsche Forschungsinstitut für Künstliche Intelligenz (DFKI) mit den Universitäten Kaiserslautern und Saarbrücken sowie das Forschungsinstitut für Angewandte Wissensverarbeitung (FAW) mit der Universität Ulm auf dem Gebiet Artificial Intelligence.

Bei der Siemens AG liegt das Volumen für diese Kooperationsprojekte bei rund 50 Mio. DM pro Jahr. Wir haben die Absicht, diesen Umfang auch künftig beizubehalten.

Mit rund 500 Fachleuten im In- und Ausland haben wir direkte wissenschaftliche Zusammenarbeit vereinbart; dabei wechseln natürlich von Zeit zu Zeit Personenkreis, Themen und Hochschulen.

Neben rund 6000 Werkstudenten werden auch mehrere hundert Diplom- und Doktorarbeiten jährlich in unserem Hause betreut. An besonders begabte junge Wissenschaftler vergeben wir Stipendien im Umfang von rund 1/2 Mio DM pro Jahr.

Es gibt keine Hochschule in der Bundesrepublik, die wir nicht individuell und persönlich betreuen.

Um die weitere Öffnung und Aktivierung des Kooperationsklimas in der Bundesrepublik bemüht sich auch die Karl Heinz Beckurts-Stiftung, die wir vor zwei Jahren zusammen mit der Arbeitsgemeinschaft der Großforschungseinrichtungen gegründet haben. Hauptstiftungszweck ist die Förderung der Kommunikation einschließlich des befristeten Austauschs von wissenschaftlichem Personal.

Nimmt man alle diese Hochschulaktivitäten zusammen, so haben sie bei der Siemens AG einen Umfang von über 70 Mio. DM im Jahr. Das entspricht etwa den Förderaufwendungen der Deutschen Forschungsgemeinschaft (DFG) auf den für unser Haus relevanten Themenfeldern der Physik, Elektrotechnik und Informatik. Daran läßt sich erkennen, daß wir in Hochschulkooperationen eine gute Zukunftsinvestition sehen.

Damit wir uns auch künftig im internationalen Wettbewerb behaupten können, ist eine noch engere Zusammenarbeit aller am Innovationsprozeß beteiligten Kräfte zur Erzielung des besten Synergieeffekts erforderlich.

Dabei kommt den Hochschulen nicht nur als Partner bei der Forschung und Entwicklung, sondern auch wegen ihrer Verantwortung für den wissenschaftlichen Nachwuchs besondere Bedeutung zu; für die Industrie liegt darin die besondere Attraktivität einer Zusammenarbeit.

Es erscheint angemessen, die beiden Aspekte aus Industriesicht gesondert zu kommentieren.

Lehre

Im internationalen Vergleich ist die fachspezifische Ausbildung unserer Naturwissenschaftler und Ingenieure ganz hervorragend. Demgegenüber steht die Ausbildungsdauer und die Fähigkeit, sich im Beruf zu bewähren.

Die mittlere Ausbildungszeit ist mit 13 Semestern sehr lang. Die deutschen Universitätsabsolventen aus Wissenschaft und Technik erwerben im Schnitt den Doktorgrad im Alter von 33 oder 34 Jahren; im Vergleich dazu liegt das Durchschnittsalter in Japan bei 27, in Frankreich, den USA und Großbritanien bei 28 Jahren. Die Unterschiede liegen nun nicht allein darin, daß bei uns das aktive Berufsleben um 25 - 30 % verkürzt und unsere Volkswirtschaft entsprechend belastet wird. Es fehlen der Industrie ausgerechnet die jungen Jahre mit der schöpferischen Leistungskraft der Absolventen. In diesem Alter sind sie noch flexibel, sie haben noch Zeit bis zu einer endgültigen beruflichen Festlegung. Gerade im FuE-Bereich brauchen wir Mitarbeiter, die frühzeitig Leistung erbringen.

Fachliche Mobilität ist in der Industrie heute wichtiger als das Versinken und Verharren in den Tiefen des Faches. Dafür gibt es eine Reihe von Gründen:

Konnte man bisher davon ausgehen, daß eine Fachausbildung für das ganze Arbeitsleben ausreicht, steht z. B. ein Mikroelektroniker mit zunehmender Verkürzung der Produktzyklen mehrmals vor derAufgabe, völlig neue Fertigungsmethoden anzuwenden und einzurichten.

Besonders im Bereich der Informationstechnik sind technische Fortschritte meist das Ergebnis interdisziplinärer Zusammenarbeit von Physikern, Mathematikern, Informatikern, Chemikern, Elektrotechnikern und Organisatoren. Demgegenüber steht die oft zu ausgeprägte Abgrenzung der Disziplinen in den Hochschulen.

Mit der Verkürzung der Produktzyklen und der Abnahme der Fertigungskosten steigt der relative Anteil von FuE am Produktaufwand. Dieser Sachverhalt zwingt zu einer stärker strategischen Ausrichtung des FuE-Bereichs. Betriebswirtschaftliche Überlegungen müssen Eingang finden. Die traditionelle Abgrenzung Forschung-Entwicklung-Produktion-Vertrieb ist nicht mehr effektiv genug.

Die Informatik hält Einzug in alle Aktivitätsbereiche. Aufwendige Versuche werden simuliert, Experten- und Automatisierungssysteme beschleunigen oder ersetzen die gewohnten Arbeitsgänge.

Die Veränderungen in Wirtschaft, Gesellschaft und Industrie vollziehen sich weltweit. Die Informationstechnik beschleunigt diesen Prozeß. Wir gehen davon aus, daß in Europa kurzfristig, langfristig aber auch global, eine Anpassung der Bildungssysteme von der Grundschule bis zum Universitätstyp stattfinden wird.

Während bis in die 50er Jahre weniger als 1 % eines Jahrgangs ein Studium begann, sind es heute über 30 %. Trotz jetzt abnehmender Studentenzahlen nimmt damit der relative Akademikeranteil weiter zu. Das erfordert vor allem qualitative Konsequenzen für das Hochschulwesen: der Absolvent wird daran gemessen, wie er sich im Berufsleben bewährt. Der auf Wilhelm von Humboldt zurückgehende deutsche Hochschultyp ist dieser veränderten Situation nicht gewachsen; er ist daher auch nicht mehr dominierend in der Welt. Im Hochschulrahmengesetz wurde deshalb als zweiter Auftrag formuliert: "...Wissen und die Befähigung zu verantwortlichem Handeln vermitteln". Ein verstärkter Personalaustausch zwischen den Hochschulen und der Industrie, sowohl im Lehr- als auch im Forschungsbereich, kann die Einsichten in die wirtschaftlichen Zusammenhänge fördern und die veränderte Aufgabenstruktur eines Akademikers in der Industrie transparenter machen.

Forschung

Für die Forschung sind unsere Hochschulinstitute im allgemeinen exzellent ausgestattet. Der hohe Etatanteil dafür erlaubt auch sehr gute Arbeit. Die vielfältigen Kooperationen zwischen Industrie und Hochschule belegen die grundsätzliche Akzeptanz. Die Industrie bewertet die

Hochschulforschung nach ihrer Leistung. Leistung ist der Quotient aus erzieltem Ergebnis und Mitteleinsatz. Nicht die Institutsgröße ist ausschlaggebend für die Leistungsfähigkeit und damit die Attraktivität der Hochschulforschung für die Industrie; eine erfolgreiche Zusammenarbeit setzt Vereinbarungen zwischen den Partnern voraus, die den marktwirtschaftlichen Gegebenheiten Rechnung tragen. Ziel- und Terminvorgaben sind dazu unerläßlich.

Nicht die perfekteste, sondern die wirtschaftlichste Lösung ist in der Regel die beste. Diese Erkenntnis hat sich z. B. in Japan längst durchgesetzt. Wenn bei uns die technischen Grenzen bis zu einem Punkt ausgereizt werden, an dem der Kunde gerade noch zu zahlen bereit ist (und oft genug wird dieser Punkt überschritten), beginnen wir lieber ganz von vorn, statt unsere Vorgaben auf ein vermarktbares Maß zurückzunehmen. Galt bisher der Slogan: "Die Großen fressen die Kleinen", so gilt heute: "Die Schnellen fressen die Langsamen !".

Da der Prozeß der technischen Innovation bei uns überwiegend marktwirtschaftlich organisiert ist, trägt die Wirtschaft die Verantwortung für die technische Innovation. Wie oft und erfolgreich in der Vergangenheit praktiziert, bietet die Siemens AG auch künftig allen auf ihrem Gebiet tätigen Hochschulen die Zusammenarbeit auf der Grundlage dieser "Spielregeln" an.

Vernetztes Denken - unsere Chance

Frederic Vester
Studiengruppe für Biologie und Umwelt GmbH
München

Zusammenfassung

Auf der Suche nach Lösungsmöglichkeiten der vielfältigen und wachsenden Probleme in vielen Bereichen haben bisher alle gängigen Therapien versagt. Der Grund: sie basieren auf dem überkommenen linearen Denken einfacher Ursache-Wirkungs-beziehungen. Die Erkenntnis, daß die Welt ein großes vernetztes System ist, setzt sich erst langsam durch, da man den Umgang mit Komplexität scheut. Die sich daraus ergebenden neuen Denkansätze zeigen jedoch oft verblüffend einfache und einleuchtende Wege zu echten Neuerungen, von denen einige im Vortrag aufgezeigt werden. Wir stehen daher nicht am Ende einer Ära der technischen und wirtschaftlichen Innovation - wir stehen erst am Anfang. Voraussetzung hierzu ist allerdings Lernbereitschaft, Flexibilität und der Wille zur Abkehr von eingefahrenen Denkschablonen.

In den letzten 10 Jahren hat sich ein starkes Umweltbewußtsein in unserer Gesellschaft etabliert. Mehr und mehr Menschen wird klar, daß wir ein untrennbares Glied der Biosphäre sind, welches mit dem übrigen Leben auf diesem Planeten eine Einheit bildet, und daß daher alle Eingriffe in die Biosphäre mit einer gewissen Zeitverzögerung immer auf uns selbst zurückwirken.

Die Zeit, wo man vor ökologischen Desastern warnen mußte ist daher eigentlich vorbei. Denn die Häufung solcher Rückwirkungen ist inzwischen nicht mehr zu übersehen. Nach den eingetretenen Ereignissen gibt es praktisch niemand mehr, der z.B. im Hinblick auf ein zukunftsorientiertes Management an der Notwendigkeit eines umweltgerechten Wirtschaftens zweifelt.

Ich möchte daher in diesem Vortrag weniger die ökologische Krise und ihre steigenden sozialen Kosten beklagen, sondern vor allem auf die konstruktive, die kreative Seite eines ökologisch orientierten Denkens eingehen und damit auf die konkreten Umsetzungsmöglichkeiten, wie sie sich aus den wichtigsten Grundregeln überlebensfähiger Systeme ergeben.

Doch was ist eigentlich ökologisch orientiertes Denken? Ist es die bloße Einsicht in verstärkten Umweltschutz? Ist es das Bekenntnis einer neuen Hinwendung zur Natur? Ist es die bloße Absage an die Kernenergie, an zunehmende Fremdstoffe in unserer Nahrung und die Hinwendung zu biologischen Produkten? Ich glaube, die Metamorphose muß weit tiefer ansetzen.

Wenn wir unsere wachsenden Probleme bewältigen wollen, müssen wir uns zunächst mal ein anderes Bild von der Wirklichkeit machen. Eine andere Sicht zulegen, als sie uns durch die Art unserer fächerorientierten Schulbildung anerzogen wurde. Denn diese Wirklichkeit besteht nicht aus heterogenen Einzelkomponenten, sondern sie ist ganz real ein vernetztes Gefüge von Wirkungen und Rückwirkungen, das sich meist ganz anders verhält als wir aus einem noch so genauen Studium seiner Einzelteile ablesen können.

Um dieses Verhalten zu verstehen, benötigen wir weniger eine lückenlose quantitative Untersuchung der beteiligten Komponenten (deren Daten sich ohnehin laufend ändern) als die Kenntnis der besonderen Eigenschaften und Gesetzmäßigkeiten der aus diesen Komponenten gebildeten komplexen Systeme; sozusagen Systemregeln, denen auch die künstlich von uns geschaffenen Systeme gehorchen, wie eine Firma, ein Gewerbegebiet, eine Gemeinde oder ein Ballungsraum. Ohne diese Kenntnis und die damit mögliche Überwindung unseres üblichen linearen Denkens, das sich an isolierten Entwicklungen orientiert, werden alle Versuche, unsere Probleme zu lösen, nur Stückwerk bleiben. Was wir brauchen, ist ein vernetztes Denken - wie es einem lebenden Organismus ja im Grunde auch zukommt.

Inwieweit ich bei Einzelnen von Ihnen vielleicht schon Eulen nach Athen trage, weiß ich nicht. Leider zeigt sich durch die bis heute fehlende Ausbildung in Systemkunde noch immer allenthalben erstaunlich viel Unwissen über das Verhalten komplexer Systeme und werden dementsprechend viele Fehlentscheidungen getroffen, so daß wohl auch der Kenntnisstand der betreffenden Entscheidungsträger und ihrer Berater in dieser Beziehung noch lange nicht das erforderliche Soll erreicht hat.

Bei allem hervorragenden Expertentum in Teilbereichen ist jedenfalls das Informationsdefizit über Systemzusammenhänge und wie man mit komplexen Systemen umgehen muß, noch ungeheuer groß - was wiederum nicht verwunderlich ist, da man sowohl in der Wissenschaft als auch im Management erst vor wenigen Jahren anfing - mein Institut hat ja einiges dazu beigetragen - sich um diese Dinge zu kümmern. An den etablierten akademischen Institutionen ist das nach wie vor schwierig. Und Institute wie das von Hermann HAKEN, die sich mit Synergetik beschäftigen (1), sind die große Ausnahme. Denn sobald man das Zusammenspiel verschiedener Systembereiche untersuchen will, fällt das notwendigerweise zunächst mal zwischen alle Lehrstühle. Die Voraussetzung für eine anwendungsbezogene Systemkunde war daher erst einmal das Entstehen interdisziplinärer Forschungsgruppen, wo Wirtschaftswissenschaftler, Ökologen, Informatiker, Soziologen und Techniker und Regionalplaner gemeinsam komplexe System zu untersuchen begannen. Für eine solche Zusammenarbeit ist allerdings ein Grundkonsens der Beteiligten erforderlich, der auf bestimmten Erkenntnissen der modernen Biologie basiert. Erkenntnisse, die unser zukünftiges Handeln tief beeinflussen dürften.

Erstens, daß wir Menschen mit der Umwelt, in der wir leben, eine untrennbare biologische Einheit bilden - sei es in einem südamerikanischen Slumgebiet oder in einer Fischerhütte auf den kleinen Antillen oder sei es in einem typischen Produktionsprozeß unserer Industriegesellschaft. Ganz gleich, welche Tätigkeit wir auch ausüben oder wie schnell wir durch die Gegend rasen - jede einzelne unserer Körperzellen steht nach wie vor über den universellen genetischen Code mit allem anderen Leben auf diesem Planeten in enger Verbindung.

Zweitens die Erkenntnis, daß dieser gesamte Lebensraum mit Wasser, Boden, Licht, Wärme, Pflanzen, mit der Tierwelt, den Bodenlebewesen und den Mikroorganismen kein Nebeneinander einzelner Bestandteile ist, sondern in seiner Gesamtheit ein komplexes System, dessen Komponenten alle miteinander in Wechselwirkung stehen - zum großen Teil über nichtlineare und auch meist nicht sichtbare Beziehungen. Ein Zusammenspiel von kybernetisch gesteuerten Materie-, Energie- und Informationsflüssen, das seit Millionen von Jahren mit geradezu unglaublicher Perfektion und dennoch großer Flexibilität abläuft - ein Prozeß, in dem die einzelnen Glieder und Teilgebiete nach von uns erst grob erkannten Organisationsprinzipien miteinander gekoppelt sind, sich gegenseitig regulieren, zum Teil ausschalten oder im Laufe der

Evolution weiter entwickeln.

Drittens ergibt sich aus dem Studium komplexer Syteme, daß für dieses spontane Zusammenspiel und seine Aufrechterhaltung eine Handvoll kybernetischer Regeln verantwortlich ist, insbesondere das Prinzip der Selbstregulation. Ihm zugrunde liegt die Funktion des Regelkreises, mit dem ein System in der Lage ist, Störgrößen, die von außen auf einen empfindlichen Systemteil, also auf die "Regelgröße" treffen, aufzufangen und selbsttätig auszugleichen oder sogar zu integrieren. Das System besitzt dadurch eine große Fehlerfreundlichkeit. Genau das, was Charles PERROW bei den 'unvermeidbaren Risiken der Großtechnik' (2) so vermißt.

Für das Regelkreisprinzip werde ich bei der Aufzählung der 8 biokybernetischen Grundregeln gleich einige Beispiele erläutern. Jedenfalls ist es eine Art kybernetischer Rücksteuerung, die das Funktionieren des gesamten irdischen Lebens seit seinem Anfang garantiert hat und die man bis in die kleinste Einheit alles Lebendigen, bis in die lebende Zelle verfolgen kann.

Und da stellte sich im Laufe der letzten Jahrzehnte heraus, daß es selbst in einer winzigen Zelle viele hundert ineinandergreifender großer und winzig kleiner Kreisläufe gibt, die zusammen ein verschachteltes System von Rückkopplungen, ein Feedback-System bilden, an dem gut 10.000 verschiedene Stoffwechselreaktionen beteiligt sind. Kleine Veränderungen innerhalb solcher Kreisläufe können durch die gegenseitige Verkettung sowohl zu Verbesserungen als auch zu Schäden führen, ohne daß man dies am Ort des Eingriffs oder aus der Veränderung selber zunächst einmal ablesen könnte. Nebenbei ein höchst effizienter Fabrikationsbetrieb, von dessen Informatik, Energetik und Marketing jede Produktionsfirma noch viel lernen könnte.

Denn genau dieselben Mechanismen scheinen prinzipiell immer wieder in allen Größenordnungen abzulaufen. Und zwar in jedem Organismus oder auch in größeren Ökosystemen, wie etwa bei der Populationsdynamik der Wasservögel eines Feuchtgebiets. Nur daß man die Fäden der zugrundeliegenden Vernetzung eben nicht sieht - so real diese Vernetzung auch ist. Aber genauso ist es auch in jedem Wirtschaftsunternehmen, jedem Lebensraum, jedem Ballungsgebiet, wobei eben klar ist, daß die Einzelbereiche, wie etwa Raumstruktur, Kriminalität, Streßbelastung, Naherholung, Verkehr, Abfallentsorgung usw. hier nicht mehr getrennt voneinander betrachtet werden können, wenn wir etwas Verläßliches über das Verhalten eines solchen Systems erfahren wollen. Da gerade solche Zusammenhänge am ehesten durch interaktive Simulation verstanden werden, haben wir mit dem Computerplanspiel 'Ökolopoly' ein Übungsfeld zu schaffen versucht, das nun in der Tat sowohl wirtschaftlichen Führungskräften als auch etwa der Bundeszentrale für politischen Bildung eine Möglichkeit in die Hand gibt, sozusagen mit der linken Hirnhälfte in die rechte hineinzuschauen (3).

Die weit verbreitete Unkenntnis der Systemprinzipien und der mit ihnen zusammenhängenden Systemgesetze hat uns Menschen ja zu Entwicklungen und Eingriffen verführt, deren Folgen uns inzwischen ganz konkret vor fast unüberwindliche finanzielle und organisatorische Schwierigkeiten stellen und uns die Existenz von Systemzusammenhängen nunmehr auf recht schmerzhafte Weise bewußt machten. Denn wie gesagt, auch innerhalb unserer eigenen künstlichen Systeme wie einem Unternehmen, einer Branche oder dem Verkehrssystem gelten die gleichen Gesetze, so daß sie, wenn dagegen verstoßen wird, genauso zusammenbrechen wie ein Biotop.

Was ist nun aber für die Überlebensfähigkeit eines solchen Systems und seiner Bewohner gut?

Was ist schlecht? Wie können wir dies bewerten? Was könnte man verbessern? Eine Antwort kann selbstverständlich auch hier wieder nicht aus unserem schon in der Schule anerzogenen, unvernetzten, linearen Denkansatz kommen, der ja diese ganze Entwicklung verursacht hat, sondern nur aus einem kybernetischen Verständnis des Systemverhaltens, das zum Beispiel die Fähigkeit zur Selbstregulation erfaßt.

Die Wege zu einer ersten, aber bereits effizienten Umsetzung der dazu nötigen biokybernetischen und gesamtökologischen Überlegungen in die wirtschaftliche und planerische Praxis werden bereits begangen, und auch einige Grundregeln, an denen wir uns dazu konkret orientierten können, werde ich nachher vorstellen. Zuvor möchte ich jedoch sehr deutlich betonen, daß es nicht etwa die künstliche Kybernetik des Regeltechnik ist, die wir anwenden sollten (eine Kybernetik, bei der der Steuermann sozusagen außerhalb des Systems steht), denn die würde uns in einen absoluten Dirigismus führen, sondern es ist ihr eigentlicher Urgrund, die Biokybernetik, an der wir uns orientieren müssen und damit diejenige Organisationsform, nach der lebende Systeme seit mehreren Milliarden Jahren wirtschaften und dabei einen beneidenswerten Umsatz erzielen - ohne die uns bekannten Probleme: ohne Energiesorgen, Rohstoff- und Abfallsorgen, ohne Schulden, ohne Arbeitslose.

Warum wir diese Kunst des Wirtschaftens noch nicht erreicht haben, liegt vielleicht daran, daß wir zwar lesen und schreiben gelernt haben, daß wir aber kybernetisch eigentlich alle noch Analphabeten sind. Mit anderen Worten: Wollen wir als Führungskräfte und Entscheidungsträger morgen noch erfolgreich sein, so müssen wir heute systemrelevante Entscheidungen treffen. Und dazu müssen wir neben einem neuen Denken auch dazu geeignete Instrumente heranziehen: solche eines Evolutionären Managements (4), dessen Ziel nicht Gewinnmaximierung, sondern die Stärkung der Überlebensfähigkeit ist, nicht ein vorgeplanter Zustand sondern die Entwicklung von Fähigkeiten.

Weitere Instrumente sind die ganzheitliche Frühwarnung, wie sie Peter GOMEZ in St. Gallen aus meinem Ansatz entwickelt hat (5) oder das Instrument eines biokybernetischen Controlling, wie es Elmar MAYER an der Kölner Wirtschaftsfachschule auf der Basis der 8 Grundregeln lebender Systeme konzipiert hat (6) und dann natürlich das komplette Instrumentarium eines 'Sensitivitätsmodells' (7) mit Kriterienmatrix, Wirkungsgefügen und Policytests, das anhand der Systemkybernetik das Muster der Empfindlichkeiten eines Systems, bzw. seine Robustheit aufzeigt, und so das Verhalten und die Lebensfähigkeit komplexer Systeme wie eines Unternehmens mit seinem Umfeld untersucht, statt durch nach außen orientierte Trendhochrechnungen und Expertenbefragungen die Zukunft voraussagen zu wollen.

Um diesen Einblick in das Wesen eines Systems zu gewinnen müssen wir jedoch zunächst mal unsere Sichtweise umstülpen. Was heißt das? Nun, das beginnt schon mit der Art der Vorhersagen, an denen man sich orientiert. So würden sich unsere Prognosen nicht mehr wie bisher nach außen richten, auf das Eintreten von Ereignissen, sondern nach innen auf das Verhaltensmuster des betrachteten Systems, darauf, wie es unter entsprechenden Ereignissen reagiert, wie robust es ist, wie flexibel und wie man dieses Verhalten verbessern kann.

Bisher war das anders. Man ließ sich und läßt sich auch heute noch allzu gerne zu Hochrechnungen verführen, weil diese früher einmal ganz gut funktionierten. Warum? Weil sich komplexe Systeme sowohl in Wachstumsphasen, als auch innerhalb eines kurzen Zeithorizonts wie eine Maschine verhalten, so daß ihre Entwicklung für diesen Zeitraum durchaus durch Extrapolation determinierbar ist. Fälschlicherweise entnimmt man nun daraus, daß man um länger prognostizieren zu können, lediglich mehr und genauere Daten braucht. Doch Langzeitprognose ist eben nicht einfach verlängerte Kurzzeitprognose.

Mit den erwähnten neuen Ansätzen, insbesondere den von uns entwickelten Verfahren zum Aufbau eines 'Sensitivitätsmodells' existieren jedenfalls die ersten Instrumente zu einer solchen "Systemverträglichkeitsprüfung". Obwohl noch zum Teil 'handgestrickt', haben sie sich doch inzwischen bereits als brauchbare Entscheidungshilfen für den Umgang mit komplexen Systemen erwiesen und werden zunehmend von Wirtschaftsunternehmen und Planungsbehörden in der Praxis angewandt. Da die Anfragen unsere Kapazität weit übersteigen, sind wir nun dabei, das Sensitivitätsverfahren zu einem übertragbaren Methoden- und Know-how-Paket zu entwickeln und es als computerunterstützte programmierte Unterweisung für die wichtigsten Anwenderbereiche zurechtzuschneidern.

Interessant ist vielleicht, daß hier schon die Befolgung der erwähnten Handvoll biokybernetischer Grundregeln, verbunden mit einem vernetzten Denken, die gröbsten Planungsfehler vermeiden hilft. Diese acht Regeln sind weniger als Beschränkungen, Verbote oder Schutzmaßnahmen, sondern vielmehr als Innovationsanreize zu verstehen und können sozusagen als eine Art Checkliste für zukunftsorientiertes Management benutzt werden.

Die erste Regel betrifft das Prinzip der Selbststeuerung durch negative Rückkopplung in verschachtelten Regelkreisen. Negative Rückkopplung bedeutet also Selbstregulation durch Kreisprozesse. Beispiele sind die Steuerung der Hormonkonzentration durch unser vegetatives Nervensystem, die Regelung der Benzinzufuhr durch den Vergaserschwimmer, die Arbeitsweise des Fliehkraftreglers oder die Aufrechterhaltung ökologischer Gleichgewichte zwischen Tier- und Pflanzenarten.

Zur Erklärung diene ein simples Beispiel von Raubtier und Beute, wo Körpergewicht, Laufgeschwindigkeit und Fanghäufigkeit einen Regelkreis bilden: Je schneller ein Wolf läuft, desto mehr Hasen kann er fangen. Je mehr Hasen er fängt desto dicker wird er, desto schlechter kann er laufen, desto weniger Hasen fängt er, desto dünner wird er wieder, und umso schneller kann er wieder laufen, wieder mehr Hasen fangen, umso dicker wird er wieder, und so fort.

Diese durch die Einhaltung eines Gleichgewichts über negative Rückkopplung ermöglichte Selbststeuerung ist jedenfalls das wichtigste Organisationsprinzip eines Teilsystems, sobald es innerhalb des Gesamtsystems überleben will. Damit spreche ich auch die schon erwähnte Verschachtelung an, die Tatsache, daß auch der Steuermann immer Teil des Systems bleibt. Denn auch dieser Regelkreis ist ja wieder nur ein Teil eines verschachtelten Wirkungsgefüges mehrerer Regelkreise.

Da regulieren sich dann natürlich nicht nur Gewicht und Geschwindigkeit des Wolfes über die Menge der gefangenen Hasen. Auch die Überlebenschance und Vermehrungsrate der Wölfe wird dadurch beeinflußt. Und die Zahl der Hasen steht sowohl mit ihrer eigenen Vermehrung wie auch mit der verfügbaren Pflanzennahrung in Wechselwirkung. Die Vermehrungsrate ist dabei übrigens eine positive Rückkopplung.

Positive Rückkopplung, also Vorgänge, in denen sich Wirkung und Rückwirkung verstärken und sich eine leichte Abweichung vom Gleichgewicht entweder nach oben oder nach unten immer schneller aufschaukelt, sind zwar ebenfalls notwendig, damit überhaupt Dinge in Gang kommen. Sie entwickeln sich jedoch unweigerlich zu Teufelskreisen, wenn sie nicht durch eine übergeordnete, negative Rückkopplung kontrolliert werden, die Störungen auffängt und Abweichungen wieder auf das Gleichgewicht einstellt. Wenn wir die Reaktionen eines komplexen Systems verstehen wollen, müssen wir also seine positiven und negativen Rückkopplungen kennen.

Zweitens: Die Unabhängigkeit der Funktion vom quantitativen Wachstum. Wenn ein System überleben will, muß es Metamorphosen durchmachen. Eine Raupe wäre ab einer gewissen Größe nicht mehr lebensfähig. Und auch als noch so große Raupe könnte diese Spezies ihre Funktion weder erfüllen noch sich fortpflanzen. So schaltet sie rechtzeitig auf Nullwachstum um, wird innovativ, verpuppt sich und wird zum Schmetterling. Wir sehen hier: Wachstum kann Metamorphose und Umstrukturierung nicht ersetzen. Das gilt analog für alle Systeme.

Ein Prototyp wäre z.B. das menschliche Gehirn, dessen Hardware, und damit das Wachstum der Neuronen und ihrer Verdrahtungen, schon wenige Monate nach der Geburt praktisch abgeschlossen ist. Denn hier, wo höchste Funktion an Informationsspeicherung und -verarbeitung verlangt wird, kann ein Wachstum nur stören. Deshalb kann das Denken erst beginnen, wenn das Wachstum in ein Gleichgewicht übergeht (ob gewisse Wirtschaftspolitiker deshalb am Wachstum festhalten, weil sie mit dem Denken nicht beginnen möchten?).

Damit kein Irrtum aufkommt, ich habe nichts gegen Wachstum als solches! Die logistische Wachstumskurve aller natürlichen Systeme zeigt, daß Wachstum als solches vorübergehend und unter entsprechenden Umständen durchaus akzeptabel, ja notwendig ist! Es ist die Abhängigkeit vom Wachstum, die so gefährlich ist, die Starrheit, mit der an der überholten Wachstumsphilosophie und damit an monistisch linearen Denkformen festgehalten wird. Sie führen dazu, daß wir mit allen möglichen Tricks stur weitermarschieren, indem wir die Selbstregulation, die uns allmählich in die neue stationäre Phase führen würde, aufheben und eine Art Krebswachstum einleiten, das mit dem Wirt sich selbst vernichtet. Ein ständig sich verteuernder Aufwand und schließlich der Kollaps sind so praktisch vorprogrammiert. Wir erleben es Tag für Tag, können es in der Wirtschaftspresse nachlesen. Leider ist es unglaublich schwierig, einem Tumor begreiflich zu machen, daß das was er für einen großartigen Erfolg hält, in Wirklichkeit Selbstmord ist.

Drittens: Das Prinzip der Unabhängigkeit vom Produkt. Überlebensfähige Systeme sind funktionsorientiert, nicht produktorientiert. Nur dies ermöglicht die nötige Flexibilität einer Unternehmung oder eines regionalen Lebensraums in Zeiten eines technischen und sozialen Wandels und einer sich laufend verändernden Umwelt. Denn Produkte ändern sich oft rasch, Funktionen aber bleiben lange erhalten. Die Funktion: "Für Wärme sorgen" läßt sich mit all diesen Produkten bewerkstelligen: Holzöfen, Zentralheizung, Infrarotstrahler, Solarkollektoren, Pelzmäntel, Wollpullover. Wenn es die Umstände verlangen, kann also der Verbraucher leicht auf ein anderes Produkt umsteigen, Ein produktfixiertes Unternehmen - sei es ein Hersteller von Heizspiralen oder ein reiner Pelzfabrikant - ist dann aber weg vom Fenster.

So kann es in Zukunft manchem Automobilhersteller gehen, wenn er nicht rechtzeitig kapiert, daß seine Funktion sich nicht im Autobau erschöpft, sondern eigentlich das Verkehrsgeschäft ist. Im Grunde eine viel interessantere Branche, deren Aufgabe sich sowohl auf die Entwicklung unterschiedlichster Fahrzeuge und neuer Transportarten erstreckt als auch auf Entsorgungs- und Versorgungseinrichtungen (Abfallbeseitigungssysteme, Energieboxen) bis hinein in Überlegungen zu einer besseren Städteplanung und einer Siedlungsstruktur, die vielleicht generell weniger Verkehrsaufkommen benötigt.

So wie das z.B. Fiat mit seinem über 30prozentigen Non-automativ-Sector (Nicht-Fahrzeuganteil) bereits sieht. Alles Tätigkeiten und Dienstleistungen, mit denen man ebenfalls Geld verdienen kann - und das gewiß mit besserer Zukunftssicherung als bei Fixierung auf das herkömmliche Produkt. Natürlich gehören dazu auch völlig neue Fahrzeugkonzepte, wie ultrakurze, querparkende, superleiche Citycars mit Elektroantrieb oder variable Solarmobile. Doch die eigentliche Funktion der Branche bleibt das Verkehrsgeschäft. So darf sich auch ein Verkehrsminister nicht, wie in der Vergangenheit so oft der Fall, als Straßenbauer verstehen. Denn es geht nicht darum, wie wir mehr Fahrzeuge hin- und herlaufen lassen können, sondern wie wir durch dezentrale Strukturen und kurze Transportwege einen Teil des Verkehrs - ehe er uns ganz erstickt - gar nicht erst aufkommen lassen.

Ähnlich dürften sich auch Elektrizitätswerke nicht als Stromerzeuger betrachten, sondern als Energieversorger. Einige amerikanische Elektrizitätsgesellschaften haben das inzwischen gemerkt. Auch daß sie weit besser fahren, wenn sie, statt mehr Strom zu produzieren, Energiesparpakete anbieten und ihren Kunden zu einem Verbund mit regenerativer Energie verhelfen. Dadurch können sie auf den Bau weiterer Kraftwerke verzichten, bleiben bei alternativen Technologien am Ball, und verlieren trotzdem nicht ihre Kunden. Aus meinem Institut an der Universität der Bundeswehr habe ich seinerzeit einen Arbeitsbericht herausgegeben, der über diese hochinteressante Umkehr der Energiewirtschaftspolitik berichtet (8).

Ein anderes positives Beispiel für den Umstieg vom Produktdenken auf ein Funktionsdenken bietet die Asbest-Industrie. Statt alles dranzusetzen, um weiter das gesundheitsschädliche Asbest produzieren zu können - damals hieß es, es gäbe keinen einzigen wirklichen Ersatzstoff - besann man sich auf die Funktion der Branche, nämlich auf die Faserverarbeitung und löste sich damit vom Produkt. Die Wirtschaftspresse nannte es damals die Flucht nach vorn. Eine rasante Innovation war das Ergebnis. Gut 300 Ersatzstoffe mit z.T. besseren Spezialeigenschaften stehen heute zur Verfügung, und der Dachverband nennt sich tatsächlich jetzt nicht mehr "Verband der Asbestindustrie", sondern "Verband der faserverarbeitenden Industrie". Kurz, eines gilt für jedes lebende System: Produkte kommen und gehen, Funktionen aber bleiben.

Viertens: Das Prinzip des Jiu-Jitsu. Lebende Systeme arbeiten generell nach dem Prinzip der asiatischen Selbstverteidigung, also durch Ausnutzung bereits existierender (auch scheinbar behindernder) Kräfte und deren Umlenkung im gewünschten Sinne mit geringfügigen Steuerenergien - anstatt vorhandene Kräfte nach Boxermanier erst mit gleich hoher Gegenkraft zu bekämpfen und dann noch ein zweites Mal Kraft für das aufzuwenden, was man eigentlich erreichen will. In der technischen und Wirtschaftspraxis bis hin zur Landesplanung hieße das z.B. statt dem plötzlich notwendigen Bau eines teuren Klärwerks: lieber die rechtzeitige Erhaltung und Nutzung profitabler Selbstregulationen, wie der Selbstreinigungskraft der Gewässer. Also Prophylaxe statt nachträglicher Reparatur. Wie sehr die Kreisläufe des Wassers und ihr richtiges Management für unsere Zukunft eine Rolle spielen, versuchte ich daher in einem meiner letzten Bücher mit Hilfe von Drehscheiben 'greifbar' darzustellen (9).

Jiu-Jitsu ist aber auch eine Frage der Größenordnung. Zum Beispiel beim Einsatz neuer Technologien wie der Sonnenenergie. Auch hier könnten wir durch riesige Solarkraftwerke wieder denselben Fehler machen wie bisher und auf atemberaubende, aber unintelligente Prestigeobjekte setzen, wo der Aufwand den Nutzen übersteigt (typischer Fall: Das Windkraftwerk Growian). Oder aber, wir können überall kleinräumige Verbundsysteme einrichten. Zum Beispiel, indem wir die Erwärmung von stromliefernden Solarzellen für damit gekoppelte Kollektoren nutzen, was bei den ersteren durch den Wärmeentzug (also die Kühlung) wiederum die Stromausbeute drastisch erhöht. Wobei das Ganze noch die Funktion von Dachziegeln übernimmt. Ähnlich können kleine 15 Kw Energieboxen, wie sie jede Autofabrik herstellen kann, oder kleine Blockheizkraftwerke für Nahwärmeinseln die Kraft-Wärme-Kopplung und damit das Jiu-Jitsu-Prinzip natürlich weit besser ausnutzen als jedes Großkraftwerk (wobei - wie die Amerikaner gezeigt haben - die EVUs letztlich mit Dienstleistungen in dieser Richtung sogar mehr verdienen können, als wenn sie den ganzen Strom selber machen.)

Daß auch sonst das Jiu-Jitsu-Prinzip durch Senkung der Betriebskosten gerade für den Umweltschutz eine wirksame Motivation liefert, zeigen die vielen Fälle, wo durch Umweltschutzmaßnahmen Kosten gespart und die Rendite erhöht wurde. Georg WINTER hat dies in seinem Buch "Das umweltbewußte Unternehmen" eindrucksvoll belegt (10). In diesem Moment beginnt die eigentliche Wirtschaftsökologie. Denn so erreicht ja auch die Natur mit ihren Energiekopplungen, Energieketten und Energiekaskaden mit Photosynthese und Katalyse ihren beneidenswerten Wirkungsgrad, von dem unsere Ingenieure nicht zu träumen wagen. Das Jiu-Jitsu-Prinzip gilt natürlich nicht nur für den technischen, sondern auch für den organisatorischen Bereich bis hin zu Städtebau und Politik - und genauso für den psychosozialen Bereich, etwa in der Kindererziehung.

<u>Fünftens</u>: Das Prinzip der Mehrfachnutzung. Überlebensfähige Systeme bevorzugen Produkte und Vorgänge, bei denen mehrere Fliegen mit einer Klappe geschlagen werden - im Grunde eine Spielart des Jiu-Jitsu-Prinzips. Möglichst nichts, was wir schaffen oder tun, möglichst kein Produkt und Verfahren sollte nur für einen Zweck einsetzbar sein. Das verlangt natürlich fachüberschreitendes Denken und hat gerade im Bereich der Wirtschaft sehr unterschiedliche Implikationen.

<u>Sechstens</u>: Das Prinzip des Recycling. Es ist verblüffend und man sollte es sich immer wieder vergegenwärtigen, daß die Natur - und damit meine ich stabile Ökosysteme und Biotope, überhaupt keine Abfälle als solche kennt. Aus gutem Grund hat sie im Laufe der Äonen einen geschlossenen Materialkreislauf etabliert, den man beispielsweise schon mit einem einfachen Modell demonstrieren kann.

So besteht eines der Exponate meiner Wanderausstellung "Unsere Welt - ein vernetztes System" (11) aus einem sogenannten 'Miniplaneten', einer hermetisch abgeschlossenen Plexiglashalbkugel, die über mehr als 6 Jahre ohne Luft- oder Wasseraustausch mit der Umwelt ein lebendes System aus Laubmoosarten, Bakterien, Milben und Insekten beherbergte und sich lediglich durch das einstrahlende Licht und abstrahlende Wärme auf der Basis von Photosynthese erhielt.

Durch das nutzbringende Wiedereingliedern von Abfallprodukten in den lebendigen Kreislauf der beteiligten Systeme - für jedes Produkt steht schon gleich ein Enzym zu seinem Abbau parat - ist ja in der Natur überhaupt nicht mehr zwischen Ausgangs- und Endprodukt zu unterscheiden. Wir dagegen unterscheiden - zur Zeit jedenfalls noch - sehr wohl zwischen Ausgangs- und Endprodukt und haben der Produktion gegenüber der Abfallumwandlung einen überdimensionierten Wert zugeteilt. Über der Faszination des Produzierens haben wir vergessen, daß die Story eine Fortsetzung hat - der Auslöser für unseren immer bedrohlicheren Abfallstau.

Wir müssen also auch hier, so wie ich es eigentlich noch in meiner Ausbildung als Chemiker gelernt hatte, jedes anfallende Nebenprodukt als erneuten Rohstoff betrachten, d.h. von unserem eindimensionalen Denken abgehen, (das immer nur Anfang und Ende kennt) und dafür in kybernetischen Kreisprozessen denken. Jedoch auch hier nicht etwa unvernetzt innerhalb der eigenen Branche, sondern über diese hinausschauend, indem wir sie im Verbund mit anderen sehen. Denn profitable Recyclingsmöglichkeiten innerhalb eines Industrieunternehmens oder auch einer Branche - worauf wir uns leicht in unserem fachspezifichen Denken beschränken - sind weit weniger häufig als solche zwischen verschiedenartigen Branchen. Das leitet bereits zur siebten Grundregel über.

Siebtens: Das Prinzip der Symbiose. Symbiose ist das enge Zusammenleben grundverschiedener Arten zum gegenseitigen Nutzen. Sie ist die Grundlage aller lebenden Systeme und hat dort die vielfältigsten Erscheinungsformen. Symbiose beginnt schon mit den Atmungspartikeln, den Mitochondrien im Innern unserer Zellen, die von diesen mit Nährstoffen versorgt werden und dafür deren Energiehaushalt besorgen (was übrigens die Vorbedingung für die Entwicklung der Vielzeller war). Von dort reicht das Prinzip über die Darmbakterien, die von der Nahrung des Menschen leben und ihm dafür lebenswichtige Vitamine aufbauen, oder über die Blattläuse melkenden Ameisen (die diese dafür beschützen) bis zur großen Symbiose zwischen Tier- und Pflanzenwelt, genauer zwischen Photosynthese und Atmung, die seit Äonen für den Kohlenstoffkreislauf auf diesem Planeten sorgt. Es sind technisch hochinteressante Lösungen, nach denen auch wir immer wieder suchen sollten.

Ein typisches Beispiel für industrielle Symbiose: Mit dem Bewußtwerden der Schädlichkeit des Formaldehyds berichtete die Wirtschaftspresse zunehmend über die schlechte wirtschaftliche Lage von Sägewerken, die stark von Aufträgen der Bauwirtschaft abhängig sind. Das Geschäft wurde jedoch hauptsächlich durch die mangelnde Aufklärung über formaldehydfreie Spanplatten beeinträchtigt. In der Tat waren hier längst interessante Verbundlösungen in Aussicht. So wurde z.B. ein Verfahren zum Patent angemeldet, das zwei Branchen, nämlich Papierindustrie und Spanplattenhersteller, zu einer Symbiose zusammenführen und gleichzeitig Produktion und Abfallbeseitigung umweltfreundlicher machen konnte: Anstatt die bei der Zellstoffgewinnung als Abfallprodukt anfallenden Sulfitlaugen gewässerbelastend in Flüsse einzuleiten, kann das darin enthaltene Lignin-Sulfonat in reiner Form zurückgewonnen und mit einem von Pilzen erzeugten Enzym in ein Bindemittel für die Spanplattenherstellung umgewandelt werden. Bei seiner Verwendung entstehen formaldehydfreie Spanplatten, die zudem noch energiesparend, nämlich bei Raumtemperatur, statt wie sonst bei 200 Grad hergestellt werden.

Der ökologische und ökonomische Sinn des Prinzips der Symbiose liegt darin, daß es immer zu einer beträchtlichen Rohstoff-, Energie- und Transportersparnis aller beteiligten Glieder führt und dadurch auch die Umwelt entlastet. Symbiose verlangt jedoch unabdingbar eine gewisse Kleinräumigkeit, dezentrale Strukturen und Diversität, sonst kommt sie nicht zustande. Kurz, sie verlangt Vielfalt auf kleinem Raum. Weshalb Monostrukturen nie von diesem Prinzip profitieren können, einen weit höheren Aufwand für Transport und Entsorgung, Überwachung und Kontrolle verlangen und somit letztlich immer teurer und anfälliger sind.

Achtens: Die Befolgung eines biologischen Grunddesigns. Die abschließende Regel bedeutet, daß jedes Produkt, jede Funktion und Organisation, die zu einem Überleben unserer Spezies und nicht zu deren Aushöhlung und Vernichtung beitragen soll, mit der Biologie des Menschen und der Natur vereinbar sein muß. Generell also mit der Struktur überlebensfähiger Systeme. Das ist nicht nur eine ökologische, sondern immer mehr auch eine psychologische und somit - über die Akzeptanz von Gütern und Dienstleistungen - auch eine ökonomische Frage. Sie beginnt mit dem biologischen Design unserer Produkte über die Architektur unserer Behausungen und natürlich auch unserer Siedlungen, die oft jede Diversität und Resonanz mit unserem eigenen Wesen vermissen lassen und die daher eben leider alles andere als mit unserer psychobiologischen Struktur kompatibel sind. Von diesen mehr strukturellen Aspekten gehen die Forderungen eines biologischen Design bis zu dem weiten Feld der Bionik, also einer den biologischen Vorgängen nachempfundenen Technik.

Schon Planung und Gestaltung sollten daher auch bei uns nie isoliert, sondern im Feedback mit der lebendigen Umwelt geschehen, damit diese hineinwirken kann. Denn dies nimmt uns viel Arbeit ab und führt eher zu überlebensfähigen Systemen als eine abgesonderte konstruktivistische Planung. Das hat schon Friedrich August von HAYEK sehr deutlich gemacht, wenn er sagt: "Mit der Bildung spontaner Ordnung sind weit komplexere Systeme (d.h. überlebensfähige Ganzheiten) erreichbar als je durch bewußte Planung und Schaffung möglich ist."

Im Grunde haben wir es hier nicht wie so oft mit Regeln oder Prinzipien zu tun, die sich gegenseitig ausschliessen, sondern mit sich gegenseitig stützenden Prinzipien, mit einer Art Regelknoten, der in sich bereits die Tendenz zur Selbstorganisation trägt. Auf jeden Fall zeugt es von technischer Rückständigkeit, daß wir heute noch viel zu selten Techniken im Verbund haben, kaum Symbiosen, kaum Recycling und Energiekopplung, wo beispielsweise Erdwärme, Kompostierung, Biogasherstellung, Wasserreinigung und Abfallbeseitigung zu einem System verbunden sind. Ebenso haben wir kaum Mehrfachnutzung und andere Arbeitsformen einer eleganten, dezentralen und dafür umso effizienteren städtischen Energieversorgung. Ich denke an Kraft-Wärme-Kopplung, Energieboxen, Dachbegrünung, Windpumpen, aktive und passive Solarenergie, vielleicht noch gar auf der Basis von Biogas, wie es in immer mehr Gemeinden hervorragend funktioniert.

Im großen und ganzen bewegt sich also bei uns noch sehr wenig, man hängt am Bestehenden, so schlecht es auch ist. Das betrifft insbesondere auch die Biotechnologie, und dies, obwohl bereits Prototypen funktionieren: Von der mikrobiellen Verwertung von Abfall und seiner Verwandlung in proteinreiches Tierfutter, oder von neuen bakteriellen Nahrungsmitteln, wo Laborversuche inzwischen zu Anlagen mit einer Jahreskapazität von mehreren tausend Tonnen führten, über eine lautlose bakterielle Metallgewinnung aus sonst unergiebigen Erzen bis hin zu großflächigen Photosyntheseanlagen, wo Sauerstoff, Kohlenhydrate, Algenprotein und sauberes Wasser gewonnen werden. Vieles davon funktioniert mit einer einfachen, aber effizienten Technik auf der Basis regenerativer Energie. Dies alles sind Energie- und Rohstoff sparende Verbundlösungen durch Recycling, Symbiose und Mehrfachnutzung, die gleichzeitig die Umwelt entlasten. Innovative Produktionsformen, wie sie eigentlich einer Art von 'Ökosystem der Wirtschaft' zukämen.

Damit solche Verfahren greifen, müssen vielleicht auch noch zwei ganz spezielle Denkstrukturen überwunden werden, die bei vielen Ingenieuren anzutreffen sind und manche gute Innovation blockieren. Zum einen der 'Hundertprozentfimmel', der eine Lösung nur dann akzeptiert, wenn sie ein Problem zu 100 Prozent löst. Auch wenn ein Verbund von sich ergänzenden 5 Teillösungen von je 20 Prozent viel eleganter, effizienter und sicherer wäre. Denn wenn mal eine Teillösung ausfällt, wird die Funktion immer noch zu achtzig Prozent erfüllt; und bis die zweite ausfällt, ist die erste wieder regeneriert. Eine Methode, mit der schließlich auch die Natur ihre beneidenswerte Multistabilität erreicht.

Das andere ist der 'Standardisierungsfimmel': "Ja, diese automatische Müllsortierung mag zwar in einem Wohnblock funktionieren, wo Menschen eng zusammenleben, aber wie ist das bei den größeren Entfernungen auf dem freien Land?" Oder umgekehrt: "Ja, in einer Landgemeinde, wo jedes Haus seinen Garten hat, geht das zwar mit diesem 'Schnellen Kompostbrüter', aber wie wollen Sie das in einem Wohnblock durchführen?" Eine technische Lösung wird also nur dann akzeptiert, wenn sie standardisierbar ist, also überall einsetzbar. Offenbar glaubt man, daß nur deshalb, weil etwas woanders nicht geht, es auch hier nicht getan werden kann. Ganz abgesehen von der Tatsache, daß die effizientesten Lösungen ohnehin immer lokal, standortbezogen sind.

Die acht biokybernetischen Grundregeln, die ja nicht von mir erdacht, sondern im Laufe meiner zwanzigjährigen experimentellen Arbeit in der biologischen Forschung gefunden wurden, haben im Laufe der biologischen Evolution eine millionenmal längere Erprobungs- und Garantiezeit hinter sich, als die Theorien unserer Volkswirtschaft und aller Ingenieurwissenschaften zusammengenommen. Erst durch die Umweltproblematik sind wir sozusagen auf sie gestossen und damit auf eine höchst ergiebige weitere Quelle der Bionik. Denn von den Strukturen der Natur, wie sie in der Statik von Knochen und Halmen, von Netz- und Überdachungskonstruktionen vorliegt, und ebenso von ihren technischen Funktionen, wie sie die Aerodynamik von Vögeln, die Radarantennen von Stechmücken und katalytische Prozesse von Stoffwechselzyklen liefern, haben wir bereits viel übernommen - ohne jedoch bisher das dritte Reservoir der Bionik anzuzapfen: die Organisationsformen, nach denen die Natur jene Strukturen und Funktionen managet.

Und deshalb, glaube ich, vergeben wir uns nichts, wenn wir nun auch gezielt von den Organisationsformen der Natur, dieser einmaligen Superfirma unseres Planeten etwas lernen. Mit der Vernetzung und der weltumspannenden Interdependenz komplexer Systeme werden wir jedenfalls aus der bisherigen Sicht der Dinge nicht mehr fertig. Im einzelnen vielleicht, aber nicht mit den Zusammenhängen - für Viele ein Grund, sich möglichst wieder auf das Einzelproblem zu konzentrieren: Man hat Angst vor diesen Zusammenhängen.

Und in der Tat fühlen wir uns, wenn wir mit den alten Methoden an komplexe Probleme herangehen, sehr rasch überfordert, von einer riesigen Datenflut überschwemmt, die ohnehin undurchschaubar ist, und ziehen uns schnell in das Schneckenhaus eines linearen Denkens zurück, fachspezifisch so wie wir es gelernt haben. Diese immer noch verbreitete Scheu, es mit der vernetzten Realität wirklich aufzunehmen, verschafft uns dann natürlich von Tag zu Tag mehr Probleme.

Auf der anderen Seite zögern wir, die Datenmengen zu reduzieren, weil wir meinen, die Fülle der Daten und nicht die Qualität der Auswahl bringt es. Und doch kommen wir zur Beschreibung eines komplexen Systems bereits mit wenigen Variablen aus, sobald wir die Beziehungen **zwischen** ihnen erfassen. Eine Gesetzmäßigkeit, die sich sowohl aus der Gruppentheorie als auch aus Betrachtungen der Synergetik ergibt, wonach komplexe Systeme anhand weniger

Ordnungsparameter beschrieben werden können. Eine wissenschaftliche Erkenntnis, für die vor kurzem der Vater der Synergetik Hermann HAKEN, die Max Planck Medaille erhielt.

All das bestätigt mir, daß wir mit den Instrumentarien unseres Systemansatzes auf dem richtigen Weg sind. Aus den eher handgestrickten Vorläufern entwickeln wir daher zur Zeit eine computerunterstützte Unterweisung zur Systemerfassung und -planung mit Hilfe des Sensitivitätsmodells, um mit relativ geringem Aufwand an Variablen die Kybernetik eines Systems und seine vernetzten Rückkopplungen sowie die Gesetzmäßigkeiten von Umkippeffekten, von Selbstverstärkungen, Grenz- und Schwellenwerten in zukünftige Entscheidungsprozesse interaktiv einbeziehen zu können. M.F.WOLTERS, ehemaliger Siemensdirektor für den Bereich Artificial Intelligence, schrieb in seinem Buch über die fünfte Computergeneration, daß der biokybernetische Ansatz unseres Sensitivitätsmodells weitgehende Rückwirkungen auf unser Zusammenleben und die Art und Weise haben werde, wie wir in Zukunft Probleme lösen werden (12). Eine Förderung des Projekts wurde jedoch von Siemens abgelehnt. Nun machen wir es unmittelbar mit den interessierten Anwendern.

Eine entsprechende Änderung unserer Planungshilfen scheint mir angesichts der prekären Situation auf unserem Planeten, wo wir ja es praktisch **nur** mit offenen komplexen Systemen zu tun haben, unabdinglich. Dazu müssen wir unsere Sichtweise umstülpen, nicht 'mit Blick nach außen' Ereignisse vorherzusagen versuchen, sondern unsere Aufmerksamkeit mit Hilfe neuer Instrumente nach innen richten, auf die Kybernetik des Systems, sozusagen mit der linken Hirnhälfte lernen in die rechte hineinzuschauen. So haben wir zwar lesen und schreiben gelernt, kybernetisch sind wir jedoch alle noch Analphabeten.

Sobald man jedoch einmal die ersten Schritte tut, stellt man fest, daß nicht nur die Systemerkenntnis selbst besser wird, sondern daß auch die daraus auftauchenden Lösungsmöglichkeiten ganz andere sind. Denn durch die Vernetzung erkennen wir auf einmal für jedes Problem mehrere Einstiegsmöglichkeiten. Und so ergeben sich dann meist ganze Lösungsbündel gleichwertiger Alternativen, von denen immer die eine oder andere ohne großen Aufwand oder Widerstand durchzuführen ist - und dennoch zum gleichen Ziel führt.

Dann merken wir auf einmal zu unserer Überraschung, daß der Systemcharakter und die damit verbundene Komplexität auch Vereinfachungen mit sich bringt. Denn wenn wir es nicht mehr mit getrennten Einzelgliedern, sondern mit einem Organismus zu tun haben, verhält sich dieser wieder wie ein Individuum - und gehorcht damit wieder nur einer Handvoll biokybernetischer Regeln, die in sich die Tendenz zur Selbstorganisation tragen. Statt für jedes Glied die eigenen Gesetzmäßigkeiten herauszufinden, braucht jetzt nur wieder die Ganzheit betrachtet zu werden, ihre Fähigkeit zur Selbstregulation, zur Unabhängigkeit vom Wachstum, zur Flexibilität gegenüber ihren Produkten, ihre Fähigkeit, fremde Kräfte und Störungen umzulenken und zu nutzen, ihre Möglichkeit zu Verbundlösungen, zu Recycling und Symbiose und nicht zuletzt ihre Vereinbarkeit mit der Biologie des Menschen und der Natur.

Deren durchschlagender Erfolg beruht ja zum Glück nicht auf dirigistischen Maßnahmen, sondern auf einer klugen Kombination von Selbstregulation und Steuerung, allerdings innerhalb eines naturwissenschaftlichen Gesetzesrahmens, der strikte Grenzwerte setzt. Ähnlich wie in der Natur sollte daher auch in unserer Industriegesellschaft nicht das Heil in einer krampfartigen Zementierung überholter wirtschaftlicher und technischer Strukturen liegen und gewiss auch nicht in Stützungsaktionen des Staates zu deren Aufrechterhaltung, sondern in einem permanenten Mut zu Innovation in Richtung angepaßter, langfristig überlebensfähiger Lösungen, wie ich sie vorhin nannte. Und dazu ist es höchste Zeit.

Literaturhinweise

1 H.HAKEN: Erfolgsgeheimnisse der Natur. DVA, Stuttgart 1981

2 C. PERROW: Normale Katastrophen. Campus, 1987

3 F.VESTER: Ökolopoly - ein Umweltsimulationsspiel. Drehscheibenversion: Ravensburger (1984); PC-Version: Studiengruppe für Biologie und Umwelt (1989)

4 F.MALIK und G.PROBST: Evolutionäres Management. Schweizerische Zeitschrift für Betriebswirtschaft 2, 121 (1981)

5 P.GOMEZ: Frühwarnung in der Unternehmung. Haupt, Bern 1983

6 E. MAYER: Biokybernetisch orientiertes Controlling als Unternehmensphilosophie. Haufe, Freiburg 1983

8 F.VESTER und A.v.HESLER: Sensitivitätsmodell. Umlandverband Frankfurt 1980

9 F.VESTER: "Wasser = Leben". Otto Maier, Ravensburg 1987

10 G.WINTER: Das umweltbewußte Unternehmen. C.H. Beck, München 1987

11 F.VESTER: Unsere Welt - ein vernetztes System. dtv, München 1983

12 M.F.WOLTERS: Die fünfte Generation. Langen-Müller, München 1984

Ganzheitlicher Umweltschutz - die Herausforderung

Ernst Ulrich von Weizsäcker
Institut für Europäische Umweltpolitik
Bonn

Zusammenfassung

- Für die Ozonschicht spielt es keine Rolle, in welchem Land der Erde ein Molekül FCKW emittiert wird: Umweltschutz sollte geographisch ganzheitlich sein ("Erdpolitik").

- Für die Sanierung der Nordsee sind nicht allein Biologen, nicht allein Abwasseringenieure, nicht allein Juristen und nicht allein Ökonomen zuständig: Umweltschutz sollte ganzheitlich im Sinne von disziplinübergreifend sein.

- Für die Kontrolle des Cadmiums greifen Luftemissionsgrenzwerte, Gewässerschutzgrenzwerte oder Klärschlammverordnungen jeweils zu kurz: Umweltschutz muß mit einer medienübergreifenden und insofern ganzheitlichen Chemikalienkontrolle arbeiten.

Die rasante weltweite Umweltzerstörung verlangt ein rasches Umsteuern zu einem "neuen Wohlstandsmodell". Mit juristischen Einzelmaßnahmen ist das nicht zu erreichen. Ein tiefergehendes und zugleich die Freiheit und den Wohlstand des Einzelnen nicht unnötig einschränkendes Umsteuern bedarf eines neuen umweltpolitischen Instrumentariums. Umweltsteuern bilden seinen Kern, und ein Finanztransfer zwischen den Gegenden, die von der modernen Wirtschaft besonders profitieren, zu denen, die heute unbezahlt für die Regeneration der Natur arbeiten, bildet die Peripherie des Instrumentariums.

Technik, Wissenschaft, Arbeit und Kultur werden in dem neuen Wirtschaftsmodell ein neues Gesicht bekommen.

1. Einleitung: Drei Frühphasen des Umweltschutzes

Der Anfang des Umweltschutzes - in früheren Jahrhunderten - war die Hygiene. Lokale Verschmutzung im Haus und auf Straßen verlangten nach Sauberkeit, Hygiene und Müllabfuhr. Doch die Reinigung wurde ihrerseits zum Faktor der Umweltbelastung.
Gewässerbelastung, z.B. durch Wasch- und Reinigungsmittel, die weitgehend ungeordneten Deponien der Müllabfuhr sowie lokale Luftverschmutzung lösten die nächste Phase des Umweltschutzes aus. Das war in den sechziger Jahren dieses Jahrhunderts. Höhere Schornsteine wurden gebaut, um den Schmutz fortzutragen, und Staubfilter machten die Luft wieder halbwegs sauber. Kläranlagen waren die technische Antwort auf die Gewässerbelastung. Für die Deponien wurden bessere Standards durchgesetzt, und besonders fortschrittliche Kommunen begannen, den Müll zu verbrennen.
Die dritte Phase des Umweltschutzes, die ungefähr 1980 einsetzte, war damit bereits vorprogrammiert. Die hohen Schornsteine wurden geradezu zu einem Symbol für das, was man in der Umweltpolitik *nicht* machen soll: Verlagerung statt Lösung des Problems. Deponien und

Müllverbrennungsanlagen wurden bald zur Zielscheibe von Umweltschützern, und Klärschlämme aus Kläranlagen wurden mehr und mehr zum Umweltproblem. Die dritte Phase der Umweltpolitik war folglich dadurch gekennzeichnet, daß man nun das Problem an der Wurzel packen wollte: Vorsorgeprinzip, Abfangen der Schadstoffe an der Quelle, Müllvermeidung, und schließlich sogar Nullemission waren die Schlagworte dieser Phase.
In dieser dritten Phase der Umweltpolitik kam auch zum ersten Mal die Forderung nach "ganzheitlichem" Umweltschutz auf: Die Schadstoffe sollten nicht von einem Medium ins andere wandern, aus dem Müll über die Müllverbrennung in die Luft oder in die Schlacke und von dort in den Boden und die Gewässer. Die Entdeckung des Bodenschutzes als Gegenstand der Umweltpolitik war zugleich Auslöser und Charakteristikum dieser Art von ganzheitlichem Umweltschutz [1].

So richtig und ganzheitlich die Einsichten der dritten Phase der Umweltpolitik auch gemeint waren, so unvollständig blieben doch die ergriffenen Maßnahmen:
Erstens führte die übermäßige Betonung der Schadstoffkontrolle geradezu zur vermehrten Land-, Ressourcen- und Energienutzung, weil die Emissionsrückhaltetechnologien natürlich ihrerseits Ressourcen verbrauchten.
Zweitens wuchs mit dem Schärferwerden der Gesetze die Versuchung, stark verschmutzende Produktionen ins Ausland zu verlagern.
Drittens wurden die Umweltzerstörungen in der Dritten Welt, die durch die Welthandelssituation und damit auch durch den Norden angerichtet wurden (Naturzerstörung für den Schuldendienst, Tierfutteranbau für den Norden zu Lasten der Tropenwälder), durch die Umweltpolitik des Nordens überhaupt nicht abgemildert.
Viertens blieben ganze Sektoren in ihrer Umweltbelastungswirkung durch die bisherige Umweltpolitik fast unbeeinflußt. Insbesondere die Umweltschäden durch *Verkehr* und *Landwirtschaft* wurden während der umweltpolitisch aktiven Achtziger Jahre ständig größer und nicht etwa kleiner.
Und schließlich fünftens wurden in dieser Zeit globale Umweltzerstörungssymptome sichtbar, die mit herkömmlicher Umweltpolitik kaum beinflußt werden konnten. Insbesondere der Treibhauseffekt kündigte sich an und dürfte heute als das größte Umweltproblem überhaupt gelten.
So war also die vierte Phase der Umweltpolitik bereits vorgezeichnet, ehe die dritte so recht in Schwung gekommen war.

2. Erdpolitik

Wir treten also jetzt in die vierte Phase der Umweltschutzpolitik ein. Sie ist durch die weltweite Dimension der Umweltprobleme charakterisiert. Ich nenne sie auch "Erdpolitik" [2].
Erdpolitik muß in einem ganz anderen Maße als die bisherige Umweltpolitik ganzheitlich sein. Es gibt kein belgisches oder rheinland-pfälzisches Ozonloch, sondern es gibt nur *das* Ozonloch. Es spielt für das Ozonloch praktisch keine Rolle, ob ein FCKW-Molekül über München oder über Buenos Aires aufsteigt. Der oldenburgische Bauer, der seinem Vieh Kraftfutter in die Freßrinne schüttet, weiß vermutlich gar nicht, daß dieses Kraftfutter mit großer Wahrscheinlichkeit mit der Vernichtung von einem Stück Urwald erkauft worden ist. Und der Autofahrer in Los Angeles trägt zum Treibhauseffekt ebenso bei wie das Kraftwerk in Sibirien und das nasse Reisfeld in Vietnam.
Entsprechend international müssen auch die Abhilfemaßnahmen konzipiert werden. Mit

Lokalpolitik, Sankt Floriansprinzip, hohen Schornsteinen und Problemverlagerungen wird man den Herausforderungen der Erdpolitik nicht gerecht. Auch nationale Gesetze zur Minimierung von Schadstoffemissionen reichen nicht aus, wenn man sich ausrechnen kann, daß die zugehörige Technologie sich nicht weltweit ausbreiten kann, und wenn sie gegen die Naturzerstörung durch überhöhten Ressourcenverbrauch wirkungslos bleibt.

Was macht den *Ressourcenverbrauch* so bedeutsam in einer ganzheitlichen Erdpolitik? War es nicht eine Erkenntnis *nach* dem "Grenzen des Wachstums" - Bericht an den Club of Rome, daß die Grenzen des Wachstums *nicht* in der Ressourcenbeschränkung liegen? Nein, das war nicht eine "Erkenntnis", sondern eine Beruhigungsbehauptung und eine große Selbsttäuschung. Zwar wurden in den Jahren nach 1971, dem Erscheinungsdatum des "Grenzen des Wachstums" ständig neue Lagerstätten der für knapp erklärten Ressourcen entdeckt, und die relativen Verbrauchsraten nahmen ab, so daß die Zeitspanne bis zur Erschöpfung kräftig ausgedehnt werden konnte. Aber an der Grundtatsache der Ressourcenerschöpfung hat sich dadurch nichts geändert.

Vor allem politische Vertreter der Entwicklungsländer sehen absolut nicht ein, warum der Norden seine pro-Kopf- Verbräuche an Energie, Wasser, Land, Mineralien und Biomasse, die fünf bis zehnmal höher liegen als die in den Entwicklungsländern, nicht einschränkt und dennoch dauernd von der Notwendigkeit des Umweltschutzes spricht. Wenn nämlich diese heutigen Verbrauchsraten auf 5 Milliarden Menschen ausgedehnt würden, dann wäre die Erde binnen kürzester Zeit irreversibel ökologisch zerstört.

Nun geht aber unsere Art des *Umweltschutzes* mit hohen Verbrauchsraten Hand in Hand: Katalysator, Kläranlagen und Rauchgaswäschen kosten ja - wie schon einmal betont - *zusätzliche* Ressourcen und sparen nicht etwa Ressourcen ein. Insofern kann man über die Umweltpolitik der dritten Phase etwas überspitzt sagen, daß sie sich erst dann weltweit durchsetzen kann, wenn sich dabei ein Lebensstil weltweit durchsetzt, welcher die Erde ökologisch irreversibel zerstört.

Die erdpolitische Herausforderung heißt in anderen Worten: Wir müssen eine Umweltpolitik entwickeln, die sich ohne Zerstörung der Erde auf 5 bis 8 Milliarden Menschen ausdehnen läßt, sowohl ökologisch wie ökonomisch. Die heutige Umweltpolitik ist viel zu teuer, zu ineffizient, zu ressourcenaufwendig, um dieser Forderung auch nur annähernd zu genügen.

Und machen wir uns nichts vor: Wir können der Herausforderung politisch gar nicht mehr ausweichen. In den internationalen Verhandlungen um das Klima, die Tropenwälder, die Weltmeere, die internationale Abfallverbringung stehen sich immer wieder Nord und Süd gegenüber, und der Süden erhebt seine Stimme immer lauter. Wenn die ehemaligen Kolonialländer aus den ehemaligen Kolonien heute rund 10 mal so viel Biomasse herausziehen wie zur Kolonialzeit, dann schmerzt das nicht nur die Umwelt, sondern auch die Vertreter des Südens. Der gegenwärtige Netto-Ressourcentransfer in Höhe von rund 50 Milliarden Dollar pro Jahr vom Süden in den reichen Norden wird zum erheblichen Teil mit Ausräuberung der Natur bestritten. Und freiwillig tut das der Süden nicht, sondern er tut es großteils im Rahmen des Schuldendienstes. All das bekommen die Delegationen des Nordens auf den Konferenzen zu hören, und die Umweltschützer bei uns lernen es langsam auch. So werden die Bastionen eines dogmatischen, überheblichen, konventionellen und in dem Verschwendungswohlstand des Nordens eingebetteten Umweltschutzes nicht mehr lange halten. Wir werden gezwungen werden, sie preiszugeben. Und ich füge hinzu: je früher, desto besser für uns alle.

3. Ein neues Wohlstandsmodell

Wenn es heute ohne unsere heutigen Verbrauchsraten keinen Wohlstand gäbe, dann müßte ich politisch resignieren. Denn einem einmal erreichten Wohlstand freiwillig abzuschwören, ist bislang noch keiner Kultur der Erde gelungen.

Aber ich habe allen Grund zu der hoffnungsvollen Annahme, daß sich die drastische Verminderung des Ressourcenverbrauchs auch ohne Wohlstandseinbußen erreichen läßt. Der einzige Preis, den wir zu zahlen hätten, wäre eine Verlangsamung des Tempos der Arbeitszeitverkürzungen, vielleicht sogar ein zwanzigjähriger Stillstand bei diesem Fortschritt. Das sollte uns die Umwelt aber wert sein. Gehen wir die Frage eines neuen Wohlstandsmodells beispielhaft an.

Bild 1 zeigt eine Eisenbahn (von einem Team um Frederic Vester entworfen), in welche kurze Citycars unten quer einfahren können, während die Fahrgäste im oberen Teil Platz nehmen.

Bild 1

Mit so einer Technik ließen sich im Mittelstrecken- Personenverkehr sicher 30 %, vielleicht 50% der Energie einsparen. Mit effizienten Motoren, etwa dem "Ökopolo" von VW läßt sich der Treibstoffverbrauch pro Autokilometer mehr als halbieren. Mit modernen Leuchtstoffröhren mit angenehmem Warmlicht spart man 75 % Strom. Der Güterverkehr läßt sich unter drastischen Einsparungen weitgehend auf die Schiene und Wasserwege bringen, auch hier - bei Nutzung moderner Technologie - ohne wesentlichen Mobilitätsverlust. Das sind ein paar Beispiele für die technologischen Veränderungen, an die ich denke. Eine Halbierung des Energiebedarfs ist mit *heutiger* Technik, eine Drittellung mit *absehbarer* Technik erreichbar. Und bei dem verbleibenden Drittel kann sicher der Löwenanteil mit Sonnenenergie oder anderen erneuerbaren Energiequellen befriedigt werden.

Es ist alles eine Frage des Preises, den die Energie kostet. Bild 2 zeigt in qualitativer Darstellung den Zusammenhang.

Bild 2

Energiebedarf und erreichbarer
Prozentsatz erneuerbarer Energien (gerastert)
(Grobschätzung)

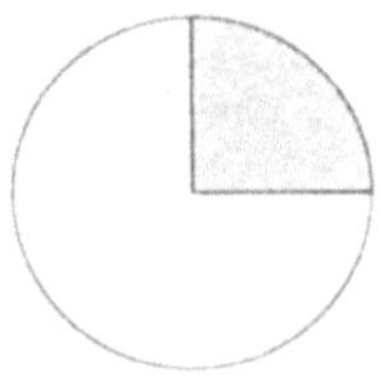

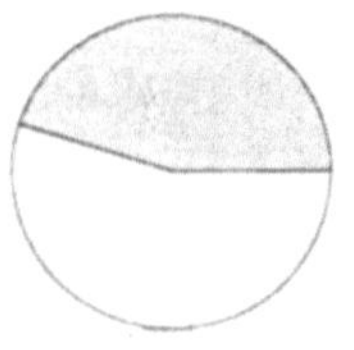

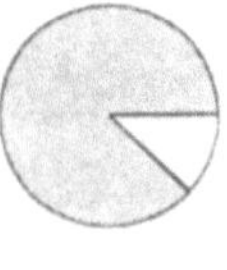

heutige Preise — verdoppelte — vervierfachte — verachtfachte Preise fossiler und nuklearer Energie

Die oben genannten technischen Entwicklungen haben nur dann eine Durchsetzungschance, wenn sie vom Markt auch verlangt werden, und eben dieser Markt hängt, wie das Bild zeigt, sehr stark vom Energiepreis ab. Analoges läßt sich vom Preis von Vermeidungstechnologien für Wasserverschwendung, Bodenversiegelung, Mineralien- und Biomasseverbrauch sagen.
Ein "neues Wohlstandsmodell" hat also nur Chancen, wenn die Preise für Naturnutzung künstlich nach oben bewegt werden. Die Preise sollen solange angehoben werden, bis sie ungefähr die "ökologische Wahrheit" sagen.
Was aber ist die "ökologische Wahrheit"? Diese Frage wird nie wissenschaftlich endgültig zu beantworten sein. Man wird immer auf Schätzungen angewiesen bleiben. Professor Lutz Wicke vom Umweltbundesamt hat aber eine interessante Schätzung vorgenommen. Für die konventionellen Bereiche Luftverschmutzung, Wasserverschmutzung, Lärm und Bodenbelastung hat er mit Zahlen des Jahres 1985 volkswirtschaftliche Schäden in der Größenordnung von 100 Milliarden DM/Jahr für die Bundesrepublik Deutschland ausgemacht. Dabei hat er allerdings eine etwas lockere Bedeutung des Begriffes "Schäden" verwendet. Er läßt auch zu, daß befragte Personen eine "Zahlungsbereitschaft" um einer verbesserten Umwelt willen angeben. Solche Aussagen sind naturgemäß nicht "gerichtlich" verwendbar, um die Schadensverursacher in einem haftungsrechtlichen Prozeß zu belangen. Aber sie dienen als vernünftiger Anhaltspunkt, um das Ausmaß der Qualitätsverluste durch Umweltzerstörung in Geldwert auszudrücken. Fügt man den Wicke'schen Schätzungen auch noch Schäden hinzu, die sich aus Klimaveränderungen, Verlust an Artenvielfalt, in die Dritte Welt exportierten Schäden sowie langfristigen und multifakoriellen Schäden resultieren, dann kommt man mühelos zu Schätzungen einer doppelten Schadenssumme, also zu einer Größenordnung von 200 Milliarden DM/Jahr. Diesen Werten stehen die ca. 20 Milliarden DM/Jahr gegenüber, welche Verschmutzer in der Bundesrepublik Deutschland gegenwärtig jährlich für den Umweltschutz ausgeben. Bild 3 zeigt die Verhältnisse graphisch.

Bild 3: Externe Kosten aufgrund von Umweltbelastungen.

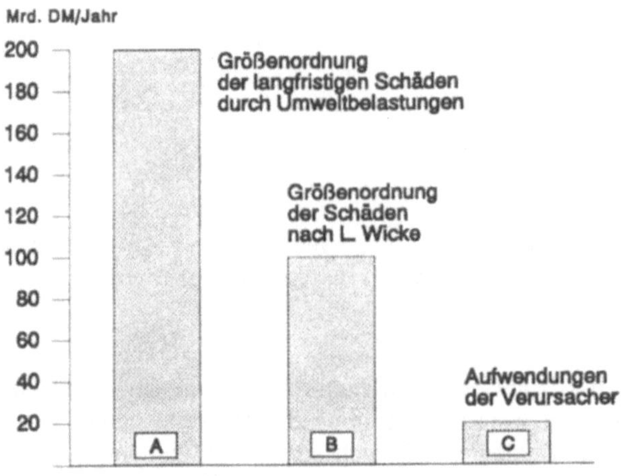

A: Größenordnungs-Schätzwert für sämtliche Schäden einschließlich langfristiger, exportierter und "ästhetischer" Schäden, auf ein Jahr und das Gebiet der Bundesrepublik umgerechnet.

B: "Die ökologischen Milliarden" nach Lutz Wicke.[3)]

C: Aufwendungen der Verursacher im Jahr 1987.
Die Angaben A und B enthalten normative Wertungen und dürfen nicht als Kosten im betriebswirtschaftlichen Sinne mißverstanden werden.

Damit die Preise annähernd die "ökologische Wahrheit" sagen, müßten also monetäre Belastungen in der Größenordnung von 100 bis 200 Milliarden DM/Jahr auf der Umweltnutzung liegen. Die Frage ist, ob es Instrumente der Umweltpolitik gibt, die den Preisen solche Kosten aufbürden können.

Man könnte natürlich die Grenzwerte äußerst ehrgeizig formulieren und damit die Vermeidungskosten in die Höhe katapultieren. Man hätte damit aber eine der Wirtschaft und dem Wohlstand äußerst abträgliche Fehlallokation hervorgerufen. Mit Umweltverträglichkeitsprüfungen, Haftungsrecht und hunderterlei Verordnungen kann man ebenfalls die Wirtschaft in Milliardenhöhe zusätzlich belasten. Aber wiederum wäre nicht nur eine Belastung der Wirtschaft mit direkten Kosten, sondern auch eine beträchtliche Verzögerung des Wirtschaftsprozesses zu befürchten. Das einzige realpolitisch verfügbare Instrument, mit welchem man ohne wesentliche Beeinträchtigung der Wirtschaftsaktivität und des Wohlstandes die Preise einigermaßen die "ökologische Wahrheit" sagen lassen kann, scheint mir eine "ökologische Steuerreform" zu sein. Diese wird im nächsten Abschnitt besprochen.

4. Ökologische Steuerreform

Die ökologische Steuerreform besteht im wesentlichen darin, daß die gesellschaftlich nicht wünschenswerten Faktoren wie Land-, Wasser-, Energie-, Mineralien-, und Biomasseverbrauch steuerlich schrittweise mehr belastet werden und daß gleichzeitig und im gleichen Umfang die wünschenswerten Faktoren wie menschliche Arbeit, Gewerbeaktivität, Mehrwerterzeugung steuerlich entlastet werden. Wenn dieser Prozeß langsam, zum Beispiel über 30 Jahre hinweg gestreckt, vor sich geht, dann ist zu keinem Zeitpunkt mit Investitionsruinen oder wirtschaftlichen Brüchen zu rechnen, und doch hat jeder Investor zu jedem Zeitpunkt eine klare Richtung vor Augen, was sich in den nächsten Jahrzehnten geschäftlich auszahlen wird und was nicht. Man hat damit also jede verfügbare DM Investitionsgeld in eine ökologisch tragfähigere Richtung gelenkt und den "Dinosaurier-Technologien" der Vergangenheit und Gegenwart entzogen.

Bild 4 zeigt, schematisch, daß sich die Gewinnsituation der Wirtschaft unter einer kontinuierlichen ökologischen Steuerreform in keiner Weise verschlechtern muß. Möglicherweise verbessert sie sich sogar, weil die in die ökologische Strukturreform gesteckten Gewinne mutmaßlich einen höheren Multiplikatoreffekt haben als die in den heutigen Verschwendungskonsum gesteckten Gelder.

Bild 4

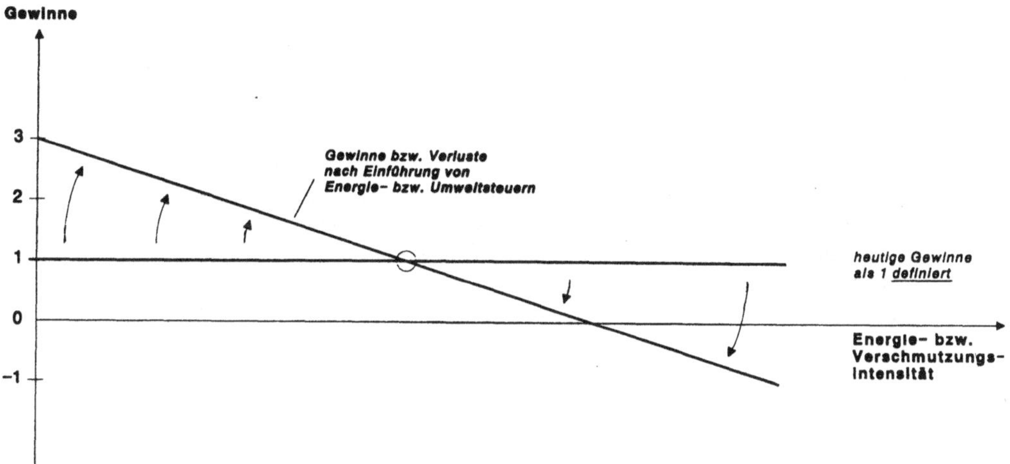

Woher wird nun der Optimismus begründet, daß man mit Umweltsteuern die Größenordnung von 100 bis 200 Milliarden DM erreichen kann, ohne Beweise über die Verursacherketten von der Naturnutzung bis zu den teilweise ja recht spekulativen Schäden antreten zu müssen und ohne die Wirtschaft zu schädigen? Der Grund ist einfach und besteht aus zwei Teilen:

1. Bei Umweltsteuern gibt es keinerlei Beweispflicht. Bei Steuern, anders als bei Sonderabgaben, ist das immer so: Kein Finanzminister der Welt käme auf die Idee, erst die "Schädlichkeit" von menschlicher Arbeit, Gewerbeaktivität oder Mehrwertschaffung zu beweisen, bevor er hierauf Steuern erhebt.

2. Wenn das Geld aus Umweltsteuern nicht zur Bereicherung des Fiskus eingesetzt wird, sondern zur Verminderung anderweitiger Steuern, dann steigt die Staatsquote definitionsgemäß nicht, und die durchschnittliche fiskalische Belastung der Wirtschaft und der Steuerzahler bleibt konstant. Demgegenüber belasten *Sonderabgaben* die Wirtschaft immer zusätzlich, weil sie ja für zusätzliche Staatsausgaben zweckgebunden eingezogen werden.

Allerdings müssen Umweltsteuern gewissen Kriterien genügen, um politisch durchsetzbar und für die Wirtschaft verträglich zu sein, insbesondere:

1. Umweltsteuern müssen plausibel sein; sie müssen Faktoren belasten, bei welchen ein breiter Konsens herrscht, *daß* sie die Umwelt belasten;

2. Umweltsteuern müssen sozial gerecht sein; wo sie negative soziale Verteilungseffekte haben, müssen diese in gewissem Umfange kompensiert werden;

3. Umweltsteuern dürfen nicht schockartig wirken und keinen Erdrosselungseffekt haben;

4. Umweltsteuern sollten mit sehr geringem administrativem Aufwand einzuziehen sein, so daß sie auch in verwaltungsmäßig weniger gut ausgestatteten Ländern als Deutschland leicht einzuziehen sind; damit wären sie auch relativ leicht international, insbesondere in der EG, harmonisierbar.

Im Rahmen eines Vortrages über ganzheitlichen Umweltschutz reicht die Zeit nicht, um über Einzelheiten von Umweltsteuern zu sprechen. Lediglich einem gegenwärtig kursierenden scheinbaren Gegenargument sollte vorgebeugt werden:
Oft wird von einem "Zielkonflikt" zwischen der Steuerungswirkung von Umweltsteuern und der Erzielung staatlichen Einkommens gesprochen: Wenn die Steuern eine sehr wirksame Lenkung ausüben, reduzieren sie die Basis der aus ihnen erzielten Staatseinnahmen. Hiergegen wende ich ein, daß in einer Zeit von etwa 30 Jahren die Sätze kontinuierlich ansteigen sollen, so daß in dieser Zeit trotz erwarteter erheblicher Anpassung der Wirtschaft das Gesamtaufkommen laufend steigt, so daß der Finanzminister zufrieden sein kann. Der Umweltminister umgekehrt kann mit der Lenkungswirkung zufrieden sein.

Gelegentlich wird auch eingewandt, daß doch mit Lenkungsabgaben sehr viel präziser gesteuert werden könnte. Diese Aussage trifft zu. Aber sie kann nicht darüber hinwegtäuschen, daß die Gesamthöhe der Lenkungsabgaben, welche ja Sonderabgaben mit einem festgelegten Finanzierungszweck sind, niemals die Größenordnung von 100 Milliarden DM/Jahr erreichen können. Bei ihnen gilt ja die Beweispflicht des Staates gegenüber dem Verursacher. Ähnliches kann von "Bonus-Malus-Systemen" gesagt werden, bei welchen dem Verschmutzer Geld abgenommen und dem sauber Produzierenden das gleiche Geld gegeben wird. "Bonus-Malus-Systeme" haben also einen doppelten Steuerungseffekt, welcher pro umgewälzter DM wesentlich höher sein dürfte als bei Emissions- oder Lenkungsabgaben und erst recht bei Umweltsteuern. Aber auch "Bonus-Malus-Systeme" bleiben quantitativ stets eng begrenzt, wegen der in beiden Richtungen erforderlichen Beweisführung seitens des Staates. Bild 5 zeigt schematisch die quantitativen Zusammenhänge zwischen Umweltsteuern, Sonderabgaben und "Bonus-Malus- Systemen". Zugleich zeigt das Bild, daß die von Umweltsteuern ersetzten Steuern, insbesondere die Einkommensteuer eine negative ökologische Lenkungswirkung haben, so daß auch Umweltsteuern eine zweifache positive Lenkungswirkung haben dürften. Auch wenn sie ein wesentlich größeres Steuerungsinstrument sind, werden doch alleine sie die Größenordnung erreichen, die "die Preise die ökologische Wahrheit sagen läßt".

Bild 5 : Die ökologische Lenkungswirkung von Umwelt- Abgabeinstrumenten.

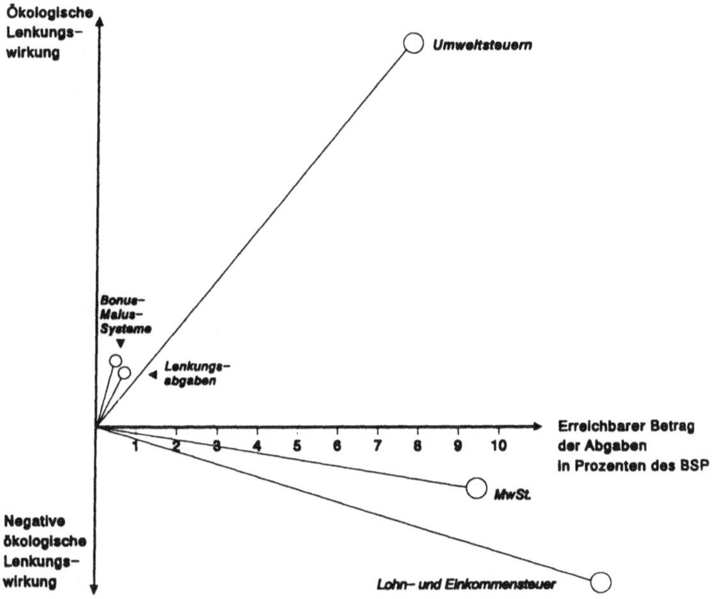

Die Lenkungswirkung ist nach oben aufgetragen. Die Lenkungsgenauigkeit (die spezifische Lenkungswirkung pro DM Abgabehöhe) ist durch die Steigung der Verbindungsgeraden zwischen dem Nullpunkt und dem betreffenden Instrument symbolisiert; sie wird bei Bonus-Malus-Systemen am höchsten, bei Umweltsteuern am geringsten eingeschätzt. Dennoch kann die Lenkungswucht von Umweltsteuern die der anderen Abgabeninstrumente wesentlich übertreffen, wenn sie aufkommensneutral erhoben werden und darum eine vielfach größere Höhe erreichen können als Lenkungsabgaben.

5. Ganzheitlicher Umweltschutz

Abschließend können wir feststellen, daß sich die Begrenzung der Umweltpolitik auf ein kleines Areal nicht rechtfertigen läßt, daß sich die Begrenzung auf ein bestimmtes Medium der Umwelt (Luft, Wasser, Boden) nicht rechtfertigen läßt und daß man mit den bisherigen, auf einzelne Schadstoffe beschränkten Instrumenten der Umweltpolitik ebenfalls nur eine fragmentarische Schutzleistung erreicht.

Ganzheitlicher Umweltschutz heißt im wesentlichen die Überwindung der hier charakterisierten Begrenzungen. Bild 6 zeigt karikaturhaft, wie sich die Fragmentierung überwinden läßt.

Bild 6

Ganzheitlicher Umweltschutz führt andererseits auch wesentlich über die heutige Umwelttechnologie hinaus. Er weist in die Richtung einer grundsätzlich neuen Generation von Technologien, von Technologien für einen weltweit dauerhaften Wohlstand. Daß dieser Wohlstand nicht allein durch eine neue Generation von Technologien zu charakterisieren sein wird, steht außer Frage. Es würde den Rahmen dieses Vortrages sprengen, wenn auch noch die soziale, kulturelle, arbeitswissenschaftliche und womöglich religiöse Dimension des neuen Wohlstandsmodells ausformuliert werden sollte. In dem Buch "Erdpolitik" habe ich den gesamten vierten Buchteil diesen äußerst komplexen und kontroversen Fragen gewidmet.

Ich muß mich hier auf Andeutungen beschränken.

Eine neue Generation von Technologien wird nicht nur heutige Prozesse wie den Verbrennungsmotor oder die elektrische Beleuchtung wesentlich ressourceneffizienter und sauberer ablaufen lassen. Die neuen Technologien sind auch durch Infrastruktur- und System-Innovationen gekennzeichnet. Der Übergang von der Straße auf die Schiene im Mittelstreckenverkehr, teilweise auch im Nahverkehr, ist eine Systeminnovation. Gleiches gilt vom Übergang von großflächiger, energiefressender Landwirtschaft auf kreisläufige, organische Landwirtschaft. Die Umstellung in einiger Breite braucht 30 Jahre. Infrastruktur und Kultur müssen sich mit verändern. Ein Aspekt der Ganzheitlichkeit, der heute von praktisch keinem Umweltpolitiker ernsthaft berücksichtigt wird.

Für die Daten- und Informationstechnik stellen sich ganz neue und faszinierende Aufgaben. Sie gehört insgesamt zur linken Seite, zur Wachstumsseite des Bildes 4.

Der Schwerpunkt der Informationstechnik für die Umwelt sollte aber nicht beim Aufspüren der letzten Nanogramme von Schadstoffen liegen, denn das ist ja die alte Philosophie. Der Schwerpunkt sollte vielmehr im Erkennen und Darstellen der Vernetztheit sowie in der Bewußtseinsbildung durch gute visuelle Aufbereitung der Fakten liegen. Visuelle Darstellungen eignen sich besonders für die Vermittlung von ganzheitlichen Zusammenhängen.

Noch weiter geht die Forderung der Ganzheitlichkeit, wenn die Veränderung unseres Begriffes der Arbeit angesprochen wird. Mit unserer Art von durchprofessionalisierter Arbeitswelt und von weitestgehender Arbeitsteilung läßt sich ein Frieden mit der Natur nicht finden. Verschwenderische, teure Umwege, zu viel Transport und zu viel Anspruchsdenken der Vollverdiener sind Kennzeichnen der heutigen arbeitsteiligen Welt. Nun können aber viele Funktionen der Produktion (etwa von Nahrungsmitteln, Energie und Kleidung), der Reparatur und vor allem des Umweltschutzes billiger und befriedigender in "Eigenarbeit" als in Erwerbsarbeit erfüllt werden. Dies gilt es zu nutzen (statt es bürokratisch zu behindern). Das Resultat wäre mehr Wohlergehen und mehr Umweltqualität bei geringerem Bruttosozialprodukt.

Daß eine Welt mit schrumpfendem Bruttosozialprodukt bei gleichzeitiger Erhöhung des Wohlbefindens eine Art Kulturrevolution bedeutet, dürfte jedem klar sein. Sie durchzusetzen, wird kein Spaziergang. Aber zugleich wächst von Jahr zu Jahr nicht nur bei uns, sondern weltweit, auch in Entwicklungsländern, das Umweltbewußtsein. Also braucht man die Hoffnung nicht aufzugeben, daß der neue Wohlstandspfad bei Verringerung des gemessenen Sozialprodukts auch eingeschlagen wird.

Hätten unsere Urenkel heute bereits Stimmrecht bei demokratischen Wahlen, so bräuchte man um Mehrheiten nicht besorgt zu sein [4)].

1) Eine gute Zusammenfassung der heutigen Umweltpolitik gibt der Umweltbericht 1990, herausgegeben vom Bundesumweltminister, Bonn, Mai 1990.

2) Ernst Ulrich von Weizsäcker, Erdpolitik - Ökologische Realpolitik an der Schwelle zum Jahrhundert der Umwelt, 2. völlig überarbeitete Auflage, Wiss. Buchgesellschaft, Darmstadt, Oktober 1990.

3) Lutz Wicke, Die ökologischen Milliarden, Kösel, München 1986.

4) Das Recht künftiger Generationen rückt endlich auch in den Blickwinkel der Juristen. Vgl. Edith Brown-Weiss, In Fairness to Future Generations. International Law, Common Patrimony and Intergenerational Equity. UNU, Tokio und Transnational Publishers Inc.; Dobbs Ferry, New York 1989.

Adressenliste der Autoren

Beitz, Wolfgang, Prof. Dr.
Fachbereich 11
Technische Universität Berlin
Straße des 17. Juni, 135
1000 Berlin 12

Block, Hans Ulrich, Dr.
ZFE IS INF 23
Siemens AG
Otto-Hahn-Ring 6
8000 München 83

Cadiou, Jean-Marie, Ph. D.
DG XIII / A / 1 - A-25 08 / 12a
Commission des Communautes Européennes
200, Rue de la Loi
B-1049 Bruxelles

Czap, Hans, Prof. Dr.
Betriebswirtschaftslehre / Wirtschaftsinformatik
Universität Trier
Postfach 38 25
5500 Trier

Eckmiller, Rolf, Prof. Dr.
Institut für Physikalische Biologie
Abteilung Biokybernetik
Heinrich Heine-Universität Düsseldorf
Universitätsstr. 1
4000 Düsseldorf 1

Fritsch, Dieter, Dr.
Lehrstuhl für Photogrammetrie
Technische Universität München
Arcisstr. 21
8000 München 2

Grüneberg, Otto-Hermann
DI L
Siemens AG
Otto-Hahn-Ring 6
8000 München 83

Günther, Oliver, Dr.
Forschungsinstitut für Anwendungsorientierte
Wissensverarbeitung (FAW)
Helmholzstr. 16
7900 Ulm

Hoffmann, Karl-Heinz, Prof. Dr.
Lehrstuhl für Angewandte Mathematik I
Universität Augsburg
Universitätsstr. 8
8900 Augsburg

Jäger, Willi, Prof. Dr.
Interdisziplinäres Zentrum für
wissenschaftliches Rechnen
Universität Heidelberg
Im Neuenheimer Feld 368
6900 Heidelberg

Jäker, Karl-Peter, Dr.
Fachbereich 10, Maschinentechnik
Universität-Gesamthochschule Paderborn
Postfach 16 21
4790 Paderborn

Kaufmann, Michael, Prof. Dr.
Max-Planck-Institut für Plasmaphysik
8048 Garching bei München

Köhler, Jutta, Dr.
Max-Planck-Institut für Biochemie
Genzentrum der Universität München
Am Klopferspitz
8033 Martinsried

Köhler, Reinhard, Dr.
Fachbereich Sprachwissenschaften
Ruhr-Universität Bochum
Postfach 10 21 28
4630 Bochum 1

Lückel, Joachim, Prof. Dr.
Fachbereich 10, Maschinentechnik
Universität-Gesamthochschule Paderborn
Postfach 16 21
4790 Paderborn

Mertens, Peter, Prof. Dr.
Betriebswirtschaftliches Institut
Wirtschaftsinformatik
Universität Erlangen-Nürnberg
Lange Gasse 20
8500 Nürnberg 1

Moritz, Wolfgang, Dr.
Fachbereich 10, Maschinentechnik
Universität-Gesamthochschule Paderborn
Postfach 16 21
4790 Paderborn

Müller, Ingo, Prof. Dr.
Herman-Föttinger-Institut
Fachbereich Physikalische
Ingenieurwissenschaften
Technische Universität Berlin
Straße des 17. Juni 135
1000 Berlin 12

Neuhaus, H. Joachim, Prof. Dr.
Zentrum für Angewandte Informatik
Universität Münster
Johannisstraße 12-20
4400 Münster

Neunzert, Helmut, Prof. Dr.
Arbeitsgemeinschaft Techno-Mathematik
Universität Kaiserslautern
Erwin-Schrödinger-Str.
6750 Kaiserslautern

Niezgódka, Marek,
Institute of Applied Mathematics
and Mechanics
Warsaw University
Poland

Pahl, Peter Jan, Prof. Dr.
Fachbereich Bauingenieur- und
Vermessungswesen
Technische Universität Berlin
Straße des 17. Juni 135
1000 Berlin 12

Plückthun, Andreas, Dr.
Max-Planck-Institut für Biochemie
Genzentrum der Universität München
Am Klopferspitz
8033 Martinsried

Preßmar, Dieter, Prof. Dr.
Arbeitsbereich für
Betriebswirtschaftliche Datenverarbeitung
Universität Hamburg
Von-Melle-Park 5
2000 Hamburg 13

Radermacher, Franz Josef, Prof. Dr. Dr.
Forschungsinstitut für Anwendungsorientierte
Wissensverarbeitung (FAW)
Postfach 20 60
7900 Ulm / Donau

Rieger, Burghard, Prof. Dr.
Fachbereich Linguistische Datenverarbeitung
Universität Trier
Postfach 38 25
5500 Trier

Schnelle, Helmut, Prof. Dr.
Fakultät für Philologie
Sprachwissenschaftliches Institut
Ruhr-Universität Bochum
Postfach 10 21 48
4630 Bochum 1

Schreiber, Alfred, Prof. Dr.
Institut für Mathematik und ihre Didaktik
Pädagogische Hochschule Flensburg
Mürwickerstraße 77
2390 Flensburg

Scheer, August-Wilhelm, Prof. Dr.
Institut für Wirtschaftsinformatik
Universität des Saarlandes
Am Stadtwald
6600 Saarbrücken

Stahlknecht, Peter, Prof. Dr.
Betriebswirtschaftslehre / Wirtschaftsinformatik
Universität Osnabrück
Rolandstr. 8
4500 Osnabrück

Stein, Erwin, Prof. Dr.
Institut für Baumechanik und
Numerische Mechanik
Universität Hannover
Appelstraße 9 A
3000 Hannover 1

Suhl, Uwe H., Prof. Dr.
Institut für Wirtschaftsinformatik
Freie Universität Berlin
Garystraße 21
1000 Berlin 33

Thome, Rainer, Prof. Dr.
Betriebswirtschaftliches Institut
Universität Würzburg
Sanderring 2
8700 Würzburg

Vester, Frederic, Prof. Dr. Dr.
Studiengruppe für Biologie und Umwelt GmbH
Nußbaumstraße 4
8000 München 2

Warnatz, Jürgen, Prof. Dr.
Institut für Technische Verbrennung
Universität Stuttgart
Pfaffenwaldring 12
7000 Stuttgart 80

von Weizsäcker, Ernst Ulrich, Prof. Dr.
Institut für Europäische Umweltpolitik
Aloys-Schulte-Str. 6
5300 Bonn 1

Weyrich, Claus, Dr.
ZFE ME
Siemens AG
Otto-Hahn-Ring 6
8000 München 83

Wriggers, Peter, Prof. Dr.
Institut für Mechanik
Technische Hochschule Darmstadt
Hochschulstr. 1
6100 Darmstadt

Band 211: H. W. Meuer (Hrsg.), SUPERCOMPUTER '89. Mannheim, Juni 1989. Proceedings, 1989. VIII, 171 Seiten. 1989.

Band 212: W.-M. Lippe (Hrsg.), Software-Entwicklung. Fachtagung, Marburg, Juni 1989. Proceedings. IX, 290 Seiten. 1989.

Band 213: I. Walter, Datenbankgestützte Repräsentation und Extraktion von Episodenbeschreibungen aus Bildfolgen. VIII, 243 Seiten. 1989.

Band 214: W. Görke, H. Sörensen (Hrsg.), Fehlertolerierende Rechensysteme / Fault-Tolerant Computing Systems. 4. Internationale GI/ITG/GMA-Fachtagung, Baden-Baden, September 1989. Proceedings. XI, 390 Seiten. 1989.

Band 215: M. Bidjan-Irani, Qualität und Testbarkeit hochintegrierter Schaltungen. IX, 169 Seiten. 1989.

Band 216: D. Metzing (Hrsg.), GWAI-89. 13th German Workshop on Artificial Intelligence. Eringerfeld, September 1989. Proceedings. XII, 485 Seiten. 1989.

Band 217: M. Zieher, Kopplung von Rechnernetzen. XII, 218 Seiten. 1989.

Band 218: G. Stiege, J. S. Lie (Hrsg.), Messung, Modellierung und Bewertung von Rechensystemen und Netzen. 5. GI/ITG-Fachtagung, Braunschweig, September 1989. Proceedings. IX, 342 Seiten. 1989.

Band 219: H. Burkhardt, K. H. Höhne, B. Neumann (Hrsg.), Mustererkennung 1989. 11. DAGM-Symposium, Hamburg, Oktober 1989. Proceedings. XIX, 575 Seiten. 1989

Band 220: F. Stetter, W. Brauer (Hrsg.), Informatik und Schule 1989: Zukunftsperspektiven der Informatik für Schule und Ausbildung. GI-Fachtagung, München, November 1989. Proceedings. XI, 359 Seiten. 1989.

Band 221: H. Schelhowe (Hrsg.), Frauenwelt – Computerräume. GI-Fachtagung, Bremen, September 1989. Proceedings. XV, 284 Seiten. 1989.

Band 222: M. Paul (Hrsg.), GI – 19. Jahrestagung I. München, Oktober 1989. Proceedings. XVI, 717 Seiten. 1989.

Band 223: M. Paul (Hrsg.), GI – 19. Jahrestagung II. München, Oktober 1989. Proceedings. XVI, 719 Seiten. 1989.

Band 224: U. Voges, Software-Diversität und ihre Modellierung. VIII, 211 Seiten. 1989

Band 225: W. Stoll, Test von OSI-Protokollen. IX, 205 Seiten. 1989.

Band 226: F. Mattern, Verteilte Basisalgorithmen. IX, 285 Seiten. 1989.

Band 227: W. Brauer, C. Freksa (Hrsg.), Wissensbasierte Systeme. 3. Internationaler GI-Kongreß, München, Oktober 1989. Proceedings. X, 544 Seiten. 1989.

Band 228: A. Jaeschke, W. Geiger, B. Page (Hrsg.), Informatik im Umweltschutz. 4. Symposium, Karlsruhe, November 1989. Proceedings. XII, 452 Seiten. 1989.

Band 229: W. Coy, L. Bonsiepen, Erfahrung und Berechnung. Kritik der Expertensystemtechnik. VII, 209 Seiten. 1989.

Band 230: A. Bode, R. Dierstein, M. Göbel, A. Jaeschke (Hrsg.), Visualisierung von Umweltdaten in Supercomputersystemen. Karlsruhe, November 1989. Proceedings, 1989. XII, 116 Seiten. 1990.

Band 231: R. Henn, K. Stieger (Hrsg.), PEARL 89 – Workshop über Realzeitsysteme. 10. Fachtagung, Boppard, Dezember 1989. Proceedings. X, 243 Seiten. 1989.

Band 232: R. Loogen, Parallele Implementierung funktionaler Programmiersprachen. IX, 385 Seiten. 1990.

Band 233: S. Jablonski, Datenverwaltung in verteilten Systemen. XIII, 336 Seiten. 1990.

Band 234: A. Pfitzmann, Diensteintegrierende Kommunikationsnetze mit teilnehmerüberprüfbarem Datenschutz. XII, 343 Seiten. 1990.

Band 235: C. Feder, Ausnahmebehandlung in objektorientierten Programmiersprachen. IX, 250 Seiten. 1990.

Band 236: J. Stoll, Fehlertoleranz in verteilten Realzeitsystemen. IX, 200 Seiten. 1990.

Band 237: R. Grebe (Hrsg.), Parallele Datenverarbeitung mit dem Transputer. Aachen, September 1989. Proceedings, 1989. VIII, 241 Seiten. 1990.

Band 238: B. Endres-Niggemeyer, T. Hermann, A. Kobsa, D. Rösner (Hrsg.), Interaktion und Kommunikation mit dem Computer. Ulm, März 1989. Proceedings, 1989. VIII, 175 Seiten. 1990.

Band 239: K. Kansy, P. Wißkirchen (Hrsg.), Graphik und KI. Königswinter, April 1990. Proceedings, 1990. VII, 125 Seiten. 1990.

Band 240: D. Tavangarian, Flagorientierte Assoziativspeicher und -prozessoren. XII. 193 Seiten. 1990.

Band 241: A. Schill, Migrationssteuerung und Konfigurationsverwaltung für verteilte objektorientierte Anwendungen. IX, 174 Seiten. 1990.

Band 242: D. Wybranietz, Multicast-Kommunikation in verteilten Systemen. VIII, 191 Seiten. 1990.

Band 244: B. R. Kämmerer, Sprecherunabhängigkeit und Sprecheradaption. VIII, 110 Seiten. 1990.

Band 246: Th. Bräunl, Massiv parallele Programmierung mit dem Parallaxis-Modell. XII, 168 Seiten. 1990

Band 247: H. Krumm, Funktionelle Analyse von Kommunikationsprotokollen. IX, 122 Seiten. 1990.

Band 248: G. Moerkotte, Inkonsistenzen in deduktiven Datenbanken. VIII, 141 Seiten. 1990.

Band 249: P. A. Gloor, N. A. Streitz (Hrsg.), Hypertext und Hypermedia. IX, 302 Seiten. 1990.

Band 250: H. W. Meuer (Hrsg.), SUPERCOMPUTER '90. Mannheim, Juni 1990. Proceedings, 1990. VIII, 209 Seiten. 1990.

Band 251: H. Marburger (Hrsg.), GWAI-90. 14th German Workshop on Artificial Intelligence. Eringerfeld, September 1990. Proceedings, 1990. X, 333 Seiten. 1990.

Band 252: G. Dorffner (Hrsg.), Konnektionismus in Artificial Intelligence und Kognitionsforschung. 6. Österreichische Artificial-Intelligence-Tagung (KONNAI), Salzburg, September 1990. Proceedings, 1990. VIII, 246 Seiten. 1990.

Band 253: W. Ameling (Hrsg.), ASST '90. 7. Aachener Symposium für Signaltheorie. Aachen, September 1990. Proceedings, 1990. XI, 332 Seiten. 1990.

Band 254: R. E. Großkopf (Hrsg.), Mustererkennung 1990. 12. DAGM-Symposium, Oberkochen-Aalen, September 1990. Proceedings, 1990. XXI, 686 Seiten. 1990.

Band 255: B. Reusch, (Hrsg.), Rechnergestützter Entwurf und Architektur mikroelektronischer Systeme. GME/GI/ITG-Fachtagung, Dortmund, Oktober 1990. Proceedings, 1990. X, 298 Seiten. 1990.

Band 256: W. Pillmann, A. Jaeschke (Hrsg.), Informatik für den Umweltschutz. 5. Symposium, Wien, September 1990. Proceedings, 1990. XV, 864 Seiten. 1990.

Band 257: A. Reuter (Hrsg.), GI – 20. Jahrestagung I. Stuttgart, Oktober 1990. Proceedings, 1990. XVIII, 602 Seiten. 1990.

Band 258: A. Reuter (Hrsg.), GI – 20. Jahrestagung II. Stuttgart, Oktober 1990. Proceedings, 1990. XVIII, 602 Seiten. 1990.

Band 259: H.-J. Friemel, G. Müller-Schönberger, A. Schütt (Hrsg.), Forum '90 Wissenschaft und Technik. Trier, Oktober 1990. Proceedings, 1990. XI, 532 Seiten. 1990.